Grundzüge der Elektrotechnik

Eine leicht faßliche Darstellung

Von

Dr.-Ing. Eberhard Schütz

Oberingenieur an der Technischen Universität
Berlin-Charlottenburg

Mit 363 Abbildungen

Springer-Verlag

Berlin / Göttingen / Heidelberg

1956

ISBN-13: 978-3-642-49036-1   e-ISBN-13: 978-3-642-92684-6
DOI: 10.1007/978-3-642-92684-6

Vorwort

Elektrotechnik ist der Sammelbegriff für alle Überlegungen und Maßnahmen, die darauf abzielen, die Naturkraft Elektrizität für den Menschen nutzbar zu machen. Die Elektrotechnik befaßt sich demgemäß mit jedem technischen Problem, dessen Lösung durch Benutzung der Elektrizität verbessert werden kann oder überhaupt erst möglich wird.

Die vielfältigen Aufgabenstellungen der Elektrotechnik ließen zwei Haupt-Fachrichtungen mit unterschiedlichen Arbeitsgebieten, Begriffen und Methoden entstehen: die Schwachstrom- und die Starkstromtechnik. Das Kernstück der ersteren ist neben der Regelungstechnik die elektrische Übermittlung von Nachrichten im weitesten Sinn des Wortes, während die Starkstromtechnik vorwiegend elektrische Energie erzeugt, verteilt und sie motorisch oder durch Umwandlung in Wärme nutzbar macht.

Beide Fachrichtungen bauen auf einer gemeinsamen Grundlage auf, deren theoretischen Teil Gesetze und Zusammenhänge bilden, die sich aus der Elektrizitätslehre der Physik ergeben. Ebenfalls zur allgemeinen Grundlage der Elektrotechnik gehören gewisse Grundschaltungen und Geräte, die als Elemente elektrischer Anlagen häufig wiederkehren.

Dieses Buch strebt an, die allen Teilgebieten gemeinsamen Grundzüge der Elektrotechnik in leicht faßlicher Darstellung zu vermitteln. Auf Sondergebiete konnte dabei nur eingegangen werden, soweit sie wenigstens in praktischer Hinsicht als Fundamente der modernen Elektrotechnik angesehen werden müssen. Hierzu gehört beispielsweise das Gebiet der elektrischen Maschinen, weil nahezu die gesamte, uns nutzbar zur Verfügung stehende elektrische Energie von ihnen geliefert wird. Allerdings sind die Vorgänge in elektrischen Maschinen nicht leicht zu überschauen, so daß nur ihre prinzipiellen Arbeitsweisen erklärt werden konnten. Ebenso erschien es notwendig, die elektrischen Meßgeräte, darunter auch neuere Geräte, wie den Zeigerflußmesser und den Vektormesser, hinsichtlich ihres grundsätzlichen Aufbaues und ihrer charakteristischen Eigenschaften zu besprechen; denn die Definition aller elektrischen Maßeinheiten gründet sich auf Messungen, und die Bequemlichkeit und Exaktheit, mit der elektrische Messungen durchgeführt werden können, haben stark dazu beigetragen, die Elektrotechnik zu einer willkommenen Helferin auf den verschiedensten Gebieten werden zu lassen.

Da es meine Absicht war, die theoretischen Zusammenhänge klarzustellen, ohne dabei mathematische Betrachtungen in den Vordergrund zu rücken, konnten gewisse Probleme, die, wie z. B. die Stromverdrängung in massiven Leitern, ihrer Natur nach einen größeren mathematischen Aufwand erfordern, nicht behandelt werden. Die Behandlung von Feldern, die mit Rücksicht auf die entscheidende Bedeutung der elektromagnetischen Zusammenhänge unumgänglich erschien, beschränkt sich auf ebene Potentialfelder mit einfachen Randbedingungen. Die Erleichterung, die die symbolische Rechenmethode bei der Lösung von Wechselstromaufgaben mit sich bringt, ist so bedeutend, daß es angebracht erschien, diese Methode, die sich heute überall durchgesetzt hat, eingehend zu erläutern und späterhin von ihr Gebrauch zu machen. Das Gleiche gilt hinsichtlich der Anwendung der Schreibweise der Vektorrechnung beim Umgang mit gerichteten Größen.

Ständige Berührung mit Studenten der Elektrotechnik und des Maschinenbaus bei der Durchführung laboratoriumsmäßiger Übungen gab mir Gelegenheit, festzustellen, an welchen Stellen die meisten Verständnisschwierigkeiten auftauchen und wo deren Ursachen liegen. Ich habe mich bemüht, diese Punkte besonders eingehend zu behandeln, um mit dem vorliegenden Buch nicht nur dem Studierenden das Eindringen in die Elektrotechnik zu erleichtern, sondern auch dem bereits in der Praxis stehenden Ingenieur ein nützliches Hilfsmittel in die Hand zu geben.

Dem Verlag danke ich für seine stets bewiesene Bereitschaft, auf meine Wünsche einzugehen, und für die Ausstattung des Buches.

Berlin, im März 1956

Eberhard Schütz

Inhaltsverzeichnis

Zusammenstellung der hauptsächlichen Bezeichnungen

Vorbemerkung: Gerichtete Größen sind mit Frakturbuchstaben, ihre Beträge mit den entsprechenden Antiquabuchstaben bezeichnet. Wegen der Verwendung unterschiedlicher Schriftarten bei der Bezeichnung von Wechselgrößen wird auf S. 110 verwiesen.

$B,\ \mathfrak{B}$	magnetische Induktion		n	1. minutliche Drehzahl
C	Kapazität			2. Augenblicksleistung
$D,\ \mathfrak{D}$	Verschiebungsdichte		N	Leistung
E	1. elektromotorische Kraft		ω	Kreisfrequenz
	2. elektrische Feldstärke		q	1. Leiterquerschnitt
$\mathfrak{E}$	elektrische Feldstärke			2. Ladung
ε	Dielektrizitätskonstante		Q	1. Ladung, Verschiebungsfluß
f	Frequenz			2. Leistungsverlust
Φ	magnetischer Kraftfluß		$r,\ R$	ohmscher Widerstand
φ	1. Phasenwinkel		ϱ	spezifischer Widerstand
	2. elektrisches Potential		$t,\ T$	Zeit
$g,\ \mathfrak{g}$	Stromdichte		ϑ	1. Temperatur
G	elektrischer Leitwert			2. Polradwinkel
$H,\ \mathfrak{H}$	magnetische Feldstärke		Θ	Trägheitsmoment
$i,\ I,\ \mathfrak{J}$	Stromstärke		u	1. elektrische Spannung
				2. magnetisches Potential
j	$\sqrt{-1}$		$U,\ \mathfrak{U}$	elektrische Spannung
$\varkappa$	elektrische Leitfähigkeit		v	Geschwindigkeit
L	Selbstinduktionskoeffizient		$V,\ \mathfrak{B}$	magnetische Spannung
Λ	magnetischer Leitwert		w	Windungszahl
M	Koeffizient der gegenseitigen Induktion		W	Energie
Md	Drehmoment		X	Blindwiderstand
μ	Permeabilität		$z,\ Z,\ \mathfrak{Z}$	Scheinwiderstand

A. Das Wesen der Elektrizität

1. Elementarteilchen der Elektrizität. Wenn Elektrotechnik der Inbegriff aller Maßnahmen ist, die darauf abzielen, die Naturkraft Elektrizität dem Menschen dienstbar zu machen, so erhebt sich sofort die Frage, was Elektrizität eigentlich sei. Einer eingehenden Erörterung dieser Frage müssen wir leider ausweichen, da sie, ähnlich wie die Frage nach dem Aufbau der Materie und mit ihr eng zusammenhängend, in Bereiche der Physik führt, die nur noch dem abstrakt-mathematischen Denken, aber nicht mehr der anschaulichen Vorstellung zugänglich sind. Dadurch wird uns aber der Weg zur Erkenntnis elektrotechnischer Zusammenhänge nicht versperrt; denn worauf es hier ankommt, ist nicht die Frage nach dem eigentlichen Wesen der Elektrizität, sondern die Frage nach ihren feststellbaren und bei ihrer Anwendung wichtigen Wirkungen. Es genügt zu diesem Zweck, wenn wir uns von der Elektrizität, die sich in vieler Hinsicht wie eine Substanz verhält, ein verhältnismäßig grobes Bild machen und gewisse Wirkungen ohne tieferes Eingehen auf ihr Zustandekommen als gegeben hinnehmen.

Man weiß heute, daß die Elektrizität atomistischen Charakter hat, d. h., daß es kleinste, nicht weiter teilbare Elektrizitätsteilchen gibt, deren jedes eine ganz bestimmte Elektrizitätsmenge darstellt. Aus Gründen, die wir später kennenlernen werden, nennt man eine Elektrizitätsmenge auch Ladung, so daß die Elektrizitätsatome als Elementarladungen anzusehen sind. Wie man sich diese Elektrizitätsatome vorzustellen hat, muß dahingestellt bleiben. Es gibt davon zwei Sorten, die in vieler Hinsicht genau gegensätzliches Verhalten zeigen; man unterscheidet sie als positive und negative Elektrizitätsatome, von denen die letzteren die Sonderbezeichnung Elektronen führen. Für beide gilt, daß sie unzerstörbar sind, also unter allen Umständen und bei jedem Vorgang erhalten bleiben. Sind in einem Raumteil gleich viele Elektronen und positive Elementarladungen gleichmäßig verteilt, so heben sich ihre Wirkungen nach außen hin auf, und der betreffende Raumteil verhält sich so, als ob er keine Ladung besitze. Überwiegen die Elektronen, so erscheint er negativ, überwiegen die positiven Elementarladungen, so erscheint er positiv geladen. Wie sich eine positive oder negative Aufladung eines Körpers auswirkt, werden wir später sehen. Nun kommen, von äußerst seltenen und für uns belanglosen Fällen abgesehen, nur Elektronen, d. h. negative Elementarladungen, frei vor, während die positiven Elementarladungen stets an Massenatome, also an Materieteilchen, gebunden sind. Man kann daher einem Körper wohl Elektronen, nicht aber positive Elektrizitätsatome entziehen oder zuführen, und ob der Körper elektrisch positiv oder negativ geladen erscheint, hängt nur von dem Zuwenig oder Zuviel an Elektronen ab. Wir werden uns später noch mit dem Verhalten und dem Einfluß ruhender Ladungen auf Körpern befassen; die weitaus meisten elektrotechnisch ausgenutzten Erscheinungen beruhen aber auf der Bewegung von Elementarladungen, insbesondere von Elektronen.

2. Elektrische Leiter und Nichtleiter. Es gibt Stoffe, innerhalb deren eine Fortbewegung von Ladungen möglich, und solche, bei denen das nicht oder nur in sehr geringem Maße der Fall ist. Man bezeichnet die ersteren als elektrische Leiter, die letzteren als Nichtleiter oder Isolatoren. Nichtleiter sind u. a. Glas, keramische Stoffe, Gummi, Schwefel, Öle. Zu den Leitern gehören in erster Linie alle Metalle, insbesondere das für diesen Zweck meist verwendete Kupfer, aber auch gewisse Flüssigkeiten, wie z. B. wäßrige Lösungen von Salzen, verdünnte Säuren und Laugen. Die elektrische Leit-

fähigkeit der Metalle beruht ausschließlich darauf, daß in ihnen Elektronen frei beweglich sind, während bei den leitenden Flüssigkeiten, den sog. Elektrolyten, der Ladungstransport durch das Wandern positiv und negativ geladener Molekülbruchteile, sog.
Ionen, besorgt wird.

Das Vorhandensein frei beweglicher Elektronen in einem Metall ist nicht etwa so
aufzufassen, als seien die neutralen Metallatome stets von zusätzlichen Elektronen
begleitet; denn dann müßten ja alle Metalle normalerweise negative Ladung aufweisen.
Man muß sich die Elektronenbeweglichkeit in Metallen vielmehr so vorstellen, daß die
Metallatome, deren jedes aus einem positiv geladenen Kern und einer die positive Kernladung nach außen neutralisierenden Hülle von Elektronen besteht, untereinander
Elektronen austauschen können.

3. Elektrischer Strom. Die weitaus wichtigste Erscheinung der Elektrotechnik ist
der elektrische Strom. Wie schon der Name „Strom" andeutet, handelt es sich um eine
Bewegung elektrischer Ladungen, in einem metallischen Leiter also um das Wandern von
Elektronen innerhalb des Metalls. Wir wollen unsere Betrachtungen zunächst auf den
sog. Gleichstrom beschränken, d. h. auf den Fall, daß durch einen abgegrenzten Leiterquerschnitt positive oder negative Ladung ständig nur in einer Richtung transportiert
wird. Es liegt auf der Hand, daß dann je nach der Zahl der Elementarladungen, die in
der Zeiteinheit durch den betrachteten Querschnitt fließen, der Strom stärker oder
schwächer sein kann. Wir können deshalb dem Strom eine meßbare Größe zuordnen, die
als Stromstärke bezeichnet wird. Für diese Größe hat man, obwohl sie doch als durchfließende Ladung je Zeiteinheit angegeben werden kann, also eine von der Ladung abgeleitete Größe ist, wegen ihrer überragenden Bedeutung eine eigene Einheit, das Ampere,
geschaffen, mit deren Festsetzung wir uns aber erst später beschäftigen wollen.

Zuerst wollen wir uns eine wichtige Eigenschaft des beständig fließenden Gleichstromes, nämlich seine Kontinuität, vergegenwärtigen, die unmittelbar aus der Natur des
Stromes folgt. Wir fragen uns, in welcher Art sich beispielsweise in einem Stück Kupferdraht ein Strom ausbilden kann. Träger eines Stromes können in diesem Fall nur die im
Kupfer vorhandenen, frei beweglichen Elektronen sein. Diese haben das Bestreben,
sich gleichmäßig so in dem Metall zu verteilen, daß nirgendwo eine Elektronenanhäufung
oder -verarmung, d.h. keine Ungleichmäßigkeit der Aufladung zustandekommt. Um sie
aus dieser Ruhelage in Bewegung zu setzen, bedarf es einer eigentümlichen Kraft, deren
Existenzmöglichkeit wir vorerst als gegeben hinnehmen wollen, ohne uns über ihre
Natur und die Art ihrer Erzeugung Gedanken zu machen. Nehmen wir an, es gelinge
uns, solch eine ladungsverschiebende Kraft in einem von seiner Umgebung elektrisch
völlig isolierten, beiderseits frei endenden Metallstab in dessen Längsrichtung zu erzeugen, so werden sich unter ihrem Einfluß die Elektronen in dem Metallstab in Richtung
auf dessen eines Ende hin in Bewegung setzen. Solange diese Verlagerungsbewegung
anhält, fließt somit in dem Metallstab elektrischer Strom. Gewöhnlich wird dieser
Strom experimentell kaum nachweisbar sein; er führt aber dazu, daß sich an dem
einen Ende die Elektronen häufen, während das andere Ende entsprechend an Elektronen verarmt. Nun haben, wie gesagt, die Elektronen das Bestreben, sich gleichmäßig zu verteilen. Dieses Ausgleichsbestreben der Elektronen wirkt der ladungsverschiebenden Kraft, die die Elektronen nach dem einen Stabende hin befördern
möchte, entgegen, und zwar um so stärker, je größer die bereits erreichte Elektronenhäufung bzw. -verarmung an den Stabenden ist. Die Wanderung der Elektronen
nach dem einen Stabende hin geht also nicht unbegrenzt weiter, sondern findet einmal
ein Ende dann, wenn infolge der erreichten Ungleichmäßigkeit der Verteilung die
Gegenwirkung gegen die ladungsverschiebende Kraft so groß geworden ist, daß sie mit
ihr im Gleichgewicht ist. Wenn somit die Ungleichmäßigkeit der Ladungsverteilung der
Kraft, durch die sie veranlaßt wird, entgegenwirkt, muß sie selbst als Ursprung einer
Kraft angesehen werden, die mit der ladungsverschiebenden Kraft wesensgleich ist,
analog wie die Kraft, mit der eine zusammengedrückte Feder sich wieder auszudehnen
bestrebt ist, der Kraft, durch die sie zusammengedrückt wird, wesensgleich ist.

Das Aufhören der Elektronenwanderung bei Erreichung des geschilderten Gleichgewichtszustandes bedeutet, daß der dieser Bewegung entsprechende Strom erlischt. Dadurch, daß lediglich die Verteilung der Ladung geändert wird, läßt sich somit zwar ein vorübergehender Stromfluß, aber kein ständig fließender Gleichstrom erzeugen. Um einen Ladungsfluß in gleichbleibender Richtung, also einen elektrischen Gleichstrom, beliebig lange aufrechtzuerhalten, gibt es offenbar nur eine Möglichkeit: den Ladungsträgern muß ein geschlossener, in sich zurücklaufender Leitungsweg zur Verfügung gestellt werden, und es muß außerdem irgendwie dafür gesorgt werden, daß sie auch tatsächlich mit gleichbleibender Bewegungsrichtung und gleichbleibender Geschwindigkeit in Umlauf bleiben. Man nennt solch einen geschlossenen, leitenden Weg treffend einen elektrischen Stromkreis. Aus der Tatsache, daß ein beständig fließender Gleichstrom nur einen Umlauf von Ladungen auf geschlossener Bahn darstellt, folgt, daß an jeder Stelle eines einfachen, d. h. nicht verzweigten Stromkreises die gleiche Stromstärke vorhanden sein muß. Wenn also Geräte, in denen der Strom nützliche Arbeit verrichtet, gelegentlich als „Stromverbraucher" bezeichnet werden, so darf das nicht zu der irrigen Auffassung führen, als werde darin wirklich Strom „verbraucht", d.h. als solcher zum Verschwinden gebracht. In einen Stromverbraucher tritt auf der einen Seite ein genau so starker Strom ein, wie auf der anderen Seite aus ihm austritt. Alle Stromverbraucher sind im Grunde nichts weiter als besonders ausgebildete Teilstücke des Stromkreises.

Wenn der elektrische Strom seiner Natur nach eine Transportbewegung elektrischer Ladungen ist, so kommt ihm außer seiner Stärke auch eine Richtung zu. Es scheint zunächst keine Frage zu sein, daß man als Stromrichtung die Bewegungsrichtung der Ladungen anzusehen hat, genau so, wie man als Richtung eines Flüssigkeitsstromes selbstverständlich die Richtung ansieht, in der sich die Flüssigkeitsteilchen bewegen. So einfach liegen aber die Dinge beim elektrischen Strom nicht; denn hier gibt es ja zwei Sorten von Teilchen, nämlich positive und negative Elementarladungen, und der Strom kann entweder durch die einen oder die anderen oder sogar durch beide zugleich gebildet werden. Dabei zeigt es sich, daß infolge der gegensätzlichen Eigenschaften beider Ladungsarten Bewegungen ungleichnamiger Ladungen nur dann elektrisch äquivalent sind, d. h. die gleiche elektrische Wirkung haben, wenn sie in entgegengesetzten Richtungen erfolgen. Ob sich in einem Querschnitt positive Ladungen von rechts nach links oder negative Ladungen von links nach rechts bewegen, ist für die Wirkung der Bewegung gleichgültig. Die Richtung des Stromes ist also keineswegs von vornherein festgelegt. Man hat sich entschieden, die Bewegungsrichtung positiver Ladungen als Stromrichtung anzusehen. Diese Festsetzung hat allerdings den Schönheitsfehler, daß Ströme, die allein durch positiv geladene Teilchen gebildet werden, fast nie vorkommen, um so häufiger aber Ströme, die ausschließlich in einer Elektronenbewegung bestehen, wie z. B. in allen metallischen Leitern. Bei der festgesetzten Stromrichtung fließt also fast stets der Strom der Bewegungsrichtung der Elementarladungen entgegen.

4. Elektromotorische Kraft; Stromquellen. Um Ladungen in einem Leiter in Bewegung zu setzen oder zu halten, bedarf es einer Kraft auch dann, wenn diese Bewegung nicht zu einer ungleichmäßigen Ladungsverteilung führt. Es ist nämlich eine Eigentümlichkeit der leitenden Stoffe, daß sie eine Bewegung von Ladungen behindern, d. h. ihr einen Widerstand entgegensetzen, der jede Ladungsbewegung augenblicklich zum Stillstand kommen, also jeden Strom absterben läßt, wenn er nicht durch eine ladungsbewegende Kraft überwunden wird. Dieser Widerstand kann mit dem Reibungswiderstand in der Mechanik verglichen werden, dessen stets gegen die Bewegung gerichtete Wirkung ebenfalls zur Aufrechterhaltung jeder Bewegung eine Kraft erfordert. In unserem Stromkreis kann deshalb ein Strom nur dann fließen, wenn in ihm eine ladungsbewegende Kraft wirksam ist, die die Gegenwirkung des Leitungswiderstandes überwindet oder, genauer gesagt, im Gleichgewicht hält. Auch die Gegenwirkung des Leitungswiderstandes stellt offenbar wieder eine Kraft dar, die mit der ladungsbewegenden Kraft wesensgleich ist. Die ladungsbewegende Kraft bezeichnet man als elektromotorische Kraft, wofür man abgekürzt meist EMK schreibt und sagt. Wenn also in unserem Stromkreis ein Strom fließen soll, müssen wir in ihm eine EMK wirken lassen. Dazu müssen wir in ihn ein besonderes Gerät einschalten, das diese EMK zur Verfügung stellt. Solche Geräte, die ganz unterschiedlicher Natur sein können, werden, da ihre EMK ja die Urheberin des Stromes ist, meist als Stromquellen bezeichnet, ein Ausdruck, der nach unserer Vorstellung von dem Wesen des Stromes nicht ganz korrekt ist; richtiger wäre die Bezeichnung „EMK-Quelle".

Eine allgemein bekannte, wenn auch keineswegs die wichtigste Gattung von Gleichstromquellen bilden die sog. Elemente, die auf elektrochemischem Wege eine zeitlich konstante EMK zur Verfügung stellen, eine Wirkung, die wir zunächst als gegeben hinnehmen wollen. Handelsübliche Bauformen von Elementen sind u. a. die Taschenlampenelemente und die Akkumulatoren oder Sammler, beide meist zu mehreren zu einer „Batterie" zusammengeschlossen. Eine Akkumulatoren-Batterie findet sich z. B. in jedem Kraftfahrzeug zur Speisung der Beleuchtung bei stillstehendem Motor und zum Betrieb des elektrischen Starters.

Es liegt auf der Hand, daß ebenso wie dem Strom auch der EMK eine Richtung zukommt, in dem Sinne, daß eine Umkehr des Richtungssinnes der in einem Stromkreis wirkenden EMK auch eine Umkehr des von ihr verursachten Stromes zur Folge hat. Hierauf gehen wir später noch näher ein.

Abb. 1 zeigt das Schaltschema eines einfachen Stromkreises, in dem als Stromquelle, genauer gesagt, als EMK-Lieferant, eine Akkumulatorenbatterie B vorgesehen ist. Stromverbraucher ist in diesem Fall eine zu der Batterie passende Glühlampe G, deren wesentlicher Teil nichts weiter als ein in den Stromkreis geschalteter, feiner Glühfaden F aus Metall mit besonders hohem Schmelzpunkt ist. Damit er bei der hohen Glühtemperatur nicht in dem Sauerstoff der Luft verbrennt, ist er in einer luftleer gepumpten Glashülle untergebracht. An seine Enden sind stärkere Zuführungsdrähte

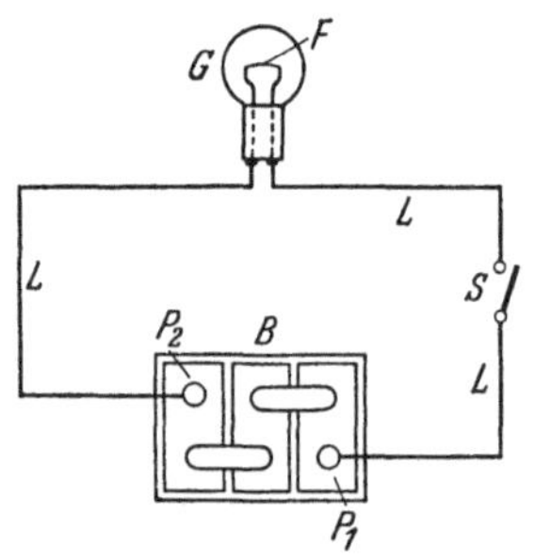

Abb. 1. Einfacher elektrischer Stromkreis.

angeschweißt, die vakuumdicht durch die Glashülle nach außen geführt sind und es gestatten, durch den Glühdraht Strom zu schicken. Zu diesem Zweck werden die Zugführungsdrähte über Leitungen L aus Kupferdraht an die sog. Pole P_1 und P_2 der Batterie angeschlossen, so daß ein Stromkreis entsteht, der durch einen Schalter S, dessen bewegliche Metallkontakte sich je nach der Schalterstellung berühren oder nicht, nach Belieben geschlossen oder unterbrochen werden kann. Die Pole der Batterie und überhaupt die Anschlußstücke elektrischer Geräte werden häufig auch als Klemmen bezeichnet, weil sie meist mit Klemmschrauben zum Befestigen der Leitungsdrähte ausgerüstet sind. Wir wissen, daß in dem geschlossenen Stromkreis überall, d. h. sowohl im Glühdraht F als auch in den Leitungen L und schließlich sogar in der Batterie B, der gleiche Strom fließt. Bei Unterbrechung wird der ganze Stromkreis, also auch die Batterie B als Teil des Stromkreises stromlos. Dabei ist es völlig gleichgültig, an welcher Stelle die Unterbrechung erfolgt, ob in der rechten oder der linken Stromkreishälfte oder gar ungewollt bei einem etwaigen Durchbrennen des Glühdrahtes in der Glühlampe selbst.

B. Wirkungen des elektrischen Stromes

5. Wärmewirkung. Wir haben uns von der Natur des Stromes ein Bild gemacht, das zwar ziemlich grob ist, für unsere Zwecke aber ausreicht, da es uns ja nur auf das Verhalten und die Wirkungen des Stromes ankommt. Eine Wirkung des Stromes, die oft absichtlich ausgenutzt, beinahe häufiger aber als störend empfunden und darum bekämpft wird, zeigt uns bereits das Leuchten der Glühlampe. In jedem Leiter wird nämlich von dem hindurchfließenden Strom Wärme erzeugt. Der Glühdraht der

Lampe ist nach Querschnitt, Material und Wärmeabgabe so abgestimmt, daß seine Temperatur durch die in ihm entstehendeWärme bis zurWeißglut gesteigert wird;Wärme entsteht durch den Strom aber auch in den Leitern L und schließlich auch in der Batterie, wovon man sich durch empfindliche Thermometer überzeugen kann. In den Leitern L und der Batterie B bedeutet freilich die Wärmeentwicklung einen Energieverlust, und man sucht sie deshalb möglichst klein zu halten. Was dazu zu tun ist und wovon die Stromwärme in einem Leiter überhaupt abhängt, werden wir später sehen. Eins muß aber schon jetzt ausdrücklich festgestellt werden, daß nämlich die Erwärmung eines Leiters von der Richtung des Stromes, der ihn durchfließt, unabhängig ist. Wir können das sofort feststellen, wenn wir in Abb. 1 die Batteriepole P_1 und P_2 in bezug auf die daran angeschlossenen Leiter vertauschen und damit die EMK der Batterie in dem Stromkreis in umgekehrter Richtung wirken lassen, d. h. die Stromrichtung umkehren. Auf das Leuchten der Glühlampe hat das keinen Einfluß.

6. Chemische Wirkung; Maßeinheit der Stromstärke. Eine weitere Wirkung des Stromes ist die sog. Elektrolyse, d. h. die Zersetzung leitender Flüssigkeiten infolge Stromdurchgangs. Die leitende Flüssigkeit wird in diesem Zusammen-hang als Elektrolyt bezeichnet. Eigentlich ist die Elektrolyse ein Sondergebiet der Chemie. Sie ist aber für uns insofern von Bedeutung, als die wichtigste elektrotechnische Einheit, eben die Einheit der Stromstärke, durch einen elektrolytischen Vorgang festgelegt ist. Verbindet man nach Abb. 2 mit den Polen P_1, P_2 einer Stromquelle B Platinbleche E_1 und E_2, die als sog. Elektroden, ohne sich zu berühren, in verdünnte Salzsäure, eine Verbindung aus Wasserstoff und Chlor, tauchen, so wird an beiden Elektroden E_1, E_2 Gas abgeschieden. Die chemische Untersuchung zeigt, daß an der einen Elektrode Wasserstoff, an der anderen Chlor ausgeschieden wird. Bei Unter-brechung einer Zuleitung hört die Gasentwicklung sofort auf; sie ist also offenbar darauf zurückzuführen, daß unter dem Einfluß der EMK der Stromquelle B ein Strom I durch die als Elektrolyt dienende Salz-säure von der einen zur anderen Elektrode fließt.

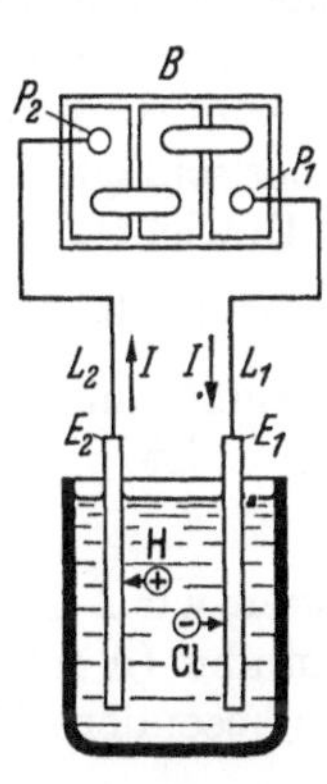

Abb. 2. Elektrolytische Zersetzung von verdünnter Salzsäure.

Die Leitfähigkeit von Flüssigkeiten ist auf die sog. Dissoziation zurückzuführen, d. h. auf eine Trennung der elektrisch neutralen Moleküle in einen elektrisch positiv und einen negativ geladenen Bestandteil. Diese Bestandteile heißen Ionen. Dieselbe früher schon erwähnte Kraft, die im Metall die elektrisch negativen Elektronen in Bewegung setzt, bewirkt hier ein Wandern der Ionen nach den Elektroden hin, und zwar wandern die negativ geladenen Ionen in demselben Richtungssinn wie die Elektronen in den Zuführungsdrähten L_1, L_2, die positiv gela-denen entgegengesetzt. Es findet also auch hier ein Transport elektrischer Ladungen statt, was mit dem Fließen eines Stromes gleichbedeutend ist, nur beteiligen sich hier im Gegensatz zu den metallischen Leitern auch positive Ladungen am Zustande-kommen des Stromes, wobei der Transport entgegengesetzter Ladungen in entgegen-gesetzten Richtungen ein und derselben Stromrichtung entspricht.

In unserem speziellen Fall ist jeweils ein Teil der Salzsäure-Moleküle, die gemäß der chemischen Formel HCl je aus einem Wasserstoffatom (H) und einem Chlor-atom (Cl) bestehen, in die Ionen H^+ und U^- gespalten, wobei die Indizes $+$ und $-$ andeuten sollen, daß das Wasserstoffion positiv und das Chlorion negativ geladen ist. Das negative Chlorion gibt an der Elektrode, zu der es wandert, das über-schüssige, seine negative Ladung bedingende Elektron ab, während an der anderen Elektrode das durch Fehlen eines Elektrons positive Wasserstoffion ein Elektron aus dieser aufnimmt. Beide Ionen werden so neutralisiert, und die übrig bleibenden Chlor-bzw. Wasserstoffatome scheiden sich an den Elektroden ab. Durch diesenVorgang setzt sich die in den Zuleitungen herrschende Elektronenbewegung durch den Elektrolyten hindurch fort. Nicht immer sind die elektrolytischen Vorgänge so einfach. Sehr oft nehmen die zu den Elektroden transportierten Molekülteile dort an sekundären chemi-

schen Prozessen teil, an denen auch das Elektrodenmaterial beteiligt sein kann. Wir
kommen hierauf später noch einmal zurück.

Man nennt die Elektrode E_1, in die der Strom eintritt, Anode, die, aus der er austritt,
Kathode und entsprechend das zur Anode hin, also dem Strom entgegen wandernde,
negativ geladene Ion Anion, das zur Kathode wandernde Kation.

Da im Elektrolyten jedes Ion eine Ladung vom Betrag der Elementarladung besitzt,
ist die Zahl der in einer bestimmten Zeit an die Elektroden gelangenden Ionen der Stärke
des hindurchfließenden Stromes verhältnisgleich. Bezeichnen wir mit q den Betrag der
Elementarladung, mit n die Zahl der in der Zeit t an eine Elektrode gelangenden Ionen,
so können wir die Stärke des Stromes als $I = \dfrac{n\,q}{t}$ definieren. Andererseits scheidet sich
aber mit jedem Ion an der betr. Elektrode eine ganz bestimmte Masse, nämlich die
Masse des Moleküls, ab, so daß auch die Masse des je Zeiteinheit an einer Elektrode
ausgeschiedenen Stoffes ein direktes Maß für die Stromstärke ist. Auf dieser Tatsache
beruht die international vereinbarte Festlegung der Einheit der Stromstärke, die, wie
schon erwähnt, den Namen Ampere bekommen hat. Danach ist 1 Ampere (abgekürzt
1 A) die Stärke eines Stromes, der in 1 Sekunde aus einer wäßrigen Lösung von
Silbernitrat 1,118 mg Silber an einer Platinelektrode ausscheidet. Das ausgeschiedene
Silber schlägt sich auf der Platinelektrode als fester Belag nieder, so daß seine Menge
als Gewichtszunahme der Elektrode feststellbar ist.

Ist die Stromstärke durch den Quotienten $\dfrac{\text{Ladungs- bzw. Elektrizitätsmenge}}{\text{Zeit}}$ dargestellt,
so ergibt umgekehrt das Produkt: Stromstärke I mal Zeit t eine Elektrizitätsmenge Q,
d. h. es ist

$$Q = I\,t. \tag{1}$$

Setzen wir I in Ampere (A) und t in Sekunden (sek) ein, so ergibt sich Q in Amperesekunden (A sek). Für die Einheit der Elektrizitätsmenge bzw. Ladung hat man auch
eine besondere Einheitsbezeichnung, das Coulomb (C) eingeführt, und zwar ist

$$1\ \text{C} = 1\ \text{A sek}. \tag{2}$$

Neben dem Coulomb ist für größere Elektrizitätsmengen auch die Amperestunde (Ah)
als Einheit gebräuchlich. Die Ladung eines Elektrons, also die Elementarladung,
beträgt $1{,}602 \cdot 10^{-19}$ C.

7. Magnetische Wirkung; Prinzip der praktischen Strommesser. Die weitaus wichtigste Wirkung des elektrischen Stromes, ohne die die technische Benutzung der Elektrizität vermutlich auf einige unwesentliche Fälle be-
schränkt geblieben wäre, ist die Magnetisierung des den
Strom umgebenden Raumes. Diese Wirkung ist im Gegensatz zu den anderen Stromwirkungen, deren Auftreten an
bestimmte, weitere Voraussetzungen geknüpft ist, mit dem
Strom unlösbar verbunden; sie gehört zu dem Wesen des
Stromes ebenso wie etwa die Trägheit zur Masse. Sie läßt
sich mit Hilfe einer Kompaßnadel sehr einfach nachweisen.

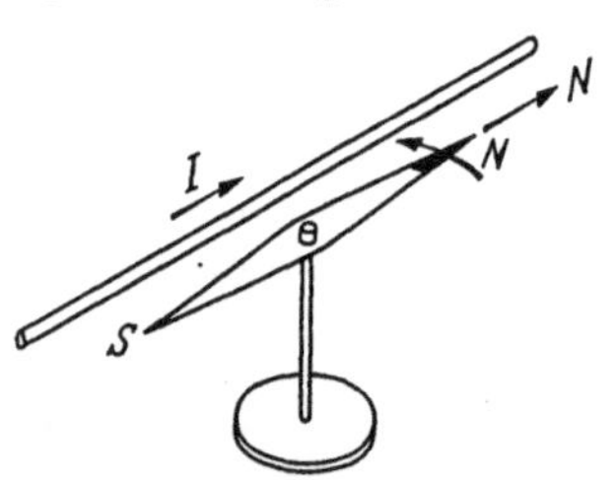

Abb. 3. Ablenkung einer Magnetnadel
durch einen elektrischen Strom.

Die Kompaßnadel stellt sich beim Fehlen störender Einflüsse bekanntlich unter dem Einfluß des Magnetfeldes der
Erde angenähert in die Nord-Südrichtung ein. Durch Ein-
wirkung fremder Magnetfelder, z. B. bei Annäherung eines magnetisierten Stahlstabes,
wird sie aus dieser Richtung abgelenkt.

Wir führen dicht über eine Kompaßnadel hinweg ein geradliniges, ebenfalls von N
nach S gerichtetes Leiterstück (Abb. 3). Lassen wir durch dieses Leiterstück einen Gleichstrom I fließen, so wird die Nadel abgelenkt, und zwar um so mehr, je stärker der
Strom ist, eine Erscheinung, die nur auf ein von dem Strom hervorgerufenes Magnetfeld
zurückgeführt werden kann. Mit einer Umkehr der Stromrichtung kehrt sich auch die
Richtung der Ablenkung um. Führen wir den Strom unter der Nadel hindurch statt

über sie hinweg, so kehrt sich bei gleichgebliebener Stromrichtung ebenfalls ihr Ausschlag um. Ein Strom über und ein entgegengerichteter Strom unter der Nadel unterstützen sich in ihrer ablenkenden Wirkung. Das bietet die Möglichkeit, die Stromempfindlichkeit der Nadel zu vervielfachen, indem man den stromdurchflossenen Leiter zu einer flachen Spule formt, die die Nadel mehrmals umschließt (Abb. 4). Um von der N-S-Richtung unabhängig zu sein, kann man die Drehachse der Nadel waagerecht, die Spulenachse senkrecht anordnen und die Ruhelage durch eine kleine Spiralfeder festlegen (Abb. 5). Ein mit der Nadel verbundener Zeiger zeigt auf einer Skala die Ablenkung an. Schicken wir Ströme bekannter Stromstärke durch die Spule, so können wir die Skala in Ampere eichen und uns damit einen — allerdings noch recht primitiven — Strommesser schaffen.

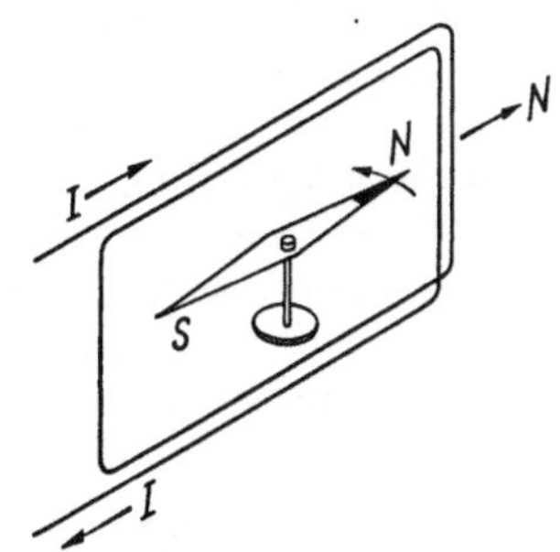

Abb. 4. Kompaßnadel in einer stromdurchflossenen Spule.

Die meisten praktisch benutzten Strommesser beruhen auf der Kraftwirkung des von dem Strom erzeugten Magnetfeldes. So ist z. B. das zur Messung von Gleichströmen am häufigsten benutzte Instrument das Drehspulinstrument. Es ist im Prinzip eine kinematische Umkehrung des vorher beschriebenen Gerätes, d. h. bei ihm dreht das zwischen Spule und Magnet wirksame Drehmoment, das ja nicht nur an dem Magneten, sondern mit gleichem Betrag, aber entgegengesetztem Drehsinn auch an der Spule angreift, statt des Magneten die Spule, und der Magnet steht still. Man nimmt diesen Rollentausch zwischen Spule und Magnet vor, um zwecks hoher Empfindlichkeit einen möglichst kräftigen Magneten verwenden zu können, und dieser eignet sich wegen seines großen Gewichtes nicht als drehbarer Teil. Auf nähere Einzelheiten des Drehspulinstruments kommen wir noch zurück.

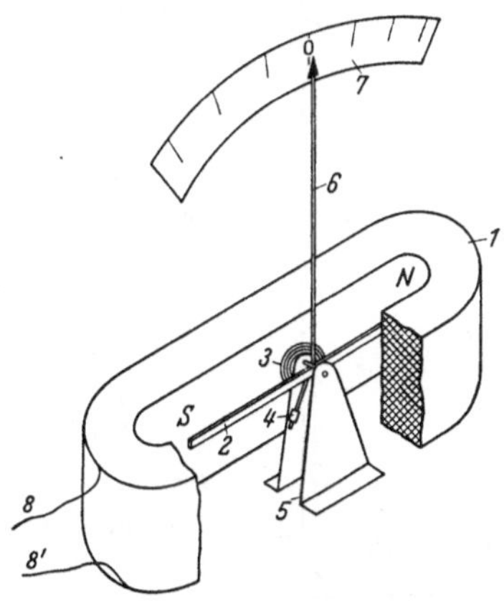

Abb. 5. Einfacher Strommesser. *1* Spule, *2* Magnetnadel, *3* Rückstellfeder, *4* Ausgleichsgewicht, *5* Lagerstützen, *6* Zeiger, *7* Skala, *8 8'* Stromzu- und ableitung.

C. Elektrische Spannung

8. Begriff und Maßeinheit der Spannung. Die Tatsache, daß ein Strom entsteht, wenn wir die Pole einer Batterie oder einer sonstigen Stromquelle miteinander verbinden und so die Stromquelle zu einem Teil eines geschlossenen Leiterkreises machen, hatten wir darauf zurückgeführt, daß in der Stromquelle eine EMK als ladungsbewegende Kraft wirksam ist. Wir wollen diesen Vorgang noch von einem anderen Gesichtspunkt aus betrachten und stellen uns vor, daß nach Abb. 6 an die Pole P_1, P_2 einer Batterie B zwei lange, gegeneinander isolierte Kupferdrähte L_1, L_2 angeschlossen seien, die in den Metallkontakten a und b enden. Wir wissen und können uns durch zwischengeschaltete Strommesser A_1, A_2 davon überzeugen, daß die Leiter L_1 und L_2 und somit auch die Batterie B stromlos sind, solange die Kontakte a und b offen, d. h. nicht miteinander leitend verbunden sind, daß aber augenblicklich ein Strom zu fließen beginnt, sobald wir a und b durch einen leitenden Weg, z. B. eine zwischen die Kontakte a' und b' geschaltete Glühlampe G, überbrücken. Die Herstellung einer leitenden Verbindung zwischen a und b macht sich also sofort in dem ganzen so geschaffenen Stromkreis bemerkbar; sie wird gewissermaßen über die ganze Länge der Leiter L_1, L_2 bis zur Batterie B gemeldet. Das läßt sich nur so deuten, daß sich die Kontakte a und b schon vor ihrer Überbrückung in einem eigentümlichen Zustand befinden, der sich in der Bereitschaft äußert, einen Strom von dem einen Kontakt zum anderen entstehen zu lassen, sobald in Form der Überbrückung ein Weg für diesen geschaffen wird. Es werden dann die Ladungen in der Überbrückung und dadurch auch die Ladungen in den übrigen Teilen des Stromkreises in Bewegung gesetzt, so daß überall der gleiche Strom fließt.

Wie haben wir uns nun den erwähnten Zustand der Kontakte a und b, der bei ihrer Überbrückung einen Strom zur Folge hat, vorzustellen? Zwischen den anderen Leitungsenden, nämlich zwischen P_1 und P_2, ist eine EMK wirksam, die wir als ladungsbewegende Kraft ansehen. Solange die Kontakte a und b noch offen sind, kann eine dauernde Wanderung von Ladungen nicht stattfinden; die ladungsbewegende Wirkung der EMK erschöpft sich vielmehr darin, daß sie in der einen Leitung (L_2) eine Elektronenanhäufung, in der anderen (L_1) eine Elektronenverarmung entstehen läßt, so daß die letztere gegenüber der ersteren bis zu den Kontakten a und b hin positiv geladen erscheint. Diese unterschiedliche Ladung bedeutet für die beiden Leitungen einen Zwangszustand. Die Ladungen haben das Bestreben, sich auszugleichen. Über die

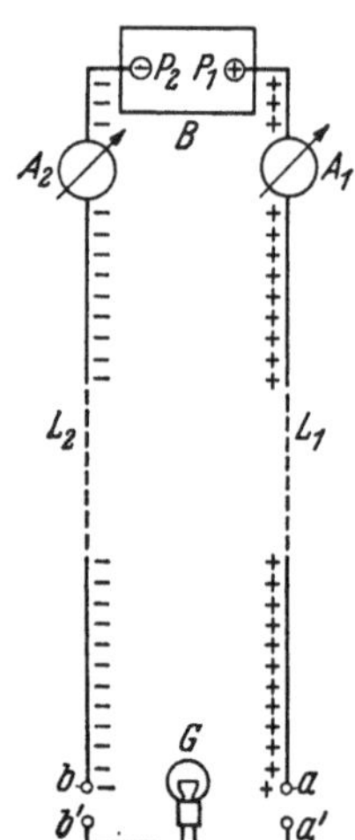

Abb. 6. Ladungszustand einer an eine Stromquelle angeschlossenen Doppelleitung.

Batterie, die ja auch eine leitende Verbindung der beiden Leitungen bildet, kann der Ausgleich nicht erfolgen; das verhindert die dort wirkende EMK, die im Gegenteil gerade die unterschiedliche Ladung erzwingt. Wir haben bereits früher festgestellt, daß das Ausgleichsbestreben der Ladungen eine Kraft darstellt, die der EMK wesensgleich und entgegengerichtet ist, so daß sich zwischen beiden ein Gleichgewichtszustand einstellt und die Größe der EMK die Größe der genannten Kraft bestimmt. Diese durch das Ausgleichsbestreben der Ladungen bedingte, zwischen den Leitungen wirkende Kraft ist die eigentliche Ursache dafür, daß bei Herstellung einer leitenden Verbindung zwischen den Leitungen sofort eine Ausgleichsbewegung der Ladungen, d. h. ein Strom über die Verbindung einsetzt. Sie ist neben dem Strom die wichtigste elektrische Größe und wird als elektrische Spannung bezeichnet. Sie ist, wie schon gesagt, mit der EMK wesensgleich; folglich hat auch die EMK den Charakter einer elektrischen Spannung. Wir müssen uns vorerst damit begnügen, die elektrische Spannung durch diejenige Eigenschaft zu kennzeichnen, die wir bis jetzt experimentell nachweisen können, nämlich durch ihre Fähigkeit, durch einen Leiter einen Strom zu treiben.

Solange die Leitungen noch nicht miteinander verbunden sind, also noch kein Strom fließt, stimmt die Spannung zwischen ihnen an allen Punkten mit der EMK der an sie angeschlossenen Stromquelle überein. Wird nun irgendwo ein Stromverbraucher zwischen die Leitungen geschaltet, so wandern über ihn Elektronen von der negativ zur positiv geladenen Leitung, was einem Strom von der positiven nach der negativen Leitung gleichbedeutend ist, der sich in den Leitungen selbst fortsetzt. Die EMK der Stromquelle hält jedoch weiterhin eine unterschiedliche Ladung der Leitungen aufrecht, was nur dadurch möglich ist, daß innerhalb der Stromquelle in der Zeiteinheit genau soviel Elektronen von der positiven zur negativen Leitung befördert werden, wie über den Stromverbraucher von der negativen zur positiven Leitung abwandern, so daß sich insgesamt das Bild eines in sich geschlossenen Stromes ergibt. Dabei nimmt allerdings die Spannung, die am Verbraucher wirksam ist, ab, weil zur Überwindung der Widerstände, die sich dem Fließen des Stromes in den Leitungen und in der Stromquelle selbst entgegensetzen — wir hatten ihre Wirkung mit einer Reibungskraft verglichen —, ein Teil der EMK verbraucht wird.

Die Einheit der elektrischen Spannung führt die Einheitsbezeichnung Volt, als Kurzzeichen V. Auf die Frage, wie man zu der Definition dieser Einheit kommt, soll hier nicht näher eingegangen werden. Es genügt für uns, zu wissen, daß der Eichung von Spannungsmessern durch internationale Vereinbarung ein Spannungsnormal zugrunde liegt, das durch die EMK eines Elementes ganz bestimmter Bauart, eines sog. Normalelementes, repräsentiert wird. Bei einer Temperatur von 20 °C beträgt die in stromlosem Zustand mit seiner EMK übereinstimmende Spannung an den Klemmen dieses Normalelementes 1,01830 V.

9. Parallel- und Reihenschaltung von Stromquellen. An jeder Gleichstromquelle sind die Pole bzw. die Anschlußklemmen irgendwie hinsichtlich der Richtung der zwischen ihnen entstehenden Spannung gekennzeichnet. Bei einer normalen Kraftfahrzeugbatterie ist der eine Pol mit einem Plus-, der andere mit einem Minuszeichen versehen. Beim Verbinden der Pole durch einen Stromverbraucher entsteht in diesem ein Strom, der aus dem Pluspol der Batterie aus- und in den Minuspol wieder eintritt. Außen fließt also der Strom vom Plus- zum Minuspol; im Innern der Batterie muß er dann aber vom Minus- zum Pluspol fließen. Wie dem Strom kommt also auch der Spannung zwischen zwei Punkten ein Richtungssinn zu, und wir müssen uns entscheiden, ob wir die Richtung von Plus nach Minus oder die umgekehrte Richtung als Spannungsrichtung ansehen wollen. Wir wollen ein für allemal vereinbaren, die Spannung als vom Pluspol zum Minuspol gerichtet anzusehen. Dann stimmen in einem Verbraucher Strom- und Spannungsrichtung stets miteinander überein.

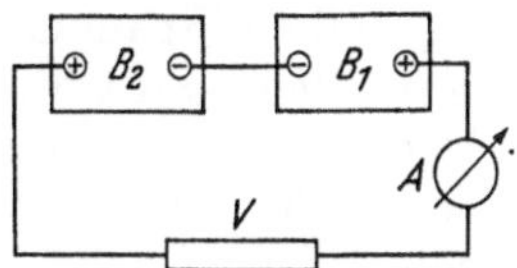

Abb. 7. Gegensinnige Hintereinanderschaltung von Stromquellen.

Schalten wir zwei völlig gleichartige Batterien B_1, B_2 mit einem beliebigen Verbraucher V und einem Strommesser A hinsichtlich ihrer Polbezeichnungen so zu einem geschlossenen Kreis zusammen, wie das Abb. 7 zeigt, so will die EMK der Batterie B_1 einen Strom im Uhrzeigersinn, die EMK von B_2 einen entgegengesetzt gerichteten Strom hervorrufen. Das hat zur Folge, daß, wie an dem Strommesser A erkennbar, überhaupt kein Strom fließt. Die EMKe der Batterien wirken bei der dargestellten Reihenfolge ihrer Pole in dem Stromkreis einander entgegen und heben einander auf, da sie wegen der Gleichartigkeit der Batterien beide gleich groß sind. Wir könnten getrost den äußeren Strompfad durch einen kurzen dicken Kupferdraht ersetzen, so daß ihre gleichnamigen Pole unmittelbar miteinander verbunden sind — ein Strom kommt nicht zustande. In Abb. 8 sind die beiden Batterien in dieser Weise „parallelgeschaltet". Trotzdem bleibt natürlich die Spannung zwischen ungleichnamigen Polen bestehen; hinsichtlich der Spannung wirken jetzt beide Batterien nach außen hin wie eine einzige Batterie. Verbinden wir,

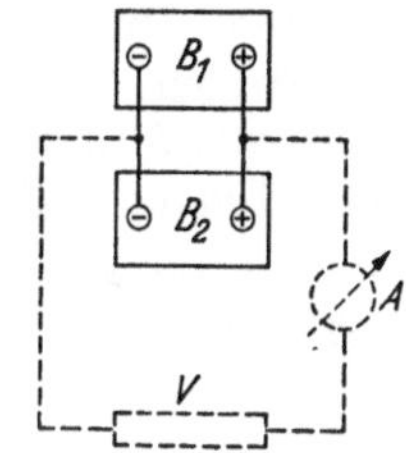

Abb. 8. Parallelschaltung von Stromquellen.

wie in Abb. 8 punktiert gezeichnet, die beiden Polverbindungen über einen Verbraucher V miteinander, so fließt in V ein Strom von derselben Größe, als ob nur eine Batterie vorhanden wäre. Beide Batterien beteiligen sich aber an diesem Strom, und wenn sie gleichartig sind, fließt in jeder die Hälfte des Verbraucherstromes. Durch Parallelschalten mehrerer Stromquellen von gleicher EMK kann man also bei gegebenem Verbraucherstrom die Strombelastung der einzelnen Stromquelle herabsetzen, eine Maßnahme, von der sehr oft Gebrauch gemacht wird.

Lieferte uns die gegensinnige Hintereinander- oder Reihenschaltung nach Abb. 7 die Differenz der Batteriespannungen, die in unserem Falle gleich Null war, so muß die gleichsinnige Reihenschaltung nach Abb. 9, bei der wir bei einem Umlauf durch den Stromkreis beide Batterien hinsichtlich

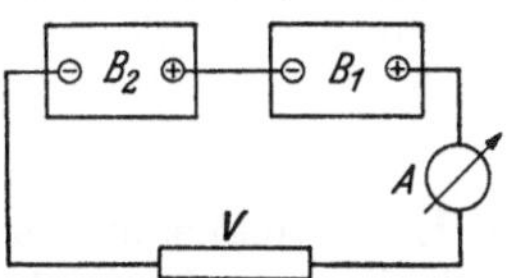

Abb. 9. Gleichsinnige Hintereinanderschaltung von Stromquellen.

der Polbezeichnung gleichsinnig durchlaufen, die Summe der Spannungen liefern. Wir werden einen höheren Strom erwarten dürfen, als wenn der Verbraucher nur an eine Batterie angeschlossen ist; die Strommesser-Anzeige bestätigt das. Durch gleichsinnige Reihenschaltung mehrerer Stromquellen, die durchaus auch unterschiedliche Spannungen haben können, lassen sich also beliebig hohe Spannungen erzielen. Jede Stromquelle führt dabei den vollen Verbraucherstrom.

D. Zusammenhang von Spannung und Strom

10. Das Ohmsche Gesetz; Leiterwiderstand. Nach der Vorstellung, die wir uns von
der Natur der Spannung gemacht haben, kann wohl eine Spannung ohne einen Strom
existieren, z. B. zwischen den nicht miteinander verbundenen Polen einer Stromquelle
und zwischen den daran angeschlossenen Leitern einer offenen Leitung, niemals dagegen
ein Strom in einem Leiter, ohne daß zwischen den Leiterenden eine Spannung besteht.
Die Beantwortung der Frage, ob diese Spannung als Ursache des Stromes oder der
Strom als Ursache der Spannung anzusehen sei, hängt genau so wie die Frage, ob bei
der Dehnung einer Feder die Kraft die Ursache der Dehnung oder die Dehnung die
Ursache der Federkraft sei, von dem Standpunkt der Betrachtung ab und ist im Grunde
müßig. Ist die Spannung zwischen den Leiterenden vorgegeben, so stellt sich der Strom
so ein, daß die Spannung, die er in dem Leiter hervorruft, mit der vorgegebenen Spannung im Gleichgewicht, d. h. mit ihr identisch ist.

Der Zusammenhang zwischen Leiterspannung und Leiterstrom hängt von der
Beschaffenheit des Leiters ab. Wir können uns davon leicht überzeugen, indem wir
nacheinander beliebige Leiter, die sich hinsichtlich ihrer Länge, ihres Querschnitts und
ihres Materials unterscheiden, jedesmal unter Zwischenschaltung eines Strommessers
an eine Batterie anschließen. Wir werden dann im allgemeinen jedesmal einen anderen
Wert der Stromstärke beobachten, obwohl die Spannung an dem Leiter in jedem Falle
nahezu mit der konstanten EMK der Batterie übereinstimmt. Verändern wir die
Spannung am Leiter, indem wir die Zahl der nach Abb. 9 in Reihe geschalteten Batterien
ändern, so ändert sich ebenfalls jedesmal, wie nicht anders zu erwarten, der Leiterstrom.
Ganz allgemein können wir also aussagen, daß Leiterspannung und Leiterstrom voneinander abhängig sind, wobei die Beschaffenheit des Leiters hinsichtlich seines Materials
und seiner Abmessungen diese Abhängigkeit entscheidend beeinflußt.

Allgemein kann der Zusammenhang zwischen der Spannung U an dem Leiter und
dem Strom I in ihm recht verwickelt sein. Glücklicherweise herrscht aber in dem weitaus häufigsten Fall, daß der Leiter aus Metall besteht, bei konstanter Leitertemperatur
zwischen der Spannung U und dem Strom I Proportionalität, so daß wir mit einer
Proportionalitätskonstanten R den Zusammenhang in der Form

$$U = I R \qquad (1)$$

schreiben können. Dieser nach seinem Entdecker als Oʜᴍsches Gesetz bezeichnete
Zusammenhang ist verständlicherweise einer der wichtigsten der Elektrotechnik. Die
Konstante R darin wird als der Oʜᴍsche Widerstand, oder kurz als der Widerstand des
Leiters bezeichnet. Der Widerstand R eines Leiters ist damit definiert als das Ver-
hältnis der Spannung an dem Leiter zu dem hindurchfließenden Strom.

Nachdem wir über die Maßeinheiten von U und I bereits verfügt haben, ist durch
die Beziehung $U = IR$ auch die Einheit des Widerstandes festgelegt. Die Einheitsbezeichnung des Widerstandes ist Ohm mit dem Kurzzeichen Ω. Es ist

$$1 \, \Omega = \frac{1 \, \text{V}}{1 \, \text{A}} . \qquad (2)$$

Ein Leiter hat somit einen Widerstand von 1 Ohm, wenn an ihm eine Spannung von
1 Volt liegt und zugleich in ihm ein Strom von 1 Ampere fließt. Sind von den drei
Größen U, I und R zwei bekannt, so kann die dritte nach dem Oʜᴍschen Gesetz berechnet werden. Legt man an einen Leiter mit dem bekannten Widerstand R Ohm
eine Spannung von U Volt, so fließt ein Strom von $I = U/R$ Ampere. Umgekehrt kann
man den Widerstand R eines Leiters bestimmen, indem man ihn an eine Stromquelle
anschließt und sowohl die Spannung U an ihm als auch den hindurchfließenden Strom I
mißt. Es ist dann $R = U/I$.

Es ist zwar selbstverständlich, soll aber doch noch ausdrücklich betont werden, daß
das Oʜᴍsche Gesetz nur diejenige Spannung mit dem Strom und dem Widerstand

koppelt, die durch das Zusammenwirken von Leiterstrom und Leiterwiderstand entsteht. Es gilt für die Spannung, die an irgendeinem Stromkreisteil auftritt, nur dann, wenn darin keine EMK wirksam ist, weil anderenfalls die Spannung von der EMK mitbestimmt wird. Man darf also beispielsweise nicht etwa auf den Gedanken kommen, den an sich zweifellos vorhandenen inneren Widerstand einer Stromquelle auf die Weise bestimmen zu wollen, daß man sie mit einem Strom belastet und den Quotienten aus ihrer Klemmenspannung und dem Belastungsstrom bildet. Die Klemmenspannung einer Stromquelle wird zwar durch das Produkt: Strom mal innerer Widerstand beeinflußt, ist aber nicht mit ihm identisch.

In der deutschen Fachsprache wird leider der Ausdruck Widerstand in einem doppelten Sinn gebraucht. Ähnlich, wie man unter einem Gewicht nicht nur eine physikalische Meßgröße, sondern auch einen schweren Körper versteht, ist mit der Bezeichnung Widerstand häufig der mit Widerstand behaftete Leiter selbst gemeint. Vor allem bezeichnet man als Widerstand jedes Gerät, das eigens dem Zweck dient, den Widerstand — diesmal als Meßgröße verstanden — eines Strompfades zu erhöhen. Ist der Widerstand des Gerätes regelbar, so bezeichnet man es als einen Regel- oder Stellwiderstand.

Wenn auch die in dem OHMschen Gesetz zum Ausdruck kommende Proportionalität zwischen U und I, streng genommen, nur für metallische Leiter konstanter Temperatur gilt, weil nur bei diesen R unbedingt konstant ist, kann man mit dem Begriff des Widerstandes auch dann arbeiten, wenn der Zusammenhang zwischen U und I ein anderer ist. Abb. 10 zeigt als Beispiel einen nichtlinearen Zusammenhang zwischen U und I. Dann kann man immer noch für jedes zusammengehörige Wertepaar, z. B. U_1 und I_1, einen Widerstand $R = \dfrac{U}{I}$ errechnen, erhält aber für jeden Wert von U bzw. I einen

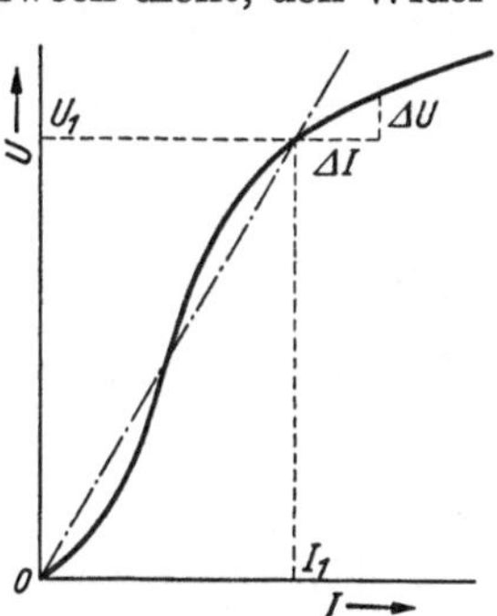

Abb. 10. Zur Definition des Widerstandes bei nichtlinearem Zusammenhang zwischen Spannung und Strom.

anderen Widerstandswert; R ist keine Konstante mehr, sondern selbst eine Funktion von U bzw. von I. Dabei ist für jeden Kurvenpunkt der Widerstand durch den Tangens des Winkels dargestellt, den die durch den betr. Punkt und den Koordinatenursprung gehende Gerade mit der I-Achse einschließt. Häufig wird aber auch als Widerstand der Grenzwert des Verhältnisses $\dfrac{\Delta U}{\Delta I}$ für $\Delta I \to 0$ angesehen, wobei ΔU die Spannungsänderung ist, die hier bei einer kleinen Stromänderung ΔI eintritt. In diesem Fall ersetzt man also die Kurve in dem betreffenden Punkt durch ihre Tangente. Von dieser Art der Widerstandsberechnung wird nur auf ganz bestimmten Gebieten Gebrauch gemacht, so daß wir uns vorerst nicht weiter darum zu kümmern brauchen.

11. Der Widerstand und seine Temperaturabhängigkeit. Die in der Elektrotechnik benutzten Leiter sind überwiegend gestreckte Leiter, d. h. Leiter, deren stromdurchflossener Querschnitt im Verhältnis zu der Länge des Weges, den der Strom in ihnen zurücklegt, nur klein ist. Wir dürfen bei derartigen Leitern, z. B. bei Drähten, Drahtseilen, Stäben, gewöhnlich annehmen, daß sich der Strom überall über den zur Verfügung stehenden Leiterquerschnitt gleichmäßig verteilt.

Daß der OHMsche Widerstand eines gestreckten Leiters, der überall gleichen Querschnitt hat, der Leiterlänge verhältnisgleich ist, liegt auf der Hand; denn erhöhen wir die ursprüngliche Länge l_1 eines Leiters auf das n-fache, so bedeutet das doch nichts anderes, als daß wir n gleichartige Leiter der ursprünglichen Länge l_1 hintereinander schalten. Bleibt dabei die Stromstärke erhalten, so tritt an jedem Leiterabschnitt von der Länge l_1 wieder die ursprüngliche Spannung U_1 auf. Wegen der Hintereinanderschaltung addieren sich aber alle diese Teilspannungen, genau wie die Spannungen gleichsinnig in Reihe geschalteter Stromquellen, zu der Gesamtspannung $n\,U_1$. Dem Leiterquerschnitt ist der Widerstand dagegen umgekehrt proportional; denn bei gegebener Leiterlänge und Spannung fließt durch jeden Quadratmillimeter des Querschnitts der gleiche Strom, so daß der Gesamtstrom im gleichen Maße wie der Querschnitt zu- oder abnimmt. Der Widerstand eines Leiters mit der Länge l und dem Querschnitt q ist also

$$R = \frac{l}{q}\,\varrho\,. \tag{1}$$

Die Konstante ϱ heißt spezifischer Widerstand und hängt von dem Leitermaterial und der Temperatur ab. Wenn nichts anderes angegeben, gilt ϱ für eine Temperatur von 20° C. Wegen der im Verhältnis zum Querschnitt meist sehr großen Leiterlänge setzt man in Gl. (1) gewöhnlich l in m und q in mm² ein, so daß $\varrho = \frac{R\,q}{l}$ die Dimension $\frac{\Omega\,\text{mm}^2}{\text{m}}$ erhält und zahlenmäßig mit dem Widerstand eines 1 m langen Drahtes bzw. Stabes von 1 mm² Querschnitt aus dem betr. Leitermaterial übereinstimmt. Manchmal wird ϱ aber auch in $\frac{\Omega\,\text{cm}^2}{\text{cm}} = \Omega\,\text{cm}$ angegeben, und man muß dann, um R in Ohm zu erhalten, in Gl. (1) l in cm und q in cm² einsetzen. ϱ ist in diesem Falle mit dem Widerstand eines Würfels von 1 cm Seitenlänge gleichwertig. Hierauf muß man bei der Benutzung von Tabellen für ϱ achten. Für die elektrotechnisch wichtigsten Metalle und Metallegierungen gibt Tab. 1 die ϱ-Werte bei 20° C an.

Der Kehrwert des Widerstandes R eines Leiters, mit dem es sich manchmal bequemer rechnet, heißt dessen Leitwert

$$G = \frac{1}{R}\,. \tag{2}$$

Die Einheit des Leitwertes ist das Siemens (S); es ist also

$$1\,\text{S} = \frac{1}{1\,\Omega}\,. \tag{3}$$

Entsprechend nennt man den Kehrwert des spezifischen Widerstandes die Leitfähigkeit $\varkappa$ des betr. Stoffes mit der Dimension $\frac{\text{m}}{\Omega\,\text{mm}^2} = \frac{\text{S\,m}}{\text{mm}^2}$.

Tabelle 1

Material	Spezif. Widerstand ϱ $\frac{\Omega\,\text{mm}^2}{\text{m}}$	Leitfähigkeit $\varkappa$ $\frac{\text{m}}{\Omega\,\text{mm}^2}$	Temperaturbeiwert α $\frac{1}{°\text{C}}$
Aluminiumdraht	0,029	34,5	$4,1 \times 10^{-3}$
Blei	0,21	4,75	4,1
Eisendraht	0,17	5,88	5,2
Konstantan (60% Cu, 40% Ni)	0,49	2,04	—0,05
Kupfer	0,0175	57,2	3,92
Manganin (84% Cu, 12% Mn, 4% Ni)	0,42	2,38	0,01
Messingdraht	0,07—0,08	12,5—14,3	1,3—1,9
Quecksilber	0,958	1,045	0,99
Silber	0,0165	60,6	4,0
Zink	0,06	16,7	4,1

Der spezifische Widerstand der meisten Stoffe nimmt mit der Temperatur zu, und zwar bei den Metallen, zumindest in dem praktisch interessierenden Temperaturbereich, linear. Ist ϱ der spezifische Widerstand bei 20° C, so ist bei linearer Temperaturabhängigkeit der spezifische Widerstand bei ϑ° C

$$\varrho_\vartheta = \varrho\,[1 + \alpha\,(\vartheta - 20)]\,. \tag{4}$$

Die gleiche Beziehung gilt natürlich auch für den Widerstand schlechthin. Hat ein Leiter bei 20° C den Widerstand R_{20}, so ist bei ϑ° C sein Widerstand

$$R_\vartheta = R_{20}\,[1 + \alpha\,(\vartheta - 20)]\,. \tag{5}$$

Die in Gl. (4) und (5) vorkommende Konstante α heißt Temperaturkoeffizient oder -beiwert des Widerstandes. Sie gibt an, um welchen Teilbetrag des Wertes bei 20° C der Widerstand bei einer Temperaturänderung um 1° C zu- bzw. abnimmt. Man muß darauf achten, daß sich für α ein anderer Wert ergibt, wenn ϱ für eine andere Temperatur als 20° C, also etwa, wie es manchmal noch vorkommt, für 15° C angegeben ist. Zwischen den auf verschiedene Temperaturen ϑ_1 und ϑ_2 bezogenen Temperaturbeiwerten α_1 und α_2 besteht der Zusammenhang

$$\frac{1}{\alpha_1} = \frac{1}{\alpha_2} + (\vartheta_1 - \vartheta_2)\,. \tag{6}$$

Es gibt auch leitende Stoffe mit negativem Temperaturkoeffizienten, bei denen also ϱ mit wachsender Temperatur abnimmt. Hierzu gehört u. a. Kohle. Das zeigt sich beim Einschalten von Kohlefaden-Glühlampen, bei denen der Strom im Einschaltaugenblick klein ist und mit zunehmender Fadentemperatur dem höheren Betriebswert zustrebt, während bei Metallfaden-Glühlampen, bei denen der Widerstand mit der Temperatur zunimmt, der Strom im Augenblick des Einschaltens am höchsten ist.

Die in Tab. 1 aufgeführten „Widerstandslegierungen" Konstanten und Manganin mit ihren hohen ϱ-Werten und ihren äußerst kleinen Temperaturbeiwerten α sind eigens für die Herstellung von Widerständen mit möglichst wenig von Temperaturänderungen beeinflußtem Widerstandswert geschaffen worden.

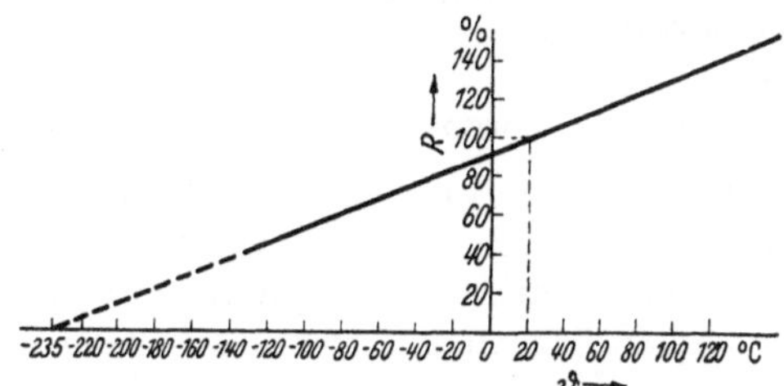

Abb. 11. Temperaturabhängigkeit des Widerstandes von Kupferleitern.

Bei Metallen erlaubt der lineare Zusammenhang zwischen R und ϑ eine bequeme Umrechnung von R auf eine andere Temperatur. Wir denken uns die Gerade $R = f(\vartheta)$ wie in Abb. 11 bis zum Werte $R = 0$ verlängert, obwohl bei sehr tiefen Temperaturen das lineare Gesetz nicht mehr gilt. Der Temperaturwert, bei dem die Gerade die Abszissenachse schneidet, hängt von der Art des Metalles ab und beträgt z. B. bei Kupfer — 235° C, bei Aluminium — 245° C. Dann stehen für Kupfer die zu zwei verschiedenen Temperaturen ϑ_1 und ϑ_2 gehörenden Widerstände R_1 und R_2 in dem Verhältnis

$$\frac{R_1}{R_2} = \frac{\vartheta_1 + 235}{\vartheta_2 + 235}\,. \tag{7}$$

Mit dieser Beziehung läßt sich auch die Temperaturzunahme aus einer gemessenen Widerstandszunahme bequem errechnen. Kennt man nämlich den Widerstand R_1 eines Kupferleiters bei $\vartheta_1°$ C, und stellt man später, z. B. durch Messung von Spannung und Strom, eine Widerstandsänderung auf den Wert R_2 fest, so kann man daraus schließen, daß sich die mittlere Temperatur des Leiters in °C auf

$$\vartheta_2 = \frac{R_2}{R_1}(\vartheta_1 + 235) - 235 \tag{8}$$

geändert hat. Von dieser Meßmethode macht man in der Elektrotechnik oft Gebrauch, wenn unmittelbare Temperaturmessungen unsicher oder gar nicht durchführbar sind.

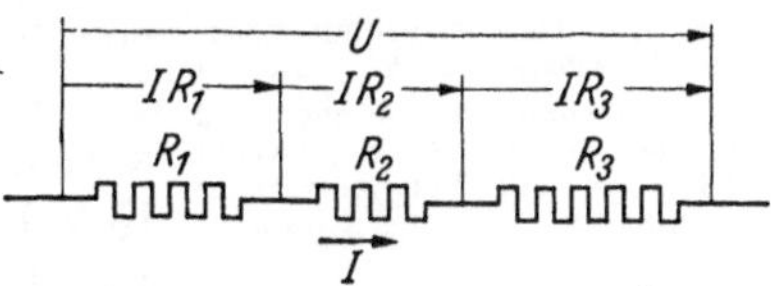

Abb. 12. Reihenschaltung von Widerständen.

12. Reihen- und Parallelschaltung von Widerständen. Durchfließt ein Strom I mehrere, in Reihe geschaltete Widerstände R_1, R_2, R_3 usw. (Abb. 12), so addieren sich, wie wir schon gesehen haben, die dadurch an den einzelnen Widerständen auftretenden Spannungen zu der Gesamtspannung $U = IR_1 + IR_2 + IR_3 + \cdots$. Schreiben wir diese Summe in der Form $U = I(R_1 + R_2 + R_3 + \cdots) = IR$, so ist $R = R_1 + R_2 + R_3 + \cdots$ der Gesamtwiderstand der Reihenschaltung, d. h. die Einzelwiderstände summieren sich.

Bei der Parallelschaltung von Widerständen (Abb. 13) liegt an allen Widerständen dieselbe Spannung U, und die Ströme in ihnen errechnen sich zu $I_1 = \dfrac{U}{R_1}$, $I_2 = \dfrac{U}{R_2}$ usw. Teilen wir die Spannung U durch den Gesamtstrom $I = I_1 + I_2 + I_3 + \cdots$, so erhalten wir den resultierenden Widerstand der Parallelschaltung zu

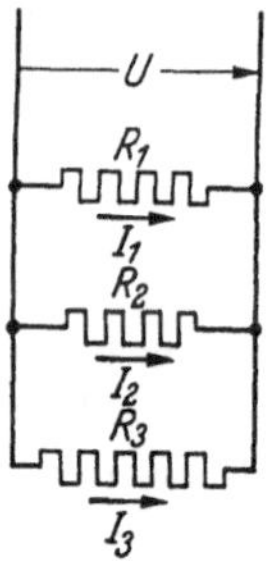

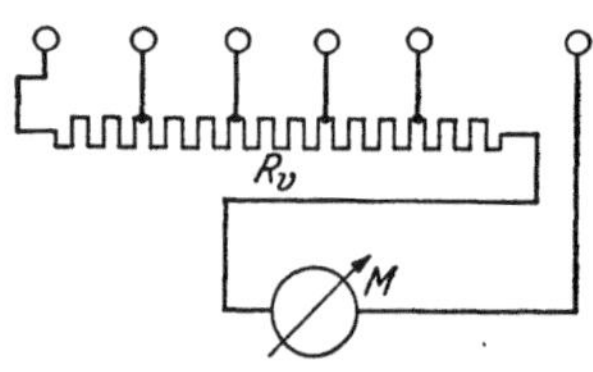

$$R = \frac{U}{I_1 + I_2 + I_3 + \cdots} = \frac{1}{\dfrac{1}{R_1} + \dfrac{1}{R_2} + \dfrac{1}{R_3} + \cdots} \qquad (1)$$

Für nur zwei Widerstände R_1 und R_2 ergibt das

$$R = \frac{R_1 R_2}{R_1 + R_2} \qquad (2)$$

Bei einer größeren Zahl paralleler Widerstände rechnet man einfacher mit den entsprechenden Leitwerten $G_1 = \dfrac{1}{R_1}$, $G_2 = \dfrac{1}{R_2}$ usw. und erhält den resultierenden Leitwert aus

$$G = G_1 + G_2 + G_3 + \cdots, \qquad (3)$$

woraus sich dann der resultierende Widerstand $R = \dfrac{1}{G}$ ergibt.

Abb. 13. Parallel-schaltung von Widerständen.

13. Spannungsmessung; Strommesser mit Nebenwiderstand. Da nach dem OHMschen Gesetz der Strom in einem Strompfad gegebenen Widerstandes der an die Enden des Strompfades angelegten Spannung U proportional ist, läßt sich an einem in diesem Strompfad liegenden Strommesser eine Skala anbringen, auf der man unmittelbar die Spannung U ablesen kann. Das ist das Prinzip fast aller Spannungsmesser; sie sind also, streng genommen, umgeeichte Strommesser und nehmen bei der Spannungsmessung Strom auf. Damit dieser unvermeidbare Strom nicht die zu messende Spannung beeinflußt oder eine gleichzeitig vorgenommene Strommessung verfälscht, muß er möglichst klein gehalten werden. Das bedingt einen hohen Widerstand im Strompfad des Spannungsmessers, der angesichts des ziemlich geringen Eigenwiderstandes des eigentlichen Meßwerkes bei der Messung höherer Spannungen durch einen mit dem Meßwerk in Reihe liegenden Vorwiderstand zu erzielen ist, und dementsprechend ein empfindliches Meßwerk, das schon bei einem sehr kleinen Strom seinen vollen Ausschlag zeigt.

Abb. 14 zeigt die prinzipielle Schaltung eines solchen Spannungsmessers. Der Vorwiderstand R_v wird entweder im Gehäuse des Meßwerkes M oder, falls das Meßwerk noch für andere Zwecke benutzbar sein soll, in einem besonderen Gehäuse untergebracht. Oft wird der Vorwiderstand auch, wie in Abb. 14 angedeutet, mit Abgriffen für verschiedene Spannungs-Meßbereiche versehen.

Nehmen wir an, das Meßwerk habe einen Eigenwiderstand $R_i = 20\,\Omega$ und schlage bei einem Strom $i = 3 \cdot 10^{-3}$ A $= 3$ mA (Milliampere) voll aus. Dann kann man damit Spannungen bis $3 \cdot 20 = 60$ mV ohne Vorwiderstand, d.h. durch direktes Anlegen an die Klemmen des Meßwerks, messen. Soll der Spannungsmeßbereich dagegen z.B. 15 V betragen, muß der Gesamtwiderstand R so groß gemacht werden, daß beim Anlegen von $U = 15$ V wieder

Abb. 14. Spannungsmesser mit abgestuftem Vorwiderstand R_v. Die zu messende Spannung wird je nach dem gewünschten Meßbereich zwischen eine der Klemmen des Vorwiderstandes und die rechte Klemme gelegt.

ein Strom $i = 3$ mA fließt. Der Gesamtwiderstand muß also $R = \dfrac{U}{i} = \dfrac{15}{3 \cdot 10^{-3}} = 5000\,\Omega$ sein, wovon $R_v = R - R_i = 5000 - 20 = 4980\,\Omega$ auf den Vorwiderstand entfallen. Für einen Meßbereich von 300 V muß $R_v = \dfrac{300}{3 \cdot 10^{-3}} - 20 = 99980\,\Omega$ gemacht werden. Man kann also durch entsprechend gestufte Vorwiderstände entsprechend Abb. 14 ein und dasselbe Meßwerk für ganz verschiedene Spannungsmeßbereiche benutzen.

Auch bei der Strommessung kann man den Meßbereich beliebig erweitern, und zwar dadurch, daß man dem Meßwerk M einen Nebenwiderstand R_n, auch Shunt genannt, parallelschaltet (Abb. 15). Der zu messende Strom teilt sich dann auf Shunt und Meßwerk in konstantem Verhältnis auf. Da an beiden eben wegen der Parallelschaltung zwangläufig dieselbe Spannung U auftreten muß, verhalten sich gemäß der Beziehung $I = \dfrac{U}{R}$ die Teilströme zueinander wie die Kehrwerte der Widerstände. Soll also mit dem vorher erwähnten Meßwerk von $R_i = 20\ \Omega$ und 3 mA Vollausschlag z. B. ein Strom I von maximal 6 A gemessen werden, so müssen davon $6 - 3 \cdot 10^{-3} = 5{,}997$ A über den Nebenwiderstand R_n, die restlichen $3 \cdot 10^{-3}$ A über das Meßwerk fließen. Es muß also $\dfrac{R_n}{R_i} = \dfrac{3 \cdot 10^{-3}}{5{,}997}$, d. h. $R_n = 20\ \dfrac{3 \cdot 10^{-3}}{5{,}997}\ \Omega$ sein. Das ergibt für R_n einen Wert, der kaum merklich über $0{,}01\ \Omega$ liegt. Zu diesem Wert kommt man rascher, wenn man davon ausgeht, daß das Meßwerk zum Vollausschlag eine Spannung von $U = 20 \cdot 3 \cdot 10^{-3} = 60$ mV braucht. Man bemißt dann den Nebenwiderstand R_n so, daß der maximale Strom des gewünschten Meßbereiches, in unserem Falle also ein Strom von $I = 6$ A, an ihm diese Spannung hervorruft. Das ergibt hier $R_n = \dfrac{U}{I} = \dfrac{60 \cdot 10^{-3}}{6} = 0{,}01\ \Omega$. Man vernachlässigt dabei den über das Meßwerk fließenden Teilstrom von 3 mA, der aber nur ein halbes Tausendstel des Meßstromes ausmacht.

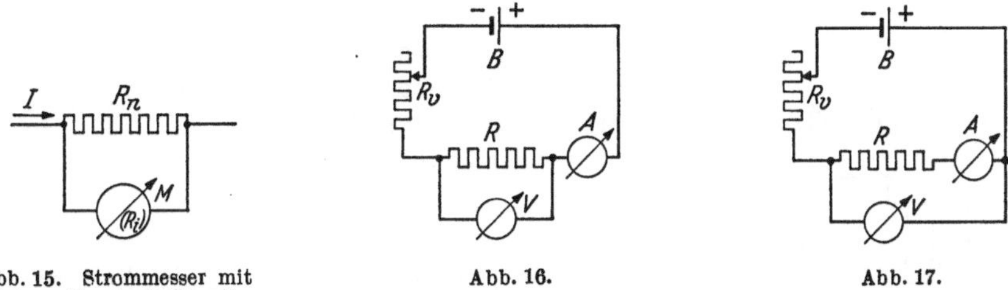

Abb. 15. Strommesser mit Nebenwiderstand (Shunt).

Abb. 16.

Abb. 17.

Abb. 16 u. 17. Widerstandsbestimmung durch gleichzeitige Strom- und Spannungsmessung.

Allgemein ist zu sagen, daß bei genauen Messungen der Eigenverbrauch der Meßinstrumente berücksichtigt werden muß. Soll z. B. die Größe eines Widerstandes R durch gleichzeitige Strom- und Spannungsmessung bestimmt werden, wozu man ihn nach Abb. 16 oder 17 aus einer Gleichstromquelle B mit einem mittels eines Stellwiderstandes R_v einstellbaren Strom speist, so gibt es für die Meßgeräte zwei Schaltungsmöglichkeiten. Bei der Schaltung nach Abb. 16 zeigt das Amperemeter A einen Strom, der um den durch das Voltmeter V fließenden Strom zu groß ist. In Abb. 17 zeigt A zwar nur den Strom im Widerstand R an; dafür ist aber die an V abgelesene Spannung um die Spannung am Eigenwiderstand des Amperemeters zu groß.

14. Die Kirchhoffschen Sätze. Nach ihrem Entdecker Kirchhoff werden zwei für die Strom- und Spannungsverteilung in Leitergebilden fundamentale Regeln benannt, die uns nach unseren bisherigen Untersuchungen ohne weiteres einleuchten werden.

Der 1. Kirchhoffsche Satz besagt inhaltlich, daß einem Knoten- oder Verzweigungspunkt, in dem mehrere Leiter zusammentreffen, insgesamt genau so viel Strom zufließt, wie von ihm wegfließt. Das folgt unmittelbar aus der von uns schon festgestellten Tatsache, daß in einem abgeschlossenen Leitersystem Strom in irgendeinem Punkte weder verlorengehen noch neu entstehen kann. Abb. 18 zeigt einen solchen Knotenpunkt K, wo vier Leiter zusammentreffen. Die Stromrichtung ist an jedem Leiter durch einen Pfeil angegeben. Danach fließen die Ströme i_1 und i_3 dem Knotenpunkt zu, die Ströme i_2 und i_4 von ihm weg. Nach dem 1. Kirchhoffschen Satz muß demnach $i_1 + i_3 = i_2 + i_4$ bzw. $i_1 - i_2 + i_3 - i_4 = 0$ sein. Vereinbaren wir, daß wir alle dem Knotenpunkt zufließenden Ströme positiv, alle wegfließenden negativ zählen wollen oder umgekehrt, legen wir also eine bestimmte Richtung in bezug auf den Knotenpunkt als positive Stromrichtung fest, so können wir den genannten Satz für

Abb. 18. Strom-Knotenpunkt.

eine beliebige Anzahl n von Einzelströmen in der Form schreiben

$$\sum_n i_n = 0 \,. \tag{1}$$

Sind von den n Strömen $n-1$ Ströme nach Betrag und Richtung bzw. Vorzeichen bekannt, so läßt sich der n-te Strom aus Gl. (1) berechnen. Ergibt er sich mit positivem Vorzeichen, so fließt er in der als positiv festgelegten Richtung, sonst umgekehrt.

Der 2. KIRCHHOFFsche Satz bezieht sich auf die Spannungen längs eines geschlossenen Weges, gleichgültig, ob es sich um einen einfachen Stromkreis oder um einen beliebigen Umlaufweg innerhalb eines verzweigten Leiternetzes handelt. Wir legen nach Abb. 19 einen Spannungsmesser, der den Skalennullpunkt in Skalenmitte hat und je nach der Spannungsrichtung nach rechts oder links ausschlägt, nacheinander an die einzelnen Abschnitte eines Stromkreises, und zwar so, daß, in einer beliebig gewählten Umlaufrichtung gesehen, immer dieselbe Klemme, z. B. die Klemme a, des Spannungsmessers vor der anderen (b) liegt. Addieren wir nun von den Teilspannungen u_1, u_2, $\cdots$ alle, bei denen der Spannungsmesser nach rechts ausschlägt, und alle, bei denen er nach

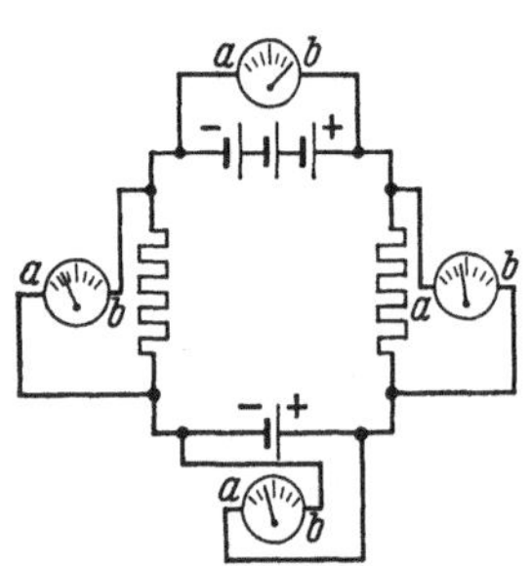

Abb. 19. Spannungsverteilung in einem einfachen Stromkreis.

links ausschlägt, je für sich, so sind diese beiden Spannungssummen gleich groß. Zählen wir die Teilspannungen der einen Gruppe positiv, die der anderen negativ, so ist ihre Gesamtsumme, die man wegen der Bezugnahme auf eine bestimmte Umlaufrichtung auch Umlaufspannung nennt, gleich Null. Das ist der Inhalt des 2. KIRCHHOFFschen Satzes, den wir somit in der Form

$$\sum_n u_n = 0 \tag{2}$$

schreiben können. Er behält seine Gültigkeit auch dann, wenn die in den einzelnen Abschnitten des geschlossenen Umlaufweges fließenden Ströme infolge von Stromverzweigungen unterschiedlich sind.

Die Entscheidung, welche Spannungen wir positiv und welche wir negativ zählen wollen, treffen wir dahin, daß eine Spannung, deren Richtung mit der willkürlich gewählten Umlaufrichtung zusammenfällt, positiv sein soll. Spannungen an Widerständen wären demnach positiv zu zählen, wenn die Umlaufrichtung mit der Stromrichtung in ihnen zusammenfällt, sonst negativ. Häufig ist nun die wirkliche Stromrichtung zunächst noch unbekannt. Das ist jedoch kein Hindernis für die richtige Anwendung von Gl. (2). Es genügt, für jeden Abschnitt willkürlich eine beliebige Richtung als positive Stromrichtung festzulegen, die zweckmäßig an dem betr. Abschnitt als sog. Zählpfeil markiert wird. Die Spannung an einem Widerstand wird dann bei Übereinstimmung von Umlauf- und Zählpfeilrichtung positiv, sonst negativ gezählt. Ergibt beim Einsetzen der bekannten EMKe und Ströme mit ihren Zahlenwerten, wobei Ströme in Zählpfeilrichtung positiv, dem Zählpfeil entgegenfließende Ströme negativ einzusetzen sind, die Rechnung für eine bisher unbekannte Spannung an einem Widerstand einen positiven Zahlenwert, so fließt in dem betr. Widerstand der Strom in Zählpfeilrichtung, sonst entgegengesetzt.

Eine andere Frage ist, wie wir in diesem Zusammenhang eine EMK zu behandeln haben. Die EMK ist nach unserer Vorstellung als ladungsbewegende Kraft die Ursache dafür, daß zwischen den Klemmen einer Stromquelle, zwischen denen sie wirksam ist, z. B. den Klemmen einer Batterie, eine Spannung entsteht. Verbinden wir diese Klemmen durch einen Widerstand, so fließt in ihm ein Strom von der positiven zur negativen Klemme, also in der mit dem Richtungssinn der Spannung übereinstimmenden Richtung. In der Batterie selbst fließt derselbe Strom dagegen von der negativen zur positiven Klemme, d. h. entgegen dem Richtungssinn der Klemmenspannung. So betrachtet, könnte man die EMK als eine Spannung ansehen, die der Klemmenspannung entgegengerichtet ist. Für uns ist aber allein maßgebend, wie die EMK feststellbar in

Erscheinung tritt, und feststellbar ist nur die Spannung, die sie an den Klemmen hervorruft. Daß die Klemmenspannung nicht von der EMK allein bestimmt, sondern auch von·der Spannung beeinflußt wird, die der Strom an dem inneren Widerstand der Stromquelle hervorruft, ändert daran nichts. Wir wollen darum als EMK nicht nur dem Betrag, sondern auch dem Richtungssinne nach diejenige Spannung verstehen, die an den Klemmen der Stromquelle meßbar sein würde, wenn keine anderen, insbesondere keine von einem Strom an dem inneren Widerstand hervorgerufenen Spannungen in der Stromquelle aufträten. Für diese Spannung, als die die EMK in Erscheinung tritt, ist der treffende Name „Urspannung" vorgeschlagen worden. Wir zählen somit die EMK ebenfalls von Plus nach Minus positiv, d. h. in der entgegengesetzten Richtung, in der sie einen Strom treiben möchte.

Häufig wird der 2. KIRCHHOFFsche Satz in der Form ausgesprochen, daß in einem geschlossenen Stromkreis die Summe aller EMKe gleich der Summe der OHMschen Spannungen ist:

$$\sum_n E_n = \sum_n i_n R_n \,. \tag{3}$$

Gl. (3) entsteht aus Gl. (2) einfach dadurch, daß man von den in Gl. (2) auf derselben Seite stehenden Spannungen die eine Gruppe mit umgekehrten Vorzeichen auf die andere Seite schreibt. Um bei dieser Art der Bilanzbildung die Spannungen beider Gruppen gleich mit dem richtigen Vorzeichen zu bekommen, muß man entweder bei Beibehaltung der obigen Vorzeichenregeln beide Gruppen mit verschiedenem Umlaufsinn durchlaufen oder bei gleichem Umlaufsinn für eine Gruppe die Vorzeichenregel umkehren, z. B. die EMKe beim Durchlaufen von Minus nach Plus positiv zählen.

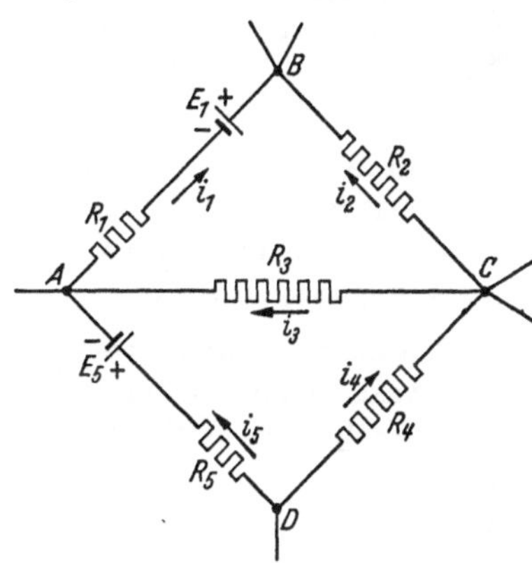

Abb. 20. Anwendung des 2. KIRCHHOFFschen Satzes auf einen verzweigten Stromkreis.

Als Beispiel für die Anwendung des 2. KIRCHHOFFschen Satzes möge der in Abb. 20 gezeigte Ausschnitt aus einem verzweigten Leitersystem dienen. Bekannt seien die EMKe E_1 und E_5, alle fünf Widerstände R_1 bis R_5 und die Ströme i_1, i_2 und i_4. Die Spannungen $i_3 R_3$ und $i_5 R_5$ sollen ermittelt werden. Der Umlauf längs des Weges $ABCA$ ergibt:

$$i_1 R_1 - E_1 - i_2 R_2 + i_3 R_3 = 0 \quad \text{bzw.} \quad i_3 R_3 = E_1 - i_1 R_1 + i_2 R_2 \,. \tag{I}$$

Aus dem Umlauf längs des Weges $ABCDA$ erhalten wir:

$$i_1 R_1 - E_1 - i_2 R_2 - i_4 R_4 - i_5 R_5 + E_5 = 0$$

bzw.

$$i_5 R_5 = E_1 - E_5 - i_1 R_1 + i_2 R_2 + i_4 R_4 \,. \tag{II}$$

Zu dem Ergebnis (II) können wir auch mittels eines Umlaufs $ACDA$ kommen, wenn wir in den dabei erhaltenen Ausdruck

$$i_5 R_5 = i_3 R_3 + i_4 R_4 - E_5$$

für $i_3 R_3$ den Ausdruck (I) einsetzen.

15. Innerer Spannungsabfall von Stromquellen. Wird nach Abb. 21 ein Verbraucher mit dem veränderbaren Widerstand R an eine Stromquelle Q angeschlossen, so ist die für Q und R gemeinsame Klemmenspannung U_K wegen des inneren Widerstandes R_i der Stromquelle auch bei konstanter EMK E vom Verbraucherstrom I abhängig. Es ist $U_K = E - I R_i$ (Abb. 22). $I R_i$ wird als innerer Spannungsabfall der Stromquelle bezeichnet. Da R und R_i in Reihe liegen, ist $I = \dfrac{E}{R + R_i}$. Bei $R = 0$ sind die Klemmen der Stromquelle widerstandslos verbunden; man nennt diesen Zustand Kurzschluß. Im Kurzschluß ist die Klemmenspannung U_K gleich Null, und der jetzt nur noch durch R_i begrenzte Strom I erreicht seinen größtmöglichen Wert I_k, den man Kurzschlußstrom nennt. Da man R_i so klein wie irgend möglich macht, ist der Kurzschlußstrom meist so groß, daß er die Stromquelle beschädigt.

Durch einen Vorschaltwiderstand R_v in der Verbindung zwischen Stromquelle Q und Verbraucher R (Abb. 23) läßt sich die Verbraucherklemmenspannung U_{K1} gegenüber der Klemmenspannung U_K der Stromquelle um den Betrag IR_v herabsetzen. Da dieser Spannungsabfall IR_v der in einem gewissen Maße stets schon in den unvermeidbaren Widerständen der Zuleitungen auftritt, dem Verbraucherstrom I proportional ist, bedingt er, wie in Abb. 22 angegeben, eine weitere Neigung der Kennlinie

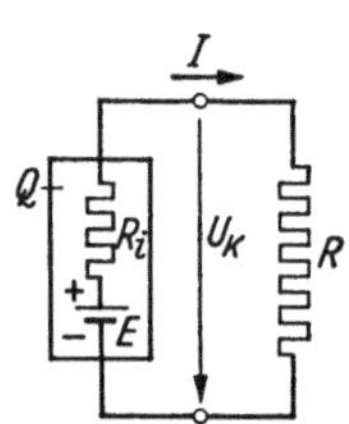

Abb. 21. Ersatzschaltung für eine Stromquelle mit innerem Widerstand R_i.

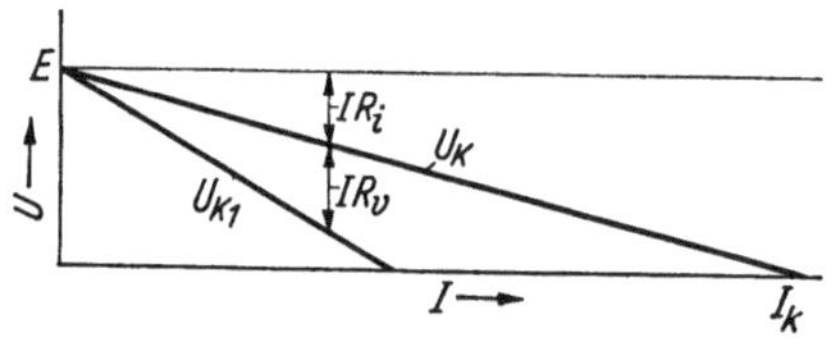

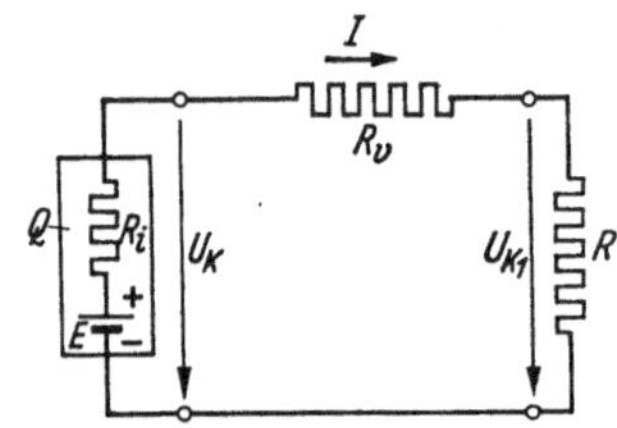

Abb. 22. Einfluß des inneren Widerstandes einer Stromquelle und eines Vorwiderstandes auf die Klemmenspannung eines Verbrauchers.

Abb. 23. Herabsetzung der Verbraucher-Klemmenspannung U_{K1} durch einen Vorwiderstand R_v.

der Verbraucherklemmenspannung. Je größer R_v, um so nachgiebiger reagiert die Verbraucherklemmenspannung U_{K1} auf Stromänderungen. Das muß man bei der Verwendung von Vorschaltwiderständen zum Herabsetzen oder zum Regeln der Verbraucherspannung beachten.

16. Spannungsteilung. Bei der sogenannten Spannungsteilung mit Hilfe von Widerständen wird die zur Verfügung stehende Spannung U, wie in Abb. 24 gezeigt, an zwei in Reihe geschaltete Widerstände R_1 und R_2 gelegt. In diesen fließt folglich ein Strom

$$I = \frac{U}{R_1 + R_2},$$

der an R_1 die Teilspannung

$$U_1 = IR_1 = \frac{U R_1}{R_1 + R_2},$$

an R_2 die Teilspannung

$$U_2 = IR_2 = \frac{U R_2}{R_1 + R_2}$$

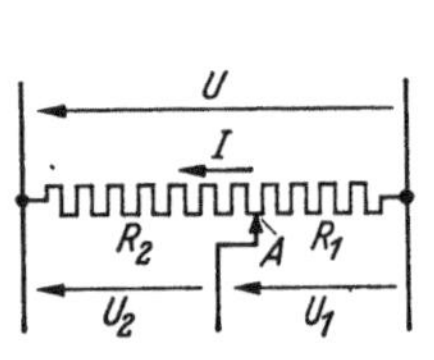

Abb. 24. Spannungsteilung durch Widerstände R_1, R_2.

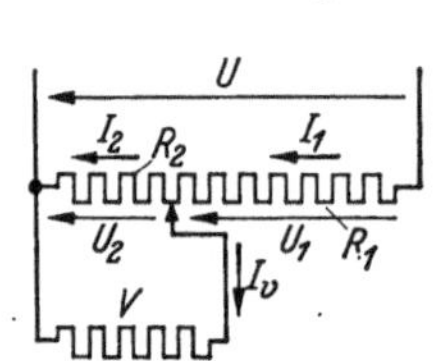

Abb. 25. Spannungsteiler mit angeschlossenem Verbraucher V.

hervorruft. Die Spannung U wird also im Verhältnis

$$\frac{U_1}{U_2} = \frac{R_1}{R_2} \tag{1}$$

aufgeteilt. Ist das Verhältnis R_1/R_2 einstellbar, so kann man an jedem der Widerstände, z. B. an R_2, eine zwischen Null und dem vollen Wert U regelbare Spannung

$$U_2 = \frac{U}{1 + \dfrac{R_1}{R_2}} \tag{2}$$

abgreifen. Praktisch wird das Verhältnis R_1/R_2 meist durch Verschieben eines Abgreif-Kontaktes A längs eines festen Widerstandes eingestellt.

Wird die z. B. an R_2 abgegriffene Spannung einem Verbraucher V zugeführt, der den Strom I_v aufnimmt (Abb. 25), so wird dadurch das Aufteilungsverhältnis der Gesamtspannung U geändert. Nach dem 1. KIRCHHOFFschen Satz ist nämlich $I_1 = I_2 + I_v$.

Andererseits ist die Gesamtspannung $U = I_1 R_1 + I_2 R_2$. Durch Einsetzen ergibt sich $U = I_2 (R_1 + R_2) + I_v R_1$. Über R_2 fließt deshalb nur noch der Strom

$$I_2 = \frac{U - I_v R_1}{R_1 + R_2},$$

aus dem sich durch Multiplikation mit R_2 die Verbraucherspannung

$$U_2 = I_2 R_2 = \frac{U - I_v R_1}{1 + \dfrac{R_1}{R_2}} \tag{3}$$

ergibt. U_2 ändert sich, wie Gl. (3) zeigt, bei gegebenem Verhältnis R_1/R_2 um so weniger mit I_v, d. h. die Gerade $U_2 = f(I_v)$ verläuft um so flacher, je kleiner man R_1 macht. Ist das Verhältnis R_1/R_2 zur Erzielung eines bestimmten „Leerlaufwertes" von U_2 bei $I_v = 0$ vorgeschrieben, so bedingt eine Verkleinerung von R_1 ein Herabsetzen von R_2 im gleichen Verhältnis. Damit nehmen aber bei gegebenem Verbraucherstrom I_v auch die Ströme I_1 und I_2 zu.

17. Widerstands-Meßbrücken. Eine weitere wichtige Widerstandskombination ist die WHEATSTONEsche Brückenschaltung (Abb. 26). Sie besteht aus zwei parallelen Stromzweigen mit je zwei in Reihe geschalteten Widerständen R_1 und R_2 bzw. R_3 und R_4. Denken wir uns die gezeichnete Verbindung zwischen C und D als noch unterbrochen, so teilt sich nach Gl. (16,1) eine zwischen A und B gelegte Spannung $U = U_1 + U_2 = U_3 + U_4$ in beiden Zweigen im Verhältnis der Teilwiderstände auf. Es ist also

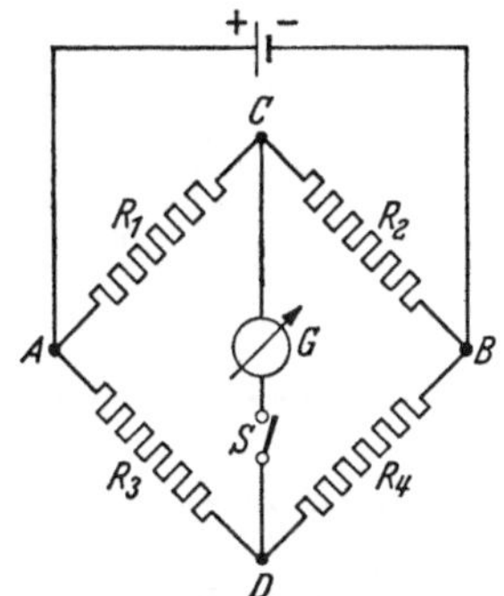

Abb. 26. Prinzip der WHEATSTONE-schen Brückenschaltung.

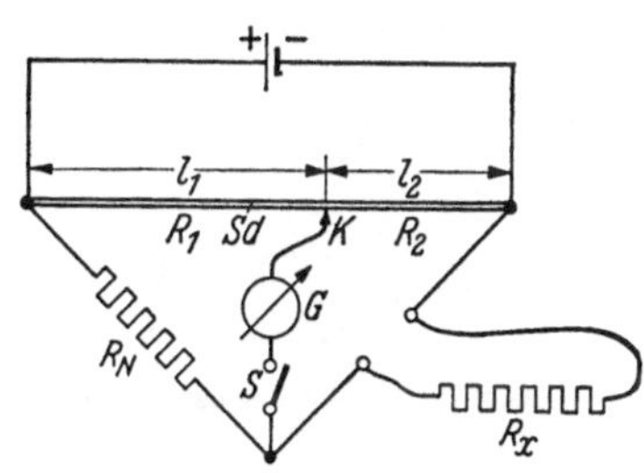

Abb. 27. Schleifdraht-Meßbrücke zur Widerstandsmessung.

$$\frac{U_1}{U_2} = \frac{R_1}{R_2} \quad \text{und} \quad \frac{U_3}{U_4} = \frac{R_3}{R_4}.$$

Bemißt man nun die Widerstände so, daß $\dfrac{R_1}{R_2} = \dfrac{R_3}{R_4}$ wird, so ist auch $\dfrac{U_1}{U_2} = \dfrac{U_3}{U_4}$, d. h. in beiden Zweigen wird die Spannung U im gleichen Verhältnis aufgeteilt. Daraus folgt: $U_1 = U_3$ bzw. $U_2 = U_4$ Ein Umlauf auf dem Wege ACD ergibt $U_{CD} = U_3 - U_1 = 0$. Bei dieser Bemessung der Widerstände herrscht zwischen C und D keine Spannung, und wir können den Schalter S schließen, ohne daß ein in der leitenden „Brücke" zwischen diesen Punkten liegendes sog. Galvanometer G, das ist ein hochempfindlicher Spannungszeiger, einen Ausschlag zeigt; die Brückenschaltung ist, wie man sagt, im Gleichgewicht.

Darauf beruht die Verwendung der Brückenschaltung zur Messung von Widerständen; denn sind nur drei von den vier Widerständen bekannt, so läßt sich bei Stromlosigkeit der Brücke der vierte Widerstand aus den drei anderen bestimmen. So ist z. B. $R_3 = R_1 R_4/R_2$. Bei einer sehr einfachen Ausführungsform der „WHEATSTONEschen Meßbrücke" nach Abb. 27 werden die beiden Widerstände R_1 und R_2 des einen Zweiges durch die Abschnitte eines Drahtes Sd aus einer Widerstandslegierung von hohem spezifischen Widerstand (vgl. Abschn. 11) gebildet, auf dem ein verschiebbarer Kontakt K schleift. Wenn dieser „Schleifdraht" Sd überall genau gleichen Querschnitt hat, verhalten sich die Widerstände seiner Abschnitte beiderseits von K wie die Abschnittslängen, d. h. es ist $\dfrac{R_1}{R_2} = \dfrac{l_1}{l_2}$. Ist R_N ein bekannter, R_x der zu messende Widerstand, so gilt, wenn durch Verschieben des Schleifkontaktes K die Brücke mit dem Galvanometer G stromlos gemacht worden ist, $\dfrac{R_x}{R_N} = \dfrac{R_2}{R_1}$, und der zu messende Widerstand ist

$$R_x = R_N \cdot \frac{l_2}{l_1} \, . \tag{1}$$

Bessere Ausführungen der Meßbrücke verwenden statt des Schleifdrahtes nach Zehnerpotenzen gestufte Widerstandsgruppen von je 10 gleichen Einzelwiderständen (z. B. $0, 1, 2, \ldots 10 \times 10^{-1}\,\Omega$; $0, 1, 2, \ldots 10\,\Omega$ usw.), die durch Kurbel- oder Stöpselkontakte zu beliebigen Widerstandswerten kombiniert werden können.

Die WHEATSTONEsche Meßbrücke hat den Nachteil, daß der Widerstand der Zuleitungen zu dem unbekannten Widerstand mitgemessen wird. Sie eignet sich deshalb nur zur Messung von Widerständen, denen gegenüber der Zuleitungswiderstand vernachlässigt werden kann. Die untere Grenze liegt bei etwa 1 Ohm. Den geschilderten Nachteil vermeidet die THOMSON-Brücke nach Abb. 28. Die Widerstände R_1 und R_3 sind als zehnstufige Kurbelwiderstände, die Widerstände R_2 und R_4 als Stöpselwiderstände ausgebildet, d. h. sie können durch Kontaktstöpsel K stufenweise kurzgeschlossen werden. Voraussetzung für die richtige Bedienung der Brücke ist, daß stets $R_1 = R_3$ und $R_2 = R_4$ ist.

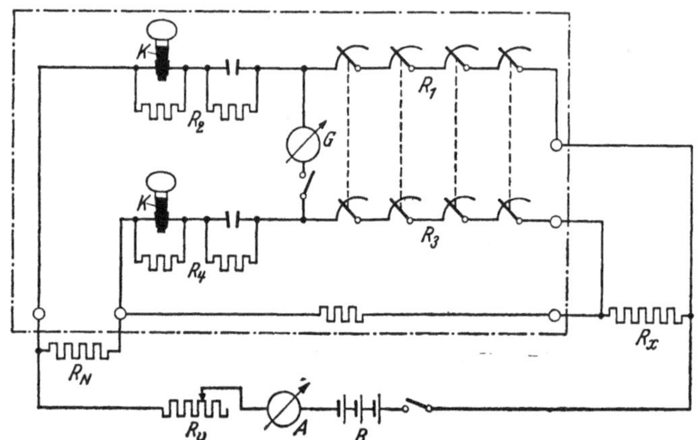

Abb. 28. Ausführung der Widerstands-Meßbrücke nach THOMSON.

Zu diesem Zweck ist jede Kontaktkurbel von R_1 mit der entsprechenden Kontaktkurbel von R_3 zwangläufig gekuppelt. Als R_2 und R_4 müssen durch Herausziehen der Überbrückungsstöpsel aus entsprechenden Kontaktstücken gleich große Teilwiderstände eingeschaltet werden. Über den bekannten „Normalwiderstand" R_N und den unbekannten Widerstand R_x fließt aus der Batterie B ein Strom, dessen Stärke mittels des Stellwiderstandes R_v eingestellt werden kann. Um R_x aus den bekannten Widerständen berechnen zu können, werden R_1 und R_3 so eingestellt, daß die Brücke „abgeglichen", d. h. das Galvanometer G stromlos ist.

Die Wirkungsweise machen wir uns an Hand des Prinzipbildes nach Abb. 29 klar. Voraussetzungsgemäß ist $R_1 = R_3$ und $R_2 = R_4$. Die Widerstände seien so eingestellt, daß das zwischen C und D liegende Galvanometer stromlos, d. h. die Spannung zwischen den Punkten C und D gleich Null ist. Es findet dann weder an C noch an D eine Stromverzweigung statt, und durch R_1 und R_2

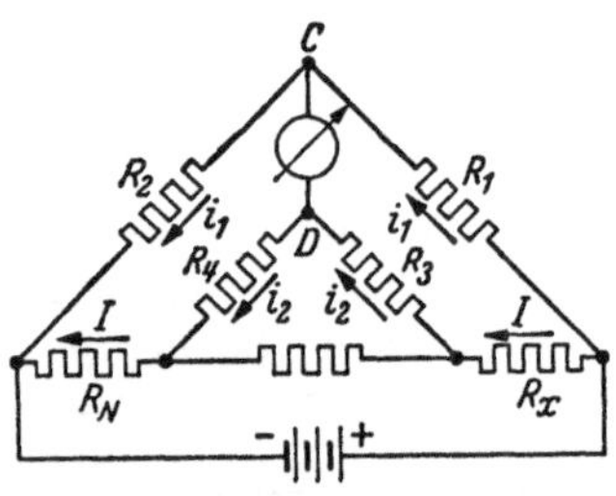

Abb. 29. Prinzip der THOMSON-Brücke.

fließt der gleiche Strom i_1, in R_3 und R_4 der gleiche Strom i_2. R_x und R_N werden ebenfalls von ein und demselben Strom I durchflossen. Die Spannung zwischen C und D ist nach dem 2. KIRCHHOFFschen Satz Null, wenn die beiden Bedingungen erfüllt sind:

$$IR_x + i_2 R_3 - i_1 R_1 = 0 \qquad\qquad IR_N + i_2 R_4 - i_1 R_2 = 0$$

Daraus ergibt sich mit $R_1 = R_3$ und $R_2 = R_4$

$$IR_x = (i_1 - i_2)\,R_1 = (i_1 - i_2)\,R_3 \tag{2}$$

$$IR_N = (i_1 - i_2)\,R_2 = (i_1 - i_2)\,R_4 \tag{3}$$

und schließlich

$$R_x = R_N \frac{R_1}{R_2} = R_N \frac{R_3}{R_4}. \tag{4}$$

Wie die Gln. (2) und (3) zeigen, werden die Spannungen IR_x und IR_N an R_x und R_N miteinander verglichen. Diese verhalten sich zueinander stets genau wie $R_x : R_N$, da der Strom I in R_x und R_N zwangläufig derselbe ist. Folglich kann nur der Widerstand der Verbindungsleitungen zwischen R_1 bzw. R_3 und R_x die Messung beeinflussen. R_1 und R_3 können jedoch so groß gemacht werden, daß der Zuleitungswiderstand ihnen gegenüber keine Rolle spielt.

18. Spannungsmessung nach der Kompensationsmethode. Da die Einheit der Spannung durch die EMK eines Normalelementes festgelegt ist, die bei 20° C 1,01830 V beträgt (Abschn. 8), tritt die Notwendigkeit auf, Spannungen, insbesondere zwecks Eichung von Spannungsmessern, mit der EMK des Normalelementes vergleichen zu können. Das geschieht mit Hilfe eines Kompensationsapparates, der im wesentlichen aus einer Kombination genau abgeglichener Widerstände besteht. Das Prinzip der Kompensationsmethode zeigt Abb. 30. Der Widerstand R ist über den regelbaren Vorwiderstand R_v an die Gleichstromquelle B angeschlossen. Durch den Kontakt K kann ein beliebiger Teilbetrag von R zwischen A und K abgegriffen werden. A und K können durch den Umschalter S wahlweise an die Spannung U_N des Normalelementes oder an die zu messende Spannung U_x angeschlossen werden. In beiden Fällen liegt in der Verbindung das Galvanometer G. Man stellt zunächst K so ein, daß der zwischen A und K liegende Widerstand $R_N = 10183,0\ \Omega$ beträgt, legt S nach links und regelt den Widerstand R_v so ein, daß das Galvano-

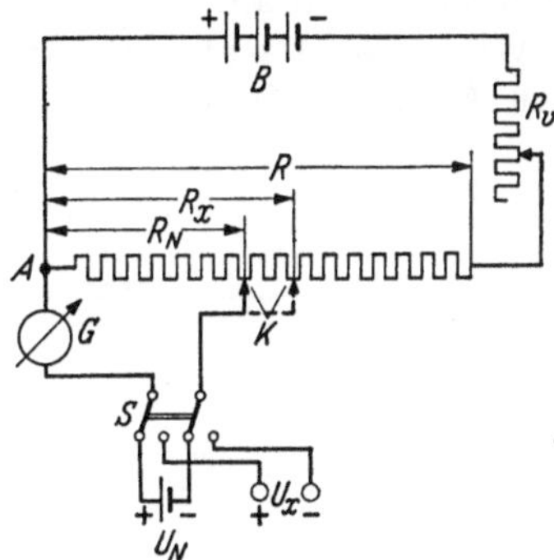

Abb. 30. Prinzip des Kompensationsapparates.

meter G stromlos ist. Dann durchfließt der Strom I, der an R_N eine mit der Spannung U_N des Normalelementes übereinstimmende Spannung hervorruft, in gleicher Stärke auch die anderen Teile von R. Da in diesem Zustand das Normalelement stromlos ist, ist U_N mit seiner EMK identisch, d. h. gleich 1,01830 V. Es ist

$$I = \frac{U_N}{R_N} = \frac{1,01830}{10183,0} = 10^{-4}\ \text{A} = 0,1\ \text{mA}.$$

Jetzt wird S nach rechts auf die zu messende Spannung U_x gelegt und K so eingestellt, daß G erneut stromlos ist, also in allen Teilen von R derselbe Strom I fließt. Ist R_x der Widerstand zwischen A und K, bei dem das erreicht ist, so ist

$$U_x = R_x I = R_x \cdot 10^{-4}\ \text{Volt}.$$

Der Meßbereich läßt sich beliebig erweitern, indem man an einem an U_x liegenden, hochohmigen Spannungsteiler nur einen bestimmten Teilbetrag, z. B. 1/10 oder 1/100, von U_x abgreift und in der beschriebenen Weise gegen U_N kompensiert. Indirekt kann man mit dem Kompensationsapparat auch Ströme messen, indem man die Spannung, die der zu messende Strom an einem bekannten Widerstand hervorruft, bestimmt.

19. Elektrisches Potential. Viele Betrachtungen werden wesentlich erleichtert durch die Einführung einer mit der Spannung eng zusammenhängenden Hilfsgröße, des elektrischen Potentials. Ebenso wie sich die Höhe eines Turmes bis zur Spitze als Differenz zwischen den auf ein und dasselbe Vergleichsniveau, z. B. das Niveau des Meeresspiegels, bezogenen Höhenlagen der Spitze und des Fußpunktes auffassen läßt, kann man auch die zwischen zwei Punkten herrschende elektrische Spannung als Differenz von zwei diesen Punkten zugeordneten Werten einer Zustandsgröße, nämlich eben des elektrischen Potentials φ, darstellen. Die Spannung erscheint demnach bei dieser

Betrachtungsweise als Potentialdifferenz, und es ist für ihre Größe völlig gleichgültig, auf welchen Punkt die Potentiale bezogen werden. Das Bezugspotential $\varphi = 0$ kann willkürlich demjenigen Punkt zugeordnet werden, den man hierfür für den geeignetsten hält. Oft wird z. B. das Potential des Erdbodens gleich Null gesetzt. Hat man das Potential eines einzigen Punktes festgelegt, so liegen damit die Potentiale aller anderen Punkte durch die Spannungen, die zwischen ihnen und dem Bezugspunkt herrschen, ebenfalls fest. Man kann dann auch die Spannungen zwischen zwei ganz beliebigen Punkten m und n sofort angeben, sofern man ihre Potentiale φ_m und φ_n kennt. Die Spannung zwischen m und n ist

$$U_{m,n} = \varphi_m - \varphi_n . \tag{1}$$

Die Spannung ist stets von dem Punkt mit dem höheren nach dem Punkt mit dem niedrigeren Potential hin gerichtet. Die Maßeinheit des Potentials ist natürlich dieselbe wie die einer Potentialdifferenz, d. h. einer Spannung; man gibt also Potentiale ebenfalls in Volt an.

Wir betrachten als einfaches Beispiel die Potentialverteilung auf einer Doppelleitung nach Abb. 31. Zwischen den Anfangspunkten A und B der Leiter 1 und 2 mit den Widerständen R_1 bzw. R_2 herrsche die Spannung U. Wir wählen das Bezugspotential so, daß Punkt A das Potential $\varphi_A = + U/2$, Punkt B das Potential $\varphi_B = - U/2$ bekommt. Der Verbraucher zwischen den Leitungs-Endpunkten C und D nehme einen Strom I auf. Der Strom I fließt in 1 von A nach C, in 2 von D nach B. Infolge des OHMschen Widerstandes der Leiter, der, auf die Längeneinheit bezogen, in 1 größer sein möge als in 2,

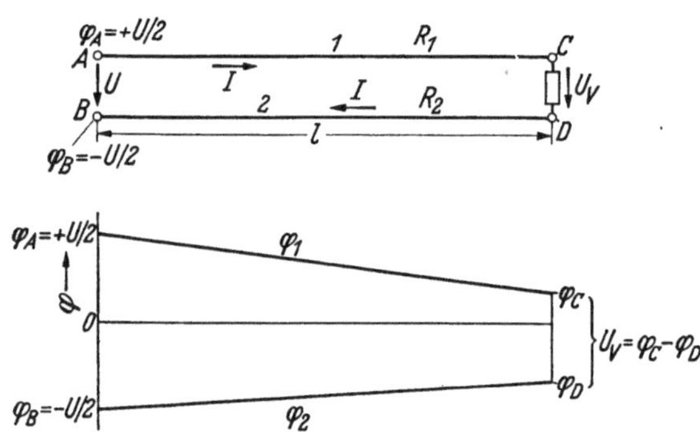

Abb. 31. Potentialverteilung längs einer Doppelleitung.

fällt in 1 das Potential von A nach C längs der Länge l von φ_A auf φ_C linear ab, und zwar ist $\varphi_A - \varphi_C = I R_1$. In 2 nimmt wegen der umgekehrten Stromrichtung das Potential von dem negativen Wert $\varphi_B = - U/2$ auf den kleineren negativen Wert φ_D zu; es ist $\varphi_B - \varphi_D = - I R_2$. Die Neigung der die Potentialänderung darstellenden Geraden ist für 2 wegen des kleineren Widerstandes je Längeneinheit geringer als für 1. Am Verbraucher, zwischen C und D, ergibt sich nach Gl. (1) als Spannung die Potentialdiffrenz

$$U_V = \varphi_C - \varphi_D = \varphi_A - I R_1 - (\varphi_B + I R_2) = \varphi_A - \varphi_B - I (R_1 + R_2).$$

E. Elektrizität als Energieträger

20. Elektrische Arbeit und Leistung. Um einen Körper von der Masse M und dem Gewicht G um die Höhe h zu heben oder ihn vom Stillstand auf eine Geschwindigkeit v zu bringen, muß bei Fehlen von Reibungskräften eine Arbeit $G h$ bzw. $M v^2$ verrichtet werden. Läßt man den Körper wieder um h herabsinken oder wird er von der Geschwindigkeit v wieder bis zum Stillstand abgebremst, so verrichtet er seinerseits dieselbe Arbeit, die vorher zum Heben bzw. Beschleunigen aufgebracht werden mußte. Sowohl durch Heben als auch durch Beschleunigen wird also dem Körper ein jederzeit verfügbares Arbeitsvermögen erteilt, das wir als Energie bezeichnen. Beide Fälle unterscheiden sich nur durch die Form, in der die Energie in dem Körper gespeichert ist. Um die Form der Speicherung auszudrücken, sprechen wir im ersten Fall von potentieller, im zweiten Fall von kinetischer Energie. Jede Form der Energie läßt sich in eine andere überführen, ohne daß sich die Gesamtmenge an Energie ändert. In jedem Fall ist die Energie einer Arbeit gleichwertig, und deshalb werden beide in denselben Maßeinheiten gemessen.

In der technischen Mechanik ist die Maßeinheit für die Arbeit und die Energie 1 Kilopondmeter (1 kp m), auch Meterkilopond genannt. Kilopond ist die moderne Bezeichnung für die Krafteinheit im technischen Maßsystem. Sie tritt an die Stelle des, freilich noch vielfach gebrauchten, Namens Kilogramm (kg) für die Krafteinheit, der leicht zu Verwechslungen führt, weil in der Physik 1 kg eine Einheit der Masse ist, und zwar ist 1 kg die Masse von 1000 cm³ reinen Wassers bei 4° C, die heute allerdings vereinbarungsgemäß durch einen in Paris aufbewahrten Platin-Iridium-Körper, das „Urkilogramm", repräsentiert wird. Krafteinheit ist in der Physik 1 Dyn (sprich „Großdyn" zum Unterschied von 1 dyn =: 10^{-5} Dyn). 1 Dyn ist die Kraft, die der Masse 1 kg die Beschleunigung 1 m sek^{-2} erteilt. 1 kp ist dagegen im technischen Maßsystem das Gewicht des Urkilogramms in Meereshöhe, d. h. die Kraft, die die Erdanziehung auf das Urkilogramm ausübt. Diese Kraft beträgt aber im physikalischen Maßsystem 9,81 Dyn, worin 9,81 der Zahlenwert der im m sek^{-2} ausgedrückten Erdbeschleunigung ist. Folglich ist

$$1 \text{ kp} = 9{,}81 \text{ Dyn.}$$

Während in der Physik die Masseneinheit 1 kg Grundeinheit und die Krafteinheit 1 Dyn davon abgeleitet ist, ist es im technischen Maßsystem umgekehrt. Masseneinheit ist hier diejenige Masse, der eine Kraft von 1 kp die Beschleunigung 1 m sek^{-2} erteilt. Damit ergibt sich die technische Masseneinheit zu 1 kp m^{-1} sek², wofür sich ein eigener Name leider noch nicht eingebürgert hat.

Die Krafteinheit 1 Dyn führt zu der physikalischen Arbeits- bzw. Energieeinheit 1 erg = 1 dyn cm = 10^{-7} Dyn m, und daraus ergibt sich zwischen technischer und physikalischer Arbeitseinheit der Zusammenhang

$$1 \text{ kp m} = 9{,}81 \cdot 10^7 \text{ erg.}$$

Für die Bewertung eines Vorgangs, bei dem fortlaufend Arbeit verrichtet wird, und das ist gerade bei elektrischen Vorgängen vorwiegend der Fall, ist der Begriff der Leistung außerordentlich nützlich. Nimmt dabei der Betrag der Arbeit, die jeweils bisher insgesamt verrichtet worden ist, während eines endlichen Zeitraumes Δt linear mit der Zeit um ΔA zu, so bezeichnen wir als Leistung den Quotienten

$$N = \frac{\Delta A}{\Delta t} \,. \tag{1}$$

Sie ist in diesem Falle während des Zeitraumes Δt konstant. Ist die Zunahme der verrichteten Arbeit keine lineare Funktion der Zeit, so ist die Leistung nicht mehr konstant, und der Quotient $\dfrac{\Delta A}{\Delta t}$ gibt nur noch den Mittelwert der Leistung während des Zeitraumes Δt an. Als augenblickliche Leistung $N = f(t)$ müssen wir dann den Grenzwert definieren, dem das Verhältnis $\dfrac{\Delta A}{\Delta t}$ zustrebt, wenn wir Δt gegen Null gehen lassen. Das ist aber der Differentialquotient

$$N = \frac{dA}{dt} \tag{2}$$

der verrichteten Arbeit nach der Zeit. Umgekehrt ist die während eines Zeitraumes $T = t_2 - t_1$ verrichtete Arbeit

$$A = \int_{t_1}^{t_2} N \, dt \,. \tag{3}$$

Nur bei zeitlich konstanter Leistung dürfen wir schreiben

$$A = N \, T \,. \tag{4}$$

Geben wir die Arbeit in kp m und die Zeit in sek an, so erhalten wir die Leistung in kp m sek^{-1}. Für größere Leistungen ist immer noch die völlig willkürliche und überflüssige Einheit Pferdestärke (PS) in Gebrauch, und zwar ist 1 PS = 75 kp m sek^{-1}. Wesentlich zweckmäßiger und in der Elektrotechnik — auch für mechanische Leistungen — heute allein üblich ist als Leistungseinheit für kleinere Leistungen das Watt (W), für größere das Kilowatt (kW) oder sogar das Megawatt (MW). Es ist

$$1 \text{ W} = 1 \text{ Dyn m sek}^{-1} = 10^7 \text{ erg sek}^{-1}, \tag{5}$$

$$1 \text{ kW} = 10^3 \text{ W}, \qquad 1 \text{ MW} = 10^6 \text{ W} = 10^3 \text{ kW}.$$

Mit der Beziehung: 1 kp m = 9,81 · 10^7 erg folgt weiterhin:

$$1 \text{ W} = \frac{1}{9,81} \text{ kp m sek}^{-1} = 0{,}102 \text{ kp m sek}^{-1}, \tag{6}$$

$$1 \text{ kW} = 102 \text{ kp m sek}^{-1}. \tag{6a}$$

Aus der Leistungseinheit 1 Watt ergeben sich als Arbeitseinheiten 1 Wattsekunde (Wsek), auch 1 Joule (J) genannt, die Wattstunde (W h) und die Kilowattstunde (kW h). Demnach ist

$$1 \text{ W sek} = 1 \text{ J} = 0{,}102 \text{ kp m}, \tag{7}$$

$$1 \text{ kW h} = 367200 \text{ kp m}. \tag{7a}$$

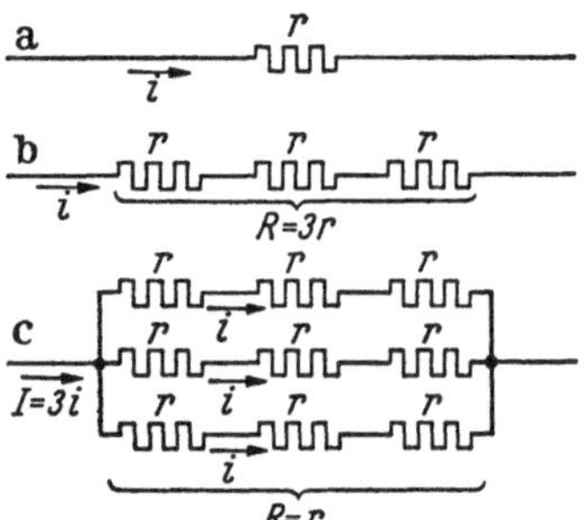

Abb. 32 a—c. Zur Ableitung der Leitungsformel $N = I^2 R$.

Eine besondere Form der Energie ist auch die Wärme. Die Einheit der Wärmemenge ist die Kilokalorie (kcal), manchmal auch direkt als Wärmeeinheit (WE) bezeichnet; das ist diejenige Wärmemenge, die einem Kilogramm Wasser zugeführt werden muß, um die Wassertemperatur von 14,5 auf 15,5° C zu erhöhen. Als Energie betrachtet, läßt sich jede Wärmemenge auch in einer anderen Arbeitseinheit angeben. Speziell ist:

$$1 \text{ kcal} = 427 \text{ kp m} = 4186{,}2 \text{ W sek}. \tag{8}$$

Da bei der Erwärmung eines metallischen Leiters durch einen hindurchfließenden Strom der Leiter keine Veränderungen erleidet, die auf das Freiwerden einer schon vorher in ihm vorhandenen, etwa chemisch gebundenen, Energie schließen ließen, muß ihm die als Wärme in Erscheinung tretende Energie ausschließlich durch den Strom zugeführt werden. Wir lernen hier also eine neue Energieform, die elektrische Energie, kennen. Bei konstanter Stromstärke werden in dem Leiter in gleichen Zeiträumen gleiche Wärmemengen frei, d. h. bei gegebenen Verhältnissen entspricht einem konstanten Strom eine konstante Leistung N, und es fragt sich, welcher gesetzmäßige Zusammenhang zwischen elektrischer Leistung N und Stromstärke I besteht und welche andere Größe dabei noch eine Rolle spielt. Eine einfache Überlegung gibt die Antwort. In einem Widerstand r (Abb. 32 a) erzeugt ein Strom i in jeder Sekunde eine bestimmte Wärmemenge q. Schalten wir mit dem Widerstand r noch einen oder mehrere Widerstände der gleichen Größe in Reihe, so daß der Gesamtwiderstand $R = n\,r$ (in Abb. 32 b gleich 3 r) ist, und führen wir über alle denselben Strom i wie vorher, so hat sich für den einzelnen Widerstand nichts geändert, und in jedem von ihnen wird nach wie vor je Sekunde die Wärmemenge q erzeugt. Insgesamt ist also die je Sekunde erzeugte Wärmemenge $Q = n\,q$. Bei gleichem Strom steigt also bei einer Erhöhung des Widerstandes die je Sekunde erzeugte Wärmemenge und damit die zugeführte Leistung im gleichen Verhältnis, d. h. die Leistung ist dem Widerstand direkt proportional. Nun denken wir uns entsprechend Abb. 32 c n Gruppen von je n in Reihe geschalteten Widerständen r parallelgeschaltet. Der Gesamtwiderstand solch einer Anordnung ist $R = \dfrac{1}{n} \cdot n\,r = r$. Führen wir der Anordnung den Gesamtstrom $I = n\,i$ zu, so teilt sich dieser auf die n parallelen Zweige zu gleichen Teilen auf, d. h. in jedem Teilwiderstand r fließt wieder der alte Strom i, so daß die in ihm je Sekunde erzeugte Wärme auch wieder den Betrag q hat. Insgesamt ist also die zugeführte Leistung bei gleichgebliebenem Gesamtwiderstand $R = r$ und n-fachem Strom wie die Zahl der Teilwiderstände auf das n^2-fache, d. h. proportional dem Quadrat des Stromes gestiegen. Wir erhalten somit für die einem Widerstand R bei der Stromstärke I zugeführte elektrische Leistung die Beziehung

$$N = I^2 R. \tag{9}$$

Beachten wir, daß das Produkt $I R$ die Spannung U an dem Widerstand R darstellt, so können wir aus Gl. (9) außer der Beziehung

$$N = \frac{U^2}{R} \tag{10}$$

die wichtige Formel

$$N = U I, \tag{11}$$

d. h. die Beziehung: elektrische Leistung = Spannung mal Strom, ableiten.

Die Einheiten der Spannung und des Stromes und, daraus abgeleitet, die Einheit des Widerstandes sind nun so gewählt, daß in den Gln. (9 bis 11) die Leistung N in Watt erscheint, wenn man U in Volt, I in Ampere und R in Ohm einsetzt. Es ist also

$$1 \, \mathrm{W} = 1 \, \mathrm{V} \cdot 1 \, \mathrm{A}. \tag{12}$$

Während die Gln. (9) und (10) nur für die einem Widerstand zugeführte Leistung anwendbar sind, stellt Gl. (11) die allgemeine Definition der elektrischen Leistung dar. Das zeigt die folgende Überlegung. Speist, wie in Abb. 33, eine Stromquelle B konstanter Klemmenspannung einen Widerstand R mit dem an dem Strommesser A

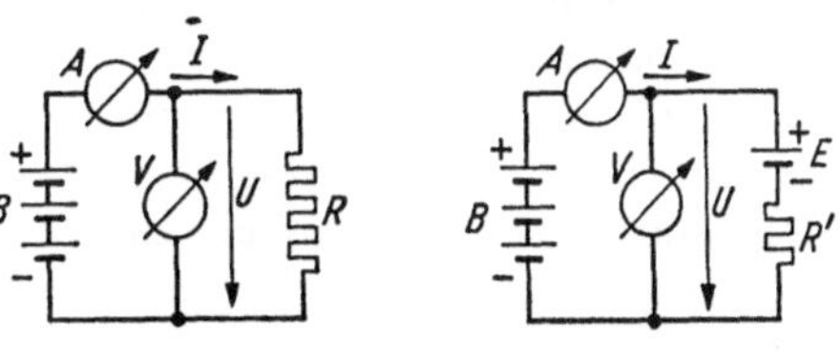

Abb. 33. Abb. 34.

Abb. 33. u. 34. Zur Erläuterung der Allgemeingültigkeit der Leistungsformel $N = U I$.

abzulesenden Strom I, und ist U die an dem Spannungsmesser V ablesbare, gemeinsame Klemmenspannung von B und R, so muß die von der Stromquelle B abgegebene Leistung N_B mit der von dem Widerstand R aufgenommenen Leistung $N_R = I^2 R = U I$ identisch sein. Nun schalten wir nach Abb. 34 in Reihe mit dem Widerstand noch eine Spannungsquelle, deren EMK E im Stromkreis der Spannung von B entgegenwirkt, aber kleiner ist als diese. Den Widerstand verkleinern wir auf einen solchen Wert R', daß wieder derselbe Strom I fließt wie zuvor. Die von dem Widerstand aufgenommene Leistung beträgt dann nur noch $N_{R'} = I^2 R'$; sie ist im Verhältnis $\frac{R'}{R}$ kleiner geworden. Die Stromquelle B merkt von dieser Änderung nichts, denn es hat sich weder an ihrem Strom noch an ihrer Klemmenspannung etwas geändert. Sie gibt nach wie vor die Leistung $N_B = U I$ ab. Die restliche Leistung $N_B - N_{R'} = (U - IR') I = I E$ wird bei der Überwindung der EMK E aufgewandt. In welche neue Form sie dabei umgewandelt wird, richtet sich nach der Art der Spannungsquelle, die die EMK E erzeugt, und soll uns hier nicht weiter kümmern. Wir stellen jedenfalls fest, daß das Produkt Spannung mal Strom die Leistung unabhängig davon angibt, woher die Spannung rührt, während in den Gln. (9) und (10) N stets nur eine in einem Widerstand in „Stromwärme" umgesetzte Leistung bedeutet.

Konstante Leistung $N = U I$ bedeutet, daß in jeder Zeiteinheit die gleiche Arbeit verrichtet wird. In der Zeit T wird folglich nach Gl. (4) die Arbeit

$$A = N T = U I T \tag{13}$$

verrichtet. Fließt also über zwei Klemmen, zwischen denen eine Spannung von 220 V herrscht, 3 Stunden lang ein konstanter Strom von 20 A, so beträgt die Leistung an den Klemmen $220 \cdot 20 = 4400\ \mathrm{W} = 4{,}4\ \mathrm{kW}$, und es wird während der 3 Stunden eine Arbeit von $4{,}4 \cdot 3 = 13{,}2\ \mathrm{kW\,h}$ über sie transportiert.

Ist die Leistung nicht konstant, sondern eine Funktion der Zeit, so gibt das Produkt $u\,i$ der Augenblickswerte von Spannung und Strom den Augenblickswert N der Leistung an, und wir müssen nach Gl. (3) für die in einem Zeitraum $t_2 - t_1$ verrichtete Arbeit schreiben:

$$A = \int_{t_1}^{t_2} u\,i\,dt\,. \tag{14}$$

21. Leistungsverluste durch Stromwärme. Wenn nicht gerade die Wärmeentwicklung der beabsichtigte, d. h. nützliche, Effekt ist, so stellt von der einem Verbraucher mit der Klemmenspannung U_K und dem Widerstand R insgesamt zugeführten Leistung $N = U_K I$ der in Wärme umgesetzte Teil $I^2 R$ stets einen Leistungsverlust dar. Anders als durch eine im Verbraucher neben der Oнмschen Spannung IR entstehende, dem Strom entgegenwirkende Spannung $U = U_K - IR$ kann ihm aber über diese Verlustleistung hinaus gar keine weitere Leistung zugeführt werden. Diese Spannung mit dem Charakter einer EMK befähigt also einen Verbraucher überhaupt erst, Leistung aufzunehmen, die in eine andere Form als die der Wärme, z. B. in mechanische Leistung, nutzbringend umgewandelt werden kann. Oft wird diese EMK wegen ihrer dem Strom entgegenwirkenden Richtung als „Gegen-EMK" bezeichnet, ein Ausdruck, der leicht zu dem Irrtum verleitet, es handelte sich hier um etwas Schädliches, das man bekämpfen müsse.

Häufig ist es von Interesse, die in einem Leiter in Wärme umgesetzte Leistung auf die Volumen- oder Gewichtseinheit des Leiters zu beziehen. Drücken wir, wie bei der Widerstandsberechnung üblich, die Leiterlänge l in m, den Querschnitt q in mm² aus, so ist das Produkt $l\,q$ das Volumen V des Leiters in cm³. Wir erhalten somit für die in der Volumeneinheit des Leiters in Wärme umgesetzte Leistung in $\dfrac{\mathrm{W}}{\mathrm{cm}^3}$ die Formel

$$\frac{N}{V} = \frac{I^2 R}{l\,q} = \frac{I^2}{l\,q} \cdot \frac{l}{q}\,\varrho = \left(\frac{I}{q}\right)^2 \varrho = g^2\,\varrho\,. \tag{1}$$

$g = \dfrac{I}{q}$ ist die darin sog. Stromdichte in $\dfrac{\mathrm{A}}{\mathrm{mm}^2}$, d. h. die Stärke des auf jeden mm² des Leiterquerschnitts entfallenden Stromes. Bei gegebenem Leitermaterial ist also die Verlustwärme je Volumeneinheit und damit, unter Berücksichtigung der Abkühlungsverhältnisse, die Temperaturerhöhung, die der Leiter bei Stromdurchgang erfährt, einzig und allein von der Stromdichte abhängig. Da man in elektrischen Geräten mit Rücksicht auf die geringe Wärmebeständigkeit der verwendeten Isolierstoffe (Faser- und Kunststoffe, Gummi) meist nur mäßige Temperaturen zulassen kann, spielt die Stromdichte bei dem Entwurf von Leitungen und Geräten eine bedeutende Rolle. Für Leiter aus isoliertem Kupferdraht liegt die zulässige Stromdichte meist in den Grenzen von 2 bis 7 A/mm².

Bei längeren Übertragungsleitungen zwischen Stromquelle und Verbraucher macht sich deren Widerstand R_L unangenehm bemerkbar. Es tritt in ihm ein dem Verbraucherstrom I proportionaler Spannungsabfall $I\,R_L$ auf, um den die Klemmenspannung U am Verbraucher kleiner ist als die der Stromquelle. Vor allem aber bedingt der Leitungswiderstand einen Leistungsverlust $Q = I^2 R_L$. Läßt man für diesen Leistungsverlust bei voller Strombelastung der Leitung einen bestimmten Bruchteil $a = \dfrac{Q}{N}$ der dem Verbraucher zugeführten Leistung $N = U\,I$ zu, so zeigt die Beziehung

$$a = \frac{I^2 R_L}{U\,I} = N\,\frac{R_L}{U^2}\,, \tag{2}$$

daß bei gegebener Übertragungsspannung U der Leitungswiderstand R_L um so kleiner sein muß, je größer I und damit die übertragene Leistung $U\,I$ ist. Das kann bei der

Übertragung größerer Leistungen auf weite Entfernungen einen unerträglich großen Leitungsquerschnitt nötig machen. Gl. (2) zeigt aber auch den Ausweg aus dieser Schwierigkeit: Die über eine Leitung von gegebenem Widerstand R_L mit einem bestimmten Verlustverhältnis a übertragbare Leistung N wächst nämlich quadratisch mit der gewählten Übertragungsspannung U.

Aus einer Spannungsquelle mit konstanter EMK E und gegebenem inneren Widerstand R_i kann man keine beliebig große Leistung entnehmen. Ist z. B. in Abb. 21 der äußere Belastungswiderstand R unendlich groß, so ist zwar die Klemmenspannung U_K gleich der EMK E, aber wegen $I = 0$ ist auch die Verbraucherleistung $N = U_K I = 0$. Bei $R = 0$, d. h. bei Kurzschluß, erreicht zwar I den höchstmöglichen Wert $\dfrac{E}{R_i}$, aber U_K verschwindet, und N ist wieder Null. Zwischen 0 und ∞ muß es für R einen Wert geben, für den N ein Maximum wird. Mit $I = \dfrac{E}{R + R_i}$ wird

$$N = I^2 R = E^2 \frac{R}{(R + R_i)^2} = \frac{E^2}{R + 2 R_i + \dfrac{R_i^2}{R}} \cdot$$

N erreicht sein Maximum, wenn der Nenner n des rechten Bruches ein Minimum wird. Im Minimum hat die Kurve $n = f(R)$ (Abb. 35) eine horizontale Tangente, d. h. die Ableitung $\dfrac{dn}{dR} = f'(R)$ verschwindet. Wir erhalten aus

$$\frac{dn}{dR} = 1 - \frac{R_i^2}{R^2} = 0$$

$$R = R_i , \tag{3}$$

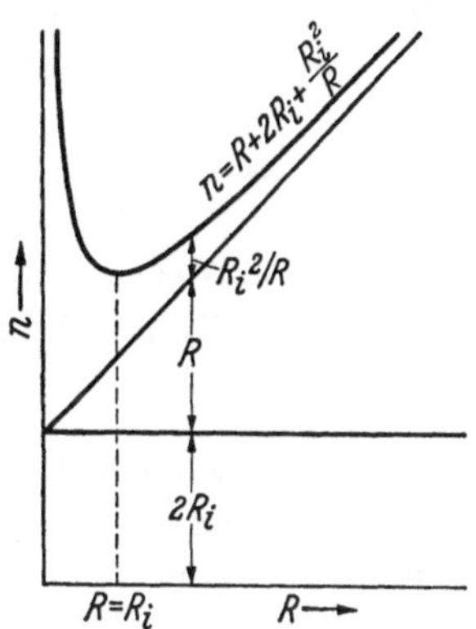

Abb. 35. Zur Ermittlung der maximalen Leistung einer Stromquelle.

d. h. in dem Verbraucher wird die größte Leistung umgesetzt, wenn sein Widerstand R gleich dem Innenwiderstand R_i der Stromquelle ist, wobei zu letzterem natürlich auch alle mit der Stromquelle vor den Verbraucherklemmen in Reihe geschalteten Widerstände zuzurechnen sind.

Angesichts des verhältnismäßig kleinen Innenwiderstandes der üblichen Stromquellen ist es nur in Sonderfällen möglich, den Belastungswiderstand in dieser Weise dem Innenwiderstand anzupassen, weil im allgemeinen der Strom dabei Werte annimmt, die den höchstzulässigen Belastungsstrom der Stromquelle weit überschreiten.

F. Elektrische Felder

22. Rechnen mit gerichteten Größen. Bevor wir uns weiter mit elektrischen Vorgängen beschäftigen, schalten wir eine kurze mathematische Betrachtung über den Umgang mit Vektoren ein, die uns später manche Überlegung sehr erleichtern wird. Unter einem Vektor versteht man eine Größe, der außer einem, gegebenenfalls mit einer Maßeinheit multiplizierten, reinen Zahlenwert, dem sog. Betrag der Größe, auch noch eine Richtung zukommt. So sind z. B. Geschwindigkeiten oder mechanische Kräfte und natürlich auch gerichtete Strecken Größen von Vektorcharakter. Im Gegensatz zu einem Vektor wird eine Größe, der keine Richtung zukommt, wie z. B. eine Temperatur, eine Masse oder auch eine reine Zahl, als Skalar bzeichnet. Der Betrag eines Vektors ist demnach ein Skalar. Zeichnerisch kann man einen Vektor darstellen durch einen in seine Richtung fallenden Pfeil, dessen Länge dem Betrag des Vektors entspricht. Wir wollen Vektoren grundsätzlich mit deutschen, skalare Größen dagegen mit lateinischen Buchstaben kennzeichnen. Derselbe Buchstabe, der, deutsch geschrieben, einen Vektor bezeichnet, bedeutet, lateinisch geschrieben, den Betrag dieses Vektors. So ist z. B.

A der Betrag des Vektors $\mathfrak{A}$. Für den Betrag ist aber auch die Schreibweise $|\mathfrak{A}|$ gebräuchlich.

Wie Vektoren addiert oder subtrahiert werden, ist aus der Zusammensetzung von Kräften bekannt. Um aus den Vektoren $\mathfrak{A}$ und $\mathfrak{B}$ die Summe $\mathfrak{C} = \mathfrak{A} + \mathfrak{B}$ zu bilden, setzt man, wie Abb. 36 zeigt, in der zeichnerischen Darstellung einfach $\mathfrak{B}$ an $\mathfrak{A}$ an und bildet die Schlußlinie, die zugleich die eine Diagonale des aus $\mathfrak{A}$ und $\mathfrak{B}$ gebildeten Parallelogramms ist. Bei der Bildung von $\mathfrak{A} - \mathfrak{B} = \mathfrak{A} + (-\mathfrak{B})$ wird dementsprechend der Vektor $(-\mathfrak{B})$ an $\mathfrak{A}$ angefügt. Als Schlußlinie $\mathfrak{D} = \mathfrak{A} - \mathfrak{B}$ ergibt sich die andere Diagonale des Parallelogramms.

Durch Multiplikation eines Vektors $\mathfrak{A}$ mit einem Skalar m wird lediglich der Betrag A von $\mathfrak{A}$ auf den m-fachen Wert gebracht. $m\,\mathfrak{A}$ ist also ein in die Richtung von $\mathfrak{A}$ fallender Vektor mit dem Betrag mA.

Was ist aber unter dem Produkt zweier Vektoren zu verstehen? Die Vektorrechnung kennt zwei verschiedene Arten der Produktbildung; die Ergebnisse heißen das skalare und das vektorielle Produkt. Wir wollen uns mit der Erläuterung des skalaren Produktes begnügen. In der Schreibweise der Vektorrechnung lautet die Anweisung, $\mathfrak{A}$ und $\mathfrak{B}$ skalar miteinander zu multiplizieren, einfach $\mathfrak{A}\mathfrak{B}$ oder $\mathfrak{A} \cdot \mathfrak{B}$. Wie schon der Name sagt, ist das Produkt $\mathfrak{A}\mathfrak{B}$ kein neuer Vektor, sondern ein Skalar, und zwar erhält man das skalare Produkt,

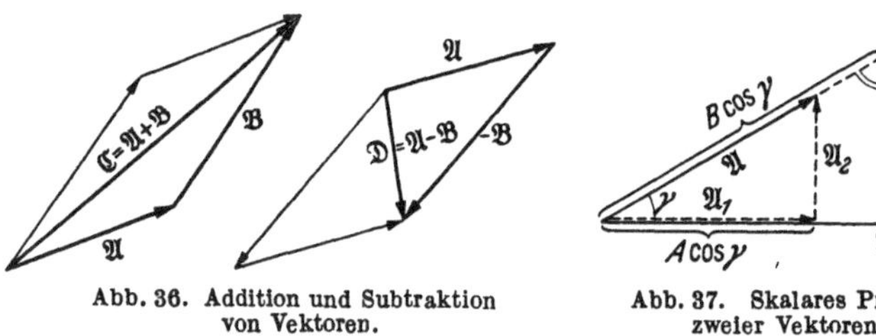

Abb. 36. Addition und Subtraktion von Vektoren.

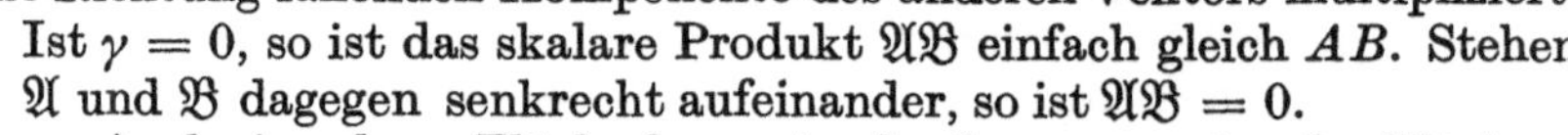

Abb. 37. Skalares Produkt zweier Vektoren.

indem man den Betrag von $\mathfrak{A}$ mit dem Betrag von $\mathfrak{B}$ und dem Kosinus des Winkels γ zwischen $\mathfrak{A}$ und $\mathfrak{B}$ multipliziert (Abb. 37). Es ist also

$$\mathfrak{A}\mathfrak{B} = AB \cos \gamma . \tag{1}$$

Denken wir uns den Vektor $\mathfrak{A}$ in zwei aufeinander senkrechte Komponenten $\mathfrak{A}_1$ und $\mathfrak{A}_2$ zerlegt, von denen $\mathfrak{A}_1$ in die Richtung von $\mathfrak{B}$ fällt, so ist $A_1 = A \cos \gamma$ der Betrag dieser Komponente. Ebenso können wir $B \cos \gamma$ als Betrag der in die Richtung von $\mathfrak{A}$ fallenden Komponente von $\mathfrak{B}$ ansehen. Die Bildung des skalaren Produktes zweier Vektoren läuft also darauf hinaus, daß man den Betrag des einen Vektors mit dem Betrag der in seine Richtung fallenden Komponente des anderen Vektors multipliziert.

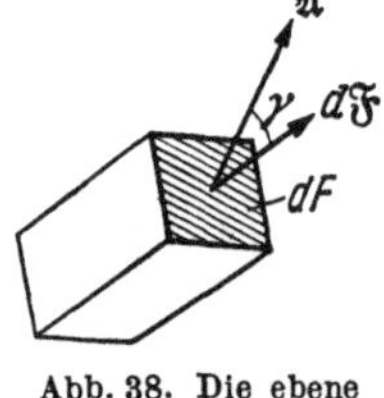

Abb. 38. Die ebene Fläche als gerichtete Größe.

Ist $\gamma = 0$, so ist das skalare Produkt $\mathfrak{A}\mathfrak{B}$ einfach gleich AB. Stehen $\mathfrak{A}$ und $\mathfrak{B}$ dagegen senkrecht aufeinander, so ist $\mathfrak{A}\mathfrak{B} = 0$.

Auch eine ebene Fläche bzw. ein als eben anzusehendes Flächenelement einer krummen Fläche ist ja erst vollständig beschrieben, wenn außer dem Betrag F bzw. dF ihres Flächeninhaltes noch ihre Stellung im Raum, d. h. ihre Richtung angegeben wird. In diesem Sinne ist auch die ebene Fläche ein Vektor, und zwar versteht man unter der Richtung der Fläche die Richtung ihrer Flächen-Senkrechten. In Abb. 38 ist also $d\mathfrak{F}$ der Vektor des dargestellten Flächenelementes, dessen Flächeninhalt dF der Betrag von $d\mathfrak{F}$ ist. Das skalare Produkt eines Vektors $\mathfrak{A}$ mit einem als Vektor aufgefaßten Flächenelement $d\mathfrak{F}$ (Abb. 38) ist nach dem vorher Gesagten ein Skalar

$$\mathfrak{A}\,d\mathfrak{F} = A\,dF \cos \gamma . \tag{2}$$

$A \cos \gamma$ ist aber der Betrag der in die Richtung von $d\mathfrak{F}$ fallenden, d. h. auf dem Flächenelement senkrecht stehenden Komponente von $\mathfrak{A}$. Steht also $\mathfrak{A}$ auf dem Flächenelement senkrecht, so ist $\mathfrak{A}\,d\mathfrak{F} = A\,dF$; liegt $\mathfrak{A}$ in der Ebene des Flächenelementes, so ist $\mathfrak{A}\,d\mathfrak{F} = 0$.

Wir werden noch oft mit Größen von Vektorcharakter zu tun haben. Beim Rechnen mit solchen Größen wollen wir möglichst von der Schreibweise der Vektorrechnung

Gebrauch machen, nicht nur, weil diese Schreibweise einfacher ist, sondern weil uns die Gleichungen dann auch stets an die Vektornatur der betr. Größen erinnern.

23. Das elektrische Strömungsfeld. Bei den bisherigen Betrachtungen über Ströme und Spannungen wurde stets stillschweigend vorausgesetzt, daß sich der Strom gleichmäßig über den ganzen Leiterquerschnitt verteilt. Das ist der Fall, wenn die Abmessungen des Leiters quer zur Stromrichtung im Verhältnis zu seiner Länge sehr klein sind, eine Bedingung, die von den in der Elektrotechnik überwiegend als Leiter verwendeten Drähten tatsächlich erfüllt wird. Sobald jedoch im Gegensatz zu solchen „linearen" Leitern auch nur eine einzige Quererstreckung gegenüber der Länge merklich ins Gewicht fällt, kann eine gleichmäßige Stromverteilung über den Querschnitt nur noch in Sonderfällen als gegeben angesehen werden.

Daß eine ungleichmäßige Verteilung eines Gleichstromes berücksichtigt werden muß, kommt nur selten vor, so daß wir auf die Behandlung dieses Falles eigentlich verzichten könnten. Wenn hier trotzdem darauf näher eingegangen wird, so nur deshalb, weil wir uns dadurch die notwendige Behandlung elektrostatischer und vor allem magnetischer Felder sehr erleichtern können. Zwischen der Stromverteilung in räumlich ausgedehnten Leitern und den genannten Feldern besteht nämlich eine weitgehende Analogie, wobei aber die Verhältnisse im ersteren Fall viel anschaulicher und deshalb leichter zu begreifen sind.

Das Verhältnis des über den Gesamtquerschnitt fließenden Stromes zu diesem Querschnitt ergibt bei ungleichmäßiger Stromverteilung nur noch einen Mittelwert der Stromdichte; denn diese hängt jetzt davon ab, welche Stelle des Querschnitts wir betrachten, und erfordert eine strengere Definition. Hierzu grenzen wir an der betrachteten Stelle einen kleinen Querschnitt ΔF senkrecht zur Richtung der dort herrschenden Strömung ab. Ist Δi der über ΔF fließende Strom, so nähert sich das Verhältnis $\dfrac{\Delta i}{\Delta F}$ der dort herrschenden Stromdichte um so mehr, je kleiner wir ΔF machen. Die örtliche Stromdichte g an dieser Stelle ist mit anderen Worten der Grenzwert, dem der Quotient $\dfrac{\Delta i}{\Delta F}$ zustrebt, wenn wir ΔF verschwindend klein werden, d.h. gegen Null gehen lassen. Dann geht $\dfrac{\Delta i}{\Delta F}$ über in den Differentialquotienten $\dfrac{di}{dF}$, und es ist

$$ g = \lim_{\Delta F \to 0} \frac{\Delta i}{\Delta F} = \frac{di}{dF}\,. \tag{1}$$

Bei der Definition der Stromdichte nach Gl. (1) als $g = \dfrac{di}{dF}$ haben wir ausdrücklich vorausgesetzt, daß die Strömung durch das Flächenelement dF senkrecht hindurchtritt. g ist dabei der Betrag der Stromdichte. In diesem Fall ist der Gesamtstrom durch eine endliche Fläche F

$$ I = \int_F g\,dF\,. \tag{2}$$

Wollen wir aber aus der örtlichen Verteilung der Stromdichte den Strom durch eine ganz beliebige, also nicht überall zur Stromdichte senkrechte Fläche errechnen, so müssen wir, wenn wir den Strom durch ein Element dieser Fläche anschreiben, auch die Richtung der Stromdichte in bezug auf das Flächenelement berücksichtigen. Wir können dann entweder $di = g\,dF\cos\gamma$ schreiben, worin γ den Winkel zwischen der Richtung der Stromdichte und der Senkrechten auf das Flächenelement bedeutet, oder die einfachere vektorielle Schreibweise $di = \mathfrak{g}\,d\mathfrak{F}$ des skalaren Produktes [Gl. (22,1)] benutzen und erhalten dann statt Gl. (2) die entsprechenden Gleichungen

$$ I = \int_F g\,dF\cos\gamma \tag{3}$$

$$ \text{bzw. } I = \int_F \mathfrak{g}\,d\mathfrak{F}\,. \tag{3a}$$

Eine ungleichmäßige örtliche Verteilung der Stromdichte in nicht linearen Leitern analytisch zu bestimmen, stellt im allgemeinen ein recht schwieriges mathematisches Problem dar, so daß wir darauf nicht näher eingehen können. Beschränken wir uns aber auf flächenhafte Leiter, d. h. auf Leiter, die, wie etwa ein Stück Blech, im Verhältnis zu ihren sonstigen Abmessungen eine nur geringe und außerdem überall gleiche Dicke aufweisen, so reduziert sich das räumliche Strömungsfeld auf ein ebenes, und wir haben wenigstens die Möglichkeit, die Stromverteilung mit einfachen Mitteln experimentell zu bestimmen. Die mathematischen Zusammenhänge brauchen dann nur soweit herausgearbeitet werden, wie es zum Verständnis solcher Versuche nötig ist.

Bei diesen Untersuchungen erweist sich der bereits abgeleitete Begriff des elektrischen Potentials als äußerst nützlich. Wir haben gesehen, daß jedem Punkt eines stromdurchflossenen Leiters ein bestimmtes Potential zukommt, sobald wir irgendeinem beliebigen Punkt das Potential $\varphi = 0$ willkürlich zugeordnet haben. Es muß sich deshalb auf der Oberfläche eines durchströmten flächenhaften Leiters die Verteilung des Potentials angeben lassen, und es fragt sich zunächst, wie man solch eine Potentialverteilung darstellen kann. Die primitivste Methode wäre es, an möglichst vielen Punkten der Oberfläche den zugehörigen Potentialwert als Zahl anzuschreiben. Man erhielte dann eine Wolke von Zahlen, die wenig geeignet ist, ein

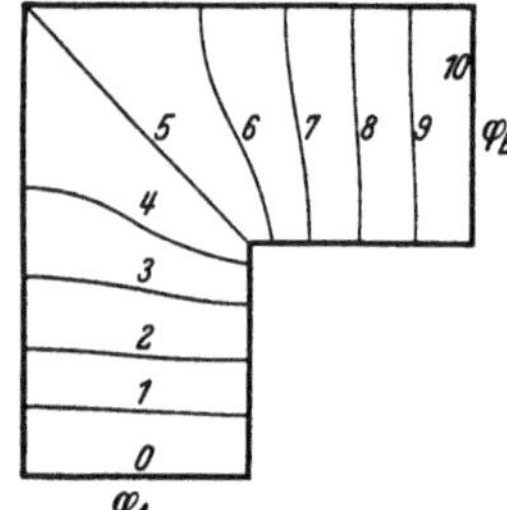

Abb. 39. Potentiallinien auf einem stromdurchflossenen Flächenleiter.

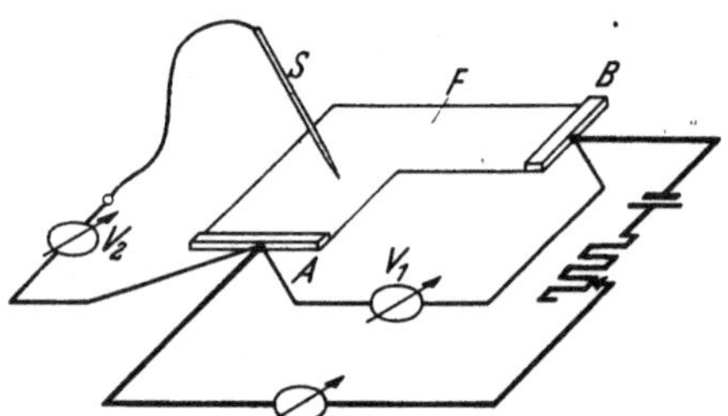

Abb. 40. Messung der Potentialverteilung auf einem Flächenleiter (Stromrichtung im Flächenleiter F von B nach A).

sinnfälliges Bild von der Potentialverteilung zu vermitteln. Am anschaulichsten wäre eine Darstellung der Potentialverteilung durch ein Relief über der Leiteroberfläche als Basis, bei dem die Reliefhöhe in irgendeinem Maßstab überall den Wert des Potentials angibt. Da solch eine räumliche Wiedergabe durch ein Relief aber praktisch schlecht durchführbar ist, begnügt man sich wie bei der Höhendarstellung auf Landkarten meist mit der rein zeichnerischen Darstellung in der Ebene durch sog. Äquipotentiallinien, kurz auch als Potential- oder Niveaulinien bezeichnet. Das sind Linien, die durch Punkte gleichen Potentials gelegt und mit dessen Betrag beziffert sind. Wählt man aus der unendlichen Zahl möglicher Linien die zu zeichnenden nach den ihnen zugeordneten Potentialwerten so aus, daß sich die Potentialwerte benachbarter Linien immer um den gleichen Betrag unterscheiden, so ist das eine starke Stütze für die Vorstellung. Auch kann dann die Bezifferung der Linien unterbleiben, sofern es nur auf relative Werte ankommt.

Die Potentialverteilung im elektrischen Strömungsfeld läßt sich nun sehr leicht durch Messung ermitteln; da zwischen ihr und der Stromverteilung ein enger Zusammenhang besteht, kann auch diese bestimmt werden, wenn jene bekannt ist. Es liege z. B. die Aufgabe vor, die Potentialverteilung in einem nach Abb. 39 geformten, flächenhaften Leiter zu ermitteln, wenn die mit den unterschiedlichen Potentialen φ_A und φ_B bezeichneten, geraden Linien als Äquipotentiallinien vorgegeben sind. Wir stellen uns von dem Leiter in beliebigem Maßstab ein Modell aus Blech von möglichst hohem spezifischen Widerstand oder aus Metallfolie her. Gut geeignet ist auf Kartonpapier aufgeklebte Aluminiumfolie, wie sie viel für Verpackungszwecke benutzt wird. Auf die zurechtgeschnittene Folie F werden nach Abb. 40 zwei gerade Kupferleisten A und B gepreßt, und zwar so, daß Form und Lage ihrer inneren Kanten, die überall mit der Folie guten Kontakt haben müssen, den vorgegebenen Potentiallinien entsprechen. Da der Widerstand der Kupferleisten gegenüber dem der Folie verschwindend klein ist, können in ihnen bei Stromdurchgang durch die Folie keine merklichen Potentialunterschiede auftreten, so daß ihre Kanten tatsächlich Äquipotentiallinien darstellen. Legen wir jetzt an A und B eine an dem Voltmeter V_1 ablesbare Spannung U und setzen wir das Potential φ_A von A willkürlich gleich Null (Abb. 39), so müssen auf der Folie alle Potentialwerte zwischen $\varphi = 0$ und $\varphi = U$ auffindbar sein. Dazu dient uns ein zweites Voltmeter V_2 mit möglichst hohem Eigenwiderstand, das einerseits an A, andererseits an eine sog. Sonde S, d. h. eine Metallspitze angeschlossen ist, die auf jede beliebige Stelle der Folie F aufgedrückt werden kann. V_2 zeigt dann die Spannung $U = \varphi - \varphi_A$ zwischen der betr. Stelle der Folie und der Leiste A, d. h. wegen $\varphi_A = 0$ das Potential φ dieser Stelle an. Jetzt suchen wir mit der Sonde S auf F so viele Punkte gleichen Potentialwertes, z. B. mit dem Potential $\varphi = \frac{1}{10} U$, daß wir durch sie einwandfrei eine Potentiallinie zeichnen können. Das wiederholen wir mit $\varphi = \frac{2}{10} U$, $\varphi = \frac{3}{10} U$ usw. Wir erhalten so, zusammen mit den durch die Kanten von A und B vorgegebenen, insgesamt 11 mit 0 bis 10 bezifferte Potentiallinien mit von $\varphi = 0$ bis $\varphi = U$ in gleichen Intervallen steigenden Potentialwerten (Abb. 39).

Fragen wir nun nach der in irgendeinem Punkte herrschenden Stromdichte $\mathfrak{g}$, so können wir sofort eine Aussage über deren Richtung machen. Da ein Strom in einem widerstandsbehafteten Leiter stets eine Spannung voraussetzt, kann die Stromdichte in der Tangentenrichtung der durch den betreffenden Punkt gehenden Potentiallinie keine Komponente haben; denn längs der Potentiallinie gibt es keine Potentialdifferenzen. Also muß die Strömung überall senkrecht zu den Potentiallinien verlaufen, und zwar im Richtungssinn abnehmenden Potentials. Bewegen wir uns von einem beliebigen Punkt aus so, daß unser Weg alle — d. h. alle denkbaren, nicht nur die wenigen, wirklich gezeichneten — Potentiallinien senkrecht schneidet, so ist unser Weg eine Linie, deren Tangentenrichtung überall mit der Richtung der Strömung bzw. der Stromdichte übereinstimmt. Solche Linien heißen deshalb Stromlinien. Strom- und Potentiallinien bilden mithin zwei Kurvenscharen, die sich überall senkrecht schneiden.

Ist aber die Stromdichte stets tangential zur Stromlinie gerichtet, hat sie also nirgends eine zur Stromlinie senkrechte Komponente, so tritt auch nirgends Strom über die Stromlinie, und ein beiderseits von je einer Stromlinie begrenzter Leiterstreifen führt überall denselben Strom. Deshalb kann man auch die Stromlinien beziffern, indem man, von einer beliebigen Bezugsstromlinie ausgehend, an jede Stromlinie den — absoluten oder relativen — Betrag des Stromes i anschreibt, der in dem Streifen zwischen ihr und der Bezugstromlinie insgesamt fließt. Die Bezugstromlinie erhält dabei natürlich die Bezifferung $i = 0$. Die Differenz zwischen den i-Werten zweier beliebiger Stromlinien entspricht dem zwischen diesen fließenden Strom. Die i-Werte können somit als Werte einer Hilfsgröße angesehen werden, die mit dem Strom genau so zusammenhängt wie das Potential mit der Spannung und somit ebenso wie das Potential je nach Wahl der Bezugslinie auch negative Werte annehmen kann. Diese Hilfsgröße heißt Stromfunktion. Abb. 41a zeigt einen Ausschnitt aus einem stromdurchflossenen Flachleiter von der Dicke d, der durch zwei Stromlinien mit den Stromfunktionswerten $i = -1$ und $i = 2$ und zwei Potentiallinien mit den Potentialen $\varphi = 6$ und $\varphi = -4$ begrenzt ist. Beide Kurvenscharen sind so gezeichnet, daß zwischen benachbarten Kurven immer das gleiche Intervall des Potentials φ bzw. der Stromfunktion i liegt. Folglich fließt zwischen je zwei benachbarten Stromlinien der gleiche Strom $\varDelta i$. Ein an einer beliebigen Stelle längs einer Potentiallinie geführter Querschnitt durch einen Streifen zwischen benachbarten Stromlinien habe die Breite $\varDelta b$. Dann ist die mittlere Stromdichte in diesem Querschnitt $\mathfrak{g}_m = \dfrac{\varDelta i}{d\,\varDelta b}$. Bei mit gleichen Intervallen $\varDelta i$ gezeichneter Stromlinienschar ist also die mittlere Stromdichte dem Kehrwert $1/\varDelta b$ des längs der

Potentiallinie gemessenen Abstandes benachbarter Stromlinien proportional. Je enger die Stromlinien zusammenrücken, um so größer ist die Stromdichte. Je kleiner wir andererseits das Intervall Δi der Stromfunktionswerte der den Querschnitt begrenzenden Stromlinien wählen, um so kleiner wird auch bei sonst ungeänderten Verhältnissen Δb. Der Ausdruck $\frac{1}{d}\frac{\Delta i}{\Delta b}$ nähert sich dabei mehr und mehr der örtlichen Stromdichte g und stimmt mit dieser als Grenzwert überein, wenn wir schließlich Δb gegen Null gehen lassen, d. h von dem Differenzenquotienten $\frac{\Delta i}{\Delta b}$ zu dem Differenzialquotienten $\frac{di}{db}$ übergehen. Es ist also:

$$g = \frac{1}{d}\lim_{\Delta b \to 0}\frac{\Delta i}{\Delta b} = \frac{1}{d}\cdot\frac{di}{db}. \tag{4}$$

Umgekehrt fließt in einem endlichen Querschnitt von der längs einer Potentiallinie, also überall senkrecht zur Richtung der Stromdichte gemessenen Breite b der Strom

$$I_b = d\int_b g\,db. \tag{5}$$

In Abb. 41b ist noch einmal ein von je zwei Potential- und Stromlinien, d. h. durch eine Masche des Potential- und Stromliniennetzes begrenzter Leiterausschnitt herausgezeichnet, der so klein sein möge, daß wir seine Grenzen als geradlinig ansehen dürfen. Dann tritt nach dem OHMschen Gesetz an seiner Länge Δl die Spannung bzw. die Potentialdifferenz

$$\Delta\varphi = \Delta i \cdot \frac{\Delta l}{d\,\Delta b}\cdot\varrho \quad \text{auf.} \tag{6}$$

Daraus folgt

$$\frac{\Delta\varphi}{\Delta i} = \frac{\Delta l}{\Delta b}\cdot\frac{\varrho}{d}, \tag{7}$$

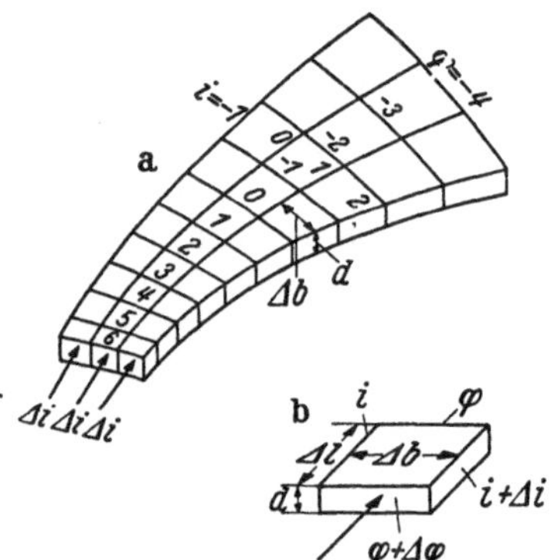

Abb. 41 a und b. a) Ausschnitt aus einem Flächenleiter zwischen je zwei Strom- und Potentiallinien; b) Masche des Liniennetzes.

d. h. an solch einer Masche verhält sich das Potentialintervall $\Delta\varphi$ zu dem Intervall Δi der Stromfunktion wie die mit dem konstanten Faktor $\frac{\varrho}{d}$ multiplizierte Maschenlänge Δl zur Maschenbreite Δb, und zwar um so genauer, je dichter das Liniennetz gezeichnet ist.

Das gilt natürlich für jede beliebig herausgegriffene Masche des Liniennetzes, und daraus folgt, daß alle Maschen angenähert Rechtecke von demselben Seitenverhältnis sind, das nur von $\frac{\varrho}{d}$ und den gewählten Intervallen $\Delta\varphi$ und Δi abhängt. Man kann $\Delta\varphi$ und Δi von vornherein so festlegen, daß sich $\frac{\Delta l}{\Delta b} = 1$ ergibt, d. h. die Maschen angenähert Quadrate sind. Sind also erst einmal die Potentiallinien durch Messung bestimmt, so erhält man die Stromlinien, indem man Kurven zeichnet, die die Potentiallinien überall senkrecht schneiden und mit diesen quadratische Maschen bilden. Das ist nur auf eine einzige Weise möglich, und der richtige Verlauf läßt sich mit einigem Probieren und Korrigieren ziemlich leicht finden. In Teilgebieten, wo die Krümmung der Kurven die Beurteilung der Quadratform erschwert, kann man sich helfen, indem man dort durch Einfügen von Zwischenlinien in beiden Scharen die Maschen weiter unterteilt.

Bei der in Abb. 39 und 40 als Beispiel gewählten Leiterform sind übrigens zwei Stromlinien von vornherein bekannt. Das sind die seitlichen Begrenzungslinien des Leiters, und zwar deshalb, weil über sie kein Strom hinüberfließen, die Stromdichte dort also keine zu ihnen senkrechte Komponente haben kann. Durch diese beiden Stromlinien und die durch die Stromzuführungsleisten vorgegebenen Potentiallinien ist der Verlauf aller anderen Linien eindeutig bestimmt, und es ist bei einiger Übung durchaus möglich, die übrigen Linien zwischen den Randlinien auch ohne jedes Experiment rein zeichnerisch zu bestimmen, indem man, von einem ersten Entwurf ausgehend, das Bild solange verbessert, bis sich überall senkrechte Schnitte und bei gleichmäßiger Stufung von φ und i Maschen von gleichem Verhältnis der mittleren Länge zur mittleren Breite, vorzugsweise Quadratmaschen, ergeben. Sieht man die Potentiallinien als Stromlinien an und umgekehrt, so erhält man ebenfalls ein mögliches Feldlinienbild, das zu einer Strömung gehört, bei der die bisher freien Leiterkanten Potentiallinien sind. Wenn man also den Flächenleiter unseres Beispiels wie in Abb. 42 unter Fortlassung der Leisten in A und B über die Ränder C und D mittels dort aufgesetzter Kupferleisten mit einem Strom i speist und nunmehr wieder die Potentiallinien experimentell aufnimmt, so verlaufen letztere so wie die Stromlinien bei der Speisung nach Abb. 40.

Lassen wir in Abb. 41b die Seitenlängen Δl und Δb der Masche gegen Null gehen, so ergibt Gl. (6) für die Grenzwerte $d\varphi/dl$ und di/db, denen die Quotienten $\Delta\varphi/\Delta l$ und $\Delta i/\Delta b$ dabei zustreben, die Beziehung

$$\frac{d\varphi}{dl} = \frac{\varrho}{d} \cdot \frac{di}{db}, \qquad (8)$$

und daraus folgt mit der Stromdichte $g = \frac{1}{d} \cdot \frac{di}{db}$ die Gleichung

$$\frac{d\varphi}{dl} = g\varrho . \qquad (9)$$

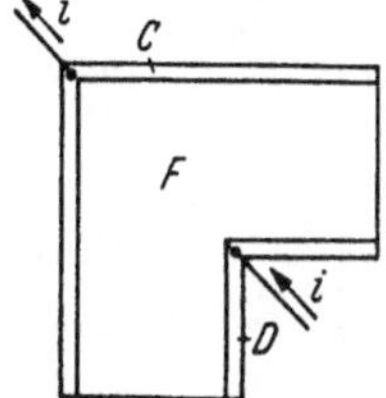

Abb. 42. Versuch zur Vertauschbarkeit der Strom- und Potentiallinien.

$\frac{d\varphi}{dl}$ ist der Potentialanstieg, d. h. die Potentialzunahme je Längeneinheit längs eines Wegelementes dl in Richtung senkrecht zu der durch den betr. Punkt gehenden Potentiallinie. In dieser Richtung ist aber der Potentialanstieg am größten, genau so, wie die Neigung eines Geländes überall senkrecht zu den Höhenlinien am stärksten ist. In jeder anderen Richtung ist er kleiner, in Richtung der Potentiallinie sogar Null. Diese zusätzliche Richtungsangabe macht $\frac{d\varphi}{dl}$ zu einem Vektor, der „Gradient" des Potentials genannt wird. Wir wollen für ihn die Schreibweise $\frac{d\varphi}{dl}$ beibehalten, obwohl sie die Vektornatur nicht zum Ausdruck bringt. Da der Strom in Richtung abnehmender Potentialwerte fließt, hat die Stromdichte $\mathfrak{g}$ die entgegengesetzte Richtung wie der größte Potentialanstieg; $\mathfrak{g}$ fällt in die Richtung des größten „Potentialgefälles" $\left(-\frac{d\varphi}{dl}\right)$. Dieses stellt gewissermaßen die örtliche Wirksamkeit der Spannung dar und wird meist als elektrische Feldstärke $\mathfrak{E}$ mit der Maßeinheit $1 \frac{V}{cm}$ bezeichnet. Nach Gl. (9) können wir schreiben:

$$\mathfrak{E} = -\frac{d\varphi}{dl} = \mathfrak{g}\varrho . \qquad (10)$$

$\mathfrak{E}$ ist ein Vektor, der seinem Betrag nach der Stromdichte proportional ist und überall dieselbe Richtung hat wie diese bzw. wie die Tangentenrichtung der durch den betr. Punkt gehenden Stromlinie. Aus Gl. (10) folgt umgekehrt die Potentialabnahme $-d\varphi$ längs eines Wegelementes $d\mathfrak{l}$ zu $-d\varphi = \mathfrak{E}\,d\mathfrak{l}$, und wir erhalten die gesamte Potentialabnahme längs eines endlichen Weges von einem Punkt a nach einem Punkt b, d. h. die Spannung $u_{a,b} = \varphi_a - \varphi_b$ zwischen diesen Punkten, indem wir die Produkte $\mathfrak{E}\,d\mathfrak{l}$ längs des Weges von a nach b summieren. Es ist also

$$u_{a,b} = \varphi_a - \varphi_b = -\int_b^a \mathfrak{E}\,d\mathfrak{l} = \int_a^b \mathfrak{E}\,d\mathfrak{l} . \qquad (11)$$

Das gilt zunächst, wenn wir unter $d\mathfrak{l}$ jeweils nur in die Richtung von $\mathfrak{E}$ fallende Wegelemente verstehen, für den Fall, daß die Punkte a und b auf ein und derselben Stromlinie liegen. Verstehen wir aber unter $\mathfrak{E}\,d\mathfrak{l}$ das skalare Produkt des Vektors $\mathfrak{E}$ mit dem ebenfalls vektorartigen und deshalb in Gl. (11) deutsch geschriebenen Wegelement $d\mathfrak{l}$, so gilt Gl. (11) für jeden beliebigen Weg von a nach b, längs dessen das Integral gebildet wird, und demgemäß auch für zwei ganz beliebige Punkte a und b. $\mathfrak{E}\,d\mathfrak{l}$ bedeutet dann das Produkt des Betrages von $\mathfrak{E}$ mit dem Betrag der in die Richtung von $\mathfrak{E}$ fallenden Komponente von $d\mathfrak{l}$. Man kann sich, wie Abb. 43 vergröbert zeigt, die Wegelemente $d\mathfrak{l}$ des von a nach b führenden Weges in Komponenten in Richtung der Stromlinien und senkrecht dazu zerlegt denken, von denen die letzteren zu dem Wert des Integrals nichts beitragen. Man nennt solch ein Integral, das längs eines vorgegebenen Weges gebildet wird, ein Weg- oder Linienintegral.

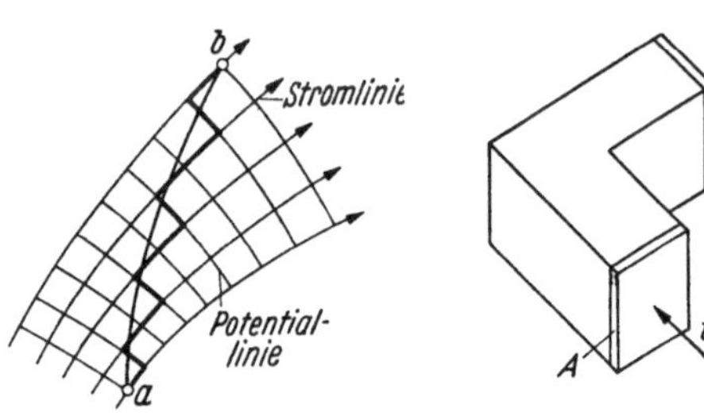

Abb. 43. Zerlegung eines Weges im Strömungsfeld in Komponenten längs Strom- und Potentiallinien.

Abb. 44. Räumlicher Leiter mit ebenem Strömungsfeld.

An die Stelle der Potentiallinien der flächenhaften Strömung treten bei einem räumlichen Strömungsfeld Potentialflächen. Ist die räumliche Strömung bei entsprechenden Bedingungen aber so geartet, daß die Potentialflächen Zylinderflächen mit parallelen Mantellinien sind, so läßt sie sich wiederum durch ein ebenes Feldbild darstellen, in welchem die Spuren der Potentialflächen in einer zu ihren Mantellinien senkrechten Ebene als Potentiallinien erscheinen. Wird z. B. gemäß Abb. 44 der flächenhafte Leiter aus Abb. 39 durch Vergrößerung seiner Dicke zu einem räumlichen gemacht, so bleibt für jede zu der ursprünglichen Fläche parallelen Schnittebene das alte Feldbild bestehen, wenn zugleich auch die bisher zur Stromzuführung verwendeten Leisten durch Platten A und B ersetzt und somit statt zweier Potentiallinien nunmehr zwei Potentialflächen vorgegeben werden. Natürlich muß dazu der spezifische Widerstand dieser Platten gegenüber dem des eigentlichen Leiters vernachlässigbar klein sein.

Ein Sonderfall des ebenen Strömungsfeldes, auch in dem wie vorstehend erweiterten Sinn, ist die Strömung in der unbegrenzten Ebene, eine Idealisierung zwar, der praktische Fälle aber häufig sehr nahekommen. Betrachten wir z. B. zwei sehr lange, kreiszylindrische Leiter guter Leitfähigkeit, die als offene, an Spannung liegende Doppelleitung parallel zueinander blank in das wegen seiner Feuchtigkeit schwach leitfähige Erdreich eingebettet sind, so ist natürlich in einer zu den Leitern senkrechten Ebene die Spur der Erdoberfläche Stromlinie. Liegen die Leiter aber sehr tief unter der Erdoberfläche, so macht

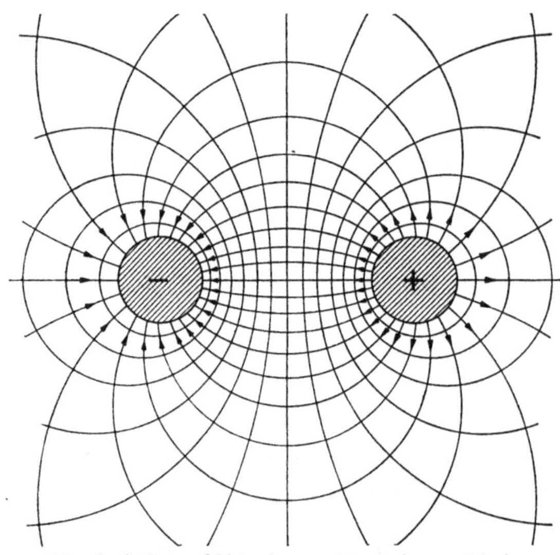

Abb. 45. Strömungfeld in einem unbegrenzt ausgedehnten, schwach leitenden Medium zwischen zwei Rundleitern.

sich deren Einfluß in der Nähe der Leiter, wo die Strömung am meisten interessiert, kaum noch bemerkbar. Dort kann daher das Feldbild, das sich in der unbegrenzten Ebene ergeben würde und das nur noch von den durch die Spuren der Leiter vorgegebenen Potentiallinien bestimmt wird, als richtig angesehen werden. Seine Potential- und Stromlinien, letztere entsprechend dem Richtungssinn der Strömung mit Pfeilspitzen versehen, sind in Abb. 45 gezeichnet.

24. Das elektrostatische Feld; der Kondensator. Wir knüpfen die folgenden Überlegungen wieder an ein räumliches Strömungsfeld an, von dem wir der Einfachheit halber annehmen wollen, daß es, wie im Falle der in ein schwach leitendes Medium eingebetteten, parallelen und unbegrenzt langen Leiter, durch das ebene Feldbild einer zu den Leitern senkrechten Schnittebene eindeutig darstellbar sei. Etwaige Grenzflächen des schwach leitenden Mediums seien von den Leitern so weit entfernt, daß die Schnittebene und damit das Feldbild in ihr als unbegrenzt angesehen werden können. Der Verlauf der Feldlinien hängt also einzig und allein von der Form der Schnittspuren der Leiter in der betrachteten Ebene ab, und zwar sind diese Spuren in dem ebenen Feldbild vorgegebene Äquipotentiallinien. Weder die Höhe der Spannung zwischen den Leitern, die wir künftig als Elektroden bezeichnen wollen, noch der spezifische Widerstand des Mediums, in dem sich die betrachtete Strömung ausbildet, hat auf den Verlauf der Feldlinien einen Einfluß; von diesen Größen hängt lediglich eine etwaige Bezifferung der Linien ab. Insbesondere bleiben bei einer Änderung des spezifischen Widerstandes die Potentiallinien erhalten. Das veranlaßt uns zu einem Gedankenexperiment: Wir lassen in Gedanken den spezifischen Widerstand des die Elektroden umgebenden Mediums immer mehr zunehmen, bis er schließlich größer als jeder angebbare Wert, d. h. unendlich groß, und aus dem ursprünglich noch schwach leitenden Medium ein isolierendes Medium geworden ist. Da die Potentialverteilung vom spezifischen Widerstand des Mediums unabhängig ist, muß sie auch jetzt noch in unveränderter Form existieren, selbst dann, wenn die Elektroden nur von Luft umgeben sind oder sich sogar in einem Vakuum befinden. Mit der Potentialverteilung bleibt auch das örtliche Potentialgefälle $-\dfrac{d\varphi}{dl}$ erhalten, und es kommt somit jedem Punkt nach Gl. (23,10) dieselbe Feldstärke $\mathfrak{E} = -\dfrac{d\varphi}{dl}$ zu wie vorher. Das ist zunächst nur das Ergebnis eines Gedankenexperiments, könnte also als reine Fiktion angesehen werden. Wir werden aber finden, daß der elektrischen Feldstärke in einem isolierenden Medium zwischen zwei auf verschiedenen Potentialen befindlichen Elektroden durchaus auch eine physikalische Realität zukommt. Man bezeichnet ein solches Feld in einem Isolator als elektrostatisches Feld. Das isolierende Medium, in dem sich das elektrostatische Feld ausbreitet, heißt Dielektrikum.

Kann somit das elektrostatische Feld als Grenzfall des elektrischen Strömungsfeldes für $\varrho \to \infty$ aufgefaßt werden, so ist es verständlich, daß zwischen beiden Feldern weitestgehend Analogie besteht. Insbesondere ist klar, daß nach wie vor die Potentialdifferenz zwischen zwei Punkten des Feldes, insbesondere die Spannung zwischen den Elektroden wiederum durch das Wegintegral der Feldstärke $\mathfrak{E}$ dargestellt werden kann. Es gilt also nach wie vor für zwei Punkte a und b die Beziehung (23,11):

$$u_{a,b} = \varphi_a - \varphi_b = \int\limits_a^b \mathfrak{E}\, d\mathfrak{l}\,.$$

Natürlich läßt sich die Feldstärke $\mathfrak{E}$ jetzt nicht mehr aus der Stromdichte ableiten; denn die Stromdichte ist, da keine Strömung im Sinne einer Bewegung von geladenen Teilchen mehr besteht, überall zu Null geworden. Damit verdienen die bisherigen Strömungslinien auch ihren Namen nicht mehr. Sie geben aber zumindest nach wie vor überall durch ihre Tangentenrichtung die Richtung der Feldstärke an, und man kann sie außerdem benutzen, um durch ihre Dichte, d. h. den Kehrwert ihres gegenseitigen Abstandes im Feldbild den örtlichen Betrag der Feldstärke anzugeben. Wir wollen sie zum Unterschied von den Potentiallinien als Feldlinien schlechthin bezeichnen.

Wir wollen die Haupteigenschaften des elektrostatischen Feldes an Hand einiger einfacher Versuche studieren. Um gut übersehbare Verhältnisse zu schaffen, benutzen wir hierzu eine Anordnung, bei der das elektrostatische Feld einen möglichst einfachen Aufbau hat. Das ist dann der Fall, wenn das Feld homogen ist, d. h. wenn die Feldstärke überall gleiche Größe und Richtung hat, die Äquipotentialflächen also parallele

Ebenen und die Feldlinien parallele Geraden sind. Streng genommen könnte ein homogenes elektrostatisches Feld, von dem Abb. 46 einen Ausschnitt zeigt, nur zwischen unendlich ausgedehnten, ebenen und parallelen Elektrodenoberflächen entstehen. Da wir uns aber mit begrenzten Elektroden begnügen müssen, wählen wir diese, gemessen an ihrem Abstand, wenigstens so groß, daß die durch die Elektrodenränder bedingte und nur in deren Nähe fühlbare Inhomogenität vernachlässigt werden kann.

Wir stellen nach Abb. 47 zwei ebene, gleich große Metallplatten 1 und 2 gut gegeneinander isoliert im Abstand l parallel zueinander auf. Durch einen Umschalter S können die Platten unter Zwischenschaltung eines Widerstandes R_1 entweder mit den Polen einer Gleichspannungsquelle, z. B. einer Batterie, mit der Klemmenspannung U oder über einen Widerstand R_2 unmittelbar miteinander verbunden werden. In einer der Zuleitungen liegt ein empfindlicher Strommesser A und ein Meßgerät G, welches bei einem kurzzeitigen Stromstoß die diesem entsprechende Elektrizitätsmenge bzw. Ladung in Amperesekunden abzulesen gestattet. Über die Bauart eines solchen Gerätes wollen wir erst später sprechen. Legen wir die Platten 1 und 2 an die Pole der Spannungsquelle, so zeigt der Strommesser A einen kurzzeitigen, sofort wieder verschwindenden Strom und das Gerät G eine Elektrizitätsmenge Q an.

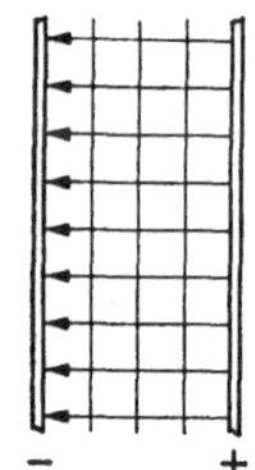

Abb. 46 Ausschnitt aus einem homogenen elektrostatischen Feld.

Nachdem wir die Platten wieder von der Spannungsquelle getrennt haben, verbinden wir sie durch Umlegen von S miteinander über A und G und den Widerstand R_2. Wieder zeigt A einen kurzen Stromstoß an, und an dem Ausschlag von G erkennen wir, daß diesem auch wieder dieselbe Elektrizitätsmenge Q entspricht, nur daß diesmal beide die entgegengesetzte Richtung haben wie vorher. Wiederholen wir diesen Versuch bei sonst gleichen Verhältnissen mit anderen Werten der Spannung U so zeigt sich, daß Q und U einander proportional sind, und wir können schreiben:

$$Q = C\,U \qquad (1)$$

worin die Konstante C als Kapazität der Anordnung bezeichnet wird. Setzen wir Q in A sek und U in V ein, so hat C die Maßeinheit $1\,\dfrac{\text{A sek}}{\text{V}}$, die auch mit einem eigenen Namen als 1 Farad (1 F) bezeichnet wird. Da Kapazitätswerte in der Größenordnung von 1 F selten vorkommen, sind die Einheiten 1 Mikrofarad $= 1\,\mu\text{F} = 10^{-6}$ F und 1 Picofarad $= 1\,\text{pF} = 10^{-9}$ F gebräuchlicher.

Der Versuch beweist, daß beim Anlegen von Spannung an die Platten die Elektrizitätsmenge Q irgendwie von den Platten gespeichert wird und nach Abschalten von der Spannungsquelle auch gespeichert bleibt, die Platten durch das Anlegen der Spannung also mit der Elektrizitätsmenge Q „geladen" werden. Wir werden sehen, daß die Kapazität eine Größe ist, die nur von den geometrischen Verhältnissen der Elektrodenanordnung und der Natur des Dielektrikums abhängt. Jedes Paar leitender Körper besitzt also im Dielektrikum eine durch Form und gegenseitige Lage sowie durch die Art des Dielektrikums definierte Kapazität. Eine Anordnung, die eigens dazu dient, vermöge ihrer Kapazität Ladungen zu speichern, bezeichnet man als Kondensator.

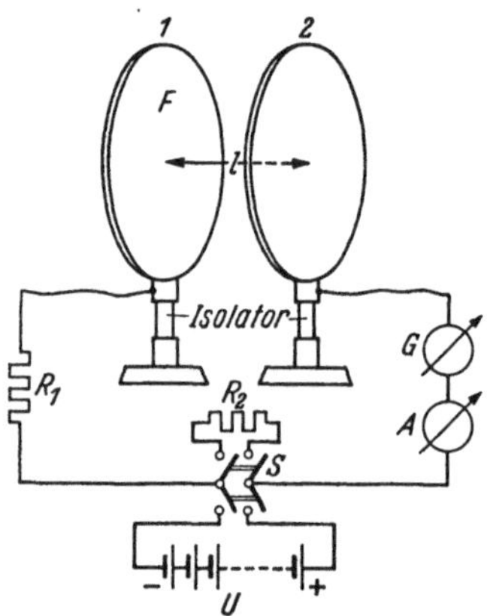

Abb. 47. Nachweis der Ladungen auf an Spannung liegenden Platten.

Während des Ladevorgangs fließt ein und derselbe Strom vom Pluspol der Spannungsquelle zu der mit ihm verbundenen Platte, der Plusplatte, und von der Minusplatte zum Minuspol der Spannungsquelle. Da ein Strom in Metall eine der Stromrichtung entgegengesetzte Bewegung von Elektronen ist, wird bei dem Ladevorgang die Minusplatte mit Elektronen, also mit negativer Ladung vom Betrage Q angereichert, während zugleich der Plusplatte im gleichen Maße negative Ladung entzogen wird, so daß sie mit einer positiven Ladung vom Betrage Q behaftet erscheint. Es findet also eine Verschiebung der Ladung Q von einer Platte zur anderen statt.

Die Ladung Q ist nach Gl. (1) der Ladespannung U proportional, d. h. der Ladevorgang findet sein Ende und der Ladestrom verschwindet wieder, sobald der Betrag der von den Platten aufgenommenen Ladung einen der Ladespannung proportionalen Wert $Q = C\,U$ erreicht hat. Es hat sich dann ein Gleichgewichtszustand eingestellt, und zwar muß, wie das Verschwinden des Ladestroms beweist, die Spannung zwischen den Platten bis auf den Wert der Ladespannung U gestiegen sein. Diese Spannung zwischen den Platten kann aber nur eine unmittelbare Folge der von ihnen aufgenommenen Ladung sein, da sich ja sonst nichts geändert hat. Es handelt sich hier offensichtlich um denselben Vorgang, der sich beim Anschließen einer am Ende offenen Doppelleitung an die Pole einer Stromquelle abspielt. Wir besprachen diesen Fall bereits in Abschn. 8 und bildeten uns schon damals die Vorstellung, daß die Spannung zwischen den Leitern eine Folge ihrer unterschiedlichen Aufladung sein müsse. Unsere jetzigen Versuche bestätigen das. Da die Platten nach Abtrennen von der Spannungsquelle die ihnen zugeführte Ladung behalten, bleibt auch die Spannung zwischen ihnen bestehen, und sie ist es, die den Strom in umgekehrter Richtung treibt, wenn die Platten nunmehr über einen Widerstand miteinander verbunden werden. Dabei stellt sich der ursprüngliche, ungeladene Zustand der Platten wieder her, und die Spannung zwischen ihnen sinkt im gleichen Maße, wie ihre Ladung abnimmt, um schließlich zusammen mit dieser zu verschwinden. Der Entladevorgang ist dann beendet. Davon, daß die Platten nach beendeter Ladung tatsächlich eine Spannung von der Höhe der Ladespannung gegeneinander behalten, kann man sich überzeugen, indem man die Platten kurz nach Abtrennen von der Spannungsquelle nochmals mit dieser verbindet. Wären die Spannungen verschieden, müßte dann wieder ein Strom fließen; das ist aber nicht der Fall.

Wiederholen wir unsere Versuche mit Platten anderer Abmessungen, aber bei stets gleichem Plattenabstand l, so stellen wir fest, daß bei gegebener Spannung U die Ladung Q nicht etwa dem Plattenvolumen, sondern nur der Oberfläche F proportional ist, die jede Platte der anderen zukehrt. Daraus müssen wir schließen, daß die Ladung ihren Sitz nur auf der Oberfläche der Platten hat. Zu diesem Ergebnis führt auch folgende Überlegung: Wenn die Ladungen der Platten die Ursache für die Potentialdifferenz zwischen ihnen ist, so muß das dieser Potentialdifferenz entsprechende elektrostatische Feld bis an die Ladungen als seinen eigentlichen Ursprung heranreichen. Andererseits können aber innerhalb der Platte selbst keine Potentialunterschiede vorhanden sein, da ja sonst in der Platte wegen ihrer Leitfähigkeit Ströme fließen müßten. Innerhalb der Platte kann also kein Feld mehr existieren, d. h. das Feld muß an der Plattenoberfläche enden, und deshalb können auch nur dort die felderzeugenden Ladungen sitzen.

Sind die Platten, wie bisher stets vorausgesetzt, eben, parallel und im Verhältnis zu dem Abstand zwischen ihnen sehr groß, so ist, von den Randgebieten abgesehen, das Feld zwischen ihnen praktisch homogen, d. h. es herrscht mit Ausnahme der Plattenränder im ganzen Feldgebiet zwischen den Platten, also auch an den einander zugekehrten Plattenoberflächen überall dieselbe Feldstärke. Gl. (23,11) geht in unserem Fall wegen der Homogenität des Feldes für die Spannung U zwischen den Platten in die einfache Beziehung

$$U = E\,l \tag{2}$$

über, worin E der Betrag der Feldstärke ist. Damit ist bei gegebenem Abstand l der Betrag E der Feldstärke an der Plattenoberfläche der Spannung U proportional. Andererseits besteht kein Anlaß anzunehmen, daß sich die Ladung auf den einander zugekehrten Plattenoberflächen anders als gleichmäßig verteilt; denn dort ist ja unter den gemachten Voraussetzungen kein Punkt vor einem anderen bevorzugt. Gleichmäßige Ladungsverteilung bedeutet aber, daß überall die Ladungsdichte $\dfrac{dQ}{dF}$, d. h. die Ladung je Oberflächeneinheit der Gesamtladung Q proportional, nämlich Q/F ist. Da nach Gl. (1) die Spannung U wiederum zur Gesamtladung Q in konstantem Verhältnis steht, ist auch die Feldstärke E in jedem Oberflächenpunkt der dortigen Ladungsdichte $\frac{dQ}{dF}$ proportional und wir können schreiben:

$$\varepsilon\, E = \frac{dQ}{dF}\,. \tag{3}$$

In dem betrachteten Sonderfall des homogenen Feldes gilt darüber hinaus

$$\varepsilon\, E = \frac{Q}{F}\,. \tag{3a}$$

Die Konstante ε ist darin die sog. Dielektrizitätskonstante. Sie hat, wenn wir E in $\frac{\mathrm{V}}{\mathrm{cm}}$, Q in A sek und F in cm² einsetzen, die Einheit $1\,\frac{\mathrm{A\,sek}}{\mathrm{V\,cm}}$. Ihr Zahlenwert hängt von der Beschaffenheit des Dielektrikums ab. Für das Vakuum ist

$$\varepsilon = \varepsilon_0 = 0{,}0886 \cdot 10^{-12}\,\frac{\mathrm{A\,sek}}{\mathrm{V\,cm}}\,, \tag{4}$$

und dieser Wert gilt bis auf eine winzige Abweichung auch für Luft bei normalen Werten des Drucks und der Temperatur.

Bleibt also die Gesamtladung Q und damit die Ladungsdichte erhalten, so ändert sich auch die Feldstärke E nicht. Aus $U = E\,l$ folgt dann aber für das homogene Feld zwischen zwei Platten, daß bei gleicher Ladung Q die Spannung U dem Plattenabstand l verhältnisgleich ist, so daß wir für unsere Anordnung schließlich mit den Gln. (1), (2) und (3a) die Beziehungen

$$Q = C\,U = \varepsilon\,\frac{F}{l}\,U \tag{5}$$

$$\text{bzw.}\quad C = \varepsilon\,\frac{F}{l} \tag{6}$$

erhalten.

Aus $Q = \varepsilon\,\dfrac{F}{l}\,U$ folgt umgekehrt für die Spannung die Gleichung

$$U = \frac{1}{\varepsilon}\cdot\frac{l}{F}\,Q\,. \tag{7}$$

Diese Beziehung hat eine zunächst etwas überraschende Konsequenz. Vergrößert man nämlich, nachdem die Platten aufgeladen und von der Spannungsquelle getrennt sind, ihren Abstand l, so steigt die Spannung zwischen ihnen proportional mit l an, weil sich ja die auf ihnen befindliche Ladung Q wegen der allseitigen Isolation der Platten dabei nicht ändern kann. Man kann sich von der Richtigkeit dieser Folgerung leicht überzeugen, indem man die mit Q geladenen Platten nach Vergrößerung ihres Abstandes von l auf l' nochmals mit der Spannungsquelle verbindet. Dabei wird den Platten, deren Spannung zunächst durch die Abstandsvergrößerung von dem Wert U auf den Wert $U' = U\,\dfrac{l'}{l}$, angewachsen war, erneut die Spannung U aufgezwungen und es kommt unter dem Einfluß des Spannungsüberschusses $U' - U$ zu einem vorübergehenden Strom, der die ursprüngliche Ladung $Q = \varepsilon F\,U/l$ auf den kleineren Wert $Q' = \varepsilon F\,U/l'$ zurückführt. Es fließt also die Ladungsmenge $Q - Q' = \varepsilon\,FU\left(\dfrac{1}{l} - \dfrac{1}{l'}\right) = Q\left(1 - \dfrac{l}{l'}\right)$ in Form eines Stromstoßes in die Spannungsquelle zurück.

Ein weiterer Versuch soll uns deutlich vor Augen führen, daß das elektrostatische Feld im Dielektrikum zwischen den Platten, auf dessen Existenz wir bisher nur auf Grund von Überlegungen geschlossen haben, wirklich physikalische Realität hat. Zu diesem Zweck stellen wir, wie in Abb. 48a gezeigt, zwischen unseren Platten 1 und 2 und parallel zu ihnen zwei weitere, leitend miteinander verbundene, ebene Metallplatten 3 und 4 isoliert auf. b und c seien die Abstände zwischen den einander zugekehrten Seiten von 1 und 3 bzw. 2 und 4. Wenn wir jetzt wiederum 1 und 2 an die Spannung U legen, so messen wir genau die gleiche Ladung Q, die sich auch ergäbe, wenn die zusätzlichen Platten nicht vorhanden wären und der Abstand zwischen 1 und 2 die Größe $l = b + c$ hätte. Unter dieser Voraussetzung hat sich also durch das Hinzukommen von 3 und 4 überhaupt nichts geändert; insbesondere spielt der Abstand zwischen 3 und 4 keine Rolle, sofern nur die Summe $b + c$ erhalten bleibt. Es ist in jedem Falle $Q = \varepsilon\,\dfrac{F}{b+c}\,U$.

Schalten wir in die Verbindung zwischen 3 und 4 ein Elektrizitätsmengen-Meßgerät G_1, so stellen wir fest, daß sowohl beim Laden als auch beim Entladen der Platten 1 und 2 zwischen den Platten 3 und 4 ebenfalls eine Ladung von der Größe Q verschoben wird, obwohl doch die Platten 3 und 4 keinerlei leitende Verbindung mit der Spannungsquelle haben.

Der Urheber für diese Erscheinung kann nur das elektrostatische Feld sein. Dieses übt auf die Elektronen der Zwischenplatten 3 und 4 Kräfte aus, die an der der äußeren Plusplatte gegenüberliegenden Oberfläche eine Elektronenanreicherung, gegenüber der äußeren Minusplatte eine Elektronenverarmung bewirken, so daß erstere negativ, letztere positiv geladen erscheint (Abb. 48b). Im Innern der Zwischenplatten können keine Potentialunterschiede herrschen, und außerdem müssen beide wegen der leitenden Verbindung gleiches Potential haben. Der ganze Raum zwischen ihren voneinander abgewandten Oberflächen muß also feldfrei sein, und das ist nur möglich, wenn auf diesen Oberflächen Ladungen vom Betrag Q sitzen, die für sich allein zwischen sich ein Feld erzeugen würden, welches das von den äußeren Platten herrührende Feld in diesem Raum aufhebt. Man nennt die Erscheinung, daß ein

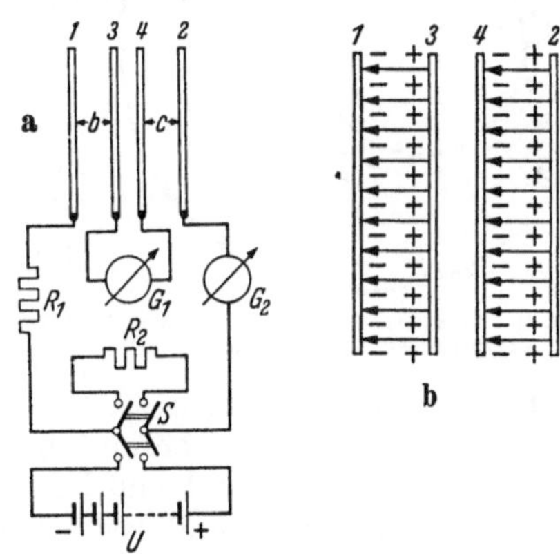

Abb. 48 a u. b. Nachweis der Influenz.

elektrostatisches Feld Ladungen auf Leitern hervorruft, die nicht mit einer Spannungsquelle verbunden sind, Influenz.

Zieht man die Zwischenplatten unter Belassung ihrer leitenden Verbindung aus dem Feld heraus, so gleichen sich ihre Ladungen natürlich sofort wieder aus, weil die ladungstrennende Wirkung des elektrostatischen Feldes der äußeren Platten fortfällt. Wird dagegen ihre Verbindung bereits getrennt, solange sie sich noch im Feld befinden, so behalten sie auch außerhalb des Feldes ihre Ladung bei, weil die einmal getrennten Ladungen jetzt beim Herausziehen aus dem Feld keine Möglichkeit mehr haben, sich auszugleichen. Durch eine spätere Wiederherstellung der Verbindung außerhalb des Feldes kann der Ausgleich nachträglich vollzogen werden. Wenn man die Zwischenplatten in fortgesetztem Wechsel in das Feld bringt, sie dort vorübergehend miteinander verbindet, dann aus dem Feld wieder entfernt und außerhalb des Feldes über einen Verbraucher entlädt, entsteht in letzterem ein intermittierender Strom, ohne daß er mit der Stromquelle selbst in Berührung kommt. Wird dabei jedesmal vor Herstellung der Verbindung mit dem Verbraucher noch der Abstand der aus dem Feld herausgezogenen Zwischenplatten vergrößert, so werden die einzelnen Stromimpulse dem Verbraucher mit erhöhter Spannung zugeführt. Auf diesem Prinzip beruhen die sog. Influenzmaschinen, die im Physikunterricht gelegentlich als bequem zu handhabende Stromquellen hoher Spannung verwendet werden, sonst aber ohne praktische Bedeutung sind, weil die Stromstärken, die sie zu liefern imstande sind, viel zu klein sind.

Wir lassen jetzt die Voraussetzung, daß das Feld homogen sei, fallen und betrachten ein beliebiges Feld, von dem wir nur auch weiterhin annehmen wollen, daß es durch ein ebenes Feldbild darstellbar sei. Nehmen wir als Beispiel das Feld zwischen zwei exzentrischen, kreiszylindrischen Elektroden 1 und 2 nach Abb. 49. Die Oberflächen beider Elektroden sind wegen ihrer Leitfähigkeit Äquipotentialflächen. Das bedeutet nun nicht etwa, daß auf den Elektrodenoberflächen die Ladung gleichmäßig verteilt sein muß; gleichmäßig verteilt ist die Ladung auf einer Äquipotentialfläche nur dann; wenn auf der Fläche, wie z. B. beim homogenen Feld, die Feldstärke überall den gleichen Betrag hat. Das ist bei der exzentrischen Anordnung nach Abb. 49 sicherlich nicht der Fall; wir werden vielmehr da, wo der Elektrodenabstand kleiner ist, eine höhere Feldstärke erwarten müssen als dort, wo die Elektroden weiter voneinander entfernt sind. Aus der Beziehung $E = \dfrac{1}{\varepsilon}\dfrac{dQ}{dF}$ folgt aber, daß zu einer größeren Feldstärke E auch eine größere

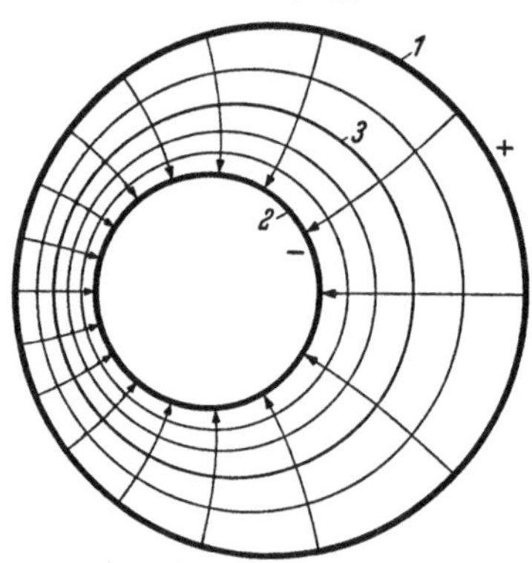

Ladungsdichte $\dfrac{dQ}{dF}$ gehört. Form und gegenseitige Lage der Elektroden bestimmen also die Ladungsverteilung auf ihnen.

Wir können nun das von der positiv geladenen Elektrode 1 ausgehende Feld bereits an einer anderen Potentialfläche, z. B. an 3, enden lassen, ohne daß sich an dem restlichen Feld irgend etwas ändert. Dazu ist nur nötig, daß wir auf dieser Potentialfläche eine negative Ladung von dem gleichen Gesamtbetrag Q wie ihn die positive Ladung auf 1 hat, so verteilen, daß die Ladungsdichte $\dfrac{dQ}{dF}$ auch dort überall der örtlichen Feldstärke E proportional, nämlich nach Gl. (3) gleich εE ist. Diese Ladungsverteilung stellt sich von

Abb. 49. Elektrostatisches Feld zwischen exzentrischen Kreiszylindern.

selbst ein, wenn wir einen Metallzylinder mit 3 als Oberfläche als Innenelektrode verwenden und zwischen ihn und die Elektrode 1 eine Spannung entsprechend der Potentialdifferenz zwischen 1 und 3 legen. Bilden wir die Fläche 3 aus äußerst dünnen Blech nach, das gegen 1 und 2 isoliert ist, so wird durch eine solche „leitende Potentialfläche" das ursprüngliche Feld zwischen 1 und 2 praktisch nicht geändert. Durch Influenz erscheinen die beiden Oberflächen des Bleches als sog. Doppelschicht entgegengesetzt mit Q geladen, und zwar die äußere negativ, die innere positiv, wobei sich auf beiden Seiten wiederum die örtliche Ladungsdichte $\dfrac{dQ}{dF}$ proportional der örtlichen Feldstärke E einstellt.

Unter diesen Verhältnissen gewinnen die Linien der zu den Potentiallinien senkrechten Schar, die Feldlinien, eine zusätzliche Bedeutung. Von ihnen haben wir bisher nur festgestellt, daß sie überall die Richtung der Feldstärke angeben und daß, wenn wir zwei bestimmte Linien, z. B. a und b in Abb. 50, ins Auge fassen, der Kehrwert des Abstandes $\varDelta b$ zwischen ihnen dem über die Streifenbreite gemittelten Betrag E der Feldstärke $\mathfrak{E}$ proportional ist. Wir wollen aus der unendlichen Fülle der darstellbaren Linien dieser Schar die wirklich zur Darstellung gelangenden Linien so auswählen, daß die Proportionalitätskonstante

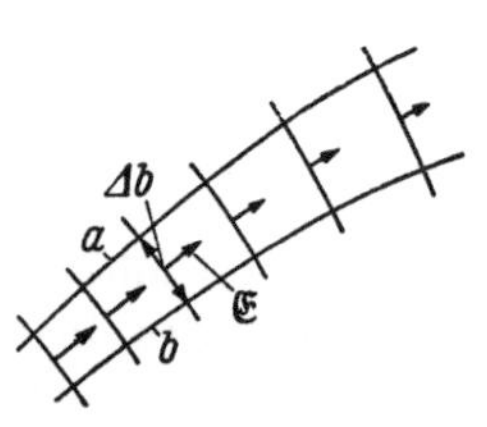

Abb. 50. Zusammenhang zwischen elektrischer Feldstärke und gegenseitigem Abstand benachbarter Feldlinien.

zwischen $\dfrac{1}{\varDelta b}$ und E überall dieselbe ist, daß also an jeder Stelle zwischen je zwei benachbarten Feldlinien

$$E = k\,\frac{1}{\varDelta b} \tag{8}$$

ist. In dem in Abb. 51 dargestellten Feldausschnitt von 1 cm Tiefe sei die schraffierte Fläche eine Elektrodenoberfläche. Auf ihr ist E proportional der mittleren Ladungsdichte $\dfrac{\varDelta Q}{\varDelta b \cdot 1}$ eines Flächenabschnitts, und zwar ist gemäß Gl. (3) und (23,10) der absolute

Betrag der mittleren Feldstärke

$$E = \frac{\Delta\varphi}{\Delta l} = \frac{1}{\varepsilon} \cdot \frac{\Delta Q}{\Delta b} \ . \tag{9}$$

Ist also die Bedingung $E = k\,\frac{1}{\Delta b}$ erfüllt, so muß $k = \frac{1}{\varepsilon}\,\Delta Q$ sein, d.h. je zwei benachbart gezeichnete Linien der betrachteten Schar grenzen auf dem 1 cm tiefen Flächenstreifen stets dieselbe Ladung ΔQ zwischen sich ein. Was aber für die Elektrodenoberfläche gilt, gilt auch für jede andere Äquipotentialfläche. Man kann sich, wie schon gesagt, jede Äquipotentialfläche durch eine Doppelschicht von Ladungen ersetzt denken, ohne daß sich an dem Feld etwas ändert. Für die Verteilung dieser gedachten Ladungen auf der betrachteten Äquipotentialfläche gilt dann genau wie für die Elektroden die Bedingung, daß benachbarte Feldlinien wieder die Ladung ΔQ zwischen sich einschließen. Diese Ladungsverteilung stellt sich selbsttätig ein, wenn auf der Potentialfläche tatsächlich Ladungen zur Verfügung stehen, wenn die Potentialfläche also durch eine äußerst dünne Leiterfläche verkörpert wird. Aus den Linien, die im elektrischen Strömungsfeld die Stromlinien darstellen, sind somit beim Übergang zum elektrostatischen Feld Linien gleicher Ladung geworden, d. h. jede von ihnen kann entsprechend der Ladung, die zwischen ihr und einer Bezugslinie eingeschlossen ist, beziffert werden.

Da gemäß $E = \frac{1}{\varepsilon}\,\frac{dQ}{dF}$ die Ladungsdichte $\frac{dQ}{dF}$ außer von der an dem betr. Punkt herrschenden Feldstärke auch von dem Material des Dielektrikums, genauer gesagt, von dessen Dielektrizitätskonstante ε abhängt, kann man die Größe

$$D = \varepsilon\,E \tag{10}$$

$$\text{bzw. } D = \frac{dQ}{dF}\ . \tag{11}$$

neben der Feldstärke als zweite Bestimmungsgröße des Feldes auffassen.

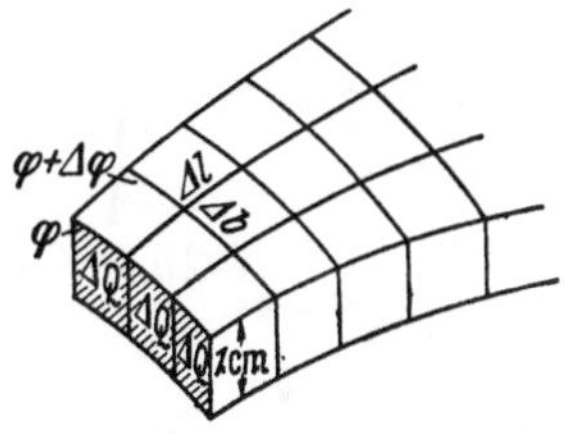

Abb. 51. Zur Erläuterung der Verschiebungsdichte.

Die Feldgröße D heißt Verschiebungsdichte und hat die Einheit $1\,\dfrac{\text{A sek}}{\text{cm}^2}$. Der Name „Verschiebungsdichte" rührt davon her, daß die Gesamtladung Q beim Lade- und Entladevorgang verschoben wird und deshalb auch als Verschiebung bzw. in Analogie zu der Begriffsbildung bei Strömungsfeldern als Verschiebungs-Fluß bezeichnet wird. Diese neu eingeführte Größe ist ebenso wie die Feldstärke eine gerichtete, und zwar mit der Feldstärke gleich gerichtete Größe, und wir können deshalb Gl. (10) in der Form

$$\mathfrak{D} = \varepsilon\,\mathfrak{E} \tag{10a}$$

schreiben. Die Linien gleicher Ladung heißen sinngemäß Verschiebungslinien.

Die Gesamtladung bzw. der Verschiebungsfluß Q ergibt sich aus dem Betrag D der Verschiebungsdichte $\mathfrak{D}$, indem man jedes Flächenelement dF einer Elektrodenoberfläche oder einer anderen Äquipotentialfläche mit dem zugehörigen Wert der Verschiebungsdichte multipliziert und über die gesamte Oberfläche die Summe aller dieser Produkte bildet. Statt einer Elektroden- oder einer Äquipotentialfläche kann man dieser Rechnung auch eine beliebige andere Fläche zugrunde legen, muß dann aber berücksichtigen, daß die Verschiebungsdichte $\mathfrak{D}$, die ja ein Vektor ist, im allgemeinen zu einer solchen Fläche nicht überall senkrecht gerichtet ist. In diesem verallgemeinerten Fall darf dann jedes Flächenelement nur mit der auf ihn senkrecht stehenden Komponente von $\mathfrak{D}$, d.h. mit $D\cos\gamma$ multipliziert werden, wenn γ der Winkel zwischen der Richtung von $\mathfrak{D}$ und der Flächensenkrechten des betreffenden Flächenelements ist.

Wir bringen das zum Ausdruck, indem wir das Produkt in der Form $\mathfrak{D}\mathfrak{F}$ als skalares Produkt des Vektors $\mathfrak{D}$ mit dem Vektor $\mathfrak{F}$ des Flächenelementes schreiben, und erhalten

$$Q = \int_F D \cos\gamma \, dF = \int_F \mathfrak{D} \, d\mathfrak{F} \, . \tag{12}$$

Die absolute Dielektrizitätskonstante ε spaltet man meistens in zwei Faktoren auf:

$$\varepsilon = \varepsilon_r \, \varepsilon_0 \, , \tag{13}$$

worin $\varepsilon_0 = 0{,}08859 \cdot 10^{-12} \, \dfrac{\text{A sek}}{\text{V cm}}$ die schon erwähnte Dielektrizitätskonstante des Vakuums, auch Influenzkonstante genannt, und der Zahlenfaktor ε_r die von der stofflichen Natur des Dielektrikums abhängige relative Dielektrizitätskonstante ist. In Tabelle 2 ist ε_r für einige wichtige Stoffe angegeben.

Tabelle 2

Hartgummi	$\varepsilon_r = 2 \div 3{,}5$	Paraffin	$\varepsilon_r = 2 \div 2{,}2$
Hartpapier	$3{,}5 \div 4$	Bakelit	$5 \div 7{,}5$
Preßspan	$2{,}5$	Schellack	$2{,}7 \div 3{,}7$
Porzellan	$5{,}4 \div 6{,}4$	Transformatorenöl	$2{,}2 \div 2{,}5$
Glas	$3{,}4 \div 6$	Trolitul	$2{,}5$
Glimmer	$5 \div 8$	Steatit	6

Ist das Feldbild eines ebenen elektrostatischen Feldes zwischen zwei gegebenen Elektroden bekannt, so kann man daraus die gegenseitige Kapazität der Elektroden bestimmen. Wir betrachten anhand von Abb. 52 einen von zwei Verschiebungslinien a und b begrenzten, 1 cm in die Tiefe erstreckten Abschnitt eines ebenen Feldes zwischen den Elektroden 1 und 2. Ist ΔQ der Verschiebungsfluß zwischen den Linien a und b und $\Delta\varphi$ der Potentialunterschied zwischen benachbarten Potentiallinien, so ist nach Gl. (9)

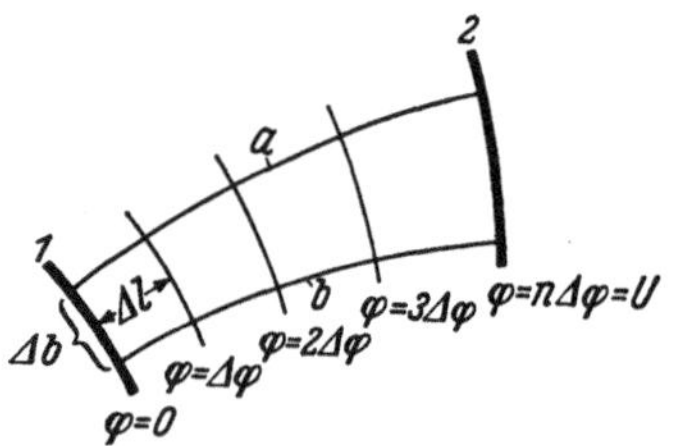

Abb. 52. Zur Kapazitätsbestimmung aus dem Feldbild.

$$\Delta Q = \varepsilon \, \Delta\varphi \, \frac{\Delta b}{\Delta l} \, .$$

Wurden die Linien so ausgewählt, daß Quadratmaschen entstehen ($\Delta b = \Delta l$), so wird $\Delta Q = \varepsilon \, \Delta\varphi$. Wird die Gesamtspannung U durch Potentiallinien in n (hier vier) gleiche Potentialstufen aufgeteilt, so ist $U = n \, \Delta\varphi$ und mit Gl. (1) die Teilkapazität des Streifens

$$\Delta C = \frac{\Delta Q}{U} = \varepsilon \, \frac{1}{n} \, .$$

Da alle Streifen zwischen je zwei Verschiebungslinien den gleichen Verschiebungsfluß ΔQ führen, so ergibt sich, wenn m die Streifenzahl des Gesamtfeldes und L die Elektrodenlänge senkrecht zur Zeichenebene ist, die Gesamtkapazität zwischen den Elektroden

$$C = m \, L \, \Delta C = \varepsilon \, \frac{m}{n} \, L \, . \tag{14}$$

Im allgemeinen wird beim Zeichnen des Gesamtfeldes ein Streifen übrigbleiben, für den $\dfrac{\Delta b}{\Delta l} < 1$ und dessen Verschiebungsfluß deshalb auch kleiner als ΔQ ist. m ist dann keine ganze Zahl. Man kann für eine gegebene Elektrodenanordnung den Feldaufbau experimentell bestimmen, indem man die Spuren der Elektroden, wie in Abschn. 23 beschrieben, zu Äquipotentiallinien eines ebenen Strömungsfeldes macht und in diesem die weiteren Potentiallinien ausmißt. Sofern es sich nicht um ein Feldgebiet handelt, das, wie z. B. in Abb. 49, von einer geschlossenen Potentiallinie umrandet wird, muß die leitende Ebene des Strömungsfeldes dabei so groß gewählt werden, daß ihre Ränder den Hauptteil des Feldes nicht mehr störend beeinflussen. Statt experimentell kann man das Feldbild bei einfacheren Elektrodenformen auch nach der in Abschn. 23 beschriebenen Quadratmaschenmethode rein zeichnerisch bestimmen.

Manchmal läßt sich die Kapazität auch rechnerisch ermitteln. Es soll hier nur ein Beispiel, nämlich das zweier konzentrischer Kreiszylinder von der Länge L behandelt werden (Abb. 53). Ist Q die Gesamtladung, so ist auf einer Potentialfläche mit dem Radius r nach Gl. (11) die dort überall konstante Verschiebungsdichte

$$D = \frac{Q}{2\pi r L}.$$

Dazu gehört nach Gl. (10) die Feldstärke

$$E = \frac{1}{\varepsilon}\,\frac{Q}{2\pi r L}.$$

Die Spannung zwischen den Zylinderelektroden finden wir daraus nach Gl. (23,11) zu

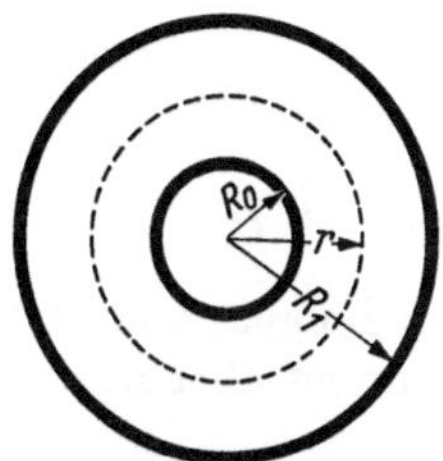
Abb. 53. Zylinderkondensator.

$$U = \frac{Q}{2\pi L\varepsilon}\int_{R_0}^{R_1}\frac{1}{r}\,dr = \frac{Q}{2\pi L\varepsilon}\ln\frac{R_1}{R_0}, \text{ so daß sich die Kapazität}$$

$$C = \frac{Q}{U} = 2\pi L\varepsilon\ln\frac{R_1}{R_0} \tag{15}$$

ergibt. Mit $\varepsilon = \varepsilon_r\,\varepsilon_0$ und

$$\varepsilon_0 = 0{,}0886\cdot 10^{-12}\frac{\text{A sek}}{\text{V cm}} = 0{,}0886\cdot 10^{-6}\frac{\mu\,\text{F}}{\text{cm}}\text{ können wir schreiben}$$

$$C = 0{,}556\cdot 10^{-6}\,L\,\varepsilon_r\ln\frac{R_1}{R_0}\text{ Mikrofarad},$$

worin L, R_0 und R_1 in cm einzusetzen sind.

Beim Bau von praktischen Kondensatoren ist man meist bestrebt, die gewünschte Kapazität mit möglichst kleinen äußeren Abmessungen zu erreichen. Das erfordert Elektroden, die bei kleinem Volumen große Oberfläche und einen geringen Abstand voneinander haben. Letzterer kann aber mit Rücksicht auf die Feldstärke nicht beliebig klein gemacht werden, weil jeder Isolierstoff bei einer bestimmten Feldstärke zerstört wird. Sehr häufig findet man die sog. Papier-

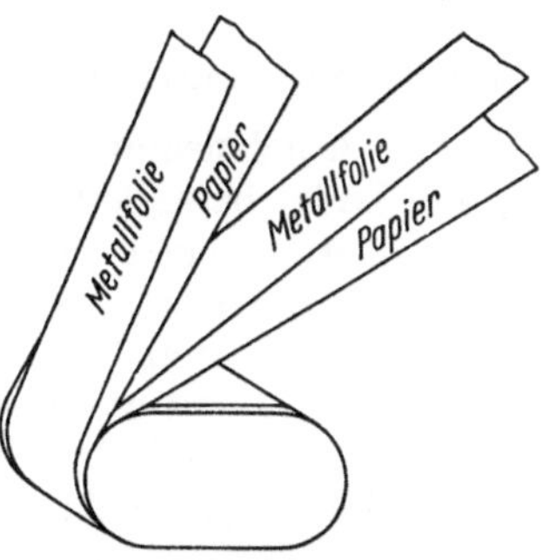

Abb. 54. Kondensatorwickel.

kondensatoren, bei denen das Dielektrikum aus Spezialpapier, die Elektroden aus Metallfolie bestehen. Dielektrikum und Elektroden haben dabei meist Bandform und sind, wie in Abb. 54 schematisch gezeigt, gemeinsam zu einem sog. Wickel zusammen gerollt.

25. Parallel- und Reihenschaltung von Kondensatoren. Es leuchtet ohne weiteres ein, daß sich bei Parallelschaltung mehrerer Kondensatoren mit den Kapazitäten C_1, C_2, $\cdots$ die Gesamtkapazität $C = C_1 + C_2 + \cdots$ ist, und es bleibt nur zu klären, wie groß die resultierende Kapazität einer Reihenschaltung von Kondensatoren ist.

In Abb. 55 sind zwei Kondensatoren mit den Kapazitäten C_1 und C_2 hintereinander geschaltet. Wird an a und b eine Spannung U gelegt, so nimmt die Reihenschaltung eine Ladung $Q = C\,U$ auf, worin C die gesuchte resultierende Kapazität ist.

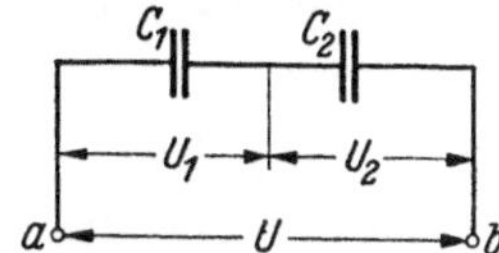

Abb. 55. Reihenschaltung zweier Kondensatoren

Da es sich bei dem Ladevorgang immer nur um die Verschiebung einer Ladung handelt, was sich in der Zuleitung durch einen Stromstoß äußert, müssen die auf der linken Belegung des linken und die auf der rechten Belegung des rechten Kondensators gebundenen Ladungen den gleichen Absolutwert $|Q|$ haben. Die gleichen Ladungsbeträge $|Q|$ werden durch Influenz auf den beiden anderen Kondensatorbelegungen gebunden. Die Kondensatoren haben also gleiche Ladung und es ist mit den Teilspannungen U_1 und U_2

$$Q = C\,U = C_1\,U_1 = C_2\,U_2 \,. \tag{1}$$

Andererseits ist

$$U_1 + U_2 = U \,. \tag{2}$$

Daraus folgt zunächst die Aufteilung der Gesamtspannung U auf die beiden Kondensatoren:

$$U_1 = U\,\frac{C_2}{C_1 + C_2} \quad (3) \qquad U_2 = U\,\frac{C_1}{C_1 + C_2} \quad (4) \qquad \frac{U_1}{U_2} = \frac{C_2}{C_1} \,. \quad (5)$$

Die Teilspannungen verhalten sich also zueinander umgekehrt wie die Kapazitäten. Dann ist aber nach (1) und (3) oder (1) und (4):

$$C\,U = U\,\frac{C_1\,C_2}{C_1 + C_2}$$

und es ergibt sich die resultierende Kapazität

$$C = \frac{C_1\,C_2}{C_1 + C_2} \quad \text{bzw.} \quad \frac{1}{C} = \frac{1}{C_1} + \frac{1}{C_2} \,. \tag{6}$$

Gl. (6) läßt sich auf beliebig viele in Reihe geschaltete Kondensatoren erweitern, und es ist hierfür allgemein:

$$\frac{1}{C} = \frac{1}{C_1} + \frac{1}{C_2} + \frac{1}{C_2} + \cdots . \tag{7}$$

Die resultierende Kapazität parallel oder hintereinander geschalteter Kondensatoren wird also aus den Teilkapazitäten genau so berechnet wie der resultierende Leitwert aus parallel oder hintereinander geschalteten Teilleitwerten (s. Abschn. 12).

26. Der Kondensator an zeitlich veränderlicher Spannung. Wir betrachten jetzt noch den Lade- bzw. Entladevorgang oder, allgemeiner gesprochen, den Vorgang der Ladungsänderung eines Kondensators mit einer Kapazität C genauer. Zu diesem Zweck denken wir uns den Kondensator an eine zeitlich veränderliche Spannung $u = f(t)$ gelegt. Da nach Gl. (24,1) die in dem Kondensator gespeicherte Elektrizitätsmenge der Spannung am Kondensator proportional, nämlich gleich dem C-fachen der Spannung ist, so muß bei zeitlich veränderlicher Spannung auch der Augenblickswert q der Ladung eine Funktion der Zeit sein. Es ist also

$$q = C\,u \,. \tag{1}$$

Nun hatten wir die von einem konstanten Strom I in der Zeit t tranportierte Elektrizitätsmenge Q durch Gl. (6,1) definiert als

$$Q = I\,t \,.$$

Ist der Strom zeitlich veränderlich, so dürfen wir diese Beziehung nur noch für ein Zeitelement, d. h. einen verschwindend kleinen Zeitraum dt benutzen, während dessen wir den Augenblickswert i des Stromes als unveränderlich ansehen können. In diesem Zeitelement wird die ebenfalls verschwindend kleine Elektrizitätsmenge oder Ladung

$$dq = i\,dt \tag{2}$$

transportiert. Bei einer Änderung der Ladung des Kondensators um dq ändert sich aber nach Gl. (1) die Spannung an ihm um $du = dq/C$, woraus mit Gl. (2) die Beziehung

$$i = C\,\frac{du}{dt} \tag{3}$$

folgt, die besagt, daß in den Kondensator-Zuleitungen in jedem Augenblick ein Strom von der C-fachen Größe des An- oder Abstiegs der Kondensatorspannung fließt. Mit

du/dt in V/sek und C in Farad ergibt sich i in A. Wird C statt in F in μF eingesetzt, tritt auf der rechten Seite von Gl. (3) noch der Faktor 10^{-6} hinzu.

Herrscht im Zeitpunkt t_0 die Spannung u_0 am Kondensator, so ergibt die Umkehrung von Gl. (3) für einen beliebigen Zeitpunkt t die Spannung

$$u = u_0 + \frac{1}{C} \int_{t_0}^{t} i\,dt \,. \tag{4}$$

27. Energie und Kräfte im elektrostatischen Feld. Ein zunächst ungeladener Kondensator mit der Kapazität C werde während der Zeit T auf die Spannung U aufgeladen. Er besitzt dann am Ende des Ladevorganges die Ladung $Q = C\,U$. Bezeichnen wir mit u, q und i die Augenblickswerte der Spannung am Kondensator, seiner Ladung und des Ladestromes, so wird ihm in jedem Zeitelement dt die Energie

$$dW = u\,i\,dt\,,$$

insgesamt also die Energie

$$W = \int_T u\,i\,dt = \int_T u\,dq$$

zugeführt. Wegen und $dq = C\,du$ ist

$$W = C \int_0^U u\,du = \frac{1}{2}\,C\,U^2 \,, \tag{1}$$

wofür wir mit Gl. (24,1) auch

$$W = \frac{1}{2}\,QU \tag{1a}$$

oder

$$W = \frac{1}{2}\,\frac{Q^2}{C} \tag{1b}$$

schreiben können.

Diese Energie entspricht in Abb. 56, die die Abhängigkeit der aufgenommenen Ladung q von der Spannung u am Kondensator zeigt, der schraffierten Fläche.

Das elektrostatische Feld übt auf die gegensätzlichen Ladungen auf den Elektroden Kräfte in dem Sinne aus, daß es bestrebt ist, den Abstand der Ladungen zu verkleinern. Da die Ladungen aus den Elektrodenoberflächen nicht in das isolierende Dielektrikum austreten können, übertragen sich diese Kräfte auf die Elektroden, und es besteht zwischen ihnen eine Anziehungskraft. Letztere können wir aus der Änderung dW der gebundenen Energie bei einer verschwindend kleinen Änderung dl des Elektrodenabstandes berechnen, bei der sich die Kapazität um dC ändert. Dabei müssen wir folgende zwei Fälle unterscheiden:

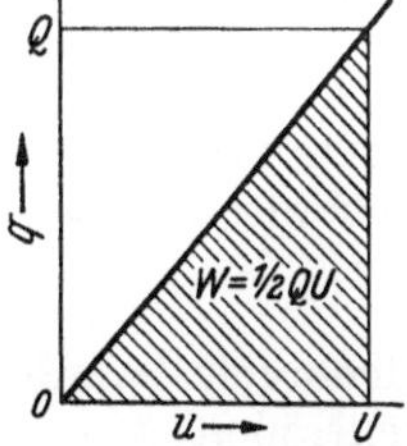

Abb. 56. Im Kondensator gespeicherte Energie.

1. Die Elektroden wurden vor der Abstandsänderung von der Spannungsquelle getrennt, so daß $Q = \text{const}$, und die Elektrodenspannung U eine Funktion des Abstands l ist. Die beim Auseinanderziehen der Elektroden um dl entgegen der Anziehungskraft P mechanisch an ihnen geleistete Arbeit dW_{mech} muß dann voll als Zuwachs der gespeicherten elektrischen Energie dW erscheinen. Mit Gl. (1b) ergibt sich

$$P = \frac{dW_{mech}}{dl} = \frac{dW}{dl} = \frac{1}{2}\,Q^2\,\frac{d\left(\frac{1}{C}\right)}{dl} \,. \tag{2}$$

Für einen Kondensator mit homogenem Feld und der Elektrodenoberfläche F ist

$$C = \varepsilon\,\frac{F}{l} \,, \quad \text{d. h.} \quad \frac{d\left(\frac{1}{C}\right)}{dl} = \frac{1}{\varepsilon\,F} \,.$$

Damit wird, wenn $E = \dfrac{1}{\varepsilon} \cdot \dfrac{Q}{F}$ [Gl. (24,3a)] die Feldstärke im Dielektrikum ist,

$$P = \frac{1}{2}\frac{Q^2}{\varepsilon F} = \frac{1}{2}\,\varepsilon\,F\,E^2\,. \tag{3}$$

Setzen wir Q in A sek, ε in $\dfrac{\text{A sek}}{\text{V cm}}$, F in cm², l in cm und E in $\dfrac{\text{V}}{\text{cm}}$ ein, so erhalten wir P in $\dfrac{\text{W sek}}{\text{cm}}$. Da 1 Wsek $= 0{,}102$ kp m $= 10{,}2$ kp cm ist, erhalten wir P in kp, wenn wir in Gl. (3) den Faktor $1/2$ durch $5{,}1$ ersetzen.

2. Die Elektroden sind während der Abstandsänderung an eine Spannungsquelle angeschlossen, die die Elektrodenspannung U konstant hält, während sich Q ändern kann.

Dann folgt aus $W = \dfrac{1}{2}\,C\,U^2$ für die Änderung der gespeicherten Energie

$$\frac{dW}{dl} = \frac{1}{2}\,U^2\frac{dC}{dl} \tag{4}$$

und bei homogenem Feld mit $C = \varepsilon\,\dfrac{F}{l}$:

$$\frac{dW}{dl} = \frac{1}{2}\,U^2\,\varepsilon\,F\,\frac{d\left(\dfrac{1}{l}\right)}{dl} = -\,\frac{1}{2}\,\varepsilon\,F\,U^2\,\frac{1}{l^2} = -\,\frac{1}{2}\,\varepsilon\,F\,E^2\,. \tag{5}$$

Das Minuszeichen zeigt, daß in diesem Fall die gespeicherte Energie mit wachsendem Abstand nicht zu-, sondern abnimmt.

In den Zuleitungen zur Spannungsquelle fließt während der Veränderung des Elektrodenabstandes der Strom

$$i = \frac{dQ}{dt} = U\,\frac{dC}{dt} = U\,\varepsilon\,F\,\frac{d\left(\dfrac{1}{l}\right)}{dl}\,\frac{dl}{dt} = -\,U\,\varepsilon\,F\,\frac{1}{l^2}\,\frac{dl}{dt}\,,$$

und dadurch wird zwischen den Elektroden und der Spannungsquelle bei einer Abstandsvergrößerung um dl die elektrische Energie

$$dW_i = \frac{dW}{dl}\,dl = U\,i\,dt = -\,\varepsilon\,F\,\frac{U^2}{l^2}\,dl = -\,\varepsilon\,F\,E^2\,dl \tag{6}$$

ausgetauscht, und zwar wegen des Minuszeichens von dem Kondensator abgegeben. Mechanisch muß also zur Vergrößerung des Abstandes um dl eine Arbeit

$$dW_{mech} = dW - dW_i$$

aufgebracht werden, so daß sich aus Gl. (5) und (6) für die Kraft zwischen den Elektroden

$$P = \frac{dW_{mech}}{dl} = \frac{dW - dW_i}{dl} = \frac{1}{2}\,\varepsilon\,F\,E^2\,,$$

d. h. derselbe Wert wie im Falle 1 ergibt.

G. Zusammenhang zwischen elektrischen und magnetischen Größen

28. Das magnetische Feld. Bringen wir eine Kompaßnadel, d. h. einen kleinen, leicht drehbar gelagerten Stabmagneten, nacheinander an verschiedene Punkte in der Umgebung eines Magneten, so stellen wir fest, daß jedem dieser Punkte eine ganz bestimmte Richtung zugeordnet ist, in die sich dort die Kompaßnadel einstellt. Diese Beeinflussung der Kompaßnadel durch den Magneten ist nicht daran gebunden, daß sich in dem Zwischenraum Luft oder ein sonstiges stoffliches Medium befindet; sie tritt genau so auch im Vakuum auf. Wir müssen daher annehmen, daß durch die Anwesenheit des Magneten der umgebende Raum in einen eigentümlichen, unserer Vorstellung nicht weiter zugänglichen Zustand versetzt wird, der seinerseits die unmittelbare Ursache für die dort beobachteten Erscheinungen ist. Einen Raum, in dem ein solcher Zustand herrscht, nennen wir ein Magnetfeld.

Um den magnetischen Zustand eines Punktes im Magnetfeld vollständig zu beschreiben, reicht eine Richtungsangabe allein nicht aus. Es gehört dazu noch eine Angabe der Stärke, den der magnetische Zustand des betreffenden Punktes hat, und diese kann durch einen mit einer Maßeinheit multiplizierten reinen Zahlenwert ausgedrückt werden. Wir haben es also im Magnetfeld genau so wie im elektrostatischen Feld mit einer gerichteten Zustandsgröße, d. h. einem Feldvektor zu tun, den wir die magnetische Feldstärke nennen. Grundsätzlich läßt sich außer der Richtung auch der Betrag der magnetischen Feldstärke mit der Kompaßnadel messen, indem man nämlich das Drehmoment bestimmt, das nötig ist, um eine bestimmte Magnetnadel in eine zu ihrer Einstellrichtung senkrechte Richtung zu bringen, oder, anders ausgedrückt, das Drehmoment, mit dem das Magnetfeld versucht, eine zu seiner Feldrichtung senkrechte Magnetnadel in die Feldrichtung zu drehen.

Ebenso wie das elektrostatische Feld läßt sich auch das Magnetfeld zeichnerisch durch Feldlinien darstellen, deren Tangentenrichtung in jedem Punkte mit der dort durch die Kompaßnadel angegebenen Richtung der Feldstärke übereinstimmt. Die

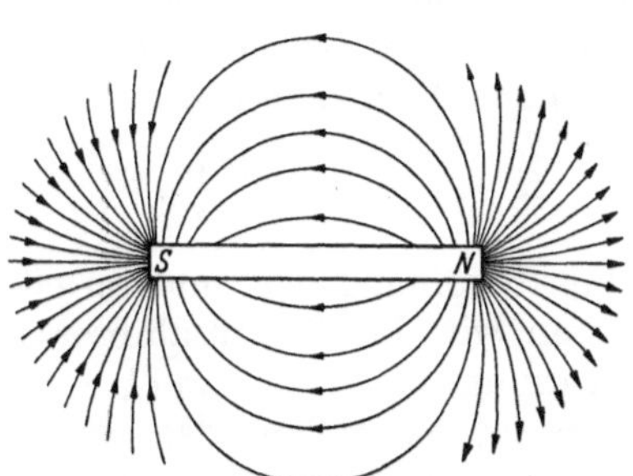

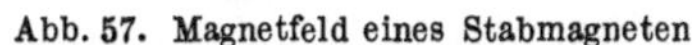

Abb. 57. Magnetfeld eines Stabmagneten.

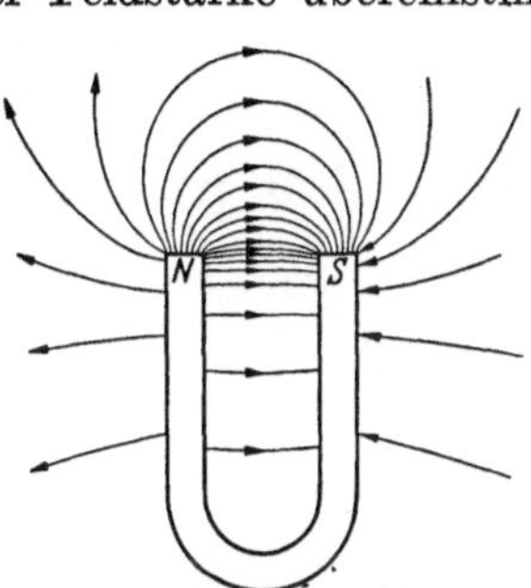

Abb. 58. Magnetfeld eines Hufeisenmagneten.

Abb. 57 und 58 zeigen die Feldlinienbilder von zwei verschieden gestalteten Magneten. Man erkennt, daß die Feldlinien hauptsächlich an den Enden des Magnetkörpers aus- bzw. eintreten. Man nennt diese Gebiete Pole des Magneten, und zwar wird der Pol, auf den diejenige Spitze der Kompaßnadel zeigt, die sonst unter dem Einfluß des Magnetfeldes der Erde nach Norden weist und als Nordpol der Nadel meist besonders markiert ist, als magnetischer Südpol, der andere entsprechend als Nordpol bezeichnet. Man beachte, daß der in der Nähe des geographischen Nordpoles befindliche magnetische Pol der Erde nach dieser Definition ein magnetischer Südpol ist! In bezug auf die Pole des Magneten ordnet man der Feldstärke noch einen bestimmten Richtungssinn, nämlich den vom Nord- zum Südpol, als positiven Richtungssinn zu. Gibt man diesen Richtungssinn wie in Abb. 57 und 58 an den Feldlinien durch Pfeilspitzen an, so sagt man wohl auch, daß die Feldlinien aus dem Nordpol des Magneten aus- und in seinen Südpol eintreten.

29. Das Durchflutungsgesetz. Wir hatten bereits in Abschn. 7 festgestellt, daß auch in der Umgebung eines elektrischen Stromes die Kompaßnadel eine Ablenkung erfährt, so daß auch dort offenbar ein gleichartiger Zustand wie in der Umgebung eines Magneten herrscht, den wir soeben als Magnetfeld bezeichnet haben. Wir wollen zunächst als einfachsten Fall dieser Art das Magnetfeld in der Umgebung eines langen, geradlinigen, stromdurchflossenen Leiters von kreisförmigem Querschnitt untersuchen. Die übrigen Teile des Stromkreises, dem dieser Leiter angehört, seien so weit entfernt, daß sich ihr Einfluß am Ort der Untersuchung nicht mehr bemerkbar macht. Wenn der Strom stark genug ist, kann auch der Einfluß des magnetischen Erdfeldes vernachlässigt werden. Tasten wir mit der Kompaßnadel eine zu dem Leiter senkrechte Ebene ab, so stellt sich, wie in Abb. 59 gezeigt, die Nadel überall in die Tangentenrichtung des Kreises ein, den wir in der zum Leiter senkrechten Ebene um die Mittelachse des Leiters durch den Drehpunkt der Nadel schlagen können. Die Feldlinien sind in diesem speziellen Fall also konzentrische Kreise um die Leiterachse, und hier zeigt sich ein grundlegender Unterschied gegenüber den Feldlinien im elektrostatischen Feld. Während nämlich die letzteren beiderseits an elektrischen Ladungen enden, sind die magnetischen Feldlinien in sich geschlossen. Das hat unser Versuch zunächst nur für die Feldlinien in der Umgebung eines stromdurchflossenen Leiters nachgewiesen. Bei einem magnetischen Stahlkörper, den wir schlechthin als Magneten bezeichnet haben, könnte man sich durchaus noch vorstellen, daß in dessen Polgebieten „magnetische Ladungen" vorhanden seien, auf denen die Feldlinien enden. Es läßt sich jedoch zeigen, daß auch die Feldlinien eines solchen Magneten sich durch den Magneten hindurch schließen.

Daß das Feldbild rotationssymmetrisch zur Leiterachse sein werde, war zu erwarten, da unter den von ihr gleichweit entfernten Punkten keiner vor einem anderen bevorzugt ist. Aus diesem Grunde muß auch die magnetische Feldstärke längs einer Feldlinie überall den gleichen Betrag H haben, und bei gegebener Stromstärke kann H nur von dem Abstand r von der Leiterachse abhängen. Die Messung ergibt, daß H dem Abstand r umgekehrt, der Stromstärke I des in dem Leiter fließenden Stromes dagegen direkt proportional ist. Es ist also mit einer noch zu bestimmenden Konstanten k

$$H = f\,(r,\,I) = k\,\frac{I}{r}\,. \tag{1}$$

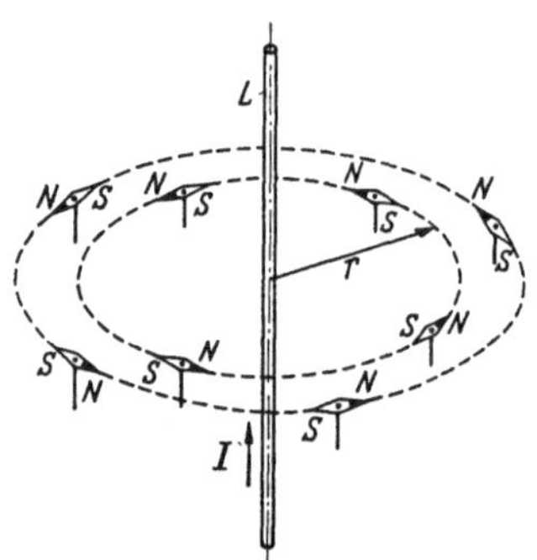

Abb. 59. Magnetfeld in der Umgebung eines stromdurchflossenen, geraden Leiters.

Im elektrischen Strömungsfeld und im elektrostatischen Feld konnten wir den Potentialunterschied, also die elektrische Spannung zwischen zwei beliebigen Feldpunkten in der Weise darstellen, das wir von einem beliebigen Verbindungsweg zwischen diesen Feldpunkten jedes Wegelement mit der in seine Richtung fallenden Komponente der am Orte des Wegelementes herrschenden Feldstärke multiplizierten und dann alle diese Einzelprodukte summierten, d.h. das Wegintegral der Feldstärke längs des Verbindungsweges bildeten. Genau so könnten wir auch im Magnetfeld durch den Ausdruck

$$V_{1,2} = \int\limits_{1}^{2} \mathfrak{H}\ d\mathfrak{l} \tag{2}$$

eine magnetische Spannung $V_{1,2}$ zwischen zwei Punkten 1 und 2 als Wegintegral der magnetischen Feldstärke $\mathfrak{H}$ definieren. Unter $\mathfrak{H}\ d\mathfrak{l}$ haben wir wiederum das skalare Produkt der Vektoren $\mathfrak{H}$ und $d\mathfrak{l}$, d. h. den Ausdruck $H\,dl \cos \gamma$ zu verstehen, wenn $d\mathfrak{l}$ das vektorische Wegelement mit dem Betrag dl, $\mathfrak{H}$ der Vektor der magnetischen Feldstärke mit dem Betrag H am Orte des betreffenden Wegelements und γ der Winkel zwischen $\mathfrak{H}$ und $d\mathfrak{l}$ ist.

Wir wenden nun Gl. (2) auf einen in sich geschlossenen Weg um den von dem Strom I durchflossenen Leiter an, und zwar wählen wir zunächst als Umlaufweg einen den Leiter konzentrisch umschließenden Kreis vom Radius r. Wir wissen, daß die Feldlinien konzentrische Kreise sind; also fällt unser Umlaufweg mit einer Feldlinie zusammen, so daß der Winkel zwischen Wegelement und Feldstärkenrichtung überall gleich Null ist und wir außerdem längs des ganzen Weges eine konstante Feldstärke H_r antreffen. Folglich können wir die magnetische Spannung $V_{\circ}$ längs des geschlossenen Kreisweges schreiben:

$$V_{\circ} = \oint H\,dl = 2\,\pi\,r\,H_r\,. \tag{3}$$

Der Kreis an $V_{\circ}$ und dem Integralzeichen soll andeuten, daß es sich um einen in sich geschlossenen Weg handelt. Die Feldstärke auf einem Kreis vom Radius r hatten wir zu $H_r = k\,\dfrac{I}{r}$ gefunden. Es ist somit

$$V_\mathrm{o} = 2\,\pi\,k\,I$$

und, wenn wir die Konstante $k = \dfrac{1}{2\,\pi}$ setzen,

$$V_\mathrm{o} = 2\,\pi\,r\,H_r = I \tag{4}$$

bzw.

$$H_r = \frac{I}{2\,\pi\,r}\,. \tag{5}$$

Daraus ergibt sich als Einheit der magnetischen Spannung 1 Ampere und als Einheit der magnetischen Feldstärke 1 A/cm.

Man beachte, daß V_o von dem Radius des Umlaufweges unabhängig ist! Es ist leicht einzusehen, daß darüber hinaus V_o überhaupt davon unabhängig ist, auf welchem Wege wir den Strom I umfahren, sofern dieser Weg nur in sich geschlossen ist. Das bedeutet, daß ganz allgemein die Beziehung

$$V_\mathrm{o} = \oint \mathfrak{H}\,d\mathfrak{l} = I \tag{6}$$

gilt. Wir können uns nämlich sämtliche Wegelemente $d\mathfrak{l}$ eines beliebigen, geschlossenen Umlaufweges je in eine Komponente in Richtung

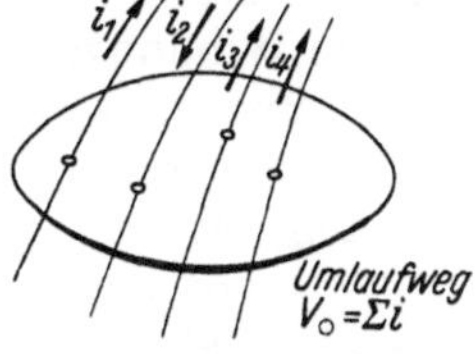

Abb. 60.
Zum Durchflutungsgesetz.

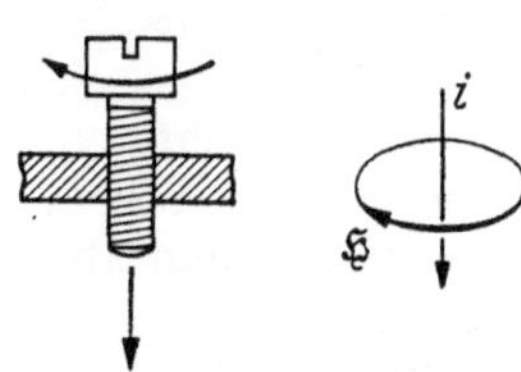

Abb. 61. Rechtswendige Zuordnung von Strom und magnetischer Feldstärke.

einer Feldlinie und eine Komponente senkrecht dazu zerlegt denken, von denen die letzteren wegen $\cos\gamma = 0$ zu dem Wert des Integrals nichts beitragen, die ersteren aber für das Integral immer denselben Wert ergeben. Es gilt also das sog. Durchflutungsgesetz: *Die magnetische Umlaufspannung ist längs jedes beliebigen geschlossenen Weges gleich dem von dem Weg umfaßten Strom.* Dabei ist die Verteilung des umfaßten Stromes völlig gleichgültig. So ist z. B. in Abb. 60 für den angedeuteten Umlauf, der vier Leiter mit den Strömen i_1, i_2, i_3 und i_4 umfaßt, $V_\mathrm{o} = i_1 - i_2 + i_3 + i_4 = \Sigma\,i$. Für einen geschlossenen Umlauf im Magnetfeld, der keinen Strom umfaßt, bzw. für den $\Sigma\,i = 0$ ist, ist auch $V_\mathrm{o} = \oint \mathfrak{H}\,d\mathfrak{l} = 0$.

Es bleibt noch festzustellen, wie die Stromrichtung und der Richtungssinn der Feldstärke einander zugeordnet sind. In Abb. 59 ist bereits angedeutet, daß der Nordpol der Kompaßnadel, in Stromrichtung gesehen, in die Drehrichtung des Uhrzeigers weist. Richtungssinn der Feldstärke und Stromrichtung sind einander also genau so zugeordnet wie der Drehsinn einer Schraube

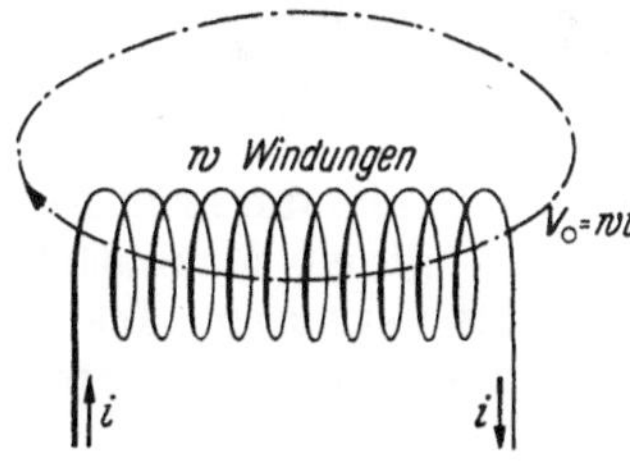

Abb. 62. Stromdurchflossene Spule.

mit dem üblichen Rechtsgewinde und die axiale Richtung, in der diese sich beim Drehen vorwärtsschraubt (Abb. 61). Wir wollen diese gegenseitige Zuordnung, die uns oft noch begegnen wird, als rechtswendige Zuordnung bezeichnen.

Mit einem Strom gegebener Stärke lassen sich beliebig hohe magnetische Spannungen erzielen, wenn man den Strom durch den geschlossenen Weg, längs dessen die magnetische Spannung wirksam werden soll, immer in demselben Sinne entsprechend oft hindurchführt. Zu diesem Zweck wickelt man den Leiter, der den Strom führt, wie in Abb. 62 zu einer ein- oder mehrlagigen Spule auf. Hat die Spule insgesamt w Windungen, so umfaßt der gezeichnete Weg bei einem Spulenstrom i den Gesamtstrom $i\,w$. Die magnetische Umlaufspannung längs dieses Weges ist dann

$$V_\mathrm{o} = \oint \mathfrak{H}\,d\mathfrak{l} = i\,w\,. \tag{7}$$

Da w eine unbenannte Zahl, d. h. ein reiner Zahlenwert ohne Maßeinheit ist, bleibt die Maßeinheit des Produktes $i\,w$ natürlich das Ampere. Der Praktiker gibt das Produkt $i\,w$

aber häufig in „Amperewindungen", abgekürzt AW, an, um zu vermeiden, daß bei einer Wicklung von w Windungen, die von dem Strome i durchflossen werden, die übereinstimmende Einheit „Ampere" zu einer Verwechslung der magnetischen Spannung $i\,w$ mit dem meßbaren Strom i Anlaß gibt. Um dabei aus dem Dilemma herauszukommen, daß die Einheit der magnetischen Spannung eben doch nur das Ampere ist, sehen Viele die magnetische Spannung, die sie korrekt in Ampere angeben, als Wirkung einer gleich

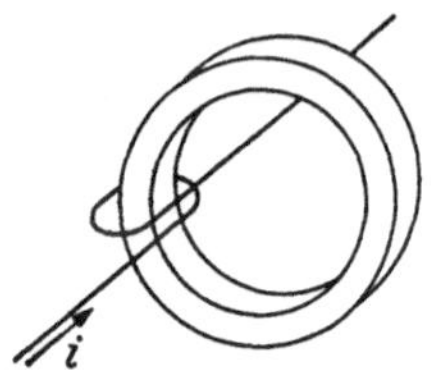

Abb. 63. Zur Erläuterung der wirksamen Windungszahl.

großen, in Amperewindungen angegebenen „Durchflutung" an. w Windungen, von einem Strome i durchflossen, stellen nach dieser Ausdrucksweise also eine Durchflutung von $i\,w$ Amperewindungen dar, die ihrerseits eine magnetische Spannung von $i\,w$ Ampere zur Folge hat.

Da die geschlossenen magnetischen Feldlinien und der felderregende Strom wie zwei Glieder einer Kette miteinander verschlungen — man sagt deshalb auch „miteinander verkettet" — sind, ist es für die magnetische Spannung gleichgültig, ob man bei gegebenem Windungsstrom danach fragt, wie oft dieser Strom von dem betrachteten Umlaufweg umschlossen wird, oder ob man feststellt, in wieviel Windungen der Strom den Umlaufweg umschlingt. Bei der letzteren Betrachtungsweise erliegt man aber leicht einem Irrtum: So scheint der Ring nach Abb. 63 nur

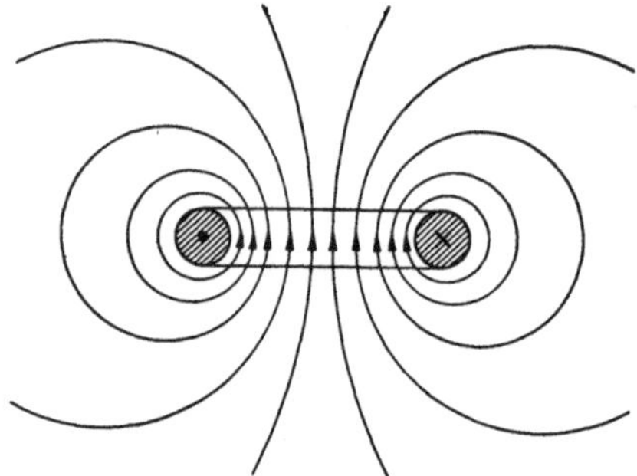

Abb. 64. Magnetfeld eines kreisringförmigen Leiters. (Der Punkt in der linken Schnittfläche bedeutet auf den Betrachter zufließenden, das Kreuz in der rechten Schnittfläche vom Betrachter weg gerichteten Strom.)

von einer einzigen Windung umschlossen zu sein, während er seinerseits den Strom i zweifellos zweimal umschließt, die magnetische Umlaufspannung in ihm also $V_o = 2\,i$ ist. Man darf nämlich nicht vergessen, daß sich ja der Strom außerhalb des Ringes, wenn auch noch so weit von ihm entfernt, wieder schließen muß, so daß tatsächlich doch zwei Windungen den Ring umschließen.

Abb. 64 zeigt das Feldlinienbild eines einfachen Leiterringes in einer die Ringachse enthalten den Schnittebene und Abb. 65 das entsprechende Bild für eine gestreckte Spule mit gerader Achse. Ein Vergleich von Abb. 65 mit Abb. 57 zeigt eine weitgehende Ähnlichkeit des Spulenfeldes mit dem Feld eines Stabmagneten.

Eine Spule, die nach Abb. 66 die Gestalt eines gleichmäßig bewickelten Kreisringes hat, erzeugt ein Magnetfeld, dessen Kraftlinien als Kreise ausschließlich im Innern der Spule verlaufen. Ist w die Windungszahl und i der Windungsstrom der Spule, so umfaßt jeder Umlauf

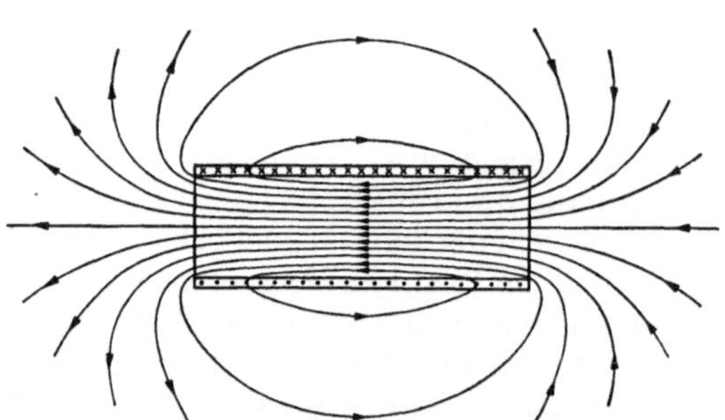

Abb. 65. Magnetfeld einer Kreiszylinder-Spule.

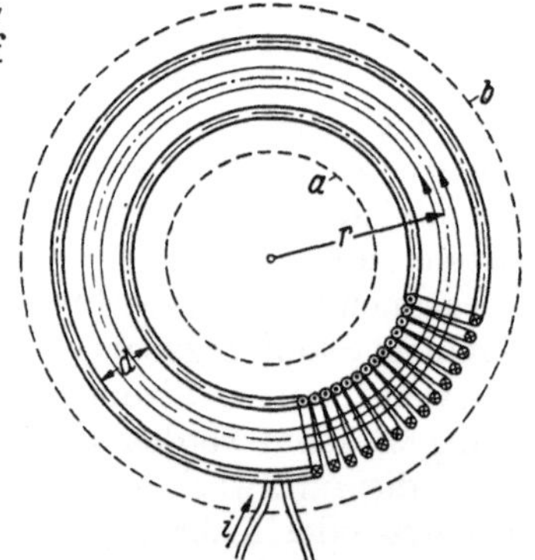

Abb. 66. Kreisringspule.

im Spuleninnern den Strom $i\,w$, während für jeden Umlauf außerhalb des bewickelten Querschnittes (Linien a und b) der umfaßte Strom Null ist. Linie b umfaßt sowohl die Ströme der inneren, als auch die entgegengesetzt gerichteten Ströme der äußeren Leiterschicht. Längs jeder Feldlinie ist die Feldstärke konstant, da auf ihr wegen der Rotationssymmetrie der Anordnung kein Punkt vor einem anderen bevorzugt ist. Sie hat im Mittel über den Spulenquerschnitt den Betrag $H = \dfrac{i\,w}{2\,\pi\,r}$, wenn r der mittlere Spulenradius ist. Ist die radiale Weite d der Spule klein gegenüber r, so sind die Feldstärkeunterschiede innerhalb eines radialen Querschnittes gering, und das Feld kann als annähernd homogen angesehen werden.

30. Der magnetische Fluß. In Abb. 67 sei S eine Spule, deren Enden an ein empfindliches Galvanometer mit dem Nullpunkt in Skalenmitte angeschlossen sind. Lassen wir durch Annähern eines Stabmagneten M in der Spule ein Magnetfeld so entstehen, daß die Spulenleiter mit Feldlinien verkettet sind, so beobachten wir während der Annäherungsbewegung des Magneten einen vorübergehenden Galvanometerausschlag nach einer Seite. Wird das Magnetfeld in der Spule durch Entfernen des Magneten wieder zum Verschwinden gebracht, so schlägt das Galvanometer währenddessen vorübergehend nach der anderen Seite aus. Offenbar wird beim Entstehen

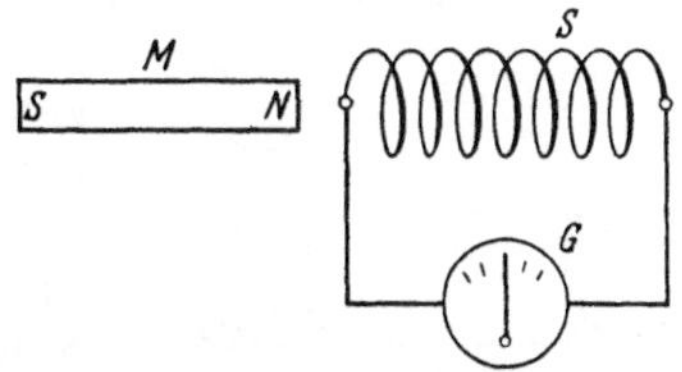

Abb. 67. Entstehung einer induzierten Spannung durch Einführen eines Magneten M in eine Spule S oder Herausziehen aus ihr.

und auch beim Verschwinden des die Spule durchdringenden Magnetfeldes in dieser eine elektrische Spannung hervorgerufen oder, wie man in diesem Fall sagt, induziert.

Wir wollen diese Erscheinung statt mit einem Stabmagneten mit einem von einem Strom erregten Magnetfeld genauer untersuchen, weil wir hierbei das Magnetfeld einfach durch Ein- und Ausschalten des Stromes entstehen bzw. verschwinden lassen und außerdem seine Stärke durch Regeln des Stromes beliebig einstellen können. Um klare Verhältnisse zu schaffen, benutzen wir das Magnetfeld in einer gleichmäßig bewickelten Kreisringspule, von dem wir, wie oben erwähnt, annehmen dürfen, daß die Feldstärke über den ganzen Spulenquerschnitt annähernd den gleichen Betrag hat. Bringen wir wie in Abb. 68 auf der Kreisringspule 1 an irgendeiner Stelle eine weitere Spule 2 auf, so durchdringt das von der Kreisringspule erregte Magnetfeld in vollem Umfang auch die Spule 2. An die Enden von 2 sei ein Meßgerät später zu besprechender Bauart angeschlossen, dessen Ausschlag das Zeitintegral der an seinen Klemmen herrschenden, mit der Zeit veränderlichen Spannung $u = f(t)$ anzeigt. Man bezeichnet ein solches Zeitintegral $\int u\,dt$ als Spannungsstoß. Hat z.B. die Spannung u den in Abb. 69 dargestellten, zeitlichen Verlauf, so wird der entsprechende Spannungsstoß durch

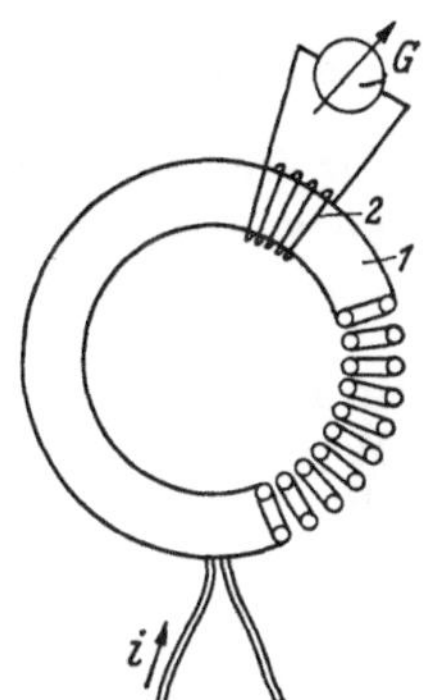

Abb. 68. Durch Stromänderung in Spule 1 wird in Spule 2 eine Spannung induziert.

die schraffierte Fläche unter der Kurve wiedergegeben. Die Maßeinheit des Spannungsstoßes ist 1 Voltsekunde (Vsek).

Lassen wir in Abb. 68 den Strom in der Kreisringspule 1, von einer beliebigen Stromstärke i_1, z. B. auch von $i_1 = 0$ ausgehend, auf einen Wert i_2 zunehmen, so zeigt das Meßgerät G einen Spannungsstoß an, der der Stromzunahme $\varDelta i = i_2 - i_1$ proportional ist. Ändern wir den Strom um denselben Betrag, aber in umgekehrter Richtung, d. h. um $-\varDelta i$, z.B. indem wir ihn von i_2 wieder auf i_1 reduzieren bzw. von $i_1 = 0$ aus um $-\varDelta i$ auf $-i_2$ wachsen lassen, so wird in 2 ein Spannungsstoß, zwar vom gleichen Betrag wie vorher, aber in umgekehrter Richtung induziert. Die Größe des in 2 induzierten Spannungsstoßes erweist sich

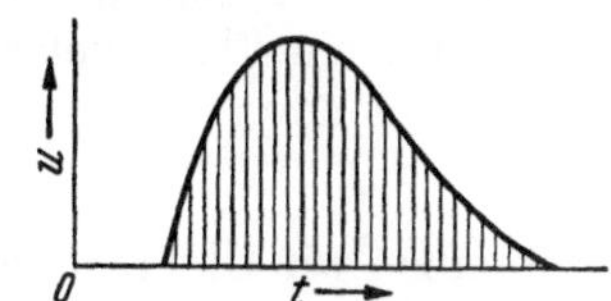

Abb. 69. Spannungsstoß (Spannungs-Zeit-Integral).

bei sonst gleichen Verhältnissen als der Stromänderung $\varDelta i$ proportional. Sie ist vor allem unabhängig davon, in welchem Zeitraum $t_2 - t_1$ die Stromänderung um den Betrag $\varDelta i$ erfolgt, d. h. ob sie schneller oder langsamer vonstatten geht.

Ändern wir, wie es Abb. 70a im Schnittbild zeigt, die Abmessungen von Spule 2 bei gleichbleibenderWindungszahl w_2 so, daß sie nur noch einen Teil des lichten Querschnitts der Kreisringspule 1 umfaßt, so geht der bei der Stromänderung Δi in 2 induzierte Spannungsstoß im gleichen Maß zurück wie der von 2 umfaßte Querschnitt. Dagegen ist eine Vergrößerung des Spulenquerschnitts von 2 über den Querschnitt von 1 hinaus (Abb. 70b) ohne Einfluß auf den induzierten Spannungsstoß. Offenbar hängt der induzierte Spannungsstoß nicht einfach von dem Querschnitt der Spule 2, sondern davon ab, wieviel dieser von dem Magnetfeld umfaßt. Da der Raum außerhalb der Kreisringspule 1 feldfrei ist, hat eine Querschnittsänderung der Spule 2 nur soweit Einfluß auf das von ihr umfaßte Magnetfeld, als sie nicht durch Erweiterung von 2 über 1 hinaus erfolgt.

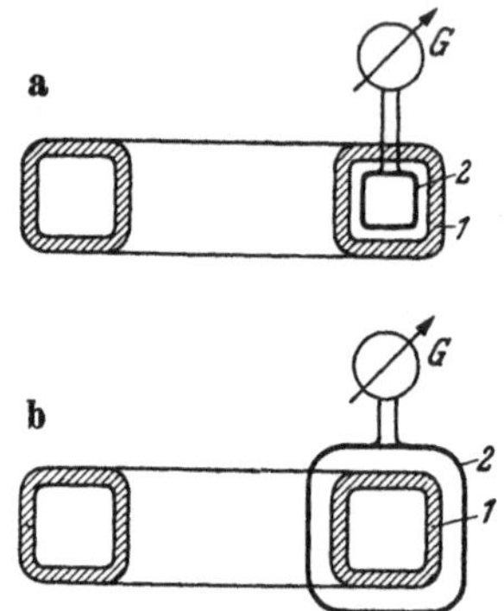

Abb. 70 a u. b. a) Spule 2 umfaßt nur einen Teil des Magnetfeldes der Kreisringspule 1; b) 2 umfaßt das ganze Magnetfeld von 1.

Daß es tatsächlich auf das umfaßte Magnetfeld ankommt, zeigt sich auch, wenn wir die induzierte Spule 2 innerhalb der Kreisringspule 1 in verschiedene Winkellagen gegenüber den Feldlinien bringen (Abb. 71). Ist F die von der Spule 2 umrandete, ebene Fläche und γ der Winkel zwischen Spulenachse und Feldlinienrichtung, so ist der induzierte Spannungsstoß proportional $F \cos \gamma$. Daraus ist zu folgern, daß für den induzierten Spannungsstoß nicht die Stromänderung Δi, sondern die entsprechende Änderung der Feldstärke H, deren Betrag ΔH in unserem Fall der Stromänderung Δi proportional ist, das Maßgebende ist. Außerdem zeigt eine Wiederholung der Versuche mit geänderter Windungszahl w_2 der Spule 2, daß der induzierte Spannungsstoß auch w_2 proportional ist, vorausgesetzt natürlich, daß keine Windung von 2 hinsichtlich Windungsfläche und Lage vor einer anderen bevorzugt ist.

Für eine einzelne Windung erhalten wir so schließlich bei einer Änderung der Feldstärke von H_1 auf H_2 den induzierten Spannungsstoß

$$\int u\, dt = \mu_0 F(H_2 - H_1) \cos \gamma \; . \tag{1}$$

Darin ist μ_0 die sog. Induktionskante, die, streng genommen, nur für das Vakuum gilt, für Magnetfelder in Luft aber ebenfalls angewendet werden darf. Wird der Spannungsstoß in Vsek, H in A/cm und F in cm² eingesetzt, so ist, genauen Messungen zufolge

$$\mu_0 = 1{,}256 \cdot 10^{-8} \frac{\text{Vsek}}{\text{A cm}} \; . \tag{2}$$

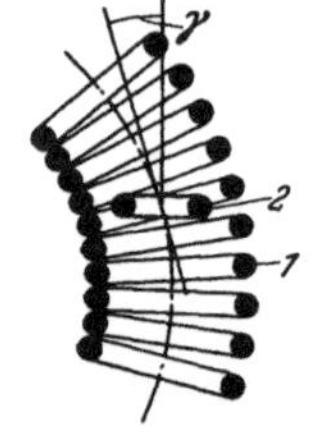

Abb. 71. Abhängigkeit der in Spule 2 induzierten Spannung von dem Winkel γ.

Die zeitlichen Grenzen, zwischen denen das Spannungs-Zeit-Integral zu nehmen ist, sind an sich beliebig, sofern sie nur den Zeitraum, während dessen die Änderung von H erfolgt, zwischen sich einschließen. Bedenken wir, daß nicht nur die Feldstärke, sondern auch die umrandete Fläche ein Vektor $\mathfrak{F}$ ist (vgl. Abschn. 22), so können wir in Gl. (1) das Produkt $FH \cos \gamma$ auch als skalares Produkt $\mathfrak{F}\mathfrak{H}$ schreiben. Trifft die bisherige Voraussetzung, daß in jedem Punkt der umrandeten Fläche die gleiche Feldstärke herrsche, nicht zu, so müssen wir Gl. (1) zunächst für ein Flächenelement $d\mathfrak{F}$ ansetzen und über die ganze Fläche F integrieren. Es ergibt sich dann

$$\int u\, dt = \mu_0 \int\limits_F (\mathfrak{H}_2 - \mathfrak{H}_1)\, d\mathfrak{F} \; . \tag{3}$$

Schreiben wir Gl. (1) in der Form

$$\int u\, dt = \Phi_2 - \Phi_1 \; , \tag{4}$$

so ist dadurch eine neue, besonders wichtige Größe Φ des Magnetfeldes definiert, die als magnetischer Kraftfluß oder kurz als Fluß bezeichnet wird. Im Vakuum ist also

$$\Phi = \mu_0 \int\limits_F H\, dF \cos \gamma = \mu_0 \int\limits_F \mathfrak{H}\, d\mathfrak{F} \; . \tag{5}$$

Man beachte, daß Φ, obwohl von einer gerichteten Größe, nämlich von $\mathfrak{H}$ abgeleitet, selbst eine ungerichtete, d. h. skalare Größe ist! Unter der Voraussetzung, daß die Feldstärke überall auf der umrandeten Fläche F denselben Betrag H hat und überall mit der Flächensenkrechten den Winkel γ einschließt, vereinfacht sich Gl. (5) zu

$$\Phi = \mu_0 \, H F \cos \gamma. \tag{6}$$

Die Maßeinheit von Φ ist nach Gl. (5) und (6) 1 Vsek. Da diese Einheit des Kraftflusses für praktische Rechnungen unbequem groß ist, d. h. zu sehr kleinen Zahlenwerten von Φ führt, rechnet man meist mit der kleineren Kraftflußeinheit

$$1 \text{ Maxwell (1 M)} = 10^{-8} \text{ Vsek.} \tag{7}$$

Man erhält Φ aus den Gln. (5) und (6) unmittelbar in Maxwell, wenn man darin die Induktionskonstante μ_0 statt nach Gl. (2) mit dem Wert $\mu_0' = 1{,}256 \, \dfrac{\text{M}}{\text{Acm}}$ setzt. Soll der Kraftfluß in M, der Spannungsstoß aber weiterhin in Vsek gerechnet werden, so ergibt sich aus Gl. (4) die Zahlenwertgleichung

$$\int u \, dt = (\Phi_2 - \Phi_1) \cdot 10^{-8} \,. \tag{8}$$

Der Kraftfluß Φ ist im Magnetfeld das Analogen zu dem Strom im Strömungsfeld und zu dem Verschiebungsfluß im elektrostatischen Feld. Man darf sich aber durch die Bezeichnung „Fluß" nicht zu der Annahme verleiten lassen, daß im Magnetfeld wirklich ein Fließen im Sinne einer Bewegung irgendwelcher Teilchen stattfinde.

Die Gln. (4) und (8) gelten, wie gesagt, nur für den in einer einzigen Windung induzierten Spannungsstoß. Für eine Spule mit w mit demselben Fluß verketteten Windungen gilt statt dessen

$$\int u \, dt = w(\Phi_2 - \Phi_1) \tag{4a}$$

bzw.
$$\int u \, dt = w(\Phi_2 - \Phi_1) \cdot 10^{-8} \,. \tag{8a}$$

Wie schon gesagt, gilt μ_0 nur für magnetische Felder im Vakuum. Bei Magnetfeldern in stofflichen Medien tritt noch ein weiterer, dimensionsloser Faktor μ_r, die relative Permeabilität hinzu. μ_r ist für die meisten Stoffe eine Konstante, die nur ganz wenig von dem Wert Eins verschieden ist. Nur die sog. ferromagnetischen Stoffe: Eisen, Nickel, Kobalt und deren Legierungen machen eine Ausnahme. Für sie ist μ_r sehr groß und außerdem stark von der Feldstärke abhängig. Das Produkt $\mu = \mu_r \mu_0$ heißt absolute Permeabilität oder auch schlechthin Permeabilität.

31. Die magnetische Induktion. Ebenso wie man im elektrostatischen Feld den Vektor der Verschiebungsdichte $\mathfrak{D} = \varepsilon \, \mathfrak{E}$ als zweiten Vektor neben der Feldstärke $\mathfrak{E}$ eingeführt hat, ist es auch im Magnetfeld zweckmäßig, die mit der Permeabilität μ des Ausbreitungsmediums multiplizierte Feldstärke als einen weiteren Feldvektor

$$\mathfrak{B} = \mu \mathfrak{H} \tag{1}$$

anzusehen, der, von Ausnahmefällen abgesehen, stets mit $\mathfrak{H}$ gleichgerichtet ist. $\mathfrak{B}$ heißt die magnetische Induktion, die in unmittelbarer Beziehung zu dem Kraftfluß Φ steht.

Betrachten wir zunächst den einfachen Fall, daß die magnetische Induktion $\mathfrak{B}$ auf einer endlichen Fläche F überall den gleichen Betrag B hat. Dann errechnet sich der durch die Fläche tretende Kraftfluß nach Gl. (30,6) zu

$$\Phi = \mu H F \cos \gamma = B F \cos \gamma, \tag{2}$$

worin γ der Winkel ist, den die Richtung von $\mathfrak{B}$ überall mit der Flächensenkrechten einschließt (Abb. 72). Ist $\mathfrak{B}$ zu der Fläche senkrecht gerichtet ($\gamma = 0$), so ergibt sich

$$\Phi = B F \quad \text{bzw.} \quad B = \frac{\Phi}{F} \,. \tag{3}$$

Bei beliebigem Verlauf der Feldlinien müssen wir uns, wenn wir den Zusammenhang zwischen Induktion und Fluß anschreiben wollen, auf eine verschwindend kleine Fläche dF beziehen, die wir zu den Feldlinien senkrecht stellen. Wir erhalten dann, wenn $d\Phi$ der Fluß ist, der durch das Flächenelement tritt, als örtlichen Wert der Induktion an der betreffenden Stelle den Ausdruck

$$B = \frac{d\Phi}{dF}. \tag{4}$$

Die Induktion B kann somit in jedem Falle als Kraftflußdichte aufgefaßt werden und wird auch häufig so bezeichnet. Kraftfluß und Induktion stehen miteinander in demselben Zusammenhang wie Strom und Stromdichte im Strömungsfeld. Die Maßeinheit der magnetischen Induktion ist 1 Vsek/cm² bzw. 1 M/cm² $= 10^{-8}$ Vsek/cm², von denen die letztere auch als 1 Gauß (1 G) bezeichnet wird.

Aus Gl. (4) ergibt sich der Fluß, der durch eine endliche Fläche F tritt, auf der die Induktion zwar überall senkrecht steht, aber nicht überall denselben Betrag hat, zu

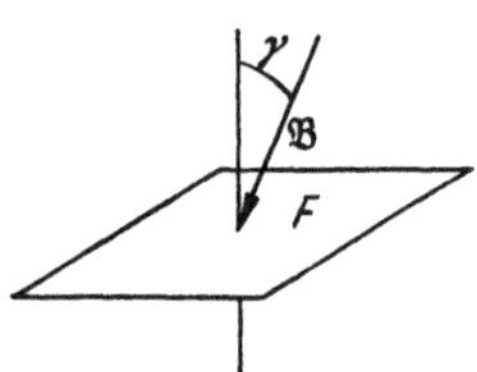

Abb. 72. Der durch die Fläche F tretende Kraftfluß ist dem Kosinus des Winkels zwischen der Richtung der Induktion $\mathfrak{B}$ und der Flächensenkrechten proportional.

$$\Phi = \int_F B\, dF \tag{5}$$

Lassen wir auch die Voraussetzung fallen, daß die Induktion überall auf der Fläche senkrecht stehe, so kommen wir schließlich zu der allgemeinen Schreibweise

$$\Phi = \int_F \mathfrak{B}\, d\mathfrak{F} \tag{6}$$

worin $\mathfrak{B}\, d\mathfrak{F}$ das skalare Produkt $B\, dF \cos \gamma$ ist.

Wir machen uns die Bedeutung der magnetischen Induktion an einem einfachen Experiment klar, zu dem wir wieder unsere nach Abb. 68 von einer Sekundärspule 2 mit der Windungszahl w_2 umschlossene Kreisringspule 1 benutzen. Ist w_1 die Windungszahl und r der mittlere Radius der Kreisringspule 1, so herrscht bei einem Strom i in ihrem Innern längs des mittleren Umfangs überall die Feldstärke $H = \dfrac{V_0}{2\pi r} = \dfrac{i\, w_1}{2\pi r}$. Beim

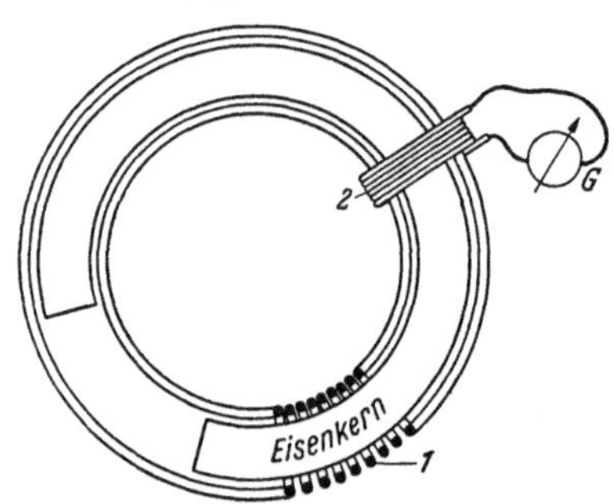

Abb. 73. In dem eisengefüllten Teil der Kreisringspule 1 herrscht derselbe Fluß wie in dem leeren Teil.

Ein- oder Auschalten von i wird in 2 ein Spannungsstoß induziert, aus dem sich gemäß Gl. (30,4a) nach Division durch w_2 der von i erregte Fluß Φ ergibt. Nun füllen wir das Innere der Kreisringspule 1 ganz mit einem Eisenring und wiederholen den Versuch mit derselben Stromstärke i. Es tritt jetzt ein Spannungsstoß und damit ein Fluß auf, der ein Vielfaches des beim Versuch mit der leeren Spule gefundenen Wertes Φ beträgt. Da die magnetische Spannung $V_0 = i\, w_1$ dieselbe ist wie vorher und sich an der Zentralsymmetrie des Feldes durch das Hinzukommen des Eisenkernes sicherlich nichts geändert hat, muß auch H den alten Wert behalten haben. Dagegen hat sich offenbar die Induktion

$B = \dfrac{\Phi}{F}$ von dem Wert $B_{Luft} = \mu_0 H$ auf $B_{Fe} = \mu_{Fe} H$ erhöht, worin μ_{Fe} die gegenüber Eins sehr große absolute Permeabilität des Eisens ist.

Nun ersetzen wir den geschlossenen Eisenring gemäß Abb. 73 durch einen eisernen Ringabschnitt und wiederholen den Versuch mit derselben Stromstärke i, d. h. wieder mit derselben magnetischen Spannung $V_0 = i\, w_1$. Dabei ergibt sich für Φ ein Wert, der zwar immer noch viel größer als der in der völlig leeren Spule, aber nicht mehr so groß wie der in dem geschlossenen Eisenring gefundene Wert ist. Das war zu erwarten, denn jetzt steht ja die hohe Permeabilität des Eisens nur auf einem Teil des Kraftlinienweges zur Verfügung. Das Entscheidende dabei ist aber: Gleichgültig, an welche Umfangsstelle der Ringspule 1 wir die Sekundärspule 2 bringen, ob über den leeren oder den eisenerfüllten Teil, die Messung ergibt immer denselben Wert des Flusses. Da die Spule 2 stets das gesamte Magnetfeld umfaßt, folgt daraus, daß der Gesamtfluß eines Magnetfeldes eine vom Ort der Messung unabhängige Größe ist. Das gilt für jedes Magnetfeld, ganz gleich, in welcher Form es sich ausbreitet. Allerdings ist es meist nicht möglich, dies meßtechnisch nachzuweisen, weil sich das Ausbreitungsgebiet des Feldes nur in Sonderfällen, wie eben bei unserer Ringspule, eindeutig abgrenzen läßt, sich sonst aber immer bis ins Unendliche erstreckt.

So können wir z. B. das Feld einer geraden Spule nach Abb. 74a nur an einer einzigen Stelle, nämlich in Spulenmitte durch eine Leiterschleife 2 mit Sicherheit ganz umfassen. Um das Feld außerhalb der erregenden Spule zu umfassen, müßten wir der Leiterschleife die in Abb. 74b gezeigte Gestalt 3 geben; wie groß wir aber auch den Radius r des äußeren Schleifenteiles machen mögen, es wird stets noch ein Rest des Feldes außerhalb der Schleife bleiben, und der damit gemessene Fluß etwas kleiner sein als der mit 2 in Abb. 74a gemessene.

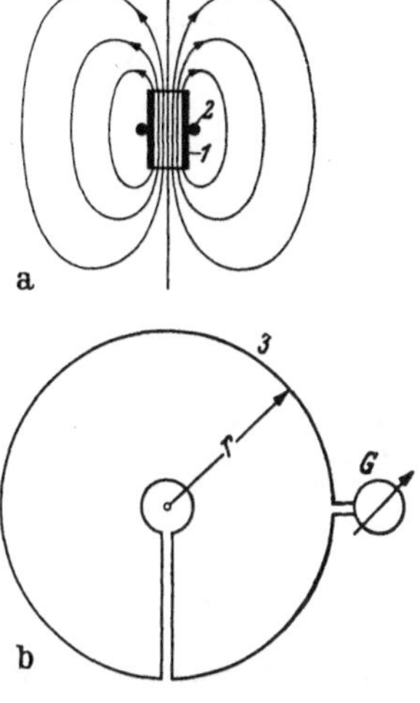

Abb. 74. a u. b. Nachweis des Kraftflusses einer Zylinderspule (1) innerhalb und außerhalb der Spule.

Die Tatsache, daß durch jeden Querschnitt des Gesamtfeldes derselbe Fluß hindurchtritt, zeigt, daß im Magnetfeld an keiner Stelle Fluß verschwindet oder entspringt; das Magnetfeld ist, wie man das ausdrückt, quellenfrei, und zwar auch dann, wenn es zum Teil in Eisen, zum Teil in Luft oder einem sonstigen Stoff verläuft. Nun folgt aus der mit Gl. (2) gleichwertigen Gl. (6), daß über ein zur Richtung der Induktion $\mathfrak{B}$ tangentiales Flächenelement $d\mathfrak{F}$, zu dessen Fläche die Induktion $\mathfrak{B}$ somit keine senkrechte Komponente hat, kein Fluß hindurchtritt. Zeichnen wir also im ebenen Magnetfeld Linien, deren Tangentenrichtung überall mit der Richtung von $\mathfrak{B}$ zusammenfällt, so grenzen je zwei solcher Linien zwischen sich einen Streifen ein, der überall auf seiner ganzen Länge denselben Kraftfluß $\Delta\Phi$ führt. Die genannten Linien sind also Linien gleichen Kraftflusses und heißen magnetische Kraftlinien. Man kann sie, analog wie die Stromlinien im Strömungsfeld, beziffern, indem man (Abb. 75) für eine bestimmte Schichtdicke d an jede Kraftlinie den Fluß Φ anschreibt, den sie mit einer willkürlich gewählten Bezugs-Kraftlinie $(\Phi = 0)$ einschließt. Wählt man die Linien so aus, daß immer je zwei benachbarte denselben Teilfluß $\Delta\Phi$ begrenzen, so ist an jeder Stelle die Kraftliniendichte, d. h. der Kehrwert des Abstandes benachbarter Kraftlinien, ein Maß für den Betrag B der Induktion. Wenn nun aber nirgendwo Fluß entspringt oder verschwindet, kann auch keine der Kraftlinien irgendwo enden, vielmehr müssen alle Kraftlinien in sich selbst zurücklaufen.

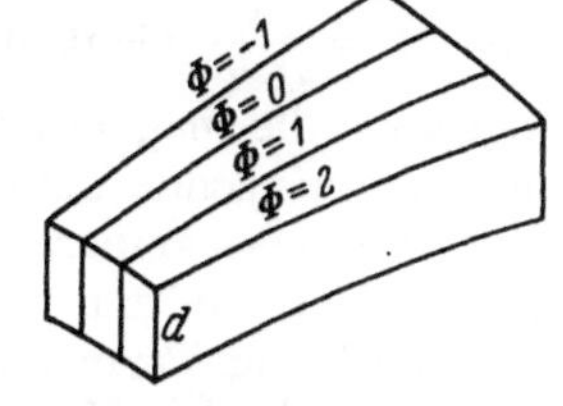

Abb. 75. Magnetische Kraftlinien als Linien gleichen Flusses.

Die Induktion $\mathfrak{B} = \mu\mathfrak{H}$ hat gewöhnlich überall dieselbe Richtung wie die Feldstärke $\mathfrak{H}$. Wenn es uns also nur darauf ankommt, die örtliche Richtung des Feldes durch Linien anzugeben, ohne der Liniendichte eine Bedeutung zuzulegen, brauchen wir zwischen Feld- und Kraftlinien nicht zu unterscheiden. Wenn μ überall denselben Wert hat, besteht auch bei Beachtung der Liniendichte kein Unterschied. Erst wenn μ örtlich verschiedene Werte hat, lassen sich die Beträge von $\mathfrak{B}$ und $\mathfrak{H}$ nicht mehr durch die Dichte ein und derselben Linienschar darstellen.

Abb. 76 zeigt das Kraftlinienbild des Feldes in der nur zum Teil mit Eisen gefüllten Ringspule. Da der zu den Kraftlinien senkrechte Querschnitt und der durch ihn tretende Fluß Φ überall denselben Wert haben, herrscht auch überall die gleiche

Induktion B; die Kraftliniendichte ist im Eisen dieselbe wie die in Luft. Dagegen weist die Feldstärke H in Eisen und Luft unterschiedliche Beträge H_{Fe} bzw. H_L auf. Aus $B = \mu H$ folgt nämlich

$$H_{Fe} = \frac{B}{\mu_{Fe}}\,; \qquad H_L = \frac{B}{\mu_0}\,; \qquad \frac{H_{Fe}}{H_L} = \frac{\mu_0}{\mu_{Fe}}\,. \tag{7}$$

Wollten wir also durch die Liniendichte den örtlichen Betrag der Feldstärke H darstellen, so würden wir ein Bild nach Abb. 77 erhalten, in dem übrigens der Unterschied in der Liniendichte nicht entfernt so groß gezeichnet ist, wie er in Wirklichkeit wegen des großen Unterschiedes zwischen μ_{Fe} und μ_0 sein müßte.

Man sieht, daß die Darstellung durch Kraftlinien ($\mathfrak{B}$-Linien) nicht nur einfacher sondern auch zweckmäßiger, ist als die durch Feldlinien ($\mathfrak{H}$-Linien). Dafür spricht auch, daß alle örtlichen Wirkungen im Magnetfeld auch von μ abhängen, so daß die Induktion $\mathfrak{B} = \mu\mathfrak{H}$ und nicht einfach die Feldstärke $\mathfrak{H}$ als die Urheberin dieser Wirkungen angesehen

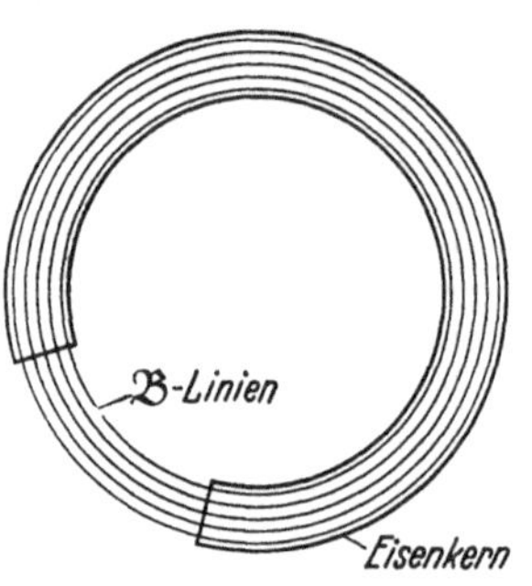

Abb. 76. Darstellung des Magnetfeldes einer zum Teil eisengefüllten Kreisringspule durch Kraftlinien ($\mathfrak{B}$-Linien).

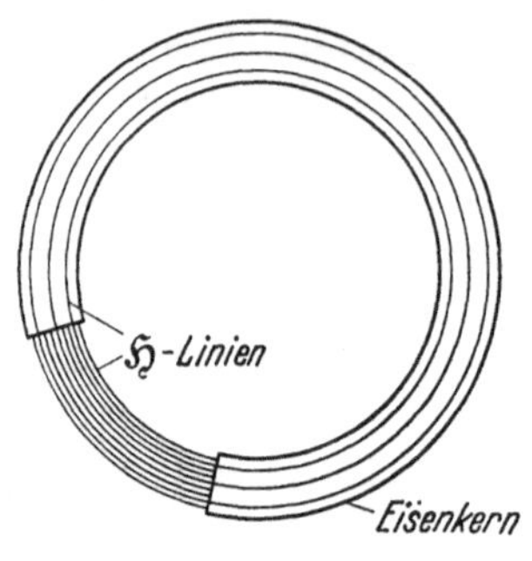

Abb. 77. Darstellung des Magnetfeldes nach Abb. 76 durch F ldlinien ($\mathfrak{H}$-Linien).

werden muß. $\mathfrak{B}$ ist also die tatsächlich in Erscheinung tretende und auch allein direkt meßbare Zustandsgröße.

32. Magnetkreise mit Eisen. Nach Gl.(29,7) ist die längs eines geschlossenen, von w Windungen mit dem Strom i umfaßten Weges wirksame magnetische Spannung $V_0 = i\,w = \oint \mathfrak{H}\,d\mathfrak{l}$. Das Integral vereinfacht sich zu einer Summe endlicher Produkte $H\,l$, und es wird $V_0 = \sum\limits_{\nu=1}^{\nu=n} H_\nu\,l_\nu$, wenn wir den magnetischen Kreis in n Teilabschnitte mit den Weglängen l_1, l_2 usw. zerlegen und längs jeder dieser Weglängen die Feldstärke H_1, H_2 usw. als konstant ansehen können. Sind z. B. in Abb. 73 l_{Fe} und l_L die mittleren Längen der Kraftlinienwege in Eisen bzw. in Luft und H_{Fe} bzw. H_L die zugehörigen Feldstärken, so ist $V_0 = i\,w_1 = H_{Fe}\,l_{Fe} + H_L\,l_L$.

Stehen wir vor der Aufgabe, auf einer gegebenen Querschnittsfläche F eine bestimmte mittlere Induktion B_{mittel}, insgesamt also einen bestimmten Fluß $\Phi = B_{mittel}\,F$ zu erzeugen, so wollen wir das natürlich mit einem möglichst geringen Aufwand an Leitermetall für die erregende Wicklung tun. Da wegen der Erwärmung eine gewisse Stromdichte $g = \dfrac{i}{q_{Leiter}}$ nicht überschritten werden darf, ist bei gegebener mittlerer Windungslänge die magnetische Spannung $V_0 = i\,w = g\,q_{Leiter}\,w$ ein Maß für die als Wicklung aufzubringende Metallmenge. Folglich müssen wir versuchen, V_0 möglichst klein zu halten, und das ist einer der Gründe, weswegen man, sofern nicht andere Gesichtspunkte dagegen sprechen, den Kraftlinien auf einem möglichst großen Teil ihres Weges Eisen mit seiner hohen Permeabilität zur Verfügung stellt. Durch die Verwendung von Eisen gelingt es auch, dem Kraftfluß in der Hauptsache eine gewünschte Bahn vorzuschreiben, ohne gezwungen zu sein, die erregende Wicklung wie bei der Ringspule längs des ganzen magnetischen Kreises zu verteilen. Es gibt zwar keinen Stoff mit der Permeabilität Null, also keinen magnetischen Isolator, durch den man die gewünschte Bahn etwa wie die Bahn eines Stromes abgrenzen könnte; verglichen mit Eisen ist aber die Permeabilität aller anderen Stoffe so gering, daß bei Verwendung eines Eisenkernes, insbesondere wenn dieser einen ganz oder nahezu geschlossenen Weg bietet, der Flußanteil, der ganz oder streckenweise außerhalb des Eisens verläuft, größenmäßig von untergeordneter Bedeutung ist. Vor allem spielt es bei einem ganz oder fast geschlossenen Eisenkern keine Rolle mehr, an welcher Stelle er von der erregenden Wicklung umschlossen wird, so daß man konzentrierte Spulen verwenden kann.

Während die relative Permeabilität μ_r fast aller anderen Stoffe eine Materialkonstante ist, die nur ganz wenig größer oder kleiner als Eins ist, so daß wir in ihnen stets mit $B = \mu_0 H = 1{,}256\,H \cdot 10^{-8}$ bzw. mit $B = \mu_0' H = 1{,}256\,H$ rechnen dürfen, je nachdem, ob wir B in Vsek/cm² oder in Gauß zählen (s. S. 53), zeigen die ferromagnetischen Stoffe, vor allem also Eisen, ein hiervon völlig abweichendes Verhalten. Die Abweichung liegt nicht nur darin, daß μ ganz wesentlich größere Werte — bis zu einigen Tausend — annehmen kann, sondern vor allem in der Tatsache, daß μ bei diesen Stoffen durchaus keine Konstante mehr ist. μ hängt vielmehr sehr stark von der Feldstärke und auch von dieser nicht einmal eindeutig ab.

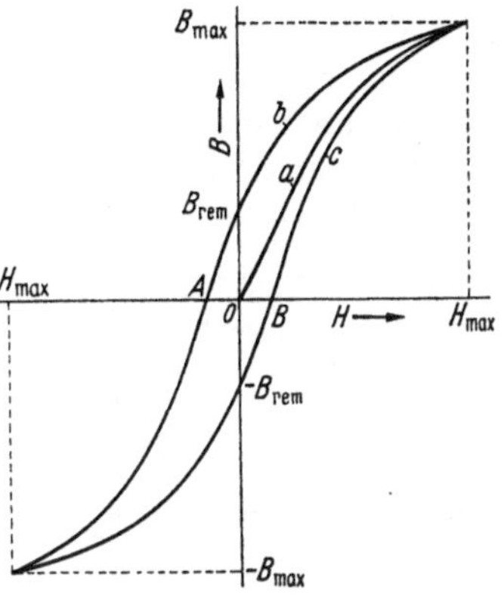

Abb. 78. Hystereseschleife.

Viel besser als durch eine Kurve der μ-Werte wird das magnetische Verhalten einer Eisensorte durch die Kurve $B = f(H)$ gekennzeichnet. Abb. 78 zeigt deren grundsätzlichen Verlauf. Wird in einer Eisenprobe, die vorher noch niemals magnetisiert worden war, H von Null aus gesteigert, so steigt B entsprechend dem Kurvenast a. Nimmt H nach Erreichung eines bestimmten Höchstwertes H_{max} wieder ab, so sinkt B von dem Höchstwert B_{max} nach einem über a liegenden Kurvenast b. Ist H wieder zu Null geworden, bleibt eine gewisse Induktion B_{rem}, die remanente Induktion, bestehen, die erst im Punkt A verschwindet, wenn H in umgekehrter Richtung auf einen gewissen negativen Wert wieder gesteigert wird. Bei weiterer Steigerung der Feldstärke auf $- H_{max}$ erreicht die Induktion den Wert $- B_{max}$. Wird H von $- H_{max}$ neuerlich über $H = 0$ bis $H = + H_{max}$ geändert, so ändert sich B gemäß dem Kurvenast c. Man nennt diese Erscheinung Hysterese und die zwischen den Wertepaaren H_{max}, B_{max} und $- H_{max}$, $- B_{max}$ durchlaufene Kurvenschleife Hystereseschleife. Der Kurvenast a wird Neukurve genannt. Die remanente Induktion B_{rem} bzw. $- B_{rem}$ und die der Strecke $\overline{OA}$ bzw. $\overline{OB}$ entsprechende, als Koerzitivkraft bezeichnete Feldstärke sind typische Werte der betr. Hystereseschleife. Sie hängen, wie überhaupt der Verlauf der Hystereseschleife, von der Eisensorte ab, aber auch davon, zwischen welchen Höchstwerten $|H_{max}|$ die Feldstärke geändert wird. Bei geänderten Höchstwerten $|H_{max}|$ bzw. $|B_{max}|$ ergibt sich auch, wie Abb. 79 zeigt, jedesmal eine andere Hystereseschleife. Erfolgt die zyklische Änderung von H nicht wie in Abb. 78 und 79 zwischen sym-

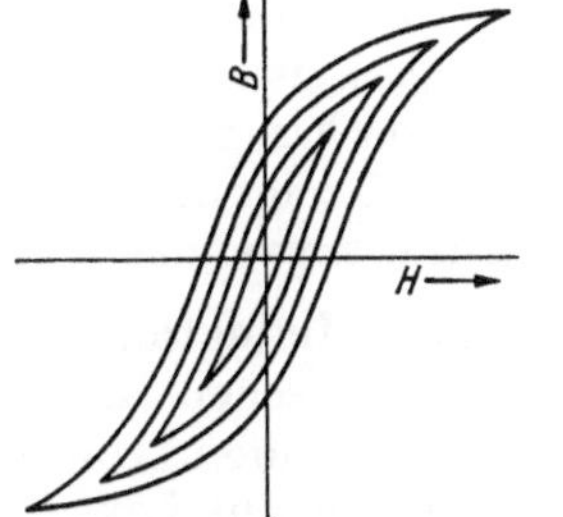

Abb. 79 Hystereseschleifen bei symmetrischer Ummagnetisierung zwischen verschieden maximalen Feldstärkewerten.

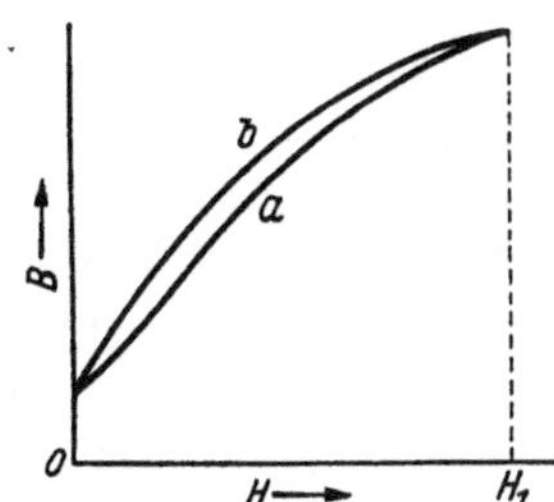

Abb. 80. Hystereseschleife bei Ummagnetisierung zwischen H = 0 und H_1.

metrisch zum Nullpunkt liegenden Höchstwerten, sondern nur zwischen $H = 0$ und einem positiven Höchstwert H_1, so ergibt sich, nachdem das erste Mal die Neukurve durchlaufen wurde, nunmehr eine Hystereseschleife nach Abb. 80. Dies ist ein praktisch sehr häufig vorkommender Fall. Beim Entmagnetisieren (Kurvenast b) erreicht man dann einen bestimmten B-Wert erst bei einer geringeren Feldstärke als beim Wiederaufmagnetisieren (Ast a). Allgemein läßt sich die bei einer gewissen Feldstärke erreichte Induktion somit nicht eindeutig angeben, sondern hängt von der magnetischen „Vorgeschichte" der Eisenprobe ab.

Das Wichtigste am magnetischen Verhalten des Eisens ist aber die Tatsache, daß bei größeren Feldstärken eine „Sättigung" des Eisens eintritt. Auf jedem Ast der Hystereseschleife nimmt B bei wachsendem H zunächst nahezu linear rasch zu. Bei höheren Feldstärken wird jedoch, wie die abnehmende Neigung der Kurve zeigt, das Anwachsen von B immer schwächer, und schließlich wächst bei noch weiterer Steigerung von H die Induktion nur noch in demselben Maße, wie sie es auch in Luft täte. Für eine weitere Steigerung von B trägt das Eisen nichts mehr bei; es ist gesättigt.

Man erklärt das geschilderte Verhalten des Eisens damit, daß in ihm durch eine Kreisbewegung der Elektronen, die kreisenden elektrischen Strömen gleichkommt, winzigste Bezirke mit magnetisierender Wirkung vorhanden sind, die aber beim Fehlen eines äußeren Magnetfeldes gänzlich ungeordnet liegen, so daß sich ihre Felder nach außen hin aufheben. Durch ein äußeres Feld werden diese sog. Molekularmagnete in eine das äußere Feld unterstützende Richtung gebracht, aber nicht alle auf einmal, sondern um so mehr von ihnen, je mehr die äußere Feldstärke anwächst. Genau genommen ist also die Kurve $B = f(H)$ keine stetige, sondern eine aus winzigen Stufen zusammengesetzte Kurve, was man auch tatsächlich experimentell nachweisen kann. Sind schließlich bei genügend großer Feldstärke alle Molekularmagnete in die genannte Vorzugsrichtung geklappt, so kann das Eisen über die bereits erreichte Verstärkung der Induktion hinaus keine weitere Wirkung mehr ausüben, und die Sättigung ist erreicht. Beim Wiederverschwinden des äußeren Feldes behält ein Teil der Molekularmagnete die Vorzugsrichtung bei, was sich als remanente Induktion äußert. Letztere hängt stark von der Eisensorte ab und ist besonders groß bei gehärtetem Stahl und bestimmten Legierungen, die eigens geschaffen wurden, um als Werkstoff für permanente Magnete zu dienen. Aus Gründen, die wir noch kennenlernen werden, spielt für permanente Magnete aber nicht nur die Remanenz, sondern auch die Koerzitivkraft eine wichtige Rolle.

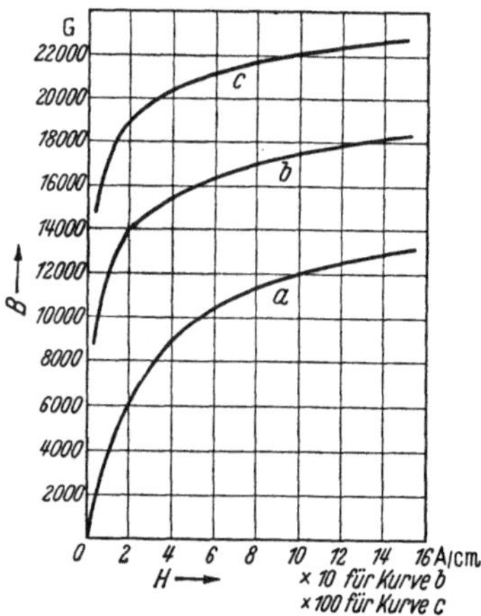

Abb. 81. Vereinfachte Magnetisierungskennlinie von Schmiedeeisen (Dynamoblech).

In den Fällen, in denen Eisen fortlaufend in raschem Wechsel ummagnetisiert wird oder in denen der remanente Magnetismus stört, verwendet man meistens Eisensorten, deren Hystereseschleife sehr schlank ist. Bei der Darstellung der Magnetisierungskennlinie $B = f(H)$ kann bei solchen Eisensorten die Erscheinung der Hysterese häufig außer acht gelassen werden. Abb. 81 zeigt die Magnetisierungskurve für eine Eisensorte dieser Art, wie sie besonders häufig verwendet wird.

Die nichtlineare Abhängigkeit der Induktion im Eisen von der Feldstärke läßt es nicht zu, bei der Berechnung eines magnetischen Kreises, bei dem die Kraftlinien nur auf einem Teil ihres Weges in Eisen verlaufen, von der magnetischen Spannung als der Urheberin des Magnetfeldes auszugehen und aus ihr den Fluß zu bestimmen, weil man nämlich bei bekannter magnetischer Umlaufspannung V_0 nicht von vornherein angeben kann, wie sich diese auf die einzelnen Teilstrecken des Magnetkreises aufteilt. Man muß vielmehr den umgekehrten Weg einschlagen und zu einem angenommenen Fluß unter Verwendung der Magnetisierungskennlinie die magnetische Spannung bestimmen. Der für einen bestimmten Fluß nötige Querschnitt des Eisenkernes richtet sich natürlich nach der Induktion, die man im Eisen zulassen will. Bei höheren Werten von B nimmt die Feldstärke im Eisen und damit die für jeden Zentimeter Eisenweg nötige magnetische Spannung rasch zu. Höhere magnetische Spannung erfordert aber auch größeren Wickelraum, der oft wieder nur durch Verlängerung des Eisenkernes geschaffen werden kann, so daß durch Heraufsetzung der Induktion schließlich nichts mehr zu gewinnen ist. Bei mit Gleichstrom erregten Magnetkreisen geht man deshalb mit der Induktion in Eisen über etwa 22000 G nicht gern hinaus. Bei periodisch rasch wechselnder Magnetisierung muß man aus anderen Gründen noch erheblich unter diesem Wert bleiben.

Der Gang der Berechnung soll an dem als Beispiel gezeigten Magnetkreis nach Abb. 82 erläutert werden. In dem Luftspalt von der Länge $\delta = 4$ mm werde unter Vernachlässigung der seitlichen Ausbauchung der Kraftlinien ein homogenes Feld angenommen. Ebenso wird auch in allen Teilen des Eisenkernes eine gleichmäßige Flußverteilung über den Querschnitt vorausgesetzt. Als mittlerer Kraftlinienweg in Eisen wird einfach der strichpunktierte, eckige Linienzug angesehen. Bei magnetischen Rechnungen ist stets darauf zu achten, daß mit Rücksicht auf die Dimensionen von Φ, B und H Längen in cm und Flächen in cm² eingesetzt werden müssen. Aus den in Abb. 82 in mm angegebenen Abmessungen ergeben sich als mittlere Kraftlinienlängen und als zugehörige Querschnittsflächen:

$$l_1 = 2\,(5,3 - 1,0) + 2\,(9,0 - 1,0 - 0,75) = 23,1 \text{ cm} \qquad F_1 = 2,0 \cdot 2,5 = 5 \text{ cm}^2$$
$$l_2 = 11,0 - 2 \cdot 1,0 = 9,0 \text{ cm} \qquad\qquad\qquad F_2 = 1,5 \cdot 2,5 = 3,75 \text{ cm}^2$$
$$\delta = 0,4 \text{ cm} \qquad\qquad\qquad\qquad\qquad\qquad F_\delta = F_1 = 5 \text{ cm}^2$$

Im Luftspalt werde nun eine Induktion $B_L = 12000$ G verlangt, entsprechend einem Fluß $\Phi = B_L \cdot F_\delta = 12000 \cdot 5 = 60000$ M. Diesem Fluß entsprechen im Eisen die Induktionen

$$B_1 = \frac{\Phi}{F_1} = \frac{60000}{5} = 12000 \text{ G}$$

$$B_2 = \frac{\Phi}{F_2} = \frac{60000}{3,75} = 16000 \text{ G}$$

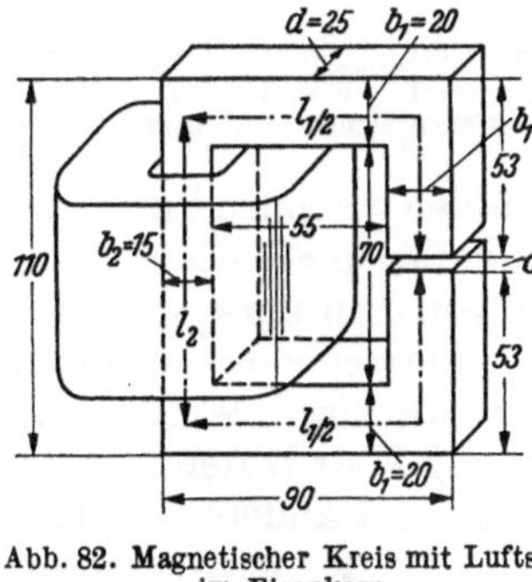

Die Feldstärken im Luftspalt sind mit $\mu_0' \approx 1,25\, \dfrac{\text{M}}{\text{A cm}}$:

$$H_L = \frac{1}{\mu_0} \cdot B_L \approx 0,8\, B_L = 0,8 \cdot 12000 = 9600 \text{ A/cm}$$

Die Feldstärken im Eisen entnehmen wir der Magnetisierungskurve Abb. 81:

Abb. 82. Magnetischer Kreis mit Luftspalt im Eisenkern

$$\text{Zu } B_1 = 12000 \text{ G} \text{ gehört } H_1 = 10 \text{ A/cm},$$
$$\text{,, } B_2 = 16000 \text{ G} \quad \text{,,} \quad H_2 = 52 \text{ A/cm}.$$

Damit erhalten wir als magnetische Teilspannungen an den einzelnen Wegstrecken und die insgesamt nötige magnetische Spannung als Summe der Teilspannungen:

$$\begin{aligned}
V_L &= H_L\, \delta = 9600 \cdot 0,4 & &= 3840 \text{ A}\\
V_1 &= H_1\, l_1 = 10 \cdot 23,1 & &= 231 \text{ A}\\
V_2 &= H_2\, l_2 = 52 \cdot 9,0 & &= 468 \text{ A}\\
\hline
V_0 &= iw = V_L + V_1 + V_2 & &= 4539 \text{ A}
\end{aligned}$$

Man beachte den außerordentlich großen Anteil, den der Luftspalt an der gesamten magnetischen Spannung hat!

Wir wollen noch kontrollieren, ob der Wickelraum ausreicht. Mit Rücksicht auf die Erwärmung der Wicklung sei in dieser eine Stromdichte $g = i/q_{Leiter} = 2,5$ A/mm² zugelassen. Dann ist der insgesamt nötige Kupferquerschnitt der Wicklung

$$Q = w\, q_{Leiter} = \frac{i\,w}{g} = \frac{4539}{2,5} = 1815 \text{ mm}^2 .$$

Die Fläche des Fensters, durch das die Wicklung hindurchgeführt ist, beträgt aber $Q_{Fenster} = 55 \cdot 70 = 3850$ mm². Für Isolation und Spulenkasten stehen also noch etwa 2000 mm², d.h. über 50% der lichten Fensterfläche zur Verfügung, was als ausreichend angesehen werden darf.

33. Magnetisches Potential. Es wurde schon auf S.49 darauf hingewiesen, daß im Magnetfeld für jeden in sich geschlossenen Weg, der keinen Strom umschließt, die durch das Wegintegral der magnetischen Feldstärke längs dieses Weges dargestellte magnetische Umlaufspannung $V_\circ$ verschwindet, daß also für einen solchen Weg $V_\circ = \oint \mathfrak{H}\, d\mathfrak{l} = 0$ ist. Wenn aber das Wegintegral für einen von einem Punkt A nach einem anderen Punkte B und wieder zurück nach A führenden, geschlossenen Weg (Abb. 83) unabhängig von dem Weg verschwindet, so muß der Wert des Wegintegrals für den Teilweg a von A nach B gleich dem negativen Wert des Wegintegrals für den Teilweg b von B nach A sein. Es muß also sein

$$^{(a)}\!\!\int\limits_A^B \mathfrak{H}\, d\mathfrak{l} = -\,^{(b)}\!\!\int\limits_B^A \mathfrak{H}\, d\mathfrak{l}, \tag{1}$$

wenn wir durch den in Klammern neben das Integralzeichen gesetzten Buchstaben den Integrationsweg angeben. Das bedeutet aber, daß auch das Wegintegral von A nach B, für sich allein betrachtet, unabhängig von dem Verlauf des Weges von A nach B stets denselben Wert hat. Das gilt jedoch nur mit der Einschränkung, daß sich die ver-

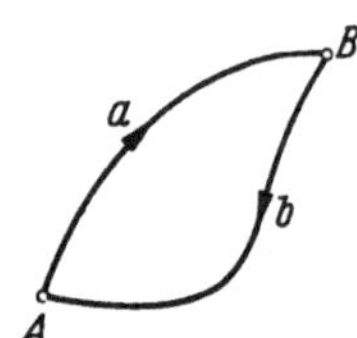

Abb. 83. Eindeutigkeit des magnetischen Potentials im stromfreien Gebiet.

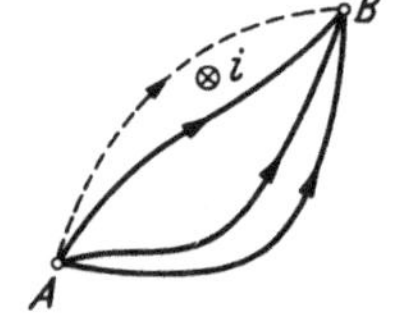

Abb. 84. Mehrdeutigkeit des magnetischen Potentials beim Umfassen von Strom.

schiedenen Wege so ineinander überführen lassen müssen, daß dabei kein Strom geschnitten wird. So ergibt sich in Abb. 84 zwar für die ausgezogenen Wege stets derselbe Wert, für den gestrichelten Weg dagegen ein um i größerer Wert; denn wählen wir den gestrichelten Weg als Hinweg und einen ausgezogenen als Rückweg, so umfahren wir den Strom i, und es ist $\oint \mathfrak{H}\, d\mathfrak{l} = i$.

Wählen wir einen Punkt des Magnetfeldes willkürlich als Bezugspunkt, so können wir mit der obigen Einschränkung für jeden anderen Punkt den Wert, den das Wegintegral $\int \mathfrak{H}\, d\mathfrak{l}$ von dem Bezugspunkt bis zu ihm besitzt, d. h. die zwischen ihm und dem Bezugspunkt herrschende magnetische Spannung eindeutig angeben. Betrachten wir analog wie im elektrostatischen oder im Strömungsfeld auch die magnetische Spannung V als Differenz magnetischer Potentiale, so hat je nach der Wahl des Bezugspunktes jeder andere Feldpunkt ein bestimmtes magnetisches Potential u, dessen Einheit wie die der magnetischen Spannung 1 Ampere ist. Die Potentialdifferenz zweier Punkte A und B ist also

$$u_A - u_B = \int\limits_A^B \mathfrak{H}\, d\mathfrak{l} \tag{2}$$

und daraus ergibt sich durch Umkehrung die örtliche Feldstärke als Potentialgefälle:

$$\mathfrak{H} = -\frac{du}{dl}. \tag{3}$$

Somit besteht zwischen dem Magnetfeld außerhalb stromführender Leiter, dem elektrischen Strömungsfeld und dem elektrostatischen Feld völlige Analogie, und jede Größe des einen Feldes hat in jedem der beiden anderen ihre Entsprechung. In der folgenden Zusammenstellung stehen einander entsprechende Größen der verschiedenen Felder mit ihren Maßeinheiten jeweils in derselben Zeile.

Strömungsfeld	*Elektrostatisches Feld*	*Magnetfeld*
Potential φ [V]	Potential φ [V]	Potential u [A]
Feldstärke $\mathfrak{E} = -\dfrac{d\varphi}{dl}\left[\dfrac{\mathrm{V}}{\mathrm{cm}}\right]$	Feldstärke $\mathfrak{E} = -\dfrac{d\varphi}{dl}\left[\dfrac{\mathrm{V}}{\mathrm{cm}}\right]$	Feldstärke $\mathfrak{H} = -\dfrac{du}{dl}\left[\dfrac{\mathrm{A}}{\mathrm{cm}}\right]$
Leitfähigkeit $\varkappa\left[\dfrac{1}{\Omega\,\mathrm{cm}} = \dfrac{\mathrm{A}}{\mathrm{V\,cm}}\right]$	Dielektrizitätskonstante $\varepsilon = \varepsilon_r\,\varepsilon_0\left[\dfrac{\mathrm{A\,sek}}{\mathrm{V\,cm}}\right]$	Permeabilität $\mu = \mu_r\,\mu_0\left[\dfrac{\mathrm{V\,sek}}{\mathrm{A\,cm}}\right]$
Stromdichte $g = \varkappa\,\mathfrak{E}\left[\dfrac{\mathrm{A}}{\mathrm{cm}^2}\right]$	Verschiebungsdichte $\mathfrak{D} = \varepsilon\,\mathfrak{E}\left[\dfrac{\mathrm{A\,sek}}{\mathrm{cm}^2}\right]$	Induktion $\mathfrak{B} = \mu\,\mathfrak{H}\left[\dfrac{\mathrm{V\,sek}}{\mathrm{cm}^2}\right]$
Spannung $U = \int \mathfrak{E}\, d\mathfrak{l}$ [V]	Spannung $U = \int \mathfrak{E}\, d\mathfrak{l}$ [V]	Spannung $V = \int \mathfrak{H}\, d\mathfrak{l}$ [A]
Strom $I = \int \mathfrak{g}\, d\mathfrak{F}$ [A]	Verschiebungsfluß (Ladung) $Q = \int \mathfrak{D}\, d\mathfrak{F}$ [A sek]	Kraftfluß $\Phi = \int \mathfrak{B}\, d\mathfrak{F}$ [V sek]

Es ist interessant, einander entsprechende Einheiten zu vergleichen: aus den Einheiten des elektrostatischen Feldes ergeben sich die des Strömungsfeldes, wenn man die Einheit Asek der Ladung durch die Einheit A des Stromes ersetzt. Bei den elektrostatischen und magnetischen Größen haben lediglich die Einheiten A und V ihre Rollen getauscht.

Dank der weitgehenden Analogie zwischen den Feldern läßt sich die Verteilung eines ebenen Magnetfeldes in einem Medium mit μ-Genst außerhalb stromdurchflossener Leiter grundsätzlich mit denselben Methoden ermitteln wie die eines elektrostatischen oder eines Strömungsfeldes. Man kann das Magnetfeld sogar durch ein ebenes Strömungsfeld nachbilden und in dieser Form durch Bestimmung der den magnetischen Kraftlinien entsprechenden elektrischen Potentiallinien ausmessen. Man kann den Verlauf seiner Linien aber auch nach der in Abschn. 23 beschriebenen Quadratmaschenmethode rein zeichnerisch bestimmen. Beides ist aber nur dann einfach, wenn das Magnetfeld in dem interessierenden Gebiet ausschließlich durch zwei Äquipotentiallinien festgelegt ist, nach denen in dem analogen Strömungsfeld die Zuführungselektroden geformt werden müßten. Diese Voraussetzung ist gegeben, wenn sich das betrachtete Magnetfeld in größerer Entfernung von den erregenden Strömen zwischen zwei Eisenflächen erstreckt. Wegen der außerordentlich hohen Permeabilität von Eisen ist die Feldstärke in diesem, verglichen mit der in Luft, so klein, daß darin keine nennenswerten Potentialunterschiede auftreten und wir darum die Oberfläche eines Eisenkörpers als Äquipotentialfläche ansehen können, auf der die Kraft-

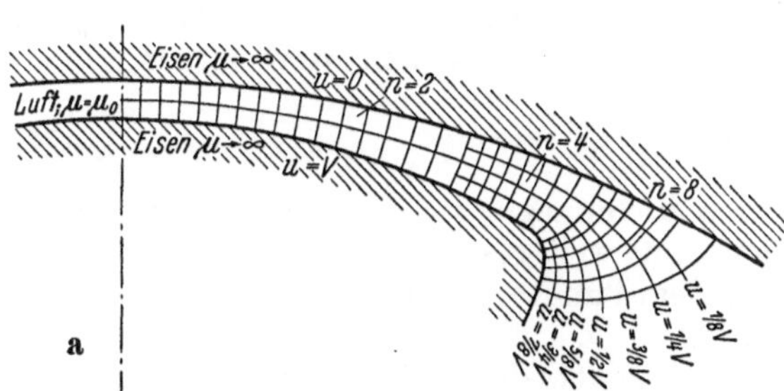

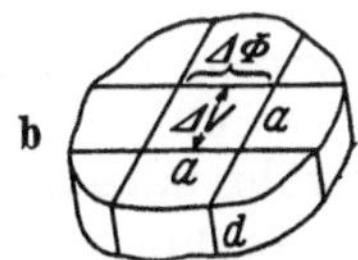

Abb. 85 a u. b. a) Zeichnerisch entworfenes Bild eines Magnetfeldes in einem Luftspalt zwischen zwei Eisenflächen b) Quadratmasche eines magnetischen Feldbildes.

linien senkrecht stehen. Streng genommen würden sie das natürlich nur bei unendlich großer Permeabilität des Eisens tun.

In Abb. 85 ist ein nach der Quadratmaschenmethode zeichnerisch ermitteltes, ebenes Magnetfeld in Luft zwischen den Oberflächen zweier Eisenkörper dargestellt. Das magnetische Potential u des einen Eisenkörpers wurde willkürlich gleich Null, das des anderen gleich V gesetzt. Im linken Teil des Feldbildes genügte zu seinem Entwurf eine einfache Unterteilung des Potentialunterschiedes V durch die Potentiallinie mit $u = V/2$. Im rechten Teil mußte das Feldbild durch Einfügen von zwei bzw. sogar von sechs weiteren Potentiallinien noch weiter verfeinert werden.

Betrachten wir ein Feldgebiet, in dem die magnetische Spannung V zwischen den Eisenflächen überall in n gleiche Intervalle geteilt ist (in Abb. 85 gibt es je ein Gebiet mit $n = 2$, $n = 4$ und $n = 8$), so liegt an jeder Quadratmasche dieses Gebiets die magnetische Spannung $\Delta V = V/n$. Hat eine aus dem Gebiet herausgegriffene Masche, wie sie in Abb. 85a dargestellt ist, die mittlere Seitenlänge a, so herrscht an der betr. Stelle die Feldstärke

$$H = \frac{\Delta V}{a} = \frac{V}{na}. \tag{4}$$

Ist d die für alle Maschen gleiche Schichtdicke des ebenen Feldes, so tritt über die einzelne Masche der Teilfluß

$$\Delta\Phi = B\,a\,d = \mu_0\,H\,a\,d, \tag{5}$$

wofür wir auch mit Gl. (4)

$$\Delta\Phi = \mu_0\,d\,\frac{V}{n} \tag{6}$$

schreiben können. Dieser Teilfluß hat für alle Maschen des Gebietes die gleiche Größe. Liegen nun auf der ganzen Breite des Gebiets m Maschen nebeneinander, so tritt in ihm zwischen den Eisenflächen insgesamt der Fluß

$$\Phi = m\,\Delta\Phi = \mu_0\,V\,d\,\frac{m}{n} \tag{7}$$

über. Wir können also aus dem Feldbild den Fluß ermitteln, der bei gegebener Spannung V zwischen den Eisenflächen über den Luftspalt tritt. Aus dem Feldbild läßt sich auch die Verteilung der Induktion längs der Spuren der Eisenflächen, leicht ermitteln. Nennt man, z. B. an der oberen Eisenfläche, die Induktion in der Mitte zwischen zwei beliebigen aber benachbarten Kraftlinien B_0, und ist a_0 der Abstand dieser Kraftlinien, so ist der Fluß zwischen ihnen $\Delta\Phi = B_0\,a_0\,d$. Da $\Delta\Phi$ für alle Maschen denselben Wert hat, ist die Induktion in der Mitte zwischen einem anderen Kraftlinienpaar mit dem Abstand a

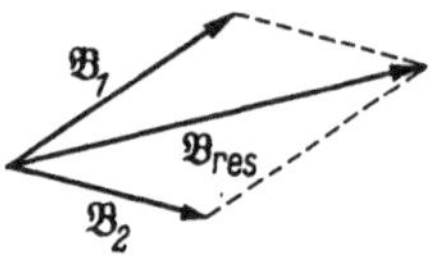

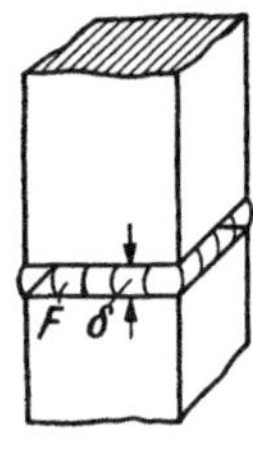

Abb. 86 Überlagerung zweier Magnetfelder.

$$B = \frac{\Delta\Phi}{a\,d} = B_0\,\frac{a_0}{a}. \tag{8}$$

Ändert sich bereichsweise die Unterteilungszahl n und hat sie an der Ausgangsstelle, wo $B = B_0$ gesetzt wurde, den Wert n_0, so ist in einem anderen Bereich, wo n einen von n_0 verschiedenen Wert n_1 hat,

$$B = B_0\,\frac{a_0}{a}\cdot\frac{n_0}{n_1}. \tag{8a}$$

Mehrere Magnetfelder, die ausschließlich in unmagnetischem Material verlaufen, können, um das resultierende Feld zu finden, ohne weiteres einander überlagert werden. Man findet die resultierende Induktion in jedem Punkte, indem man die dort von den Teilfeldern herrührenden Induktionen nach Abb. 86 vektoriell addiert. Leichter wird die Ermittlung des resultierenden Feldes, wenn man entweder die Potentiallinien oder die Kraftlinien beider Felder mit ihrer Bezifferung in u bzw. Φ kennt, besonders wenn diese für beide Felder mit demselben Bezifferungsintervall von Linie zu Linie gezeichnet sind. Man braucht dann nur in jedem Schnittpunkt zweier Linien die Summe der zugehörigen u- bzw. Φ-Werte zu bilden und erhält durch Verbinden von Punkten gleichen Summenwertes die Potential- bzw. Kraftlinien des resultierenden Feldes. Man macht von dieser Überlegung oft Gebrauch, wenn es sich darum handelt, das Magnetfeld zu finden, das von mehreren, räumlich getrennt fließenden Strömen erzeugt wird. Sobald sich in der Nähe der Stelle, wo das resultierende Feld bestimmt werden soll, Eisen befindet, kann man im allgemeinen nicht mehr so verfahren, weil dann auch die veränderliche Permeabilität des Eisens das Feldbild mit beeinflußt. Innerhalb eines Eisenkörpers ist natürlich eine einfache Überlagerung überhaupt nicht möglich.

Abb. 87. Magnetfeld in einem Luftspalt zwischen parallelen Eisenflächen.

Das Verhältnis

$$R_m = \frac{\text{magnetische Spannung } V}{\text{magnetischer Fluß } \Phi} \tag{9}$$

kann in unmagnetischen Medien, wo es konstant ist, analog dem OHMschen Widerstand $R = U/I$ als magnetischer Widerstand und sein Kehrwert

$$\Lambda = \frac{\Phi}{V} \tag{10}$$

entsprechend als magnetischer Leitwert gedeutet werden. Für einen Luftspalt δ zwischen parallelen Flächen F (Abb. 87) ist — wegen der Kraftlinienkrümmung an den Rändern allerdings nur angenähert —

$$R_m = \frac{H\,\delta}{\mu_0\,H\,F} = \frac{1}{\mu_0}\frac{\delta}{F} \quad \text{und} \quad \Lambda = \mu_0\,\frac{F}{\delta}. \tag{11}$$

34. Messung magnetischer Spannungen. Durch Messung des in einer Spule beim Entstehen oder Verschwinden eines Magnetfeldes induzierten Spannungsstoßes kann man auch magnetische Spannungen messen. Das dazu nötige Hilfsgerät heißt magnetischer Spannungsmesser. Er besteht im Prinzip aus einer langen, biegsamen, gleichmäßig bewickelten Spule, an die ein Meßinstrument für Spannungsstöße angeschlossen werden kann. Praktisch wickelt man die Spulenwindungen auf einen flachen Lederriemen von überall gleichem Querschnitt auf (Abb. 88), und zwar in zwei Lagen so, daß Drahtanfang und -ende in der Mitte dicht beieinander liegen, um ungewollte Flußumfassungen zu vermeiden. Wir denken uns diese zu einer beliebigen Form gebogene Spule aus geradlinigen Abschnitten Δl_1, Δl_2 usw. zusammengesetzt, die so kurz sind, daß das magnetische Feld im Bereich jedes Abschnittes als homogen angesehen werden kann (Abb. 89). Mit H_1, H_2, H_3 usw. bezeichnen wir die Beträge der magnetischen Feldstärke längs der Abschnitte Δl_1, Δl_2, Δl_3... und mit α_1, α_2, α_3... die Winkel zwischen Feldstärke und Spulenachse des betreffenden Abschnitts. Ist F der Spulenquerschnitt, so ist beispielsweise jede Windung des Abschnitts Δl_1 mit dem magnetischen Fluß $\mu_0 H_1 F \cos \alpha_1$ verkettet. Auf der Gesamtlänge l der Spule seien w Windungen gleichmäßig verteilt. Dann wird beim Verschwinden des Feldes in der Spule, was entweder durch Abschalten des erregenden Stromes oder durch Herausbringen der Spule aus dem Feldgebiet bewirkt werden kann, in der Spule nach den Gln. (30,6) und (30,8a) der Spannungsstoß

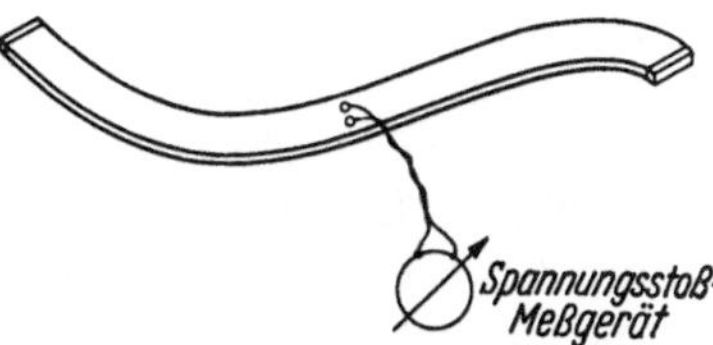

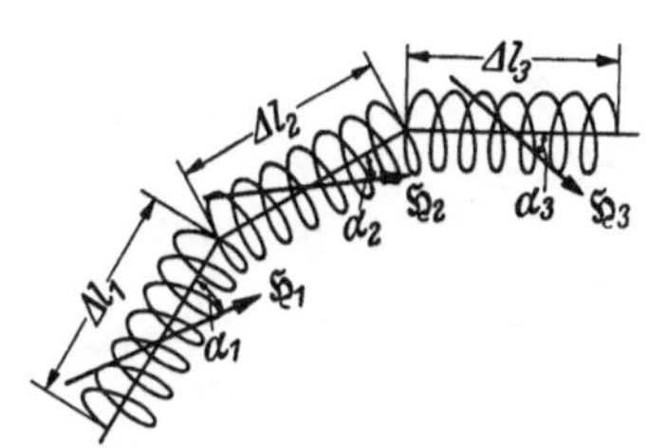

Abb. 88. Magnetischer Spannungsmesser.

Abb. 89. Zur Erläuterung des magnetischen Spannungsmessers.

$$\int u\, dt = \mu_0 F \cdot \frac{w}{l} \cdot (H_1\, \Delta l_1 \cos \alpha_1 + H_2\, \Delta l_2 \cos \alpha_2 + \cdots)$$

induziert. Lassen wir jetzt in einem Grenzübergang die Längen der Abschnitte unbegrenzt klein und ihre Anzahl unbegrenzt groß werden, so können wir die Summe durch ein Integral ersetzen:

$$\int u\, dt = \mu_0 F \cdot \frac{w}{l} \int_0^l H \cos \alpha\, dl \cdot 10^{-8} = \mu_0 F\, \frac{w}{l} \int_0^l \mathfrak{H}\, d\mathfrak{l}$$

Darin ist $V = \int_0^l \mathfrak{H}\, d\mathfrak{l}$ die magnetische Spannung zwischen den Endpunkten der Spule und es ergibt sich

$$V = \int_0^l \mathfrak{H}\, d\mathfrak{l} = \frac{l}{\mu_0 F w} \int u\, dt \tag{1}$$

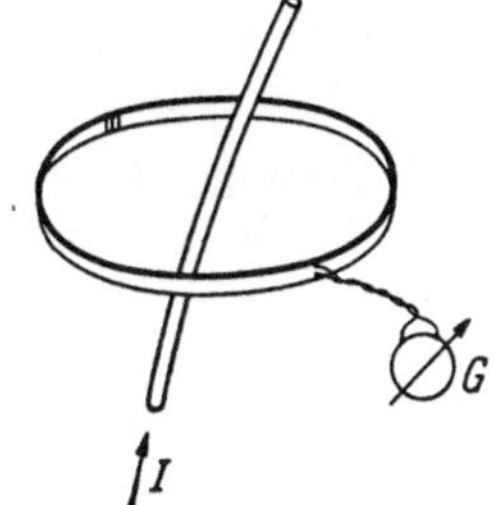

Abb. 90. Messung der magnetischen Umlaufspannung eines Stromes.

so daß aus dem beim Verschwinden des Feldes von dem Meßgerät angezeigten Spannungsstoß $\int u\, dt$ die magnetische Spannung V errechnet werden kann.

Der magnetische Spannungsmesser möge z. B. 100 cm lang sein, einen Querschnitt von 1,20 cm² und 5000 Windungen haben. Legen wir ihn in einfach fest geschlossener Kurve um einen Leiter herum, in dem ein noch unbekannter Strom I fließt (Abb. 90), und zeigt beim Abschalten des Stromes oder beim Entfernen des magnetischen Spannungsmessers das Meßinstrument G einen

Spannungsstoß von $375\,\mu$ V sek $= 375 \cdot 10^{-6}$ V sek, so ist die mit dem Strom I identische Umlaufspannung um den Leiter

$$V_0 = I = \frac{100 \cdot 10^8}{1{,}25 \cdot 1{,}20 \cdot 5000} \cdot 375 \cdot 10^{-6} = 500\ \text{A} .$$

Umschließen wir, ebenfalls in geschlossener Kurve, den Leiter zweimal (Abb. 91), so messen wir bei demselben Leiterstrom die doppelte Umlaufspannung. Das ist ein Beweis dafür, daß beim Umkreisen eines stromführenden Leiters das magnetische Potential ständig zu- bzw. abnimmt. Dasselbe Ergebnis erhalten wir, wenn wir den stromführenden Leiter durch den einfach geschlossenen Spannungsmesser zweimal hindurchführen (Abb. 92). Da die magnetische Umlaufspannung gleich dem umfaßten Gesamtstrom ist, wirkt ein zweimal durch den Umlauf geführter Leiter, in dem 500 A fließen, wie ein Leiter, in dem 1000 A fließen. Man kann sich übrigens, indem man zwei Schnüre oder biegsame Drähte nach Abb. 91 miteinander verschlingt, leicht davon überzeugen, daß man diese Verschlingung, ohne die geschlossene Schleife öffnen zu müssen, in die nach Abb. 92 überführen kann, so daß beide im Grunde identisch sind.

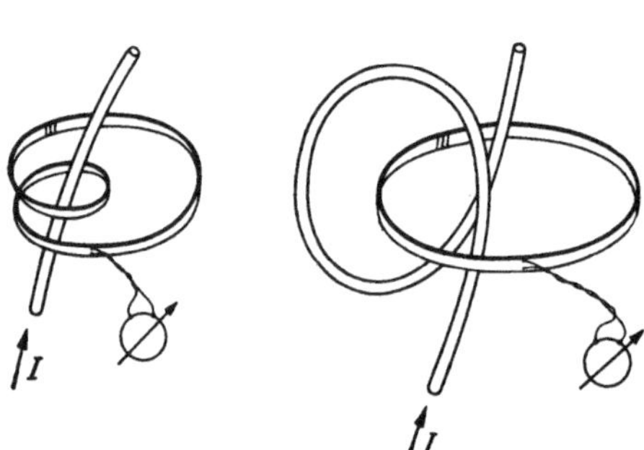

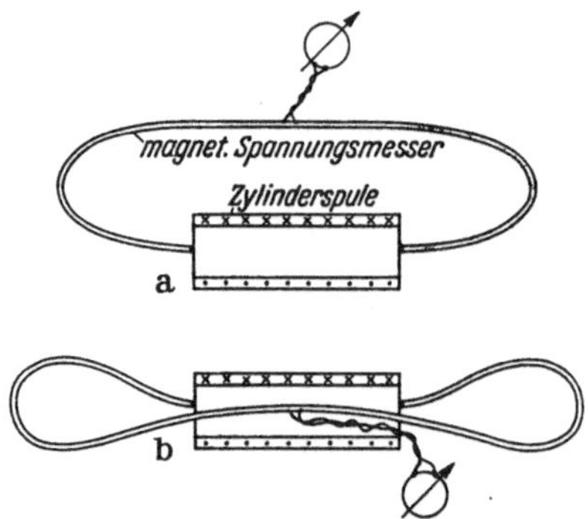

<table>
<tr><td>Abb. 91 u. 92. Doppelte Verkettung des magnetischen
Spannungsmessers mit einem Strom.</td><td>Abb. 93 a u. b. Doppeldeutigkeit der magnetischen
Spannung zwischen den Enden einer Zylinderspule.</td></tr>
</table>

Es wurde bereits auf S. 60 daraufhin hingewiesen, daß die magnetische Spannung zwischen zwei Punkten mehrdeutig ist. Sie hat nur für solche Integrationswege denselben Wert, die sich, ohne Strom zu schneiden, ineinander überführen lassen. Wir prüfen das nach, indem wir mit dem magnetischen Spannungsmesser einmal nach Abb. 93a und einmal nach Abb. 93b die magnetische Spannung zwischen den Stirnseiten einer von einem Strome i durchflossenen Zylinderspule mit der Windungszahl w messen. Im ersten Fall erhalten wir nur einen kleinen Wert V_1, weil die Feldstärke außerhalb der Spule nur gering ist. Nahezu die gesamte magnetische Spannung $V_0 = iw$ wird im Innern der Spule aufgebraucht, weil dort die Feldstärke sehr groß ist. Im zweiten Fall ergibt sich folglich die viel größere magnetische Spannung $V_2 = iw - V_1$.

35. Permanente Magnete. Wird ein geschlossener Eisenweg, z. B. ein Kreisring aus Eisen, durch eine auf ihn aufgebrachte, stromdurchflossene Wicklung magnetisiert, so bleibt nach Abschalten des erregenden Stromes in dem Eisen eine remanente Induktion nach Maßgabe der Hystereseschleife erhalten (s. Abschn. 32). Der Eisenring ist zu einem permanenten Magneten geworden, insbesondere wenn er aus einer Eisensorte mit hoher Remanenz, also etwa aus gehärtetem Stahl oder einer besonderen Magnetlegierung besteht. Nach außen macht sich jedoch der remanente Magnetismus überhaupt nicht bemerkbar, da sich die Kraftlinien sämtlich in dem Magneten selbst schließen (Polloser Magnet). Wird jedoch aus dem geschlossenen Ring nach vorheriger Magnetisierung ein Stück herausgetrennt (Abb. 94), indem z. B. ein bewegliches Schlußstück entfernt wird, so tritt in dem so gebildeten Luftspalt δ ein der unmittelbaren Beobachtung zugängliches Magnetfeld auf, da sich die Kraftlinien nun über den Luftspalt hinweg schließen müssen. Die an den Luftspalt angrenzenden Flächen 1 und 2 des permanenten Magneten sind zu

Magnetpolen N und S geworden. Damit tritt zwischen diesen Polflächen aber auch eine magnetische Spannung bzw. Potentialdifferenz $V_{1,2}$ auf.

Nehmen wir das Feld im Luftspalt als homogen an, so ist, wenn in dem Luftspalt und damit auch in dem Magneten die Induktion B herrscht, die Potentialdifferenz zwischen den Polen

$$V_{1,2} = u_1 - u_2 = \frac{1}{\mu_0}\,\delta\,B\,. \tag{1}$$

Diese magnetische Spannung $V_{1,2}$ wird auf jedem Wege von 1 nach 2 durchlaufen, also nicht nur auf einem Wege durch den Luftspalt, sondern auch auf einem Weg, der durch den Magneten führt. Dadurch kommt in dem Magneten eine Feldstärke H zustande, die dort der Induktion B entgegengerichtet ist, während im Luftspalt Feldstärke und Induktion gleiche Richtung haben. Die Verhältnisse sind denen in einem Stromkreis analog, in dem die Klemmenspannung der Stromquelle und damit die von ihr herrührende elektrische Feldstärke im Innern der Stromquelle dem Strom bzw. der Stromdichte entgegen gerichtet ist. Als Folge des Luftspaltes tritt also in dem Magneten von der Länge l ein entmagnetisierendes Feld mit der Feldstärke

$$-H = \frac{V_{1,2}}{l} = \frac{1}{\mu_0}\,\frac{\delta}{l}\,B \tag{2}$$

auf, das die ursprüngliche, remanente Induktion herabsetzt.

Auf welchen Wert B_1 sich die Induktion bei gegebenen Werten von δ einstellt, hängt von dem Verlauf der Magnetisierungskurve im 2. Quadranten ab; denn um diesen handelt es sich, weil B

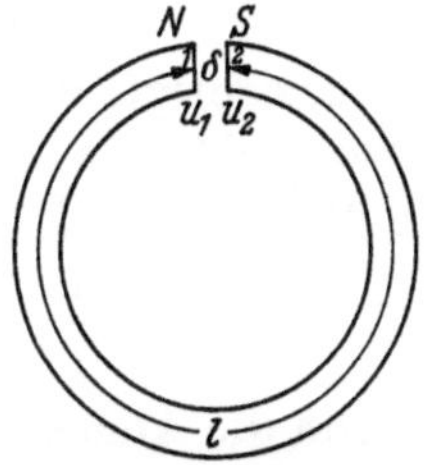

Abb. 94. Zur Erläuterung der Entmagnetisierung bei permanenten Magneten.

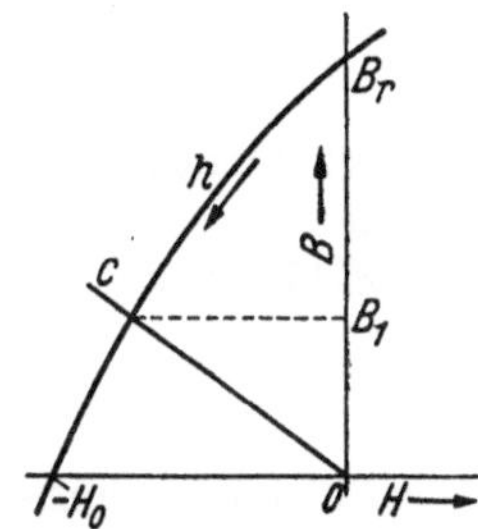

Abb. 95. Entmagnetisierungskurve.

positiv und zugleich H negativ ist. In Abb. 95 stellt h den im 2. Quadranten liegenden Teil der Magnetisierungskurve $B = f(H)$ dar, der auch speziell als Entmagnetisierungskurve bezeichnet wird. Die Gerade c gibt dagegen den durch Gl. (2) gegebenen Zusammenhang zwischen B und H wieder. Beide Zusammenhänge zwischen B und H müssen gleichzeitig erfüllt sein; also ist die Induktion B_1 durch den Schnittpunkt von c und h gegeben. Man erkennt, daß ein guter Magnetwerkstoff nicht nur eine hohe Remanenz B_r, sondern auch eine hohe Koerzitivkraft H_0 haben muß.

In Tab. 3 sind die Werte für die Entmagnetisierungskurve eines modernen ferromagnetischen Materials zusammengestellt. Darin ist die Feldstärke H nicht in A/cm sondern in Oersted (Oe) angegeben, einer Einheit, die sich von der Einheit A/cm nur durch den Faktor $\mu_0' = 1{,}256$ unterscheidet, und zwar ist

$$1\ \text{Oe} = 1{,}256\ \text{A/cm} \tag{3}$$

Tabelle 3

H	0	—100	—200	—300	—400	—500	—570	Oe
B	12400	12200	11850	11400	10450	8000	0	G

Je größer bei sonst gleichen Verhältnissen der Luftspalt δ gemacht wird, um so kleiner wird B_1, denn um so flacher verläuft dann die Gerade c. Wird δ nach vorübergehender Vergrößerung wieder verkleinert, so nimmt B zwar wieder zu, aber nicht mehr auf der Kurve h, die ja nur für abnehmende B-Werte gilt, sondern wegen der Hysterese auf einer darunter liegenden Kurve, so daß der ursprüngliche B-Wert nicht wieder erreicht wird.

Vorübergehendes Erweitern des Luftspaltes über die endgültig beabsichtigte Weite hinaus schwächt also den Magneten und ist daher zu vermeiden. Es wirkt sich besonders schädlich aus, wenn es, etwa durch Abreißen eines eisernen Schlußstückes, plötzlich erfolgt, weil das für die Lageänderung der Molekularmagnete besonders wirksam ist.

Ein Maß dafür, wie „kräftig" ein permanenter Magnet ist, bildet offenbar das Produkt: Kraftfluß mal Luftspaltweite. Man ist bei gegebenem Magnetwerkstoff natürlich bestrebt, einen bestimmten Fluß Φ durch einen Luftspalt vorgeschriebener Weite δ und vorgeschriebenen Querschnitts F_δ mit möglichst geringem Materialaufwand zu treiben. F_δ kann gegenüber dem Magnetquerschnitt F durch auf die Pole aufgesetzte Verbreiterungsstücke, sog. Polschuhe, vergrößert werden. Mit dem magnetischen Widerstand des Luftspalts

$$R_m = \frac{1}{\mu_0}\frac{\delta}{F_\delta} \tag{4}$$

[Gl. (33,11)] und der magnetischen Spannung V_δ an ihm wird die entmagnetisierende Feldstärke

$$|H| = \frac{V_\delta}{l} = \frac{\Phi R_m}{l}. \tag{5}$$

Andererseits ist im Magneten

$$B = \frac{k\Phi}{F}, \tag{6}$$

worin der Streufaktor k berücksichtigt, daß der Fluß im Magneten wegen der nicht durch den nutzbaren Luftspalt gehenden „Streukraftlinien" größer ist als der Luftspaltfluß Φ. Aus den Gl. (5) und (6) ergibt sich das Volumen des Magneten zu

$$F l = \frac{k\,\Phi^2\,R_m}{B|H|}. \tag{7}$$

Es wird also am kleinsten, wenn die Abmessungen so gewählt werden, daß in der Darstellung nach Abb. 95 die Gerade c die Entmagnetisierungskurve h in dem Punkte schneidet, für den das Produkt $B\,|H|$ ein Maximum hat.

36. Die induzierte Spannung. Wir hatten den von einer einfachen Leiterschleife umfaßten magnetischen Kraftfluß Φ mittels der Gleichung $\Phi = \int u\,dt$ durch den Spannungsstoß definiert, den er bei seinem Entstehen oder Verschwinden in der Leiterschleife induziert. Für eine verschwindend kleine Flußänderung gilt $d\Phi = u\,dt$, und daraus folgt als Umkehrung die als Induktionsgesetz bezeichnete wichtige Beziehung

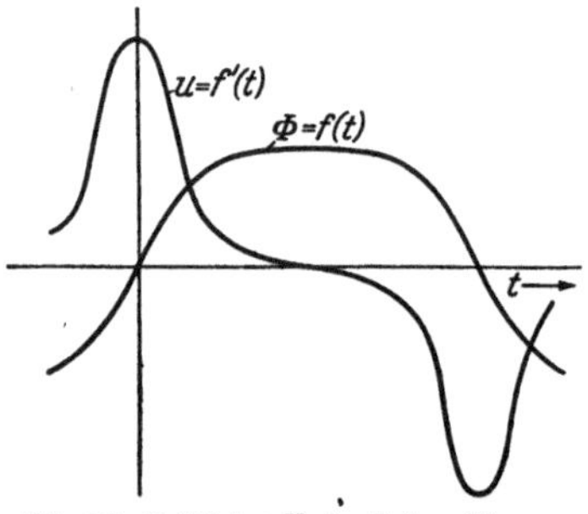

$$u = \frac{d\Phi}{dt}. \tag{1}$$

Sie besagt, daß der Augenblickswert u der in einer Leiterschleife induzierten Spannung gleich der zeitlichen Änderung des von ihr umfaßten Flusses ist. Ist also durch eine Gleichung $\Phi = f(t)$ der Fluß als Funktion der Zeit angegeben, so erhalten wir die induzierte Spannung in irgendeinem Zeitpunkt t_1, indem wir von $f(t)$ die Ableitung $f'(t)$ $= \frac{d\Phi}{dt}$ bilden und t_1 in sie einsetzen. Abb. 96 zeigt ein Beispiel für diese Zuordnung des zeitlichen Verlaufs von Φ und u.

Abb. 96. Zeitlicher Verlauf eines Flusses und der von ihm induzierten Spannung.

Gl. (1) liefert u in V, wenn Φ in Vsek. eingesetzt wird. Wird Φ in M eingesetzt, so muß man schreiben

$$u = \frac{d\Phi}{dt} \cdot 10^{-8}. \tag{2}$$

Ist die Leiterschleife eine Spule mit w Windungen, die alle denselben Fluß umfassen, so geht Gl. (1) über in

$$u = w\frac{d\Phi}{dt}. \tag{3}$$

Über die Richtung der induzierten Spannung gibt Abb. 97 Auskunft. Die Messung von u an einer Unterbrechungsstelle in der Schleife ergibt die angegebene Polarität, wenn die Flußänderung in dem durch den Pfeil $\dot{\Phi}$ dargestellten Richtungssinn erfolgt, d. h. wenn ein von unten nach oben die Schleife durchsetzender Fluß zu- oder ein entgegengesetzt hindurchtretender Fluß abnimmt. Daß das so sein muß, ist leicht einzusehen; denn hätte die Spannung die entgegengesetzte Richtung, so würde sie, falls die Leiterschleife zu einem geschlossenen Stromkreis vervollständigt ist, in ihr einen, in Richtung von $\dot{\Phi}$ gesehen, im Uhrzeigersinn fließenden Strom hervorrufen, der nach der rechtswendigen Zuordnung von Strom und Feldstärke (vgl. S. 49) die Flußänderung unterstützen würde. Eine einmal eingeleitete Flußänderung würde dann nicht mehr aufhören, und der Fluß unbegrenzt anwachsen, was sicher unmöglich ist. Da wir verabredungsgemäß die Spannung an einem Leiter stets von Plus nach Minus positiv zählen, ergibt sich bei der vorliegenden Polarität für die induzierte Spannung u längs der Leiterschleife der angegedene, der Flußzunahme $\dot{\Phi}$ rechtswendig zugeordnete Richtungssinn.

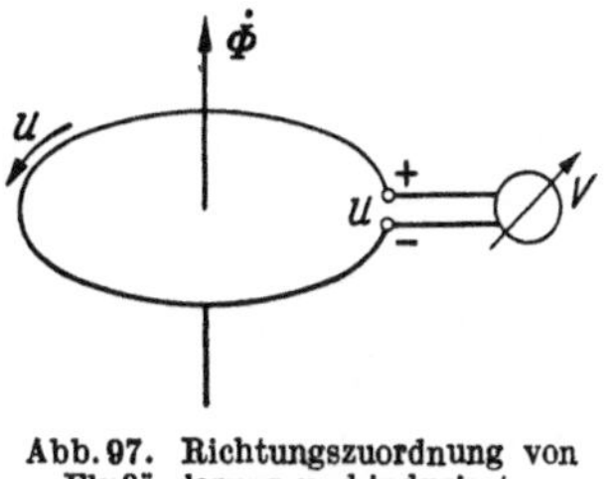

Abb. 97. Richtungszuordnung von Flußänderung und induzierter Spannung.

Eine vertiefte Vorstellung von dem Induktionsvorgang vermittelt folgende Überlegung: Die induzierte Spannung u ist ganz unabhängig von dem spezifischen Widerstand ϱ der Leiterschleife. Es ändert sich an u nichts, wenn wir ϱ immer größere Werte annehmen und schließlich unbegrenzt groß werden lassen, wobei höchstens die Frage auftaucht, wie wir u dann noch messen können. Bei $\varrho \to \infty$ unterscheidet sich die ursprünglich leitende Schleife in nichts mehr von dem umgebenden isolierenden Medium, d. h. es kommt für den Induktionsvorgang auf das Vorhandensein einer Leiterschleife gar nicht an. Wir haben uns den Induktionsvorgang vielmehr so vorzustellen, daß sich der zu- oder abnehmende Fluß, wie in Abb. 98 angedeutet, mit einem elektrischen Feld umgibt, dessen Feldlinien aber nicht mehr wie im elektrostatischen Feld auf Ladungen endigen, sondern, wie wir das schon von den magnetischen Kraftlinien her kennen, in

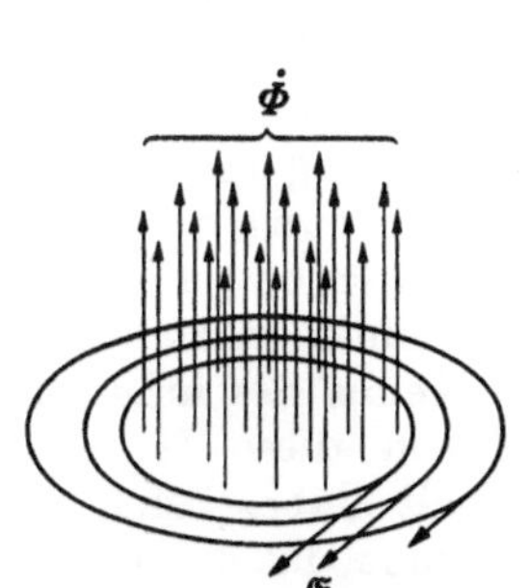

Abb. 98. Elektrisches Feld um einen sich ändernden Magnetfluß.

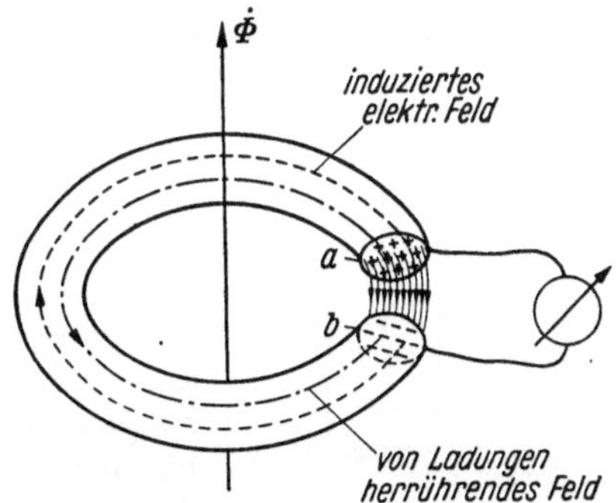

Abb. 99. Zusammendrängung des induzierten elektrischen Feldes durch einen Leiter.

sich geschlossen sind. Bringen wir in dieses Feld eine an einer Stelle unterbrochene Leiterschleife, so werden unter seinem Einfluß die Elektronen in dem Leiter entgegen der Richtung der induzierten elektrischen Feldstärke $\mathfrak{E}$ verschoben, so daß die Leiterenden an der Unterbrechungsstelle, wie Abb. 99 schematisch zeigt, mit entgegengesetzten Vorzeichen geladen erscheinen. Wir wissen, daß in einem Leiter, in dem kein Strom fließt, keine elektrischen Potentialunterschiede existieren können, der Leiter also feldfrei sein muß. Die Ladungsverteilung in dem Leiter stellt sich folglich so ein, daß in seinem Innern die von den Ladungen an seinen Enden ausgehenden Feldlinien das ursprüngliche, induzierte Feld aufheben.

Bildet man in Abb. 99 also längs eines Weges, der von dem einen Leiterende a durch den Leiter hindurch zu dem anderen Leiterende b führt und den wir mit 1 bezeichnen wollen, das Wegintegral der elektrischen Feldstärke, so muß wegen der Feldfreiheit des Leiterinneren der Wert Null herauskommen. Es ist also

$$^{(1)}\int_a^b \mathfrak{E}\,d\mathfrak{l} = 0\,. \tag{4}$$

Dagegen ist das entsprechende Wegintegral, von a nach b längs eines Weges 2 über die Leiterlücke genommen, identisch mit der Spannung, die ein zwischen a und b geschalteter Spannungsmesser anzeigt, d. h. mit der induzierten Spannung u:

$$^{(2)}\int_a^b \mathfrak{E}\,d\mathfrak{l} = u = \frac{d\Phi}{dt}\,. \tag{5}$$

Das gesamte induzierte elektrische Feld wird also durch die unterbrochene Leiterschleife auf die Unterbrechungsstelle zusammengedrängt, und dementsprechend muß auch die elektrische Feldstärke in der Leiterlücke größer sein, als sie dort bei Nichtvorhandensein des Leiters wäre. Das ist eine unmittelbare Folge der auf die Leiterenden gedrängten Ladungen.

Wird die Leiterschleife zu einem den induzierenden Fluß umfassenden Stromkreis geschlossen, so hält das induzierte elektrische Feld die Ladungen in ihr in umlaufender Bewegung. Der dadurch zustande kommende Strom i stellt sich so ein, daß die von ihm an dem Oнmschen Widerstand R des gesamten Stromkreises hervorgerufene Spannung gleich der Umlaufspannung u ist:

$$iR = u = \frac{d\Phi}{dt} \tag{6}$$

Die induzierte Spannung spielt, als Ursache des Stromes betrachtet, die Rolle einer elektromotorischen Kraft im Sinne der auf S. 17 getroffenen Vereinbarung, und wird darum auch oft als induzierte **EMK** bezeichnet.

37. Der im Magnetfeld bewegte Leiter. Betrachten wir irgendeinen Querschnitt durch ein zeitlich veränderliches Magnetfeld, so liefert zweifellos jeder durch ein Flächenelement davon tretende Teilfluß entsprechend seiner zeitlichen Änderung einen Beitrag zu dem elektrischen Feld. Änderung eines solchen Teilflusses bedeutet aber Änderung der magnetischen Induktion $\mathfrak{B}$ an der Stelle des betreffenden Flächenelementes. Örtliche Induktionsänderungen sind also die eigentlichen Keime des induzierten elektrischen Feldes. Wovon diese Induktionsänderungen herrühren, spielt dabei keine Rolle. Sie können z. B. daher kommen, daß der in einem ruhenden Leiter fließende Erregerstrom des Magnetfeldes seine Stärke ändert. Dann bleibt dessen Feldbild nach Form und räumlicher Lage erhalten, d. h. die Induktion behält in jedem Punkte ihre Richtung bei, und es ändert sich nur der örtliche Betrag B von $\mathfrak{B}$ überall im gleichen Maße. Wir können aber auch den Erregerstrom konstant lassen und den Leiter, in dem er fließt, bewegen. In diesem Fall bleibt zwar das Magnetfeld nach Form und Stärke erhalten; das Feldbild verschiebt sich aber, wie in Abb. 100 angedeutet, als Ganzes zusammen mit der erregenden Spule 1, und es kommt wieder, sei es der Richtung, sei es dem Betrag nach, zu Änderungen der örtlichen Induktion und damit zur Entstehung eines elektrischen Feldes, das in einer ruhenden Leiterschleife 2 als induzierte Spannung in Erscheinung tritt.

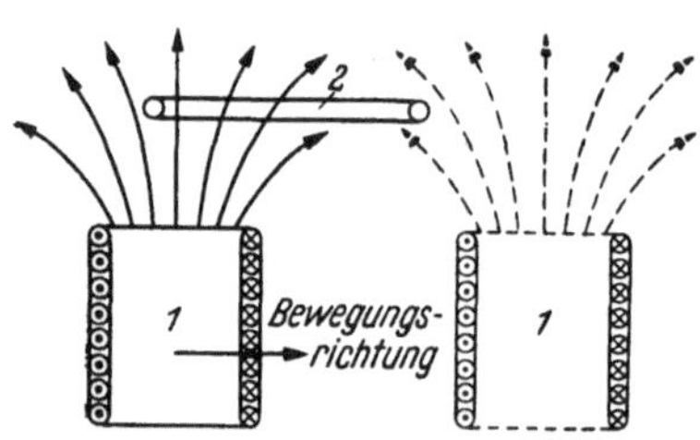

Abb. 100. Zum Induktionsvorgang bei bewegter Erergerspule.

Nun herrscht überall in der Physik das Prinzip von der Relativität der Bewegungen. Darum kann es für die in 2 induzierte Spannung nur auf die Relativbewegung zwischen der erregenden Spule 1 und der Leiterschleife 2 ankommen. Wenn wir also, anstatt bei ruhender Schleife 2 Spule 1 zu bewegen, Spule 1 ruhen lassen und Schleife 2 mit der gleichen Geschwindigkeit in entgegengesetzter Richtung bewegen, so muß in 2 wieder dieselbe Spannung induziert werden. Eine Messung bestätigt das. Auch für die im ruhenden Magnetfeld bewegte Schleife gilt das Induktionsgesetz Gl. (36,1)

$$u = \frac{d\Phi}{dt} \, ,$$

worin wieder Φ der von der Schleife umfaßte Fluß ist.

In diesem Falle versagt offenbar die Erklärung der induzierten Spannung mit dem von Änderungen der örtlichen Induktion herrührenden elektrischen Feld; denn jetzt bleibt ja in jedem Raumpunkt die Induktion konstant, und das unveränderliche Magnetfeld dürfte daher von keinem elektrischen Feld begleitet sein. Wir können uns aus diesem Dilemma durch die Vorstellung befreien, daß auch im unveränderlichen Magnetfeld ein elektrisches Feld feststellbar sei, aber nur von einem Beobachter, der sich in diesem Feld bewegt, von einem darin ruhenden Beobachter dagegen nicht. Diese Vorstellung, daß die Existenz und natürlich auch die Stärke des elektrischen Feldes von dem Bewe-

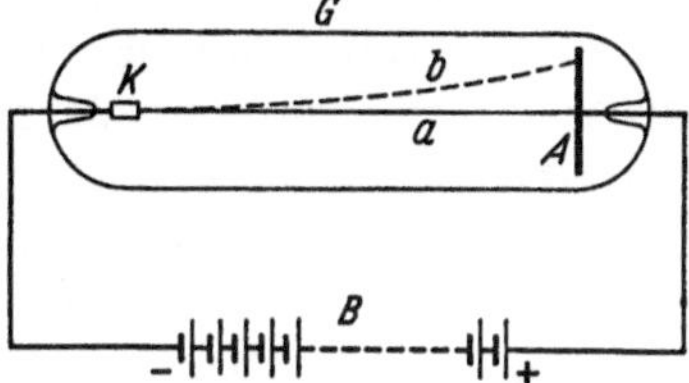
Abb. 101. Ablenkung eines Elektronenstrahles durch ein Magnetfeld.

gungszustand des Beobachters abhänge, also etwas Relatives sei, ist etwas schwierig; wir halten uns lieber direkt an die experimentell feststellbaren Erscheinungen und verzichten auf tiefgründige Deutungsversuche.

Grundlegend ist für uns das nachstehend beschriebene Experiment, bei dessen Beschreibung wir allerdings einem späteren Kapitel vorgreifen müssen. Gemeint ist die Tatsache, daß aus einem von einem hochgradig verdünnten Gas umgebenen Körper unter gewissen Voraussetzungen Elektronen austreten können, wenn sich der Körper als negative Elektrode in einem starken elektrischen Feld befindet. In Abb. 101 sei K eine solche Elektronenquelle in einer stark evakuierten Glashülle G. Der Elektronenquelle K steht eine Metallplatte A gegenüber, die durch eine Gleichspannungsquelle B gegenüber K auf einem positiven Potential von einigen Tausend Volt gehalten wird. Durch das so erzeugte elektrische Feld zwischen A und K werden die aus K austretenden Elektronen nach A hin beschleunigt. Von einer gewissen Geschwindigkeit ab bringen sie die Gasreste, auf die sie unterwegs treffen, zum Leuchten, so daß die Bahn des Elektronenstrahls sichtbar wird. Zunächst ist seine Bahn a geradlinig. Setzen wir ihn aber einem Magnetfeld aus, dessen Kraftlinien von hinten nach vorn senkrecht durch die Zeichenebene tretend zu denken sind, so wird er in eine

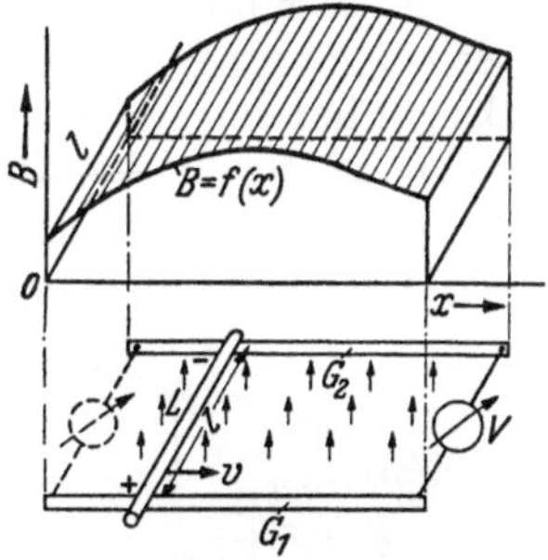
Abb. 102. Bewegter Leiter im Magnetfeld.

gekrümmte Bahn b abgelenkt. Der Versuch lehrt, daß auf elektrisch geladene Teilchen, die sich in einem Magnetfeld bewegen, eine Kraft einwirkt, die zu der Bewegungsrichtung und zur Richtung der magnetischen Kraftlinien senkrecht gerichtet ist.

Um diese Erkenntnisse bereichert, führen wir jetzt den in Abb. 102 dargestellten Versuch aus. Ein geradliniger Leiter L von der Länge l wird senkrecht zu seiner Längserstreckung mit der Geschwindigkeit v in einem Magnetfeld bewegt, von dem wir annehmen wollen, daß seine Kraftlinien überall sowohl auf dem Leiter als auch auf seiner Bewegungsrichtung senkrecht stehen und daß seine Induktivität B überall längs der Leiterlänge konstant sei. Längs des Weges x, den der Leiter zurücklegt, kann die Induktion aber, wie durch die in Abb. 102 oben gezeichnete Kurve $B = f(x)$ angedeutet, veränderlich sein. In dem Leiter sind, wie wir wissen, frei bewegliche Elektronen vorhanden, die bei der Bewegung des Leiters mitgenommen werden. Da diese Bewegung im

Magnetfeld erfolgt, wird auf die Elektronen eine zu der Bewegungsrichtung und der Kraftlinienrichtung des Magnetfeldes senkrechte Kraft ausgeübt, die die Elektronen in Richtung auf das eine, und zwar das hintere Leiterende verschiebt, so daß das vordere Leiterende gegenüber dem hinteren positives elektrisches Potential bekommt. Diese Potentialdifferenz können wir als induzierte Spannung u messen, indem wir z. B. das Voltmeter V an Gleitschienen G_1, G_2 anschließen, auf denen die Leiterenden schleifen. Ist B die Induktion am Orte des Leiters L, so ist die induzierte Spannung

$$u = B\,l\,v \tag{1}$$

$$\text{bzw. } u = B\,l\,v \cdot 10^{-8}\,\text{Volt,} \tag{1a}$$

wenn wir B in Gauß, v in cm/sek und l in cm einsetzen. Steht die Richtung der Induktion auf der von dem Leiter bei seiner Bewegung überstrichenen, ebenen Fläche nicht senkrecht, sondern schließt sie mit ihr den von 90° abweichenden Winkel α ein, so dürfen wir in Gl. (1) bzw. (1a) statt des Betrages B der Induktion nur den Betrag

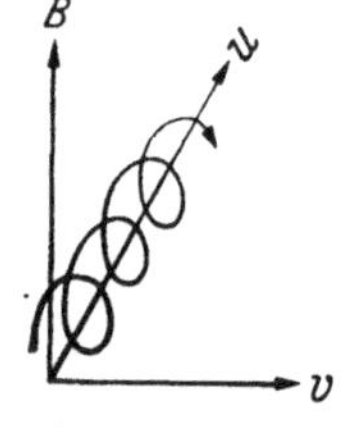

der zu der überstrichenen Fläche senkrechten Komponente der Induktion $B_n = B \sin \alpha$ einsetzen.

Bei einer Bewegung um das Wegelement dx überstreicht der Leiter den Fluß $d\Phi = B\,l\,dx$. Um diesen Betrag ändert sich aber auch der Fluß Φ, den die aus dem Leiter, dem Voltmeter mit seinen Zuleitungen und den dazwischen liegenden Stücken der Gleitschienen G_1, G_2 gebildete Leiterschleife umfaßt. Mit $v = \dfrac{dx}{dt}$ können wir somit für Gl. (1) auch schreiben:

Abb. 103. Richtungszuordnung zwischen Induktion, Bewegung und induzierter Spannung.

$$u = B\,l \cdot \frac{dx}{dt} = \frac{d\Phi}{dt} . \tag{2}$$

Bezüglich der Richtung von u gilt wieder das auf S. 67 Gesagte, daß ein von u in der Leiterschleife hervorgerufener Strom nicht eine einmal eingeleitete Änderung des umfaßten Flusses noch unterstützen darf. In Abb. 102 wird durch das Voltmeter V eine Leiterschleife geschlossen, in der sich bei der angegebenen Richtung von v der umfaßte Fluß vermindert. Bei der an L angegebenen Polarität würde aber ein in dieser Schleife entstehender Strom den umfaßten Fluß vergrößern.

In einer links von L gebildeten Schleife würde infolge v der Fluß zunehmen, ein von u bei der angegebenen Polarität durch eine solche Schleife getriebener Strom würde ihn dagegen verkleinern. Also stimmt die angegebene Polarität, und wir merken uns die Richtungsregel: Wird die Richtung von B auf dem kürzesten Wege in die von v gedreht, so ist dieser Drehsinn der von $+$ nach $-$ gezählten Richtung von u rechtswendig zugeordnet (Abb. 103).

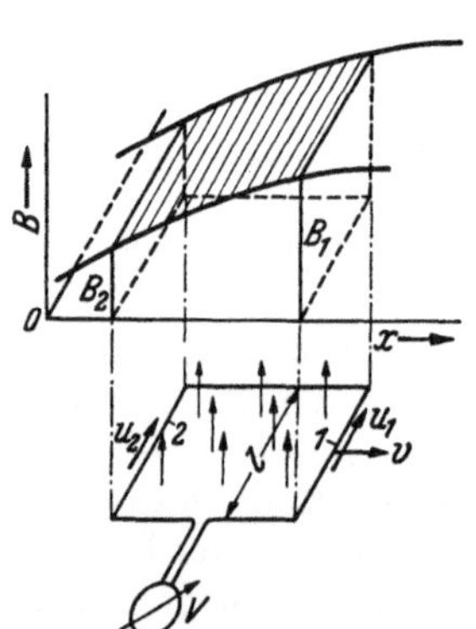

Abb. 104. Bewegte Leiterschleife im Magnetfeld.

Gl. (1) gilt auch, wenn sich die Leiterschleife als Ganzes bewegt (Abb. 104). Ist B_1 die Induktion am Ort der Schleifenseite 1, B_2 die am Ort der Schleifenseite 2, so werden in 1 bzw. 2 die Spannungen

$$u_1 = B_1\,l\,v \quad \text{bzw.} \quad u_2 = B_2\,l\,v$$

induziert. Da wir bei einem Umlauf um die Schleife die Schleifenseiten 1 und 2 in entgegengesetzten Richtungen durchlaufen, ist die induzierte Gesamtspannung

$$u = u_1 - u_2 = B_1\,l\frac{dx}{dt} - B_2\,l\frac{dx}{dt} = \frac{d\Phi_1}{dt} - \frac{d\Phi_2}{dt} , \tag{3}$$

worin $d\Phi_1$ der bei der Verschiebung um dx in die Schleife eintretende, $d\Phi_2$ der aus ihr austretende Fluß, $d\Phi_1 - d\Phi_2 = d\Phi$ also die Änderung des von der Schleife umfaßten Flusses ist. Wir können also für unsere im ruhenden Magnetfeld bewegte oder sich vergrößernde bzw. verkleinernde Schleife das Induktionsgesetz wieder in der alten Form [Gl. (36,1)].

$$u = \frac{d\Phi}{dt}$$

anschreiben, wenn wir unter $\frac{d\Phi}{dt}$ die durch die Bewegung hervorgerufene, zeitliche Änderung des von der Schleife umfaßten Flusses verstehen.

Gl. (36,1) gilt also sowohl für ruhende als auch für bewegte Leiter. Umgekehrt können wir die zunächst nur für bewegte Leiter abgeleitete Gl. (37,1) auch für ruhende Leiter dann anwenden, wenn das Magnetfeld seine räumliche Lage ändert, wenn sich also z. B. in Abb. 105 die Verteilungs-kurve $B = f(x)$ des Magnetfeldes gegenüber der ruhen-den Schleife S verschiebt und sich dadurch infolge einer zumindest an einer Stelle innerhalb der Schleife auftreten-den Induktionsänderung der umfaßte Fluß ändert. Wir können dann nämlich bei einer Feldverschiebung um dx

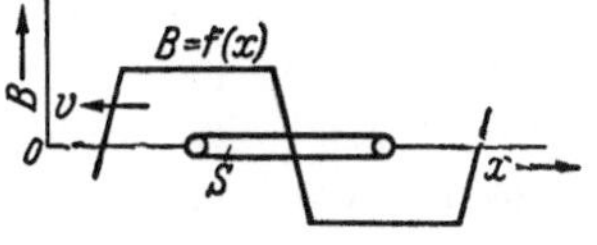

Abb. 105. Ruhende Leiterschleife im „bewegten“ Magnetfeld.

wieder sowohl den über die eine Schleifenseite in die Schleife eintretenden als auch den über die andere Schleifenseite aus der Schleife austretenden Fluß je durch ein Produkt $d\Phi = B\,l\,dx$ ausdrücken, was darauf hinausläuft, daß in jeder Schleifenseite eine Spannung $u = \frac{d\Phi}{dt} = B\,l\,v$ induziert wird, worin B der Wert der Induktion am jeweiligen Ort der betreffenden Schleifenseite ist.

Daß die scheinbar allgemeinere Form $u = \frac{d\Phi}{dt}$ des Induktionsgesetzes manchmal bei bewegten Leitern nur unter Verwendung künstlicher Gedankenkonstruktionen benutzbar ist, zeigt das in Abb. 106 dargestellte Prinzip der sog. Unipolarmaschine. Ein permanent magnetischer oder durch einen Strom in der Spule Sp magnetisierter Stahlzylinder M rotiert gleichförmig um seine Achse. Auf seiner blanken Oberfläche schleifen zwei Schleifkontakte K_1, K_2 so, daß ihre Schleifspuren einen möglichst großen Fluß zwischen sich einschließen. Ein an sie angeschlossenes Voltmeter V zeigt dann eine konstante Spannung, deren Vorzeichen von der Drehrichtung und davon abhängt, ob die Kraftlinien zwischen K_1 und K_2 in den Stahlzylinder ein- oder aus ihm austreten. Eine Leiterschleife liegt zweifellos vor; sie wird durch den äußeren Meßkreis und den leitenden Stahlzylinder selbst gebildet. Mit einer Änderung des von dieser Schleife umfaßten Flusses kann man aber die festgestellte induzierte Spannung nur dann erklären, wenn man annimmt, daß ein über die Oberfläche von M führender,

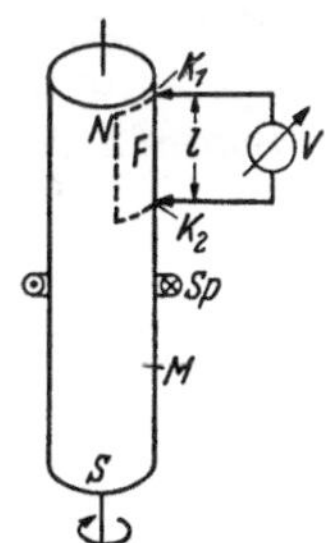

Abb. 106. Prinzip der Unipolarmaschine.

gedachter Verbindungsweg zwischen K_1 und K_2 bei der Rotation von M, wie punktiert angedeutet, mitgenommen wird und daß damit die Leiterschleife ihre Form verändert. Unter dieser ganz willkürlichen Annahme würde dann in der Tat der von den Kraftlinien durchsetzte Teil F der Schleifenfläche und damit wegen des rotationssymmetrischen Feldbildes auch der durch diese Fläche tretende Kraftfluß Φ linear mit dem Drehwinkel von M unbegrenzt zunehmen, so daß man bei konstanter Winkelgeschwindigkeit $u = \frac{d\Phi}{dt} = \text{const}$ schreiben kann. In Wirklichkeit läßt sich der Induktionsvorgang hier aber einfacher durch die überall senkrecht zu den Kraftlinien verlaufende Bewegung des leitenden Stahlzylinders M in seinem eigenen Magnetfeld erklären. Ist v die äußere Umfangsgeschwindigkeit, B die mittlere Induktion an der Oberfläche von M zwischen K_1 und K_2 und l der axiale Abstand dieser Kontakte, so ergibt sich ohne Zwang $u = B\,l\,v$. Rechnerisch ergeben natürlich beide Gleichungen für u denselben Wert. Das Entscheidende hierbei ist, daß das Magnetfeld trotz der Rotation von M ruht! An jedem Punkte des rotationsymmetrischen Magnetfeldes bleibt nämlich $\mathfrak{B}$ nach Betrag und Richtung konstant, gleichgültig ob M stillsteht oder rotiert. Irgend eine Veränderung des Magnetfeldes bei der Rotation von M ist an keiner Stelle feststellbar. Damit erledigt sich die manchmal erörterte Frage, ob das Magnetfeld bzw. dessen Kraftlinien von dem Magneten, von dem sie ausgehen, bei dessen Bewegung „mitgenommen" werden oder nicht. Nach den Kraftlinien gestellt, zielt diese Frage überhaupt ins Leere; denn Kraftlinien sind nur ein Hilfsmittel der zeichnerischen Felddarstellung, aber keine wiedererkennbaren Individuen mit physikalischer Realität. Eine „Mitnahme" des Magnetfeldes kann also überhaupt nur dahin verstanden werden, daß nach einer Ortsveränderung des Magneten relativ zu diesem am neuen Ort wieder dieselbe räumliche Verteilung der Induktion nach Betrag und Richtung festgestellt werden kann. Es wird dann also im Sinne einer Bewegung nicht das Magnetfeld als solches, sondern nur dessen Feldbild mitgenommen. Kann aber, wie im vorliegenden Falle, trotz der Bewegung des Magneten an keinem Punkt seiner Umgebung irgend eine Änderung der Feldgrößen festgestellt werden, so kann von einer Mitnahme des Magnetfeldes oder seines Feldbildes keine Rede sein.

38. Kräfte auf stromdurchflossene Leiter im Magnetfeld. Die Tatsache, daß auf Ladungen, die sich in einem Magnetfeld bewegen, Kräfte ausgeübt werden, hat noch eine weitere, äußerst wichtige Konsequenz. Ein Strom in einem Leiter ist ja nichts weiter als eine Bewegung der in dem Leiter vorhandenen Ladungen. Im Magnetfeld wird folglich auf sie eine Kraft ausgeübt, die zu ihrer Bewegungsrichtung und damit zur Stromrichtung senkrecht wirkt. Da die Ladungen an den Leiter gebunden sind, wird diese Kraft auf den Leiter übertragen. Daraus folgt, daß auf einen stromdurchflossenen Leiter im Magnetfeld eine auf der Richtung des Stromes und der am Ort des Leiters vorhandenen Induktion senkrecht stehende, mechanische Kraft einwirkt. In Abb. 107 sei L ein geradliniger Leiter

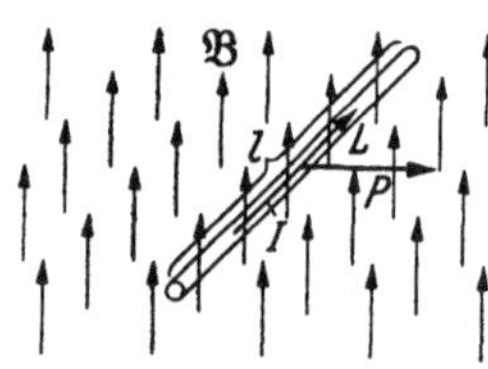

Abb. 107. Kraftwirkung auf einen stromdurchflossenen Leiter im Magnetfeld.

von der Länge l. Längs der ganzen Leiterlänge habe die zu dem Leiter senkrechte Komponente der magnetischen Induktion den Betrag B. Fließt jetzt durch den Leiter der Strom I, so hat die auf ihn einwirkende Kraft die Größe

$$P = IBl. \tag{1}$$

Wird in dieser Gleichung I in A, B in $\dfrac{\text{V sek}}{\text{cm}^2}$ und l in cm eingesetzt, so ergibt sich P in W sek cm^{-1}. Setzen wir stattdessen B in Gauß ein und berücksichtigen wir, daß $1\,\text{G} = 10^{-8}\,\dfrac{\text{V sek}}{\text{cm}^2}$ und nach Gl. (20,7) 1 W sek = 10,2 kp cm ist, so erhalten wir P in kp aus der Gleichung:

$$P = 0{,}102 \cdot IBl \cdot 10^{-6}. \tag{2}$$

P ist unabhängig davon, ob der Leiter relativ zum Magnetfeld ruht oder sich bewegt. Im letzteren Fall wird in ihm nach Gl. (37,1) zugleich eine Spannung induziert. Wir unterscheiden zwei typische Bewegungszustände:

1. Der Leiter bewegt sich mit der Geschwindigkeit v in Richtung der Kraft P (Abb. 108). Dann verrichtet P an ihm Arbeit mit der mechanischen Leistung $N_{mech} = Pv$, die als motorische Leistung nutzbar zur Verfügung steht. Dieselbe Leistung muß dem Leiter als elektrische Leistung $N_{el} = UI$ zugeführt werden. Es gilt also:

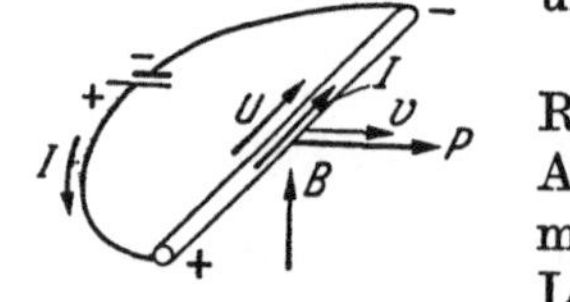

Abb. 108. Stromdurchflossener, in Kraftrichtung bewegter Leiter im Magnetfeld.

$$N_{el} = N_{mech}$$

und damit unter Beachtung von Gl. (1):

$$UI = Pv = IBlv. \tag{3}$$

Dazu muß im Stromkreis des Leiters eine äußere Spannungsquelle vorhanden sein, deren Klemmenspannung nicht nur die induzierte Spannung U, sondern darüber hinaus auch noch die von dem Strom an dem OHMschen Widerstand des Leiters hervorgerufene Spannung deckt. Elektrisch gesehen, ist der Leiter also ein Verbraucher, d. h. der Strom muß den Leiter in bezug auf die induzierte Spannung von $+$ nach $-$ durchfließen, und es ergibt sich für die Richtung von P die Regel: Wird I auf kürzestem Wege in die Richtung von B gedreht (Abb. 109), so ist dieser Drehsinn der Richtung von P rechtswendig zugeordnet.

2. Der Leiter wird durch eine äußere Kraft entgegen P bewegt (Abb. 110). Dann wird in ihm die Leistung $N_{mech} = P\,v$ mechanisch von außen zugeführt. Die gleiche Leistung liefert er generatorisch als elektrische Leistung $N_{el} = UI = N_{mech}$ in seinen Stromkreis, die dort, z. B. zur Erwärmung eines Widerstandes R, nutzbar gemacht werden kann. Der Strom I wird jetzt nicht wie in Abb. 107 von dem Überschuß der Spannung einer äußeren Stromquelle über die induzierte Spannung U, sondern von der induzierten Spannung bzw. von deren Überschuß über die Spannung einer etwa vorhandenen äußeren Spannungsquelle getrieben. Da sich die Richtung von U umgekehrt hat, fließt I in derselben Richtung wie in Abb. 108. Eine Richtungsumkehr von v bewirkt auch eine Richtungsumkehr von U, I und P.

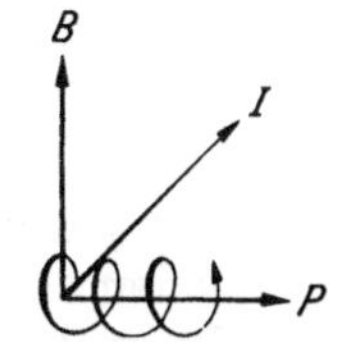

Abb. 109. Richtungszuordnung von Induktion, Strom und Kraft.

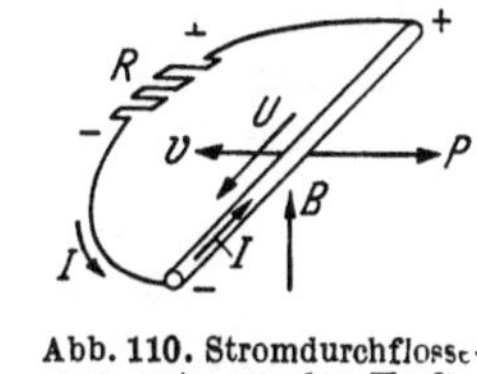

Abb. 110. Stromdurchflossener, entgegen der Kraftrichtung bewegter Leiter im Magnetfeld.

Analog den zwei Formulierungen des Induktionsgesetzes läßt sich auch für die Kraft auf den stromdurchflossenen Leiter im Magnetfeld noch eine zweite Fassung angeben, in der statt der Induktion eine Flußänderung erscheint. Verschieben wir nämlich in Gedanken den Leiter in Abb. 107 senkrecht zu seiner Längserstreckung und zu der Kraftlinienrichtung um ein Wegelement dx nach rechts, so überstreicht er dabei den Fluß $d\Phi = B\,l\,dx$. Wir können also in Gl. (1) den Ausdruck $B\,l$ durch $\dfrac{d\Phi}{dx}$ ersetzen und erhalten somit für die auf den Leiter wirkende Kraft die Beziehung

$$P = I\frac{d\Phi}{dx}. \tag{4}$$

Wir wollen noch das Drehmoment des Leiters in bezug auf eine fest vorgegebene Drehachse ermitteln. In Abb. 111 sei der von dem Strom I von vorn nach hinten durchflossene Leiter L mit dem Hebelarm r um die zu ihm parallele Achse O drehbar gelagert. Der Hebelarm r schließe mit der Richtung der Induktion $\mathfrak{B}$ am Orte des Leiters den Winkel α ein. Zerlegen wir $\mathfrak{B}$ in eine tangentiale und eine radiale Komponente $\mathfrak{B}_t$ bzw. $\mathfrak{B}_r$, so ist für die Tangentialkraft P_t nur die letztere mit dem Betrage $B_r = B\cos\alpha$ maßgebend. Das Drehmoment des Leiters von der Länge l in Bezug auf die Drehachse O ist also

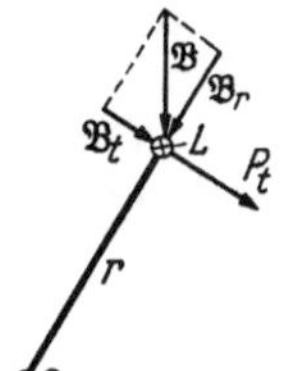

$$Md = rP_t = r\,I\,l\,B\cos\alpha. \tag{5}$$

Abb. 111. Drehmoment eines stromdurchflossenen Leiters im Magnetfeld.

Ändern wir den Winkel α im Bogenmaß um das Winkelelement $d\alpha$, so bewegt sich der Leiter in Tangentialrichtung um $r\,d\alpha$ und überstreicht dabei den Fluß $d\Phi = r l B \cos\alpha\,d\alpha$. Das ist zugleich die Änderung, die der zwischen der Drehachse O und dem Leiter L eingeschlossene Fluß bei der Winkeländerung $d\alpha$ erleidet. Aus Gl. (5) ergibt sich damit

$$Md = I\frac{d\Phi}{d\alpha}. \tag{6}$$

Das Drehmoment eines einzelnen Leiters in bezug auf eine zu ihm parallele Drehachse ist also gleich dem Produkt aus dem Leiterstrom und der Ableitung des zwischen Leiter und Drehachse eingeschlossenen Flusses nach dem Drehwinkel des Leiters.

Haben wir es mit einer um eine feste Achse drehbaren Leiterschleife zu tun, so summieren sich die von den beiden Spulenseiten herrührenden Drehmomente und wir erhalten das Gesamtdrehmoment aus Gl. (6), wenn wir unter $d\Phi$ die bei einer Drehung der Schleife um $d\alpha$ eintretende Änderung des von der Leiterschleife insgesamt umfaßten Flusses verstehen.

Für die Kraft auf einen stromdurchflossenen Leiter ist die Herkunft des Magnetfeldes gleichgültig. Es kann z.B. von demselben Strom herrühren, der den Leiter durchfließt. Abb. 112 zeigt den Querschnitt durch eine rechteckige Leiterschleife. Der Strom I in a würde, allein betrachtet, am Ort von b eine von oben nach unten gerichtete Induktion $\mathfrak{B}$ hervorrufen. Folglich wird auf b eine Kraft P nach rechts ausgeübt. Da B beim Fehlen von Eisen dem Schleifenstrom I proportional ist, wächst P gemäß Gl. (1) mit I^2. Aus der gleichen Überlegung folgt, daß auf a eine entgegengesetzte Kraft von der gleichen Größe P einwirkt, d.h. die Leiterschleife versucht, die von ihr umfaßte Fläche zu vergrößern. Man kann das auch so ausdrücken, daß man sagt: entgegengesetzt gerichtete Ströme stoßen einander ab.

Umgekehrt ziehen zwei gleichgerichtete Ströme I_1 und I_2 einander an, wobei die auf die Leiter einwirkende Kraft P proportional $I_1 I_2$ ist, weil für P am Ort des Leiters 1 (Abb. 113) außer dessen Strom I_1 die vom Strom I_2 im Leiter 2 herrührende Induktion $B_{2,1}$ maßgebend ist und umgekehrt. Derartige Kräfte zwischen stromführenden Leitern können in elektrischen Anlagen im Kurzschlußfall die Leiter verbiegen, wenn diese nicht genügend abgestützt sind.

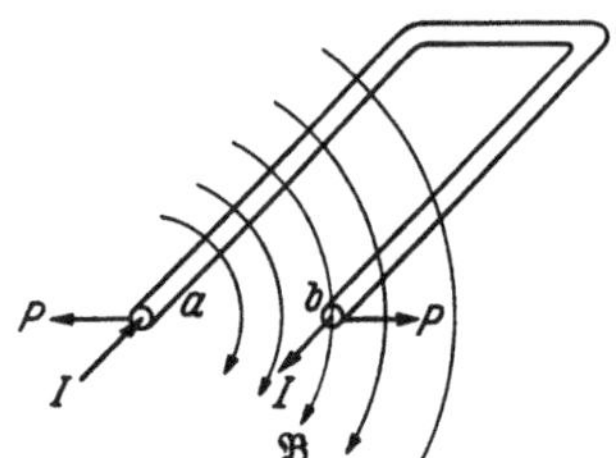

Abb. 112. Kräfte an einer stromdurchflossenen Leiterschleife.

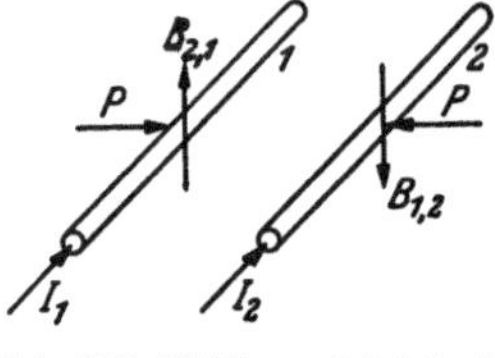

Abb. 113. Kräfte an gleichsinnig stromdurchflossenen Leitern.

39. Selbstinduktion. Auch für die in einer Leiterschleife induzierte Spannung spielt der Ursprung des umfaßten Kraftflusses keine Rolle. Wir betrachten den Fall, daß das induzierende Magnetfeld von einem Strom in der induzierten Leiterschleife selbst herrührt. Dieser Fall ist deshalb von Bedeutung, weil ein Strom immer von einem Magnetfeld begleitet ist und deshalb jede Stromänderung stets das Auftreten einer induzierten Spannung in dem den Strom führenden Leiter zur Folge hat. Man bezeichnet diesen Vorgang als Selbstinduktion.

Handelt es sich nicht um eine einfache Leiterschleife, sondern um eine Spule mit w Windungen, so werden im allgemeinen, je nach dem Verlauf der Kraftlinien, nicht alle w Windungen den gleichen Fluß umfassen. Sind Ψ_1, Ψ_2 usw. die von den einzelnen Windungen umfaßten Flüsse, so kann ein mittlerer Windungsfluß Φ durch

$$w\,\Phi = \Psi_1 + \Psi_2 + \cdots = \Sigma\,\Psi \quad \text{bzw.} \quad \Phi = \frac{\Sigma\,\Psi}{w} \ . \tag{1}$$

definiert werden.

Befindet sich in der Umgebung der Spule kein Eisen, so ist, da die Form des Magnetfeldes von dem erregenden Strom i unabhängig ist, überall die Induktion B dem Strom i proportional. Man kann dann für die Spannung der Selbstinduktion schreiben:

$$u = \frac{d\Psi_1 + d\Psi_2 + \cdots}{dt} = w\,\frac{d\Phi}{dt} = L\,\frac{di}{dt} \ . \tag{2}$$

Darin ist die Konstante

$$L = w\,\frac{d\Phi}{di} = \frac{w\,\Phi}{i} \tag{3}$$

der Selbstinduktionskoeffizient oder kurz die Selbstinduktivität der Spule. Setzen wir Φ in V sek und i in A ein, so ergibt sich für L die Einheit $1\ \dfrac{\text{V sek}}{\text{A}}$, die auch als

1 Henry (1 Hy) bezeichnet wird. Wird Φ in Maxwell eingesetzt, so ist, wiederum in Hy,

$$L = \frac{w\,\Phi}{i}\,10^{-8}\,. \tag{4}$$

Die Richtung der bei einer Stromänderung induzierten Spannung u ergibt sich einfach aus der Überlegung, daß u die Stromänderung bestimmt nicht unterstützen kann; denn sonst würde sich eine einmal eingeleitete Stromänderung selbst am Leben erhalten und unbegrenzt fortsetzen. Darum muß bei einem Anwachsen der Stromstärke die Spannung wie an einem OHMschen Widerstand dieselbe, bei abnehmender Stromstärke jedoch wie an einer Stromquelle die entgegengesetzte Richtung haben wie der Strom (s. Abschn. 14). Zweifellos kommt auch der Größe di/dt eine Richtung zu, nämlich die, in der i zunimmt. Das ist bei wachsender Stromstärke die Richtung des Stromes selbst, bei abnehmender Stromstärke die entgegengesetzte. Folglich hat u stets dieselbe Richtung wie di/dt (Abb. 114). Da Anwachsen oder Abnehmen der Stromstärke Beschleunigung bzw. Verzögerung der Ladungsträger bedeutet, läßt die Verkettung des Stromes mit dem von ihm selbst erregten Magnetfeld gewissermaßen die den Strom bildenden Elektronen mit Masse bzw. mit Trägheit behaftet erscheinen, wobei u die Rolle der Beschleunigungskraft spielt.

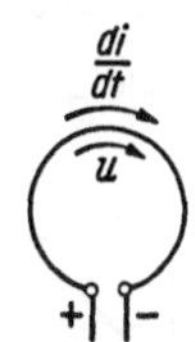

Abb. 114.
Richtung von
Stromänderung
und induzierter
Spannung.

L läßt sich, streng genommen, nur bei Fehlen von Eisen als Konstante definieren. Bei Magnetkreisen mit Eisen genügt aber meist schon eine verhältnismäßig kurze Luftstrecke im Wege der Kraftlinien, um den Einfluß des Eisens gegenüber dem der Luft auf die Kurve $\Phi = f(i)$ soweit zurücktreten zu lassen, daß mit einem annähernd konstanten Wert von L gerechnet werden kann.

L läßt sich bei vernachlässigbarem Einfluß etwa vorhandenen Eisens auch durch den durch Gl. (33,10) definierten magnetischen Leitwert $\Lambda = \dfrac{\Phi}{V} = \dfrac{\Phi}{w\,i}$ des Magnetkreises ausdrücken, worin Φ bei Verkettung aller w Windungen mit demselben Fluß eben diesen, sonst aber den mittleren Windungsfluß nach Gl. (1) bedeutet. Es ist

$$L = \frac{w\,\Phi}{i} = w^2\Lambda \tag{5}$$

bzw. mit Φ in M, Λ in $\dfrac{\text{M}}{\text{A}}$

$$L = \frac{w\,\Phi}{i}\,10^{-8} = w^2\,\Lambda \cdot 10^{-8} \tag{5a}$$

in Hy.

Bei dem auf S. 59 durchgerechneten Zahlenbeispiel können wir überschlägig so rechnen, weil von der gesamten magnetischen Spannung von 4539 A nur 699 A auf das Eisen entfallen. Der Leitwert des Luftspaltes ist dort nach Gl. (33,11)

$$\Lambda = \mu_0'\,\frac{F_\delta}{\delta} = 1{,}256 \cdot \frac{5}{0{,}4} = 15{,}7\,\frac{\text{M}}{\text{A}}\,.$$

Nehmen wir an, wir hätten der Wicklung $w = 1500$ Windungen gegeben, so würden wir nach Gl. (5a) eine Selbstinduktivität von

$$L = 1500^2 \cdot 15{,}7 \cdot 10^{-8} = 0{,}354\ \text{Hy} = 354\ \text{mHy}$$

erhalten.

40. Energie des Magnetfeldes. Wird in einem Zeitpunkt t_0 an eine Spule ohne Eisenkern, deren OHMschen Widerstand wir uns fürs erste verschwindend klein denken wollen, eine konstante Spannung U gelegt (Abb. 115), so strebt zwar der dabei entstehende Strom i eben wegen des Fehlens von OHMschem Widerstand einem unbegrenzt großen Wert zu, jedoch hat seine Anstiegsgeschwindigkeit wegen der Selbstinduktivität

L der Spule einen endlichen Wert. Nach dem 2. KIRCHHOFFschen Satz muß nämlich die induzierte Spannung u in jedem Augenblick gleich der angelegten, konstanten Spannung U sein. Es ist also mit Gl. (39,2)

$$u = L \frac{di}{dt} = U = \text{const} ,$$

d. h. der Strom i steigt linear mit der Zeit an, und zwar um so rascher, je größer U und je kleiner L ist.

Bei diesem Vorgang wird der Spule ständig aus der speisenden Spannungsquelle B Energie zugeführt. Bis zu einem beliebigen Zeitpunkt t_1, in dem der Strom den Wert $i = I$ erreicht haben möge, ist die insgesamt zugeführte Energie auf den Wert

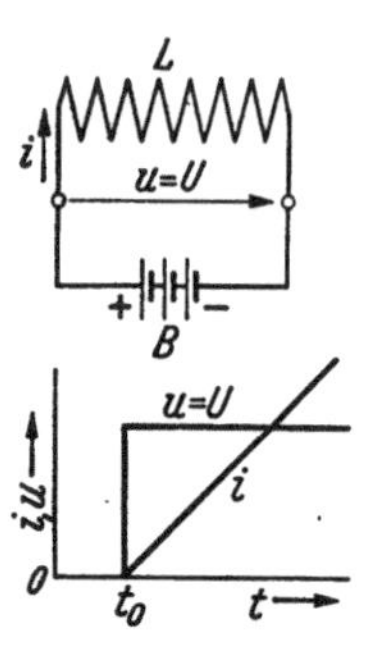

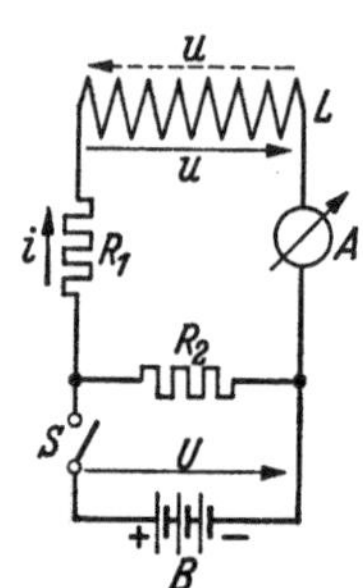

$$W = \int_{t_0}^{t_1} u\,i\,dt = L \int_0^I i\,di = \frac{1}{2} L I^2 \qquad (1)$$

angewachsen. Mit L in Hy und I in A ergibt sich W in W sek. Mit Gl. (39,3) können wir auch

$$W = \frac{1}{2}\, w\,I\,\Phi \qquad (2)$$

schreiben.

Da wegen des vorausgesetzten Fehlens eines Leiterwiderstandes in der Spule keine Umwandlung elektrischer Energie in Wärme stattfindet und da auch keine mechanische Arbeit verrichtet wird, muß die zugeführte Energie gespeichert werden. Der Spulenleiter als solcher ist keiner

Abb. 115.
Verlauf des Stromes in einer Selbstinduktivität bei plötzlichem Anlegen einer konstanten Spannung.

Abb. 116.
Schaltung zur Rückumwandlung magnetisch gespeicherter Energie in elektrische.

Speicherung elektrischer Energie fähig; darum kann nur das mit der Spule verkettete Magnetfeld der Energiespeicher sein. Die zugeführte Energie wird m.a.W. zum Aufbau des Magnetfeldes verwendet. Wie die Gln. (1) und (2) zeigen, ist der jeweilige Energiegehalt des Magnetfeldes bei gegebenem L eine Funktion des augenblicklichen Spulenstromes i. Zur bloßen Aufrechterhaltung eines einmal aufgebauten Magnetfeldes wird keine Energie mehr benötigt; denn dazu gehört lediglich ein konstanter Strom und für diesen ist $L \frac{di}{dt} = u = 0$. Wenn in Wirklichkeit dazu doch Energie verbraucht wird, so nur wegen des unvermeidbaren OHMschen Wicklungswiderstandes, in dem diese Energie voll in Wärme umgewandelt wird.

Wird der das Magnetfeld aufrechterhaltende Strom unterbrochen, so daß das Magnetfeld wieder verschwinden muß, so wird die in diesem gespeicherte Energie wieder in elektrische Energie zurückverwandelt. In Abb. 116 ist mit der Induktivität L ein OHMscher Widerstand R_1 in Reihe geschaltet, der, was auf dasselbe hinausläuft, auch der Eigenwiderstand der Spulenwicklung sein kann. Wird der Schalter S geschlossen, so erscheint an dem Widerstand R_2 die Klemmenspannung U der Batterie B, die wir als konstant annehmen wollen. Es entsteht über die Induktivität L und den Widerstand R_1 ein an dem Strommesser A ablesbarer Strom i, der solange wächst, bis die von ihm an R_1 hervorgerufene Spannung den Wert U erreicht hat. Bezeichnen wir diesen Beharrungswert von i mit I_R, so ist $I_R = U/R_1$. In dem Magnetfeld der Spule ist jetzt die Energie $W = \frac{1}{2} L I_R^2$ gespeichert, und in R_1 wird die Leistung $I_R^2 R_1$, die von der Batterie B geliefert wird, in Wärme umgesetzt. Während des Anwachsens von i wird in der Spule die Spannung $u = L \frac{di}{dt}$ induziert, deren Richtung durch den ausgezogenen Pfeil u angegeben ist.

Wird nun durch Öffnen des Schalters S die Batterie B wieder von der Spule getrennt, so muß der Spulenstrom verschwinden, d. h. von seinem Beharrungswert I_R wieder bis auf Null abnehmen. Das geschieht aber nicht schlagartig; denn infolge der Abnahme des Spulenstromes (di/dt negativ) wird in der Spule wiederum eine Spannung $u = L\,di/dt$ induziert, die aber, wie durch den gestrichelten Pfeil u angedeutet, wegen der Umkehrung von di/dt die entgegengesetzte Richtung hat wie beim Anwachsen von i. Über den Widerstand R_2 ist trotz Abschaltens von B auch weiterhin ein geschlossener Stromkreis für die Spule erhalten geblieben, und über ihn fließt unter dem Einfluß der induzierten Spannung auch weiterhin Strom. Beachtet man, daß die Richtung von u mit der von di/dt zusammenfällt, di/dt aber wegen der Abnahme des Stromes diesem entgegen gerichtet ist, so erkennt man, daß u als EMK durch den Gesamtwiderstand $R = R_1 + R_2$ des Stromkreises einen Strom treibt, der in der Spule dieselbe Richtung hat wie vorher unter der Wirkung der Batteriespannung U. Die beim Abnehmen des Stromes induzierte Spannung ist also bestrebt, den Strom aufrechtzuerhalten; sie wirkt der Abnahme des Stromes genau so entgegen wie vorher der Zunahme des Stromes. Die induzierte Spannung u liegt in voller Größe an dem Gesamtwiderstand R des Stromkreises, stimmt also mit der von i an R hervorgerufenen Spannung überein, d. h. es ist

$$u = iR = L\,\frac{di}{dt}\,. \tag{3}$$

Die in R in Wärme umgesetzte Arbeit kann nur aus dem Energievorrat des Magnetfeldes der Spule stammen. Dieser Energievorrat muß also im gleichen Maße abnehmen. Wird S im Zeitpunkt t_0 geöffnet, so wird in R bis zu einem beliebigen Zeitpunkt t_1 die elektrische Arbeit

$$R \int_{t_0}^{t_1} i^2\,dt = \int_{t_0}^{t_1} u\,i\,dt \tag{4}$$

in Wärme verwandelt. Hatte im Zeitpunkt t_0 der Spulenstrom den Wert I_0 entsprechend der gespeicherten Energie $W = \frac{1}{2}\,L\,I_0^2$, und ist I_1 der Spulenstrom im Zeitpunkt t_1, so ist

$$\int_{t_0}^{t_1} u\,i\,dt = L \int_{I_0}^{I_1} i\,di = -\frac{1}{2}\,L\,(I_0^2 - I_1^2)\,. \tag{5}$$

Um den Betrag $\tfrac{1}{2}\,L\,(I_0^2 - I_1^2)$ hat also bis zum Zeitpunkt t die Energie des Magnetfeldes abgenommen — daher das Minuszeichen — und dieser Energiebetrag ist, wie Gl. (4) zeigt, in R in Wärme umgewandelt worden.

Es erhebt sich die Frage, wo denn die Energie des Magnetfeldes beim Abschalten der speisenden Stromquelle bleibt, wenn der Widerstand R_2 in Abb. 116 fehlt. Die Antwort lautet, daß in diesem Falle beim Öffnen des Schalters S der über R_1, L und B führende Stromkreis noch bis zum Verschwinden der magnetisch gespeicherten Energie bestehen bleibt, und zwar dadurch, daß die Trennstrecke zwischen den sich nicht mehr berührenden Schalterkontakten durch Bildung eines sog. Lichtbogens zunächst noch leitend bleibt. Ein Teil der Energie wird in R_1, ein wesentlicher Teil aber auch in dem Lichtbogen in Wärme verwandelt. Der Lichtbogen zwischen den Schalterkontakten benötigt zu seinem Bestehen eine um so höhere Spannung, je weiter die Kontakte voneinander entfernt sind. Je rascher man die Kontakte voneinander entfernt, um so schneller nimmt zwar der Strom ab, um so größer wird damit aber auch die induzierte Spannung u, so daß der Lichtbogen unter allen Umständen so lange bestehen bleibt, bis die gesamte Energie aufgebraucht ist, es sei denn, daß u so große Werte erreicht, daß dadurch die Spulenisolation zerstört und auf diese Weise ein Ausgleichstromkreis für die Energie geschaffen wird. Um letzteres zu verhindern, ist beim Abschalten von Spulen größerer Selbstinduktivität stets ein Parallelwiderstand wie der Widerstand R_2 in Abb. 116, erforderlich.

Ein Magnetfeld, gleichviel ob in unmagnetischem Material oder in Eisen, ist in jedem Punkte seines Feldgebietes durch die dort herrschenden Werte der magnetischen

Feldstärke $\mathfrak{H}$ und der Induktion $\mathfrak{B}$ vollständig beschrieben. Darum muß es auch möglich sein, die in jedem Volumenelement des Feldgebietes gespeicherte Energie durch diese Feldgrößen auszudrücken. Wir betrachten zu diesem Zweck das Feld in einer Ringspule nach Abb. 66, von dem wir wissen, daß es nahezu homogen ist, wenn die radiale Weite der Spule gegenüber dem mittleren Ringdurchmesser klein ist. Die mittlere Umfangslänge des von der Spule umschlossenen Ringraumes bezeichnen wir mit l, seinen Querschnitt mit F und die Windungszahl der Spule mit w. Fließt in der Spule ein Strom i, so herrscht in dem Ringraum überall die Feldstärke

$$H = \frac{i\,w}{l}. \tag{6}$$

Der durch jeden Querschnitt des Ringraumes tretende Fluß ist

$$\Phi = FB. \tag{7}$$

Bei einer Änderung der Induktion B bzw. des Flusses Φ wird in der Spule eine Spannung

$$u = w\,\frac{d\Phi}{dt} \tag{8}$$

induziert. Einer Flußänderung um $d\Phi$ entspricht also der Spannungsstoß

$$u\,dt = w\,d\Phi. \tag{9}$$

Multiplizieren wir diesen Spannungsstoß noch mit i, so erhalten wir die elektrische Arbeit, die bei einer Flußänderung um $d\Phi$ der Spule zugeführt werden muß oder von ihr abgegeben wird, je nachdem, ob $d\Phi$ eine Zu- oder eine Abnahme von Φ darstellt. Diese elektrische Arbeit entspricht dem Betrag, um den sich die in dem Magnetfeld gespeicherte Energie W ändert. Es ergibt sich

$$dW = u\,i\,dt = w\,i\,d\Phi \tag{10}$$

und, wenn wir nach den Gln. (7) u. (6) $d\Phi = F\,dB$ und $w\,i = H\,l$ setzen,

$$dW = F\,l\,H\,dB = v\,H\,dB, \tag{11}$$

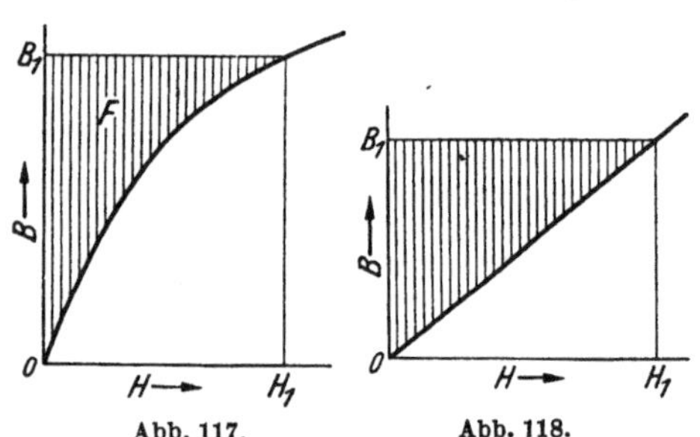

Abb. 117.   Abb. 118.

Abb. 117 u. 118. Dichte der magnetischen Energie als Fläche zwischen der Magnetisierungskurve $B = f(H)$ und der B-Achse.

worin $v = F\,l$ das Volumen des Ringraumes ist. Die in dem Ringraum bei einer bestimmten Induktion B_1 bzw. einem bestimmten Fluß Φ_1 gespeicherte magnetische Energie W erhalten wir schließlich, indem wir Gl. (10) oder (11) über den ganzen Änderungsbereich von $B = 0$ bzw. $\Phi = 0$ bis zu dem betrachteten Wert B_1 bzw. Φ_1 integrieren, zu

$$W = w\int_0^{\Phi_1} i\,d\Phi = v\int_0^{B_1} H\,dB. \tag{12}$$

Diese Beziehung gilt zunächst nur für ein homogenes Feld; man kann mit ihr aber auch den Energieinhalt jedes beliebigen Magnetfeldes berechnen, indem man sie nur für ein Volumenelement dv des Feldgebietes ansetzt und dann über das Gesamtvolumen integriert.

Rechnet man B in Gauß, so ist in Gl. (12) rechts noch der Faktor 10^{-8} anzubringen, damit W in Wsek herauskommt.

Man erkennt aus Gl. (12), daß die Energiedichte $\frac{dW}{dv}$ an irgendeiner Stelle eines Magnetfeldes durch die dort augenblicklich vorliegenden Werte der Feldgröße H und B allein noch nicht bestimmt ist, es kommt vielmehr auch auf den Verlauf der Magnetisierungskennlinie $B = f(H)$ an. In Abb. 117 wird für einen in Eisen verlaufenden Magnetkreis der auf die Volumeneinheit bezogene Energieinhalt

$$\frac{dW}{dv} = \int\limits_0^{B_1} H\, dB \tag{13}$$

bei den Werten H_1 und B_1 durch die schraffierte Fläche F zwischen der Magnetisierungskurve und der Ordinatenachse dargestellt. Zahlenmäßig ergibt sich $\frac{dW}{dv}$ in W sek/cm³ $=$ Fläche F in cm² $\times$ B-Maßstab in $\frac{G}{cm} \times H$-Maßstab in $\frac{A/cm}{cm} \times 10^{-8}$. Der Faktor 10^{-8} rührt davon her, daß B in Gauß statt in V sek/cm² eingesetzt ist.

Für Luft oder andere unmagnetische Stoffe ist die Magnetisierungskennlinie $B = f(H) = \mu_0 H$ eine Gerade (Abb. 118), so daß die Energiedichte sich einfach zu

$$\frac{dW}{dv} = \int\limits_0^B H\, dB = \int\limits_0^B \frac{B}{\mu_0}\, dB = \frac{1}{2\,\mu_0} \cdot B^2 \tag{14}$$

ergibt. Dieses Ergebnis können wir mit $B = \mu_0 H$ auch in der Form schreiben

$$\frac{dW}{dv} = \frac{1}{2}\,\mu_0 H^2 \tag{15}$$

bzw.

$$\frac{dW}{dv} = \frac{1}{2}\, HB. \tag{16}$$

Da in Luft zu jeder Induktion B eine viel größere Feldstärke H gehört als in Eisen, ist bei gleichen Werten von B in 1 cm³ Luft bedeutend mehr Energie gespeichert als in 1 cm³ Eisen. Bei Eisenkernen mit Luftspalt kann man daher oft die Energie im Eisen gegenüber der im Luftspalt vernachlässigen. Diese Verhältnisse dürfen in Verbindung mit der Gl. (1) aber nicht zu dem Trugschluß verleiten, daß man die Induktivität L einer Spule durch Vergrößern des Luftspaltes im Eisenkern erhöhen könne. Im Gegenteil, bei gegebenem Strom I nimmt wegen der im Vergleich zu Eisen geringen magnetischen Leitfähigkeit von Luft der Fluß Φ mit wachsendem Luftspalt ab, entsprechend sinkt aber auch nach Gl. (39,3) $L = \frac{w\Phi}{I}$.

Wie wir wissen, gilt die in Abb. 117 für Eisen angenommene, einfache Magnetisierungskennlinie nur angenähert, während im allgemeinen $B = f(H)$ durch die Hysterese beeinflußt wird (Abb. 78, 79 u. 80). Lassen wir in Abb. 80 H von 0 bis H_1 anwachsen (Kurvenast a) und darauf wieder auf 0 abnehmen (Ast b), so stellt die Fläche zwischen dem Kurvenast a und der B-Achse die bei der Aufmagnetisierung aufgewandte, die zwischen b und der B-Achse bei der Entmagnetisierung frei werdende Energie dar. Die der Fläche zwischen a und b entsprechende Energie geht dabei verloren und wird in dem Eisen in Wärme umgewandelt. Bei einer zyklischen Ummagnetisierung zwischen den Grenzen H_{max} und $- H_{max}$ (Abb. 78) tritt also die von der Hystereseschleife eingeschlossene Fläche als „Ummagnetisierungsverlust" in Erscheinung.

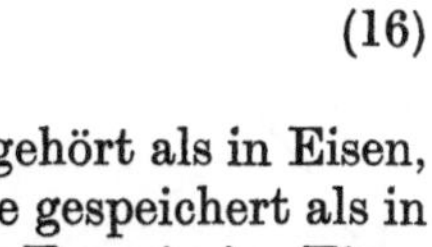

Abb. 119. Reihenschaltung von Selbstinduktivität und OHMschem Widerstand

41. Schaltvorgänge in Stromkreisen mit Selbstinduktion. Wir hatten bei der Betrachtung des zeitlichen Verlaufs von i anhand von Abb. 115 idealisierend den OHMschen Widerstand der Spule als verschwindend klein angenommen. Lassen wir diese Voraussetzung fallen, so ändert sich an den für den Energieinhalt des Magnetfeldes abgeleiteten Beziehungen nichts. Wir müssen aber der Spule beim Aufbau des Feldes eine um den Energieverlust in dem OHMschen Widerstand größere Energie zuführen und können aus demselben Grunde auch nicht den vollen Energieinhalt des Feldes nutzbar wiedergewinnen. Vor allem ändert sich der zeitliche Verlauf des Stromes beim Anlegen einer konstanten Spannung U.

Zu der induzierten Spannung $L\frac{di}{dt}$ kommt nämlich jetzt die Spannung iR am Spulenwiderstand R hinzu (Abb. 119) und es gilt nunmehr:

$$U = L\frac{di}{dt} + iR. \qquad (1)$$

Hieraus folgt

$$\frac{R}{L}\int dt = \int \frac{di}{\frac{U}{R} - i}.$$

Führen wir auf beiden Seiten die Integration aus, so erhalten wir

$$\frac{R}{L}t = \ln k - \ln\left(\frac{U}{R} - i\right) = \ln\frac{k}{\frac{U}{R} - i},$$

worin k die noch zu bestimmende Integrationskonstante ist, und damit

$$i = \frac{U}{R} - k\,e^{-\frac{R}{L}t}.$$

e ist die Basis der natürlichen Logarithmen. Aus der Bedingung, daß für $t = 0$ auch $i = 0$ sein soll, ergibt sich für die Integrationskonstante der Wert $k = \frac{U}{R}$. Setzen wir

noch $\frac{L}{R} = T$, so ist schließlich der zeitliche Verlauf des Stromes durch die Gleichung

$$i = f(t) = \frac{U}{R}\left(1 - e^{-\frac{t}{T}}\right) \qquad (2)$$

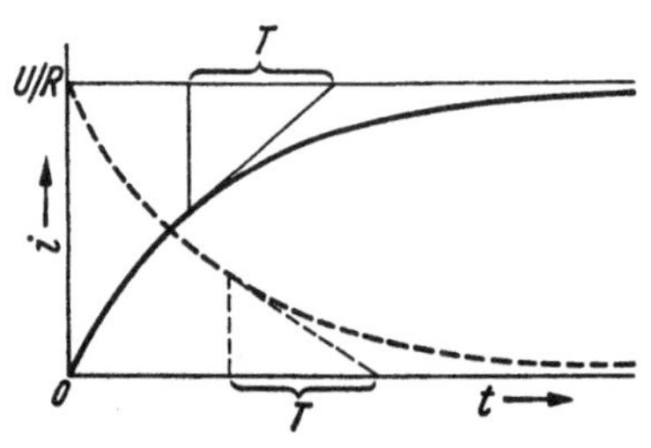

Abb. 120. Strom beim Einschalten und Kurzschließn einer Spule mit OHMschem Widerstand.

bestimmt. Für $t \to \infty$ geht $i \to \frac{U}{R}$, d. h. der Strom wird zuletzt nur noch durch den OHMschen Widerstand R begrenzt. Geometrisch ist also die zur t-Achse parallele Gerade $i = \frac{U}{R}$ die Asymptote der in Abb. 120 ausgezogen Kurve $i = f(t)$. Eine Exponentialkurve mit der Gleichung $y = ae^{bx}$ hat eine konstante Subtangente von der Größe $1/b$. Bei der vorliegenden Kurve $i = f(t)$ erscheint demgemäß T als die konstante Strecke, die eine an einen beliebigen Kurvenpunkt gelegte Tangente und die durch denselben Kurvenpunkt gehende Senkrechte auf der Asymptote eingrenzen. T hat die Dimension in einer Zeit und heißt deshalb Zeitkonstante; je kleiner $T = \frac{L}{R}$ ist, um so schneller nähert sich i seinem Grenzwert $\frac{U}{R}$.

Schließt man, nachdem der Strom seinen Grenzwert $i = \frac{U}{R}$ erreicht hat, die Spule unter gleichzeitiger Abschaltung der Stromquelle kurz, so wird ihre Klemmenspannung dadurch zwangläufig auf Null gebracht. Es gilt dann

$$0 = L\frac{di}{dt} + iR, \qquad (3)$$

$$\frac{R}{L}\int dt = -\int\frac{di}{i}, \qquad \frac{R}{L}t = \ln\frac{k}{i},$$

$$i = k\,e^{-\frac{R}{L}t} = k\,e^{-\frac{t}{T}}. \qquad (4)$$

Die Konstante k bestimmt sich aus der Anfangsbedingung, daß für $t = 0$ zugleich $i = \frac{U}{R}$ sein soll, wieder zu $k = \frac{U}{R}$.

Der Verlauf von i gemäß Gl. (4) ist in Abb. 120 punktiert eingetragen. Die Kurve ist das Spiegelbild der Stromanstiegs-Kurve.

Wenn es darauf ankommt, in einer Spule mit gegebener Induktivität L und dem OHMschen Widerstand R einen bestimmten Grenzstrom I möglichst rasch entstehen zu lassen, so kann man die Zeitkonstante durch Vorschalten eines Widerstandes R_1 auf $T = \dfrac{L}{R + R_1}$ verkleinern, muß aber dann die speisende Spannung auf $U = I(R + R_1)$ erhöhen.

Spulen, die eigens dem Zwecke dienen, durch ihre Induktivität die Eigenschaften eines Stromkreises zu beeinflussen, nennt man Drosselspulen. Meist wird von einer Drosselspule verlangt, daß ihre Induktivität vom Strom möglichst unabhängig sei. Darum muß man, wenn die Spule zur Erzielung der gewünschten Induktivität mit möglichst kleinen Abmessungen einen Eisenkern erhält, in diesem einen Luftspalt vorsehen, durch dessen Größe außerdem die Induktivität eingestellt werden kann.

42. Zugkraft von Elektromagneten. Über die Energie des Magnetfeldes läßt sich die Zugkraft von Elektromagneten, wie als Antriebsorgan für kurzstreckige Bewegungen viel benutzt werden, leicht berechnen. Bei dem in Abb. 121 dargestellten Elektromagneten sei die Weite δ jedes Luftspaltes zwar gegenüber seinem Querschnitt F so klein, daß wir das Feld im Luftspalt als homogen ansehen dürfen, andererseits aber, gemessen an der Länge des Kraftlinienweges im Eisen, doch so groß, daß der auf das Eisen entfallende Teil der magnetischen Spannung gegenüber der magnetischen Spannung an den Luftspalten vernachlässigt werden kann.

Wir wollen zunächst annehmen, daß im Luftspalt die Feldstärke H bzw. die Induktion $B = \mu_0 H$ bei Änderungen von δ konstant bleibe, was durch entsprechende Regelung des erregenden Stromes i erreicht werden könnte. Nach Gl. (40,15) ist wegen der überall gleichen Energiedichte die magnetische Energie in einem Luftspalt:

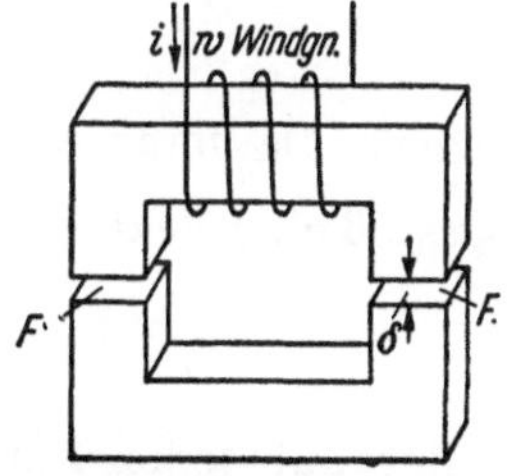

Abb. 121. Elektromagnet mit zwei im Magnetkreis hintereinandergeschalteten, gleich großen Luftspalten.

$$W = \frac{1}{2}\,\mu_0\,H^2\,F\,\delta \,. \tag{1}$$

Um die Luftspalte um $d\delta$ zu vergrößern, muß entgegen der Zugkraft des Magnetfeldes für jeden Luftspalt eine Arbeit

$$P\,d\delta = \frac{dW}{d\delta}\,d\delta = \frac{1}{2}\,\mu_0\,H^2 F\,d\delta \tag{2}$$

verrichtet werden, und damit entfällt auf ihn die Zugkraft

$$P = \frac{1}{2}\,\mu_0\,H^2\,F = \frac{1}{2}\,\frac{B^2}{\mu_0}\,F \tag{3}$$

in Wsek/cm, wenn B in Vsek/cm² und F in cm² eingesetzt wird. Wird dagegen B in Gauß eingesetzt, so ergibt sich mit der Beziehung $1\,\text{W} = 10{,}2\,\dfrac{\text{kp\,cm}}{\text{sek}}$ und mit $\mu_0 = 1{,}256 \cdot 10^{-8}\,\dfrac{\text{V\,sek}}{\text{A\,cm}}$

$$P = 4{,}07 \cdot B^2\,F \cdot 10^{-8} \ \text{Kilopond} \,. \tag{3a}$$

Die mechanische Arbeit $P\,d\delta$ entspricht also genau der Energieänderung dW des Feldes.

Setzen wir statt der Annahme, daß H bei Änderungen von δ konstant gehalten werde, nunmehr voraus, daß der Strom i und damit die magnetische Spannung $V = \frac{1}{2}\,iw$ je Luftspalt konstant gehalten wird, und schreiben wir nach Gl. (1) mit $H = \dfrac{V}{\delta}$ für die magnetische Energie in einem Luftspalt:

$$W = \frac{1}{2}\,\mu_0\,V^2\,F\,\frac{1}{\delta} \,. \tag{4}$$

so folgt bei einer Änderung von δ um $d\delta$ eine Änderung dieser Energie um

$$\frac{dW}{d\delta}\,d\delta = -\frac{1}{2}\mu_0\,V^2\,F\,\frac{1}{\delta^2}\,d\delta\;. \tag{5}$$

Das Minuszeichen bedeutet, daß jetzt mit wachsendem δ die Feldenergie W nicht zu-, sondern abnimmt, das Feld also Arbeit abgibt, obwohl beim Vergrößern des Luftspaltes entgegen der magnetischen Zugkraft mechanische Arbeit dW_{mech} zugeführt wird. Das erklärt sich dadurch, daß aus dem Feld Energie in den Stromkreis zurückgeliefert wird. Der Fluß in den beiden magnetisch hintereinandergeschalteten Luftspalten ist nämlich

$$\Phi = \mu_0\,H\,F = \mu_0\,V\,F\,\frac{1}{\delta}\;, \tag{6}$$

d. h. eine Funktion von δ. Bei einer Vergrößerung des Luftspaltes um $d\delta$ ändert sich deshalb Φ um $d\Phi$, und es wird in der Spule ein Spannungsstoß

$$u\,dt = w\,\frac{d\Phi}{d\delta}\,d\delta$$

$$= -\mu_0\,V\,w\,F\,\frac{1}{\delta^2}\,d\delta \tag{7}$$

induziert. Da voraussetzungsgemäß $i = 2\,\dfrac{V}{w} = $ const ist, entspricht diesem Spannungsstoß eine elektrische Arbeit

$$2\,dW_{el} = u\,i\,dt = -2\,\mu_0\,V^2\,F\,\frac{1}{\delta^2}\,d\delta\;, \tag{8}$$

von der auf jeden Luftspalt die Hälfte im Betrage dW_{el} entfällt. Das negative Vorzeichen besagt, daß die Arbeit W_{el} dem Stromkreis aus dem Feld zugeführt, also von dem Feld abgegeben wird. Zugleich wird aber dem Feld jedes Luftspalts die Energie dW_{mech} zugeführt, und die resultierende Änderung seiner Feldenergie ist

$$dW = dW_{el} + dW_{mech}\,, \tag{9}$$

woraus:

$$dW_{mech} = dW - dW_{el} = \frac{1}{2}\,\mu_0\,V^2\,F\,\frac{1}{\delta^2}\,d\delta \tag{10}$$

und

$$P = \frac{dW_{mech}}{d\delta} = \frac{1}{2}\,\mu_0\,V^2\,F\,\frac{1}{\delta^2} \tag{11}$$

folgt.

Setzen wir darin $V = H\,\delta = \dfrac{1}{\mu_0}\,B\,\delta$, so ergibt sich für P wieder Gl. (3), was zu erwarten war, da P als statische Kraft ja schließlich durch den augenblicklichen Zustand des Feldes vollständig bestimmt sein muß.

Wir wollen für die beiden soeben behandelten Sonderfälle die Energieänderungen noch auf andere Weise, und zwar graphisch darstellen. Nach Gl. (40,10) ist die Gesamtenergie des Magnetfeldes einer vom Strom i durchflossenen Spule mit der Windungszahl w:

$$W = w \int_0^{\Phi} i\,d\Phi\;,$$

wenn Φ der mittlere Windungsfluß ist. Lassen wir den Einfluß des Eisens außer Acht, so ergibt sich daraus für die Energie der Felder in den Luftspalten Gl. (40,2):

$$W = \frac{1}{2}\,w\,i\,\Phi\;.$$

In Abb. 122 und 123 sei a die Magnetisierungskennlinie $\Phi = f(i)$ für den Luftspalt δ_1 und b die für einen größeren Luftspalt δ_2. Fließt bei dem Luftspalt δ_1 der Strom i_1, so wird in beiden Fällen die im Luftspalt vorhandene Energie durch die Fläche zwischen der Kennlinie a und der Φ-Achse dargestellt. Wird jetzt der Luftspalt von δ_1 auf δ_2 vergrößert und zugleich der Strom von i_1 auf i_2 so erhöht, daß die Feldstärke H im Luftspalt und damit Φ konstant bleibt, so wandert der Arbeitspunkt mit gleichbleibender Ordinate von A nach A' (Abb. 122) und die Energie im Luftspalt ist um das Flächenstück OAA' gewachsen. Da Φ sich nicht geändert hat, hat kein Energieaustausch zwischen Feld und Stromkreis stattgefunden.

Wird dagegen beim Übergang von δ_1 auf δ_2 der Strom i und damit die magnetische Spannung am Luftspalt konstant gehalten, so wandert der Arbeitspunkt mit konstanter Abszisse von A nach B (Abb. 123). Dabei wird der Energiebetrag $W_{el} = w\,i_1\,(\Phi_A - \Phi_B)$ entsprechend der Fläche $ABEC$ von dem Feld auf den Stromkreis übertragen. Am

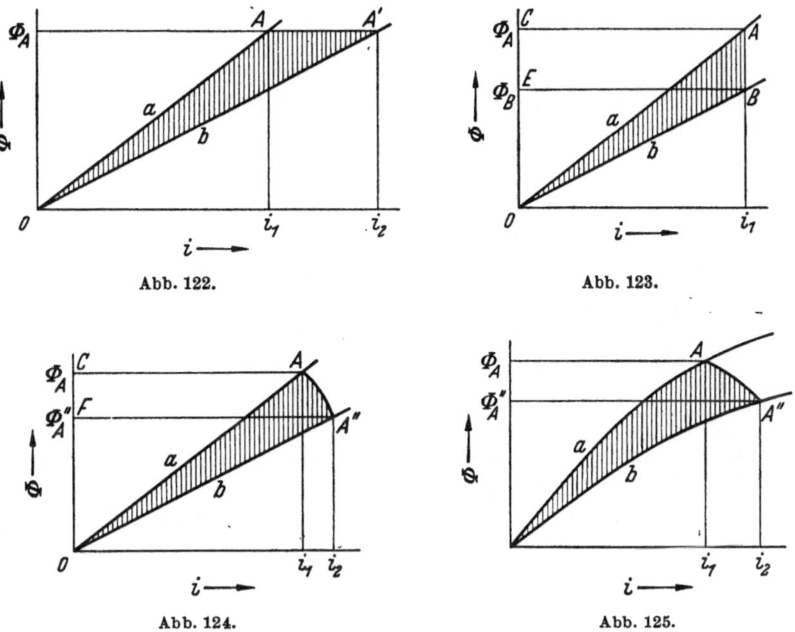

Abb. 122.

Abb. 123.

Abb. 124.

Abb. 125.

Abb. 122—125. Energie im Luftspalt eines Elektromagneten bei Änderung des Luftspaltes.

Ende des Vorganges muß aber im Luftspalt noch eine Energie entsprechend der Fläche OBE vorhanden sein. Das ist nur dann der Fall, wenn dem Luftspalt durch äußere Arbeitsleistung die Energie W_{mech} entsprechend der Fläche OAB zugeführt wird, und zwar ist Fläche OAB halb so groß wie Fläche $ABEC$. Die Hälfte der an den Stromkreis zurückgelieferten Energie wird also durch die mechanisch zugeführte Energie gedeckt.

Wird weder i noch Φ konstant gehalten und erfolgt der Übergang des Arbeitspunktes nach Abb. 124 von A auf A'' längs einer beliebigen Übergangskurve, so entspricht die auf den Stromkreis übertragene Energie der Fläche $AA''FC$, und dem Feld muß mechanisch die Energie entsprechend Fläche OAA'' zugeführt werden, damit am Ende die Feldenergie der Fläche $OA''F$ entspricht. Diese Darstellung gilt auch dann, wenn die Magnetisierungskennlinien infolge der Einwirkung von Eisen gekrümmt sind (Abb. 125). Wird also sowohl der Magnetkreis und damit die Magnetisierungskennlinie als auch der Strom einer Änderung unterworfen, so kann man, sofern der funktionale Zusammenhang beider Änderungen bekannt ist, aus dieser Darstellung sofort die Energieänderungen und damit auch die auftretenden mechanischen Kräfte ermitteln.

6*

43. Gegenseitige Induktion. In Abb. 126 seien 1 und 2 zwei benachbarte, beliebig geformte, lineare Leiterschleifen in Luft oder einem anderen Medium mit $\mu = $ const. Fließt in Schleife 1 ein Strom i_1, während Schleife 2 offen und stromlos bleibt, so wird die letztere im allgemeinen von dem durch i_1 erzeugten Fluß Φ_1 nur einen Teil $\Phi_{1,2} < \Phi_1$ umfassen. Bei einer zeitlichen Änderung von i_1 wird infolgedessen in 2 eine Spannung

$$u_2 = \frac{d\Phi_{1,2}}{dt}$$

induziert, die kleiner ist als die dabei in 1 induzierte Selbstinduktionsspannung

$$u_1 = \frac{d\Phi_1}{dt} = L_1 \frac{di_1}{dt}\,.$$

Da $\Phi_{1,2}$ als Teil von Φ_1 wegen $\mu = $ const dem erzeugenden Strom i_1 verhältnisgleich ist, so kann man mit einer noch zu besprechenden Konstanten $M_{1,2} = \Phi_{1,2}/i_1$ schreiben:

$$u_2 = M_{1,2}\,\frac{di_1}{dt}\,. \tag{1}$$

Ist umgekehrt die Schleife 1 stromlos und führt Schleife 2 allein einen Strom i_2, so gilt analog für die in 1 induzierte Spannung:

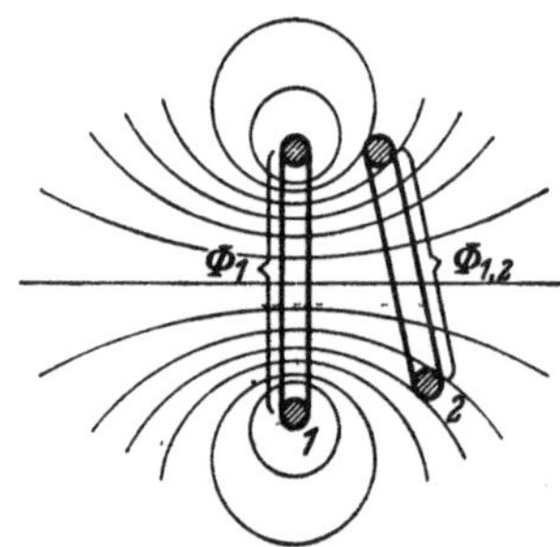

$$u_1 = \frac{d\Phi_{2,1}}{dt} = M_{2,1}\,\frac{di_2}{dt}\,. \tag{2}$$

Treten an die Stelle der einfachen Leiterschleifen 1 und 2 beliebig geformte, räumlich ausgedehnte Spulen mit den Windungszahlen w_1 und w_2, so wird, wenn **nur** die Spule 1 Strom führt, in dieser durch Selbstinduktion die Spannung

$$u_1 = w_1 \frac{d\Phi_1}{dt} = L_1 \frac{di_1}{dt}$$

Abb. 126. Gegenseitige Induktion zweier Leiterschleifen

induziert, wobei Φ_1 jetzt aber nicht mehr die Größe eines echten Flusses, sondern nur noch ein Rechenfluß, nämlich der mittlere Windungsfluß ist. Auch hier können wir mit dem Rechenfluß $\Phi_{1,2}$ und mit $M_{1,2} = w_2 \Phi_{1,2}/i_1$ für die in Spule 2 induzierte Spannung

$$u_2 = w_2 \frac{d\Phi_{1,2}}{dt} = M_{1,2}\,\frac{di_1}{dt} \tag{3}$$

schreiben. Führt nur die Spule 2 Strom, so ergibt sich entsprechend mit $M_{2,1} = w_1 \Phi_{2,1}/i_2$:

$$u_2 = w_2 \frac{d\Phi_2}{dt} = L_2 \frac{di_2}{dt},$$

$$u_1 = w_1 \frac{d\Phi_{2,1}}{dt} = M_{2,1}\,\frac{di_2}{dt}\,. \tag{4}$$

Es läßt sich theoretisch die auch von der Erfahrung bestätigte Tatsache herleiten, daß

$$M_{1,2} = M_{2,1} = M \tag{5}$$

ist. Man nennt M den Koeffizienten der gegenseitigen Induktion. Seine Einheit ist dieselbe wie die des Selbstinduktionskoeffizienten L, nämlich $1\,\dfrac{\text{Vsek}}{\text{A}} = 1\,\text{Hy}$.

M ist bei gegebenen Spulen ein Maß dafür, in welchem Grade die Spulen miteinander gekoppelt sind. Wird die Entfernung der Spulen voneinander vergrößert, so nimmt M ab. Wenn der mittlere Windungsfluß der induzierten Spule mit dem der stromdurchflossenen, induzierenden Spule übereinstimmt, so ist dies ein Sonderfall, der zwar praktisch nie ganz realisierbar ist, dem man aber nahe kommen kann, indem man die Windungen beider Spulen in dünnen Lagen gleicher Länge dicht aufeinander wickelt. In diesem Idealfall vollkommener Verkettung würde dann sein:

$$u_1 = w_1 \frac{d\Phi_1}{dt} = L_1 \frac{di_1}{dt},$$

$$u_2 = M \frac{di_1}{dt} = w_2 \frac{d\Phi_1}{dt} = \frac{w_2}{w_1} L_1 \frac{di_1}{dt}, \tag{6}$$

$$\frac{u_2}{u_1} = \frac{w_2}{w_1}. \tag{7}$$

Da hier die effektive magnetische Leitfähigkeit Λ für beide Spulen die gleiche ist, so verhält sich nach Gl. (39,5)

$$\frac{L_1}{L_2} = \frac{w_1^2 \Lambda}{w_2^2 \Lambda} = \frac{w_1^2}{w_2^2} \quad \text{und} \quad \frac{w_1}{w_2} = \sqrt{\frac{L_1}{L_2}}. \tag{8}$$

Damit ergibt sich aus Gl. (6) für die festeste Kopplung bzw. vollkommene Verkettung

$$M = \frac{w_2}{w_1} L_1 = \sqrt{L_1 L_2}. \tag{9}$$

Das ist der größte Wert, den M überhaupt annehmen kann. Praktisch ist stets $M < \sqrt{L_1 L_2}$, und man bezeichnet deshalb das Verhältnis

$$k = \frac{M}{\sqrt{L_1 L_2}} \tag{10}$$

als den Kopplungsfaktor.

Meist liegen die Verhältnisse so, daß der mittlere Windungsfluß der induzierten Spule 2 kleiner ist als der der induzierten Spule 1. Dann ist

$$\frac{u_2}{u_1} = \frac{w_2}{w_1} \frac{\Phi_{1,2}}{\Phi_1} = \frac{M}{L_1} < \frac{w_2}{w_1} \tag{11}$$

und bei Speisung der Spule 2

$$\frac{u_1}{u_2} = \frac{w_1}{w_2} \frac{\Phi_{2,1}}{\Phi_2} = \frac{M}{L_2} < \frac{w_1}{w_2}, \tag{12}$$

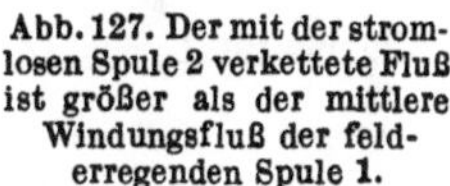

Abb. 127. Der mit der stromlosen Spule 2 verkettete Fluß ist größer als der mittlere Windungsfluß der felderregenden Spule 1.

d. h. es ist $M < \frac{w_2}{w_1} L_1$ und auch $M < \frac{w_1}{w_2} L_2$. Das Übersetzungsverhältnis der Spannungen ist in beiden Richtungen kleiner als das der Windungszahlen. Das braucht aber nicht so zu sein. Z. B. ist bei der Anordnung nach Abb. 127 Spule 2 nahezu mit dem höchsten Windungsfluß, also mit mehr als dem mittleren Windungsfluß der Spule 1 verkettet. Hier ist zweifellos $\frac{u_2}{u_1} = \frac{M}{L_1} > \frac{w_2}{w_1}$, also $M > \frac{w_2}{w_1} L_1$. Bei Speisung der Spule 2 ist allerdings wieder $\frac{u_1}{u_2} = \frac{M}{L_2} < \frac{w_1}{w_2}$, also $M < \frac{w_1}{w_2} L_2$. Auf jeden Fall ist aber

$$M^2 < L_1 L_2 \quad \text{bzw.} \quad M < \sqrt{L_1 L_2}. \tag{13}$$

Sind zwei über die Gegeninduktivität M miteinander gekoppelte Induktivitäten L_1 und L_2 in Reihe geschaltet, so fragen wir nach ihrer Gesamtinduktivität L.

Es ist

$$u_1 + u_2 = L \frac{di}{dt} = (L_1 + L_2 + 2M) \frac{di}{dt},$$

d. h.

$$L = L_1 + L_2 + 2M, \tag{14}$$

wenn der in jeder Spule von der anderen Spule her induzierte Spannungsanteil mit der Spannung der Selbstinduktivität gleichsinnig ist (Abb. 128a). Sind die Spulen aber so miteinander gekoppelt, daß die eine das Feld in der anderen schwächt (Fig. 128b), so gilt

$$L = L_1 + L_2 - 2\,M. \tag{15}$$

Ist M vernachlässigbar klein, sind also die Spulen nicht merklich miteinander gekoppelt, so ergibt sich für L einfach die Summe der Selbstinduktivitäten.

Bei der Parallelschaltung zweier miteinander gekoppelter Spulen liegt an beiden die gleiche Spannung u. Bei Vernachlässigung der OHMschen Widerstände ist

$$u = L_1 \frac{di_1}{dt} \pm M \frac{di_2}{dt} = L_2 \frac{di_2}{dt} \pm M \frac{di_1}{dt} = L \frac{di}{dt} = L \frac{d(i_2 + i_2)}{dt}, \tag{16}$$

wobei die oberen Vorzeichen für gleichsinnige (Abb. 129a), die unteren für gegensinnige Parallelschaltung (Abb. 129b) gelten. Der Gesamtstrom i teilt sich auf die beiden Zweige im Verhältnis

$$\frac{i_1}{i_2} = \frac{L_2 \mp M}{L_1 \mp M}$$

auf. Man erhält aus diesen Beziehungen nach einer einfachen Rechnung:

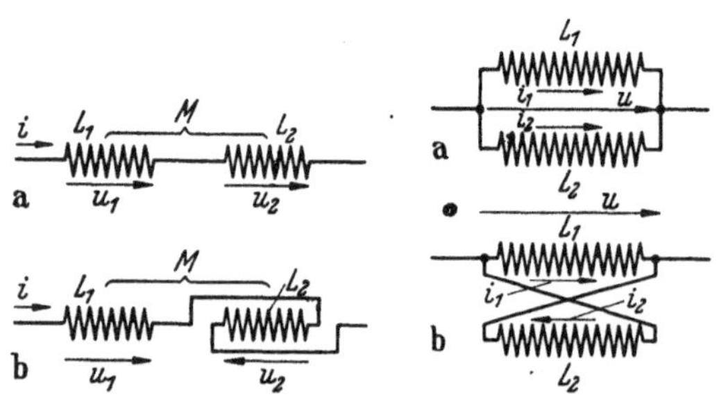

Abb. 128 a u. b. Gleich- und gegensinnige Reihenschaltung gekoppelter Induktivitäten.

Abb. 129 a u. b. Gleich- und gegensinnige Parallelschaltung gekoppelter Induktivitäten.

$$L = \frac{L_1 L_2 - M^2}{L_1 + L_2 \mp 2\,M}. \tag{17}$$

Wir untersuchen dieses Ergebnis für vier spezielle Fälle:

1. M ist vernachlässigbar klein. Dann wird die resultierende Induktivität L aus den Teilinduktivitäten L_1, L_2 genau so gebildet wie der resultierende Widerstand von zwei parallelen Zweigen, d. h. es ist

$$L = \frac{L_1 L_2}{L_1 + L_2}.$$

2. Es ist $L_1 = L_2 = L'$ und $M^2 < L'^2$. Wir können dann schreiben

$$L = \frac{L'^2 - M^2}{2\,(L' \mp M)} = \frac{(L' - M)\,(L' + M)}{2\,(L' \mp M)} = \frac{1}{2}\,(L' \pm M).$$

3. Es ist $L_1 \neq L_2$; die Kopplung ist wieder so eng, daß M^2 nahezu den Wert $L_1 L_2$ erreicht. Dann verschwindet die resultierende Induktivtät L in dem Maße, wie sich M^2 dem Grenzwert $L_1 L_2$ nähert. Dieses Ergebnis wird verständlich, wenn man sich vor Augen hält, daß im Grenzfall der vollkommenen Kopplung die in den Spulen induzierten Spannungen wegen der unterschiedlichen Induktivitäten verschieden, wegen der Parallelschaltung aber gleich sein müssen, ein Widerspruch, der sich nur für verschwindende Spannungswerte löst.

4. Es ist, wie in Fall 2, $L_1 = L_2 = L'$, die Spulen sind aber praktisch vollkommen, d. h. mit $M = \sqrt{L_1 L_2}$ gekoppelt. Es gilt wieder $L = \frac{1}{2}\,(L' \pm M)$, und daraus folgt wegen $M = L'$

a) $L = L'$ bei gleichsinniger,

b) $L = 0$ bei gegensinniger Parallelschaltung.

Fall 4a liegt z. B. vor, wenn eine Spule mit zwei parallel geführten Drähten gewickelt ist, was man manchmal tut, um durch Unterteilung des Drahtquerschnitts die Wickelarbeit zu erleichtern. Unterteilt man aber zu dem gleichen Zweck eine Wicklung in mehrere fest miteinander gekoppelte Gruppen, die erst nachträglich parallelgeschaltet werden, so sieht man aus dem, allerdings extremen, Fall 3, daß man dann peinlich auf gleiche Induktivität, insbesondere also auf gleiche Windungszahl der Teilspulen achten muß.

Durch Aufbringen auf einen gemeinsamen Eisenkern lassen sich zwei Spulen wesentlich fester koppeln, als dies sonst möglich ist. In diesem Falle ist nämlich der Fluß im Eisenkern sämtlichen Windungen beider Spulen gemeinsam, und die sich durch die Umgebung des Eisenkernes schließenden Flußanteile treten wegen der hohen Permeabilität des Eisens gegenüber dem gemeinsamen Fluß stark zurück. Zugleich erzielt man durch den Eisenkern eine gewünschte Spuleninduktivität L mit erheblich kleineren Spulenabmessungen, muß allerdings den Nachteil in Kauf nehmen, daß wegen der Abhängigkeit der Eisenpermeabilität von der Feldstärke die Induktivitäten keine Konstanten mehr sind. Die Abhängigkeit der Induktivitäten von der Feldstärke läßt sich aber dadurch vermindern, daß man den Eisenkern mit einem Luftspalt ausrüstet. Durch Verändern des Luftspaltes läßt sich außerdem die Induktivität in weiten Grenzen beeinflussen.

44. Magnetische Streuung. Bei der Verkettung einfacher Leiterschleifen nach Abb. 126 konnten wir den Gesamtfluß jeder Schleife, z. B. Φ_1, in zwei Teile zerlegen, von denen der eine, der Hauptfluß $\Phi_{1,2}$, voll, der andere, Φ_{1s}, dagegen überhaupt nicht mit der anderen Spule verkettet ist. Φ_{1s} wird Streufluß genannt. Diese Zerlegung ist auch noch bei mehrwindigen Spulen möglich, sofern die Windungen jeder Spule so dicht beieinander liegen, daß sie praktisch alle mit demselben Fluß verkettet sind. Sinngemäß läßt sich auch die Selbstinduktivität einer Spule, z. B. L_1, in zwei Teile zerlegen, von denen der eine, die Hauptinduktivität

$$L_{1,2} = \frac{w_1 \, \Phi_{1,2}}{i_1} \tag{1}$$

von dem Hauptfluß $\Phi_{1,2}$, der andere, die Streuinduktivität

$$L_{1s} = \frac{w_1 \, \Phi_{1s}}{i_1} \tag{2}$$

von dem Streufluß herrührend gedacht wird. Es gilt dann:

$$L_1 = L_{1,2} + L_{1s} \tag{3}$$

und entsprechend

$$L_2 = L_{2,1} + L_{2s}. \tag{3a}$$

Bei Spulen, deren Windungen nicht mehr alle mit demselben Fluß verkettet sind, ist eine solche Abgrenzung zweier Flußanteile nicht mehr ohne weiteres möglich, da Φ_1 und Φ_2 ja keine echten Flüsse, sondern als mittlere Windungsflüsse nur fiktive Rechenflüsse sind. Dagegen läßt sich die Aufteilung der Induktivitäten nach den Gln. (3) und (4) beibehalten. Für die in der jeweils stromlosen Spule induzierte Spannung können wir dann schreiben:

$$u_1 = \frac{w_1}{w_2} L_{2,1} \frac{di_2}{dt} = M \frac{di_2}{dt} \tag{4}$$

bzw.

$$u_2 = \frac{w_2}{w_1} L_{1,2} \frac{di_1}{dt} = M \frac{di_1}{dt}, \tag{4a}$$

woraus sich ergibt:

$$L_{1,2} = \frac{w_1}{w_2} M \quad (5) \qquad L_{2,1} = \frac{w_2}{w_1} M \quad (5a) \qquad M = \sqrt{L_{1,2} \cdot L_{2,1}} \tag{6}$$

und mit den Gln. (3) und (3a)

$$L_{1s} = L_1 - \frac{w_1}{w_2} M \quad (7) \quad \text{und} \quad L_{2s} = L_2 - \frac{w_2}{w_1} M. \tag{7a}$$

Das bisher Gesagte gilt alles nur unter der Voraussetzung, daß jeweils nur eine Spule stromführend ist. Führen dagegen beide Spulen gleichzeitig Strom, so hängt der Verlauf des jetzt ja von zwei Strömen i_1 und i_2 erzeugten Magnetfeldes außer von der Anordnung der Spulen auch noch ganz davon ab, in welchem Verhältnis i_1 und i_2 in dem betrachteten Augenblick zueinander stehen. Es ist jetzt selbst bei einfachen Leiterschleifen nicht mehr möglich, einen bestimmten Teil des Streuflusses einem der Ströme zuzuordnen. Damit ist auch eine eindeutige Aufteilung der Spuleninduktivitäten in Haupt- und Streuinduktivität nicht mehr ohne weiteres möglich. Trotzdem behält der Begriff der Gegeninduktivität nach wie vor seinen Sinn, wie im folgenden gezeigt werden soll.

Die gesamte Flußverkettung jeder Spule: Windungszahl w mal mittlerer Windungsfluß Φ besteht jetzt aus zwei sich in Luft linear überlagernden Teilen, dem von dem eigenen Strom und dem von dem Strom in der fremden Spule erzeugten. Der erste Teil ist das Produkt Selbstinduktivität mal eigener Strom, der andere das Produkt Gegeninduktivität mal fremder Strom:

$$w_1 \Phi_1 = L_1 i_1 + M i_2 \qquad (8) \qquad w_2 \Phi_2 = L_2 i_2 + M i_1 \qquad (8\,\mathrm{a})$$

Im Magnetfeld ist jetzt nach Gl. (40,2) insgesamt die Energie

$$W = \frac{1}{2} w_1 \Phi_1 i_1 + \frac{1}{2} w_2 \Phi_2 i_2 \tag{9}$$

gespeichert. Mit den Gln. (8) und (8 a) können wir auch schreiben:

$$W = \frac{1}{2} i_1^2 L_1 + \frac{1}{2} i_2^2 L_2 + i_1 i_2 M \, . \tag{10}$$

M ist wegen der Streuung kleiner als $\sqrt{L_1 L_2}$ und wir können formal definieren: $M = \sqrt{L_{1,2} L_{2,1}}$, worin wieder unter $L_{1,2}$ und $L_{2,1}$ die Hauptinduktivitäten der Spulen 1 und 2 verstanden werden sollen. Mit den Gln. (3) und (3 a) ist dann zwar

$$M = \sqrt{(L_1 - L_{1\,s})(L_2 - L_{2\,s})} \, , \tag{11}$$

mangels einer weiteren Bestimmungsgleichung lassen sich aber die Streuinduktivitäten $L_{1\,s}$ und $L_{2\,s}$ nicht weiter festlegen, so daß man für $L_{1\,s}$ und $L_{2\,s}$ jedes beliebige Wertepaar wählen kann, das Gl. (11) erfüllt.

Die praktisch vorliegenden Verhältnisse erlauben häufig die Annahme, daß nur noch Streuflüsse existieren, d. h. alle beiden Spulen gemeinsamen Kraftlinien verschwinden und somit $\Phi_1 = \Phi_{1s}$ und $\Phi_2 = \Phi_{2s}$ ist, wenn $i_1 w_1 = - i_2 w_2$ wird. Dann lassen sich allerdings auch die Streuinduktivitäten einzeln ermitteln, und zwar folgen aus

$$w_1 \Phi_{1\,s} = i_1 L_{1\,s} = i_1 L_1 + i_2 M \text{ und } w_2 \Phi_{2\,s} = i_2 L_{2\,s} = i_2 L_2 + i_1 M$$

die Beziehungen

$$L_{1\,s} = L_1 - \frac{w_1}{w_2} M \quad \text{und} \quad L_{2\,s} = L_2 - \frac{w_2}{w_1} M \, ,$$

die wir bereits für den Fall gefunden hatten, daß jeweils nur eine Spule Strom führt [Gl. (7) und (7 a)].

H. Wechselströme und -spannungen

45. Zeitlicher Verlauf von Wechselgrößen. Eine überragende Rolle spielt in der Elektrotechnik der Wechselstrom. Als Wechselstrom bezeichnet man einen Strom, der periodisch die Richtung wechselt und dessen zeitlicher Mittelwert über eine Periode gleich Null ist. Abb. 130 zeigt als Beispiel den zeitlichen Verlauf $i = f(t)$ eines Wechselstromes über zwei Perioden von der Periodendauer T. Der zeitliche Mittelwert $\frac{1}{T}\int\limits_{T} i\, dt$ von i über eine Periodendauer T ist gleich Null, wenn die schraffierten Kurvenflächen F_+ über und F_- unter der Zeitachse gleichen Flächeninhalt haben. Hat, wie in Abb. 131 der zeitliche Mittelwert einen von Null verschiedenen Wert, d. h. ist $\frac{1}{T}\int\limits_{T} i\, dt = i_g \neq 0$, so kann dieser Stromverlauf als Überlagerung eines Wechselstromes mit einem Gleichstrom i_g aufgefaßt werden. Bezüglich der Geraden $i = i_g =$ const sind dann die über- und unterschießenden Flächen F'_+ und F'_- wieder einander gleich. Beim reinen Wechselstrom findet, über eine ganze Zahl von Perioden gesehen, kein einseitiger Elektrizitätstransport statt; die durch ihre Bewegung den Strom bildenden Ladungen pendeln lediglich um eine Mittellage periodisch hin und her.

Im gleichen Sinne wie von einem Wechselstrom können wir auch von einer Wechselspannung und einem elektrostatischen oder magnetischen Wechselfeld, insbesondere von einem magnetischen Wechselfluß sprechen. Eine Wechselspannung erhalten wir beispielsweise in Abb. 132 an dem Verbraucher a, wenn wir seine Anschlüsse an die Gleichspannungsquelle B durch periodisches Hin- und Herbewegen des Umschalters S fortlaufend vertauschen. Der zeitliche Verlauf der Wechselspannung $u = f(t)$ an a wird dann etwa wie in Abb. 133 aussehen.

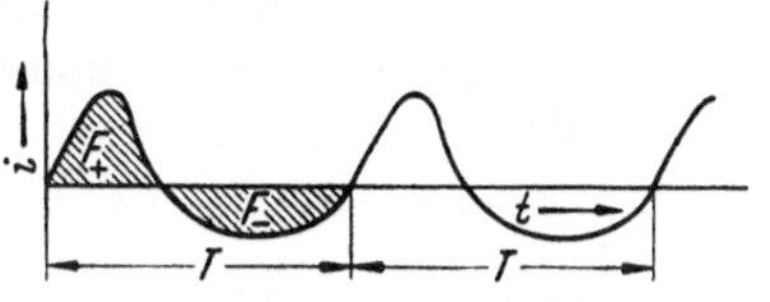

Abb. 130. Wechselstrom.

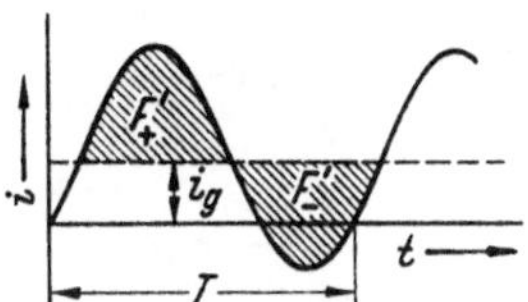

Abb. 131. Überlagerung von Wechsel- und Gleichstrom.

Ist der Verbraucher ein OHMscher Widerstand R ohne Induktivität und ohne Kapazität, so ist gemäß $i = \dfrac{u}{R}$ in jedem Zeitpunkt der Augenblickwert i des Wechselstromes dem Augenblickswert u der Wechselspannung proportional, d. h. Wechselstrom und Wechselspannung haben die gleiche Kurvenform und gehen auch beide gleichzeitig durch Null. Das ist nicht mehr allgemein der Fall, wenn der Verbraucher mit Induktivität oder Kapazität behaftet ist; denn dann ist ja der Zusammenhang zwischen u und i nicht mehr einfach durch das lineare Gesetz $u = iR$, sondern durch eine Funktion gegeben, in der auch die Differential-quotienten $\dfrac{di}{dt}$ bzw. $\dfrac{du}{dt}$ vorkommen. So lautet z. B. für eine Reihenschaltung aus einer Induktivität L und einem OHMschen Widerstand R nach Gl. (41,1) dieser Zusammenhang

$$u = iR + L\frac{di}{dt} \qquad (1)$$

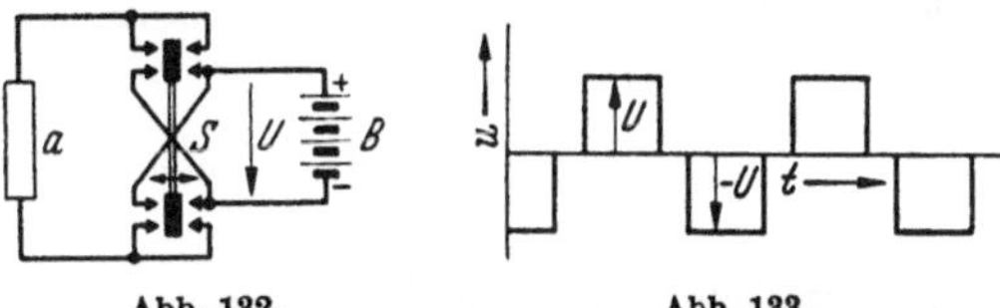

Abb. 132.　　　　Abb. 133.

Abb. 132 u. 133. Umformung von Gleich- in Wechselspannung mittels periodisch arbeitender Kontakte.

und für eine Reihenschaltung aus einer Kapazität C und einem Widerstand R mit Gl. (26,4):

$$u = iR + \frac{1}{C}\int i\,dt\,. \qquad (2)$$

Übereinstimmung wenigstens hinsichtlich der Form der Kurven $i = f(t)$ und $u = f(t)$ herrscht aber auch bei induktivitäts- oder kapazitätsbehafteten Verbrauchern dann, wenn die Kurvenform die einer Sinus- oder Kosinuslinie ist, denn Sinus und Kosinus sind die einzigen periodischen Funktionen, deren Kurvenform durch Differentiation oder Integration nicht geändert wird.

Andererseits läßt sich, wie FOURIER gezeigt hat, jede periodische Funktion durch eine Summe von Sinus- und Kosinusgliedern darstellen, deren Wellenlängen in ganzzahligen Verhältnissen zueinander stehen. Unter diesen Umständen bildet die Behandlung rein sinusförmig verlaufender Ströme und Spannungen die Grundlage der Wechselstromtechnik.

Ein sinusförmiger Wechselstrom (Abb. 134) folgt dem Zeitgesetz

$$i = i_{max} \sin\left(2\,\pi\,\frac{t}{T} - \varphi\right) = i_{max} \sin(\omega t - \varphi) \tag{3}$$

bzw.

$$i = i_{max} \sin\left(360° \,\frac{t}{T} - \varphi°\right), \tag{4}$$

je nachdem man die Winkel im Bogenmaß [Gl. (3)] oder in Winkelgraden [Gl. (4)] angibt. i_{max} ist der Scheitelwert, φ der Phasenwinkel des Wechselstromes in bezug auf den Nullpunkt der Zeitzählung. Der Kehrwert $\frac{1}{T}$ der in sek angegebenen Periodendauer T gibt die Zahl der Perioden je sek an und heißt die Frequenz f des Wechselstromes. Die Maßeinheit der Frequenz f ist 1 Hertz (1 Hz) = 1 sek^{-1}. In europäischen Stromversorgungsnetzen ist die Frequenz $f = 50$ Hz üblich. Elektrische Vollbahnen werden meist mit $16^2/_3$ Hz gespeist. In der Fernmeldetechnik kommen Frequenzen bis 3000 MHz = $3 \cdot 10^9$ Hz vor.

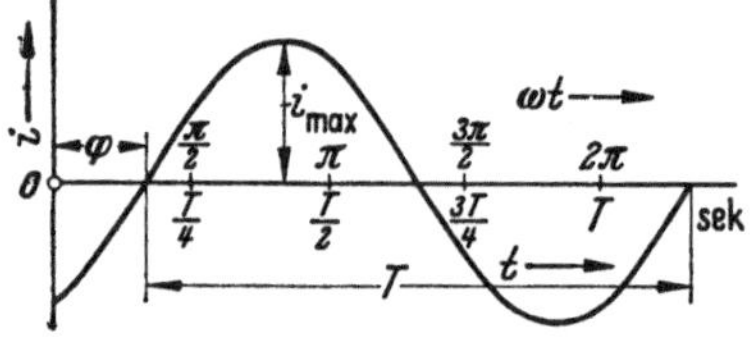

Abb. 134. Sinusförmiger Wechselstrom.

Die in Gl. (3) vorkommende Konstante

$$\omega = \frac{2\,\pi}{T} = 2\pi f, \tag{5}$$

die im Bogenmaß den Winkel angibt, den das Argument der Sinusfunktion in 1 sek durchläuft, heißt Kreisfrequenz. Die Maßeinheit von ω ist ebenfalls 1 sek^{-1}.

46. Der Effektivwert. Wenn ein Wechselstrom längere Zeit fließt, interessiert im allgemeinen nicht der Augenblickswert des Stromes in irgendeinem bestimmten Zeitpunkt, sondern man braucht als Bewertungsgröße für den Strom einen Mittelwert, durch den die Wirkung des Stromes während einer Periode bzw. während eines größeren Zeitraumes, der, streng genommen, eine ganze Zahl von Perioden umfassen müßte, einfach dargestellt werden kann. Vorgänge, wie z. B. elektrolytische, deren Ablaufsinn sich zugleich mit dem jeweiligen Vorzeichen des Stromes umkehrt, kommen hierbei nicht in Betracht, denn der einfache, arithmetische Mittelwert des Stromes über eine ganze Periode

$$i_{mittel} = \frac{1}{T} \int\limits_{T} i\,dt, \tag{1}$$

der hierfür anzuwenden wäre, ist immer Null.

Über eine oder mehrere Perioden gerechnet, läßt sich eine Gesamtwirkung bzw. eine mittlere Wirkung des Stromes nur bei stromrichtungsunabhängigen, d. h. von dem stets positiven Quadrat des Stromes abhängenden Vorgängen angeben. Typisch ist hierfür die Umwandlung elektrischer in Wärmeenergie beim Stromdurchgang durch einen Widerstand R. Ist i der Augenblickswert des Wechselstromes, so ist der Augenblickswert der in dem Widerstand umgesetzten Leistung $i^2 R$. Wir wollen einen Mittelwert I des Wechselstromes so bestimmen, daß $I^2 R$ den über eine Periode genommenen Mittelwert der umgesetzten Leistung angibt. Da in einer Periode die Arbeit $R\int\limits_{T} i^2\,dt$ umgesetzt wird, ergibt sich

$$I^2 R = \frac{1}{T}\,R \int\limits_{T} i^2\,dt$$

bzw.

$$I = \sqrt{\frac{1}{T}\int\limits_{T} i^2\,dt} \tag{2}$$

I heißt Effektivwert des Wechselstromes $i = f(t)$ und stellt den sog. quadratischen Mittelwert, d. h. die Wurzel aus dem Mittelwert der quadrierten Augenblickswerte des Stromes dar. Der Effektivwert eines Wechselstromes ist also gleich der Stärke eines äquivalenten Gleichstromes, d. h. eines Gleichstromes, der in dem Widerstand R den gleichen Leistungsumsatz hervorruft. Analog wird auch der Effektivwert der Spannung $u = f(t)$ als

$$U = \sqrt{\frac{1}{T} \int_T u^2 \, dt} \qquad (3)$$

definiert. Mit der Angabe des zahlenmäßigen Betrags eines Wechselstromes oder einer Wechselspannung ist, wenn nichts anderes ausdrücklich bemerkt ist oder aus dem Zusammenhang hervorgeht, stets der Effektivwert gemeint. Nur für magnetische Größen wird aus Zweckmäßigkeitsgründen ohne besonderen Hinweis stets der Maximalwert angegeben. Die Gln. (2) und (3) für den Effektivwert gelten für jede beliebige Kurvenform.

Für einen sinusförmigen Strom $i = f(t)$ ist die quadrierte Kurve $i^2 = f_1(t)$, wie in Abb. 135 gezeigt, wieder eine Sinuskurve, die aber in positiver Ordinatenrichtung so verschoben ist, daß ihre unteren Scheitelpunkte auf der t-Achse liegen. Außerdem hat die Kurve $i^2 = f_1(t)$ die doppelte Frequenz wie $i = f(t)$. Das folgt aus der Beziehung

$$i^2 = i^2_{max} \sin^2 \omega t = \frac{1}{2} i^2_{max} (1 - \cos 2\, \omega t). \qquad (4)$$

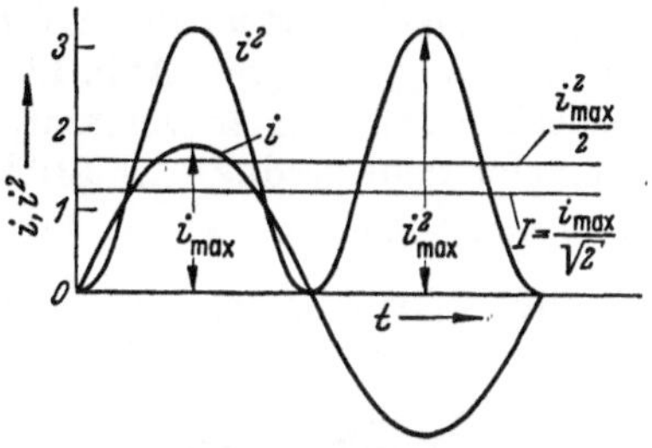

Abb. 135. Effektivwert eines sinusförmigen Wechselstromes.

Ihr Mittelwert ist $\dfrac{i^2_{max}}{2}$. Folglich errechnet sich der Effektivwert I eines sinusförmigen Stromes aus dem Scheitelwert i_{max} zu

$$I = \sqrt{\frac{1}{2} i^2_{max}} = \frac{i_{max}}{\sqrt{2}}. \qquad (5)$$

Entsprechend gilt für den Effektivwert einer sinusförmigen Spannung

$$U = \frac{u_{max}}{\sqrt{2}}. \qquad (6)$$

Das Verhältnis Scheitelwert zu Effektivwert heißt Scheitelfaktor. Für sinusförmige Ströme und Spannungen ist also der Scheitelfaktor

$$f_s = \frac{u_{max}}{U} = \sqrt{2}. \qquad (7)$$

47. Leistung in Wechselstromkreisen. Der Augenblickswert der elektrischen Leistung ist das Produkt $u\,i$ der Augenblickswerte von Spannung und Strom. Daraus ergibt sich bei Wechselstrom über eine oder mehrere Perioden die mittlere Leistung

$$N = \frac{1}{T} \int_T u\, i\, dt. \qquad (1)$$

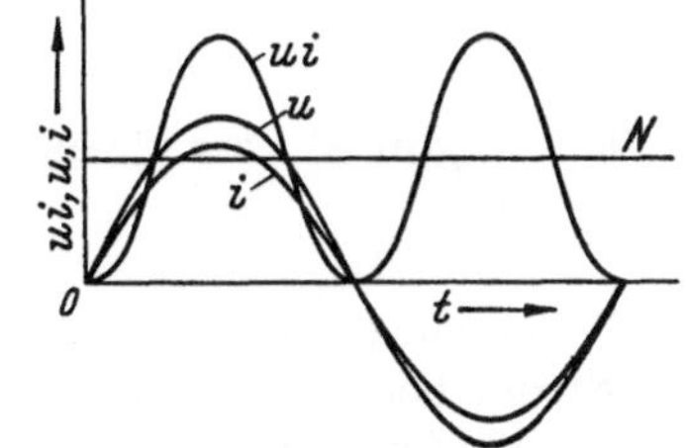

Abb. 136. Leistung bei Gleichphasigkeit ($\varphi = 0$) von Spannung und Strom.

Fallen, wie in Abb. 136, die Nulldurchgänge von Spannung und Strom bei sinusförmigem Verlauf beider zusammen, sind also, wie man sagt, Spannung und Strom in Phase oder phasengleich, so folgt aus obiger Gleichung, wenn wir den Nullpunkt der Zeitzählung in den Nulldurchgang von u und i legen,

$$N_{\varphi = 0} = \frac{1}{T} u_{max}\, i_{max} \int_0^T \sin^2 \omega t\, dt. \qquad (2)$$

Setzen wir darin

$$u_{max} = \sqrt{2}\, U, \qquad i_{max} = \sqrt{2}\, I, \qquad \omega = \frac{2\pi}{T}$$

und

$$\sin^2 \omega t = \frac{1}{2}\left(1 - \cos 2\,\frac{2\pi}{T}\, t\right),$$

so erhalten wir, weil $\displaystyle\int_0^T \left(1 - \cos 2\,\frac{2\pi}{T}\right) dt = T$ ist, für den zeitlichen Mittelwert der Leistung

$$N_{\varphi=0} = U I. \tag{3}$$

Der Augenblickswert $u\,i$ der Leistung pulsiert also mit doppelter Frequenz zwischen Null und $u_{max}\,i_{max}$ (vgl. Abb. 136). Ihr Mittelwert, den man unter der Leistung eines Wechselstromes immer versteht, ist im Falle der Phasengleichheit von u und i einfach gleich dem Produkt der Effektivwerte U und I.

Herrscht dagegen, wie in Abb. 137, zwischen u und i ein Phasenwinkel φ — auch Phasenverschiebung genannt — von $\frac{\pi}{2}$ entsprechend 90°, so liegt die Kurve der Augen-

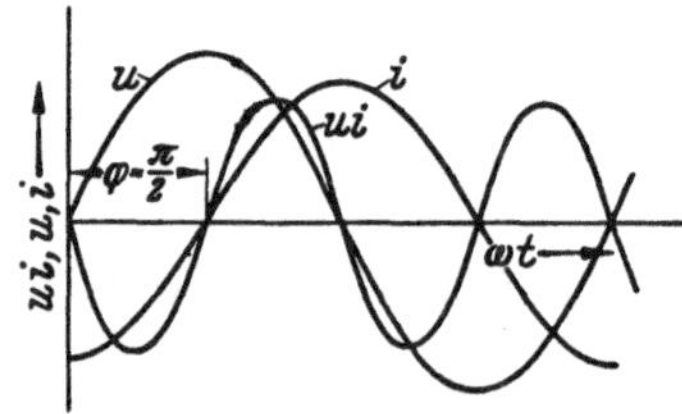

blicksleistung $u\,i = f(t)$ symmetrisch zur Nullinie, d. h. es flutet — dargestellt durch die positiven und negativen Flächen unter der $u\,i$-Kurve — lediglich Energie, und zwar mit doppelter Frequenz, hin und her, und die mittlere Leistung ist Null. Rechnerisch sieht das so aus: Der Verlauf der Spannung folgt der Gleichung $u = u_{max} \sin \omega t$, der des Stromes der Gleichung $i = i_{max} \sin\left(\omega t - \frac{\pi}{2}\right)$. Damit ergibt sich die Leistung

Abb. 137. Leistung bei einem Phasenwinkel
$\varphi = 90°$ zwischen Spannung und Strom.

$$N_{\varphi\,=\,90°} = \frac{1}{T}\int_0^T u\,i\,dt = \frac{1}{T} u_{max}\,i_{max} \int_0^T \sin \omega t \sin\left(\omega t - \frac{\pi}{2}\right) dt\,.$$

Mit $\sin\left(\omega t - \frac{\pi}{2}\right) = -\cos \omega t$ und $\omega = \frac{2\pi}{T}$ lautet das Integral rechts:

$$-\int_0^T \sin \frac{2\pi}{T}\,t \cos \frac{2\pi}{T}\,t\,dt = -\frac{1}{2}\int_0^T \sin 2\,\frac{2\pi}{T}\,t\,dt\,.$$

Dieses Integral ist aber gleich Null; also ist auch

$$N_{\varphi\,=\,90°} = 0\,. \tag{4}$$

Wollen wir die Leistung N für einen beliebigen Phasenwinkel φ zwischen Spannung und Strom berechnen, so machen wir uns zunächst klar, daß wir einen Wechselstrom $i = i_{max} \sin(\omega t - \varphi)$ (Abb. 134) mit der bekannten Beziehung

$$\sin(\omega t - \varphi) = \sin \omega t \cos \varphi - \cos \omega t \sin \varphi$$

gemäß

$$i = i_W + i_B \tag{5}$$

in zwei um $\frac{\pi}{2}$ entsprechend 90° gegeneinander in der Phase verschobene Komponenten

$$i_W = i_{W\,max} \sin \omega t$$

und

$$i_B = -i_{B\,max} \cos \omega t = i_{B\,max} \sin\left(\omega t - \frac{\pi}{2}\right)$$

zerlegen können (Abb. 138), worin

$$i_{W\,max} = i_{max}\cos\varphi \qquad (6)$$

und

$$i_{B\,max} = i_{max}\sin\varphi \qquad (7)$$

ist. Dementsprechend haben die beiden Komponenten die Effektivwerte

$$I_W = I\cos\varphi \qquad (8)$$

und

$$I_B = I\sin\varphi\,. \qquad (9)$$

Ist nun, wie in Abb. 139, φ der von 0 und $\frac{\pi}{2}$ verschiedene Phasenwinkel zwischen der Spannung u und dem Strom i, so ist die Komponente i_B gegenüber der Spannung u um $\frac{\pi}{2}$ bzw. 90° in der Phase verschoben, trägt also, wie wir oben gesehen haben, zur Leistung nichts bei, sondern bedingt lediglich ein Hin- und Herfluten von Energie. Dagegen ist die Komponente i_W mit der Spannung phasengleich, so daß wir für die Leistung in Wechselstromkreisen bei beliebigem Phasenwinkel φ zwischen Spannung und Strom mit Gl. (8) die wichtige Beziehung

$$N = U\,I_W = U\,I\cos\varphi \qquad (10)$$

erhalten. Die Kurve der Augenblicksleistung $u\,i$ ist ebenso wie für $\varphi = 0$ und $\varphi = \frac{\pi}{2}$ wieder eine Sinuskurve doppelter Frequenz, die aber jeweils in den Bereichen, wo u und i verschiedene Vorzeichen haben, unter, sonst über der Nullinie verläuft.

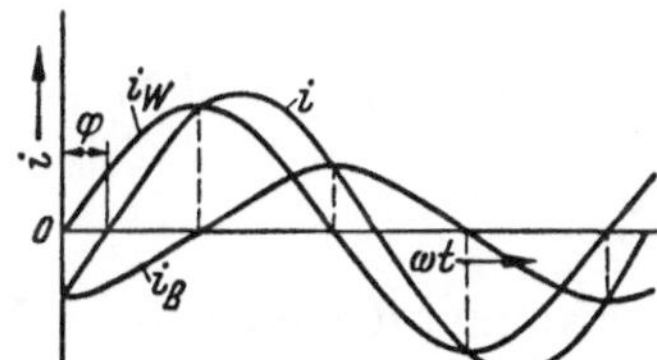

Abb. 138. Zerlegung eines Wechselstromes in zwei um 90° gegeneinander verschobene Komponenten.

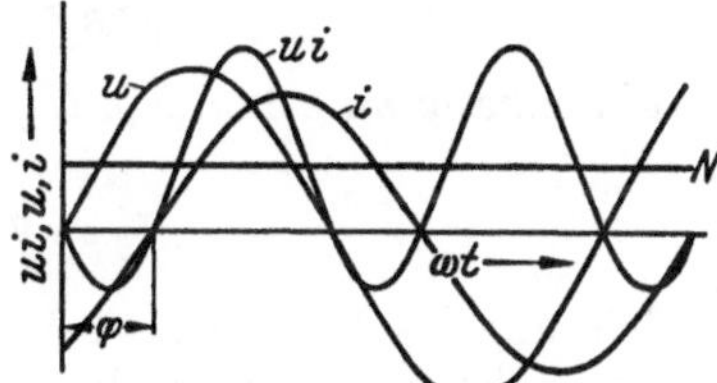

Abb. 139. Leistung bei beliebigem Phasenwinkel.

In Gl. (10) ist $\cos\varphi$ der sog. Leistungsfaktor. Bei Phasengleichheit zwischen u und i ist $\cos\varphi = 1$ und N hat bei gegebenen Werten von U und I den größtmöglichen Wert, während N bei einer Phasenverschiebung von $\varphi = 90°$ verschwindet, weil in diesem Fall $\cos\varphi = 0$ ist. Man bezeichnet die zur Leistung nichts beitragende Stromkomponente mit dem Effektivwert $I_B = I\sin\varphi$ treffend als Blindstrom und die andere, die Leistung bedingende Komponente $I_W = I\cos\varphi$ als Wirkstrom. Genau so gut könnte man natürlich statt des Stromes die Spannung in eine mit dem Strom phasengleiche Komponente, die Wirkspannung

$$U_W = U\cos\varphi\,, \qquad (11)$$

und eine dagegen um $\frac{\pi}{2}$ verschobene Komponente, die Blindspannung

$$U_B = U\sin\varphi \qquad (12)$$

zerlegen. Aus den beiden Komponenten ergibt sich umgekehrt mit $\sin^2\varphi + \cos^2\varphi = 1$ der Gesamtstrom bzw. die Gesamtspannung

$$I = \sqrt{I_W^2 + I_B^2} \quad (13) \qquad U = \sqrt{U_W^2 + U_B^2} \qquad (14)$$

Soll eine Leitung bei gegebener Spannung U eine bestimmte Leistung N übertragen, so ist nach Gl. (10) der dazu nötige Strom um so größer, je kleiner der Leistungsfaktor $\cos\varphi$ ist. Da der Leistungsverlust in dem Widerstand R der Übertragungsleitung aber $Q = I^2 R$ ist, wird bei gegebenem Leitungsquerschnitt und damit bei gegebenem Widerstand R der Wirkungsgrad der Übertragung $\eta = \dfrac{N}{N+Q}$ um so mehr verschlechtert, je kleiner $\cos\varphi$ ist. Umgekehrt muß man, wenn bei gegebener Leistung die Übertragungsverluste einen bestimmten Wert nicht überschreiten sollen, den Leitungswiderstand durch Vergrößerung des Leitungsquerschnitts, d. h. aber durch Erhöhung des Materialaufwandes, um so kleiner machen, je kleiner der Leistungsfaktor $\cos\varphi$ ist, mit dem die Leistung übertragen wird. Deshalb ist man bestrebt, die Phasenverschiebung φ zwischen Spannung und Strom und damit den zur Übertragung einer bestimmten Leistung bei gegebener Spannung nötigen Strom so klein wie möglich zu halten. Das gleiche gilt für die Verluste in den stromführenden Teilen elektrischer Geräte und Maschinen, die nach der Größe von I, d. h. um so reichlicher bemessen werden müssen, je kleiner der Leistungsfaktor ist. Aus Gründen, die wir später einsehen werden, wächst der Materialaufwand vieler Geräte und aller elektrischen Maschinen auch mit der Höhe der Spannung; die Baugröße richtet sich also nicht nach der Leistung $N = UI \cos\varphi$, sondern einfach nach dem Produkt UI. Darum hat dieses Produkt einen besonderen Namen bekommen; es heißt die Scheinleistung

$$N_S = UI. \tag{15}$$

Der Unterschied zwischen der Scheinleistung N_S und der Leistung

$$N = N_S \cos\varphi, \tag{16}$$

die in diesem Zusammenhang oft mit dem besonderen Namen Wirkleistung belegt und gelegentlich N_W geschrieben wird, ist um so größer, je größer die sog. Blindleistung

$$N_B = UI \sin\varphi \tag{17}$$

ist. Der Zusammenhang zwischen N_S, N_W und N_B ist wegen $\cos^2\varphi + \sin^2\varphi = 1$ gegeben durch

$$N_S = \sqrt{N_W^2 + N_B^2}. \tag{18}$$

Nur der Wirkleistung N_W bzw. N als echter Leistung kommt die Maßeinheit Watt bzw. Kilowatt zu. Die Schein- und die Blindleistung gibt man dagegen einfach in Voltampere (VA) bzw. Kilovoltampere (kVA) an.

48. Darstellung von Wechselgrößen durch Zeiger. Der Ingenieur ist stets bestrebt, sich seine Gedankengänge und Rechnungen durch zeichnerische Darstellungen anschaulich zu machen und zu erleichtern. Besonders zweckmäßig sind dabei solche Darstellungen, die eine graphische Lösung gestellter Aufgaben gestatten. Die von uns bisher benutzte Wiederangabe von Wechselgrößen durch sog. Liniendiagramme, d. h. durch Auftragen ihrer Augenblickswerte als Ordinaten über der Zeit, ist hierfür wenig geeignet; sie erfordert viel zu viel Zeichenarbeit und wird, wenn es sich um eine größere Anzahl darzustellender Größen handelt, leicht recht unübersichtlich. Eine viel einfachere und darum allgemein übliche Art der Darstellung von sinusförmigen Wechselgrößen ist die durch sog. Zeiger oder Zeitvektoren.

In Abb. 140 möge der Zeiger $\overline{OA}$ im Zeitpunkt $t = 0$ aus der so bezeichneten Stellung heraus mit einer der sekundlichen Drehzahl f entsprechenden, konstanten Winkelgeschwindigkeit $\omega = 2\pi f$ in mathematisch positivem Drehsinn, d. h. entgegen dem Uhrzeiger um den Punkt O zu rotieren beginnen. In einem beliebigen Zeitpunkt t hat er dann im Bogenmaß den Winkel $\omega t = 2\pi f t$ zurückgelegt; der Winkel zwischen ihm und der x-Achse ist dagegen $\omega t - \varphi$, wenn wir mit φ den Winkel zwischen der Ausgangslage für $t = 0$ und der x-Achse bezeichnen. Folglich hat die Projektion des Zeigers auf die y-Achse im Zeitpunkt t die Länge $\overline{OA} \sin(\omega t - \varphi)$. Stellt also die Länge des Zeigers in einem beliebig gewählten Maßstab einen Strom i_{max} dar, so stellt in jedem Zeitpunkt t seine Projektion auf die y-Achse in demselben Maßstab den zugehörigen Augenblickswert des Wechselstromes $i = i_{max} \sin(\omega t - \varphi)$ dar.

Wir können natürlich genau so gut den Zeiger stillstehen lassen und dem Fortschreiten der Zeit, wie in Abb. 141 angedeutet, durch eine entgegengerichtete Rotationsbewegung der Linie, auf die er projiziert wird, der sog. Zeitlinie, Rechnung tragen. Um die Ausgangslage der Zeitlinie im Zeitpunkt $t = 0$ brauchen wir uns nicht weiter zu kümmern; denn erstens können wir den Ausgangspunkt unserer Zeitzählung ganz nach Gutdünken wählen, vor allem aber interessiert uns im allgemeinen nicht der Augenblickswert einer einzelnen Wechselgröße in irgendeinem Zeitpunkt, sondern der Zusammenhang zwischen verschiedenen Wechselgrößen. Dieser ist aber durch deren Scheitel

bzw. Effektivwerte und durch die Phasenwinkel zwischen ihnen völlig bestimmt. Deshalb können wir auf die Darstellung der Zeitlinie meist überhaupt verzichten; es genügt, die einzelnen Zeiger in der richtigen Relativlage zueinander zu zeichnen. Für gleichartige Wechselgrößen ist bezüglich der Zeigerlänge natürlich derselbe Darstellungsmaßstab zu verwenden. Dabei braucht man bei Strömen und Spannungen, von denen ja stets die Effektiv

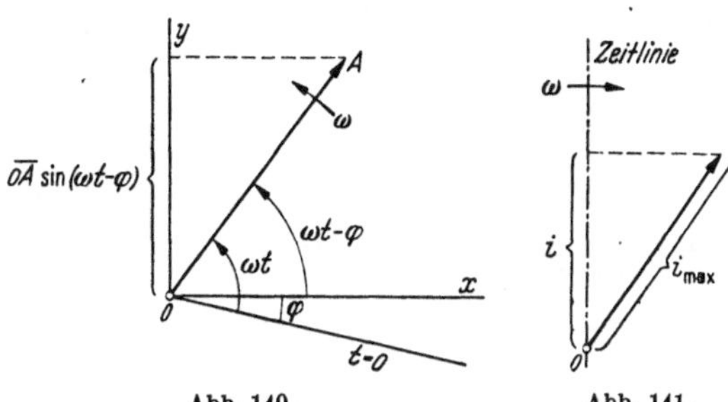

Abb. 140.   Abb. 141.

Abb. 140 u. 141. Darstellung von Wechselgrößen durch Zeiger.

werte angegeben werden, nicht erst den Scheitelwert zu bestimmen, der sich ja von dem Effektivwert nur durch den konstanten Scheitelfaktor $\sqrt{2}$ unterscheidet, sondern kann die Zeigerlänge direkt als Maß für den Effektivwert ansehen und die Zeiger dementsprechend bezeichnen. Schließlich ist es nicht nötig, die Zeiger alle von demselben Ursprungspunkt ausgehen zu lassen; sie können vielmehr parallel zu sich selbst beliebig verschoben werden; da sich dadurch an der Länge ihrer Projektion auf die gedachte Zeitlinie nichts ändert.

Da sich, wie gezeigt, Wechselströme und -Spannungen als eine Art von Vektoren darstellen lassen, ist es auch gerechtfertigt, als Formelzeichen für sie, wie für Vektoren, die deutschen Buchstaben $\mathfrak{J}$ bzw. $\mathfrak{U}$ zu verwenden und darunter ein Symbol für Effektivwert und Phasenlage zugleich zu verstehen.

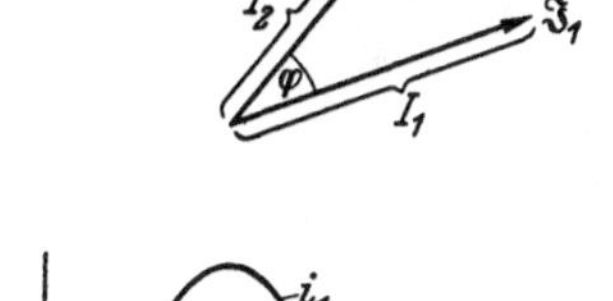

In dieser Schreibweise lautet dann beispielsweise die Summe zweier Wechselströme einfach $\mathfrak{J} = \mathfrak{J}_1 + \mathfrak{J}_2$, wobei das Pluszeichen in diesem Falle bedeutet, daß $\mathfrak{J}_1$ und $\mathfrak{J}_2$ geometrisch, d. h. nach den Regeln der Addition von Vektoren addiert werden sollen.

In Abb. 142 sind $\mathfrak{J}_1$ und $\mathfrak{J}_2$ die Zeitvektoren und i_1 bzw. i_2 die Kurven der Augenblickswerte zweier Wechselströme mit den Effektivwerten I_1 und I_2, und zwar eilt $\mathfrak{J}_1$ dem Strom $\mathfrak{J}_2$ wegen des Uhrzeiger-Drehsinns

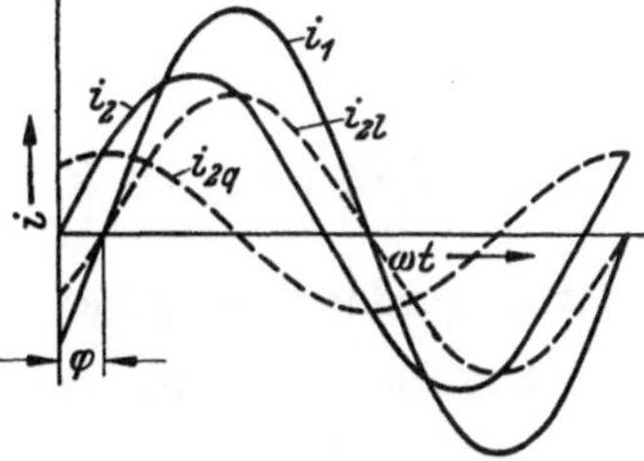

Abb. 142. Summe zweier Wechselströme.

der gedachten Zeitlinie um den Phasenwinkel φ nach. Analytisch können wir ihre Summe so bilden, daß wir i_2 in eine mit i_1 phasengleiche und eine gegenüber i_1 um $90°$ voreilende Komponente i_{2l} bzw. i_{2q} zerlegen. Die Effektivwerte dieser Komponenten sind: $I_{2l} = I_2 \cos\varphi$, $I_{2q} = I_2 \sin\varphi$. Der Summenstrom hat dann in Phase mit i_1 die Komponente mit dem Effektivwert

$$I_l = I_1 + I_{2l} = I_1 + I_2 \cos\varphi$$

und, um $90°$ dagegen verschoben, die Komponente

$$I_q = I_2 \sin\varphi \, .$$

Der Effektivwert des Summenstromes wird wie in Gl. (47,13) gebildet und ist

$$I = \sqrt{I_l^2 + I_q^2} = \sqrt{I_1^2 + I_2^2 + 2I_1 I_2 \cos\varphi} \, . \tag{1}$$

Für seine Phasenverschiebung φ' gegenüber i_1 gilt mit $I_q = I \sin\varphi'$ und $I_l = I \cos\varphi'$:

$$\operatorname{tg}\varphi' = \frac{I_q}{I_l} \tag{2}$$

Um die gleiche Operation im Zeigerdiagramm auszuführen, brauchen wir nach Abb. 143 lediglich den Zeiger $\mathfrak{J}_2$ pfeilgerecht an $\mathfrak{J}_1$ anzuführen. Dann erhalten wir den Zeiger des Summenstromes $\mathfrak{J} = \mathfrak{J}_1 + \mathfrak{J}_2$ einfach als Schlußlinie, womit die geometrische Summen-

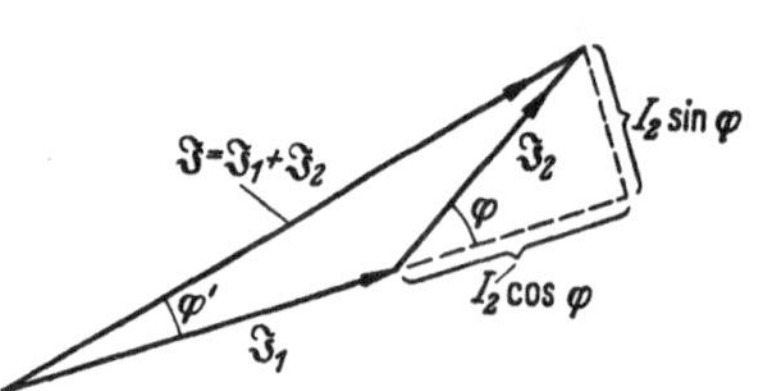
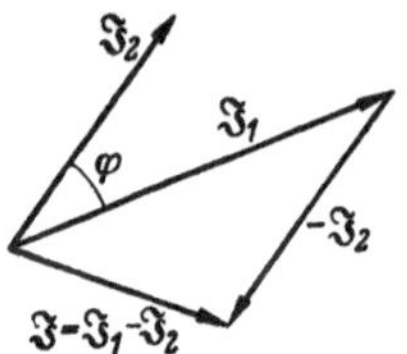

bildung erklärt ist. Die obige Beziehung für den Effektivwert I des Summenstromes können wir aus Abb. 143 sofort unter Benutzung des sog. Kosinussatzes der Mathematik ablesen. Sinngemäß wird die Differenz zweier Ströme $\mathfrak{J} = \mathfrak{J}_1 - \mathfrak{J}_2$ gebildet, indem man, wie in Abb. 144 gezeigt,

Abb. 143. Summe zweier Wechselströme im Zeigerdiagramm.

Abb. 144. Differenz zweier Wechselströme im Zeigerdiagramm.

$\mathfrak{J}_2$ mit umgekehrtem Pfeilsinn, d. h. als $(-\mathfrak{J}_2)$, an $\mathfrak{J}_1$ anfügt und wieder die Schlußlinie $\mathfrak{J} = \mathfrak{J}_1 + (-\mathfrak{J}_2) = \mathfrak{J}_1 - \mathfrak{J}_2$ zeichnet.

Die Ableitung eines Wechselstromes $i = \sqrt{2}\, I \sin(\omega t + \varphi)$ nach der Zeit t ergibt

$$\frac{di}{dt} = \omega \sqrt{2}\, I \cos(\omega t + \varphi) = \omega \sqrt{2}\, I \sin\left(\omega t + \varphi + \frac{\pi}{2}\right). \tag{3}$$

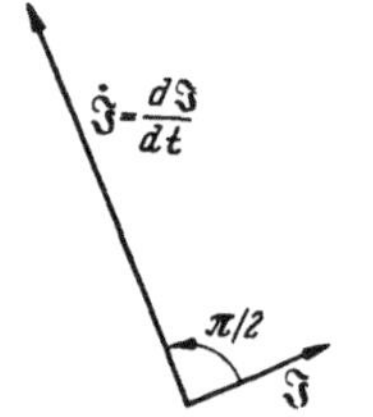
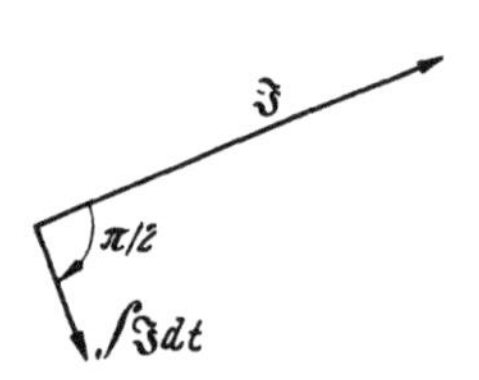

Folglich kann die Abteilung $\frac{di}{dt}$ eines Wechselstromes ebenfalls durch einen Zeitvektor $\dot{\mathfrak{J}} = \frac{d\mathfrak{J}}{dt}$ dargestellt werden (Abb. 145), und zwar ist $\dot{\mathfrak{J}}$ ein Zeiger, der gegenüber $\mathfrak{J}$ um $\frac{\pi}{2}$ bzw. 90° im Sinne der Voreilung gedreht und dessen Betrag bzw. Länge gleich dem ω-fachen des Betrages von $\mathfrak{J}$ ist. $\dot{\mathfrak{J}}$ geht aus $\mathfrak{J}$ durch eine „Drehstreckung" hervor.

Abb. 145. Ableitung eines Wechselstromes nach der Zeit in Zeigerdarstellung.

Abb. 146. Zeitintegral eines Wechselstromes in Zeigerdarstellung.

Umgekehrt ist das Integral

$$\int i\, dt = \sqrt{2}\, I \sin(\omega t + \varphi)\, dt = -\frac{1}{\omega}\sqrt{2}\, I \cos(\omega t + \varphi) = \frac{1}{\omega}\sqrt{2}\, I \sin\left(\omega t + \varphi - \frac{\pi}{2}\right). \tag{4}$$

In der Zeigerdarstellung hat also die Integration eines Zeigers (Abb. 146) eine Drehung von $\frac{\pi}{2}$ bzw. 90° im Sinne der Nacheilung und eine Verkürzung auf das $\frac{1}{\omega}$-fache zur Folge.

I. Widerstand, Induktivität und Kapazität im Wechselstromkreis

49. Wirk- und Blindwiderstand. An einem Oнмschen Widerstand R ruft ein hindurchfließender Wechselstrom i eine Spannung mit den Augenblickswerten $u = iR$ hervor. Spannung und Strom sind in jedem Zeitpunkt einander proportional und darum phasengleich. Im Zeigerdiagramm ist also ebenfalls

$$\mathfrak{U} = \mathfrak{J}R, \tag{1}$$

d. h. $\mathfrak{U}$ unterscheidet sich von $\mathfrak{J}$ nur dem Betrage nach (Abb. 147a bis c). Desgleichen gilt für die Effektivwerte

$$U = IR. \tag{2}$$

Das OHMsche Gesetz hat also für von Wechselstrom durchflossene OHMsche Widerstände dieselbe Form wie bei Gleichstrom.

Für die Spannung u an einer von einem zeitlich veränderlichen Strom i durchflossenen Drossel mit der Selbstinduktivität L hatten wir die Beziehung [Gl. (39,2)] $u = L \dfrac{di}{dt}$ gefunden. Ist nun i ein Wechselstrom $i = \sqrt{2}\,I \sin \omega t$, so ergibt sich

$$u = \sqrt{2}\,\omega\,L\,I \cos \omega t.$$

Die Spannung hat also den Effektivwert

$$U = \omega\,L\,I \tag{3}$$

und eilt den Strom um den Phasenwinkel $\varphi = \dfrac{\pi}{2}$ bzw. 90° voraus (Abb. 148 a bis c). Ist die Spannung u vorgegeben, so eilt ihr der Strom mit dem Effektivwert $I = \dfrac{U}{\omega L}$ um 90° nach.

Für die Leistungsaufnahme der Drossel erhalten wir wegen des Phasenwinkels $\varphi = 90°$

$$N = U I \cos \varphi = 0 .$$

In der stromdurchflossenen Induktivität wird also im zeitlichen Mittel keine Leistung umgesetzt; die Augenblicksleistung $u\,i$ verschwindet dagegen außer in den Nulldurchgängen von u oder i keineswegs. Die Erklärung gibt Abb. 137. Die Leistung ist nämlich, und zwar mit doppelter Frequenz, abwechselnd positiv und negativ, d. h. es wird abwechselnd der Drossel elektrische Energie zugeführt und wieder von ihr in den Stromkreis zurückgeliefert. Die zugeführte

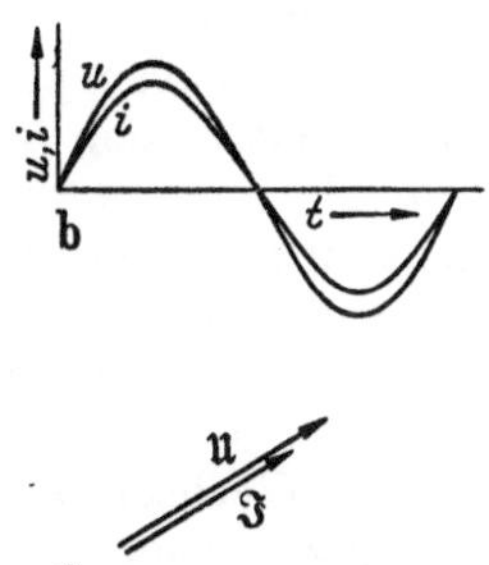

Abb. 147a bis c. OHMscher Widerstand im Wechselstromkreis.
a) Schaltbild b) Liniendiagramm c) Zeigerdiagramm

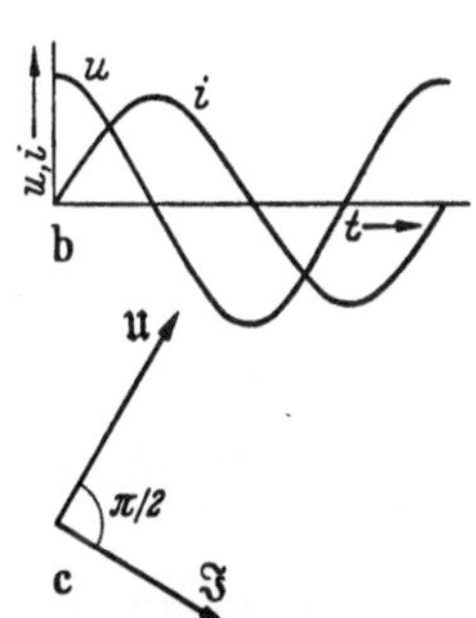

Abb. 148a bis c. Induktivität im Wechselstromkreis.
a) Schaltbild b) Liniendiagramm c) Zeigerdiagramm

Energie wird zum Aufbau des Magnetfeldes verwendet, und dieses gibt sie bei seinem Verschwinden wieder ab. Nach Gl. (40,1) ist der jeweilige Energiegehalt des Magnetfeldes $W = \dfrac{1}{2}\,L\,i^2$. Er ist stets positiv, erreicht in den — positiven und negativen — Scheitelpunkten von i sein Maximum und verschwindet bei jedem Nulldurchgang von i. Gl. (3) gleicht in ihrem Aufbau dem OHMschen Gesetz, nur erscheint an Stelle des OHMschen Widerstandes R in ihr das Produkt $\omega\,L$. Dieses wirkt also hinsichtlich der Effektivwerte von Spannung und Strom wie ein Widerstand, hat aber die in der Schreibweise $U = \omega\,L\,I$ nicht zum Ausdruck kommende Besonderheit, daß Spannung und Strom gegeneinander um 90° phasenverschoben sind, so daß die Wirkleistung nach Gl. (47,10) Null ist. Nach den Gl. (47,15) und (47,17) ist folglich wegen $\sin \varphi = 1$ die Scheinleistung der Drossel $N_S = U I$ identisch mit der Blindleistung $N_B = U I \sin \varphi$. Darum bezeichnet man das Produkt $\omega\,L$ als induktiven Blindwiderstand, wofür auch das Fremdwort Reaktanz gebräuchlich ist.

Ebenfalls einen Blindwiderstand stellt ein Kondensator dar (Abb. 149a bis c). Für ihn lautet nach Gl. (26,3) der Zusammenhang zwischen den Augenblickswerten von Spannung und Strom: $i = C \dfrac{du}{dt}$. Unter der Voraussetzung, daß u eine reine Wechselspannung ist, ergeben sich aus der Umkehrfunktion

$$u = \frac{1}{C} \int i\,dt \tag{4}$$

für den Strom $i = \sqrt{2}\, I \cos \omega t$ die Beziehungen

$$u = \frac{1}{\omega C} \sqrt{2}\, I \sin \omega t \qquad (5)$$

für die Augenblickswerte und

$$U = \frac{1}{\omega C} I \qquad (6)$$

für den Effektivwert der Spannung. Der Ausdruck $\frac{1}{\omega C}$ erscheint als kapazitiver Blindwiderstand; denn es besteht wieder eine Phasenverschiebung von 90° zwischen u und i, nur daß diesmal, wie die Diagramme nach Abb. 149 b u. c zeigen, die Spannung dem Strom nacheilt. Auch hier flutet die Energie lediglich in jeder Periode der Spannung oder des Stromes zweimal hin und her, so daß die Wirkleistung gleich Null ist. Als Energiespeicher wirkt dabei das elektrostatische Feld des Kondensators, dessen Energieinhalt in jedem Augenblick nach Gl. (27,1) $w = \frac{1}{2} C u^2$ ist. Dieser Energieinhalt ist ebenso wie der des Magnetfeldes stets positiv und hat sein Maximum in den positiven und negativen Scheitelwerten der Spannung. Die Ladung $q = C u$ kehrt dagegen ihr Vorzeichen phasengleich mit u fortlaufend um.

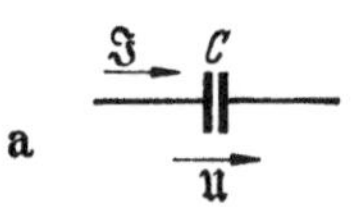

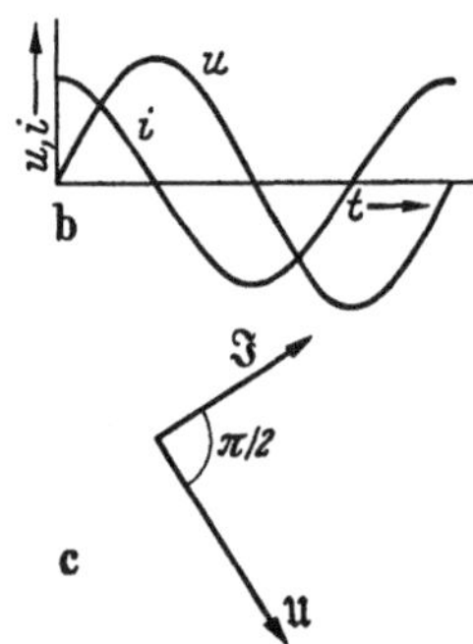

Abb. 149a bis c. Kapazität im Wechselstromkreis.

Es ist wichtig, sich vor Augen zu halten, daß sowohl der induktive als auch der kapazitive Blindwiderstand von der Kreisfrequenz $\omega = 2\pi f$ und damit von der Frequenz f abhängen, und zwar ist der induktive Blindwiderstand der Frequenz f selbst, der kapazitive dagegen ihrem Kehrwert proportional. Davon rührt die schon auf S. 89 erwähnte Tatsache her, daß eine nicht sinusförmige Wechselspannung, die, wie schon gesagt, als eine Überlagerung von sinusförmigen Spannungen verschiedener Frequenzen aufgefaßt werden kann, an einen Blindwiderstand gelegt, einen Strom zur Folge hat, dessen Kurvenform von der Spannung abweicht; denn für jede Teilwelle der Spannung hat der Blindwiderstand wegen seiner Frequenzabhängigkeit einen anderen Wert.

Für jede Teilwelle ist also das Verhältnis von Stromamplitude zu Spannungsamplitude ein anderes. Beim kapazitiven Blindwiderstand $\frac{1}{2\pi f C}$ wirken sich die Teilwellen der Spannung auf die Kurve des Stromes um so stärker, beim induktiven Blindwiderstand $2\pi f L$ dagegen um so weniger aus, je höher ihre Frequenz ist. Bei verzerrter Spannung glättet deshalb die Induktivität den Strom, die Kapazität verzerrt ihn erst recht.

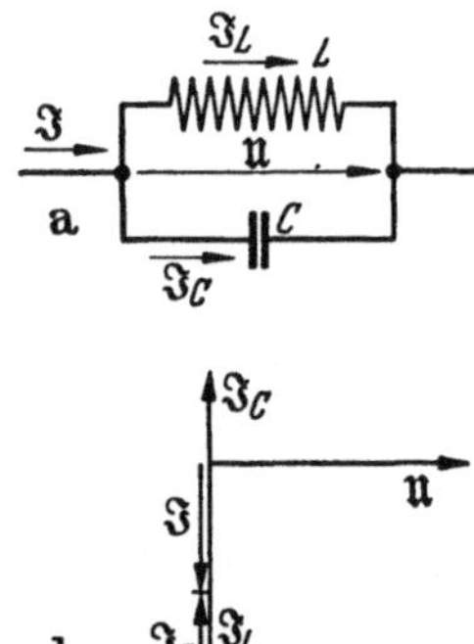

Abb. 150a u. b. Parallelschaltung von Induktivität und Kapazität.

Der Umstand, daß der Strom i_L durch eine Induktivität der Spannung um 90° nacheilt, der Ladestrom i_C einer Kapazität ihr dagegen um 90° voreilt, hat die wichtige Folge, daß diese Ströme sich in einem beiden gemeinsamen Stromkreisteil gegenseitig teilweise oder auch ganz aufheben können. So zeigt Abb. 150b das Zeigerdiagramm einer Parallelschaltung aus Kapazität und Induktivität (Abb. 150a). An L und C liegt dieselbe Spannung $\mathfrak{U}$. In den gemeinsamen Zuleitungen fließt der Summenstrom $\mathfrak{J} = \mathfrak{J}_L + \mathfrak{J}_C$. Sein Effektivwert ist

$$I = I_L - I_C = U\left(\frac{1}{\omega L} - \omega C\right) \quad \text{für } \frac{1}{\omega L} > \omega C \qquad (7)$$

bzw.

$$I = I_C - I_L = U\left(\omega C - \frac{1}{\omega L}\right) \quad \text{für } \frac{1}{\omega L} < \omega C . \qquad (7a)$$

Im ersteren Falle, der in Abb. 150b angenommen ist, eilt $\mathfrak{J}$ gegen $\mathfrak{U}$ um 90° nach, ist also induktiv, im zweiten Fall, wenn $\mathfrak{J}_C$ überwiegt, ist $\mathfrak{J}$ dagegen kapazitiv, d. h. gegen $\mathfrak{U}$ um 90° voreilend.

Was bei der Parallelschaltung von L und C für die Ströme gilt, gilt bei der Reihenschaltung nach Abb. 151a für die Spannungen. Hier fließt durch L und C derselbe Strom $\mathfrak{J}$. Die von ihm an L hervorgerufene Spannung $\mathfrak{U}_L$ eilt ihm um 90° vor, die Spannung $\mathfrak{U}_C$ an C dagegen um 90° nach (Abb. 151b). Für die Gesamtspannung $\mathfrak{U} = \mathfrak{U}_L + \mathfrak{U}_C$ ergibt sich als Effektivwert

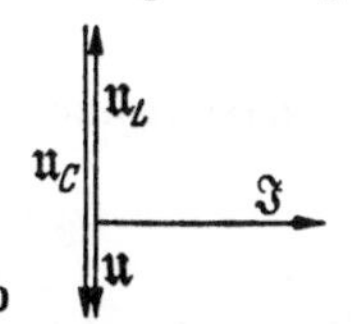

$$U = I\left(\omega L - \frac{1}{\omega C}\right) \quad \text{für } \omega L > \frac{1}{\omega C} \tag{8}$$

bzw.

$$U = I\left(\frac{1}{\omega C} - \omega L\right) \quad \text{für } \omega L < \frac{1}{\omega C}. \tag{8a}$$

Abb. 151a u. b. Reihenschaltung von Induktivität und Kapazität.

50. Resonanz. Besonders bemerkenswert ist der Fall, daß bei der Parallelschaltung von Induktivität und Kapazität $\mathfrak{J}_L = -\mathfrak{J}_C$, bei der Reihenschaltung $\mathfrak{U}_L = -\mathfrak{U}_C$ wird (Abb. 152a bzw. b). Das tritt offenbar ein für

$$\frac{1}{\omega C} = \omega L \quad \text{bzw.} \quad \omega^2 L C = 1, \tag{1}$$

d. h. wenn die Kreisfrequenz

$$\omega = \omega_0 = \frac{1}{\sqrt{LC}} \tag{2}$$

bzw. die Frequenz

$$f = f_0 = \frac{1}{2\pi\sqrt{LC}} \tag{3}$$

wird. Man bezeichnet diesen Zustand als Resonanz und f_0 als Resonanzfrequenz. Bei dem Parallelresonanzkreis in der Schaltung nach Abb. 150a herrscht bei der Frequenz f_0 Stromresonanz, d. h. $\mathfrak{J}_L$ und $\mathfrak{J}_C$ heben einander auf (Abb. 152a); der Gesamtstrom $\mathfrak{J}$ wird folglich gleich Null, und der Parallel-Resonanzkreis verhält sich, als Ganzes betrachtet, wie ein unendlich großer Widerstand. Für die Teilströme in den beiden Parallelzweigen gilt aber nach wie vor $I_L = \dfrac{U}{\omega_0 L}$ und $I_C = \omega_0 C U$.

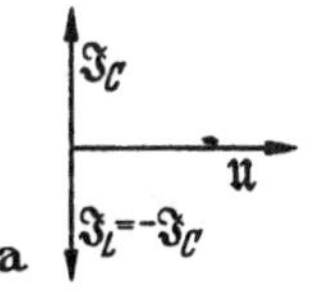

Umgekehrt heben beim Reihenresonanzkreis nach Abb. 151a die Spannungen $\mathfrak{U}_L$ und $\mathfrak{U}_C$ bei der Frequenz f_0 einander auf (Abb. 152b); die Summenspannung verschwindet, und der Resonanzkreis wirkt wie ein widerstandsloser Leiter. Nach wie vor sind aber die Teilspannungen an der Induktivität und an der Kapazität

Abb. 152a u. b.
a) Stromresonanz
b) Spannungsresonanz.

$$U_L = \omega_0 L I \quad \text{bzw.} \quad U_C = \frac{1}{\omega_0 C} I$$

durchaus noch vorhanden, und zwar ist wegen Gl. (1) $U_L = U_C$. Wir können deshalb auch schreiben

$$U_L = U_C = \sqrt{U_L U_C} = \sqrt{\frac{L}{C}} I. \tag{4}$$

U_L und U_C können also trotz verschwindender Gesamtspannung unter Umständen außerordentlich hohe Werte erreichen. Es sei jedoch gleich darauf hingewiesen, daß sowohl beim Parallel- als auch beim Reihen-Resonanzkreis der unvermeidbare OHMsche

Widerstand die geschilderten, extremen Verhältnisse verwischt. Hierauf kommen wir später zurück.

Wir wollen uns aber schon jetzt an Hand der Energieverhältnisse bei unserem widerstandslosen und damit verlustfreien Reihen-Resonanzkreis einen tieferen Einblick in das Wesen der Resonanz verschaffen. Beide Blindwiderstände $\omega_0 L$ und $\dfrac{1}{\omega_0 C}$ werden von demselben Strom $i = \sqrt{2}\,I \sin \omega_0 t$ durchflossen. Nach Gl. (40,1) ist dann der Augenblickswert der in L gespeicherten Energie

$$w_L = \frac{1}{2}\,Li^2 = L\,I^2 \sin^2 \omega_0 t = \frac{1}{2}\,L\,I^2\,(1 - \cos 2\omega_0 t). \tag{5}$$

An C herrscht nach Gl. (49,4) die Spannung

$$u_C = \frac{1}{C} \int i\,dt = \frac{1}{C}\,\sqrt{2}\,I \int \sin \omega_0 t\, dt = -\frac{1}{\omega_0 C}\,\sqrt{2}\,I \cos \omega_0 t\,. \tag{6}$$

Damit ergibt sich nach Gl. (27,1) die in C augenblicklich gespeicherte Energie zu

$$w_C = \frac{1}{2}\,C\,u_C^2 = \frac{1}{\omega_0^2 C}\,I^2 \cos^2 \omega_0 t = \frac{1}{2}\,\frac{1}{\omega_0^2 C}\,I^2\,(1 + \cos 2\,\omega_0 t) \tag{7}$$

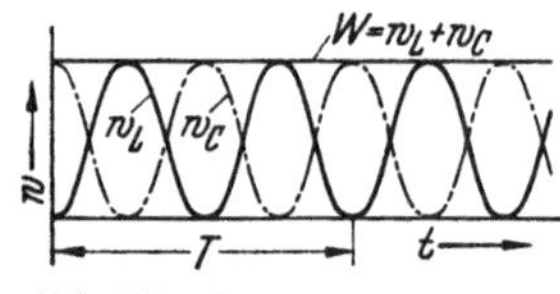

Abb. 153. Leistungsverlauf im Resonanzkreis.

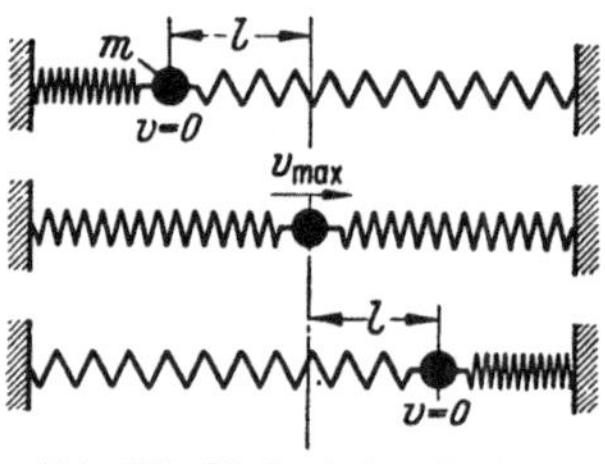

Den Verlauf von w_L und w_C zeigt Abb. 153. Aus der Resonanzbedingung Gl. (1) folgt aber $\dfrac{1}{\omega_0^2 C} = L$. Also können wir für w_C auch

$$w_C = \frac{1}{2}\,L\,I^2\,(1 + \cos 2\,\omega_0 t) \tag{8}$$

und mit Gl. (5) für die Gesamtenergie

$$W = w_L + w_C = L\,I^2 \tag{9}$$

schreiben. Die in dem Resonanzkreis insgesamt gespeicherte Energie W ist demnach zeitlich konstant; sie flutet, wie Abb. 153 zeigt, mit der doppelten Resonanzfrequenz, d. h. mit $2 f_0$ zwischen der Induktivität und der Kapazität hin und her. Im Strommaximum sitzt sie als magnetische Feldenergie $\dfrac{1}{2}\,Li_{max}^2$ in der Induktivität,

Abb. 154. Mechanisches Analogon des Resonanzkreises.

im Stromnulldurchgang als elektrostatische Feldenergie mit dem gleich großen Betrag $\dfrac{1}{2}\,Cu_{C\,max}^2$ in der Kapazität. Dieser Energieaustausch geht beim verlustlosen Resonanzkreis ohne Energiezufuhr von außen vor sich.

Es herrscht völlige Analogie zu den Energieverhältnissen beim reibungslosen Federpendel in der Mechanik (Abb. 154), das ebenfalls ohne Energiezufuhr von außen schwingt. In den Umkehrpunkten der Pendelmasse m, wo ihre Geschwindigkeit v Null ist, sitzt die Energie in potentieller Form mit dem Betrag $\dfrac{1}{2}\,k\,l^2$ in den um l zusammengedrückten bzw. gedehnten, masselos gedachten Federn mit der Federhärte k, beim Durchgang durch die Ruhelage mit v_{max} dagegen als kinetische Energie $\dfrac{1}{2}\,m\,v_{max}^2$ in der Masse m. Folgende Größen beim mechanischen und beim elektrischen Resonanzkreis entsprechen einander paarweise: k und $\dfrac{1}{C}$; l und Höchstladung q_{max} des Kondensators; Federkraft $p = k\,l$ und $u_c = \dfrac{\text{Ladung } q}{C}$; m und L; v und i.

51. Reihenschaltung von Wirk- und Blindwiderständen. Von größter praktischer Bedeutung ist die Reihenschaltung von Ohmschen und Blindwiderständen (Abb. 155a), allein schon deshalb, weil jede Spule und überhaupt jeder mit Induktivität behaftete

Leiter unvermeidbar auch OHMschen Widerstand besitzt, der so wirkt, als ob er mit der Induktivität in Reihe geschaltet wäre. Die Strom- und Spannungsverhältnisse solch einer Reihenschaltung lassen sich an Hand des Zeigerdiagramms nach Abb. 155b leicht übersehen. Es ist dabei angenommen, daß mit dem OHMschen Widerstand R außer einem induktiven Blindwiderstand ωL auch noch ein kapazitiver Blindwiderstand $\frac{1}{\omega C}$ in Reihe liegt. Die Spannung $\mathfrak{U}_R$ an R mit dem Effektivwert $U_R = IR$ ist mit dem Strom $\mathfrak{J}$ in Phase, die Spannung $\mathfrak{U}_L$ mit $U_L = \omega L I$ eilt ihm um 90° vor, die Spannung $\mathfrak{U}_C$ mit $U_C = \frac{1}{\omega C} I$ um 90° nach. Die Gesamtspannung $\mathfrak{U} = \mathfrak{U}_R + \mathfrak{U}_L + \mathfrak{U}_C$ ergibt sich als Schlußlinie, wenn die drei Teilspannungen pfeilgerecht aneinandergefügt werden. Ihr Effektivwert ist offenbar

$$U = I \sqrt{R^2 + \left(\omega L - \frac{1}{\omega C}\right)^2} \,. \tag{1}$$

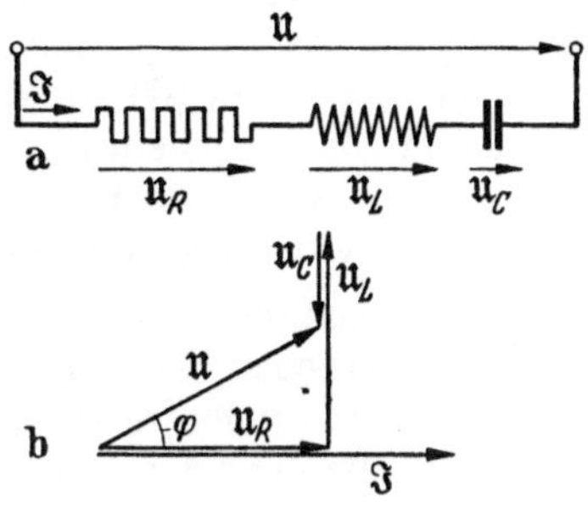

Dieser Ausdruck wird manchmal als das OHMsche Gesetz für Wechselstrom bezeichnet. Wir wollen dem lieber nicht folgen, denn die Wurzel ist zweifellos kein OHMscher Widerstand. Nur die Beziehung $U = IR$ verdient diesen Namen.

Abb. 155 a u. b. Reihenschaltung von OHMschen Widerstand, Induktivität und Kapazität.

Ist R der OHMsche Widerstand, der in diesem Zusammenhang auch als Wirkwiderstand bezeichnet wird, und $X = \omega L - \frac{1}{\omega C}$ der Blindwiderstand der Reihenschaltung, so stellt $\sqrt{R^2 + X^2}$ ihren sog. Scheinwiderstand Z dar, der auch als Impedanz bezeichnet wird. Da $U_R = IR$ die Wirkspannung U_W und $U_L - U_C = I\left(\omega L - \frac{1}{\omega C}\right)$ die Blindspannung U_B darstellt, so ergibt sich die Phasenverschiebung φ zwischen $\mathfrak{U}$ und $\mathfrak{J}$ aus

$$\operatorname{tg}\varphi = \frac{U_B}{U_W} = \frac{\omega L - \frac{1}{\omega C}}{R} = \frac{X}{R} = \frac{\text{Blindwiderstand}}{\text{Wirkwiderstand}} \tag{2}$$

$$\sin\varphi = \frac{U_B}{U} = \frac{\omega L - \frac{1}{\omega C}}{\sqrt{R^2 + X^2}} = \frac{X}{Z} = \frac{\text{Blindwiderstand}}{\text{Scheinwiderstand}} \tag{3}$$

$$\cos\varphi = \frac{U_W}{U} = \frac{R}{\sqrt{R^2 + X^2}} = \frac{R}{Z} = \frac{\text{Wirkwiderstand}}{\text{Scheinwiderstand}} \,. \tag{4}$$

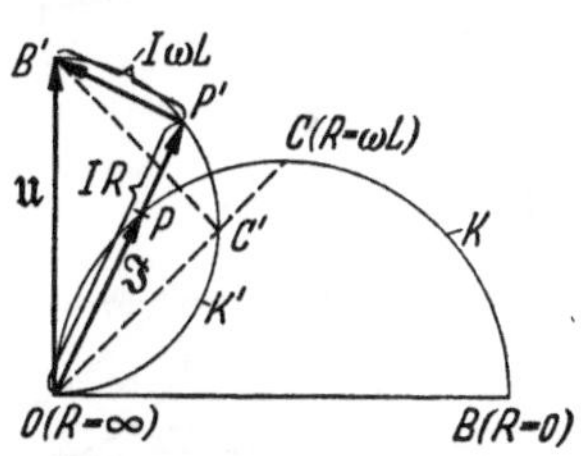

Abb. 156. Ortskurve des Stromes in einer Reihenschaltung von konstanter Induktivität und veränderlichem Widerstand.

$\cos\varphi$ ist zugleich der Leistungsfaktor, mit dem die umgesetzte Leistung $N = U I \cos\varphi$ errechnet werden kann, was natürlich dasselbe besagt wie $N = I^2 R$. $N_B = U I \sin\varphi$ ist die Blindleistung, wofür wir offenbar auch

$$N_B = I X \tag{5}$$

schreiben können.

Es bietet sich hier eine günstige Gelegenheit, einen praktisch oft vorkommenden Fall als Beispiel dafür zu erörtern, daß der Zeitvektor einer Wechselgröße eine Funktion einer variablen Zustandsgröße ist. Gefragt sei nach der Änderung eines Wechselstromes $\mathfrak{J}$ in einer Reihenschaltung aus Wirk- und induktivem Blindwiderstand, wenn bei konstanter Wechselspannung $\mathfrak{U}$ und konstantem Blindwiderstand ωL lediglich der Wirkwiderstand, R geändert wird. $\mathfrak{U}$ ist dann in Abb. 156 die Resultierende aus den Teilspannungen mit den Effektivwerten $I R$ und $I \omega L$, die durch die Zeiger OP' und $P'B'$ dargestellt werden und von denen die erstere mit $\mathfrak{J}$ phasengleich ist, die letztere jedoch gegenüber $\mathfrak{J}$ um 90° voreilt. Da somit die Zeiger OP' und $P'B'$ einen rechten Winkel einschließen, muß sich bei einer Änderung von R der Endpunkt P' des Zeigers OP' auf einem Halbkreis K' über dem Zeiger $\mathfrak{U}$ bewegen, und zwar gehört zu jedem Wert des Verhältnisses $R/\omega L$ ein ganz bestimmter Punkt des Halbkreises K'. Für $R/\omega L = 0$ fällt P' nach O, für $R/\omega L = \infty$ nach B' und für $R/\omega L = 1$ nach C'. Die Richtung des Stromvektors $\mathfrak{J}$ ist stets mit der Richtung von OP' identisch und steht auf $P'B'$ im Sinne der Nacheilung senkrecht. Der Betrag I von $\mathfrak{J}$ ist dagegen wegen $\omega L = \text{const}$ dem Betrag $\omega L I$ proportional, d. h. der Endpunkt P von $\mathfrak{J}$ bewegt sich ebenfalls auf einem Halbkreis K, dessen Durchmesser von dem gewählten I-Maßstab abhängt. Für $R/\omega L = \infty$ fällt P nach O, für $R/\omega L = 0$ nach B und für $R/\omega L = 1$ nach C. Man bezeichnet eine Kurve (K), auf der sich die Spitze eines von einem festen Punkt (O) ausgehenden Vektors $(\mathfrak{J})$ in Abhängigkeit von einem sog. Parameter $(R/\omega L$ bzw. $R)$ bewegt und von der jedem Punkt ein ganz bestimmter Wert des Parameters zugeordnet ist, so daß sie somit die Funktion darstellt, nach der der Vektor von dem Parameter abhängt, als Ortskurve des Vektors.

52. Resonanzkreise mit Verlusten. Nachdem wir bereits in Abschn. 50 den verlustfreien Resonanzkreis behandelt haben, wollen wir jetzt untersuchen, wie sich dabei der Oнmsche Widerstand der Spulenwicklung auswirkt.

Für den Reihenresonanzkreis zeigt Gl. (51,1), daß er sich bei Resonanzfrequenz wegen $\omega_0 L - \dfrac{1}{\omega_0 C} = 0$ nach außen wie ein Oнmscher Widerstand von der Größe R

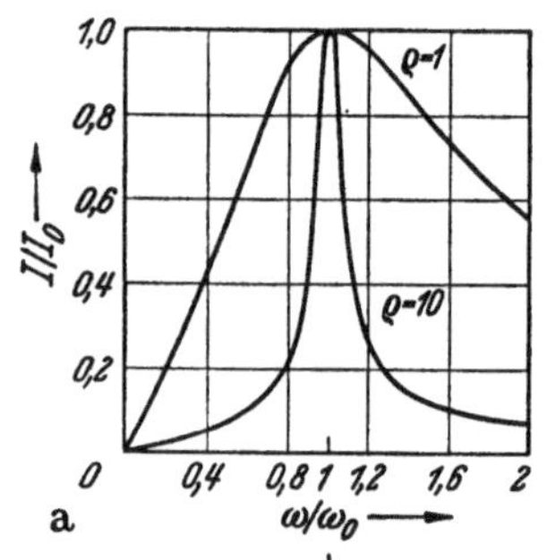

verhält. Der Strom kann deshalb nur auf den Wert $I_0 = \dfrac{U}{R}$ ansteigen, wobei I_0 mit U in Phase ist. Die Teilspannungen an den Blindwiderständen nehmen dabei nach Gl. (50,4) den Wert

$$U_L = U_C = \frac{U}{R}\sqrt{\frac{L}{C}} \tag{1}$$

an.

Ist I der Strom bei einer beliebigen Kreisfrequenz ω und I_0 der Resonanzstrom bei der Kreisfrequenz ω_0, so ist

$$\frac{I}{I_0} = \frac{R}{\sqrt{R^2 + \left(\omega L - \dfrac{1}{\omega C^2}\right)^2}} . \tag{2}$$

Mit $\dfrac{1}{\sqrt{LC}} = \omega_0$ können wir

$$\omega L = \frac{\omega}{\omega_0}\sqrt{\frac{L}{C}} \quad \text{und} \quad \frac{1}{\omega C} = \frac{\omega_0}{\omega}\sqrt{\frac{L}{C}}$$

schreiben. Setzen wir

$$\frac{1}{R}\sqrt{\frac{L}{C}} = \varrho \quad \text{bzw.} \quad \sqrt{\frac{L}{C}} = \varrho R, \tag{3}$$

so ergibt sich

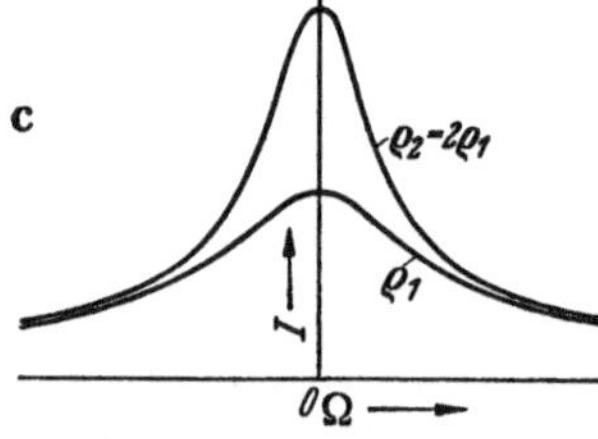

Abb. 157 a—c. Resonanzkurven.

$$\frac{I}{I_0} = \frac{R}{\sqrt{R^2 + \left(\dfrac{\omega}{\omega_0} - \dfrac{\omega_0}{\omega}\right)^2 \varrho^2 R^2}} = \frac{1}{\sqrt{1 + \left(\dfrac{\omega}{\omega_0} - \dfrac{\omega_0}{\omega}\right)^2 \varrho^2}} . \tag{4}$$

In Abb. 157a ist $\dfrac{I}{I_0} = f\left(\dfrac{\omega}{\omega_0}\right)$ für $\varrho = 1$ und $\varrho = 10$ aufgetragen.

Der Ausdruck $\dfrac{\omega}{\omega_0} - \dfrac{\omega_0}{\omega}$ wird auch „Verstimmung" des Resonanzkreises genannt. Bezeichnen wir diesen Ausdruck mit Ω, so ergibt sich

$$\frac{I}{I_0} = \frac{1}{\sqrt{1 + \Omega^2 \varrho^2}} \tag{4a}$$

bzw. mit $I_0 = \dfrac{U}{R}$

$$I = \frac{U}{\sqrt{R^2 + \Omega^2\, R^2\, \varrho^2}}\,, \qquad (5)$$

wofür wir mit dem sog. Schwingwiderstand $Z = \sqrt{\dfrac{L}{C}}$ und Gl. (3) auch

$$I = \frac{U}{Z} \frac{1}{\sqrt{\dfrac{1}{\varrho^2} + \Omega^2}} \qquad (6)$$

schreiben können.

Man erhält symmetrische Resonanzkurven, wenn man als Abszisse nicht einfach das Frequenzverhältnis $\dfrac{\omega}{\omega_0}$, sondern die Verstimmung Ω des Resonanzkreises aufträgt. Für zwei im Verhältnis $1:2$ verschiedene Werte von ϱ zeigt Abb. 157b das Verhältnis I/I_0 und Abb. 157c den Strom I selbst als Funktion der Verstimmung Ω. Die Resonanzkurven zeigen ein um so schärfer ausgeprägtes Maximum, je größer der Wert ϱ, d. h. je kleiner der OHMsche Widerstand R im Verhältnis zu dem Schwingwiderstand Z ist. ϱ wird deshalb die Kreisgüte des Resonanzkreises genannt. Wenn man eine bestimmte prozentuale Ordinatenabweichung von der Ordinate im Resonanzpunkt zuläßt, so darf die Verstimmung Ω des Kreises um so größer sein, je kleiner seine Kreisgüte ist.

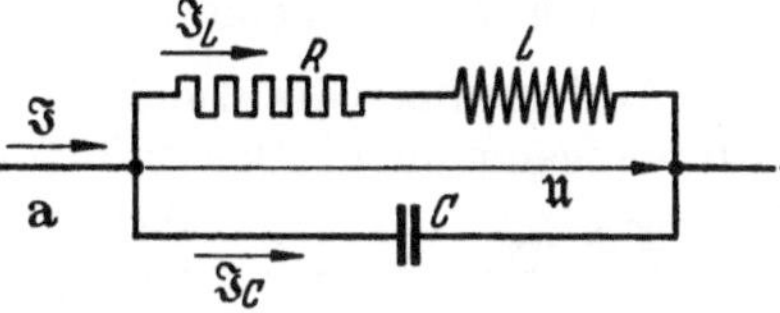

Für den Parallel-Resonanzkreis mit OHMschem Widerstand (Abb. 158a) ist die Gesamtspannung

$$U = I_L \sqrt{R^2 + \omega^2 L^2} = I_C \frac{1}{\omega C}. \qquad (7)$$

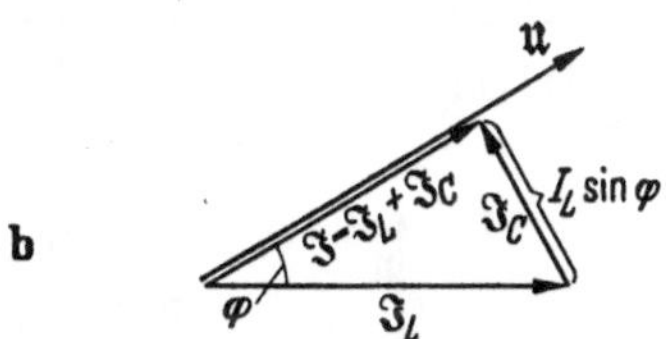

Abb. 158 a u. b. Parallelresonanzkreis
mit OHMschem Widerstand.

Als Resonanz definieren wir den Zustand, bei dem die Blindkomponente von $\mathfrak{I}_L$, bezogen auf $\mathfrak{U}$, durch den kapazitiven Blindstrom $\mathfrak{I}_C$ aufgehoben wird (Abb. 158b), bei dem also der Gesamtstrom $\mathfrak{I} = \mathfrak{I}_L + \mathfrak{I}_C$ ein reiner Wirkstrom ist und der Kreis sich nach außen wie ein OHMscher Widerstand verhält. Die zugehörige Kreisfrequenz bezeichnen wir mit ω_r. Es ist dann

$$I_L \sin \varphi = I_C,$$

und dafür können wir mit den Gln. (7) und (51,3) schreiben:

$$\frac{U}{\sqrt{R^2 + \omega_r^2\, L^2}} \cdot \frac{\omega_r L}{\sqrt{R^2 + \omega_r^2\, L^2}} = U \omega_r C\,.$$

Daraus ergibt sich die Resonanz-Kreisfrequenz

$$\omega_r = \sqrt{\frac{1}{LC} - \frac{R^2}{L^2}}\,, \qquad (8)$$

die hier im Gegensatz zum Reihenresonanzkreis nicht mehr von R unabhängig ist.

Der resultierende Widerstand R_r des Kreises bei Resonanz ergibt sich daraus, daß als äußerer Strom $\mathfrak{I}$ nur noch die Wirkkomponente von $\mathfrak{I}_L$ in Erscheinung tritt. Es ist mit Gl. (51,4)

$$I = I_L \cos \varphi = U \frac{R}{\sqrt{R^2 + \omega_r^2\, L^2}} = \frac{U}{R_r}\,,$$

woraus sich mit $\omega_r^2 = \dfrac{1}{LC} - \dfrac{R^2}{L^2}$

$$R_r = \frac{L/C}{R} \qquad (9)$$

ergibt.

Je größer also R im Verhältnis zu $\dfrac{L}{C}$ ist, um so kleiner ist der OHMsche Gesamt-widerstand, den der Kreis im Resonanzfall bei $\omega = \omega_r$ darstellt, und um so größer der Strom, der ihn bei gegebener Spannung durchfließt. Nur bei $R = 0$, d. h. bei Verlust-freiheit wirkt der Resonanzkreis bei ω_r als unendlich großer Widerstand. Die zunächst paradox anmutende Tatsache, daß mit zunehmendem Innenwiderstand R der Gesamt-widerstand R_r kleiner wird, erklärt sich leicht, wenn man bedenkt, daß das ja stets nur für die Resonanz-Kreisfrequenz $\omega_r = \sqrt{\dfrac{1}{LC} - \dfrac{R^2}{L^2}}$ gilt und diese mit wachsendem R abnimmt.

Je kleiner aber ω_r wird, um so kleiner wird der Einfluß der Blindwiderstände, und diese können immer nur eine Vergrößerung des Widerstandes bewirken. R_r kann also niemals kleiner als R, sondern allenfalls nur gleich R werden. Letzteres tritt für $R = \sqrt{\dfrac{L}{C}}$ ein; dann geht in Gl. (8) ω_r gegen Null und der Strom wird zum Gleichstrom, für den nur noch der OHMsche Widerstand R wirksam ist. Tatsächlich ergibt auch Gl. (9) für $R = \sqrt{\dfrac{L}{C}}$ den Resonanzwiderstand $R_r = R$. Für $R > \sqrt{\dfrac{L}{C}}$ hat Gl. (8) keine reelle Lösung, d. h. es gibt keine Frequenz mehr, bei der überhaupt noch Resonanz aufträte.

53. Verlustwinkel des Kondensators. Wir haben bisher stets den Kondensator als ver-lustfrei angenommen. Das trifft für Kondensatoren mit Luft als Dielektrikum auch zu.

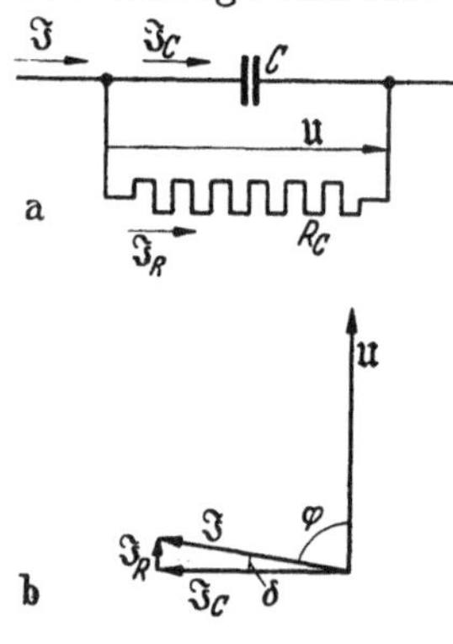

Abb. 159a u. b. Verlustwinkel eines Kondensators.

Werden aber zur Erhöhung der Kapazität oder der Durch-schlagsfestigkeit bei gegebener Schichtdicke des Dielektri-kums hierfür feste oder flüssige Isolierstoffe verwendet, so tritt in diesen ein Leistungsverlust auf, der teils durch die, wenn auch stets nur äußerst geringe, Leitfähigkeit des Isolierstoffes bedingt wird, teils aber in inneren Vorgängen im Dielektrikum bei wechselnder Feldstärke ihre Ursache hat. Man faßt diese Verluste unter dem Begriff „dielek-trische Verluste" zusammen. Den verlustbehafteten Konden-sator kann man sich in Annäherung vorstellen als die Parallelschaltung eines verlustfreien Kondensators C mit einem OHMschen Widerstand R_C (Abb. 159). Zu dem der Spannung $\mathfrak{U}$ um 90° voreilenden Strom $\mathfrak{J}_C$ mit dem Effektiv-wert $I_C = \omega C U$ gesellt sich noch ein Strom $\mathfrak{J}_R = \dfrac{\mathfrak{U}}{R_C}$ in Phase mit $\mathfrak{U}$. Der Phasenwinkel φ zwischen $\mathfrak{U}$ und $\mathfrak{J}$ ist folglich kleiner als 90°, und zwar ist

$$tg\ \varphi = \frac{I_C}{I_R} = \omega R_C\, C \tag{1}$$

Gewöhnlich gibt man statt dessen den Verlustfaktor, d. h. den Tangens des Verlust-winkels δ an, um den φ von 90° abweicht:

$$tg\ \delta = \frac{I_R}{I_C} = \frac{1}{\omega R_C C}. \tag{2}$$

Hiernach scheint es, als nehme der Verlustfaktor bei wachsender Frequenz mit deren Kehrwert ab. Das gilt sicherlich für die durch Leitfähigkeit des Dielektrikums bedingten Verluste. Bei hochwertigen Isolierstoffen, wie sie für die Hochfrequenztechnik ent-wickelt worden sind, spielt aber die Leitfähigkeit kaum noch eine Rolle, und es treten bei diesen Stoffen im wesentlichen nur noch dielektrische Verluste auf, die von der Frequenz in weiten Grenzen unabhängig sind, so daß der Verlustfaktor geradezu eine Kenngröße des betreffenden Stoffes ist.

54. Symbolische Behandlung von Wechselstromaufgaben. Die Umständlichkeit der Berechnung von Wechselstromkreisen liegt offenbar darin, daß eine sinusförmige

Wechselgröße nicht schon durch einen einfachen Zahlenwert, sondern erst durch Angabe eines Wertepaares, nämlich ihres Effektivwertes und ihres Phasenwinkels bestimmt ist. Durch Heranziehung des Zeigerdiagramms kann man sich zwar die Arbeit wesentlich erleichtern. Wenn es sich aber um die Berechnung von Strömen und Spannungen in Widerstandskombinationen handelt, in denen die einzelnen Wirk- und Blindwiderstände teils in Reihe, teils parallel liegen, so ist schon der Entwurf des prinzipiellen Zeigerdiagramms nicht mehr ganz einfach, und die Rechnung führt wegen der als Wurzelausdrücke erscheinenden resultierenden Impedanzen zu recht schwerfälligen Ausdrücken. Erheblich einfacher lassen sich solche Rechnungen mit Hilfe der sog. symbolischen Methode durchführen, die im folgenden, unmittelbar an die Zeigerdarstellung anknüpfend, erläutert werden soll.

Auf ein feststehendes rechtwinkliges Achsenkreuz x, y (Abb. 160) bezogen, kann ein einen Wechselstrom darstellender Zeiger $\mathfrak{J}$ nach Betrag I und Phasenwinkel φ gegenüber der x-Achse durch die Beträge I_x und I_y seiner in die beiden Achsenrichtungen des Achsenkreuzes fallenden Komponenten eindeutig festgelegt werden. Wenn wir, zunächst ganz formal, vereinbaren, daß wir einen Zahlenwert, der eine in Richtung der positiven y-Achse zu durchlaufende Strecke repräsentieren soll, durch Beifügung des Buchstabens j kennzeichnen wollen, daß dagegen ein Zahlenwert ohne diesen Zusatz stets eine in Richtung der positiven x-Achse zu durchlaufende Strecke bedeuten soll, so können wir den Zeiger $\mathfrak{J}$ mit den Zahlenwerten I_x und I_y durch die symbolische Schreibweise

$$\mathfrak{J} = I_x + j\,I_y \tag{1}$$

eindeutig kennzeichnen. Diese Schreibweise ist dann einfach als die Anweisung aufzufassen: Schreite, um vom Anfangs- zum Endpunkt des Zeigers $\mathfrak{J}$ zu gelangen, um die Strecke I_x in positiver x-Richtung und um die Strecke I_y in positiver y-Richtung fort. Da es auf die Reihenfolge der Schritte nicht ankommt, hätten wir natürlich genau so gut auch

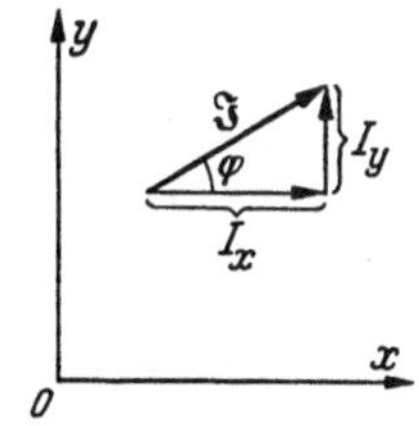

$$\mathfrak{J} = j\,I_y + I_x \tag{2}$$

schreiben können.

Abb. 160. Zur symbolischen Darstellung von Wechselgrößen.

Wenn aber reine Zahlenwerte als Strecken bzw. Zeiger nur in der x-Richtung gezählt werden sollen, so können wir den Ausdruck $j\,I_y$, der eine um 90° in positivem Drehsinn gegen die x-Richtung gedrehte Strecke symbolisiert, auch als Produkt des reinen Zahlenwertes I_y mit einem Faktor j auffassen, indem wir festsetzen, daß die Multiplikation einer Strecke mit j nichts weiter als eine Drehung dieser Strecke um 90° in positivem Drehsinn bedeuten soll. Damit gewinnt, wie wir gleich sehen werden, j einen uns schon von der Schulmathematik her bekannten Sinn. Multiplizieren wir nämlich eine reine Zahl A, die vereinbarungsgemäß einen in die positive x-Richtung weisenden Zeiger darstellt, zweimal mit j, d. h. $j \cdot j = j^2$, so wird dieser Zeiger zweimal um 90°, insgesamt also um 180° gedreht. Er weist jetzt in die negative x-Richtung und repräsentiert somit die Zahl $(-A)$. Demnach ist $j^2 A = -A$ und $j^2 = -1$ bzw.

$$j = \sqrt{-1}\,. \tag{3}$$

j ist also nichts anderes als die Einheit der sog. imaginären Zahlen, die in der Mathematik meist als i geschrieben wird. Aus dieser Definition von j folgen weiterhin die Beziehungen

$$j^3 = jj^2 = -j; \quad j^4 = 1; \quad \frac{1}{j} = \frac{j}{j^2} = \frac{j}{-1} = -j; \quad -j^2 = 1$$

In Gl. (1) entspricht somit die gerichtete Strecke jI_y einer imaginären Zahl vom Betrage I_y. Ein reiner Zahlenwert wird in diesem Zusammenhang als reelle Zahl und die Summe aus einer reellen und einer imaginären Zahl als komplexe Zahl bezeichnet. Demnach wird durch Gl. (1) der Wechselstrom $\mathfrak{J}$ durch eine komplexe Zahl dargestellt, und diese Darstellungsart ist auch für jede andere Wechselgröße möglich.

Ist φ der Winkel, den $\mathfrak{J}$ mit der reellen Achse (x-Achse) einschließt, und I der Betrag (Effektivwert) von $\mathfrak{J}$, der auch als $|\mathfrak{J}|$ geschrieben werden kann, so ist (Abb. 160):

$$I_x = I \cos \varphi \qquad \text{der reelle} \tag{4}$$

und

$$jI_y = jI \sin \varphi \qquad \text{der imaginäre} \tag{5}$$

Teil der komplexen Zahl

$$\mathfrak{J} = I_x + jI_y = I (\cos \varphi + j \sin \varphi) \tag{6}$$

Es gilt weiterhin

$$\frac{I_x}{I_y} = tg\,\varphi, \quad (7) \qquad \frac{I_y}{I} = \sin \varphi, \quad (8) \qquad \frac{I_x}{I} = \cos \varphi. \quad (9)$$

Der Betrag von $\mathfrak{J}$ ist

$$I = |\mathfrak{J}| = \sqrt{I_x^2 + I_y^2}. \tag{10}$$

Die Summe zweier Wechselströme $\mathfrak{J}_1$ und $\mathfrak{J}_2$ bildeten wir im Zeigerdiagramm durch einfaches Aneinanderfügen der Zeiger $\mathfrak{J}_1$ und $\mathfrak{J}_2$. Der Zeiger des Summenstromes $\mathfrak{J} = \mathfrak{J}_1 + \mathfrak{J}_2$ hat wie aus Abb. 161 hervorgeht, die reelle Komponente $I_{1,x} + I_{2,x}$ und die imaginäre Komponente $j(I_{1,y} + I_{2,y})$. Die Summe von zwei komplexen Zahlen ist demnach einfach die Summe aller reellen und imaginären Teile der Summanden:

$$\mathfrak{J} = \mathfrak{J}_1 + \mathfrak{J}_2 = I_x + jI_y = I_{1,x} + I_{2,x} + j\,(I_{1,y} + I_{2,y}). \tag{11}$$

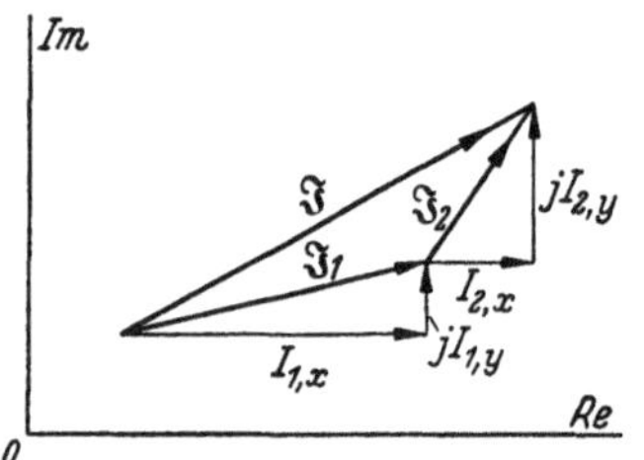

Abb. 161. Zur Summenbildung nach der symbolischen Methode.

Entsprechend wird die Differenz gebildet:

$$\mathfrak{J} = \mathfrak{J}_1 - \mathfrak{J}_2 = I_x + jI_y = I_{1,x} - I_{2,x} + j(I_{1,y} - I_{2,y}). \tag{12}$$

Wird eine komplexe Zahl $\mathfrak{J}$ mit einer reellen Zahl R multipliziert, so ist das Produkt $R\,\mathfrak{J}$ wieder eine komplexe Zahl

$$\mathfrak{U} = R\,\mathfrak{J} = R\,(I_x + j\,I_y) = R\,I(\cos \varphi + j \sin \varphi), \tag{13}$$

die dieselbe Richtung wie $\mathfrak{J}$, aber den R-fachen Betrag hat. Wir wissen, daß Gl. (13) für die Spannung $\mathfrak{U}$ an einem von dem Strom $\mathfrak{J}$ durchflossenen Ohmschen Widerstand R zutrifft. Ohmsche Widerstände sind also in der Rechnung mit komplex dargestellten Strömen und Spannungen als reelle Zahlen zu handhaben.

Dagegen eilt die Spannung $\mathfrak{U}$ an einem induktiven Blindwiderstand vom Betrage ωL dem Strom $\mathfrak{J}$, der sie hervorruft, um 90° vor. Ihr Betrag ist $U = \omega L I$. Da wir bei einer komplexen Zahl eine Drehung des entsprechenden Zeigers um 90° im Sinne der Voreilung durch eine Multiplikation mit j ausdrücken, erhalten wir für die Spannung am induktiven Blindwiderstand (Abb. 162) in komplexer Schreibweise die Beziehung

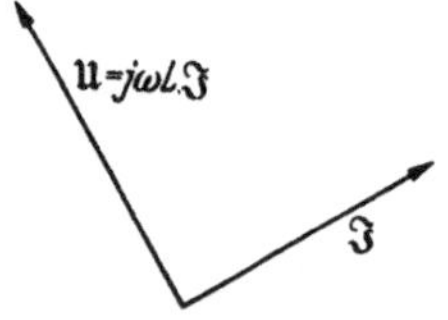

Abb. 162. Spannung an einer Induktivität in symbolischer Darstellung.

$$\mathfrak{U} = j\,\omega\,L\,\mathfrak{J} \tag{14}$$

oder, bei Aufspaltung in Real- und Imaginärteile

$$\mathfrak{U} = U_x + jU_y = j\,\omega\,L\,(I_x + j\,I_y) = \omega L\,(-I_y + j\,I_x). \tag{15}$$

Umgekehrt eilt die Spannung an einem kapazitiven Widerstand $\dfrac{1}{\omega C}$ dem Strom um 90° nach und hat den Betrag $U = \dfrac{1}{\omega C}\,I$. Drehung um 90° in nacheilendem, d.h. negativem Sinn bedeutet aber in komplexer Schreibweise Multiplikation mit $-j = \dfrac{1}{j}$. Folglich ist am kapazitiven Blindwiderstand

$$\mathfrak{U} = -j\,\frac{1}{\omega C}\,\mathfrak{J} = \frac{1}{j\,\omega C}\,\mathfrak{J} = \frac{1}{j\,\omega C}\,(I_x + j\,I_y) = \frac{1}{\omega C}\,(I_y - j\,I_x). \tag{16}$$

In komplexer Schreibweise erscheinen also Blindwiderstände als imaginäre Zahlen, und zwar der induktive Blindwiderstand als $j\omega L$, der kapazitive als $\dfrac{1}{j\omega C}$, und nur der OHMsche Widerstand R ist als reelle Zahl anzusehen. Auf dieser Tatsache beruht die außerordentliche Einfachheit der Behandlung von Wechselstromaufgaben nach der symbolischen Methode. Die resultierenden Impedanzen von Widerstandskombinationen erscheinen jetzt nämlich nicht mehr als schwerfällige Wurzelausdrücke, sondern einfach als komplexe Zahlen.

So ist z. B. die Spannung an der Reihenschaltung von OHMschen, induktiven und kapazitiven Widerständen (Abb. 155) in komplexer Schreibweise

$$\mathfrak{U} = \mathfrak{I}\left[R + j\left(\omega L - \frac{1}{\omega C}\right)\right] = \mathfrak{I}\,\mathfrak{z}, \qquad (17)$$

worin

$$\mathfrak{z} = R + j\left(\omega L - \frac{1}{\omega C}\right) \qquad (18)$$

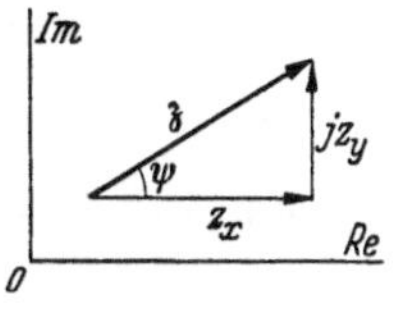

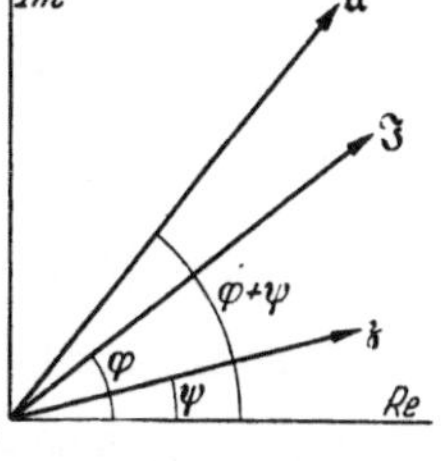

Abb. 163. Impedanz in symbolischer Darstellung.

die komplex geschriebene Impedanz der Reihenschaltung ist.

Wenn aber eine Impedanz ebenfallls als komplexe Zahl ausgedrückt werden kann, so ist sie auch als Vektor darstellbar, und es kommt ihr außer einem Betrag auch eine Richtung ψ zu (Abb. 163). Ist z_x der reelle und $j\,z_y$ der imaginäre Teil einer Impedanz $\mathfrak{z}$, so ist ihr Betrag

$$z = \sqrt{z_x^2 + z_y^2}. \qquad (19)$$

Der Richtungswinkel, der bei einer komplexen Zahl auch als Argument bezeichnet wird, ergibt sich aus $\operatorname{tg}\psi = \dfrac{z_y}{z_x}$, wobei wieder $z_x = z\cos\psi$ und $z_y = z\sin\psi$ ist.

In Gl. (17) geht $\mathfrak{U}$ aus der Multiplikation einer komplexen Zahl $\mathfrak{I}$ mit einer ebenfalls komplexen Zahl $\mathfrak{z}$ hervor. Schreiben wir $\mathfrak{I}$ und $\mathfrak{z}$ in der Form

$$\mathfrak{I} = I_x + j\,I_y = I\,(\cos\varphi + j\sin\varphi) \qquad (20)$$

$$\mathfrak{z} = z_x + j\,z_y = z\,(\cos\psi + j\sin\psi), \qquad (21)$$

so ist

$$\mathfrak{U} = \mathfrak{z}\,\mathfrak{I} = z\,I\,(\cos\psi + j\sin\psi)\,(\cos\varphi + j\sin\varphi)$$

$$= z\,I\,[\cos\psi\cos\varphi - \sin\psi\sin\varphi + j\,(\sin\psi\cos\varphi + \cos\psi\sin\varphi)]$$

$$= z\,I\,[\cos(\psi + \varphi) + j\sin(\psi + \varphi)] \qquad (22)$$

$\mathfrak{U}$ hat also (Abb. 164) den Betrag $U = z\,I$ und das Argument $\psi + \varphi$. Daraus folgt die allgemeine Regel: Werden zwei komplexe Zahlen miteinander multipliziert, so liefert das Produkt ihrer Beträge den Betrag, die Summe ihrer Argumente das Argument des Produktes.

Um bei der Division durch eine komplexe Zahl den Quotienten wieder als Summe aus reellem und imaginärem Teil zu bekommen, muß man den Bruch, der sich zunächst ergibt, so umgestalten, daß sein Nenner reell wird. Das ist immer möglich durch Erweitern des Bruches mit der zu dem komplexen Nenner konjugiert komplexen Zahl.

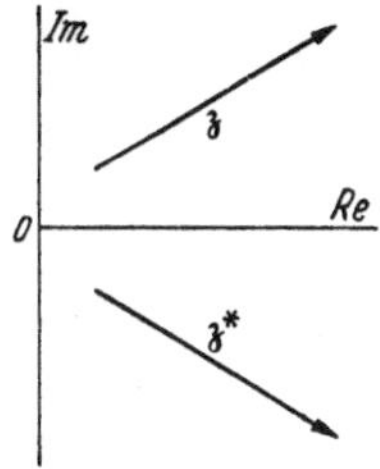

Abb. 164. Produkt von Strom und Impedanz.

Abb. 165. Konjugiert komplexe Zahlen.

Konjugiert komplex nennt man zwei komplexe Zahlen dann, wenn sie sich nur durch das Vorzeichen des imaginären Teiles unterscheiden. So sind z. B. $\mathfrak{z} = z_x + j\,z_y$ und $\mathfrak{z}^* = z_x - j\,z_y$ konjugiert komplex. Der den Ausdruck $\mathfrak{z}$ darstellende Vektor geht, wie Abb. 165 zeigt, durch Spiegelung an der reellen Achse in den Vektor $\mathfrak{z}^*$ über und umgekehrt. Das Produkt zweier konjugiert komplexer Zahlen ist immer reell, und zwar gleich dem Quadrat des Betrages, der für beide Zahlen der gleiche ist

$$\mathfrak{z}\,\mathfrak{z}^* = (z_x + j\,z_y)\,(z_x - j\,z_y) = z_x^2 + z_y^2 = z^2. \tag{23}$$

Haben wir also, z. B. bei einer Berechnung eines Stromes $\mathfrak{I}$ aus Spannung $\mathfrak{U}$ und Impedanz $\mathfrak{z}$, einen Bruch von der Form $\mathfrak{I} = \dfrac{\mathfrak{U}}{\mathfrak{z}}$ gefunden, so erweitern wir ihn mit $\mathfrak{z}^*$:

$$\mathfrak{I} = \frac{\mathfrak{U}}{\mathfrak{z}} \cdot \frac{\mathfrak{z}^*}{\mathfrak{z}^*} = \frac{U_x + j\,U_y}{z_x + j\,z_y} \cdot \frac{z_x - j\,z_y}{z_x - j\,z_y} = \frac{U_x\,z_x + U_y\,z_y}{z_x^2 + z_y^2} + j\,\frac{U_y\,z_x - U_x\,z_y}{z_x^2 + z_y^2}$$

und erhalten den Quotienten $\mathfrak{I}$ in der Form $I_x + j\,I_y$.

Liegt der Bruch in der Form $\mathfrak{I} = \dfrac{\mathfrak{U}}{\mathfrak{z}} = \dfrac{U\,(\cos\varphi + j\sin\varphi)}{z\,(\cos\psi + j\sin\psi)}$ vor, so ergibt seine Erweiterung mit $\mathfrak{z}^* = z\,(\cos\psi - j\sin\psi)$ den Quotienten

$$\mathfrak{I} = \frac{\mathfrak{U}}{\mathfrak{z}} = \frac{U}{z}\left[\cos(\varphi - \psi) + j\sin(\varphi - \psi)\right]. \tag{24}$$

Um den Quotienten zweier komplexer Zahlen zu bilden, muß man also den Quotienten ihrer Beträge und die Differenz ihrer Argumente bilden (Abb. 166).

Die symbolische Rechenmethode bietet den Vorteil, daß man alle Beziehungen zwischen den komplexen Größen zunächst genau so anschreiben kann, wie man es für die Größen eines Gleichstromkreises tun würde. So lautet z. B. die resultierende Impedanz $\mathfrak{z}$ der in Abb. 167 gezeigten Schaltung mit den parallelgeschalteten Teilimpedanzen

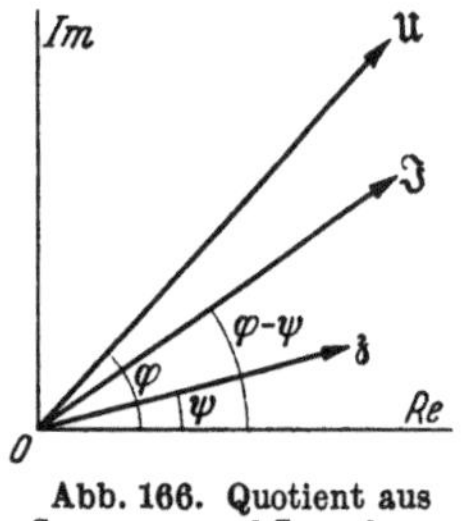

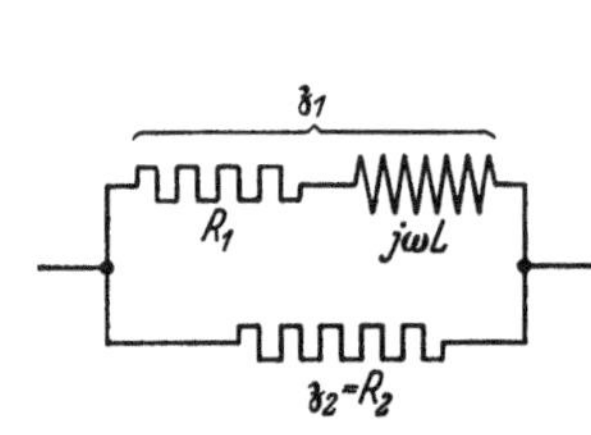

Abb. 166. Quotient aus Spannung und Impedanz.   Abb. 167. Zusammengesetzter Stromkreis.

$$\mathfrak{z}_1 = R_1 + j\,\omega\,L \quad \text{und} \quad \mathfrak{z}_2 = R_2:$$

$$\mathfrak{z} = \frac{\mathfrak{z}_1\,\mathfrak{z}_2}{\mathfrak{z}_1 + \mathfrak{z}_2}. \tag{25}$$

Mit den Zahlenwerten $R_1 = 2\,\Omega$, $R_2 = 12\,\Omega$, $\omega = 2\pi f = 2\pi \cdot 50 = 314\,\text{sek}^{-1}$ und $L = 80\,\text{mHy}$, also $\omega L = 314 \cdot 80 \cdot 10^{-3} = 25{,}1\,\Omega$ wird z. B.

$$\mathfrak{z}_1 = 2 + 25{,}1\,j, \qquad \mathfrak{z}_2 = 12, \qquad \mathfrak{z} = \frac{24 + 301\,j}{14 + 25{,}1\,j}.$$

Durch Erweitern mit dem konjugiert komplexen Wert des Nenners erhalten wir $\mathfrak{z}$ in Wirk- und Blindanteil z_W bzw. jz_B aufgespalten:

$$\mathfrak{z} = \frac{(24 + 301\,j)\,(14 - 25{,}1\,j)}{14^2 + 25{,}1^2} = \frac{7886 + 3611\,j}{822} = 9{,}60 + 4{,}95\,j$$

darin ist

$$z_W = 9{,}60\,\Omega; \qquad z_B = 4{,}95\,\Omega.$$

Mithin ist der Betrag von $\mathfrak{z}$:

$$z = \sqrt{z_W^2 + z_B^2} = \sqrt{9{,}60^2 + 4{,}95^2} = \sqrt{116{,}5} = 10{,}8\,\Omega.$$

Liegt an $\mathfrak{z}$ eine Spannung $\mathfrak{U}$, so fließt über $\mathfrak{z}$ der Strom

$$\mathfrak{I} = \frac{\mathfrak{U}}{\mathfrak{z}} = \frac{\mathfrak{U}\,\mathfrak{z}^*}{z^2} = \mathfrak{U}\,\frac{9{,}60 - 4{,}95\,j}{116{,}5} = \mathfrak{U}\,(0{,}0825 - 0{,}0425\,j)$$

mit dem Betrag $I = \dfrac{U}{z^2}$. Der Wirkstrom hat den Effektivwert $0{,}0825\,U$, der nacheilende Blindstrom den Effektivwert $0{,}0425\,U$. Der Winkel, um den $\mathfrak{I}$ von $\mathfrak{U}$ abweicht, ergibt sich aus $\operatorname{tg}\varphi = \dfrac{-\,0{,}0425}{0{,}0825} = -\,0{,}515$ zu $\varphi = -\,27{,}2°$.

Bei der Multiplikation und Division von komplexen Größen kann man die Rechnung durch Benutzung einer anderen Schreibweise dieser Größen noch weiter vereinfachen. Die Mathematik lehrt, daß $\cos\psi + j\sin\psi = e^{j\psi}$ ist, worin e die Basis der natürlichen Logarithmen bedeutet. Folglich kann eine komplexe Zahl $\mathfrak{z} = z\,(\cos\psi + j\sin\psi)$ auch in der Form

$$\mathfrak{z} = z\,e^{j\psi} \tag{26}$$

geschrieben werden. Das Produkt zweier komplexer Größen, z. B. von $\mathfrak{J} = I e^{j\varphi}$ und $\mathfrak{z} = z\,e^{j\psi}$ ist dann

$$\mathfrak{J}\,\mathfrak{z} = I\,z\,e^{j(\varphi+\psi)}. \tag{27}$$

Sinngemäß ist der Quotient, z. B. aus $\mathfrak{U} = U e^{j\varphi_1}$ und $\mathfrak{J} = I e^{j\varphi_2}$

$$\mathfrak{z} = \frac{\mathfrak{U}}{\mathfrak{J}} = \frac{U}{I}\,e^{j(\varphi_1-\varphi_2)}. \tag{28}$$

Für die Addition und Subtraktion geht man aber besser wieder auf die in Real- und Imaginärteil aufgespaltene Schreibweise

$$\mathfrak{z} = z_x + j\,z_y = z\,(\cos\psi + j\sin\psi)$$

über.

Es muß jetzt auf einen Umstand hingewiesen werden, der bisher verschwiegen wurde, weil er nicht in Erscheinung trat. Zwischen der komplexen Darstellung eines Stromes bzw. einer Spannung und der einer Impedanz besteht nämlich ein grundlegender Unterschied insofern, als im ersten Fall die komplexe Größe zeitabhängig ist, im zweiten Fall dagegen nicht. Streng genommen lautet ein Strom in komplexer Form:

$$\mathfrak{J} = I\,[\cos(\omega t + \varphi) + j\sin(\omega t + \varphi)] = I e^{j(\omega t + \varphi)}. \tag{29}$$

Da uns die Augenblickswerte nicht interessieren, haben wir stillschweigend die komplexen Ausdrücke für Ströme und Spannungen für den Zeitpunkt $t = 0$ angeschrieben, so daß die Zeitabhängigkeit nicht mehr in Erscheinung tritt. Das ist unbedenklich, wenn eine zeitabhängige komplexe Größe mit einer zeitunabhängigen, d. h. einer Impedanz oder einem Leitwert multipliziert oder durch sie dividiert wird. Denn dann würde ωt im Produkt bzw. im Quotienten nur als Summand des Argumentes auftreten, und tatsächlich ist ja solch ein Produkt bzw. Quotient wieder eine zeitabhängige Größe derselben Frequenz. Ebenso unbedenklich kann man eine zeitabhängige Größe durch eine andere — natürlich gleiche Frequenz vorausgesetzt — dividieren; denn dann verschwindet ohnehin ωt im Argument des Quotienten, weil dieser ja zeitunabhängig ist. Multipliziert man dagegen zwei zeitabhängige komplexe Größen, so tritt im Produkt die Summe der Kreisfrequenzen auf. So ist z. B.

$$\mathfrak{U}\,\mathfrak{J} = U e^{j(\omega t + \varphi_1)} \cdot I e^{j(\omega t + \varphi_2)} = U I e^{j(2\omega t + \varphi_1 + \varphi_2)}. \tag{30}$$

Man kommt leicht auf den Gedanken, daß dieses Produkt die Leistung in komplexer Form darstelle, die ja tatsächlich mit der doppelten Frequenz pulsiert. Das ist aber nicht der Fall, und zwar liegt das daran, daß von einer komplex geschriebenen Wechselgröße entweder nur der reelle oder nur der imaginäre Teil den Augenblickswert angibt. Bei der Produktbildung tritt aber eine Mischung des reellen Teiles der einen mit dem Imaginärteil der anderen Größe auf, und es entsteht wieder eine reine Wechselgröße mit dem zeitlichen Mittelwert Null, die nicht die Leistung sein kann.

Nur durch einen Kunstgriff kann man aus der komplexen Spannung und dem komplexen Strom die Leistung, und zwar gleich deren zeitlichen Mittelwert darstellen, indem man nämlich die eine Größe mit dem konjugierten Wert der anderen multipliziert und schreibt:

$$\mathfrak{U}\,\mathfrak{J}^* = U\,[\cos(\omega t + \varphi_1) + j\sin(\omega t + \varphi_1)] \cdot I\,[\cos(\omega t + \varphi_2) + j\sin(\omega t + \varphi_2)]$$

$$= U I\,[\cos(\varphi_1 - \varphi_2) + j\sin(\varphi_1 - \varphi_2)]. \tag{31}$$

Das ist eine zeitunabhängige komplexe Größe, deren Realteil die Wirkleistung N_W und deren Imaginärteil die Blindleistung N_B darstellt. Für das praktische Rechnen ist diese Beziehung aber ziemlich bedeutungslos.

Sich in der Wechselstromtechnik Ströme, Spannungen und Impedanzen als durch komplexe Zahlen darstellbare Zeiger repräsentiert vorzustellen, ist dem Elektrotechniker zur Gewohnheit geworden. Deshalb wollen auch wir künftig mit dieser Vorstellung arbeiten und dies dadurch zum Ausdruck bringen, daß wir Wechselgrößen, sofern wir nicht speziell ihren Augenblicks-, Effektiv- oder Scheitelwert meinen, durch große Frakturbuchstaben kennzeichnen. Augenblickswerte geben wir dagegen mit kleinen und Effektivwerte mit großen Antiqua-Buchstaben an. Leider läßt sich diese Unterscheidung bei der Bezeichnung von magnetischen Wechselflüssen nicht anwenden; denn hierfür hat sich nun einmal der griechische Buchstabe Φ so eingebürgert, daß wir nicht davon abgehen können. Φ kann demnach sowohl den Scheitelwert — wohlgemerkt nicht den Effektivwert! — als auch den Zeiger bzw. den entsprechenden komplexen Ausdruck eines Wechselflusses bezeichnen. Meinen wir dagegen den Augenblickswert eines Wechselflusses, so schreiben wir dafür Φ_t.

55. Induzierte Wechselspannung und magnetischer Fluß.

Bei einer an Wechselspannung liegenden bzw. von Wechselstrom durchflossenen Spule mit Eisenkern ist es fast immer nötig, die Größe des entstehenden Wechselflusses und daraus die Induktion im Eisen zu ermitteln. Enthält der Eisenkern einen verhältnismäßig großen Luftspalt und ist die Induktion im Eisen gering, so kann es durchaus sein, daß der Bedarf des Eisens an magnetischer Spannung gegenüber dem des Luftspaltes vernachlässigt und der Selbstinduktionskoeffizient allein mit den Daten des Luftspaltes berechnet werden kann. Man braucht dann den Fluß nur, um die Zulässigkeit dieser Vereinfachung zu prüfen. Meist wird aber das Eisen doch einen fühlbaren Anteil an der magnetischen Spannung haben und bei luftspaltlosen Kernen bestimmt es diese sogar ganz. Dann muß man den Zusammenhang zwischen Fluß und magnetischer Spannung unter Benutzung der für die verwendete Eisensorte geltenden Magnetisierungskennlinie (z. B. Abb. 81) bestimmen. In Eisenkernen interessiert der Fluß noch aus einem anderen Grunde. Bei Magnetisierung mit Wechselstrom treten nämlich in Eisen Leistungsverluste auf, die mit wachsender Induktion und auch mit der Frequenz rasch zunehmen, so daß schon deshalb dem Eisen nur eine begrenzte Induktion zugemutet werden kann. Andererseits ist im Gegensatz zu kernlosen Spulen, wo man meist nur mit einem mittleren Windungsfluß rechnen kann, bei Spulen mit Eisenkern der Fluß im Eisen wegen seiner Verkettung mit allen Windungen eine annähernd definierte Größe.

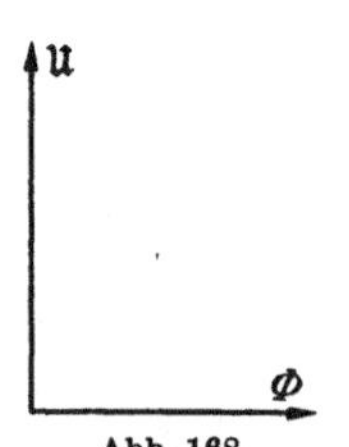

Abb. 168.
Zeiger eines Wechselflusses und der von ihm induzierten Spannung.

Ein zeitlich sinusförmig verlaufender Fluß $\Phi_t = \Phi \sin \omega t$ mit dem Scheitelwert Φ induziert in einer voll mit ihm verketteten Spule von w Windungen nach Gl. (36,3) die Spannung

$$u = w \frac{d\Phi_t}{dt} = \omega\, w\, \Phi \cos \omega t. \tag{1}$$

u eilt dem Fluß Φ_t um 90° in der Phase voraus (Abb. 168). Für $t = 0$ ergibt sich mit $\omega = 2\pi f$ der Scheitelwert der Spannung

$$u_{max} = \sqrt{2}\, U = 2\pi f w \Phi. \tag{2}$$

Mit $\dfrac{2\pi}{\sqrt{2}} = 4{,}44$ ist mithin der Effektivwert der induzierten Spannung

$$U = 4{,}44 \cdot w f \Phi \tag{3}$$

$$\text{bzw.}\quad U = 4{,}44 \cdot w f \Phi \cdot 10^{-8}\ \text{[V]}, \tag{3a}$$

wenn Φ in Maxwell ausgedrückt ist. Im Hinblick auf die in Europa übliche Netz-frequenz von 50 Hz empfiehlt sich bei größeren Flüssen, die in Megamaxwell (1 MM $= 10^6$ M) ausgedrückt werden, oft die Spannungsformel

$$U = 2{,}22 \cdot w \; \frac{f}{50} \; \Phi \quad [\text{V}]. \tag{3b}$$

Man merke sich: Bei 50 Hz ist die Spannung je Windung um rund 10% größer als der doppelte Fluß in Megamaxwell.

Für die Anwendbarkeit der Gln. (1) bis (3b) ist es belanglos, woher der induzierende Fluß stammt, ob von einem in der induzierten Spule selbst fließenden Strom, von einem fremden Strom oder von einem permanenten Magneten. Die beiden letzteren Fälle liegen nur selten in reiner Form vor; denn da einem eine Spannung die von keinem Strom begleitet ist, im allgemeinen nichts nützt, wird meist auch in der induzierten Spule Strom fließen, und zwar entweder von der induzierten Spannung allein oder von dieser und einer äußeren EMK gemeinsam verursacht. Dieser Strom ist dann an der Erregung des induzierenden Magnetfeldes gleichberechtigt mitbeteiligt. In jedem Fall sind aber bei gegebener Frequenz die induzierte Spannung und der Wechselfluß einander eindeutig zugeordnet und sie bestimmen sich gegenseitig, eine Tatsache, die man sich stets vor Augen halten muß.

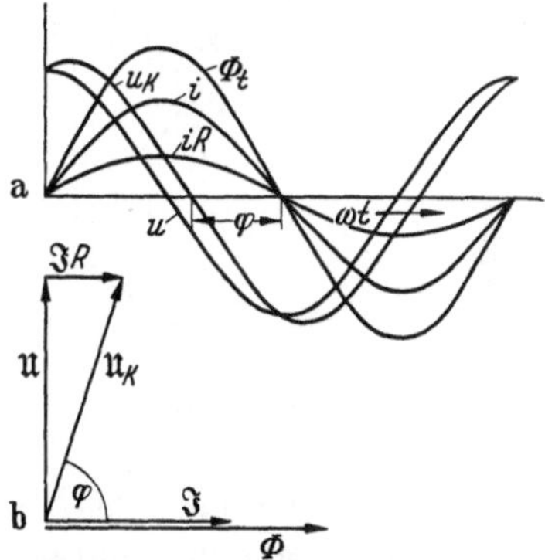

Abb. 169a u. b. Strom- und Klemmen-spannung einer Drossel mit Widerstand.

Wird an eine Spule bekannter Windungszahl w eine bestimmte sinusförmige Klemmenspannung U_K gegebener Frequenz f gelegt, so kann der Fluß nicht sofort berechnet werden, weil U_K ja außer der induzierten Spannung U auch noch die Spannung zu decken hat, die der zur Erzeugung des Flusses nötige Strom I an dem Oнмschen Widerstand R der Spulen-wicklung hervorruft. Man muß vielmehr zunächst die Größe der induzierten Spannung schätzen und die Rechnung nach folgendem, durch Abb. 169 unterstützten Gedankengang durchführen:

Die wie die Klemmenspannung sinusförmig angenommene, induzierte Spannung U erzwingt nach Gl. (3a) einen ebenfalls sinusförmig verlaufenden, ihr um 90° nacheilenden Fluß mit dem Scheitelwert

$$\Phi = \frac{U}{4{,}44 \cdot w f} \cdot 10^8 \quad [\text{M}].$$

Dieser Fluß erfordert eine bestimmte magnetische Spannung mit dem Maximalwert $V = \sqrt{2}\, Iw$. Wie V zu ermitteln ist, zeigt das Berechnungsbeispiel auf S. 59. Nehmen wir an, die zu Φ gehörenden Induktionswerte B im Eisen seien so gering, daß sie noch in den praktisch geradlinigen Anfangsteil der Magnetisierungskurve fallen. Dann verläuft die magnetische Spannung und damit der Spulenstrom i gleichfalls sinusförmig und gleichphasig mit Φ_t und es ist $I = \dfrac{V}{w\sqrt{2}}$. Jetzt können wir IR bestimmen und kontrol-lieren, ob unsere Schätzung der induzierten Spannung U richtig war; denn dann muß $U_K = \sqrt{U^2 + I^2 R^2}$ sein, weil ja IR der induzierten Spannung U um 90° nacheilt. Durch IR wird die Phasenverschiebung φ zwischen U_K und I kleiner als 90°, und zwar ist

$$\cos\varphi = \frac{IR}{U_K}.$$

Der Leistungsverlust infolge R in der Spulenwicklung, den man, weil die Wicklung normalerweise aus Kupfer besteht, auch als „Kupferverlust" bezeichnet, ist

$$Q_{\text{Cu}} = I^2 R = U_K I \cos\varphi.$$

56. Einfluß der Eisensättigung. Liegt der Scheitelwert der Induktion im Eisenkern so hoch, daß sie bereits in den gekrümmten Teil der Magnetisierungskennlinie fällt, und hat das Eisen einen wesentlichen Anteil an der magnetischen Spannung oder bestimmt es beim Fehlen eines Luftspaltes diese gar allein, so gehört zu einem sinusförmig verlaufenden Fluß ein nicht mehr sinusförmiger Magnetisierungsstrom bzw. zu einem sinusförmigen Strom kein sinusförmiger Fluß. In Abb. 170 stelle Kurve 1 für den Eisenkern einer Spule die Abhängigkeit des Flusses Φ_t von der jeweiligen Stärke des magnetisierenden Stromes i dar. Da Φ_t proportional B und i proportional H, ist diese Kurve nichts anderes als die vereinfachte Magnetisierungskennlinie $B = f(H)$ mit

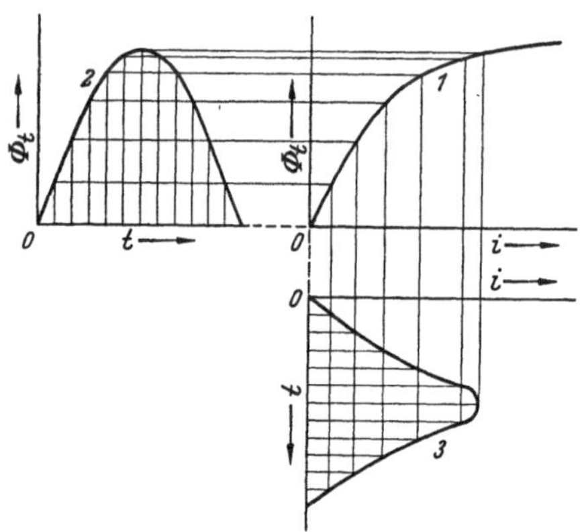

anderem Abszissen- und Ordinatenmaßstab. Enthält der Kern einen Luftspalt, so setzt sich wie in Abb. 171 jede Abszisse der Kurve $\Phi_t = f(i)$ aus dem Anteil für die Magnetisierung des Luftspaltes und dem für das Eisen zusammen. Durch den Luftspalt wird der Anstieg der Magnetisierungskurve überall vermindert. Verläuft Φ_t mit der Zeit t entsprechend Kurve 2 (Abb. 170) nach einer Sinusfunktion, so läßt sich mit der in dieser Abbildung gezeigten Konstruktion der zeitliche Verlauf $i = f(t)$ des magnetisierenden Stromes (Kurve 3) finden. i enthält jetzt außer einer mit derselben Frequenz wie Φ_t schwingenden Grundwelle noch Oberwellen, und

Abb. 170. Magnetisierungsstrom einer Spule mit Eisenkern bei sinusförmigem Flußverlauf.

zwar hauptsächlich eine Oberwelle 3facher Grundfrequenz. Abb. 172 zeigt, daß die Überlagerung einer Grundwelle i_1 und einer dritten Oberwelle i_3 tatsächlich eine Stromkurve $i_1 + i_3 = f(t)$ von dem Charakter des Magnetisierungsstromes in Abb. 170 ergibt.

In der Praxis braucht man die Kurvenverzerrung des magnetisierenden Stromes meist gar nicht zu berücksichtigen und kann so tun, als sei der zu dem Scheitelwert des Flusses gehörige Maximalwert des Stromes der Scheitelwert eines Sinusstromes. Handelt es sich um eine Drossel, so wird schon zwecks Erzielung einer möglichst konstanten Induktivität durch einen Luftspalt der Einfluß des Eisens hintangehalten. Bei

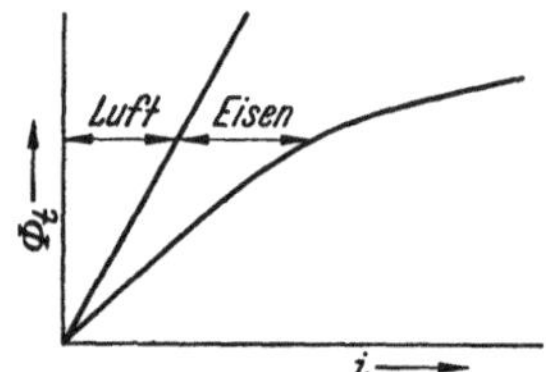

Abb. 171. Kennlinie eines Eisenkerns mit einem Luftspalt von ca. 0,1% (!) der Kernlänge.

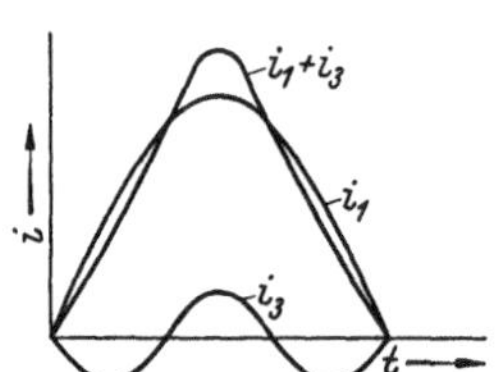

Abb. 172. Dritte Oberwelle im Magnetisierungsstrom.

anderen Geräten und Maschinen dient, wie wir noch sehen werden, nur eine verhältnismäßig kleine Komponente des Stromes zur Magnetisierung, so daß es auf den Magnetisierungsstrom nicht wesentlich ankommt. Erreicht in solchen Fällen die magnetisierende Stromkomponente doch ins Gewicht fallende Beträge, so liegt dies fast stets wieder

an dem Vorhandensein eines Luftspaltes, so daß dann der Magnetisierungsstrom nicht allzusehr von der Sinusform abweicht. Deshalb kann man bei sinusförmiger Klemmenspannung auch fast stets mit einer sinusförmigen induzierten Spannung und dementsprechend mit einem sinusförmigen Flußverlauf rechnen.

Ist statt der Spannung ein sinusförmiger Strom vorgegeben, was z. B. der Fall ist, wenn die Spule in Reihe mit einem Oнмschen Widerstand, dem gegenüber ihre Impedanz sehr klein ist, an einer sinusförmigen Spannung liegt, so erscheint nunmehr der Fluß im Spulenkern verzerrt, und zwar ist seine Kurve, was man sich leicht klarmachen kann, infolge der Eisensättigung abgeflacht (s. Abb. 96). Dann ist aber auch die Kurve der induzierten Spannung $u = w \dfrac{d\Phi_t}{dt} = f(t)$ keine Sinuskurve mehr, sondern eine Kurve spitzerer Form.

Daß der durch die Magnetisierungskennlinie eines Magnetkreises gegebene Zusammenhang zwischen dem Strom und der Induktion bzw. dem Fluß auch für die Scheitelwerte des Flusses und des erregenden Wechselstromes gilt, liegt auf der Hand. Unter der Magnetisierungskennlinie eines Gerätes oder einer Maschine für Wechselstrom versteht man aber in der Praxis meist den Zusammenhang zwischen dem Scheitelwert Φ eines sinusförmig verlaufenden Wechselflusses bzw. dem ihm proportionalen Effektivwert $U = 4{,}44 \cdot w \, f \, \Phi$ der angelegten Spannung und dem Effektivwert I des den Fluß erregenden Stromes. Da sich, wie aus Abb. 170 hervorgeht, mit dem Scheitelwert auch die Kurvenform des Stromes ändert, ist der Scheitelfaktor (s. S. 91) des Stromes von seinem Scheitelwert abhängig, und sein Effektivwert, der an einem Wechselstromamperemeter abgelesen werden kann, folgt einer Kurve, die von der für die Augenblickswerte geltenden, eigentlichen Magnetisierungskurve abweicht, ihr aber doch sehr ähnlich ist.

Daß die Krümmung der Magnetisierungskennlinie manchmal recht eigenartige Erscheinungen verursachen kann, soll an dem Beispiel der an einer veränderlichen Spannung konstanter Frequenz liegenden Reihenschaltung einer verlustlosen Eisenkerndrossel mit einem Kondensator gezeigt werden. Bei einer Zunahme des gemeinsamen Stromes I steigt, wie Abb. 173 zeigt, die Spannung U_L an der Drossel nach deren Magnetisierungskurve, die Spannung U_C am Kondensator bei Vernachlässigung des Oberwelleneinflusses dagegen linear an. Da U_L und U_C stets gegenphasig sind, ist die Gesamtspannung U ihre Differenz. Bis zum Strome I_r, bei dem $U_L = U_C$ ist und somit Resonanz herrscht, überwiegt U_L, und U eilt dem Strome um 90° vor. Jenseits von I_r überwiegt U_C, die Reihenschaltung wirkt kapazitiv, d. h. U eilt dem Strome um 90° nach. Wird nun U, von Null beginnend, allmählich gesteigert, so muß bei der geringsten Überschreitung des Wertes U_S der Strom unter gleichzeitiger Umkehr seiner Phasenlage von dem Werte I_S auf I_S' springen, um bei weiterer Steigerung von U wieder stetig zuzu-

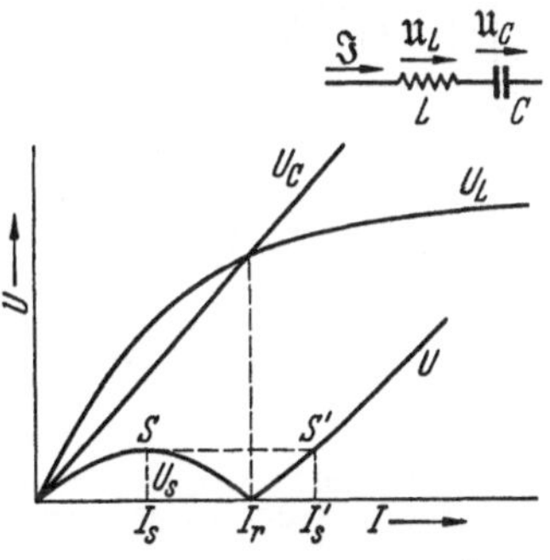

Abb. 173. Spannungsresonanzkreis mit Eisendrossel.

nehmen. Wird U jetzt wieder bis auf Null vermindert, so müßte I stetig bis auf I_r abnehmen. Wegen des doch unvermeidbaren Ohmschen Widerstandes wird I aber schon vor Erreichung von $U = 0$ auf einen zwischen 0 und S liegenden Kurvenwert springen. Der Kurventeil zwischen S und I_r ist instabil und kann nicht ausgefahren werden, weil in diesem Bereich fallender Spannung steigender Strom zugeordnet ist. Diese Verhältnisse, insbesondere auch die Abhängigkeit der Resonanzfrequenz von der angelegten Spannung, müssen bei der Verwendung von Eisendrosseln in Resonanzkreisen beachtet werden.

57. Verluste in Eisen. Es wurde bereits auf S. 79 darauf hingewiesen, daß bei jeder zyklischen Ummagnetisierung von Eisen infolge der Hysterese eine gewisse Energiemenge verlorengeht, d. h. in Wärme umgesetzt wird. Ihr Betrag hängt von der Fläche der Hystereseschleife, bei gegebener Eisensorte also von dem Höchstwert der Induktion, und natürlich von der ummagnetisierten Eisenmenge ab. Bei Magnetisierung mit Wechselstrom von der Frequenz f wird die Hystereseschleife in 1 Sekunde f mal umfahren. Beträgt der Energieverlust in einer bestimmten Eisenmenge bei einem Ummagnetisierungszyklus W Wattsekunden, so ist bei der Ummagnetisierungsfrequenz f die Verlustleistung $Q_H = f W$ Watt, d. h. die Verlustleistung ist der Frequenz proportional. Die Abhängigkeit von der Maximalinduktion B läßt sich nicht streng mathematisch angeben; denn dazu müßte man die Gleichung $B = f(H)$ der Hystereseschleife kennen, was aber nicht der Fall ist. Steinmetz hat empirisch gefunden, daß die Verlustleistung infolge Hysterese ungefähr mit $B^{1,6}$ geht. Demnach ergibt sich mit einer von der Eisensorte abhängigen Materialkonstanten k_H für die Hysterese-Verlustleistung in einem zwischen $+B$ und $-B$ mit der Frequenz f zyklisch ummagnetisierten Eisenkörper von G kp Gewicht die empirische Formel

$$Q_H = k_H\, G\, f\, B^{1,6}\ \text{[W]} .\tag{1}$$

Für praktische Zwecke ist es üblich, die Eisensorte durch den spezifischen Hystereseverlust v_H in $\dfrac{\text{W}}{\text{kp}}$ für eine Frequenz von 50 Hz und eine Maximalinduktion von 10 000 G zu kennzeichnen, so daß Gl. (1) in die Form übergeht

$$Q_H = v_H\, G\, \frac{f}{50}\left(\frac{B}{10\,000}\right)^{1,6}\ \text{[W]} .\tag{2}$$

v_H liegt für die gebräuchlichen Eisensorten etwa zwischen 1 und 2 W/kp. Da bei Wechselmagnetisierung die Hystereseverluste nie allein, sondern stets mit einem anderen,

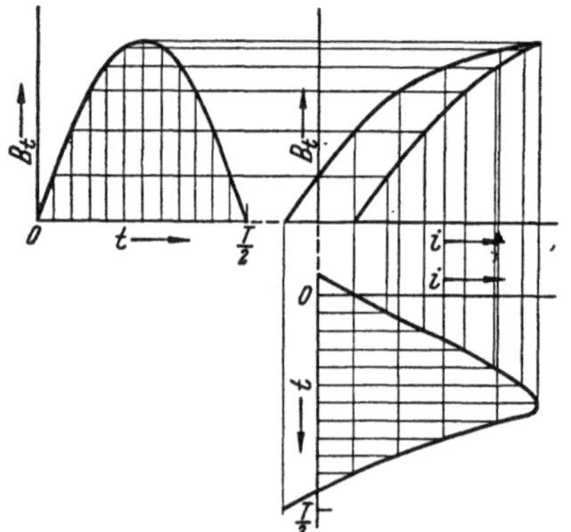

meist sogar viel größeren Leistungsverlust im Eisen gekoppelt auftreten, gibt man für die betreffende Eisensorte meist die spezifischen Gesamtverluste als sog. Verlustziffer an, die man dann in einem empirisch gefundenen Verhältnis auf die beiden Verlustposten aufteilen kann.

Bevor wir die andere Verlustquelle untersuchen, wollen wir uns noch klarmachen, wie die Hysterese auf den magnetisierenden Strom zurückwirkt. Zu diesem Zweck ersetzen wir in Abb. 170 die vereinfachte Magnetisierungskurve durch die Hystereseschleife (Abb. 174) und ermitteln wiederum den zeitlichen Verlauf des Stromes i. Es zeigt sich, daß die Nulldurchgänge von i etwas vor denen von B_t liegen. i enthält also eine Komponente mit dem Effektivwert $I_{v,H}$, die mit der

Abb. 174. Rückwirkung der Hysterese auf den Magnetisierungsstrom.

gegen B_t um 90° voreilenden induzierten Spannung U in Phase, also eine Wirkkomponente ist, so daß der Wicklung eine Leistung $Q_H = U\, I_{v,H}$ zugeführt wird.

Der andere Verlustposten, von dem wir sprachen, rührt davon her, daß ja durch den Wechselfluß auch im Eisen Spannungen induziert werden, welche ihrerseits Ströme zur Folge haben, die das Eisen erwärmen. Weil diese Ströme sich innerhalb des Eisens

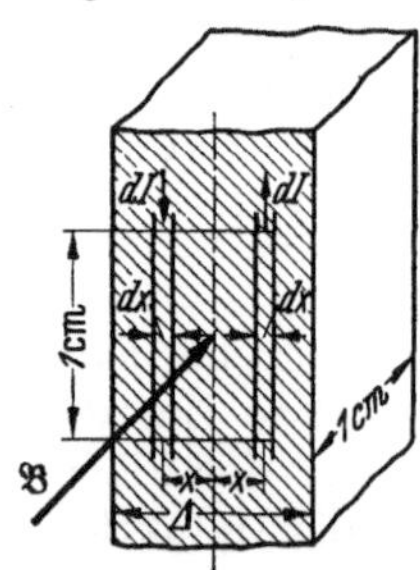

selbst schließen und an keine vorgegebenen Bahnen gebunden sind, nennt man sie Wirbelströme und die von ihnen hervorgerufenen Verluste Wirbelstromverluste. Übrigens treten solche Wirbelströme auch in anderen von magnetischem Wechselfluß durchsetzten Leitern auf. Meist bedingen sie nur zusätzliche Leistungsverluste und werden darum bekämpft; manchmal werden sie aber auch nützlich verwendet.

Bei den folgenden Betrachtungen lassen wir außer acht, daß die im Eisen fließenden Wirbelströme auf die Verteilung des Magnetfeldes zurückwirken. Um nicht auf mathematische Schwierigkeiten zu stoßen, leiten wir die Wirbelstromverluste für einen Ausschnitt aus einer massiven Eisenplatte ab (Abb. 175), deren senkrechte Erstreckung gegenüber ihrer Dicke $\varDelta$ sehr groß sei. Dann können wir, wenn

Abb. 175. Wirbelströme in Eisen.

die Induktion $\mathfrak{B}$ mit überall gleich großem Betrag senkrecht zu der schraffierten Querschnittsebene die Platte durchdringt, annehmen, daß die Stromlinien in dem betrachteten Bereich parallel zur Mittelachse verlaufen, und Wegstücke, längs deren sich die Stromlinien an den Plattenenden quer dazu schließen, vernachlässigen.

Durch das Rechteck zwischen zwei beiderseits um x cm von der Mittelachse entfernten, 1 cm hohen Streifen von der Breite dx tritt der Fluß $\Phi = B \cdot 1 \cdot 2\,x$. Demnach entfällt, wenn wir B in Gauß einsetzen, nach Gl. (55,3a) auf die beiden Streifen als Teile eines geschlossenen Umlaufs die induzierte Spannung

$$U = 4{,}44 \cdot f\, B \cdot 2\, x \cdot 10^{-8} \quad [\text{V}] . \tag{3}$$

Haben die Streifen eine Tiefenerstreckung von 1 cm, so ist mit der Leitfähigkeit $\varkappa_{\text{Fe}}$ des Eisens in $\frac{\text{m}}{\Omega\,\text{mm}^2}$ der Widerstand beider Streifen

$$R = \frac{2 \cdot 10^{-4}}{1 \cdot dx \cdot \varkappa_{\text{Fe}}} \quad [\Omega] . \tag{4}$$

Folglich fließt durch sie ein Strom

$$dI = \frac{U}{R} = 4{,}44 \cdot \varkappa_{\text{Fe}}\, f\, B\, x\, dx \cdot 10^{-4} \quad [\text{A}] , \tag{5}$$

und es wird in jedem von ihnen die Leistung

$$dQ_W = \frac{1}{2}\, U\, dI = 4{,}44^2\, \varkappa_{\text{Fe}}\, f^2\, B^2\, x^2\, dx \cdot 10^{-12} \quad [\text{W}] \tag{6}$$

umgesetzt. Integrieren wir dQ_W über die ganze Breite $\varDelta$ und dividieren wir danach durch $\varDelta$, so erhalten wir den Wirbelstromverlust in 1 cm³ Eisen zu

$$v'_W = \frac{1}{\varDelta} \int\limits_{-\varDelta/2}^{+\varDelta/2} dQ_W = \frac{4{,}44^2}{12} \cdot \varkappa_{\text{Fe}}\, f^2\, B^2\, \varDelta^2 \cdot 10^{-12} \quad [\text{W/cm}^3] . \tag{7}$$

Bei einem spezifischen Gewicht des Eisens von $7{,}8\, \frac{\text{kp}}{\text{dm}^3}$ ergibt sich auf 1 kp bezogen:

$$v_W = 527 \cdot \varkappa_{\text{Fe}} \left(\frac{f}{50}\, \frac{B}{10\,000}\, \varDelta \right)^2 \quad [\text{W/kp}] . \tag{8}$$

Aus dieser Formel ersieht man, was zu tun ist, um bei gegebener Frequenz und gegebener Induktion die Wirkstromverluste je kp Eisen klein zu halten: Man muß vor allem $\varDelta$ klein machen, und das geschieht, indem man den Eisenkörper nicht massiv macht, sondern ihn parallel zur Richtung von $\mathfrak{B}$ in dünne, durch Lack-, Wasserglas- oder Oxydschichten voneinander isolierte Bleche unterteilt. Solche Bleche werden als ,,Dynamoblech'' oder ,,Elektroblech'' bezeichnet. Die Blechdicke beträgt normalerweise 0,5 oder 0,35 mm. Bei sehr hohen Frequenzen verwendet man auch in die gewünschte Form gepreßte Kerne, bei denen feinste Eisenkörnchen in Kunststoff eingebettet sind. Weiterhin muß man die elektrische Leitfähigkeit $\varkappa_{\text{Fe}}$ des Eisens herabsetzen. Das gelingt durch Legierungszusätze, insbesondere von Silicium (0 bis 4%), doch werden bei hohem Siliciumgehalt die Bleche spröde und lassen sich nur noch schlecht stanzen. Für äußerst reines Eisen ist $\varkappa_{\text{Fe}} \approx 10$ und geht für legierte Bleche auf etwa $\varkappa_{\text{Fe}} = 2$ zurück.

In der Praxis kennzeichnet man meist die Blechsorte durch die sog. Verlustziffer v_{10} oder v_{15}. Das sind die spezifischen Gesamt-Eisenverluste — also Hysterese- und Wirbelstromverluste zusammen — in W/kp bei $f = 50$ Hz und $B = 10\,000$ bzw. $15\,000$ G, die durch Messung an einer Blechprobe ermittelt wurden. Es ist für:

schwach legiertes Elektroblech	0,5 mm stark	$v_{10} = 2{,}0$ bis 3,6 W/kp
hochlegiertes Elektroblech	0,5 ,, ,,	$v_{10} = 1{,}35$ bis 1,7 ,,
	0,35 ,, ,,	$v_{10} = 1{,}0$ bis 1,45 ,,

Durch den Stanzvorgang werden die Hystereseverluste erhöht. Wird der Stanzgrat nicht sorgfältig entfernt oder werden die Oberflächen des ,,geblechten'', d. h. aus Blechen aufgeschichteten Eisenkörpers nachträglich noch bearbeitet, so kann die dadurch entstandene leitende Verbindung zwischen den Blechkanten eine ganz erhebliche Vergrößerung der Wirbelstromverluste bewirken. Man muß mit Rücksicht darauf bei der Berechnung der Eisenverluste Zuschläge machen, die bis zu 200% betragen können. Mit dem entsprechenden Vergrößerungsfaktor k, der Verlustziffer v_{10} und einem Eisengewicht von G kp errechnen sich die Eisenverluste näherungsweise zu

$$Q_{\text{Fe}} = k\,G\,v_{10}\left[\frac{1}{3}\,\frac{f}{50}\left(\frac{B}{10\,000}\right)^{1,6} + \frac{2}{3}\left(\frac{f}{50}\,\frac{B}{10\,000}\right)^{2}\right]\,[\text{W}]\,. \tag{9}$$

Darin sind für $f = 50$ Hz und $B = 10\,000$ G die Hystereseverluste zu $\frac{1}{3}$ die Wirbelstromverluste zu $\frac{2}{3}$ der Gesamtverluste angesetzt. Da die Rechnung ohnehin sehr unsicher ist, kann man der Einfachheit halber auch die Hystereseverluste statt mit $B^{1,6}$ mit B^2 rechnen.

Natürlich können die Wirbelstromverluste im Eisen genau wie die Hystereseverluste nur durch das Auftreten einer Wirkkomponente des Stromes gedeckt werden. Für eine

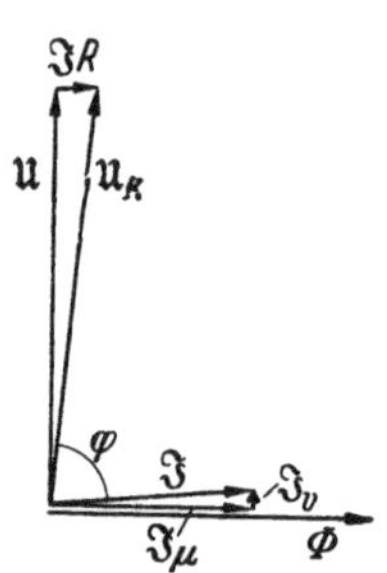

Abb. 176. Zeigerdiagramm einer Drossel mit Eisenkern.

Drosselspule mit Eisenkern ergibt sich somit das Zeigerdiagramm nach Abb. 176. $\mathfrak{J}_\mu$ ist der eigentliche Magnetisierungsstrom, der mit Φ in Phase ist und der induzierten Spannung $\mathfrak{U}$ um 90° nacheilt. Zu $\mathfrak{J}_\mu$ addiert sich, ihm um 90° voreilend, zur Deckung der Eisenverlustleistung Q_{Fe} der „Eisenverlust-Strom" $\mathfrak{J}_v$ mit dem Effektivwert

$$I_v = \frac{Q_{\text{Fe}}}{U}\,. \tag{10}$$

Mit dem resultierenden Strom $\mathfrak{J} = \mathfrak{J}_\mu + \mathfrak{J}_v$ ist die Ohmsche Spannung $\mathfrak{J}R$ am Wicklungswiderstand R in Phase, die zusammen mit $\mathfrak{U}$ die Klemmenspannung $\mathfrak{U}_K$ ergibt. Sowohl $\mathfrak{J}_v$ als auch $\mathfrak{J}R$ bewirken eine Verkleinerung des Phasenwinkels φ zwischen $\mathfrak{U}_K$ und $\mathfrak{J}$. Die aufgenommene Wirkleistung dient ausschließlich zur Deckung der Verlustleistung im Eisen und in der Wicklung, es ist also

$$U_K I \cos\varphi = Q_{\text{Fe}} + I^2 R\,, \tag{11}$$

während

$$U_K I \sin\varphi = U I_\mu \tag{12}$$

die Magnetisierungs-Blindleistung ist.

K. Der Transformator

58. Wirkungsweise des Transformators mit Eisenkern. Als Transformator oder Wandler bezeichnet man ein Gerät, in dem zu verschiedenen Wechselstromkreisen gehörige, meist als Spulen bzw. Wicklungen ausgebildete, ruhende Leiter durch ein von den Strömen in ihnen erregtes, gemeinsames Magnetfeld verkettet werden. Transformatoren haben vorwiegend den Zweck, Wirk- und Blindleistung aus einem Stromkreis in einen anderen mit geänderter Spannung und entsprechend geändertem Strom zu übertragen (Leistungstransformatoren). Das ist besonders bei der Energieübertragung auf größere Entfernungen notwendig, wo man, wie schon in Abschn. 21 gezeigt, mit Rücksicht auf den Materialaufwand für die Übertragungsleitungen mit höheren Spannungen arbeiten muß. Durch Zwischenschaltung von Transformatoren kann die Spannung der Übertragungsleitung — man geht heute bei großen Entfernungen bis 380 kV — unabhängig von der Erzeuger- und der Verbraucherspannung gewählt werden. In normalen Wechselstrom-Energieübertragungsanlagen beträgt die Erzeugerspannung meist 6 oder 10 kV, die Verbraucherspannung 220 oder 380 V. Große Motoren werden auch mit 6 kV betrieben. Kommt es bei einem Transformator weniger auf die Leistungsübertragung, sondern, insbesondere für Meßzwecke, hauptsächlich auf die Umwandlung der Spannung oder die Umwandlung des Stromes an, so spricht man von einem Spannungs- bzw. Stromwandler. Manchmal werden auch Transformatoren mit oder ohne Spannungs- bzw. Stromwandlung hauptsächlich dazu benutzt, um Leistung zwischen Stromkreisen austauschen zu können, die nicht leitend miteinander verbunden werden dürfen, sondern galvanisch getrennt sein müssen (Isoliertransformatoren).

Hinsichtlich der grundsätzlichen Ausführungsform des Transformators mit Eisenkern unterscheidet man nach der Form des — immer aus Blechen aufgebauten — Eisenkerns zwei Bauarten: die Kerntype und die Manteltype. Bei der Kerntype (Abb. 177a) besteht der Eisenkörper aus zwei Schenkeln 3, 3′, die durch Joche 4, 4′ zu einem geschlossenen Eisenweg vervollständigt werden. Der Querschnitt der Schenkel ist bei Kleintransformatoren wie der der Joche rechteckig; bei größeren Transformatoren stuft man ihn oft durch Verwendung von Blechstreifen unterschiedlicher Breite so ab, daß er sich mehr der Kreisform nähert. Beim Zusammenbau des Kerns, der zum Aufbringen der Wicklungen auseinandernehmbar sein muß, kommt es darauf an, das Entstehen unbeabsichtigter Luftspalte im Weg des Magnetflusses wegen ihres hohen magnetischen Widerstandes zu vermeiden. Deshalb werden die Bleche oft so geschichtet, daß sie einander überlappen. Die Wicklung 1 und 2 liegen entweder beide auf ein- und demselben Schenkel; meist werden sie jedoch wie in Abb. 178a je zur Hälfte auf beide Schenkel verteilt. Die beiden Hälften jeder Wicklung müssen dabei so geschaltet

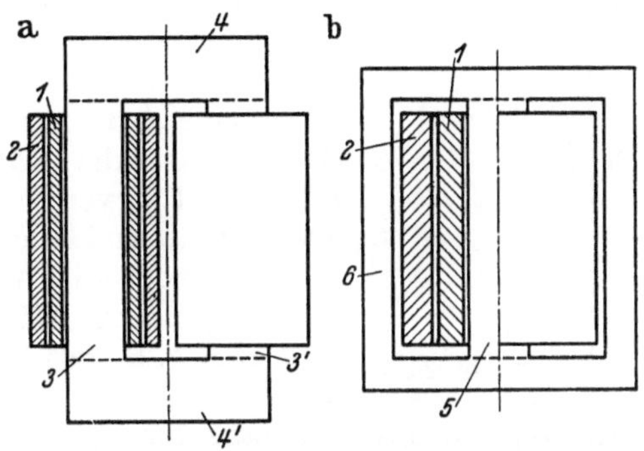

Abb. 177a u. b. Grundsätzliche Bauformen des Transformators.

a) Kerntype   b) Manteltype.

werden, daß sie einem Umlaufweg durch den Kern mit gleichen Wicklungssinn zugeordnet sind. Bei der Manteltype (Abb. 177b) trägt allein der Mittelschenkel 5 beide Wicklungen. Die Joche 6 bildet beiderseits des Mittelschenkels zwei magnetisch parallelgeschaltete Flußwege, auf die sich der Gesamtfluß hälftig aufteilt.

Das Grundprinzip des Transformators haben wir eigentlich schon in Abschn. 43 besprochen. Denn zwei Leiterschleifen, für die die Gegeninduktivität M von Null verschieden ist, stellen bereits einen, wenn auch recht unvollkommenen, Transformator dar. Die dortige Betrachtungsweise ist aber nur sinnvoll, wenn die Selbst- und Gegeninduktivitäten Konstanten sind, und das ist nicht mehr der Fall, wenn der gemeinsame Fluß in einem Eisenkern geführt ist. Da aber Transformatoren mit Eisenkern die Hauptrolle spielen, wollen wir zunächst die für sie geeignete Betrachtungsweise anwenden.

Auf einem geschlossenen, lamellierten Eisenkern (Abb. 178) seien zwei gleichsinnig gewickelte Spulen 1 und 2 mit gleicher Windungszahl $w_1 = w_2 = w$ so angeordnet, daß es mit Sicherheit keine Kraftlinien geben kann, die nicht mit beiden Spulen in gleichem Maße verkettet wären. Wir haben dann einen

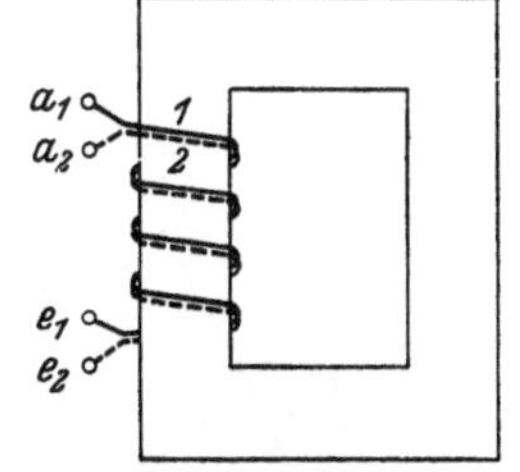

Abb. 178. Streuungsloser Transformator. (Übersetzungsverhältnis $w_1 : w_2 = 1$).

streuungslosen Transformator vor uns, und zwar mit dem Übersetzungsverhältnis $\dfrac{w_1}{w_2} = 1$. Wird zwischen die Anfangsklemme a_1 und die Endklemme e_1 der Wicklung 1 eine sinusförmige Wechselspannung $\mathfrak{U}_{K1}$ gelegt, während die Klemmen a_2 und e_2 der Wicklung 2 offen bleiben, so herrschen offenbar dieselben Verhältnisse wie bei der schon behandelten Eisenkerndrossel; denn ob die offene und damit stromlose Wicklung 2 vorhanden ist oder nicht, kann für die Vorgänge in Wicklung 1 und im Eisenkern keine Rolle spielen. Es entsteht ein Wechselfluß, der, wenn wir seinen Scheitelwert Φ in Maxwell ausdrücken, nach Gl. (55,3a) in 1 eine ihm um 90° voreilende Spannung $\mathfrak{U}_1$ mit dem Effektivwert

$$U_1 = 4{,}44 \cdot w \, f \, \Phi \cdot 10^{-8} \ \ [\text{V}] \tag{1}$$

induziert. Φ benötigt eine mit ihm gleichphasige, von der allein gespeisten Wicklung 1 aufzubringende magnetische Wechselspannung, von der wir nur die Grundwelle $\mathfrak{W}_\mu = \mathfrak{J}_\mu w$ berücksichtigen wollen. Zu der Magnetisierungsstrom-Grundwelle $\mathfrak{J}_\mu = \frac{\mathfrak{W}_\mu}{w}$ in 1 addiert sich nach Abb. 179 noch der Eisenverluststrom $\mathfrak{J}_v$ [s. Gl. (57,10)]. Bei offener, d.h. stromloser Wicklung 2 heißt der resultierende Strom in 1

$$\mathfrak{J}_0 = \mathfrak{J}_\mu + \mathfrak{J}_v \tag{2}$$

„Leerlaufstrom". In 2 induziert Φ wegen der völligen Gleichartigkeit beider Wicklungen eine Spannung $\mathfrak{U}_2$, die mit $\mathfrak{U}_1$ nach Größen und Phase übereinstimmt:

$$\mathfrak{U}_1 = \mathfrak{U}_2 . \tag{3}$$

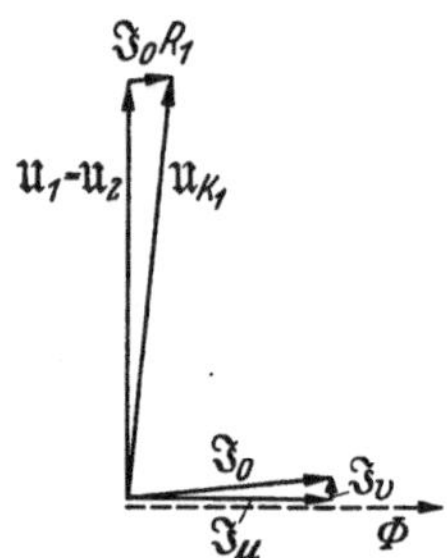

Abb. 179. Leerlaufdiagramm des streuungslosen Transformators ($w_1 : w_2 = 1$).

$\mathfrak{U}_2$ ist zugleich die zwischen a_2, e_2 meßbare Klemmenspannung $\mathfrak{U}_{K2}$. Dagegen ist die Klemmenspannung $\mathfrak{U}_{K1} = \mathfrak{U}_1 + \mathfrak{J}_0 R_1$ etwas von $\mathfrak{U}_2 = \mathfrak{U}_{K2}$ verschieden. Weil aber der Eisenkern keinen Luftspalt enthält und lamelliert ist, ist $\mathfrak{J}_0$ so klein, daß $\mathfrak{U}_{K1} \approx \mathfrak{U}_{K2}$ ist.

Jetzt möge auch Wicklung 2 einen im Vergleich zu $\mathfrak{J}_0$ großen Strom $\mathfrak{J}_2$ führen. Wir können dies erreichen, indem wir a_2 mit e_2 über eine z. B. aus OHMschem und induktivem Widerstand bestehende Impedanz verbinden. Der Strom $\mathfrak{J}_2$ wird von der Klemmenspannung $\mathfrak{U}_{K2}$ durch diese Impedanz getrieben. Die Augenblicksrichtung seines Wirkanteils geht von a_2 nach e_2, wenn a_2 gerade positiv gegenüber e_2 ist. Wicklung 2 wirkt wie eine Stromquelle, und da wir uns schon dahin entschieden haben, für einen Verbraucher Klemmenspannung und Wirkstrom als gleichphasig anzusehen, müssen wir die Wirkkomponente von $\mathfrak{J}_2$ gegenphasig zu $\mathfrak{U}_{K2}$ annehmen (Abb. 180). Sinngemäß müssen wir mit dem Blindstromanteil von $\mathfrak{J}_2$ verfahren. Einen von einer Wicklung aufgenommenen Magnetisierungsstrom ließen wir stets ihrer Klemmenspannung um 90°

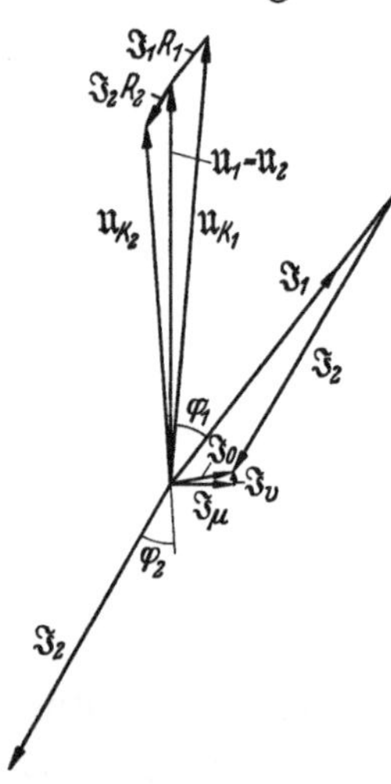

Abb. 180. Belastungsdiagramm des streuungslosen Transformators. ($w_1 : w_2 = 1$; die Zeiger $I_1 R_1$ und $I_2 R_2$ haben dieselbe Richtung wie I_1 bzw. I_2).

nacheilen. Wicklung 2 gibt aber Magnetisierungsstrom ab, nämlich zur Magnetisierung der an sie angeschlossenen Induktivität des Verbrauchers. Also muß diese Blindstromkomponente der Klemmenspannung $\mathfrak{U}_{K2}$ um 90° vorauseilen. Sie wirkt übrigens in dem Transformator tatsächlich entmagnetisierend, d. h. entgegengesetzt wie $\mathfrak{J}_\mu$. Schreiben wir also wie in Abb. 180 $\mathfrak{U}_{K2}$ durch einen nahezu senkrecht nach oben gerichteten Zeiger vor, so müssen wir den Zeiger $\mathfrak{J}_2$ nach links unten weisen lassen.

Die Wicklung, die Leistung aufnimmt, im vorliegenden Fall also 1, und alle ihre elektrischen Größen bezeichnet man meist als primär, alles, was mit der Leistung abgebenden Wicklung zusammenhängt, als sekundär, doch sind diese Bezeichnungen unbequem, wenn der Transformator in wechselnder Richtung Energie überträgt; denn mit der Energierichtung tauschen auch die Wicklungen ihre Rollen.

$\mathfrak{J}_2$ ruft an dem OHMschen Widerstand R_2 der Wicklung 2 eine mit $\mathfrak{J}_2$ gleichphasige Spannung $\mathfrak{J}_2 R_2$ hervor. $\mathfrak{U}_{K2}$ ist die Summe aus der in 2 induzierten Spannung $\mathfrak{U}_2$ und $\mathfrak{J}_2 R_2$. Somit ergibt sich $\mathfrak{U}_2 = \mathfrak{U}_{K2} - \mathfrak{J}_2 R_2$. Da der OHMsche Widerstand der Transformatorwicklungen mit Rücksicht auf die Stromwärmeverluste möglichst klein gemacht wird, unterscheidet sich die Klemmenspannung $\mathfrak{U}_{K2}$ bei normaler Strombelastung der Wicklung 2 nur wenig von der induzierten Spannung $\mathfrak{U}_2$. Diese stimmt im vorliegenden Fall wegen $w_1 = w_2$ mit der in 1 induzierten Spannung $\mathfrak{U}_1$ überein, die ihrerseits aus dem gleichen Grunde nur wenig von der an 1 liegenden Klemmenspannung $\mathfrak{U}_{K1}$ abweicht. Die induzierten Spannungen $\mathfrak{U}_1$ bzw. $\mathfrak{U}_2$

sind also, wenn eine der Klemmenspannungen $\mathfrak{U}_{K1}$ oder $\mathfrak{U}_{K2}$ fest vorgeschrieben ist, nur wenig veränderlich. Um eindeutige Verhältnisse zu schaffen, wollen wir voraussetzen, daß $\mathfrak{U}_1$ und $\mathfrak{U}_2$ konstant seien. Dann sind aber nach Gl. (1) auch der Fluß Φ und mit ihm die ihn erzeugende magnetische Spannung $\mathfrak{V}_\mu = \mathfrak{J}_\mu w$, d.h. der Magnetisierungsstrom $\mathfrak{J}_\mu$ festgelegt, der mit dem Eisenveruststrom $\mathfrak{J}_v$ zusammen $\mathfrak{J}_0$ ergibt.

Das Entscheidende für die Wirkung des Transformators liegt nun darin, das sich die magnetischen Spannungen, die von den Strömen in den beiden Wicklungen herrühren, überlagern, da sie ja auf denselben Magnetkreis einwirken. Damit $\mathfrak{V}_\mu$ als magnetische Spannung erhalten bleibt, muß sich also durch das Hinzukommen von $\mathfrak{J}_2$ der Strom in 1 gegenüber dem Leerlaufzustand um eine Komponente ändern, die die von $\mathfrak{J}_2$ allein herrührende magnetische Spannung $\mathfrak{J}_2\, w$ gerade aufhebt. $\mathfrak{J}_1$ muß sich also so einstellen, daß

$$\mathfrak{J}_1 w + \mathfrak{J}_2 w = \mathfrak{V}_\mu + \mathfrak{J}_v w \tag{4}$$

bzw. mit $\mathfrak{V}_\mu = \mathfrak{J}_\mu w$ und $\mathfrak{J}_\mu + \mathfrak{J}_v = \mathfrak{J}_0$

$$\mathfrak{J}_1 + \mathfrak{J}_2 = \mathfrak{J}_0 \tag{5}$$

wird. Ist $\mathfrak{J}_2$ sehr groß gegenüber $\mathfrak{J}_0$, so ist angenähert $\mathfrak{J}_1 = -\mathfrak{J}_2$ bzw. $I_1 = I_2$. Aus $\mathfrak{U}_{K1} - \mathfrak{J}_1 R_1 = \mathfrak{U}_1 = \mathfrak{U}_{K2} - \mathfrak{J}_2 R_2$ ergibt sich die Klemmenspannung $\mathfrak{U}_{K1}$, die an 1 angelegt werden muß, um vorgeschriebene Werte von U_{K2}, I_2 und φ_2 zu erhalten. φ_2 ist der zwischen 0 und 90° liegende Phasenwinkel zwischen $\mathfrak{U}_{K2}$ und $\mathfrak{J}_2$.

Nun betrachten wir einen Transformator, der sich von dem vorigen nur dadurch unterscheidet, daß w_1 von w_2 verschieden ist. Dann gilt für die in 1 und 2 induzierten, gleichphasigen Spannungen mit dem Flußscheitelwert Φ in Maxwell nach Gl. (1):

$$U_1 = 4{,}44 \cdot w_1\, f\, \Phi \cdot 10^{-8}\ [\text{V}]\,, \tag{6}$$

$$U_2 = 4{,}44 \cdot w_2\, f\, \Phi \cdot 10^{-8}\ [\text{V}] \tag{7}$$

und

$$\frac{U_1}{U_2} = \frac{w_1}{w_2} \tag{8}$$

bzw. wegen der Phasengleichheit von $\mathfrak{U}_1$ und $\mathfrak{U}_2$ auch

$$\frac{\mathfrak{U}_1}{\mathfrak{U}_2} = \frac{w_1}{w_2}\,. \tag{8a}$$

Die induzierten Spannungen verhalten sich also, und zwar sowohl bei Leerlauf als auch bei Belastung, wie die Windungszahlen. Bei Leerlauf, d. h. stromloser Wicklung 2, stimmt $\mathfrak{U}_{K2}$ mit $\mathfrak{U}_2$ überein, und $\mathfrak{U}_{K1}$ unterscheidet sich von $\mathfrak{U}_1$ nur um die kleine Spannung $\mathfrak{J}_0 R_1$, die, wie Abb. 179 zeigt, gegen $\mathfrak{U}_1$ um nahezu 90° phasenverschoben ist. Der Unterschied zwischen $\mathfrak{U}_{K1}$ und $\mathfrak{U}_1$ liegt daher im wesentlichen in einem kleinen Phasenunterschied, während die Effektivwerte U_{K1} und U_1 nahezu gleich sind. Folglich gilt bei Leerlauf auch für die Klemmenspannungen sehr angenähert

$$\frac{U_{K1}}{U_{K2}} = \frac{w_1}{w_2}\,. \tag{8b}$$

Die resultierende magnetische Spannung, die der Fluß erfordert, ist

$$\mathfrak{V}_\mu = (\mathfrak{J}_1 - \mathfrak{J}_v)\, w_1 + \mathfrak{J}_2 w_2\,. \tag{9}$$

Mit $\mathfrak{V}_\mu = \mathfrak{J}_\mu w_1$ und $\mathfrak{J}_\mu + \mathfrak{J}_v = \mathfrak{J}_0$ folgt daraus

$$w_1 \mathfrak{J}_1 + w_2 \mathfrak{J}_2 = w_1 \mathfrak{J}_0\,. \tag{10}$$

Ist $\mathfrak{J}_0$ gegenüber $\mathfrak{J}_1$ vernachlässigbar klein, so ist $w_1\mathfrak{J}_1 + w_2\mathfrak{J}_2 \approx 0$ und

$$\frac{I_1}{I_2} \approx \frac{w_2}{w_1}\,, \tag{10a}$$

d. h. die Ströme verhalten sich etwa umgekehrt wie die Windungszahlen.

Durch Division mit w_1 ergibt sich aus Gl. (10)

$$\mathfrak{J}_1 + \mathfrak{J}_2 \frac{w_2}{w_1} = \mathfrak{J}_0 . \tag{11}$$

Wir erhalten also für die Ströme dasselbe Zeigerdiagramm wie im Falle $w_1 = w_2$ (Abb. 180), wenn wir statt des echten Stromes $\mathfrak{J}_2$ den auf die Wicklung 1 bezogenen Strom

$$\mathfrak{J}_2{}^{(1)} = \mathfrak{J}_2 \frac{w_2}{w_1} , \tag{12}$$

d. h. denjenigen Strom einsetzen, der in 1 zusätzlich zu $\mathfrak{J}_0$ fließen muß, um die magnetische Wirkung, die der in 2 fließende Strom $\mathfrak{J}_2$ hervorruft, wieder aufzuheben. Ein Sekundärstrom $\mathfrak{J}_2$ belastet die die Primärwicklung 1 speisende Stromquelle zusätzlich zu $\mathfrak{J}_0$ mit einem Strom $\mathfrak{J}_2 \frac{w_2}{w_1}$.

Damit wird übrigens auch die Rückwirkung der Wirbelströme im Eisen auf die Primärseite klar: Diese Wirbelströme beeinflussen ja ebenfalls das Magnetfeld im Eisenkern, sind also ebenso wie der Strom in 2 als Sekundärströme — genauer gesagt, als Ströme in einer durch den Eisenkern gebildeten dritten Wicklung — zu betrachten und müssen in ihrer magnetischen Wirkung durch eine äquivalente Komponente des Primärstromes kompensiert werden. Da sie als Ströme in einem im wesentlichen OHMschen Widerstand Wirkströme sind, rufen sie auf der Primärseite ebenso wie die Hystereseverluste einen Wirkstrom hervor, der eine entsprechende Leistungsaufnahme bedingt.

Die Klemmenspannungen an 1 bzw. 2 sind

$$\mathfrak{U}_{K1} = \mathfrak{U}_1 + \mathfrak{J}_1 R_1 , \quad (13) \qquad \mathfrak{U}_{K2} = \mathfrak{U}_2 + \mathfrak{J}_2 R_2 . \tag{14}$$

Da nach Gl. (8a) $\mathfrak{U}_2 \frac{w_1}{w_2} = \mathfrak{U}_1$ ist, erhalten wir auch für die Spannungen dasselbe Zeigerdiagramm wie für $w_1 = w_2$, wenn wir die Spannungen in 2 durch Malnehmen mit $\frac{w_1}{w_2}$ auf die Wicklung 1 beziehen:

$$\mathfrak{U}_{K2}{}^{(1)} = \mathfrak{U}_{K2} \cdot \frac{w_1}{w_2}, \quad (15) \qquad \mathfrak{U}_2{}^{(1)} = \mathfrak{U}_2 \frac{w_1}{w_2} = \mathfrak{U}_1 , \quad (16) \qquad (\mathfrak{J}_2 R_2)^{(1)} = \mathfrak{J}_2 R_2 \frac{w_1}{w_2} . \quad (17)$$

Ersetzen wir dabei wiederum $\mathfrak{J}_2$ durch $\mathfrak{J}_2{}^{(1)} = \mathfrak{J}_2 \frac{w_2}{w_1}$, so wird aus Gl. (17) wegen $\mathfrak{J}_2 = \mathfrak{J}_2{}^{(1)} \cdot \frac{w_1}{w_2}$

$$(\mathfrak{J}_2 R_2)^{(1)} = \mathfrak{J}_2{}^{(1)} R_2 \left(\frac{w_1}{w_2}\right)^2 , \tag{18}$$

worin

$$R_2 \left(\frac{w_1}{w_2}\right)^2 = R_2{}^{(1)} \tag{19}$$

der auf 1 bezogene Widerstand von 2 ist. Um die elektrischen Größen von 2 auf 1 zu beziehen, sind also Spannungen mit $\frac{w_1}{w_2}$, Ströme mit $\frac{w_2}{w_1}$ und Widerstände mit $\left(\frac{w_1}{w_2}\right)^2$ malzunehmen. Letzteres gilt nicht nur für Wirk- sondern auch für im Kreis der Wicklung 2 etwa vorhandene Blindwiderstände. Die auf 1 bezogene Klemmenspannung von 2 ist somit nach den Gln. (13), (14) und (16)

$$\mathfrak{U}_{K2}{}^{(1)} = \mathfrak{U}_{K1} - \mathfrak{J}_1 R_1 + \mathfrak{J}_2{}^{(1)} R_2{}^{(1)} . \tag{20}$$

Genau so gut könnte man natürlich alle Größen von 1 auf 2 beziehen. In beiden Fällen erhält man bei $w_1 \neq w_2$ dasselbe Zeigerdiagramm wie für das Übersetzungsverhältnis $\frac{w_1}{w_2} = 1$.

Ein im Kreis der Sekundärwicklung vorhandener Scheinwiderstand Z wirkt auf die Belastung der die Primärseite speisenden Stromquelle genau so zurück wie ein mit der

Primärwicklung in Reihe geschalteter Scheinwiderstand von der Größe $Z\left(\dfrac{w_1}{w_2}\right)^2$. In der Fernmeldetechnik, z. B. beim Anschluß eines Lautsprechers an einen Radioempfänger, liegt häufig die Aufgabe vor, aus einer Wechselstromquelle mit hohem inneren Widerstand R_i einem Verbraucherwiderstand R die höchstmögliche Leistung zuzuführen. In Abschn. 21 wurde gezeigt, daß dazu $R = R_i$ sein muß. Liegt der Verbraucherwiderstand aber mit einem von R_i abweichenden Wert R' fest, so kann man ihn dem Innenwiderstand der Stromquelle durch einen Zwischentransformator mit solchem Übersetzungsverhältnis $\dfrac{w_1}{w_2}$ „anpassen", daß $R'\left(\dfrac{w_1}{w_2}\right)^2 = R_i$ wird.

Meist werden die einzelnen Wicklungen von Transformatoren so ausgelegt, daß in ihnen die gleiche Stromdichte herrscht. Dann müssen sich die Leiterquerschnitte q_1 und q_2 der beiden Wicklungen wie die Ströme verhalten:

$$\frac{q_1}{q_2} = \frac{I_1}{I_2} \approx \frac{w_2}{w_1}.$$

Da die Wicklungswiderstände den Windungszahlen direkt, den Leiterquerschnitten aber umgekehrt proportional sind, ist dann

$$\frac{R_1}{R_2} = \frac{w_1\,q_2}{w_2\,q_1} \approx \left(\frac{w_1}{w_2}\right)^2$$

und damit $R_2^{(1)} = R_2\left(\dfrac{w_1}{w_2}\right)^2 \approx R_1$.

Bis jetzt hatten wir vorausgesetzt, daß alle Kraftlinien mit sämtlichen Windungen beider Wicklungen verkettet seien. Das würde zutreffen, wenn nur der Fluß im Eisen vorhanden wäre. Bei der praktischen Ausführung weist aber das Feldbild stets auch Kraftlinien auf, die nur zum Teil oder gar nicht im Eisenkern verlaufen und nicht mit beiden Wicklungen im gleichen Maße verkettet sind. Bei der Erläuterung des Transformators wird dies gewöhnlich durch die Einführung von zwei Streuflüssen berücksichtigt, von

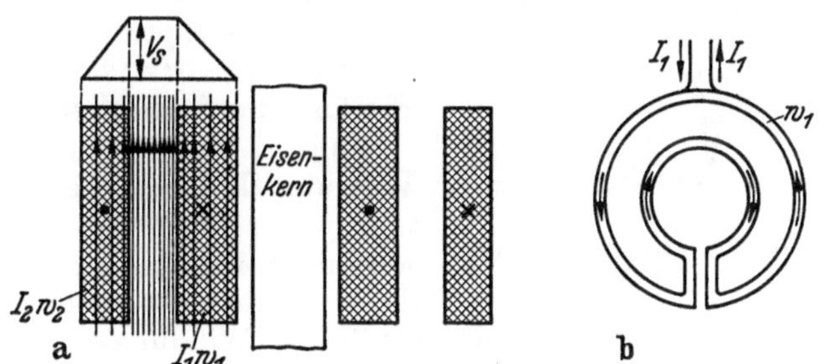

Abb. 181 a u. b. Streufeld eines Transformators mit konzentrischen Zylinderspulen.

denen jeder nur mit einer der Wicklungen verkettet ist. Da die nicht mit beiden Wicklungen verketteten Kraftlinien über große Strecken außerhalb des Eisens verlaufen, setzt man diese Streuflüsse dem Strom in der betreffenden Wicklung proportional und rechnet mit den entsprechenden Streublindwiderständen ωL_{s1} und ωL_{s2}. In Wirklichkeit kann exakt aber nur ein Gesamt-Streublindwiderstand des Transformators definiert werden, der natürlich auf die eine oder die andere Wicklung bezogen werden muß, während seine Aufteilung auf die beiden Wicklungen, z. B. gemäß

$$\omega L_s^{(1)} = \omega\left(L_{s1} + L_{s2}\,\frac{w_1^2}{w_2^2}\right)$$ völig willkürlich ist. Hierauf wurde schon in Abschn. 44 hingewiesen.

Die Natur der Streuung ist nicht leicht zu überschauen. Um uns wenigstens eine grobe Vorstellung davon zu verschaffen, betrachten wir als Beispiel einen Transformator mit konzentrischen Röhrenspulen (Abb. 181a). Die Ströme I_1 und I_2 mögen, was ja praktisch annähernd zutrifft, gegenphasig sein und im Verhältnis $\dfrac{I_1}{I_2} = \dfrac{w_2}{w_1}$ zueinander stehen. Beide Spulen haben dann in entgegengesetzten Richtungen dieselbe, über den Spulenquerschnitt gleichmäßig verteilte Gesamt-Durchströmung $I_1 w_1 = I_2 w_2$. Sie wirken, wie Abb. 180b schematisch zeigt, magnetisch wie eine einzige, zu einem Ring zusammengebogene, schmale Rechteckspule. Nimmt man, was der Wirklichkeit nahekommt, an, daß im Innern solch einer Spule die Kraftlinien geradlinig parallel zur Spulenachse verlaufen, so stehen in Abb. 181a die durch den Spalt zwischen den Spulen tretenden Kraftlinien unter der magnetischen Spannung $V_s = I_1 w_1 = I_2 w_2$. V_s in diesem Spalt ist im Vergleich zu der im normalen Transformatorbetrieb auf den Eisenkern wirkenden magnetischen Spannung V_μ außerordentlich groß; denn in bezug auf den Eisenkern heben die Durchströmungen $I_1 w_1$ und $I_2 w_2$ einander nahezu auf. Obwohl die Kraftlinien im Spalt lange Luftstrecken durchlaufen müssen, kann deshalb dort doch eine beträchtliche Induktion herrschen. Im Innern der Wicklungen selbst nimmt mit dem von einer Kraftlinie umfaßten Gesamtstrom die magnetische Spannung V_s und damit auch die Induktion linear mit der Entfernung von den Spaltgrenzen bis auf Null ab. Der von V_s bedingte Fluß ist um so größer, je weiter der Spalt ist.

Zweifellos gibt es unter den Kraftlinien, die durch den Spalt oder die Spulenkörper selbst hindurchtreten, keine, die mit beiden Spulen voll verkettet sein könnte, gleichviel, wie sie weiterhin verlaufen möge. Im normalen Betrieb, wo ein gemeinsamer Fluß vorhanden ist, existieren diese Kraftlinien aber nicht als selbständige Gebilde; die Streuung bewirkt dann lediglich eine Verformung des Gesamtfeldes, dessen Bild sich außerdem im Verlauf einer Periode ständig ändert. Meßbar und darum als echte Größen anzusehen sind nur die Spannungen, die in den Spulen von dem resultierenden Gesamtfeld induziert werden. Eine Aufspaltung jeder dieser Spannungen in eine von einem beiden Wicklungen gemeinsamen „Hauptfluß" induzierte Spannung, die sog. „induzierte EMK" und eine von einem primären bzw. sekundären Streufluß induzierte primäre bzw. sekundäre Streuspannung ist eine reine Fiktion, die freilich die Vorstellung erleichtert.

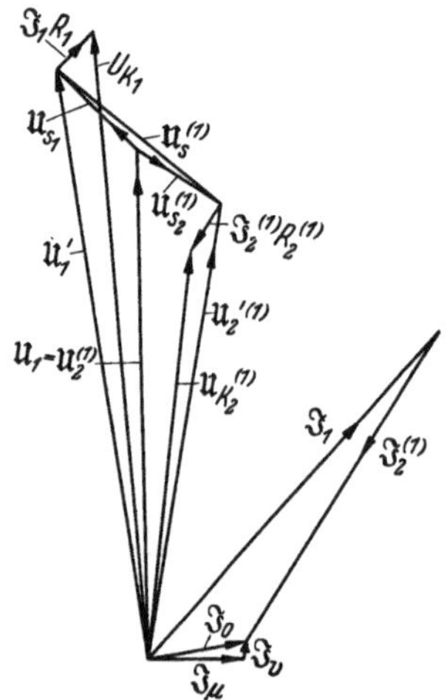

Abb. 182. Vollständiges Transformator-diagramm.

Infolge der Streuung unterscheidet sich der mittlere Windungsfluß der einen Wicklung von dem der anderen, und zwar im allgemeinen sowohl hinsichtlich seines Scheitelwertes als auch in der Phasenlage. Folglich weichen auch die in den beiden Wicklungen durch das Gesamtfeld induzierten, wegen der unterschiedlichen Windungszahlen durch Beziehen auf ein und dieselbe Windungszahl w_1 vergleichbar gemachten Spannungen $\mathfrak{U}_1'$ und $\mathfrak{U}_2'^{(1)}$ in Abb. 182 im Gegensatz zum streuungslosen Transformator voneinander ab. Die ebenfalls auf die Wicklung 1 bezogene Differenz $\mathfrak{U}_s^{(1)}$ zwischen ihnen kann man sich als von einem Streufluß induziert vorstellen, der seinerseits nach Betrag und Phase mit der Differenz zwischen den mittleren Windungsflüssen beider Wicklungen übereinstimmt. Wie die oben anhand von Abb. 181 angestellte Betrachtung zeigt, sind bei der Erregung eines solchen Streuflusses, wenn man ihn wirklich als getrennten Anteil des Gesamtflusses angeben könnte, die Ströme $\mathfrak{J}_1$ und $\mathfrak{J}_2$ trotz ihres Phasenunterschiedes von nahezu 180° unmittelbar und gleichsinnig magnetisch wirksam und nicht wie bei der Erregung des Flusses im Eisenkern nur mit ihrer kleinen Summe $\mathfrak{J}_0$. Aus diesem Grunde steht der Zeiger $\mathfrak{U}_s^{(1)}$ als Blindspannung senkrecht auf einer mittleren Richtung zwischen den Richtungen der Stromzeiger. Die Streuspannung kann mit der Beziehung $U_s^{(1)} = \omega L_s^{(1)} I_1 = X_s^{(1)} I_1$ auch als Spannung an dem auf 1 bezogenen, induktiven Gesamt-Streublindwiderstand $X_s^{(1)} = \omega L_s^{(1)}$ des Transformators aufgefaßt werden.

Wir können an einem mit Streuung behafteten Transformator die Klemmenspannungen $\mathfrak{U}_{K1}$ und $\mathfrak{U}_{K2}$ sowie die Ströme $\mathfrak{J}_1$ und $\mathfrak{J}_2$ nach Größe und gegenseitiger Phasenlage messen und können aus den Klemmenspannungen und den OHMschen Spannungen $\mathfrak{J}_1 R_1$ und $\mathfrak{J}_2 R_2$ die durch das Gesamtfeld induzierten Spannungen $\mathfrak{U}_1'$ und $\mathfrak{U}_2'$ noch als echt vorhandene Größen ermitteln. Der Spannungsunterschied $\mathfrak{U}_s^{(1)}$, der sich nach Abb. 182 zwischen $\mathfrak{U}_1'$ und $\mathfrak{U}_2'^{(1)}$ ergibt und der von der Streuung herrührt, läßt sich aber nur unter einer zusätzlichen Festsetzung in eine primäre und eine sekundäre

Streuspannung $\mathfrak{U}_{s2} = j\,\omega L_{s1}\,\mathfrak{J}_1$ bzw. $\mathfrak{U}_{s2}^{(1)} = j\,\omega L_{s2}^{(1)}\,\mathfrak{J}_2^{(1)}$ aufteilen. Am nächsten liegt die Festsetzung, daß bei Speisung der Wicklungen mit gegenphasigen Strömen von dem Größenverhältnis $\dfrac{I_1}{I_2} = \dfrac{w_2}{w_1}$ kein gemeinsames Feld vorhanden sein soll, so daß die induzierten EMKe $\mathfrak{U}_1$ und $\mathfrak{U}_2$ dann verschwinden und außer den Ohmschen nur noch die den Strömen um $90°$ voreilenden Streuspannungen mit den Effektivwerten $U_{s1}=\omega L_{s1}I_1$ und $U_{s2} = \omega L_{s2}I_2$ auftreten. Daraus können dann die Streublindwiderstände ωL_{s1} und ωL_{s2} berechnet werden, und wir können auch in das Zeigerdiagramm (Abb. 182) die primäre und die sekundäre Streuspannung eintragen und damit die induzierte EMK $\mathfrak{U}_1 = \mathfrak{U}_2^{(1)}$ festlegen.

Unter der Annahme, daß die sekundäre Klemmenspannung U_{K2}, der sekundäre Strom I_2 und der Phasenwinkel φ_2 zwischen beiden vorgeschrieben sei, wäre somit das Zeigerdiagramm (Abb. 182) folgendermaßen zu entwerfen: Nach Festlegung eines Spannungs- und Strommaßstabes zeichnet man zunächst, zweckmäßig senkrecht, den Zeiger $\mathfrak{U}_{K2}^{(1)}$. Daran wird der Zeiger $\mathfrak{J}_2^{(1)}R_2^{(1)}$ gleichphasig mit $\mathfrak{J}_2$ angetragen. Die Schlußlinie ergibt den Zeiger $\mathfrak{U}_2'^{(1)}$. An diesen trägt man $\mathfrak{U}_{s2}^{(1)} = j\omega L_{s2}^{(1)}\,\mathfrak{J}_2^{(1)}$ dem Strom $\mathfrak{J}_2$ um $90°$ voreilend an und erhält die von dem gemeinsamen Feld induzierten EMKe $\mathfrak{U}_1$ bzw. $\mathfrak{U}_2^{(1)}$. Diesen um $90°$ voreilend wird der Magnetisierungsstrom $\mathfrak{J}_\mu$ gezeichnet, an den sich in Phase mit $\mathfrak{U}_1$ der Eisenverluststrom $\mathfrak{J}_v$ anschließt. Die Summe $\mathfrak{J}_\mu + \mathfrak{J}_v$ ist der Leerlaufstrom $\mathfrak{J}_0$. Aus der Bedingung $\mathfrak{J}_1 + \mathfrak{J}_2^{(1)} = \mathfrak{J}_0$ erhält man $\mathfrak{J}_1$. Gegenüber $\mathfrak{J}_1$ um $90°$ voreilend wird $\mathfrak{U}_{s1} = j\omega L_{s1}\mathfrak{J}_1$ an $\mathfrak{U}_1$ und an den so erhaltenen Zeiger $\mathfrak{U}_1'$ die Ohmsche Spannung $\mathfrak{J}_1 R_1$ in Phase mit $\mathfrak{J}_1$ angetragen. Als Schlußlinie ergibt sich die zur Erzielung der vorgegebenen Werte von U_{K2}, I_2 und φ_2 erforderliche primäre Klemmenspannung $\mathfrak{U}_{K1}$.

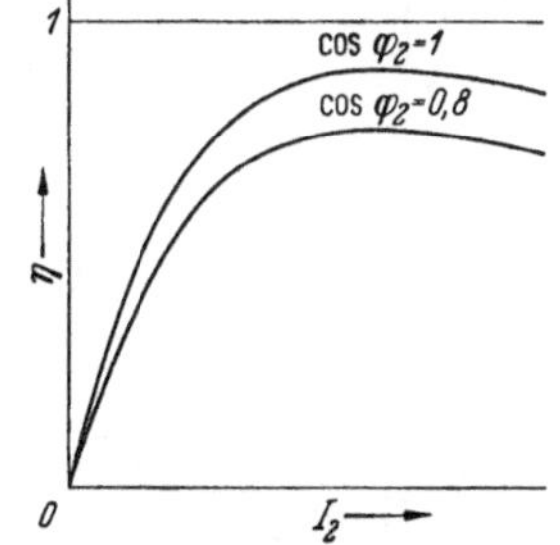

Abb. 183. Wirkungsgradkurven des Transformators.

Wird von dem Transformator sekundärseitig die Wirkleistung $N_2 = U_{K2}I_2\cos\varphi_2$ abgegeben, so ist die primär zugeführte Wirkleistung $N_1 = U_{K1}I_1\cos\varphi_1$ um die Kupferverluste $Q_{Cu} = I_1^2 R_1 + I_2^2 R^2$ und die Eisenverluste Q_{Fe}, die wir im Zeigerdiagramm durch den mit der induzierten EMK $\mathfrak{U}_1$ gleichphasigen Strom $\mathfrak{J}_v$ berücksichtigt haben, größer. Es ist also:

$$N_1 = N_2 + Q_{Cu} + Q_{Fe} \ . \tag{21}$$

Bezeichnen wir mit $N_{B2} = U_{K2}I_2\sin\varphi_2$ die sekundär abgegebene induktive Blindleistung, so gilt für die primär aufgenommene Blindleistung $N_{B1} = U_{K1}I_1\sin\varphi_1$:

$$N_{B1} = N_{B2} + N_{B\mu} + N_{Bs} \ . \tag{22}$$

Darin ist $N_{B\mu} = U_1 I_\mu$ die Blindleistung zur Magnetisierung des Eisenkerns und $N_{Bs} = I_1^2\omega L_{s1} + I_2^2\omega L_{s2}$ die Blindleistung zur Erzeugung der Streufelder.

Unter dem Wirkungsgrad η einer Energie-Umformungseinrichtung versteht man das Verhältnis der abgegebenen zur aufgenommenen Leistung. Für den Transformator ist

$$\eta = \frac{N_2}{N_1} = \frac{N_2}{N_2 + Q_{Cu} + Q_{Fe}} \ . \tag{23}$$

Mit dem auf die Sekundärseite bezogenen Gesamtwiderstand $R^{(2)} = R_2 + R_1\left(\dfrac{w_2}{w_1}\right)^2$ wird

$$\eta = \frac{U_2 I_2\cos\varphi_2}{U_2 I_2\cos\varphi_2 + I_2^2 R^{(2)} + Q_{Fe}} = \frac{1}{1 + I_2\dfrac{R^{(2)}}{U_2\cos\varphi_2} + \dfrac{1}{I_2}\dfrac{Q_{Fe}}{U_2\cos\varphi_2}} \ .$$

$\eta = f(I_2)$ wird bei gegebenen Werten U_2 und $\cos\varphi_2$ (Abb. 183) am größten, wenn von dem Nenner n des rechten Bruches die Ableitung nach I_2 verschwindet, d. h.

$$\frac{dn}{dI_2} = \frac{R^{(2)}}{U_2\cos\varphi_2} - \frac{1}{I_2^2}\frac{Q_{Fe}}{U_2\cos\varphi_2} = 0$$

ist. Das ist der Fall für

$$I_2^2 \, R^{(2)} = Q_{Fe} \,,$$

d. h. wenn Eisen- und Kupferverluste einander gleich sind. Das gilt allgemein für alle
elektrischen Energiewandler mit Eisen- und Kupferverlusten, und darum haben
diese auch alle einen ähnlichen Verlauf des Wirkungsgrades.

59. Kappsches Diagramm. Die Betriebseigenschaften eines Transformators mit Eisenkern werden gut übersichtlich und genau genug dargestellt, wenn der kleine Leerlaufstrom I_0 vernachlässigt und $I_2^{(1)} = I_2 \dfrac{w_2}{w_1} = I_1$ gesetzt wird. Abb. 184a zeigt für eine
induktive Belastung das vereinfachte, nach Kapp benannte Diagramm, in dem unter
Weglassung der nicht weiter interessierenden Pfeilspitzen an die Zeiger die Effektiv-
werte angeschrieben sind. $R^{(1)} = R_1 + R_2 \left(\dfrac{w_1}{w_2}\right)^2$ ist der gesamte Ohmsche und $\omega L_s^{(1)}$ der

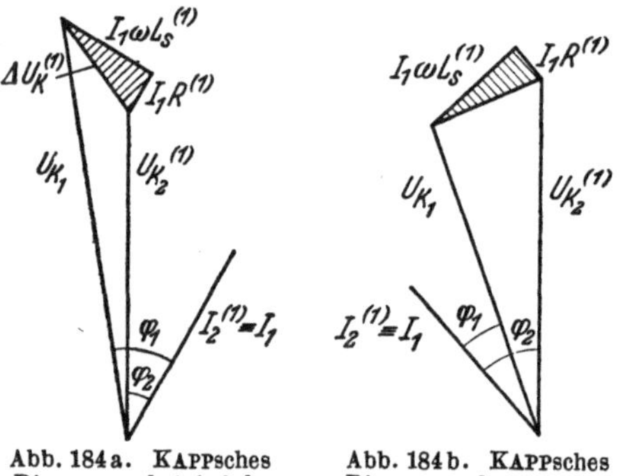

Abb. 184a. Kappsches
Diagramm bei induk-
tiver Last.

Abb. 184b. Kappsches
Diagramm bei kapazi-
tiver Last.

gesamte Streublindwiderstand, beide auf die
Wicklung 1 bezogen. Die Seiten des schraffierten, rechtwinkligen Dreiecks, dessen Ka-
theten die Ohmsche und die Streuspannung
bilden und dessen Hypotenuse die geometrische Differenz zwischen der primären und
der auf 1 bezogenen sekundären Klemmenspannung darstellt, sind dem Strom I_1 bzw. I_2
proportional; das Dreieck bleibt sich bei
jeder Belastung ähnlich und ist für den betreffenden Transformator typisch.

In Abb. 184b ist angenommen, daß der
Sekundärstrom I_2 der Klemmenspannung U_{K2}
um φ_2 vorauseilt, wie es der Fall ist, wenn der von U_{K2} gespeiste Verbraucher einen kapazitiven Blindwiderstand enthält. Man beachte, daß jetzt $U_{K_2}^{(1)} > U_{K1}$ ist, daß also bei
gleichgebliebener Primärspannung U_{K1} die Sekundärspannung U_{K2} gegenüber ihrem
Leerlaufwert $U_{K2,0} = \dfrac{w_2}{w_1} U_{K1}$ zugenommen hat, aus dem inneren Spannungsabfall also
ein Spannungsanstieg geworden ist!

Das schraffierte Dreieck bleibt seiner Form nach auch dann noch erhalten, wenn die
Sekundärklemmen widerstandslos verbunden werden, d. h. die Sekundärwicklung kurzgeschlossen wird. Dann ist zwangläufig $U_{K2} = 0$ und U_{K1} wird zur
Hypotenuse des Dreiecks (Abb. 185). Bei gegebener Primärspan-
nung U_{K1} werden jetzt die Ströme als Kurzschlußstrom $I_{1,k}$ und $I_{2,k}$
allein durch die inneren Spannungsabfälle an den Wirk- und Blindwiderständen der Wicklungen bestimmt:

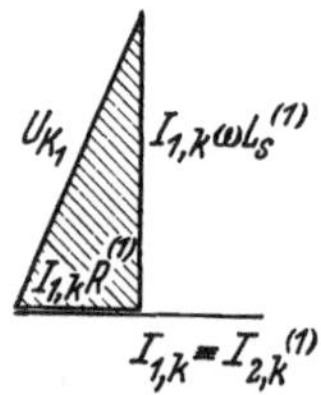

Abb. 185. Kurz-
schlußdiagramm des
Transformators.

$$I_{1,k} = \frac{U_{K1}}{\sqrt{R^{(1)\,2} + \omega^2 L_s^{(1)\,2}}} \qquad (1) \qquad\qquad I_{2,k} = I_{1,k} \frac{w_1}{w_2} \qquad (2)$$

Unter der Kurzschlußspannung $U_{1,k}$ eines Transformators versteht
man diejenige Spannung, die bei kurzgeschlossener Sekundärwicklung an seine Primärklemmen angelegt werden muß, damit in beiden Wicklungen
die sog. Nennströme $I_{1\,nenn}$ bzw. $I_{2\,nenn}$ fließen, d. h. die Ströme, für die der Transformator bemessen ist. Für größere Leistungstransformatoren wird meist die relative
Kurzschlußspannung u_k angegeben; das ist die auf die primäre Nennspannung $U_{K1\,nenn}$
bezogene Kurzschlußspannung

$$u_k = \frac{U_{1,k}}{U_{K1\,nenn}} \qquad\qquad\qquad (3)$$

Wegen der Proportionalität zwischen Kurzschlußstrom und Klemmenspannung im Kurzschluß ist bei voller Nenn-Klemmenspannung

$$I_{1,k} = I_{1\,nenn} \frac{U_{K1\,nenn}}{U_{1,k}} = \frac{I_{1\,nenn}}{u_k}, \tag{4}$$

$$I_{2,k} = \frac{I_{2\,nenn}}{u_k} \tag{5}$$

Um bei einem Kurzschluß die Ströme zu begrenzen, wird u_k oft bewußt groß gemacht und der damit im normalen Betrieb verbundene Spannungsabfall in Kauf genommen. Das geschieht aber ausschließlich durch Erhöhung des Streu-Blindwiderstandes, da eine Vergrößerung der OHMschen Widerstände einen erhöhten Leistungsverlust und damit eine Verschlechterung des Wirkungsgrades zur Folge hätte. Man treibt manchmal die Erhöhung der Streuung soweit, daß der Transformator dauernd kurzgeschlossen werden kann, ohne durch zu große Kurzschlußströme beschädigt zu werden.

60. Der Spartransformator. Da die induzierte EMK je Windung $\dfrac{U_1}{w_1} = \dfrac{U_2}{w_2} = 4{,}44\,f\Phi$ für beide Wicklungen denselben Wert hat, herrscht zwischen zwei Punkten der Wicklung 2, zwischen denen w_1 Windungen liegen, dieselbe EMK wie zwischen den Endpunkten der Wicklung 1. Verbinden wir wie in Abb. 186a die Anfangspunkte a_1 und a_2 beider Wicklungen, so hat dies auf die Arbeitsweise des Transformators keinen Einfluß; dadurch werden lediglich die Punkte a_1 und a_2 auf gleiches Potential gebracht. Dann herrscht aber, vorausgesetzt, daß beide Wicklungen gleichen Wicklungssinn haben,

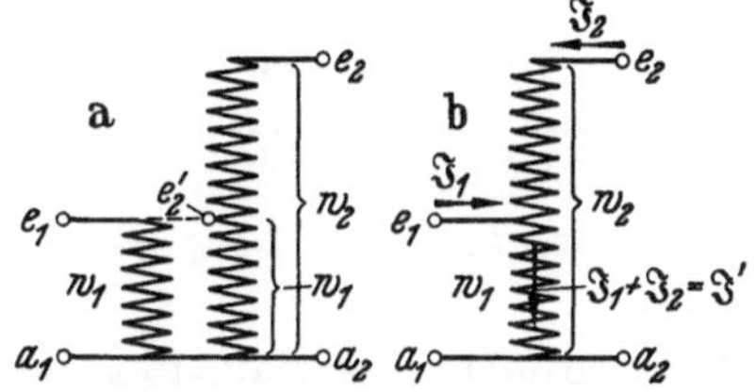

Abb. 186a u. b. Entstehung der Sparschaltung.

zwischen a_2 und einem um w_1 Windungen davon entfernten Anzapfpunkt e_2' der Wicklung 2 die gleiche EMK wie zwischen a_1 und e_1. Somit haben auch die Punkte e_1 und e_2 gleiches Potential und können ebenfalls miteinander verbunden werden. Man benötigt dann garnicht mehr zwei getrennte Wicklungen, sondern kann die Wicklung mit der kleineren Windungszahl w_1, weglassen und e_1 nach Abb. 186b zu einer Anzapfung der anderen Wicklung machen. Der Transformator ist damit zu einem induktiven Spannungsteiler entartet.

Man nennt einen solchen Transformator, bei dem die eine Wicklung mit einem Abschnitt der anderen identisch ist, Autotransformator oder, wegen der Ersparnis an Wicklungsmaterial, Spartransformator. Zu dem Fortfall eines Teiles der einen Wicklung kommt hinzu, daß der in dem gemeinsamen Wicklungsteil fließende Summenstrom $\mathfrak{J}' = \mathfrak{J}_1 + \mathfrak{J}_2$ wegen der nahezu $180°$ betragenden Phasenverschiebung zwischen $\mathfrak{J}_1$ und $\mathfrak{J}_2$ praktisch nur den Effektivwert $I' = I_1 - I_2$ hat, so daß dieser Wicklungsteil weniger Querschnitt erfordert, als bei getrennten Wicklungen bereits für die Unterspannungswicklung allein nötig wäre. Dieser Vorteil fällt um so mehr ins Gewicht, je weniger I_1 von I_2 abweicht, je näher also das Verhältnis $U_1:U_2$ dem Wert 1:1 kommt. Von der, manchmal nicht störenden, galvanischen Verbindung zwischen Primär- und Sekundärseite abgesehen, hat der Spartransformator gegenüber dem Transformator mit getrennten Wicklungen den Nachteil eines größeren Kurzschlußstromes, weil ja für die vereinigten Wicklungsteile die gegenseitige Streuung wegfällt und auch der OHMsche Spannungsabfall kleiner wird. Man sieht das sofort ein, wenn man als Extremfall einmal einen, praktisch freilich sinnlosen, Spartransformator mit dem Übersetzungsverhältnis 1:1 betrachtet (Abb. 187). Jetzt sind Primär- und Sekundärseite direkt, d. h. widerstandslos miteinander verbunden. Die gesamte Wicklung stellt nur noch eine Querverbindung dar, über die der Leerlaufstrom $\mathfrak{J}_0$ fließt. Ein satter Kurzschluß der Klemmen a_2, e_2 ist zugleich auch ein satter Kurzschluß der Klemmen a_1, e_1.

61. Die Transformatorgleichungen. Die vorstehend für Transformatoren mit Eisenkern angestellten Überlegungen gelten natürlich auch für Lufttransformatoren, d. h. solche ohne Eisenkern, nur ist dann im allgemeinen die durch Vernachlässigung des Magnetisierungsstromes gemachte Vereinfachung nicht mehr zulässig, da I_μ wegen der geringen Permeabilität von Luft beträchtliche Werte annehmen kann. Abb. 188 zeigt das Schema eines Lufttransformators, bei dem die beiden Wicklungen 1 und 2 die Selbstinduktivitäten L_1 bzw. L_2 und die Ohmschen Widerstände R_1 bzw. R_2 aufweisen. M ist die Gegeninduktivität der Wicklungen.

Aus diesem Schema können wir sofort die Transformatorgleichungen

$$\mathfrak{U}_{K1} = \mathfrak{J}_1 \left(R_1 + j\,\omega L_1\right) + j\,\omega M\,\mathfrak{J}_2 \tag{1}$$

$$\mathfrak{U}_{K2} = \mathfrak{J}_2 \left(R_2 + j\,\omega L_2\right) + j\,\omega M\,\mathfrak{J}_1 \tag{2}$$

ablesen. Die Gegeninduktivität können wir messen, indem wir in einem Leerlaufversuch den Transformator bei offenen Sekundärklemmen primärseitig an Spannung legen und außer U_{K2} den Leerlaufstrom $I_{1,0}$ messen. Es ist dann wegen $\mathfrak{J}_2 = 0$

$$\mathfrak{U}_{K2} = j\,\omega M\,\mathfrak{J}_{1,0} \tag{3}$$

und damit der Blindwiderstand der Gegeninduktivität

$$\omega M = \frac{U_{K2}}{I_{1,0}}\,. \tag{4}$$

Zugleich ist

$$\mathfrak{U}_{K1} = \mathfrak{J}_{1,0}\left(R_1 + j\,\omega L_1\right)\,. \tag{5}$$

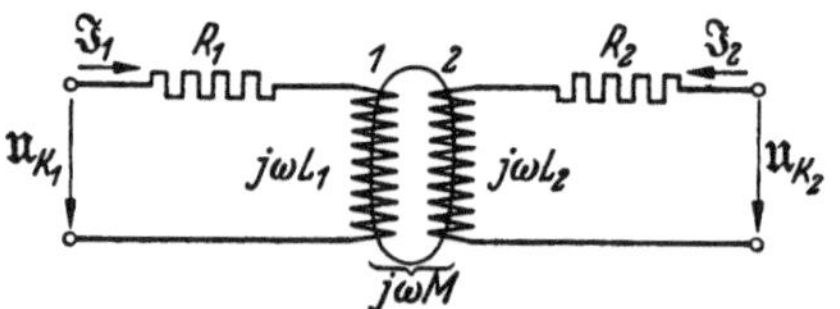

Abb. 188. Zur Ableitung der Transformatorgleichungen.

Mit der primären Leerlauf-Phasenverschiebung $\varphi_{1,0}$ ist also die Blindkomponente der Primärspannung

$$U_{K1} \sin\varphi_{1,0} = \omega L_1 I_{1,0}\,. \tag{6}$$

Daraus können wir auch ωL_1 und, indem wir Wicklung 2 bei offener Wicklung 1 speisen, aus

$$U_{K2} \sin\varphi_{2,0} = \omega L_2 I_{2,0} \tag{7}$$

ωL_2 durch Messung bestimmen.

Hinsichtlich der Vorzeichen in den Gln. (1) und (2) ist noch folgendes grundsätzlich zu bemerken. Da die beiden Wicklungen völlig gleichberechtigt sind, ist es zweckmäßig, sie auch in der Rechnung gleich zu behandeln. Deshalb wurden in Abb. 188 die mit $\mathfrak{J}_1$ und $\mathfrak{J}_2$ bezeichneten Pfeile, die als Zählpfeile lediglich die Richtung angeben sollen, in der der betreffende Strom positiv zu zählen ist, beide von den oberen Klemmen nach den Wicklungen hin weisend gezeichnet. Mit den zugleich angegebenen Zählpfeilen für die Klemmenspannungen $\mathfrak{U}_{K1}$ und $\mathfrak{U}_{K2}$ haben wir auf beiden Seiten das sog. Verbraucherzählpfeilsystem angewendet; denn fließt während der positiven Halbwelle der Spannung, in der mit den angegebenen Spannungszählpfeilen die obere Klemme positiv gegenüber der unteren ist, ein Wirkstrom in der angegebenen positiven Richtung, so ist die betreffende Wicklung ein Wirkleistungs-Verbraucher. Bei diesem Zählpfeilsystem, das wir bisher stets angewendet haben, erscheint für einen Verbraucher der Wirkstrom gleichphasig, für einen Erzeuger jedoch gegenphasig mit der Klemmenspannung. Eilt die Blindkomponente des Stromes der Klemmenspannung um 90° nach, so nimmt die betreffende Wicklung außerdem Magnetisierungs-Blindleistung auf, ist also ein Blindleistungs-„Verbraucher". Im umgekehrten Fall würde sie Magnetisierungs-Blindleistung abgeben. Dafür könnte man auch sagen, sie nehme kapazitive Blindleistung auf. Mit zwei verschiedenen Arten von Blindleistung zu operieren, ist verwirrend und überflüssig. Man gewöhnt sich besser daran, Blindleistung stets nur als Magnetisierungsblindleistung aufzufassen und in diesem Sinne von Blindleistungs-Aufnahme oder -Abgabe zu sprechen. Ein Kondensator ist dann dadurch gekennzeichnet, daß er Blindleistung abgibt. Man stoße sich nicht daran, daß ein Wirkleistungs-verbraucher zugleich Blindleistung abgeben kann und umgekehrt; denn Wirk- und Blindleistung existieren unabhängig voneinander, und Blindleistung hat als Hin- und Herfluten von Energie keine Richtung in strengem Sinn.

62. Einschaltstrom bei Transformatoren. Besonders bei Transformatoren mit Eisenkern, aber auch bei Lufttransformatoren erreicht häufig im Augenblick des Anlegens der vollen Spannung an den unbelasteten Transformator der Strom vorübergehend Werte, die weit über dem Scheitelwert des Leerlaufstromes liegen. Ob und in welcher Höhe dieser Einschaltstromstoß auftritt, hängt von der Lage des Einschaltzeitpunktes innerhalb der Spannungsperiode ab. Das Induktionsgesetzt $u = w \dfrac{d\Phi_t}{dt}$ verlangt, daß die zeitliche Änderung des Flusses stets dem Augenblickswert der induzierten Spannung proportional sei, und die induzierte Spannung können wir bei Vernachlässigung der inneren Spannungsabfälle der angelegten Spannung gleichsetzen. Im Einschaltzeitpunkt muß der Fluß, von etwa vorhandener Remanenz abgesehen, in jedem Fall gleich Null sein. Diese Bedingung entspricht bei sinusförmiger Spannung dem normalen, stationären Flußverlauf, wenn der Einschaltzeitpunkt mit dem Scheitelpunkt der Spannung zusammenfällt, so daß sich in diesem Fall keine Besonderheit zeigt. Wird aber im Augenblick des Spannungs-Nulldurchganges eingeschaltet, so müßte der Fluß in diesem Zeitpunkt eigentlich einen Scheitelwert haben, was aber der Bedingung, daß Φ im Einschaltzeitpunkt gleich Null sein muß, widerspricht, d. h. der Flußverlauf muß ein anderer sein. Nun verlangt das Induktionsgesetz aber zu jedem Augenblickswert der Spannung nur eine bestimmte Änderung, nicht aber einen bestimmten Wert des Flusses. Es wird also auch erfüllt, wenn die Flußkurve unter Beibehaltung ihrer Form gegenüber der Nullinie verschoben ist. Neben dem Induktionsgesetz wird aber zugleich auch die Einschaltbedingung $\Phi_t = 0$ erfüllt, wenn, wie in Abb. 189 gezeigt, die einseitige

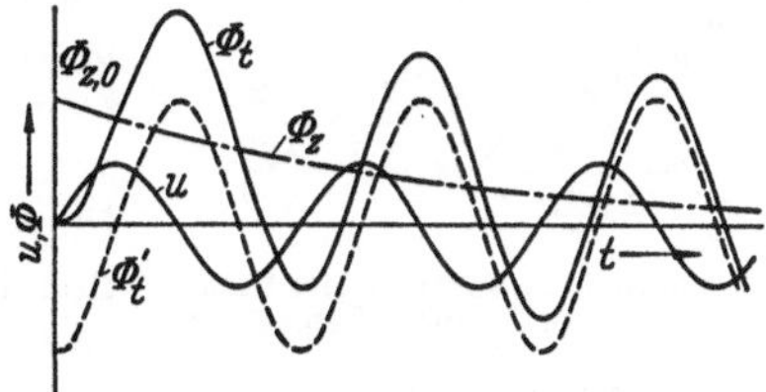

Abb. 189. Flußverlauf beim Einschalten eines Transformators im Nulldurchgang der Spannung.

Verlagerung der Φ_t-Kurve im Einschaltzeitpunkt so groß ist, daß ihr unterer Scheitelwert mit der Nullinie zusammenfällt. Es ist dann im Einschaltpunkt dem stationären Wechselfluß Φ'_t noch ein zusätzlicher Gleichfluß $\Phi_{z,0} = \Phi'_{t\,max}$ überlagert. Wäre Φ_z konstant, so würde beim nächsten Spannungsnulldurchgang der Fluß Φ_t den Höchstwert $\Phi'_{t\,max} + \Phi_{z,0} = 2\,\Phi'_{t\,max}$ erreichen. Schon beim Lufttransformator würde dementsprechend der Strom in diesem Zeitpunkt auf den doppelten Scheitelwert des stationären Magnetisierungsstromes ansteigen. Beim Transformator mit Eisenkern wäre das Verhältnis der Stromspitze zum Scheitelwert des normalen Magnetisierungsstromes wegen der Eisensättigung noch sehr viel größer. Etwas gemildert wird dieser Vorgang dadurch, daß die Stromverzerrung infolge der höheren Verluste, die sie bedingt, wieder verschwindet. Φ_z nimmt dabei nach einer Exponentialfunktion von der Form

$$\Phi_z = f(t) = \Phi_{z,0}\left(1 - e^{-\frac{t}{K}}\right)$$ ab, so daß sich nach einiger Zeit der normale, stationäre Zustand einstellt.

L. Drehstromsysteme

63. Unverkettete Drehstromsysteme. Eine Kombination von m Wechselstromsystemen, deren Spannungen gleich groß, aber gegeneinander um den Winkel $\dfrac{2\pi}{m}$ in der Phase verschoben sind, bezeichnet man als Drehstromsystem. Die einzelnen m Wechselstromsysteme heißen in diesem Falle „Phasen" des Drehstromsystems, und dieses entsprechend der Anzahl m der Phasen ein m-phasiges Drehstromsystem. Heutzutage sind, von Sonderfällen abgesehen, nahezu alle Anlagen, die zur Erzeugung und Übertragung elektrischer Energie dienen, Drehstromanlagen; ebenso beherrscht unter den Elektromotoren der Drehstrommotor das Feld. Die Vorteile des Drehstromsystems gegenüber dem einfachen Wechselstromsystem sind: Ersparnis an Leitungsmaterial, zeitlich konstante Leistung, einfache Bauart der Motoren bei günstigen Betriebseigenschaften.

Das normale Drehstromsystem ist das dreiphasige ($m = 3$); es entsteht also durch Zusammenfassen von 3 einphasigen Wechselstromsystemen, deren gleich große Spannungen um $\dfrac{2\pi}{3}$ entsprechend 120° in der Phase gegeneinander verschoben sind. In Abb. 190a seien U, V und W drei solche Wechselstromsysteme, die, zusammen betrachtet, ein Drehstromsystem bilden. Die einzelnen Wechselstromsysteme stellen also die „Phasen" des Drehstromsystems dar und bestehen je aus einem Wechselspannungs-Erzeuger G_U, G_V, G_W, einem Verbraucher $\mathfrak{z}_U$, $\mathfrak{z}_V$, $\mathfrak{z}_W$ und den dazugehörigen Verbindungsleitungen, die mit u und x, v und y bzw. w und z bezeichnet sind. Die Erzeuger G_U, G_V, G_W erzeugen die Phasenspannungen $\mathfrak{U}_U$, $\mathfrak{U}_V$, $\mathfrak{U}_W$, die gleich groß, aber um je 120° gegeneinander phasenverschoben sind. $\mathfrak{U}_V$ eilt gegenüber $\mathfrak{U}_U$, $\mathfrak{U}_W$ gegenüber $\mathfrak{U}_V$, und $\mathfrak{U}_U$ gegenüber $\mathfrak{U}_W$ um 120° nach; die Phasenspannungen erreichen also, wie Abb. 190b zeigt, mit einem Zeitabstand von 1/3 Periode in der als „Phasenfolge" bezeichneten Reihenfolge $\mathfrak{U}_U$, $\mathfrak{U}_V$, $\mathfrak{U}_W$ ihren positiven Scheitelwert. In Abb. 190a sind die Zeiger der Phasenspannungen rechts neben die zugehörigen Phasen des Drehstromsystems gezeichnet. Ist U_{ph} der gemeinsame Effektivwert der drei Phasenspannungen, so sind ihre Augenblickswerte:

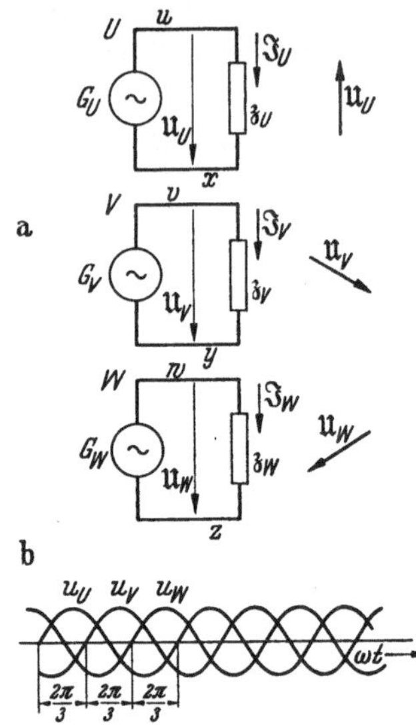

a

b

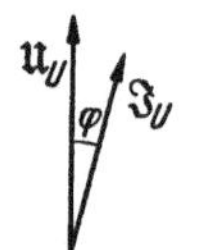

Abb. 190a u. b. a) Unverkettetes Drehstromsystem b) Zeitlicher Verlauf der Phasenspannungen eines Drehstromsystems.

$$u_U = \sqrt{2}\,U_{ph}\sin\omega t, \qquad u_V = \sqrt{2}\,U_{ph}\sin\!\left(\omega t - \frac{2\pi}{3}\right),$$
$$u_W = \sqrt{2}\,U_{ph}\sin\!\left(\omega t - \frac{4\pi}{3}\right) = \sqrt{2}\,U_{ph}\sin\!\left(\omega t + \frac{2\pi}{3}\right). \tag{1}$$

Wenn wir von etwaigen Spannungsabfällen in den Leitungen absehen, herrschen die Phasenspannungen $\mathfrak{U}_U$, $\mathfrak{U}_V$, $\mathfrak{U}_W$ auch an den Verbrauchern $\mathfrak{z}_U$, $\mathfrak{z}_V$, $\mathfrak{z}_W$. Wir wollen zunächst voraussetzen, daß letztere untereinander nach Wirk- und Blindwiderstand übereinstimmen. Dann haben die Ströme $\mathfrak{J}_U$, $\mathfrak{J}_V$, $\mathfrak{J}_W$ in ihnen den gleichen Effektivwert I und sind außerdem gegenüber der zugehörigen Spannung um den gleichen Phasenwinkel φ verschoben (Abb. 191). Damit schließen die drei Ströme untereinander ebenso wie die Spannungen jeweils einen Winkel von 120° ein.

Die Leistung jeder Phase ist $N_{ph} = U_{ph}\,I\cos\varphi$. Folglich ist die Gesamtleistung des in allen Phasen gleich belasteten Drehstromsystems

$$N = 3\,N_{ph} = 3\,U_{ph}\,I\cos\varphi. \tag{2}$$

Entsprechend ist auch die Gesamt-Blindleistung:

$$N_B = 3\,U_{ph}\,I\sin\varphi. \tag{3}$$

Abb. 191. Zeigerdiagramm eines Drehstromsystems.

Für die Augenblickswerte der Wirkleistung in den einzelnen Phasen (Abb. 192) erhalten wir mit dem Wirkstrom $I_{wirk} = I\cos\varphi$:

$$n_U = \sqrt{2}\,U_{ph}\sin\omega t \cdot \sqrt{2}\,I_{wirk}\sin\omega t = U_{ph}\,I_{wirk}\,(1 - \cos 2\omega t)$$

und entsprechend:

$$n_V = U_{ph}\, I_{wirk}\left[1 - \cos 2\left(\omega t - \frac{2\,\pi}{3}\right)\right],$$

$$n_W = U_{ph}\, I_{wirk}\left[1 - \cos 2\left(\omega t - \frac{4\,\pi}{3}\right)\right].$$

Bilden wir für einen beliebigen Zeitpunkt t den Augenblickswert $n = n_U + n_V + n_W$ der Gesamtleistung, so ergibt sich wegen

$$\cos 2\,\omega\,t + \cos 2\left(\omega t - \frac{2\,\pi}{3}\right) + \cos 2\left(\omega t - \frac{4\,\pi}{3}\right) = 0$$

die Beziehung

$$n = 3\,U_{ph}\,I \cos\varphi = N\,. \qquad (4)$$

Die augenblickliche Leistung n eines Drehstromsystems mit gleichartig belasteten Phasen ist also konstant und mit ihrem zeitlichen Mittelwert N identisch. Das ist

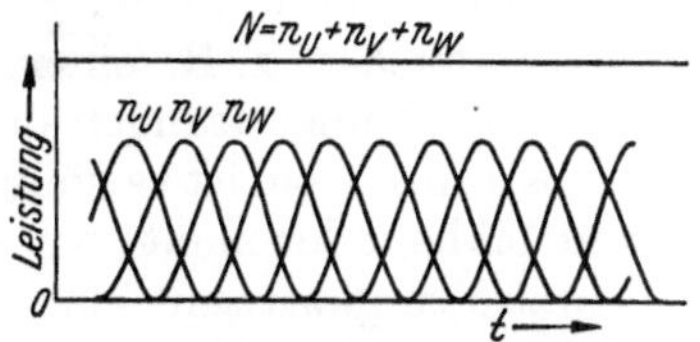

Abb. 192. Augenblickswerte der Phasenleistungen und Gesamtleistung des Drehstromsystems.

eine außerordentlich wichtige Tatsache, die beispielsweise zur Folge hat, daß Drehstrommotoren ein zeitlich konstantes Drehmoment haben, während das Drehmoment von Motoren, die mit einphasigem Wechselstrom gespeist werden, entsprechend den Schwankungen der aufgenommenen Leistung pulsiert. Ebenso wie die Wirkleistung ist auch die Blindleistung des symmetrisch belasteten Drehstromsystems konstant.

64. Sternschaltung. Ein entscheidender Vorteil des Drehstromsystems liegt in der Tatsache begründet, daß bei symmetrischer Belastung der drei Phasen, d. h. bei Belastung mit übereinstimmenden Scheinwiderständen und folglich mit gleich großen, genau um 120° gegeneinander phasenverschobenen Strömen, die Summe der drei Ströme $i_U + i_V + i_W$ in jedem Augenblick gleich Null ist. Das folgt rechnerisch aus den Gln. (1), weil allgemein $\sin\alpha + \sin(\alpha - 120°) + \sin(\alpha - 240°) = 0$ ist. Man sieht es aber auch sofort, wenn man die Zeiger der 3 Ströme $\mathfrak{J}_U$, $\mathfrak{J}_V$, $\mathfrak{J}_W$ nach Abb. 193 geometrisch addiert. Die drei Zeiger bilden dann ein geschlossenes, gleichseitiges Dreieck, so daß kein Summenstrom existiert. Wenn man also in Abb. 190a drei einander entsprechende Leitungen x, y und z der Phasen U, V, W zu einer gemeinsamen

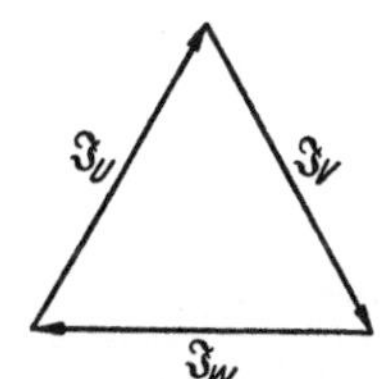

Abb. 193. Zeigerdiagramm der Phasenströme eines Drehstromsystems.

Leitung, dem sog. Nulleiter, zusammenfaßt, was ja nur eine einpolige Verbindung der drei Wechselstromkreise bedeutet und deren Verhalten nicht beeinflussen kann, so ist bei symmetrischer Belastung der drei Phasen dieser Nulleiter stromlos und kann überhaupt weggelassen werden, ohne daß sich dadurch an der Spannungs- oder Stromverteilung irgend etwas ändert. Man benötigt also nicht mehr sechs, sondern nur noch drei Leitungen des ursprünglichen Querschnitts, die wir als Phasenleiter bezeichnen wollen. Abb. 194 zeigt die auf diese Weise entstandene Schaltung, die man auch als „verkettetes Drehstromsystem" bezeichnet. Die Leitungen, die in Abb. 190a mit u, v, w

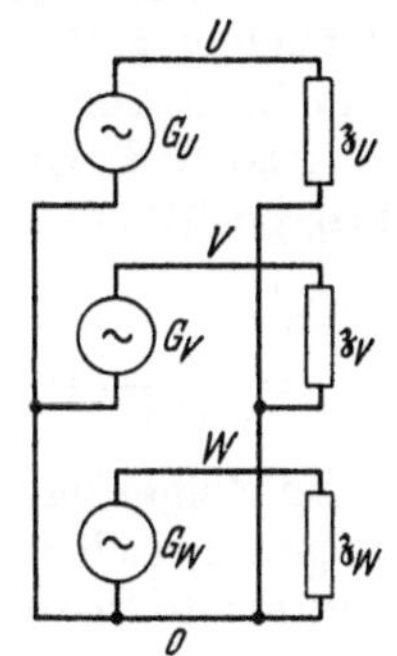

Abb. 194. Verkettetes Drehstromsystem in Sternschaltung.

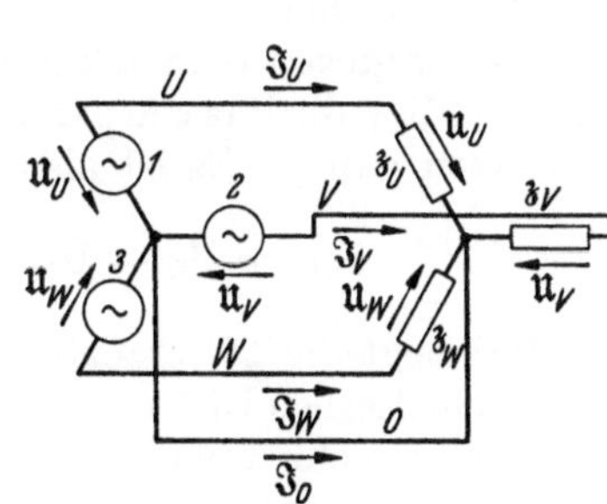

Abb. 195. Sternschaltung in symmetrischer Darstellung.

bezeichnet waren, sind jetzt mit U, V, W, der aus der Zusammenfassung der Leitungen x, y, z entstandene Nulleiter mit 0 bezeichnet.

Zeichnet man das Schaltbild nach Abb. 194 in ein Schema mit zentralsymmetrischer Anordnung der drei Erzeuger und der drei Verbraucher um (Abb. 195), so bilden

sowohl die einen als auch die anderen je einen Stern, und daher hat diese Schaltart
den Namen „Sternschaltung".

Es ist ungewöhnlich, zur Speisung einer Drehstromanlage drei getrennte Wechsel-
stromerzeuger vorzusehen. Man benutzt vielmehr zu diesem Zweck einen einzigen
Drehstromerzeuger, der dementsprechend drei Wicklungen 1, 2 und 3 besitzen muß,
von denen jede die Wicklung eines der drei einphasigen Erzeuger G_U, G_V, G_W ersetzt.
Auch die drei Verbraucher $\mathfrak{z}_U$, $\mathfrak{z}_V$, $\mathfrak{z}_W$ sind häufig baulich zu einem einzigen Drehstromverbraucher, z. B. einem Drehstrommotor zusammengefaßt, und werden dann
von drei Wicklungssträngen des letzteren gebildet. Für die elektrischen Verhältnisse
im Drehstromsystem ist es völlig gleichgültig, ob die einzelnen Verbraucher eine bauliche
Einheit bilden oder nicht; wir wollen aber, um eine einheitliche und einfache Bezeich-
nungsweise zu gewinnen, künftig nicht mehr von einzelnen, einphasigen Verbrauchern
oder Erzeugern sprechen, sondern dafür durchweg den Ausdruck Verbraucher- bzw.
Erzeuger-„Strang" gebrauchen.

Bei der Sternschaltung sind die Ströme in den Phasenleitern U, V, W, die wir „Netz-
ströme" nennen wollen, zwangläufig mit den „Strangströmen" $\mathfrak{J}_U$, $\mathfrak{J}_V$, $\mathfrak{J}_W$ in den
Erzeuger- bzw. Verbraucher-Strängen identisch. Das gilt übrigens nicht nur bei über-
einstimmenden Verbraucher-Strangwiderständen $\mathfrak{z}_U$, $\mathfrak{z}_V$, $\mathfrak{z}_W$, sondern auch dann, wenn
diese verschieden sind. Sind die Verbraucherstränge untereinander gleich, ist also das

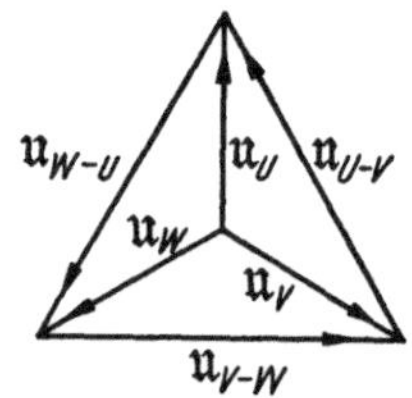

Abb. 196. Strang- und
Netzspannungen bei sym-
metrischer Belastung
einer Sternschaltung.

Drehstromsystem symmetrisch belastet, so ist der gemeinsame
Effektivwert I der drei Netzströme gleich dem Effektivwert I_{str} der
Strangströme, d. h.

$$I = I_{str}. \tag{1}$$

Zwischen je einem der Phasenleiter U, V, W und dem sog. Sternpunkt des Drehstromerzeugers, d. h. dem gemeinsamen Verbin-
dungspunkt der Erzeugerstränge, liegen die Phasenspannungen $\mathfrak{U}_U$,
$\mathfrak{U}_V$, $\mathfrak{U}_W$. Bei symmetrischer Belastung liegen dieselben Spannungen
auch an den Verbrauchersträngen $\mathfrak{z}_U$, $\mathfrak{z}_V$, $\mathfrak{z}_W$, unabhängig davon, ob
der Verbrauchersternpunkt mit dem Erzeugersternpunkt durch
einen Nulleiter 0 verbunden ist oder nicht; denn der Nulleiter
ist ja, wie wir gesehen haben, bei symmetrischer Belastung stromlos, und das ist nur
möglich, wenn die beiden Sternpunkte von vornherein gleiches Potential haben. Wir
fragen nach den Spannungen, die zwischen je zwei der Leitungen U, V, W herrschen.
Um diese Spannungen $\mathfrak{U}_{UV}$, $\mathfrak{U}_{VW}$, $\mathfrak{U}_{WU}$, die wir als Netzspannungen bezeichnen wollen,
zu erhalten, müssen wir offenbar die Differenzen zwischen den Phasenspannungen
bilden; denn durchlaufen wir im Erzeuger z. B. die Stränge 1 und 2 von U nach V
(Abb. 195), so bewegen wir uns zwar in Strang 1 in Richtung des Zählpfeiles für $\mathfrak{U}_U$,
in 2 aber entgegen dem Zählpfeil $\mathfrak{U}_V$, so daß wir bei der Bildung der resultierenden
Spannung $\mathfrak{U}_{UV}$ die Phasenspannung $\mathfrak{U}_U$ positiv, die Phasenspannung $\mathfrak{U}_V$ dagegen negativ
einzusetzen haben. Es ist also

$$\mathfrak{U}_{UV} = \mathfrak{U}_U - \mathfrak{U}_V, \quad \mathfrak{U}_{UW} = \mathfrak{U}_V - \mathfrak{U}_W, \quad \mathfrak{U}_{WU} = \mathfrak{U}_W - \mathfrak{U}_U. \tag{2}$$

Abb. 196 zeigt die Differenzbildung im Zeigerdiagramm. Die hier mit den Netzspannungen identischen Differenzspannungen zwischen den Strangspannungen einer Sternschaltung bezeichnet man auch als verkettete Spannungen. Bei der Sternschaltung sind
also die Spannungen zwischen je zwei Phasenleitern gleich den verketteten Spannungen.
Haben alle Strangspannungen denselben Effektivwert $U_{str} = U_{ph}$ und ist U der Effektivwert der Netzspannungen, so ist, wie man aus dem Zeigerdiagramm Abb. 195 sofort ablesen kann,

$$U = 2\,U_{str} \cos 60°$$

bzw.

$$U = \sqrt{3}\,U_{str}. \tag{3}$$

Drückt man also die Gesamtleistung $N = 3\,U_{str}\,I_{str}\,\cos\varphi$ durch die Netzspannungen und -Ströme aus, so ergibt sich nach den Gln. (1) u. (3) mit $I = I_{str}$ und $U = \sqrt{3}\,U_{str}$

$$N = \sqrt{3}\,U\,I\,\cos\varphi\,. \tag{4}$$

Analog ist die Blindleistung

$$N_B = \sqrt{3}\,UI\,\sin\varphi \tag{5}$$

und die Scheinleistung

$$N_S = \sqrt{3}\,UI\,. \tag{6}$$

Man beachte, daß φ der Phasenwinkel zwischen Strangspannung und Strangstrom und nicht etwa der zwischen Netzspannung und Netzstrom ist.

Handelt es sich um ein Drehstromsystem mit Nulleiter, so können wir auch auf der Strecke zwischen Erzeuger und Verbraucher und weitab von diesen die Phasenspannungen als Spannungen zwischen den Phasenleitern und dem Nulleiter unmittelbar messen. Fehlt jedoch der Nulleiter und besteht auch keine Möglichkeit, eine Meßleitung nach dem Erzeugernullpunkt hin zu verlegen, so ist zwar eine direkte Messung der Phasenspannung nicht mehr möglich. Der Begriff „Phasenspannung" verliert aber trotzdem als Spannung zwischen einem Phasenleiter und dem Spannungsnullpunkt des Drehstromsystems nicht seinen Sinn, und wir können die Phasenspannungen sogar ohne Verbindung mit dem Erzeugersternpunkt messen, indem wir uns in dem Sternpunkt von drei gleichen, in Sternschaltung an die Phasenleiter angeschlossenen Hilfswiderständen einen künstlichen Spannungsnullpunkt schaffen.

Sind bei einem in Stern geschalteten Drehstromverbraucher die Wirk- und Blindwiderstände der Stränge nicht mehr gleich, so stimmen die Spannungen an den Strängen mit den Phasenspannungen nur dann überein, wenn durch einen Nulleiter das Potential des Verbraucher-Sternpunktes auf das des Erzeuger-Sternpunktes zwangläufig festgelegt wird. In diesem Fall ist aber der Nulleiter

bb. 197. Spannungen bei unsymmetrischer Belastung eines Drehstromsystems ohne Nulleiter.

nicht mehr stromlos, sondern führt einen Ausgleichstrom $\Im_0$, weil die Bedingung, daß die Strangströme gleich groß und um 120° gegeneinander versetzt sind, nicht mehr erfüllt ist. In der aus dem 1. Kirchhoffschen Satz für den Sternpunkt geltenden Beziehung $\Im_1 + \Im_2 + \Im_3 + \Im_0 = 0$ ist jetzt $\Im_0 \neq 0$. Fehlt jedoch der Nulleiter, so müssen die im Sternpunkt zusammentreffenden Strangströme auch bei ungleichen Strangwiderständen wieder die Summe $\Im_1 + \Im_2 + \Im_3 = 0$ ergeben. Das ist aber bei unterschiedlichen Strangwiderständen nur möglich, wenn sich das Potential des Verbraucher-Sternpunktes, wie in Abb. 197 beispielsweise dargestellt, gegenüber dem Spannungsnullpunkt um eine Spannung $\mathfrak{U}_0$ verlagert, so daß sich die Strangspannungen $\mathfrak{U}_1$, $\mathfrak{U}_2$, $\mathfrak{U}_3$ von den Phasenspannungen $\mathfrak{U}_U$, $\mathfrak{U}_V$, $\mathfrak{U}_W$ um $\mathfrak{U}_0$ unterscheiden. Sind $\mathfrak{z}_1$, $\mathfrak{z}_2$, $\mathfrak{z}_3$ die komplexen Scheinwiderstände der Verbraucherstränge, so lassen sich die Strangströme und Strangspannungen aus den Gleichungen errechnen:

$$
\left.
\begin{aligned}
\Im_1\,\mathfrak{z}_1 - \Im_2\,\mathfrak{z}_2 &= \mathfrak{U}_{UV} & \Im_1 + \Im_2 + \Im_3 &= 0\,, \\
\Im_2\,\mathfrak{z}_2 - \Im_3\,\mathfrak{z}_3 &= \mathfrak{U}_{VW} & \mathfrak{U}_{VW} &= \mathfrak{U}_{UV}\,e^{-j\frac{2\pi}{3}} \\
\Im_3\,\mathfrak{z}_3 - \Im_1\,\mathfrak{z}_1 &= \mathfrak{U}_{WU} & \mathfrak{U}_{WU} &= \mathfrak{U}_{UV}\,e^{-j\frac{4\pi}{3}}
\end{aligned}
\right\} \tag{7}
$$

65. Dreieckschaltung. Schaltet man drei Verbraucherstränge 1, 2, 3 unmittelbar zwischen je zwei der Phasenleiter U, V, W des Drehstromnetzes, so ergibt sich die in Abb. 198 gezeigte, sog. Dreieckschaltung. Bei der Dreieckschaltung sind die Strangspannungen mit den Netzspannungen $\mathfrak{U}_{UV}$, $\mathfrak{U}_{VW}$, $\mathfrak{U}_{WU}$ identisch. Sind die Strangwiderstände untereinander nach Wirk- und Blindanteil gleich, so haben die Strangströme $\Im_1$, $\Im_2$, $\Im_3$ gleichen Effektivwert und sind wie die Strang- bzw. Netzspannungen um 120° gegeneinander verschoben. Die mit U, V, W, bezeichneten Punkte bzw. Klemmen, wo jeweils zwei Stränge der Dreieckschaltung und ein Phasenleiter des

Netzes zusammentreffen, sind Verzweigungspunkte für die Netzströme $\mathfrak{J}_U$, $\mathfrak{J}_V$, $\mathfrak{J}_W$. Mit den angegebenen Stromzählpfeilen ist mithin nach dem 1. KIRCHHOFFschen Satz

$$\mathfrak{J}_U = \mathfrak{J}_1 - \mathfrak{J}_3 , \qquad \mathfrak{J}_V = \mathfrak{J}_2 - \mathfrak{J}_1 , \qquad \mathfrak{J}_W = \mathfrak{J}_3 - \mathfrak{J}_2 . \qquad (1)$$

Bei einer angenommenen Phasenverschiebung φ zwischen Strangspannung und Strangstrom erhalten wir demnach für die Spannungen und Ströme die Zeigerdiagramme nach Abb. 199. Die Netzströme $\mathfrak{J}_U$, $\mathfrak{J}_V$, $\mathfrak{J}_W$ sind als verkettete Ströme aus den Strangströmen $\mathfrak{J}_1$, $\mathfrak{J}_2$, $\mathfrak{J}_3$ genau so zu bilden, wie die verketteten bzw. Netz-Spannungen aus den Phasenspannungen bei der Sternschaltung. Ist I_{str} der Effektivwert der Strang-

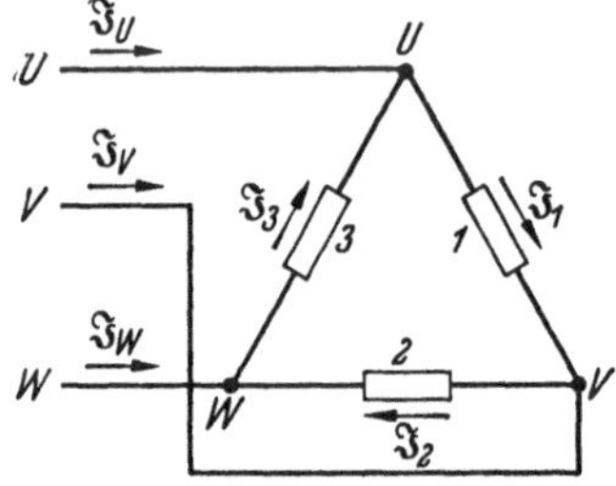

ströme der symmetrischen Dreieckschaltung, so ist der Effektivwert der Netzströme

$$I = \sqrt{3}\, I_{str} . \qquad (2)$$

Die Gesamtleistung ist wieder die Summe der Strangleistungen, also $N = 3\, U_{str} I_{str} \cos\varphi$. Beachten wir, daß der Effektivwert U_{str} der Strangspannungen mit dem Effektivwert U der Netzspannungen identisch ist, so erhalten wir mit Gl. (2)

Abb. 198. Dreieckschaltung.

$$N = \sqrt{3}\, UI \cos\varphi , \qquad (3)$$

worin φ wieder der Phasenwinkel zwischen Strangspannung und zugehörigem Strangstrom ist. Durch den Netzstrom und die Netzspannung ausgedrückt, ergibt sich also bei der symmetrischen Dreieckschaltung, wie nicht anders zu erwarten, für die Leistung wieder dieselbe Gleichung wie bei der Sternschaltung. Der Phasenwinkel φ zwischen den Strangspannungen und den zugehörigen Strangströmen ist derselbe wie zwischen den Phasenspannungen und den Netzströmen.

Bei der Dreieckschaltung ist ebenso wie bei der Sternschaltung ohne Nulleiter die Summe der drei Netzströme $\mathfrak{J}_U$, $\mathfrak{J}_V$, $\mathfrak{J}_W$ auch bei unsymmetrischer Belastung stets gleich Null. Man kann deshalb jede Dreieckschaltung durch eine äquivalente, d.h. die gleichen Netzströme verursachende Sternschaltung ohne Nulleiter und umgekehrt ersetzen. Ebenso wie ein Verbraucher kann natürlich auch ein Erzeuger in Dreieck geschaltet werden, wobei für den Zusammenhang zwischen Strang- und Netzgrößen dieselben Beziehungen gelten. Dieselben Schaltungsmöglichkeiten bestehen für zwischen Erzeuger und Verbraucher liegende Transformatoren. Bei einem Drehstromtransformator oder drei zu einem Drehstromsystem zusammengeschalteten einphasigen Transformatoren können sogar Primär- und Sekundärseite verschieden geschaltet sein.

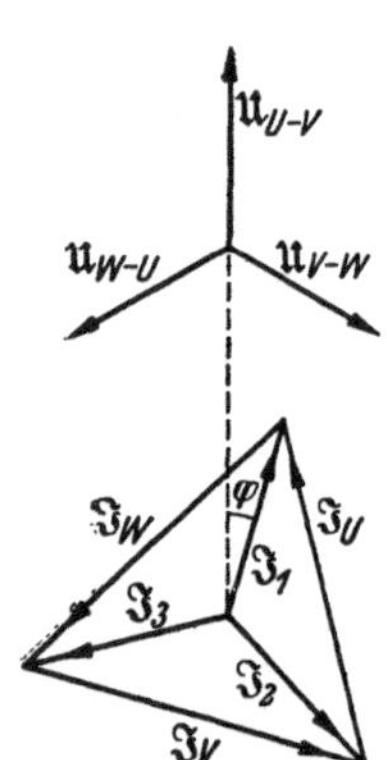

Abb. 199. Strang- und Netzströme der Dreieckschaltung.

Sind auf der Verbraucherseite außer reinen Drehstromverbrauchern, z. B. Drehstrommotoren, die von vornherein eine symmetrische Belastung darstellen, auch noch von einander unabhängig einschaltbare einphasige Verbraucher, z. B. Glühlampen und Haushaltsgeräte zu speisen, so verteilt man diese zweckmäßig so auf die drei Phasen, daß sie das Drehstromnetz möglichst symmetrisch belasten. Man verwendet in solchen Fällen meist ein Drehstromnetz mit Nulleiter und legt die Motoren an die Außenleiter, die einphasigen Verbraucher dagegen zwischen Außen- und Nulleiter, d. h. an die nur das $\frac{1}{\sqrt{3}}$fache der Netzspannung betragende Phasenspannung. Das hat den Vorteil, daß man das Drehstromnetz für eine Netzspannung von dem $\sqrt{3}$fachen derjenigen Spannung auslegen kann, die für Glühlampen und Haushaltsgeräte wegen der Berührungsgefahr höchstens zulässig ist. Für Stadtnetze sind 380 V Netz- und $\frac{380}{\sqrt{3}} = 220$ V Phasenspannung üblich.

66. Drehstromtransformator. Den Drehstromtransformator und ebenso die Dreh-
stromdrossel mit Eisenkern kann man sich hinsichtlich der Bauart aus drei gleichen
Einphasentransformatoren bzw. Drosseln entstanden denken. Ordnet man die nur
auf einem Schenkel bewickelten Eisenkerne von drei einphasigen Transformatoren in
Sternform so an, wie es Abb. 200a schematisch zeigt, so ist die Summe der drei Flüsse
in den mittleren Schenkeln a', b', c' gleich Null, da ja die Flüsse Φ_a, Φ_b, Φ_c, ebenso wie die
Spannungen um 120° gegeneinander phasenverschoben sind (Abb. 200b). Man kann
deshalb die drei Flußwege unter Weglassung der mittleren Schenkel zu einer magnetischen Sternschaltung vereinigen und erhält die schematische Kernform nach
Abb. 200c. Da sich ein sternförmiger Kern nur schwer aus Blechen aufbauen ließe,
rückt man die drei bewickelten Schenkel unter Inkaufnahme einer gewissen magnetischen
Unsymmetrie, wie in Abb. 200d gezeigt, in eine Ebene. Für den Mittelschenkel b ergibt sich dann ein etwas kleinerer Magnetisierungsstrom als für die Außenschenkel a
und c.

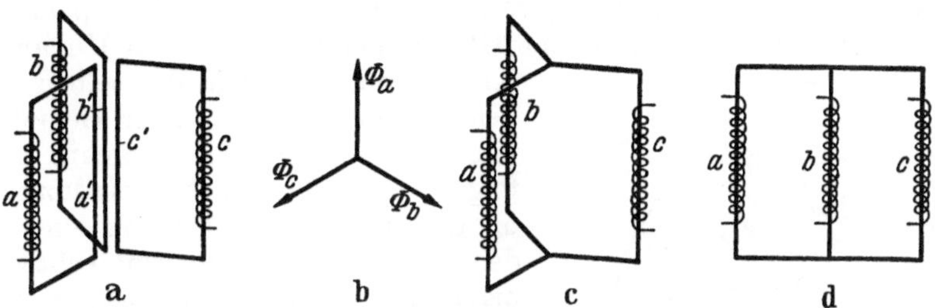

Abb. 200a—d. Entstehung der Kernform des Drehstromtransformators.

Der Drehstromtransformator kann rechnerisch genau so behandelt werden wie drei
gleiche Einphasentransformatoren, nur muß man bei der Ermittlung der Klemmenspannungen aus dem Verhältnis der Windungszahlen die Schaltarten der Wicklungen
berücksichtigen. Man kann keinen Fehler begehen, wenn man stets mit den Windungszahlen, den Spannungen und den Strömen für einen Schenkel rechnet.

M. Elektrische Maschinen

a) Allgemeine Gesichtspunkte

67. Magnetischer Kreis. Als elektrische Maschinen im engeren Sinne bezeichnet man
Einrichtungen, die, auf dem Induktionsprinzip beruhend, elektrische Leistung in
mechanische oder umgekehrt bzw. elektrische Leistung in ebensolche mit anderer Spannung, Frequenz oder Phasenzahl umwandeln, sofern die Flußänderungen, die zur Spannungserzeugung nötig sind, ganz oder zum Teil durch eine fortlaufende Rotationsbewegung von Leitern oder Magnetkreisteilen bewirkt werden. Ob eine elektrische
Maschine elektrische in mechanische Leistung umwandelt oder umgekehrt, d. h. ob sie
Motor oder Generator ist, ist stets nur eine Frage der Betriebsart; grundsätzlich sind
für jede rotierende elektrische Maschine beide Betriebsarten möglich.

Allen elektrischen Maschinen liegt das gleiche Konstruktionsprinzip zugrunde: Ein
stillstehender und ein rotierender Eisenkörper (Ständer und Läufer) bilden, durch einen
Luftspalt mechanisch voneinander getrennt, zusammen den magnetischen Kreis für
das über den Luftspalt tretende, meist elektrisch, selten und nur bei Kleinmaschinen
permanent erregte Magnetfeld. Von Sonderkonstruktionen abgesehen, umschließt der
eine Teil den anderen konzentrisch, wobei normalerweise der Läufer innen liegt. An
einer dem Lufspalt zugekehrten, zylindrischen Oberfläche sind auf dem Läufer, dem
Ständer oder auf beiden die an der Energieumformung beteiligten, im wesentlichen
parallel zur Rotationsachse geführten Leiter befestigt.

Abb. 201 zeigt als Beispiel eine Form des Aufbaus, wie sie gewöhnlich für Gleichstrommaschinen benutzt wird. Die Arbeitswicklung, d. h. die Gesamtheit der indu-

zierten Leiter samt ihren nicht gezeichneten Verbindungen, ist auf dem zylindrischen Eisenkörper des Läufers angebracht. Von Gleichstrom durchflossene Spulen umschließen die einzelnen Polkerne und erregen ein Magnetfeld, dessen Kraftlinien sich, wie die punktierten Linien andeuten, durch den Luftspalt hindurchtretend, über Ständer und Läufer schließen. Am Luftspalt sind die Pole durch sog. Polschuhe verbreitert. Da sich nicht nur die Leiter, sondern auch das Eisen des Läufers in dem Magnetfeld bewegt, ist letzterer zur Verminderung der Wirbelstromverluste axial in Blechschnitte unterteilt. Die Erregerspulen auf den Polkernen werden von dem Erregerstrom so durchflossen, daß die Polschuhe, in Umfangsrichtung abwechselnd, zu magnetischen Nord- und Süd- polen werden. Die Maschine gehört somit, wie alle normalen elektrischen Maschinen, der sog. Wechselpolbauart an. Am Luftspaltumfang folgen aufeinander abwechselnd Gebiete, in denen die Kraftlinien aus dem Ständer in den Läufer übertreten, und Gebiete umgekehrter Kraftlinienrichtung. Da bei dieser Bauart alle Kraftlinien, die aus dem Luftspalt in den Läufer eintreten, ihn auch wieder über den Luftspalt verlassen müssen, ist die Polzahl $2p$ der Maschine stets gerade und das Doppelte der Polpaarzahl p. Da- neben gibt es noch die ziemlich seltene Gleichpolbauart, an deren Umfang zwar die

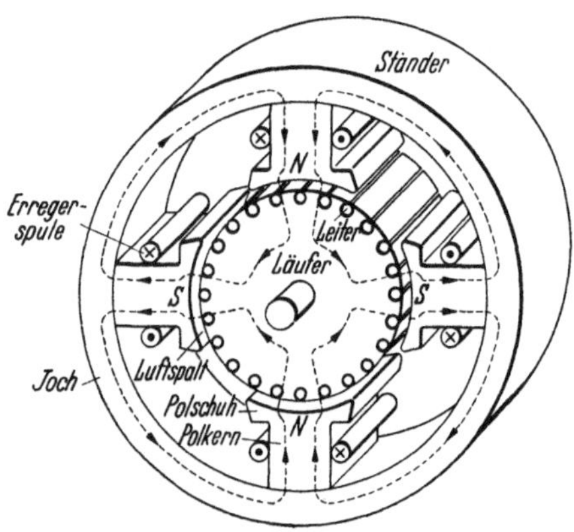

Abb. 201. Magnetischer Kreis einer 4poligen Gleichstrommaschine.

Kraftlinien überall in demselben Sinn durch den Luftspalt treten, aber Gebiete größerer und kleinerer Kraftliniendichte aufeinander folgen, so daß bezüglich der induzierten Span- nungen die gleiche Wirkung eintritt wie bei der Wechselpolbauart. Eine echte Ausnahme macht nur die Unipolarmaschine, deren Prin- zip wir bereits in Abschn. 37 kennengelernt haben. Bei ihr haben in dem Umfangsgebiet, in dem die nutzbar gemachte Spannung induziert wird, die Kraftlinien nicht nur gleichen Rich- tungssinn, sondern auch gleiche Dichte. Sie ist deshalb die einzige elektrische Maschine, in der die induzierte Spannung eine Gleichspan- nung ist. Eine praktische Bedeutung als Gleich- strommaschine hat die Unipolarmaschine trotz- dem bisher nicht erlangen können, hauptsächlich deshalb nicht, weil bei ihr eine Spannungserhöhung durch feste Hintereinanderschaltung mehrerer induzierter Leiter nicht möglich ist.

Das Magnetfeld der normalen elektrischen Maschinen kann fast stets als ebenes Feld betrachtet werden, da alle senkrecht zur Maschinenachse geführten Querschnitte ma- gnetisch gleichartig sind. Ausnahmen machen lediglich die Randgebiete an den Stirn- flächen von Ständer und Läufer, deren Einfluß auf die Arbeitsweise der Maschine jedoch gering ist und deshalb vernachlässigt werden soll. Solange die Leiter der Ar- beitswicklung auf dem Läufer stromlos sind, ist die Läuferoberfläche bei Vernachlässi- gung der Eisensättigung eine magnetische Äquipotentialfläche, in die die Kraftlinien senkrecht einmünden. Ebenso bildet jede Polschuhoberfläche eine Äquipotentialfläche, und deshalb hängt die Verteilung des Magnetfeldes im Luftspalt zwischen den Pol- schuhen einerseits und der Läuferoberfläche andererseits bei stromlosem Läufer aus- schließlich von der Formgebung des Luftspaltes, letzten Endes also von der Polschuh- form ab (vgl. Abb. 85).

Von der Feldverteilung interessiert hauptsächlich die Verteilung der Induktion an der Läuferoberfläche oder, allgemein ausgedrückt, an derjenigen Oberfläche, auf der die Leiter der Arbeitswicklung liegen. Man stellt diese Induktionsverteilung bei stromloser Arbeitswicklung durch die sog. Leerlauf-Feldkurve der Maschine dar; das ist die Kurve, die man bei der Bauart nach Abb. 201 erhält, wenn man wie in Abb. 202 für zwei Nach- barpole über jedem Punkt x des in eine Gerade abgewickelt gedachten Läuferumfangs die dort herrschende Induktion B_x als Ordinate aufträgt. Es kommt dabei im allgemeinen nicht auf absolute Werte der Induktion, sondern nur auf die Kurvenform als solche an, die bei Änderung des das Magnetfeld erregenden Stromes annähernd erhalten bleibt.

Unter den Polschuhmitten hat die örtliche Induktion B_x am Läuferumfang ihren positiven bzw. negativen Höchstwert (etwa 7000 bis 10000 G). In der Mitte zwischen zwei Polen geht sie durch Null. Mit der Polzahl $2p$ und dem Läuferdurchmesser D entfällt auf jeden Pol ein Teil $t_p = \dfrac{\pi D}{2p}$ des Läuferumfangs. t_p heißt die Polteilung der Maschine. Zwischen den Mitten benachbarter Pollücken tritt somit auf der axialen Eisenlänge l der — meist schlechthin als Fluß bezeichnete — Polfluß

$$\Phi = l \int_0^{t_p} B_x \, dx = l \, B_{mittel} \, t_p \tag{1}$$

durch den Luftspalt. Die Fläche unter einer Halbwelle der Feldkurve ist bei gegebener Länge l ein Maß für den Polfluß.

68. Spannungserzeugung. Ein an der Oberfläche eines Läufers von D cm Durchmesser befestigter Leiter, z. B. L_1 in Abb. 202, bewegt sich, wenn der Läufer mit der minutlichen Drehzahl n rotiert, mit der Geschwindigkeit

$$v = \frac{\pi D n}{60} \; [\text{cm/sek}]$$

senkrecht zu seiner Längserstreckung und zur Richtung von $\mathfrak{B}$ in dem Magnetfeld. Folglich wird in ihm eine Spannung von dem Augenblickswert

$$u = B_x \, l \, v \tag{2}$$

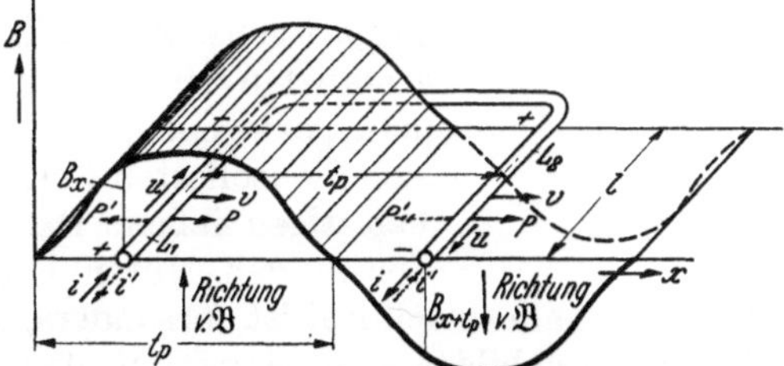

Abb. 202. Induzierte Spannung und Umfangskräfte einer Spule der Arbeitswicklung.

induziert. Da in diesem Ausdruck rechts B_x die einzige Variable ist, stimmt die Kurve $u = f(t)$ des zeitlichen Verlaufs von u mit dem räumlichen Verlauf der Feldkurve überein. $u = f(t)$ ist somit eine Wechselspannung mit der Periodendauer $T = \dfrac{2 t_p}{v}$ und der Frequenz

$$f = \frac{1}{T} = \frac{p n}{60}. \tag{3}$$

Bei einer zweipoligen Maschine ($2p = 2$) ist demnach bei $n = 3000$ min^{-1} die Frequenz $f = 50$ Hz.

Normalerweise bilden je zwei an verschiedenen Umfangsstellen liegende Leiter (L_1 und L_2 in Abb. 202) eine Schleife oder Spule, bei deren Durchlaufen man in Achsenrichtung den einen Leiter von vorn nach hinten, den anderen umgekehrt durchfährt. Beträgt speziell, wie in Abb. 202 der Abstand der Leiter am Umfang, die sog. Spulenweite, eine Polteilung t_p, so sind bei der angenommenen und fast immer vorhandenen Symmetrie der Feldkurve die Augenblicksspannungen u_1 und u_2 in beiden Leitern gleich groß, aber entgegengesetzt gerichtet. Wegen der gegensinnigen Hintereinanderschaltung von L_1 und L_2 in der Schleife addieren sich u_1 und u_2 jedoch zu dem doppelten Wert der Spannung eines Leiters.

69. Umfangskräfte. Wird ein an der Läuferoberfläche liegender Leiter von einem Strom i durchflossen, so wird nach Gl. (38,1) auf ihn eine mechanische, in $\dfrac{\text{Wsek}}{\text{cm}}$ ausgedrückte Kraft

$$P = i \, B_x \, l \tag{1}$$

in Umfangsrichtung ausgeübt. Bei konstantem Strom ändert sich P bei der Rotation des Läufers zeitlich mit einem der Feldkurvenform entsprechenden Verlauf. Die der Kraft P jeweils entsprechende mechanische Leistung

$$N_{mech} = P v = i\, B_x\, l\, v \tag{2}$$

stimmt in jedem Augenblick mit der elektrischen Leistung $N_{el} = u\, i$ überein, was sofort erkennbar wird, wenn wir für u nach Gl. (68,2) $B_x\, l\, v$ einsetzen. In Abschn. 38 wurde schon gezeigt, daß der Leiter als Motor oder als Generator wirkt, je nachdem, ob seine Bewegungsrichtung mit der Richtung der durch Magnetfeld und Strom zustandekommenden Kraft übereinstimmt oder ihr entgegengesetzt ist. In Abb. 202 gelten die ausgezogenen Richtungspfeile von i und P für motorischen, die durchbrochenen (i' und P') für generatorischen Betrieb. Im Zusammenwirken mit dem Magnetfluß bedingt der Strom die Kraft P, während die induzierte Spannung der Geschwindigkeit v entspricht.

70. Anordnung der Leiter in Nuten. Wir haben bisher die induzierten Leiter an der Eisenoberfläche, d. h. in einer Randzone des Luftspaltes liegend angenommen, wo sie

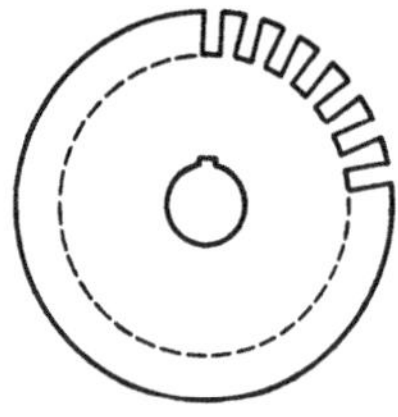

dem Luftspaltfeld unmittelbar ausgesetzt wären. So hat man anfangs elektrische Maschinen auch tatsächlich gebaut. Bei den heutigen Maschinen liegen die Leiter jedoch in axialen Nuten, die am Umfang des betreffenden Eisenkörpers aus diesem ausgespart sind. Abb. 203 zeigt als Beispiel ein Läuferblech mit eingestanzten Nuten. Zur Unterbringung der Leiter in Nuten ist man gezwungen, weil im Luftspalt viel zu wenig Platz ist und sich die isolierten Leiter auf einer glatten Oberfläche nur schlecht befestigen ließen. Das Bild des Luftspaltfeldes bei Stromlosigkeit der in den Nuten liegenden Leiter (Abb. 204) zeigt, daß der

Abb. 203. Läuferblech mit Nuten.

Nutenraum nahezu feldfrei ist, besonders, wenn die Nuten, wie in Abb. 205, halb geschlossen ausgebildet sind, damit sie den magnetischen Widerstand des Luftspalts nicht unnötig vergrößern. Der Nutenraum wird durch die angrenzenden eisernen

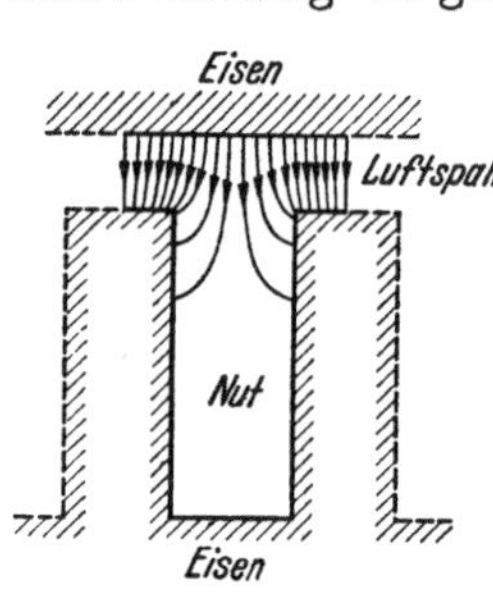

Zähne gegen das Feld fast völlig abgeschirmt. Von einer Bewegung der Leiter in dem magnetischen Luftspaltfeld oder, wie das manchmal ausgedrückt wird, davon, daß die Leiter bei ihrer Bewegung die Kraftlinien schneiden, kann also keine Rede mehr sein, so daß unsere bisherige Vorstellung zu versagen scheint. Wir könnten uns hinsichtlich der Ermittlung der induzierten Spannung helfen, indem wir das Induktionsgesetz in der Form $u = \dfrac{d\Phi_t}{dt}$ auf die Leiterschleifen anwenden, worin Φ_t der jeweils von der Leiterschleife umfaßte Fluß ist. Auf die Größe Φ_t ist es aber ohne Einfluß, ob die Leiter der Schleife in Nuten oder an der Oberfläche liegen, denn in beiden Fällen treten alle Kraftlinien, die in dem Umfangsbereich zwischen

Abb. 204. Luftspaltfeld bei stromloser Nut.

den beiden Leitern einmünden, durch die lichte Weite der Schleife hindurch, sind also voll mit ihr verkettet. Die Nutung hat lediglich die Wirkung, daß die jeweils im Bereich einer Nutteilung, d. h. zwischen den Mitten von zwei benachbarten Nuten übertreten,

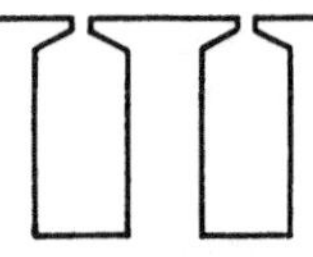

in dem Zahn unter entsprechender Erhöhung ihrer Dichte gebündelt werden. Bleibt aber bei gegebener Feldkurve die zeitliche Änderung des von den Leiterschleifen umfaßten Flusses dieselbe, wenn die Leiter statt in Nuten an der Oberfläche liegen, dürfen wir also bei dieser Betrachtungsart so tun, als lägen die Leiter an der Oberfläche,

Abb. 205. Halbgeschlossene Nutform.

so dürfen wir auch mit der sinnfälligeren Vorstellung der im Magnetfeld bewegten Leiter operieren, ohne zu falschen Ergebnissen zu kommen, denn für diese Leiteranordnung sind, wie schon in Abschn. 37 gezeigt, beide Formen des Induktionsgesetzes wahlweise anwendbar.

Auch hinsichtlich des von den Leiterströmen im Zusammenwirken mit dem Magnetfeld hervorgerufenen Drehmomentes und damit hinsichtlich der am Läuferumfang angreifend gedachten Umfangskräfte ist es belanglos, ob wir die Leiter an der Läuferoberfläche liegend annehmen oder ob sie in Nuten eingebettet sind. Wir haben bereits in Abschn. 38 für einen um eine feste Achse drehbaren Leiter das Drehmoment das eine Mal aus der Induktion am Orte des Leiters [Gl. (38,5)] und das andere Mal aus der bei einer Drehbewegung des Leiters eintretenden Änderung des zwischen Leiter und Drehachse eingeschlossenen Flusses [Gl. (38,6)] abgeleitet. Diese Flußänderung ist aber davon unabhängig, ob der Leiter in eine Nut eingebettet ist oder nicht. Physikalisch tritt zwar ein Unterschied insofern auf, als bei einem in einer Nut liegenden Leiter die Umfangskräfte nur noch zu einem geringen Teil an dem Leiter selbst, sondern überwiegend als rein magnetische Zugkräfte an den Nutenflanken angreifen. Das Drehmoment bleibt aber das gleiche.

b) Die Gleichstrommaschine

71. Aufbau und Wicklung. Der Aufbau des magnetischen Kreises normaler Gleichstrommaschinen entspricht dem in Abb. 201 gezeigten. Wir haben bereits festgestellt, daß in einer auf dem Läufer angebrachten Leiterschleife, die natürlich auch eine Spule mit mehreren Windungen sein kann, bei Lauf eine Wechselspannung induziert wird. Das typische Kennzeichen einer Gleichstrommaschine ist nun das Vorhandensein eines aus mitumlaufenden und stillstehenden Kontakten bestehenden, Stromwender, Kommutator oder Kollektor genannten Gleichrichters, der die induzierten Spannungen durch Umkehren jeder zweiten Halbwelle in dem äußeren Stromkreis als mehr oder weniger wellige Gleichspannung erscheinen läßt.

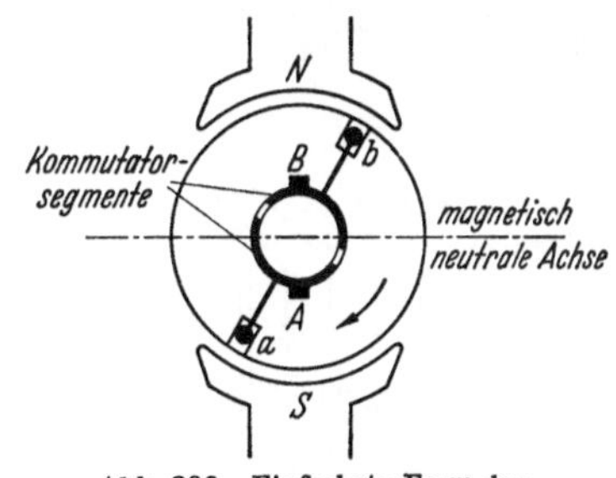

Abb. 206. Einfachste Form der Gleichstrommaschine.

Abb. 206 zeigt eine primitive Form einer zweipoligen Gleichstrommaschine, bei der der Läufer, der bei Gleichstrommaschinen meist Anker genannt wird, als Wicklung nur eine einzige über den Durchmesser gelegte Leiterschleife bzw. Spule mit den Spulenseiten a und b trägt. Die Spulenenden sind an Kontaktstücke, die sog. Kommutatorsegmente, angeschlossen, die, gegeneinander isoliert, auf einem mit dem Anker umlaufenden Tragkörper befestigt sind und für die federnd an sie gedrückten, stillstehenden Gegenkontakte A und B, die sog. Bürsten, eine meist zylindrische, in seltenen Fällen auch scheibenförmige Gleitfläche bilden. Jedesmal, wenn sich die Spulenseiten a und b in der magnetisch neutralen Zone befinden, wo die Induktion am Ankerumfang Null ist, werden durch den Kommutator die Verbindungen zwischen Bürsten und Spulenenden vertauscht, so daß an den Bürsten nach Abb. 207 statt der in der Spule induzierten

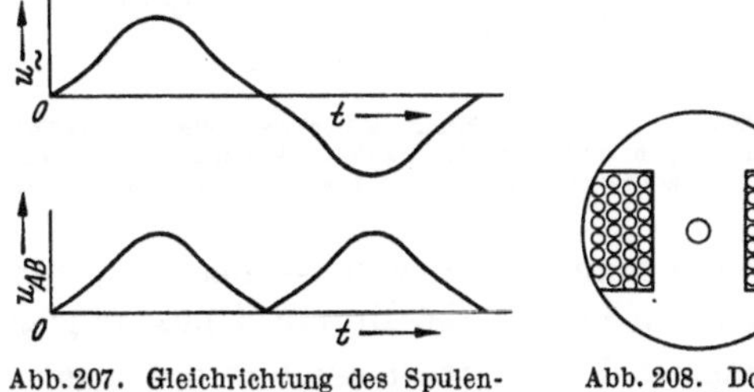

Abb. 207. Gleichrichtung des Spulenstromes durch den Kommutator.

Abb. 208. Doppel-T-Anker.

Wechselspannung $u_\sim$ eine gleichgerichtete, aber noch sehr wellige Spannung u_{AB} erscheint. Die beschriebene, einfache Läuferbauart mit nur einer Spule wird nur für ganz kleine Stromerzeuger verwendet. Um die nötige Zahl von Windungen in den Ankernuten unterbringen zu können, sind diese dann so vergrößert, daß der sog. Doppel-T-Anker (Abb. 208) entsteht.

Die Welligkeit der gleichgerichteten Spannung an den Bürsten läßt sich bis zur Erzielung einer nahezu glatten Gleichspannung herabsetzen, wenn man eine größere Zahl von Spulen am Ankerumfang gleichmäßig verteilt und bei entsprechender Vermehrung der Zahl der Kommutatorsegmente durch eine geeignete Schaltung dafür sorgt, daß sich zwar ständig alle Spulen an der Bildung der Gleichspannung beteiligen, daß sie aber nicht alle auf einmal, sondern in regelmäßigen Zeitabständen nacheinander umgeschaltet werden.

Wie eine solche Ankerwicklung ausgebildet sein kann, zeigt Abb. 209 für eine zweipolige Maschine mit 8 Durchmesserspulen, und zwar ist in Abb. 209a die Wicklung in der Mitte des Kommutatorsegments 7 aufgeschnitten und in eine Ebene abgewickelt, während Abb. 209b die Wicklung in Draufsicht auf den Kommutator zeigt. Die Leiter sind bei diesem Beispiel in 8 Nuten so untergebracht, daß in jeder Nut zwei Leiter bzw. Spulenseiten übereinander liegen, von denen in Abb. 209a der oben liegende Leiter ausgezogen, der untere gestrichelt gezeichnet ist. Es liegen jeweils die linke bzw. die rechte Spulenseite von zwei um 1 Polteilung gegeneinander versetzten Spulen in derselben Nut. Durchläuft man, z. B. vom Kommutatorsegment 1 über den daran angeschlossenen oberen Leiter von Nut 1 ausgehend, die ganze Wicklung, so erkennt man, daß sie in sich geschlossen ist. Trotzdem kommt durch die induzierten Spannungen kein innerer Strom zustande, weil entsprechend der in Abb. 209a darüber gezeichneten Feldkurve, die ja auch die augenblickliche Spannungsverteilung angibt, die Spannungen in den Leitern der Nuten 1 bis 4 denen in den Nuten 5 bis 8 entgegengerichtet sind. Von Segment 1 bis Segment 5 durchläuft man bei der gewählten Wegrichtung alle Spannungen von — nach +, von Segment 5 bis Segment 1 dagegen von + nach —. Folglich ist Bürste A positiv gegenüber Bürste B.

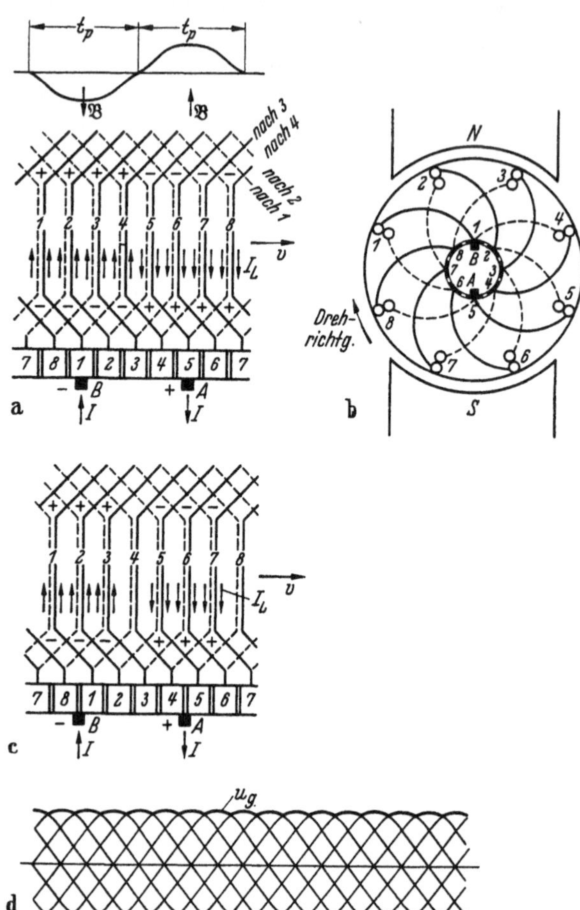

Abb. 209 a—d. Schleifenwicklung. a Wickelschema bei abgewickeltem Ankerumfang, b Wickelschema in axialer Ansicht, c wie a jedoch um ½ Kommutatorsegment verschoben, d Entstehung der Gleichspannung.

Einem bei Generatorbetrieb in die negative Bürste B eintretenden Strom I stehen zwei parallel geschaltete Wicklungszweige zur Verfügung, nämlich der über den oberen Leiter von Nut 1 und der über den unteren Leiter von Nut 4. Diese beiden parallelen Wicklungszweige sind völlig gleichwertig; sie enthalten nicht nur die gleiche Leiterzahl, sondern es hat auch die Summe der induzierten Spannungen in jedem Zweig die gleiche Größe und dieselbe Richtung in Bezug auf den Zweigstrom. Wegen der Gleichartigkeit der beiden Ankerzweige fließt in beiden der gleiche Zweig- bzw. Leiterstrom $I_L = \dfrac{I}{2}$.

Aus Abb. 209c, die dieselbe Wicklung in einem späteren Zeitpunkt zeigt, in dem sie um ein halbes Kommutatorsegment weitergerückt ist, ist zu ersehen, daß durch die Bürsten jeweils die Spulen, die sich gerade in der neutralen Zone befinden — hier die Spulen in den Nuten 4 und 8 — vorübergehend kurzgeschlossen werden. Während dieser, von der Bürstenbreite abhängigen Kurzschlußzeit muß der Strom in den betreffenden Spulen seine Richtung umkehren; die Spulen werden dabei aus ihrem bisherigen Ankerzweig aus- und in den neuen eingeschaltet. Eine der wichtigsten Aufgaben des Entwurfs von Gleichstrommaschinen ist es, dafür zu sorgen, daß dieser, vom Kommutator bewirkte Schaltvorgang ohne für Bürsten und Segmente schädliche Lichtbogenbildung vonstattengeht. Wir kommen hierauf noch zurück.

Dadurch, daß die Spulen nicht alle auf einmal, sondern in regelmäßigen Abständen einzeln nacheinander von dem einen auf den anderen Ankerzweig umgeschaltet werden, und zwar jedesmal in dem Zeitpunkt, in dem die induzierte Spannung in der betreffenden Spule durch Null hindurchgeht, ergibt sich die gleichgerichtete Spannung u_g zwischen den Bürsten in jedem Augenblick als Summe der Augenblickswerte der zeitlich gegeneinander versetzten Spulenspannungen eines Zweiges nach Abb. 209 d, worin die stark ausgezogene Umhüllende der Spulenspannungen, mit der Spulenzahl des Zweiges multipliziert, die Spannung zwischen den Bürsten über der Zeit während einer vollen Ankerumdrehung darstellt. Je größer die Spulenzahl, um so geringer ist die Welligkeit der Gleichspannung.

Hat die Maschine mehr als nur 1 Polpaar bzw. als 2 Pole, so wiederholt sich die Wicklung am Ankerumfang so oft, wie Polpaare vorhanden sind, d. h. p mal. Dementsprechend müssen auch p Bürstenpaare vorhanden sein, wobei abwechselnd positive und negative Bürsten einander am Umfang folgen. Alle Bürsten gleicher Polarität müssen dann miteinander verbunden werden. Da sich an jeder Bürste der Strom auf zwei parallele Zweige verteilt, ist bei der beschriebenen Wicklungsart, die als Schleifenwicklung bezeichnet wird, die Gesamtzahl 2a der parallelen Zweige gleich der Polzahl, d. h. es ist

$$2\,a = 2\,p\,.\tag{1}$$

72. Spannungsformel. Für den Augenblickswert der in einem Ankerleiter induzierten Spannung hatten wir die Beziehung $u = B_x\,l\,v$ gefunden. Für die Berechnung der Spannung zwischen den Bürsten müssen wir den Mittelwert der in dem Leiter induzierten Spannung über die Zeit bilden, in der sich der Leiter bei der minutlichen Drehzahl n von einer Bürste zur nächsten, d. h. um eine Polteilung tp weiterbewegt. Diese Zeit ist

$$\frac{T}{2} = \frac{60}{n}\,\frac{1}{2\,p}\;[\text{sek}]\,.$$

Setzen wir die Leitergeschwindigkeit $v = \dfrac{dx}{dt}\left[\dfrac{\text{cm}}{\text{sek}}\right]$, so ergibt sich der gesuchte Mittelwert zu

$$u_{mittel} = \frac{1}{T/2}\,l\int\limits_{0}^{tp} B_x\,dx \cdot 10^{-8} = 2\,p\,\frac{n}{60}\,\Phi \cdot 10^{-8}\;[\text{V}]\,,$$

worin B_x in Gauß, der Polfluß Φ in Maxwell einzusetzen ist.

Ist z die Gesamtzahl der am Ankerumfang liegenden Leiter und weist die Ankerwicklung 2a parallele Zweige auf, so ist $\dfrac{z}{2\,a}$ die Zahl der zwischen zwei benachbarten Bürsten in Reihe geschalteten Leiter. Folglich ist die induzierte Gleichspannung zwischen den positiven und den negativen Bürsten, wenn Φ in Megamaxwell eingesetzt wird,

$$U = z\,\frac{2\,p}{2\,a}\,\frac{n}{6000}\,\Phi\;[\text{V}]\tag{1}$$

bzw. bei Zusammenfassung aller konstanten Glieder zu der für die betreffenden Maschine typischen Konstanten C

$$U = C\,n\,\Phi\,.\tag{2}$$

73. Ankerfeld und Stromwendung. Sobald die Ankerwicklung Strom führt, wirkt sie ihrerseits magnetisierend und ändert die ursprüngliche Feldverteilung. Stellt man, wie dies in Schaltbildern üblich ist, den Anker mit unmittelbar auf den Leitern schleifenden Bürsten dar — eine Konstruktion, die man früher zwecks Einsparung eines besonderen Kommutatorkörpers tatsächlich einmal ausgeführt hat —, so stehen die Bürsten bei dem zweipoligen Schema nach Abb. 210 in einer zu der Polachse senkrechten Achse. Da der Wechsel der Stromrichtung in den Ankerleitern stets unter den Bürsten stattfindet, ergibt sich für die Durchströmung der Ankerleiter das in Abb. 210 durch Punkte und Kreuze angedeutete Bild, das für Motorbetrieb bei Rechtslauf gilt. Da es für die magnetische Wirkung der Ankerwicklung auf die Reihenfolge, in der die einzelnen Leiter hintereinander geschaltet sind, nicht ankommt, können wir uns die Ankerwicklung durch eine Spule nach Abb. 211 ersetzt denken, deren Achse mit der Bürstenachse zusammenfällt. Der Anker erzeugt folglich in der Bürstenachse ein Feld, und die Stellen der Ankeroberfläche, wo bei stromlosem Anker die Induktion des von den Polen herrührenden Erregerfeldes durch Null ging, sind nicht mehr feldfrei. Dieses Feld induziert in den Ankerspulen, die gerade durch die Büsten kurzgeschlossen sind, Spannungen, und es entstehen darin Kurzschlußströme, die sich über die Bürsten schließen und die Stromdichte an der von einem Kommutatorsegment ablaufenden Bürstenkante so stark erhöhen können, daß zwischen dieser und dem eben abgelaufenen Segment jedesmal ein

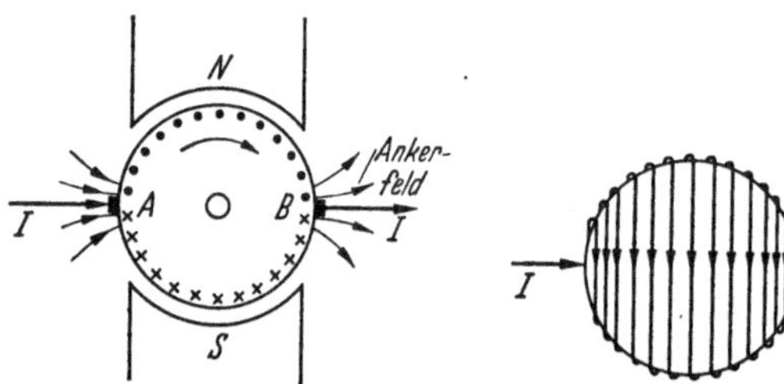

Abb. 210. Stromdurchflossener Gleichstromanker.

Abb. 211. Der Gleichstromanker als Spule.

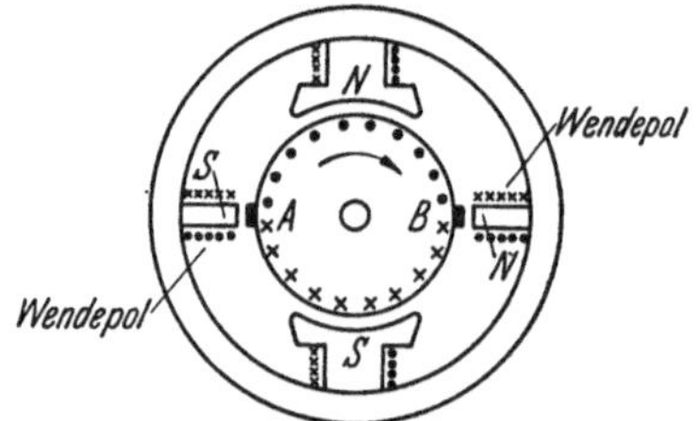

Abb. 212. Zweipolige Gleichstrommaschine mit Wendepolen (Polschuhe der Hauptpole bedecken gewöhnlich je ⅓ des Läuferumfangs).

allmählich zur Zerstörung des Kommutators führender Lichtbogen entsteht. Man vermeidet dies und erzielt eine funkenfreie Stromwendung durch Wendepole, d. h. schmale Hilfspole, die, nach Abb. 212 in der Mitte zwischen je zwei Hauptpolen am Ständer befestigt, durch auf ihnen aufgebrachte, vom Ankerstrom durchflossene Spulen so erregt werden, daß sie das Ankerfeld im Bereich der Stromwendezone aufheben und sogar noch ein schwaches Feld, das Wendefeld, in entgegengesetzter Richtung erzeugen. Letzteres ist nötig, weil wegen der Selbstinduktivität der jeweils kurzgeschlossenen Ankerspule die Richtungsumkehr des Stromes in ihr eine Spannung, die sog. Reaktanzspannung, hervorruft, die durch Verzögerung der Stromumkehr ebenfalls zur Funkenbildung zwischen Bürsten und Kommutator führt. Dadurch, daß die kurzgeschlossene Spule in dem Wendefeld rotiert, wird in ihr eine entgegengesetzte Spannung induziert, die bei richtiger Bemessung des Wendefeldes die verzögernde Wirkung der Reaktanzspannung auf die Stromwendung gerade aufhebt.

Die Störung des Stromwendevorganges ist nicht die einzige störende Wirkung der Ströme in den Ankerleitern. Sie verzerren vielmehr auch im Bereich der Hauptpole das ursprüngliche Feld und schwächen wegen der gekrümmten Magnetisierungskennlinie des Eisens den Polfluß. Man kann auch diesen Einfluß, die sog. Ankerrückwirkung, durch eine auf den Polschuhen der Hauptpole verteilt angebrachte, ebenfalls vom Ankerstrom durchflossene Hilfswicklung, die sog. Kompensationswicklung, beseitigen, die magnetisch ein Spiegelbild der Ankerwicklung darstellt.

74. Klemmenspannung, Strom und Drehmoment. Von der geringen Schwächung des Feldes durch die Ankerrückwirkung abgesehen, ist der Fluß Φ der Gleichstrommaschine allein eine Funktion des Stromes i_e in der Erregerwicklung der Pole, und zwar ist der

Zusammenhang durch die Magnetisierungskennlinie des magnetischen Kreises: Ständerjoch — Pole — Luftspalt — Anker bestimmt (Abb. 213). Genau so hängt bei gegebener Drehzahl n der Maschine wegen Gl. (72,2) auch die im Anker induzierte Spannung U, die durch die gleichrichtende Wirkung des Kommutators nach außen als Gleichspannung gemeldet wird, mit dem Erregerstrom i_e zusammen. Abb. 214 zeigt diesen Zusammenhang für verschiedene Werte der Drehzahl n. Im Leerlaufzustand der Maschine, d. h. bei dem Ankerstrom $I_A = 0$, stimmt die an den Klemmen des Ankerkreises meßbare Spannung mit der induzierten Spannung überein.

Bei Belastung der Maschine, d. h., sobald der Anker in dem einen oder dem anderen Sinne Strom führt, tritt zwischen der Klemmenspannung U_K und der induzierten Spannung U ein Unterschied ein, und zwar unterscheiden sich beide um den OHMschen Spannungsabfall an dem Gesamtwiderstand R des Ankerkreises, der den Widerstand der Ankerwicklung selbst sowie die Widerstände etwaiger Hilfswicklungen umfaßt, die, wie z. B. die Wendepolwicklungen, mit dem Anker in Reihe geschaltet sind. Hinzu kommt noch ein Spannungsabfall, der beim Übertritt des Ankerstromes zwischen Bürsten und Kommutator auftritt, den wir aber vernachlässigen wollen, da er an dem grundsätzlichen Verhalten der Maschine meist nichts ändert.

Es ergibt sich somit beim Fließen eines Ankerstromes I_A zwischen Klemmenspannung U_K und induzierter Spannung U die Beziehung:

$$U_K = U \pm I_A R \qquad (1)$$

bzw. mit Gl. (72,2)

$$U_K = C\,n\,\Phi \pm I_A R . \qquad (2)$$

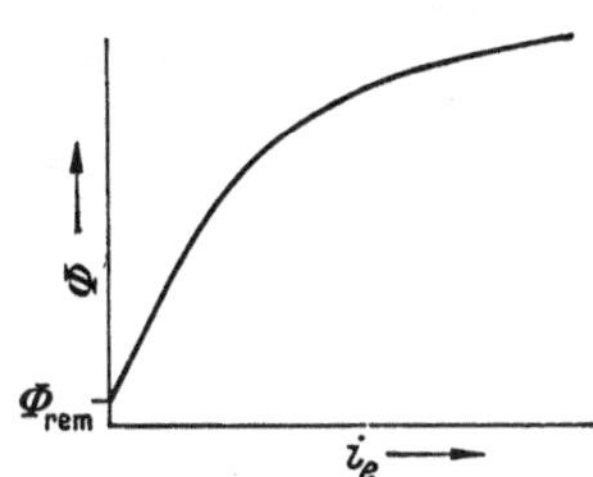

Abb. 213. Magnetisierungskurve.

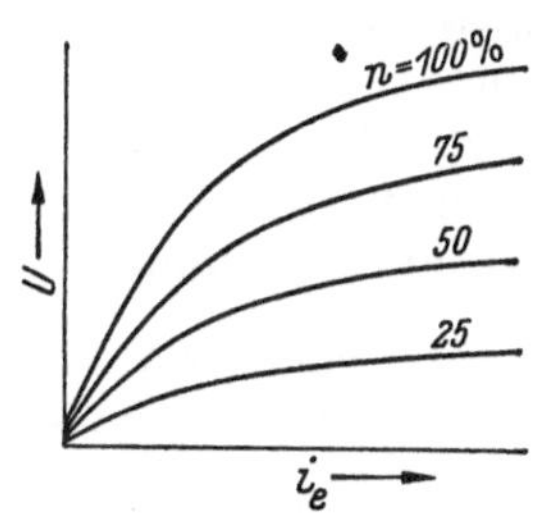

Abb. 214. Leerlaufkennlinien
bei verschiedenen Drehzahlen.

Dabei gelten die Pluszeichen für den Motorbetrieb, wo die induzierte Spannung U dem Strom I_A entgegenwirkt und die Klemmenspannung U_K außer der induzierten Spannung auch noch die Spannung $I_A R$ decken muß, damit der Strom I_A fließen kann, die Minuszeichen für Generatorbetrieb, bei dem der Überschuß von U über U_K den Strom durch den Widerstand R des Ankerkreises treibt, U also außer U_K auch noch den Spannungsabfall $I_A R$ zu decken hat. Man beachte, daß Richtung und Größe des Ankerstromes einzig und allein davon abhängen, ob und um wieviel die Klemmenspannung größer oder kleiner ist als die induzierte Spannung. R nimmt bei gegebener Klemmenspannung schneller ab, als der Nennstrom, für den die Maschine ausgelegt ist, zunimmt. Bei mittleren und größeren Maschinen genügt also schon ein ganz geringer Unterschied zwischen U_K und U, um den vollen Nennstrom in der einen oder der anderen Richtung durch den Anker fließen zu lassen.

Die an der Ankeroberfläche angreifend gedachte Umfangskraft und damit das Drehmoment Md ist dem Ankerstrom I_A und dem Fluß Φ proportional, und wir können mit einer weiteren, von der Auslegung der betreffenden Maschine abhängigen Maschinenkonstante C_1 schreiben:

$$Md = C_1 I_A \Phi . \qquad (3)$$

Durch die beiden Gleichungen (2) und (3) werden die fünf Betriebsgrößen: Klemmenspannung U_K, Ankerstrom I_A, Drehmoment Md, Drehzahl n und Fluß Φ so miteinander verknüpft, daß, wenn zwei davon konstant gehalten werden, die restlichen paarweise in einer eindeutig angebbaren Abhängigkeit voneinander stehen. Von den fünf Größen ist nur der Fluß Φ als innere Betriebsgröße nicht unmittelbar meßbar. Der Fluß Φ hängt aber seinerseits bei Vernachlässigung oder Aufhebung der Ankerrückwirkung eindeutig von dem Erregerstrom i_e ab, so daß der ebenfalls unmittelbar meßbare Erregerstrom i_e anstelle von Φ in die Gleichungen einbezogen werden könnte, wenn sich der Zusammenhang $\Phi = f(i_e)$ in einfacher mathematischer Form angeben ließe. Das ist aber leider nicht der Fall, so daß man, wenn man den Einfluß von i_e auf das Verhalten der Maschine feststellen will, stets die Magnetisierungskurve der betreffenden Maschine (vgl. Abb. 213) zu Rate ziehen muß.

Φ ist nur dann eine konstante bzw. unabhängig von den übrigen Betriebsgrößen einstellbare Größe, wenn der Erregerstrom i_e einer Stromquelle konstanter Spannung entnommen wird. Das ist stets der Fall bei der sog. Fremderregung der Maschine, d. h., wenn eine selbständige Erregerstromquelle benutzt wird. Dann ist das Betriebsverhalten der Maschine anhand der Gln. (2) und (3) ohne weiteres zu übersehen. Sehr häufig wird aber, um das Verhalten der Maschine den gestellten Anforderungen besser anzupassen, durch eine entsprechende Schaltung der Erregerwicklung der Erregerstrom von den übrigen Betriebsgrößen abhängig gemacht. Das ist der Fall bei der Nebenschlußmaschine, wo die Erregerwicklung dem Ankerkreis parallel geschaltet ist, also an der Klemmenspannung der Maschine liegt, und bei der Hauptstrom- oder Reihenschlußmaschine, bei der Erreger- und Ankerwicklung in Reihe liegen und der Ankerstrom somit zugleich Erregerstrom ist. Daneben gibt es noch die Kompound- oder Verbundmaschine mit zwei Erregerwicklungen, von denen die eine im Nebenschluß, die andere, Kompoundwicklung genannt, in Reihe mit dem Anker liegt, wobei letztere entweder so geschaltet sein kann, daß sie die Wirkung der Nebenschlußwicklung unterstützt, oder so, daß sie ihr entgegenwirkt. Wir wollen uns auf die Betrachtung der wichtigsten Betriebsfälle der fremderregten sowie der Nebenschluß- und der Hauptstrommaschine beschränken.

75. Fremderregte Gleichstrommaschine. Abb. 215 zeigt das Schaltschema der fremderregten Gleichstrommaschine. Der Anker mit den Kommutatorbürsten A und B ist

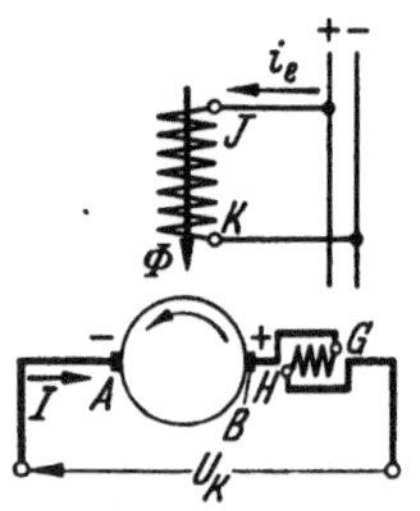

Abb. 215. Schaltbild der fremderregten Gleichstrommaschine.

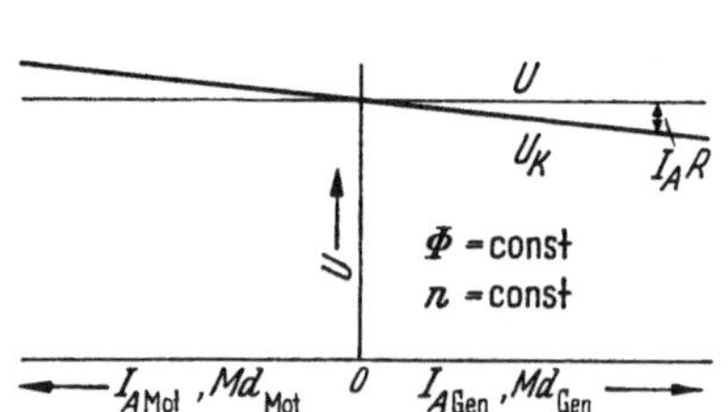

Abb. 216. Klemmenspannung und Strom der konstant erregten Gleichstrommaschine bei konstanter Drehzahl.

mit der Wendepolwicklung G-H in Reihe geschaltet. A und H bilden also die Klemmen des Ankerkreises. Die Erregerwicklung J-K wird aus einem fremden Gleichstromnetz mit dem Erregerstrom i_e gespeist.

Der Anker drehe sich mit der konstanten Drehzahl n. Der Erregerstrom i_e und mit ihm der Fluß Φ seien konstant. Dann ist nach Gl. (72,2) wegen $n = $ const auch die induzierte Spannung U konstant, und es ergibt sich aus Gl. (74,2) unmittelbar der in Abb. 216 dargestellte Zusammenhang zwischen der Klemmenspannung U_K und dem Ankerstrom I_A, wobei generatorischer, d. h. bei der in Abb. 215 angegebenen Bürstenpolarität von A nach H fließender Strom nach rechts und umgekehrt gerichteter, motorischer Strom nach links aufgetragen ist. Dem Strom I_A ist bei konstantem Erregerstrom i_e, also bei $\Phi = $ const, das Drehmoment Md nach Gl. (74,3) proportional. Von der Kurve Abb. 216 interessiert hauptsächlich der rechte, d. h. Generatorbereich; sie zeigt, wie sich bei konstantem Fluß die Klemmenspannung der mit konstanter Drehzahl angetriebenen Maschine ändert, wenn sie als Generator einen an ihre Klemmen angeschlossenen Widerstand mit veränderlichem Strom I_A speist. Ist dieser Widerstand unendlich groß, der Strom I_A also gleich Null (Leerlauf), so stimmt die Klemmenspannung U_K mit der induzierten Spannung U überein. Wird durch Verkleinern des Belastungswiderstandes der Strom I_A vergrößert, was eine entsprechende Steigerung des Antriebsdrehmomentes Md erfordert, so nimmt U_K wegen des Spannungsabfalls im Ankerkreis-Widerstand R linear mit I_A ab. Durch Änderung des eingestellten Wertes von i_e bzw. Φ kann U verändert und so die Kennlinie $U_K = f(I_A)$ parallel zu sich selbst verschoben werden.

Häufig muß ein Generator ein Netz konstanter Spannung mit regelbarem Strom speisen. Wird der Generator mit konstanter Drehzahl angetrieben, so kann der Strom durch Änderung von i_e bzw. Φ geregelt werden. Abb. 217 zeigt für diesen Fall, d. h. für $U_K = $ const und $n = $ const, die Abhängigkeit des Stromes I_A von Φ:

$$I_A = \frac{Cn\,\Phi - U_K}{R} \tag{1}$$

an, die sich aus Gl. (74,2) ergibt. I_A verschwindet für den Leerlauffluß Φ_0, bei dem $U = Cn\Phi_0 = U_K$ ist. Auch diese Kurve hat, wie alle Kurven der Gleichstrommaschine eine stetige Fortsetzung in den Bereich der anderen Betriebsart, sofern man in Gl. (74,2) beide Vorzeichen berücksichtigt.

Als Motor wird die Gleichstrommaschine gewöhnlich an einem Netz konstanter Spannung, d. h. mit $U_K = $ const betrieben. Gibt man Gl. (74,2) für Motorbetrieb die Form

$$n = \frac{U_K - I_A\,R}{C\,\Phi}, \tag{2}$$

so erkennt man, daß für $U_K = $ const und $\Phi = $ const die Drehzahl n des Motors mit

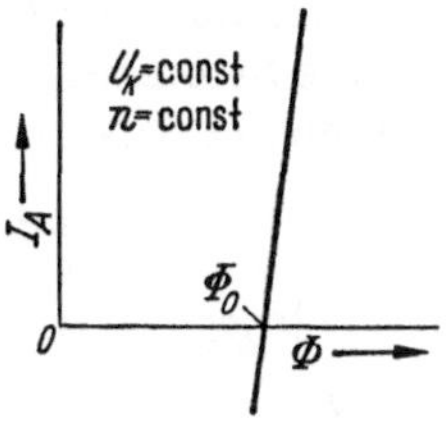

Abb. 217. Abhängigkeit des Ankerstromes vom Fluß bei konstanter Klemmenspannung und Drehzahl.

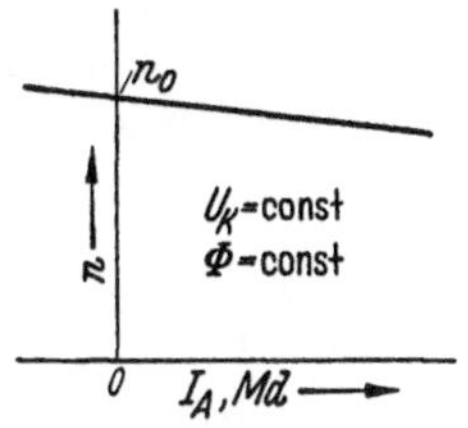

Abb. 218. Drehzahlkennlinie des konstant erregten Gleichstrommotors bei konstanter Klemmenspannung

wachsendem I_A, d. h. mit wachsender Drehmomentbelastung linear absinkt (Abb. 218). Da das Glied $I_A\,R$, ausgenommen bei sehr kleinen Maschinen, gegenüber U_K im Bereich normaler Ströme sehr gering ist, verläuft die Drehzahlkurve ziemlich flach.

Drücken wir in Gl. (2) nach Gl. (74,3) I_A durch $\dfrac{Md}{C_1\,\Phi}$ aus, so erhalten wir

$$n = \frac{1}{C\,\Phi}\left(U_K - \frac{Md}{C_1\,\Phi}\,R\right). \tag{3}$$

Daraus ist zu ersehen, wie sich die Drehzahl des an konstanter Klemmenspannung laufenden Motors bei gegebenem Lastdrehmoment verhält, wenn durch Regeln des Erregerstromes der Fluß Φ geändert wird. Bei Leerlauf, d. h. $Md = 0$, fällt das rechte Glied in der Klammer fort, und n ist Φ umgekehrt proportional, steigt also für $\Phi \to 0$ unbegrenzt an, was zur Zerstörung der Maschine durch die Fliehkräfte führen würde. Gewöhnlich ist der Ankerwiderstand R so klein, daß das rechte Klammerglied auch bei normaler Belastung keinen nennenswerten Einfluß auf das Drehzahlverhalten (Abb. 219) hat. Man kann also die Motordrehzahl mittels eines Feldreglers im Erregerkreis regeln, hauptsächlich allerdings nur auf Werte oberhalb der Nenndrehzahl durch Schwächen von i_e, weil die Eisensättigung eine nennenswerte Verstärkung von Φ nicht mehr zuläßt. Nur bei Kleinmaschinen, bei denen die Ankerwicklung aus sehr vielen Windungen sehr dünnen Drahtes besteht und deshalb ziemlich

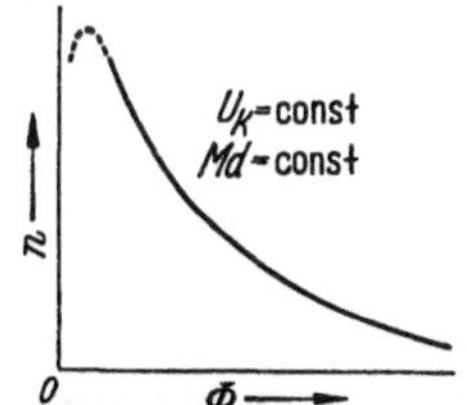

Abb. 219. Abhängigkeit der Drehzahl eines größeren Gleichstrommotors vom Fluß bei konstanter Klemmenspannung und konstantem Drehmoment.

hohen Widerstand hat, kann sich das rechte Klammerglied dahin auswirken, daß bei Verkleinerung von Φ die Drehzahl sogar abnimmt.

76. Nebenschlußmaschine. Die Nebenschlußmaschine (Abb. 220) unterscheidet sich hinsichtlich ihres Verhaltens von der fremderregten Gleichstrommaschine nicht, wenn sie, wie es meistens der Fall ist, an einem Netz konstanter Spannung arbeitet. Ihre Eigentümlichkeit tritt dagegen zutage, wenn sie als selbständiger Generator einen Verbraucher veränderlichen Widerstandes speist. Man kann ihr Verhalten erkennen, wenn man für konstante Drehzahl und konstanten Widerstand R_e des Erregerkreises ihre induzierte Spannung U und ihre Klemmenspannung U_K über dem Erregerstrom, aufträgt (Abb. 221). $U = f(i_e)$ entspricht der Magnetisierungskennlinie (vgl. Abb. 214).

$U_K = f(i_e)$ ist dagegen eine Gerade, weil der Erregerkreis an U_K liegt und folglich $i_e R_e = U_K$ sein muß. Der Anstieg dieser „Erregergeraden" ist um so steiler, je größer R_e ist, am kleinsten also bei kurzgeschlossenem Feldregler. Nun ist aber nach Gl. (74,1) für Generatorbetrieb $U - U_K = I_A R$. Folglich ist der senkrechte Abstand zwischen der U-Kennlinie und der U_K-Kennlinie ein Maß für den Ankerstrom I_A. Vernachlässigt man, daß der Anker beim Nebenschlußgenerator außer dem Verbraucherstrom noch den nur kleinen Erregerstrom zu liefern hat, so ist bei Leerlauf $I_A = 0$. Bei Leerlauf muß also $U_K = U$ sein, und das ist im Schnittpunkt A der beiden Kennlinien der Fall. Punkt A gibt somit die von dem Erregerkreiswiderstand R_e abhängige Größe der Leerlaufspannung U_{K0} an. Nimmt I_A und damit $I_A R$ von $I_A = 0$ aus zu, so sinkt U_K. Im Punkte C hat der Abstand zwischen der U- und der U_K-Kennlinie und damit I_A ein Maximum erreicht; eine weitere Stromzunahme ist nicht mehr möglich, vielmehr nimmt mit kleiner werdendem U_K auch der Ankerstrom I_A wieder ab (Abb. 222), um schließlich

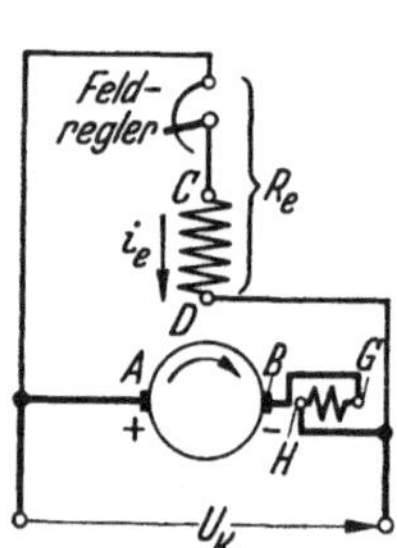

Abb. 220. Schaltbild der Gleichstrom-Nebenschlußmaschine (C—D Erregerwicklung).

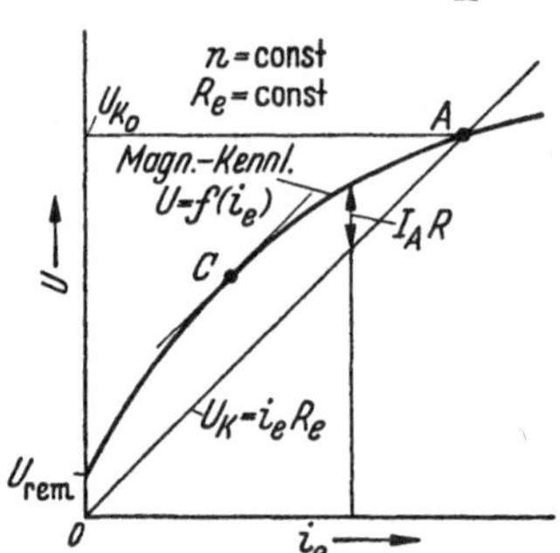

Abb. 221. Induzierte Spannung und Spannungsbedarf des Erregerkreises einer Nebenschlußmaschine.

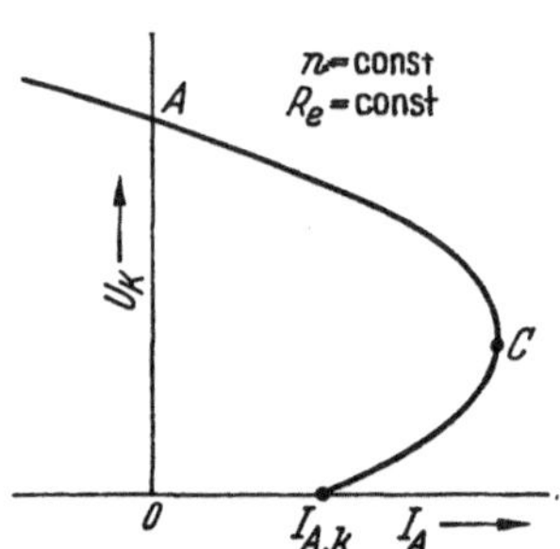

Abb. 222. Belastungskennlinie des selbsterregten Nebenschlußgenerators.

bei $U_K = 0$, d. h. bei kurzgeschlossenen Klemmen, einen Wert $I_{A,k}$ zu erreichen, der von der durch das remanente Magnetfeld induzierten Spannung U_{rem} bedingt ist und sich so einstellt, daß $I_{A,k} R = U_{rem}$ ist.

Die Remanenzspannung U_{rem} ist insofern von Wichtigkeit, als sie die Selbsterregung der Maschine erlaubt. Nehmen wir an, die Maschine werde, zunächst ohne angeschlossenen Verbraucher, mit der Drehzahl n angetrieben. Dann gibt bei jedem Wert von i_e die U-Kennlinie (Abb. 221) die von der Maschine erzeugte, und die U_K-Kennlinie die von ihrem Erregerkreis benötigte Spannung an. Nun verläuft auf dem ganzen Bereich bis zum Punkte A die U-Kennlinie oberhalb der U_K-Kennlinie. Es ist also überall, und zwar infolge der Remanenz auch schon bei $i_e = 0$, ein Überschuß der erzeugten über die benötigte Spannung vorhanden, der zu einer Steigerung des Erregerstromes und damit zu einem Anwachsen der Spannung führt, bis im Punkte A der Spannungsüberschuß verschwindet und der Selbsterregungsvorgang zum Stillstand kommt. Die Maschine stellt sich also von selbst, ohne Benutzung einer besonderen Erregerstromquelle, auf die dem Kennlinienschnittpunkt A entsprechende Leerlauf-Klemmenspannung U_{K0} ein. Bei Vergrößerung des Feldreglerwiderstandes wandert der Schnittpunkt A längs der U-Kennlinie nach kleineren Spannungswerten hin.

Abb. 223. Schaltbild des Hauptstrom-Motors (E—F Erregerwicklung).

77. Hauptstrommaschine. Bei der Hauptstrommaschine (Abb. 223) ist der Ankerstrom I_A zugleich der Erregerstrom. Folglich nimmt der Fluß Φ, wie in Abb. 224 eingetragen, mit I_A nach der Magnetisierungskennlinie der Maschine zu. Umgekehrt betrachtet, nimmt Φ mit sinkendem I_A bis auf den geringen, in Abb. 224 nicht berücksichtigten Remanenzwert ab. Da für die Drehzahl bei Motorbetrieb wieder die Gl. (75,2)

$$n = \frac{U_K - I_A R}{C \Phi}$$

gilt, steigt folglich bei $U_K =$ const und abnehmendem Ankerstrom, d. h. abnehmender Belastung des Motors, die Drehzahl an. Im Bereich kleinerer Werte von I_A, wo Φ noch annähernd proportional I_A ist, ist die Drehzahlkennlinie $n = f(I_A)$ nahezu eine Hyperbel; die Drehzahl wächst also bei Entlastung des Motors auf sehr hohe Werte an, die zur Zerstörung führen würden. Aus diesem Grunde darf der Hauptstrommotor niemals in Anlagen benutzt werden, wo, z. B. infolge Abfallens eines Treibriemens, eine unbeabsichtigte Entlastung eintreten kann. Wegen seines „weichen" Drehzahlverhaltens wird in elektrisch betriebenen Fahrzeugen fast ausschließlich der Hauptstrommotor als Fahrmotor verwendet. Die Gefahr einer Entlastung besteht hier nicht. Das Drehmoment $Md = C_1\, \Phi\, I_A$ [Gl. (74,3)] nimmt anfangs etwa quadratisch, später weniger schnell mit bem Strom I_A zu.

Als Generator für Zwecke der Stromversorgung kommt die Hauptstrommaschine kaum in Betracht, weil als Folge der starken Flußänderung bei wechselndem Belastungsstrom auch ihre Spannung entsprechend stark veränderlich ist und außerdem eine unbeabsichtigte Umkehr der Stromrichtung auch eine Umkehr der Bürstenpolarität zur Folge hätte (Abb. 225). Die Verwendung als Generator beschränkt sich im wesent-

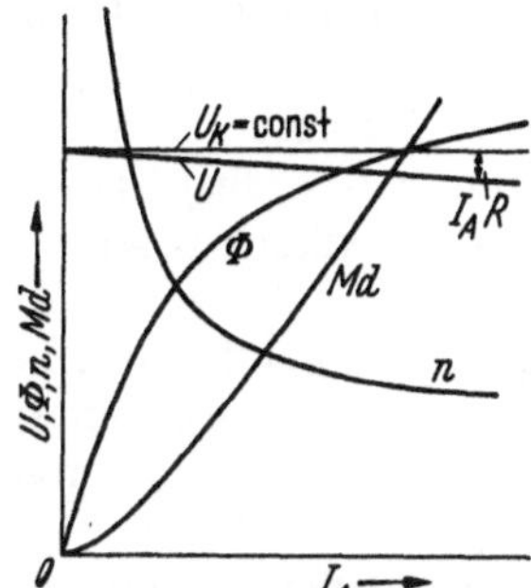

Abb. 224. Belastungskennlinien des Hauptstrommotors.

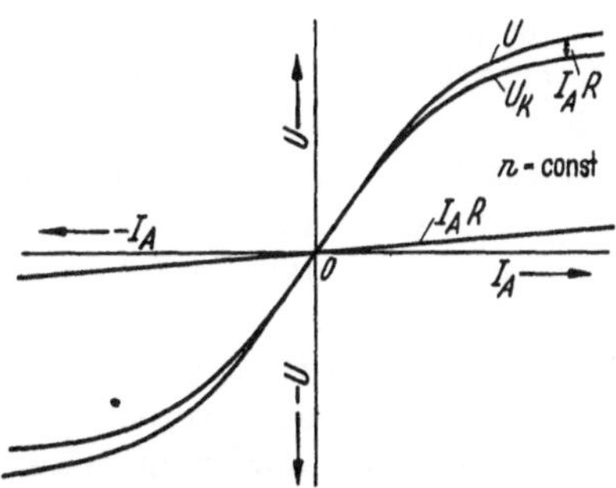

Abb. 225. Belastungskennlinie des Hauptstromgenerators.

lichen auf das elektrische Bremsen elektrischer Fahrzeuge, wobei man die Hauptstrom-Fahrmotoren vom speisenden Netz trennt und als selbsterregte Generatoren auf Belastungswiderstände arbeiten läßt. Die Energie, die dabei den Belastungswiderständen zugeführt wird, wird der kinetischen Energie des rollenden Fahrzeuges entnommen, und dieses somit abgebremst. Der Übergang vom Motor zum selbsterregten Generator bei gleichbleibender Drehrichtung erfordert bei der Hauptstrommaschine eine Vertauschung der Erregerwicklungsanschlüsse in bezug auf den Anker, damit der Generatorstrom die Erregerwicklung in demselben Sinne durchfließt wie vorher der Motorstrom, da er anderenfalls der Remanenz entgegenwirken und somit keine Selbsterregung stattfinden würde.

Der Hauptstrommotor kann auch mit Wechselstrom betrieben werden, da dann wegen der Reihenschaltung von Anker und Erregerwicklung Ankerstrom und Fluß gleichzeitig ihre Richtung wechseln, so daß das Vorzeichen des Drehmomentes $Md = C_1\, I_A\, \Phi$ in beiden Halbwellen das gleiche bleibt. Allerdings pulsiert das Drehmoment mit der doppelten Frequenz des Wechselstromes.

c) Die Synchronmaschine

78. Aufbau; Entstehung des Drehfeldes. In jeder Spule der Arbeitswicklung einer $2p$-poligen Maschine wird beim Lauf mit der minutlichen Drehzahl n nach den Gln. (68,2) und (68,3) eine Wechselspannung von der Frequenz

$$f = \frac{p\,n}{60}$$

induziert. Werden die Spulenden anstatt zu einem Kommutator zu Schleifringen S_1, S_2 geführt (Abb. 226), so kann an den darauf schleifenden Bürsten B_1, B_2 die induzierte

Spulen-Wechselspannung unmittelbar abgegriffen werden. Bringt man auf dem Läufer 3 Spulen an, deren einander entsprechende Spulenseiten, wie das Abb. 227 für eine zweipolige Maschine zeigt, am Umfang um 2/3 Polteilungen versetzt sind, so sind die in den Spulen induzierten Spannungen um 120° in der Phase gegeneinander versetzt und können bei Benutzung von 3 Schleifringen zu einem dreiphasigen Drehstromsystem vereint werden, dessen Stränge sie dann bilden. Wir haben damit das Grundprinzip der dreiphasigen Synchronmaschine vor uns, d. h. derjenigen Maschinengattung, der die Generatoren der Drehstromkraftwerke angehören. Auch als Motor für große Leistungen spielt die Synchronmaschine eine bedeutende Rolle. Praktisch ausgeführt werden Synchronmaschinen von etwa 30 kW Leistung an aufwärts allerdings fast immer so, daß die Rollen von Ständer und Läufer vertauscht sind, die induzierte Wicklung also auf dem Bohrungsumfang des Ständers und die über Schleifringe mit dem Erregergleichstrom gespeiste

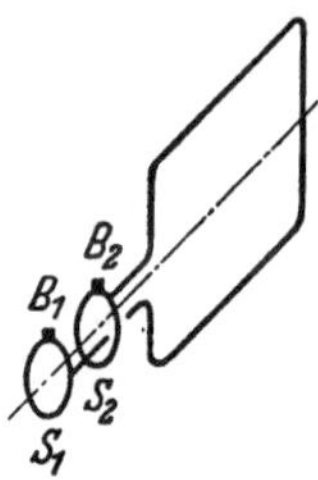
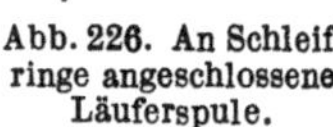

Abb. 226. An Schleifringe angeschlossene Läuferspule.

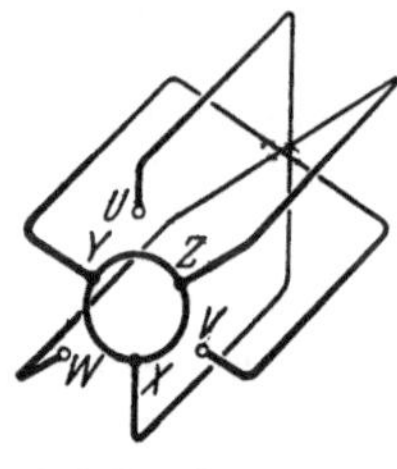

Abb. 227. Prinzipbild einer in Stern geschalteten Drehstromwicklung.

Erregerwicklung auf dem Läufer liegt. Abb. 228 zeigt eine zweipolige Synchronmaschine dieser Art, bei der der Läufer als zylindrischer Eisenkörper mit Nuten zur Aufnahme der Erregerwicklung ausgebildet ist (Volltrommel-Läufer). Bei Maschinen mit mehr als vier Polen bevorzugt man gewöhnlich den Schenkelpol-Läufer, von dem Abb. 229 eine sechspolige Ausführung zeigt.

Wir wollen annehmen, daß die Feldkurve des Erregerteiles, bei der üblichen Bauart also des Läufers, sinusförmig sei, was beim Volltrommelläufer durch entsprechende Verteilung der Erregerwicklung, beim Schenkelpolläufer durch die Formgebung der Polschuhe angenähert erreicht werden kann. Dann ist bei stromlosem Ständer auch der zeitliche Verlauf der induzierten Spannungen, der ja mit dem räumlichen Verlauf der Feldkurve übereinstimmt, sinusförmig, und in jeder Ständerspule tritt das Spannungsmaximum jeweils dann auf, wenn ihre Spulenseiten gerade den Polmitten gegenüberstehen. Führen jedoch auch die Ständerwicklungen Strom, so erregen Läufer und Ständerströme gemeinsam das Magnetfeld, und wir müssen deshalb untersuchen, welchen Einfluß die Ständerströme auf das Feld haben.

Wir denken uns zu diesem Zweck die drei Ständerstränge $U - X$, $V - Y$, $W - Z$ in Abb. 228 mit Drehstrom gespeist, d. h. von um 120° gegeneinander phasenverschobenen Wechselströmen gleichen Effektivwertes durchflossen. Jeder Strang würde für sich

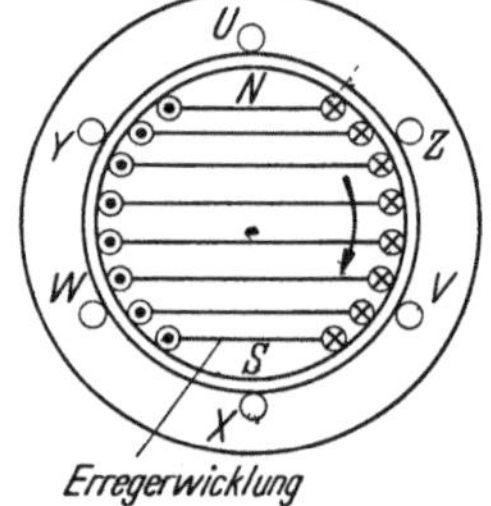

Erregerwicklung

Abb. 228. Schema der Drehstrom-Synchronmaschine mit Volltrommel-Läufer.

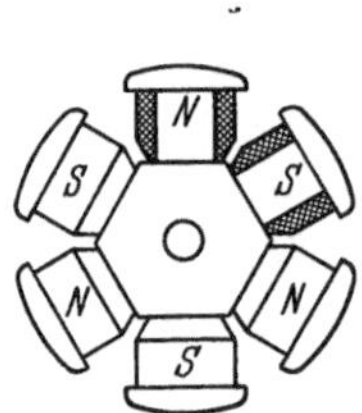

Abb. 229. Schenkelpol-Läufer.

allein in dem Luftspalt der Maschine ein Wechselfeld erzeugen, d. h. ein Feld gleichbleibender Feldkurvenform, deren Ordinaten an jedem Ort des Umfangs mit einem für den betr. Ort festliegenden Höchstwert nach einem zeitlichen Sinusgesetz in Phase mit dem Strom des betr. Stranges pulsieren. Wenn wie in der schematischen Abb. 228 jeder Strang nur aus einer einzigen Spule besteht, ist zwar die Feldkurve eines einzelnen Stranges rechteckförmig. Wir wollen jedoch annehmen, daß auch die örtliche Verteilung des Feldes in jedem Augenblick sinusförmig sei, bzw. nur die Grundwelle des tatsächlichen Feldverlaufs berücksichtigen. Tatsächlich kommt die Feldkurve des einzelnen Stranges der Sinusform wesentlich näher, wenn die Stränge in mehrere Teilspulen aufgelöst sind, deren Spulenseiten über die für den betr. Strang verfügbare Umfangszone gleichmäßig verteilt sind. In dem zweipoligen Wicklungsschema nach Abb. 230 besteht z. B. jeder Strang aus drei Teilspulen (sog. Dreilochwicklung). Daß hierbei jeweils nur die mittlere Spule die Weite einer Polteilung hat, die äußeren dagegen eine größere und die inneren eine um den gleichen Betrag kleinere Weite haben, hat nur wickeltechnische Gründe, sonst aber keinen Einfluß, weil es natürlich gleichgültig ist, in welcher Reihenfolge die einzelnen Spulenseiten hintereinander geschaltet sind. Abb. 231 zeigt die Feldkurve eines sinusförmigen Wechselfeldes für fünf aufeinander folgende, um je 1/8 Periode auseinanderliegende Zeitpunkte.

Nun überlagern wir die drei sinusförmigen Wechselfelder B_U, B_V, B_W der einzelnen Stränge einander. Alle drei sind sowohl räumlich als auch zeitlich um $\dfrac{2\pi}{3}$ gegeneinander verschoben. In Abb. 232 ist dies für drei um je 1/12 Periode aufeinander folgende Zeitpunkte graphisch geschehen. Es ergibt sich als resultierende Feldkurve B wieder eine Sinuslinie mit einer Ampli-

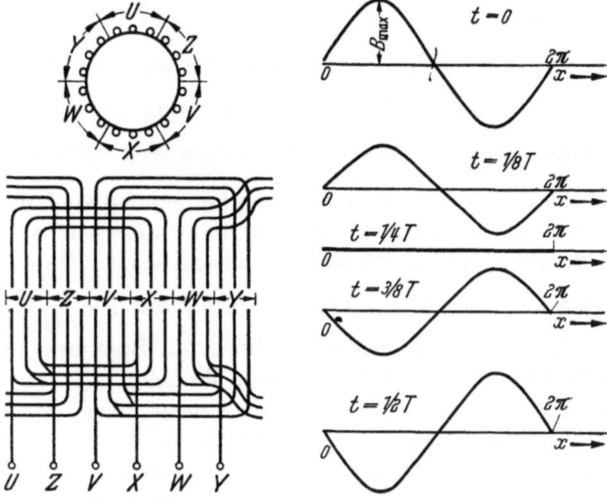

Abb. 230. Drehstrom-Dreiloch-Wicklung.

Abb. 231. Sinusförmig verteiltes Wechselfeld in fünf aufeinander folgenden Zeitpunkten.

tude gleich dem 1 1/2-fachen des örtlichen und zeitlichen Höchstwertes einer Einzelkurve, die aber kein Wechselfeld mehr darstellt, sondern mit zeitlich konstanter Amplitude und gleichbleibender Geschwindigkeit über den Maschinenumfang wandert. Es leuchtet ohne weiteres ein, daß jeweils nach Ablauf einer Periode immer wieder derselbe Zustand eintrete, die wandernde Feldkurve also um eine volle Wellenlänge entsprechend einer doppelten Polteilung weitergewandert sein muß. Da der Luftspaltumfang bei einer $2p$-poligen Maschine nach p doppelten Polteilungen in sich selbst zurückläuft, läuft die sinusförmige Feldwelle bei einer Frequenz f der erregenden Ströme ohne Änderung ihrer Amplitude mit der Drehzahl

$$n = \frac{60\,f}{p}$$

um.

Wir wollen das auch rechnerisch verfolgen. Mit der Amplitude B_{max} und der Kreisfrequenz $\omega = 2\pi f$ der drei sinusförmigen Strangfelder ist ihre Summe:

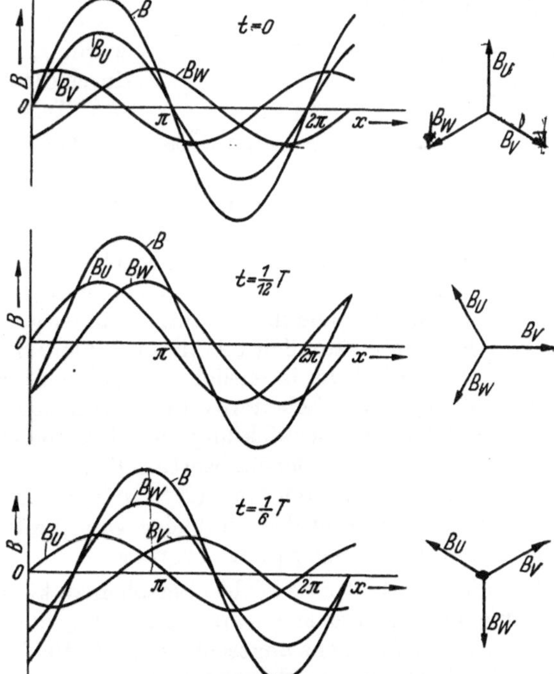

Abb. 232. Entstehung eines Drehfeldes aus drei Wechselfeldern. (Rechts Zeitzeigerdiagramme der Induktionswerte in den Schwingungsbäuchen der Wechselfelder).

$$B_{x,t} = B_{max}\left[\sin x\,\cos\omega t + \sin\left(x - \frac{2\pi}{3}\right)\cos\left(\omega t - \frac{2\pi}{3}\right) + \sin\left(x - \frac{4\pi}{3}\right)\cos\left(\omega t - \frac{4\pi}{3}\right)\right]$$

$$= \frac{3}{2}\,B_{max}\,\sin\left(x - \omega t\right).$$

Setzen wir hierin $x = \omega\,t + \psi$, so ist

$$B_{x,t} = \frac{3}{2}\,B_{max}\sin\psi\,.$$

Das bedeutet: Ein Beobachter, der sich im Zeitpunkt $t = 0$ von einem beliebigen Vorgabewinkel ψ aus mit der Geschwindigkeit $\dfrac{x}{t} = \omega$ in positiver x-Richtung in Bewegung setzt, stellt auf seinem ganzen Weg ständig die Induktion $\dfrac{3}{2}\,B_{max}\sin\psi$ fest.

Ein Feld dieser Art wird sinnentsprechend als Drehfeld bezeichnet. Es hat denselben Charakter wie das Feld, das von dem mit Gleichstrom erregten Läufer allein erzeugt wird. Dieses induziert, wenn sich der Läufer mit der Drehzahl n dreht, in den Ständersträngen Spannungen von der Frequenz $f = \dfrac{p\,n}{60}$. Haben also die Ständerströme dieselbe Frequenz f wie die induzierten Spannungen, so haben Läufer- und Ständerdrehfeld auch dieselbe Drehzahl, stehen relativ zueinander still und überlagern sich zu einem resultierenden, ebenfalls sinusförmigen Drehfeld von der Drehzahl n.

Dieses resultierende Drehfeld ist jetzt der Urheber der induzierten Spannungen, seinem Polfluß Φ ist also der Effektivwert U der induzierten Ständer-Strangspannung proportional. Ist w die Gesamtzahl der hintereinandergeschalteten Windungen eines Stranges und $f = \dfrac{p\,n}{60}$ die Frequenz der induzierten Spannungen, so ist

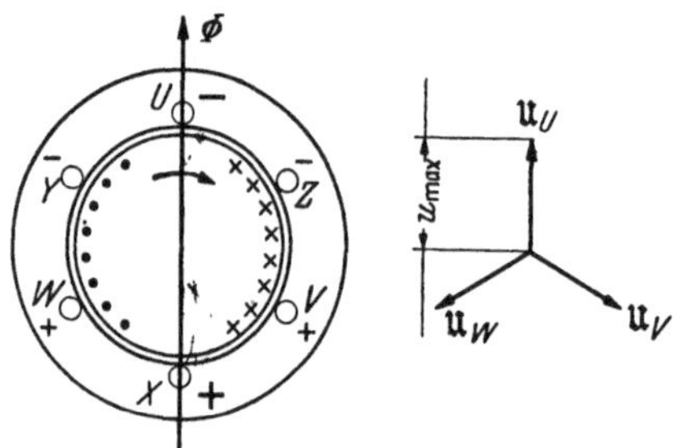

Abb. 233. Synchronmaschine mit Leerlauferregung.

$$U = 4{,}44 \cdot w\,f\,f_w\,\Phi \cdot 10^{-8}\ [\mathrm{V}],$$

worin f_w der sog. Wicklungsfaktor ist, der die durch die Aufteilung der Strangwicklung in mehrere Teilspulen je Polpaar (vgl. z. B. Abb. 230) bedingte Spannungseinbuße berücksichtigt und somit stets < 1 ist.

Da das resultierende Drehfeld die Strangspannungen induziert, ist nicht nur seine durch den Polfluß ausgedrückte Größe an die Strangspannung gebunden, vielmehr besteht auch in jedem Zeitpunkt zwischen seiner räumlichen Lage und den Augenblickswerten der Strangspannungen ein eindeutiger Zusammenhang insofern, als die Spannung in jeder Spule ihr Maximum immer gerade dann hat, wenn die Scheitelwerte der Drehfeldkurve räumlich mit ihren Spulenseiten zusammenfallen bzw. der von der Spule umfaßte Fluß, der ja zeitlich nach einem Sinusgesetz mit der Frequenz f schwankt, durch Null geht. Die Scheitelwerte der resultierenden Drehfeldkurve werden aber bei stromführender Ständerwicklung im allgemeinen nicht mehr mit den Läuferpolen zusammenfallen. Ihre Scheitelwerte fallen mit den Läuferpolen nur dann zusammen, wenn die Scheitelwerte der von den Ständerströmen herrührenden Drehfeldkomponente dies ebenfalls tun, und das setzt eine ganz bestimmte Phasenlage des Strangstromes in bezug auf die Strangspannung voraus.

Um diese Verhältnisse leicht übersehen zu können, nehmen wir an, daß die Ständerwicklung der Maschine an ein starres Drehstromnetz, d. h. an ein Netz fest vorgegebener Spannung und Frequenz angeschlossen sei. Bei Vernachlässigung etwaiger Spannungsabfälle in der Ständerwicklung ist die induzierte Strangspannung mit der entsprechenden Spannung des Netzes — bei Sternschaltung der Stränge mit der Phasenspannung — identisch. Liegen somit die induzierten Strangspannungen fest, so ist durch sie auch die Größe des Polflusses des resultierenden Drehfeldes eindeutig bestimmt. Durch die Netzfrequenz f und die Polzahl $2\,p$ der Maschine ist auch die Drehzahl des resultierenden Drehfeldes und mit ihr die Läuferdrehzahl auf den Wert $n = \dfrac{60\,f}{p}$, die sog. synchrone Drehzahl, festgelegt.

Hat in Abb. 233, wie durch das Zeigerdiagramm angedeutet, die Spannung in der Spule $U-X$ gerade ihren positiven Scheitelwert u_{max} und ist dabei die Spannung an der Spulenseite U entsprechend dem an ihrem vorderen Ende angegebenen Minuszeichen von hinten nach vorn, in X entsprechend umgekehrt gerichtet, so muß die im Uhrzeigersinn umlaufende Feldkurve des Drehfeldes, die wir als sinusförmig annehmen wollen, an der Stelle, wo sich die Spulenseite U befindet, einen Scheitelwert mit solchem Vorzeichen haben, daß dort die Induktion vom Läufer nach dem Ständer hin gerichtet ist. An der gegenüberliegenden Stelle, bei X, hat die Feldkurve ihren anderen Scheitelwert mit der Induktionsrichtung vom Läufer nach dem Ständer. Durch den mit Φ bezeichneten Feldpfeil, den wir durch die augenblickliche Lage der Feldkurven-Scheitelwerte legen, und dessen Spitze den Richtungssinn der Kraftlinien an diesen Stellen angibt, können wir die augenblickliche Lage des Drehfeldes versinnbildlichen. $\frac{1}{6}$ Periode später hat die Spannung in Z ihr positives Maximum erreicht, und inzwischen müssen sich das Drehfeld und damit der Feldpfeil Φ um 60° weitergedreht haben.

79. Leerlauf und Blindstrombelastung. Soll nun der an einem starren Netz liegende Ständer stromlos bleiben, d. h. die Maschine leer laufen, so muß der Läufer allein das Drehfeld erregen. Dazu ist zunächst nötig, daß der Erregerstrom einen ganz bestimmten Betrag i_{e_0} besitzt, den wir als Leerlauferregerstrom bezeichnen. Weiterhin gehört zu jeder Lage des Drehfeldes auch eine ganz bestimmte Stellung des Läufers; denn dessen in diesem Fall für Form und Lage der Feldkurve des Drehfeldes allein maßgebenden Pole sind ja durch die gleichstromdurchflossene Erregerwicklung festgelegt. Die Scheitelwerte der Feldkurve des Drehfeldes fallen örtlich mit den Polmitten des Läufers zusammen, d. h. mit den Stellen, wo die Spulenachse der Erregerwicklung den Luftspalt durchstößt. Nun lassen wir bei der Rotation des Läufers diese Zuordnung seiner jeweiligen räumlichen Stellung zu der zeit-

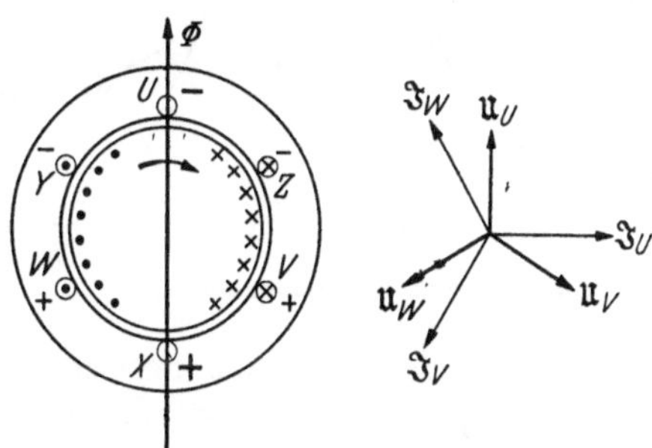

Abb. 234. Untererregte Synchronmaschine.

lichen Phasenlage der Spannungen in den Ständerspulen bestehen, schwächen aber den Erregerstrom i_e des Läufers gegenüber dem Leerlauferregerstrom i_{e_0} (sog. Untererregung). Dann reicht der Erregerstrom allein nicht mehr aus, um den Fluß Φ des Drehfeldes die durch die Netzspannung vorgegebene Größe zu geben. Um die alte Größe von Φ und damit das Gleichgewicht zwischen induzierter und Netzspannung wieder herzustellen, ist die Maschine gezwungen, in der Ständerwicklung Ströme zu führen, die die magnetische Wirkung des Erregerstromes unterstützen. Das leistet offenbar eine Stromverteilung in den Ständersträngen, wie sie in Abb. 234 durch Kreuze und Punkte für den dort betrachteten Zeitpunkt dargestellt ist. Der Strang U-X muß in diesem Augenblick stromlos sein, während die Stränge V-Y und W-Z Ströme führen, die auf der rechten Ständerhälfte wie die Ströme auf der rechten Läuferhälfte von vorn nach hinten, auf der linken Hälfte von hinten nach vorn fließen. Da die drei Ständerstränge ein Drehstromsystem bilden, ist ein solches Bild der Ströme in dem Augenblick, wo die Spannung in dem stromlosen Strang U-X ein Maximum hat, nur möglich, wenn zwischen Strangspannung und Strangstrom eine Phasenverschiebung von 90° herrscht. Ob der Strom der Spannung vor- oder nacheilt, können wir sofort entscheiden, wenn wir beachten, daß in der Spulenseite V in dem betrachteten Augenblick sowohl die Spannung als auch der Strom von vorn nach hinten, in der Spulenseite W dagegen die Spannung von vorn nach hinten, der Strom jedoch umgekehrt gerichtet ist. Zählen wir wie in Abb. 233 die Spannung $\mathfrak{U}_U$ in dem Strang U-X positiv, wenn sie in Spulenseite U von hinten nach vorn gerichtet ist, so ergibt sich das in Abb. 234 rechts angegebene Zeigerdiagramm, aus dem sich eine Nacheilung des Strangstromes gegenüber der Strangspannung um 90° ergibt. Das war nicht anders zu erwarten; denn der Erregergleichstrom erzeugt nur einen Teil des Feldes, und die Strangströme müssen den Rest des beim Anlegen der Strangspannungen entstehenden Feldes erregen, d.h. Magnetisierungs-Blindströme sein, die, wie wir wissen, der Spannung nacheilen.

Das Umgekehrte tritt ein, wenn i_e bei sonst gleichen Verhältnissen über den Leerlaufwert i_{e_o} erhöht wird (Übererregung). Es müssen dann Ständerströme fließen, die, wie das Augenblicksbild Abb. 235 zeigt, dem Erregerstrom entgegen, d. h. entmagnetisierend wirken, und das entspricht einer Voreilung des Strangstromes gegenüber der Strangspannung um 90°.

Die geschilderten Zusammenhänge sind leichter zu übersehen, wenn die einzelnen elektrischen und magnetischen Größen durch Zeitvektoren dargestellt werden. Wir müssen dazu nur alle Größen so betrachten, daß sie als Wechselgrößen der gleichen Frequenz f erscheinen, und brauchen sie nur für einen einzigen Ständerstrang darzustellen, da ja alle Ständerstränge, von der Phasendrehung um 120° abgesehen, gleichwertig sind. Das resultierende Drehfeld stellen wir dar durch den Zeiger des von der betreffenden Strangspule umfaßten Fluß Φ, von dem wir wissen, daß er der Strangspannung $\mathfrak{U}$ um 90° nacheilt. Zur Erregung des Drehfeldes ist am Luftspalt eine dort ebenfalls wellenförmig verteilte magnetische Spannung nötig, deren umlaufende Verteilungskurve in jedem Augenblick mit der Feldkurve des Drehfeldes stellungsgleich ist. Wir können die magnetische Spannung deshalb, genau wie das Drehfeld, durch einen Zeiger darstellen, den wir mit $\mathfrak{B}_\Phi$ bezeichnen wollen und der in die Richtung des Zeigers Φ

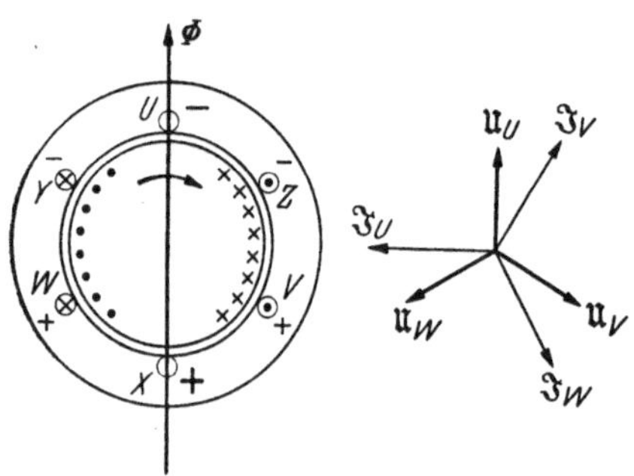

Abb. 235. Übererregte Synchronmaschine.

fällt. Die Welle dieser magnetischen Spannung setzt sich aus zwei Teilwellen zusammen; die eine, durch den Zeiger $\mathfrak{B}_L$ dargestellt, rührt von dem Erregerstrom i_e, die andere, die durch den Zeiger $\mathfrak{B}_s$ dargestellt wird, von dem Ständerstrom $\mathfrak{J}$ her. Die erste Teilwelle hat ihre Scheitelwerte in der Spulenachse der Erregerwicklung; die Scheitelwerte der zweiten fallen mit der Spulenachse des betrachteten Ständerstranges immer in dem Augenblick zusammen, in dem der Strom in diesem Strang seinen Scheitelwert erreicht. Von der Spulenachse des betreffenden Ständerstranges aus als Wechselgröße betrachtet, ist sie also mit dem Strom $\mathfrak{J}$ in Phase und diesem außerdem proportional.

Abb. 236. Zeigerdiagramm der Synchronmaschine bei Leerlauferregung.

Abb. 237. Zeigerdiagramm der untererregten Synchronmaschine.

Abb. 238. Zeigerdiagramm der übererregten Synchronmaschine.

Abb. 236 stellt das Zeigerdiagramm für Leerlauf dar. Das Drehfeld wird allein von der Erregerwicklung erzeugt, und die magnetische Spannung $\mathfrak{B}_L$ des Läufers ist somit mit der magnetischen Gesamtspannung $\mathfrak{B}_\Phi$ identisch. In Abb. 237 herrscht Untererregung. $\mathfrak{B}_L$ ist kleiner als $\mathfrak{B}_\Phi$, reicht also allein nicht aus, um den durch die Ständerspannung $\mathfrak{U}$ vorgegebenen Fluß Φ zu erzeugen. Die von den Ständerströmen herrührende magnetische Spannung $\mathfrak{B}_S$ deckt den Fehlbetrag, und der ihr proportionale Strangstrom $\mathfrak{J}$ eilt der Strangspannung $\mathfrak{U}$ um 90° nach. Die Maschine verhält sich wie eine an das Netz angeschlossene Drossel. In Abb. 238 ist dagegen $\mathfrak{B}_L$ infolge Übererregung zu groß, d. h. $> \mathfrak{B}_\Phi$. Durch einen der Spannung voreilenden Strangstrom $\mathfrak{J}$ wird eine magnetische Spannung $\mathfrak{B}_S$ erzeugt, die $\mathfrak{B}_L$ entgegengerichtet und so groß ist, daß resultierend wieder $\mathfrak{B}_\Phi$ übrig bleibt. Auf das Netz wirkt die Maschine wie ein daran angeschlossener Kondensator.

80. Wirkstrombelastung. Durch Änderung der Erregung allein kann also lediglich der Blindstrom der an das starre Netz angeschlossenen Maschine beeinflußt werden. Ein Auftreten von Wirkstrom in der Ständerwicklung ist dagegen offenbar nur möglich, wenn der Zeiger $\mathfrak{B}_L$ der magnetischen Läuferspannung gegenüber Φ bzw. der resultierenden magnetischen Spannung $\mathfrak{B}_\Phi$ eine Winkelabweichung erleidet. In Abb. 239 ist $\mathfrak{B}_L$ zwar dem Betrage nach gleich $\mathfrak{B}_\Phi$, der Erregerstrom hat also seinen Leerlaufwert i_{e_0}, jedoch eilt $\mathfrak{B}_L$ gegenüber $\mathfrak{B}_\Phi$ um einen gewissen Winkel ϑ vor. Damit wieder $\mathfrak{B}_L + \mathfrak{B}_S = \mathfrak{B}_\Phi$ ist, muß $\mathfrak{B}_S$ eine solche Lage einnehmen, daß der mit $\mathfrak{B}_S$ phasengleiche Strom $\mathfrak{J}$ zwar noch eine nacheilende (magnetisierende) Blindkomponente enthält, im wesentlichen aber ein generatorischer Wirkstrom ist, den die Maschine ins Netz liefert. Umgekehrt bedingt, wie Abb. 240 zeigt, eine Nacheilung von $\mathfrak{B}_L$ gegenüber $\mathfrak{B}_\Phi$, daß die Maschine, als Motor arbeitend, dem Netz neben einem gewissen Magnetisierungsblindstrom nunmehr Wirkstrom entnimmt. Durch zusätzliche Erhöhung von i_e, d. h. Vergrößerung von $\mathfrak{B}_L$, läßt sich der Blindstrom beseitigen oder darüber hinaus zu einem voreilenden, in der Maschine entmagnetisierend wirkenden Blindstrom machen.

Der bei Wirkstrombelastung im Zeigerdiagramm auftretende Winkel ϑ zwischen $\mathfrak{B}_L$ und $\mathfrak{B}_\Phi$ bedeutet, daß an irgendeiner Stelle der Ständerbohrung die sinusförmig verteilte magnetische Spannung des Läufers ihr Maximum um eine dem Winkel ϑ entsprechende Zeitspanne früher oder später erreicht als die magnetische Gesamtspannung bzw. die Induktion des Dreh-

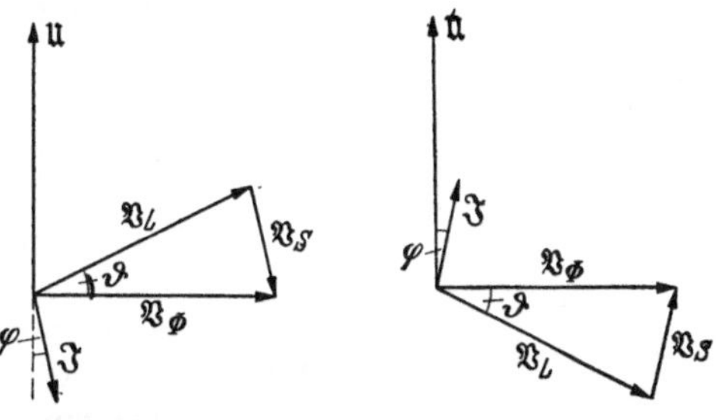

Abb. 239. Wirkbelastung als Synchrongenerator bei Leerlauferregung.

Abb. 240. Wirkbelastung als Synchronmotor bei Leerlauferregung.

feldes. Da die Kurve der magnetischen Läuferspannung $\mathfrak{B}_L$ gewissermaßen fest mit dem Läufer selbst verbunden ist, ist dies nur möglich, wenn der Läufer in jedem Augenblick gegenüber der Stellung, die er bei Leerlauf hätte, bei gleicher Drehzahl räumlich um den Winkel ϑ in Drehrichtung oder gegen die Drehrichtung verdreht ist, und zwar in Drehrichtung, wenn die Maschine als Generator arbeitet, bei Motorbetrieb umgekehrt. Da die Ständerwirkströme bei Generatorbetrieb ein bremsendes, bei Motorbetrieb ein antreibendes Drehmoment auf den Läufer ausüben, muß zur Herstellung und Aufrechterhaltung der Winkelabweichung des rotierenden Läufers gegenüber seiner Leerlauf-Synchronlage ein entsprechendes äußeres Drehmoment an der Läuferwelle aufgebracht werden. Übt also eine Antriebsmaschine, z. B. eine Dampfturbine, bei der durch die Netzfrequenz festgelegten Drehzahl ein antreibendes Drehmoment auf den Läufer aus, so ist der Läufer gegenüber seiner Leerlauflage räumlich vorgedreht und die Maschine liefert als Generator Wirkstrom ins Netz. Wird der Läufer dagegen durch ein äußeres Drehmoment gebremst, so bleibt der Läufer, ohne seine Drehzahl zu ändern, hinter seiner Leerlauflage zurück. (Streng genommen, ändert sich natürlich die Drehzahl vorübergehend beim Übergang in die neue Synchronlage.) Bei gegebener Frequenz wird also der Wirkstrom und damit die Betriebsart der Maschine allein durch das äußere Drehmoment bestimmt. Durch Änderung des Erregerstromes kann zusätzlich der Blindstrom geregelt werden, so daß bei konstantem Drehmoment, d. h. konstantem Wirkstrom bei gegebener Spannung und Frequenz zu jedem Erregerstrom ein ganz bestimmter Gesamtstrom im Ständer gehört. Letzterer ist bei demjenigen Erregerstrom am kleinsten, bei dem der Blindstromanteil gerade verschwindet und nimmt sowohl bei Verminderung als auch bei Vergrößerung des Erregerstromes zu.

Da die Synchronmaschine an den Synchronismus gebunden ist, d. h. nur bei der synchronen Drehzahl $n = \dfrac{60\,f}{p}$ arbeiten kann, muß sie bei der Inbetriebsetzung erst durch besondere Hilfseinrichtungen (Anwurfmotor, Anlaufwicklung) auf die synchrone Drehzahl gebracht werden. Bei Synchronmaschinen mit Volltrommelläufer verschwindet das Drehmoment bei abgeschaltetem Erregerstrom. Der Schenkelpol-Läufer liefert dagegen auch in unerregtem Zustand noch ein geringes Drehmoment, wovon man bei Kleinstmotoren, z. B. für Synchronuhren, bei denen man die Erregerwicklung sparen will, gelegentlich Gebrauch macht.

d) Die Asynchronmaschine

81. Aufbau und Arbeitsprinzip. Die am häufigsten vorkommende elektrische Maschine ist die Drehstrom-Asynchronmaschine, die fast ausschließlich als Motor benutzt wird. Wie schon ihr Name sagt, ist sie im Gegensatz zur Synchronmaschine nicht an die synchrone Drehzahl gebunden. Ihr Ständer trägt genau wie der der Synchronmaschine eine Drehstromwicklung; wie bei der Synchronmaschine ist folglich das Magnetfeld ein Drehfeld. Der Läufer ist ein kreiszylindrischer Eisenkörper, der an seinem Umfang eine im Betrieb in sich kurzgeschlossene Wicklung trägt. Diese Läuferwicklung kann

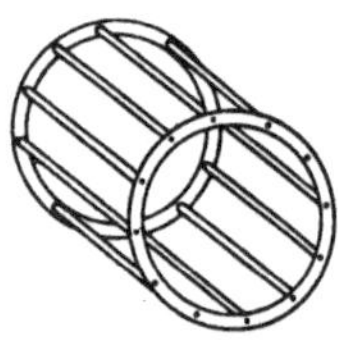

Abb. 241. Käfig-wicklung.

Abb. 242. Käfig-wicklung, als Sternschaltung betrachtet.

eine Drehstromwicklung von beliebiger Strangzahl aber von gleicher Polzahl wie die Ständerwicklung sein. So wird die Läuferwicklung aber nur dann ausgestaltet, wenn man beim Anlassen oder zum Zwecke der Drehzahlregelung äußere Widerstände in Reihe mit den Läufersträngen schalten will. Man führt dann die Läuferwicklung zu Schleifringen und schaltet die Widerstände zwischen diese. Sonst wird die Läuferwicklung als sog. Läuferkäfig (Abb. 241) ausgestaltet, d. h. aus stabförmigen Leitern aufgebaut, die an den Stirnseiten des Läufers durch Kurzschlußringe miteinander verbunden sind. Man kann die Gesamtheit der durch die Stirnringe verbundenen Stäbe des Käfigs als eine kurzgeschlossene Sternschaltung auffassen, was sofort einleuchtet, wenn man, wie in Abb. 242, die Stirnringe im Schaltungsschema konzentrisch zeichnet. Einer der Ringe kann dann als Sternpunktverbindung, der andere als Kurzschlußverbindung angesehen werden. Die Polzahl der Käfigwicklung liegt nicht von vornherein fest, sondern stellt sich jeweils auf die durch die Ständerwicklung bestimmte Polzahl des Drehfeldes ein.

Die zur Erzeugung eines Drehmomentes erforderlichen Läuferströme kommen dadurch zustande, daß das Drehfeld sich relativ zu dem Läufer dreht und dabei in den Leitern der kurzgeschlossenen Läuferwicklung Spannungen induziert. Daraus ergibt sich sofort, daß ein Drehmoment nur entstehen kann, wenn die Drehzahl n des Läufers von der des Drehfeldes, also von der synchronen Drehzahl $n_S = \dfrac{60\,f}{p}$ abweicht. Die Höhe der im Läufer induzierten Spannungen nimmt linear mit der Drehzahlabweichung $n_S - n$ zu. Das besagt aber nicht, daß auch das Drehmoment mit wachsender Drehzahlabweichung immer größer wird; im allgemeinen erreicht das Drehmoment vielmehr aus Gründen, die wir später noch kennenlernen werden, bei einer bestimmten Drehzahlabweichung seinen Höchstwert, um bei größer werdender Drehzahlabweichung trotz wachsender Läuferspannung wieder abzunehmen. Die Richtung des Drehmomentes ist immer so, daß es bestrebt ist, den Drehzahlunterschied zwischen Drehfeld und Läufer zu vermindern.

Davon, daß bei einer Relativdrehbewegung des Läufers gegenüber dem Drehfeld ein Drehmoment zustandekommt, kann man sich durch einen ebenso einfachen wie lehrreichen Versuch überzeugen. Man speist hierzu den Ständer eines kleineren Asynchronmotors, dessen Läufer sich in stromlosem Zustand noch bequem von Hand drehen läßt, mit Strom von der Frequenz Null, d. h. mit Gleichstrom, und zwar so, daß Stärke und Richtung der Ströme in den Wicklungssträngen die gleichen sind, wie sie bei der normalen Drehstromspeisung als Augenblickswerte in irgend einem beliebigen Zeitpunkt vorkommen. Am einfachsten läßt sich die Drehstrom-Verteilung durch Gleichstrom-Speisung für den Zeitpunkt nachahmen, in dem der Strom in einem Strang gerade durch Null geht und in den beiden anderen den $1/2\sqrt{3}$fachen Betrag seines Scheitelwertes hat. Es entsteht dann im Luftspalt zwischen Ständer und Läufer ein Feld, das genau so verteilt ist wie das Drehfeld, aber stillsteht. Man kann es als „Drehfeld" mit der synchronen Drehzahl Null ansehen. Steht der Läufer ebenfalls still, so hat er keine Relativdrehzahl gegenüber dem Magnetfeld; also entsteht auch kein Drehmoment. Dreht man jedoch den Läufer mit der Hand, so ist die Drehzahl, die man ihm dabei erteilt, zugleich seine Relativdrehzahl zum Feld, und man muß ein um so größeres Drehmoment aufbringen, je schneller man den Läufer dreht. Wenn der zugeführte Gleichstrom ungefähr dem Nennstrom des Motors entspricht, so stellt sich bei einem 4poligen Motor schon bei einer Drehzahl von etwa 1 Umdrehung je Sekunde das volle Nenn-Drehmoment ein. Die bei dieser geringen Drehzahl in den Läuferleitern induzierten Spannungen sind zwar außerordentlich klein; da aber auch der Widerstand der Läuferleiter nur sehr klein ist, können trotzdem in der Läuferwicklung recht beträchtliche Ströme fließen.

In der abgewickelten Darstellung nach Abb. 243 wandere die Feldkurve $B = f(x)$ des Drehfeldes mit der Relativgeschwindigkeit v über die Läuferstäbe hin. Unter der positiven Halbwelle, wo die Kraftlinien von unten nach oben gerichtet sind, werden dabei in den Stäben Spannungen von hinten nach vorn induziert. Nehmen wir diese Spannungsrichtung als die positive an, so ergibt sich für die Verteilung der Augenblickswerte der in den einzelnen Stäben induzierten Wechsel-

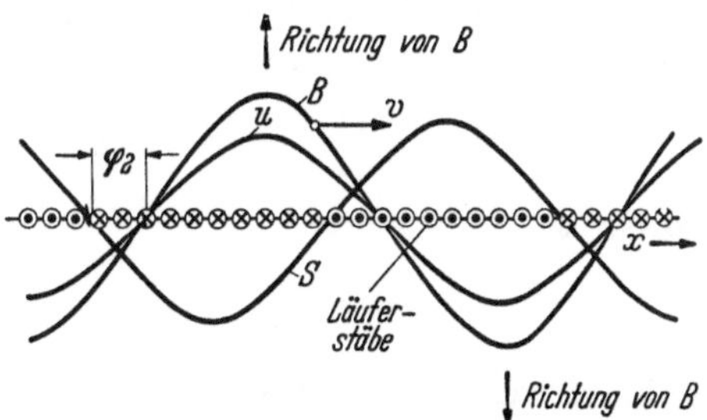

Abb. 243. Läufer eines Asynchronmotors im Drehfeld.

spannungen die Kurve u, die zusammen mit dem Drehfeld umläuft. Der Strom in jedem Läuferstab wird lediglich durch die in dem Stab induzierte Spannung und den Eigenwiderstand des Stabes einschließlich des darauf entfallenden Teiles der Kurzschlußringe bestimmt. Hätten die Stäbe nur OHMschen Widerstand, so würden in jedem Stab Strom und induzierte Spannung einander entgegengerichtet sein. Wegen des magnetischen Streufeldes, mit dem sich jeder Stabstrom umgibt, hat aber jeder Stab auch induktiven Widerstand, so daß die Stabströme mit den Stabspannungen nicht genau in Gegenphase sind, sondern noch um einen zeitlichen Phasenwinkel φ_2 nacheilen. Stellen wir also die Verteilung der Augenblickswerte der in den Stäben fließenden Wechselströme durch eine Kurve S, die sog. Strombelagskurve, dar, so bleiben die Nulldurchgänge dieser Kurve gegenüber denen der Spannungs-Verteilungskurve u bei ihrer gemeinsam mit der Drehfeldkurve erfolgenden Wanderung um den entsprechenden räumlichen Winkel φ_2 zurück. In der überwiegenden Zahl der Läuferstäbe sind jedoch die Ströme so gerichtet, daß auf sie im Zusammenwirken mit dem Drehfeld eine Umfangskraft einwirkt, die bestrebt ist, sie in Bewegungsrichtung des Drehfeldes mitzunehmen.

Wichtig ist dabei, daß die Verteilungskurve der Läuferströme, d. h. die Strombelagskurve S des Läufers, unabhängig von der Drehzahl n des Läufers zusammen mit der Drehfeldkurve umläuft, also dieser gegenüber ruht. Die Stromverteilung auf der Läuferoberfläche bestimmt nämlich die Verteilung der von den Läuferströmen hervorgerufenen magnetischen Spannung am Luftspalt. An der Bildung des Drehfeldes sind ja nicht nur die Ständerströme, sondern auch die Läuferströme beteiligt. Dadurch, daß die Verteilungskurven der magnetischen Spannungen sowohl des Ständers als auch des Läufers gemeinsam, d. h. relativ zueinander in Ruhe befindlich, mit der synchronen Drehzahl $n_S = \dfrac{60\,f}{p}$ umlaufen, überlagern sie sich zu der ebenfalls mit n_S umlaufenden Welle der resultierenden magnetischen Spannung, die das Drehfeld zur Folge hat. Letzteres ist hinsichtlich Größe und zeitlicher Lage durch die an den Ständer gelegten Netzspannungen festgelegt, so daß sich Größe und Phasenlage der Läuferströme in ihrer Rückwirkung auf die entsprechenden Werte der Ständerströme genau so auswirken wie die Größe des Erregerstromes und die Winkelstellung des Läufers bei der Synchronmaschine. Während sich bei dieser aber durch einen genügend hohen Erregerstrom die Ständerwicklung von Magnetisierungsblindstrom entlasten läßt und durch Übererregung der Ständer sogar zur Aufnahme entmagnetisierenden Blindstromes gezwungen werden kann, sind bei der Asynchronmaschine die Läuferströme ja erst eine Folge der Magnetisierung, und darum kann der Läufer nicht von sich aus Magnetisierungs-Blindleistung zur Verfügung stellen. Der zur Magnetisierung notwendige Strom muß deshalb in vollem Maße in Form von nacheilendem Blindstrom in der Ständerwicklung fließen und von dem Netz geliefert werden. Asynchronmaschinen arbeiten somit stets mit einem Leistungsfaktor $\cos\varphi$ unter Eins.

Relativ zum Ständer rotiert das Drehfeld mit der synchronen Drehzahl n_S und induziert dort Spannungen von der Netzfrequenz f. Relativ zu dem mit der Drehzahl n umlaufenden Läufer beträgt seine Drehzahl dagegen $n_S - n$. Folglich ist die Frequenz der Läufer-Spannungen und -Ströme

$$f_2 = \frac{n_S - n}{n_S}\, f = s\,f. \tag{1}$$

Die Größe

$$s = \frac{n_S - n}{n_S} \tag{2}$$

ist eine der wichtigsten Zustandgrößen der Maschine und wird Schlupf genannt. s wird häufig auch in Prozent angegeben. Bei Nennbetrieb liegt der Schlupf zwischen 6% bei kleinen und 1% bei großen Maschinen. $s = 1$ bzw. $s = 100\%$ bedeutet Stillstand, $s = 0$ synchrone Drehzahl des Läufers.

82. Zeigerdiagramm und Leistungsbilanz. Wegen ihrer Frequenz $f_2 = s\,f$ rufen die Läuferströme eine Welle der magnetischen Spannung hervor, die relativ zum Läufer mit der Drehzahl $s\,n_S$ umläuft. Da der Läufer selbst mit der Drehzahl n rotiert, ist die Drehzahl dieser Welle relativ zum Ständer $s n_S + n = n_S$; die Wellen der magnetischen Spannungen des Ständers und des Läufers stehen, wie schon erwähnt, relativ zueinander still und können unter Berücksichtigung der Winkellage, die sie zueinander haben, zu der resultierenden magnetischen Spannung addiert werden. Da auch die Welle der Verteilung der Läuferspannungen (Kurve u in Abb. 243) mit der Drehzahl n_S umläuft, werden alle Läufergrößen genau wie die entsprechenden Ständergrößen von einem in der Achse eines Ständerstranges auf der Bohrungsfläche des Ständers liegenden Punkt aus als Wechselgrößen von Netzfrequenz wahrgenommen, und räumliche Verschiebungen der Wellen erscheinen als zeitliche Phasenwinkel. Wir können deshalb bei der Aufstellung des Zeigerdiagrammes die Asynchronmaschine wie einen ruhenden Transformator behandeln.

Es erhebt sich die Frage, wie sich bei konstanter Ständerspannung $\mathfrak{U}_1$ der Ständerstrom $\mathfrak{F}_1$ nach Größe und Phase mit dem Schlupf s ändert, d. h. auf welcher Ortskurve die Spitze des Stromzeigers bei veränderlichem Schlupf wandert. Eine exakte Herleitung würde zu weit führen; wir lassen deshalb wie bei unseren bisherigen Betrachtungen den OHMschen und den von ihrem Streufeld herrührenden Blindwiderstand der Ständerwicklung außer Acht.

Ist $\mathfrak{U}_{2,0} = ü\,\mathfrak{U}_1$ die bei Stillstand des Läufer ($s = 1$) in ihm induzierte Spannung ($ü =$ Übersetzungsverhältnis), so wird beim Lauf mit dem Schlupf s die Spannung

$$\mathfrak{U}_2 = s\,\mathfrak{U}_{2,0} \tag{1}$$

in ihm induziert. Nach Gl. (81,1) ist ihre Frequenz $f_2 = s f$. Die Besonderheit des Verhaltens der Asynchronmaschine kommt nun dadurch zustande, daß sich der von den Läuferstreufeldern herrührende induktive Blindwiderstand der Läuferwicklung wegen der veränderlichen Läuferfrequenz f_2 ebenfalls mit s ändert. Mit der Streuinduktivität L_2 ist dieser Blindwiderstand

$$X_2 = 2 \pi f_2 L_2 = s \cdot 2 \pi f L_2 = s X_{2,0}, \tag{2}$$

wenn $X_{2,0} = 2 \pi f L_2$ der Blindwiderstand bei Stillstand ($s = 1$) ist.

Nun gilt für jeden kurzgeschlossenen Läuferstrang mit dem OHMschen Widerstand R_2:

$$\mathfrak{U}_2 + \mathfrak{J}_2(R_2 + j X_2) = 0. \tag{3}$$

Dividieren wir Gl. (3) mit s, so ergibt sich mit $\mathfrak{U}_2 = s \mathfrak{U}_{2,0}$ und $X_2 = s X_{2,0}$

$$\mathfrak{U}_{2,0} + \mathfrak{J}_2 \left(\frac{R_2}{s} + j X_{2,0} \right) = 0. \tag{4}$$

$\mathfrak{J}_2$ verhält sich also bei veränderlichem Schlupf so, als ob sich bei konstanter induzierter Spannung $\mathfrak{U}_{2,0}$ und konstantem Blindwiderstand $X_{2,0}$ lediglich der OHMsche Strangwiderstand proportional dem Kehrwert des Schlupfes ändere. Stellen wir Gl. (4)

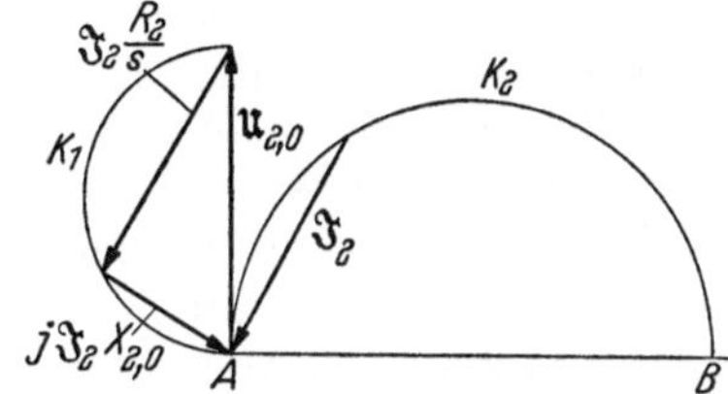

Abb. 244. Zur Entstehung des Kreisdiagramms.

durch Zeiger dar (Abb. 244), so wandert wegen des rechten Winkels zwischen $\mathfrak{J}_2 \dfrac{R_2}{s}$ und $j \mathfrak{J}_2 X_{2,0}$ der Endpunkt des Zeigers $j \mathfrak{J}_2 X_{2,0}$ bei variablem, positivem s auf dem Halbkreis K_1 über $\mathfrak{U}_{2,0}$. $j \mathfrak{J}_2 X_{2,0}$ fällt für $s = \infty$, d. h. $R_2/s = 0$ mit $(-\mathfrak{U}_{2,0})$ zusammen und verschwindet für $s = 0$, weil dann $R_2/s = \infty$ und damit $\mathfrak{J}_2 = 0$ wird. Der Läuferstrom $\mathfrak{J}_2$ ist dem Betrag nach proportional der Teilspannung $j \mathfrak{J}_2 X_{2,0}$ und ist mit $\mathfrak{J}_2 R_2/s$ in Phase. Folglich bewegt sich der eine Endpunkt des Zeigers von $\mathfrak{J}_2$, wenn wir den anderen Endpunkt in A festhalten, ebenfalls auf einem Halbkreis K_2. Jedem Punkt von K_2 ist ein bestimmter Wert von s als sog. Parameter zugeordnet, und zwar ist A der Punkt für $s = 0$, B der für $s = \infty$. Ist nun $\mathfrak{J}_2^{(1)}$ der auf die Ständerwicklung umgerechnete Läuferstrom (vgl. S. 120) und beachten wir, daß, wie beim Transformator, $\mathfrak{J}_1 + \mathfrak{J}_2^{(1)}$ gleich dem durch die Ständerspannung $\mathfrak{U}_1$ festgelegten Magnetisierungsstrom $\mathfrak{J}_\mu$ ist, so erhalten wir für positive Schlupfwerte, d. h. $n < n_S$, als Ortskurve für den Ständerstrom $\mathfrak{J}_1$ den in Abb. 245 gezeigten oberen Halbkreis von K. Punkt A, wo $\mathfrak{J}_1 = \mathfrak{J}_\mu$ ist, gehört zu $s = 0$, Punkt B zu $s = \infty$.

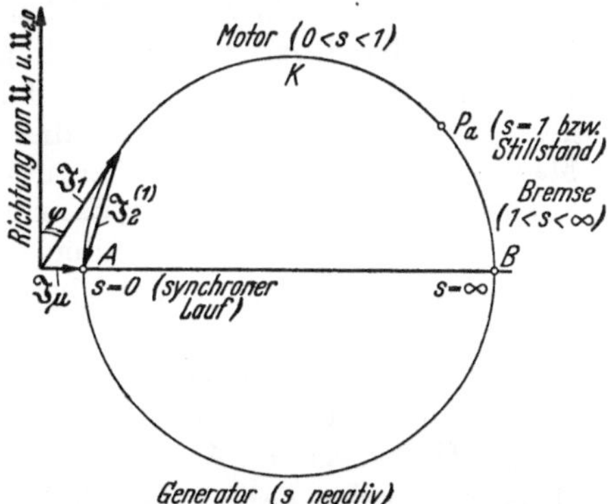

Abb. 245. Kreisdiagramm der Asynchronmaschine (Widerstand und Streuung der Ständerwicklung vernachlässigt).

Wir betrachten noch die Energiebilanz der Maschine. Die von dem Ständer bei irgendeinem Wert von s aus dem Netz aufgenommene Leistung sei N. Davon werden zunächst die unvermeidbaren Leistungsverluste im Ständer, d. h. die Ständerkupferverluste und die Eisenverluste gedeckt. Der Rest wird als sog. Luftspaltleistung N_δ durch den Luftspalt hindurch auf den Läufer übertragen. Diese Leistungsübertragung wird von dem Drehfeld bewirkt, das auf den Läufer und rückwirkend natürlich auch auf den Ständer das Drehmoment Md ausübt und mit der Drehzahl n_S umläuft. Folglich ist

$$N_\delta = \frac{1}{0{,}973} Md \, n_S \quad [\text{W}], \tag{5}$$

wenn Md in kpm eingesetzt wird. Die von dem Läufer abgegebene mechanische Leistung ist aber nur

$$N_{mech} = \frac{1}{0{,}973} \, Md \, n \quad [\text{W}] \, . \tag{6}$$

Die Differenz zwischen N_δ und N_{mech} geht als Stromwärme Q_2 in dem Ohmschen Widerstand der Läuferwicklung verloren. Setzen wir nach Gl. (81,2) $n = n_S \, (1 - s)$, so ergibt sich

$$N_{mech} = (1 - s) \, N_\delta \, . \tag{7}$$

und

$$Q_2 = N_\delta - N_{mech} = s \, N_\delta \, . \tag{8}$$

Man erkennt daraus, daß bei gegebener Luftspaltleistung, also gegebenem Drehmoment, der Schlupf um so größer und die Drehzahl n um so kleiner ist, je höher die Stromwärmeverluste im Läufer sind. Durch Erhöhung des Läuferwiderstandes läßt sich somit die Drehzahl regeln. Weil aber die Drehzahlverminderung mit einer entsprechenden Erhöhung der Verluste bezahlt werden muß, wird hiervon nur selten Gebrauch gemacht. Bei $s = 1$, d. h. bei Stillstand des Läufers wird nach Gl. (8) die gesamte Luftspaltleistung $N_{\delta, a}$ im Läufer in Stromwärme $Q_{2, a}$ umgesetzt. Damit ergibt sich das Stillstands- bzw. Anlaufdrehmoment des Motors aus Gl. (5) zu

$$Md_a = \frac{0{,}973}{n_S} \, Q_{2, a} \, . \tag{9}$$

Das Anlaufdrehmoment ist also um so höher, je größer im Stillstand die Stromwärmeverluste im Läufer sind, und kann durch Vergrößern des Läuferwiderstandes erhöht werden.

In Abb. 245 stellt die vertikale Komponente von $\mathfrak{J}_1$ den Wirkstromanteil des Ständerstromes und damit ein Maß für die aufgenommene Leistung N dar. Da wir die Ständerwicklung als widerstandslos angenommen haben, ist sie zugleich auch ein Maß für die Luftspaltleistung N_δ und, nach Gl. (5), für das Drehmoment Md. Wenn P_a der Punkt der Ortskurve für $s = 1$ ist, so ist ein von P_a auf die horizontale Achse gefälltes Lot ein Maß für das Anlaufdrehmoment Md_a. Man erkennt, daß beim Hochlauf der Maschine aus dem Stillstand heraus das Drehmoment zunächst bis zu einem Höchstwert, dem sog. Kippmoment, zu-, dann aber wieder abnimmt, um bei $n = n_S$ bzw. $s = 0$ zu verschwinden. Wird umgekehrt der zunächst nahe dem Synchronismus laufende Motor mit immer höherem Drehmoment belastet, so bleibt er bei Überschreitung des Kippmomentes stehen.

Bei negativen Schlupfwerten, d. h. wenn sie im Drehsinn des Drehfeldes mit $n > n_S$ angetrieben wird, arbeitet die Maschine als Generator. Dem entspricht in Abb. 245 der untere Halbkreis von K, wo sowohl der Wirkstrom als auch das Drehmoment ihre Richtung umgekehrt haben. Da die Maschine aber auf den Bezug von Magnetisierungsstrom angewiesen ist, ist der Generatorbetrieb nur an einem Netz möglich, an das außerdem noch zur Lieferung von Magnetisierungsblindstrom fähige Maschinen, nämlich übererregte Synchronmaschinen, angeschlossen sind.

Bei Schlupfwerten > 1, d. h. bei Lauf gegen das Drehfeld, entsprechend dem Bereich zwischen P_a und B in Abb. 245, arbeitet die Maschine als Bremse. Sie nimmt dabei sowohl mechanische als auch elektrische Leistung auf und setzt beide in ihren Wicklungen in Wärme um.

83. Zerlegung eines Wechselfeldes in zwei Drehfelder. Unter bestimmten Voraussetzungen kann die Asynchronmaschine, ebenso wie auch die Synchronmaschine, einphasig betrieben werden. Dann tritt an die Stelle des Drehfeldes ein Wechselfeld, wie wir es bereits in Abb. 231 dargestellt haben. Für dieses Wechselfeld gilt die Gleichung

$$B_{x, t} = B_{max} \sin x \cos \omega t \, . \tag{1}$$

Dafür können wir schreiben

$$B_{x,\,t} = \frac{1}{2}\,B_{max}\,\sin\,(x - \omega\,t) + \frac{1}{2}\,B'_{max}\,\sin\,(x + \omega\,t)\,. \tag{2}$$

Erinnern wir uns an die rechnerische Ableitung des Drehfeldes (S. 147), so erkennen wir, daß in Gl. (2) der erste Summand rechts ein in Richtung positiver, der zweite ein in Richtung negativer x-Werte laufendes Drehfeld mit der halben Amplitude des Wechselfeldes darstellt (Abb. 246). Gelingt es, das eine der beiden gegenläufigen Drehfelder hinsichtlich seiner Wirkung auf den Läufer zu dämpfen, so arbeitet die einphasige Maschine mit dem anderen wie eine Drehfeldmaschine.

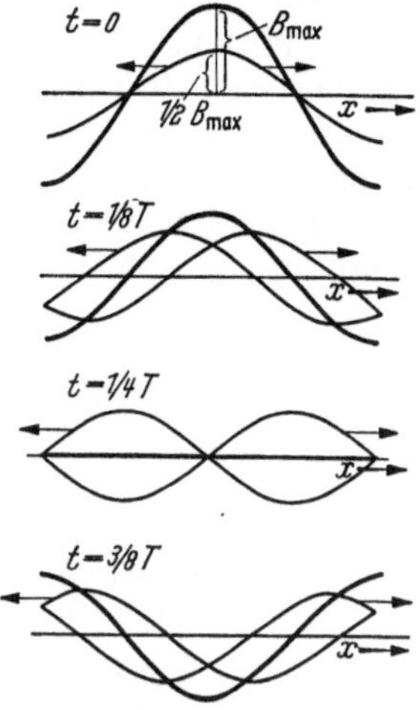

Abb. 246. Zerlegung eines Wechselfeldes (stark ausgezogen) in zwei gegenläufige Drehfelder (dünn ausgezogen).

84. Der Drehtransformator. Der Drehtransformator — auch Drehregler genannt — stimmt in seinem Aufbau mit einem Asynchronmotor überein, nur ist bei ihm die Beweglichkeit des Läufers darauf beschränkt, daß er mittels eines Schneckengetriebes innerhalb eines Drehwinkels von 180 elektrischen Winkelgraden in jede beliebige Stellung gebracht werden kann und in dieser festgehalten wird. Wir betrachten zunächst den Dreiphasen-Drehregler (Abb. 247a), bei dem sowohl der Läufer als auch der Ständer Drehstromwicklungen tragen. Gewöhnlich ist die Läuferwicklung die primäre und die Ständerwicklung die sekundäre. Legt man die Läuferwicklung über biegsame Zuleitungen, die eine Verdrehung des Läufers gestatten, an ein Drehstromnetz, so entsteht ein Drehfeld, das bei der in Abb. 247a angegebenen Phasenfolge der Wicklungsstränge im Uhrzeigersinn rotiert. In den Wicklungssträngen des Ständers induziert das Drehfeld Strangspannungen, deren Effektivwert U_2 zu dem Effektivwert U_1 der Läuferstrangspannungen in dem Verhältnis

$$\frac{U_2}{U_1} = \frac{w_2\,f_{w_2}}{w_1\,f_{w_1}} \tag{1}$$

steht, worin w_1 und w_2 die Windungszahlen, f_{w1} und f_{w2} die Wicklungsfaktoren eines Läufer- bzw eines Ständerstranges sind. Die sekundäre Strangspannung ist also ihrer Größe nach von der Stellung des Läufers gegenüber dem Ständer unabhängig. Dagegen kann durch Verdrehen des Läufers ihre Phasenlage gegenüber der Spannung des entsprechenden Läuferstranges gedreht werden. Stehen sich einander entsprechende Spulen auf dem Läufer und dem Ständer genau gleichachsig gegenüber, so sind die Spannungen in ihnen phasengleich. Ist jedoch wie in Abb. 247a infolge einer Verdrehung des Läufers um den Winkel α eine Ständerspule $u - x$ gegenüber der entsprechen-

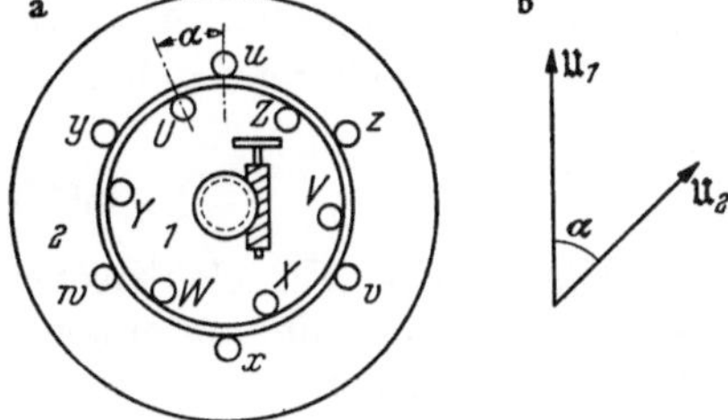

Abb. 247a u. b. Dreiphasen-Drehtransformator.

den Läuferspule $U - X$ um eben diesen Winkel im Umlaufsinn des Drehfeldes verschoben, so eilt auch die in ihr induzierte Spannung $\mathfrak{U}_2$ der Spannung $\mathfrak{U}_1$ in $U - X$ um den Phasenwinkel α nach (Abb. 247b). Das gilt allerdings nur für die gezeigte zweipolige Anordnung $(p = 1)$; sonst muß man zwischen räumlichem und elektrischem Verdrehungswinkel unterscheiden, und zwar ist $\alpha_{elektrisch} = p\,\alpha_{räumlich}$. Bei einer Verdrehbarkeit des Läufers um 180° elektrisch kann die Phasenlage von $\mathfrak{U}_2$ von der Gleichphasigkeit bis zur Gegenphasigkeit mit der Netzspannung $\mathfrak{U}_1$ stetig geregelt werden.

Obwohl die Sekundärspannung der Größe nach konstant ist, kann der Dreiphasen-Drehregler dazu dienen, die Höhe der Spannung an einem Verbraucher zu regeln. Das ist seine häufigste Verwendungsart. Zu diesem Zwecke werden seine Sekundärstränge $u - x$, $v - y$, $w - z$ in offener Schaltung in die Verbindungsleitungen zwischen Netz und Verbraucher gelegt. (Abb. 248a). Die Primärwicklung $U - X$, $V - X$, $W - Z$ liege in Sternschaltung direkt an der Netzspannung. Dann ist die Phasenspannung $\mathfrak{U}$ des Verbrauchers gleich der geometrischen Summe aus der Phasenspannung $\mathfrak{U}_1$ des Netzes und der sekundären Strangspannung $\mathfrak{U}_2$ des Drehreglers (Abb. 248b). Der Effektivwert U der Verbraucherspannung kann somit stetig von dem Höchstwert $U_1 + U_2$ bis auf den Kleinstwert $U_1 - U_2$ geregelt werden.

Die Wirkung des Einphasendrehreglers (Abb. 249) ist eine grundsätzlich andere. Hier herrscht statt eines Drehfeldes ein Wechselfeld, und eine Verdrehung der Wicklungen gegeneinander aus ihrer gleichachsigen Stellung hat lediglich zur Folge, daß die Sekundärwicklung $2 - 2'$ nur noch mit einem Teil des von der Primärwicklung $1 - 1'$ erregten Flusses verkettet ist. Ist die Feldkurve sinusförmig, so ist die Sekundärspannung

$$U_2 = U_1 \frac{w_2\,f_{w_2}}{w_1\,f_{w_1}} \cos \alpha \, , \tag{2}$$

kann also von ihrem Höchstwert bis auf Null herabgeregelt werden.

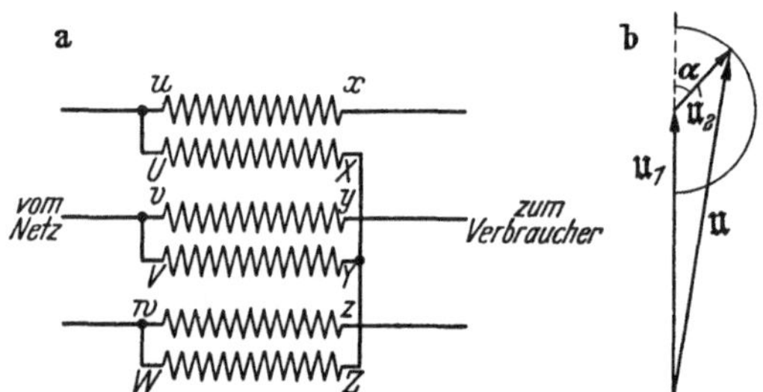
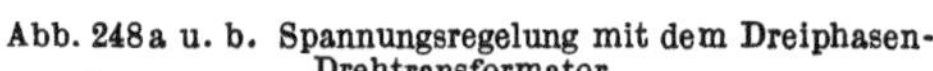
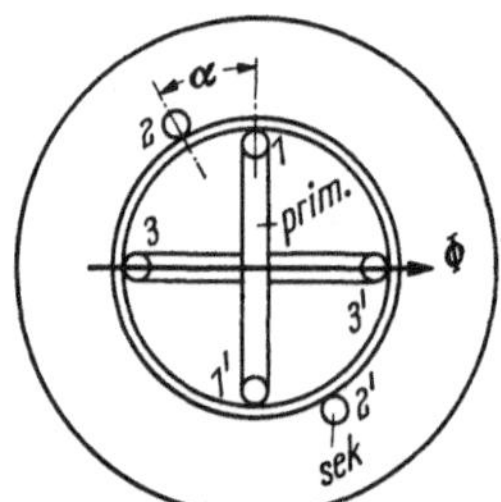

Abb. 248a u. b. Spannungsregelung mit dem Dreiphasen-Drehtransformator.   Abb. 249. Einphasen-Drehtransformator.

Wird die Sekundärwicklung $2 - 2'$ von Strom durchflossen, so beteiligt sie sich, wenn die Wicklungen gegeneinander verdreht sind, nur zum Teil an der Erregung des beiden Wicklungen gemeinsamen Flusses, erregt darüber hinaus aber noch einen Fluß, der mit der Primärwicklung nicht verkettet ist. Dieser Fluß ist mithin ein Streufluß und würde einen starken induktiven Spannungsabfall in der Sekundärwicklung zur Folge haben. Er muß deshalb unterdrückt werden, und das geschieht durch eine kurzgeschlossene Wicklung $3 - 3'$ auf dem primären Teil, deren Achse auf der Achse der Primärwicklung senkrecht steht.

N. Elektrische Meßgeräte

85. Allgemeines. Ein elektrisches Meßgerät oder Meßinstrument besteht aus einer Anzeigevorrichtung, die von einem Meßwerk nach Maßgabe des Betrages der zu messenden Größe sichtbar verstellt wird, so daß aus der Größe der — nach dem Verschwinden der Meßgröße wieder zurückgehenden oder bleibenden — Verstellung auf den Betrag der Meßgröße geschlossen werden kann. Kommt es, wie z. B. bei der Einstellung des Brückengleichgewichts bei der Widerstandsmessung mit der WHEATSTONEschen Meßbrücke, nur darauf an, festzustellen, daß ein Strom bzw. eine Spannung verschwunden ist, handelt es sich also um eine Messung nach der sog. Nullmethode, so braucht die Anzeigevorrichtung nicht geeicht zu sein. Soll jedoch der Zahlenwert x der als Vielfaches ihrer Maßeinheit E erscheinenden Meßgröße $G = x$ E ablesbar sein, so muß die Anzeigevorrichtung in der betreffenden Maßeinheit E geeicht sein. Bei der überwiegenden Zahl der verschiedenartigen Meßwerke werden die Verstellkräfte durch die magnetische Wirkung eines oder mehrerer Ströme hervorgerufen. In seltneren Fällen wird von der Wärmeausdehnung durch einen Strom erhitzter Metallkörper oder von der elektrostatischen Anziehungskraft zwischen an Spannung gelegten Kondensatorplatten Gebrauch gemacht.

86. Drehspulmeßwerk. Zu den wichtigsten Meßwerken gehört das Drehspul-Meßwerk, dessen Prinzip aus Abb. 250 ersichtlich ist. Sein beweglicher Teil besteht aus einer rechteckigen, kleinen Spule 1, die auf einer mit ihren Spitzen in Steinen leicht drehbar gelagerten Welle 2 befestigt ist. Zwei Spiralfedern 3, 3′, die einerseits an der Welle, andererseits an dem feststehenden Teil des Meßwerks befestigt sind, dienen einem

doppelten Zweck: sie erzeugen bei Ablenkung der Spule aus ihrer Ruhelage eine dem Ablenkwinkel proportionale Rückstellkraft und bilden zugleich die Stromzuleitungen zu der drehbaren Spule 1. Die Spulenseiten von 1 bewegen sich in einem kreisförmigen Luftspalt zwischen einem feststehenden Eisenzylinder 4 und zwei eisernen Polschuhen 5, 5′. In diesem Luftspalt wird durch die permanenten Stabmagnete 6, 6′ ein radiales Magnetfeld mit über den von der Spule bei ihrer Bewegung überstrichenen Bogenbereich konstanter Induktion erzeugt, dessen Kraftlinien sich außen über den Eisenring 7 schließen.

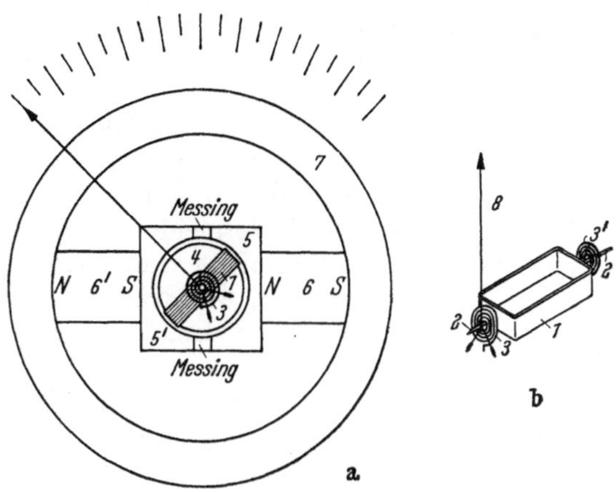

Abb. 250a u. b. Drehspul-Meßgerät.
a) Gesamtaufbau b) bewegliches System.

Wird die Spule 1 von einem Gleichstrom durchflossen, so werden durch das Luftspaltfeld auf ihre Spulenseiten in Umfangsrichtung des Luftspaltes Kräfte ausgeübt, die innerhalb des zulässigen Drehbereichs bei jeder Spulenlage dem Spulenstrom proportional sind. Infolge der dem Ablenkungswinkel proportionalen Rückstellkraft der Federn 3, 3′ erfährt die Drehspule eine linear mit dem Strom wachsende Verdrehung, die mittels des an der Spulenwelle befestigten Zeigers 8 an einer Skala abgelesen werden kann. Die Skala des Drehspulgerätes ist folglich linear unterteilt, was die Ablesung sehr erleichtert. Da das Magnetfeld nicht erst durch den Meßstrom erzeugt werden muß, verbraucht das Drehspulmeßwerk nur sehr wenig Leistung und hat daher eine hohe Empfindlichkeit. Das zur Verfügung stehende, starke Magnetfeld erlaubt eine vorzügliche Dämpfung des beweglichen Systems zur Unterbindung von Pendelungen. Man kann z.B. die Drehspule auf ein in sich geschlossenes Aluminiumrähmchen wickeln, in dem das Magnetfeld bei jeder Bewegung eine Spannung induziert, die einen der Bewegung entgegenwirkenden Kurzschlußstrom zur Folge hat. Diese Wirkung wird durch die in der Drehspule selbst bei Bewegung

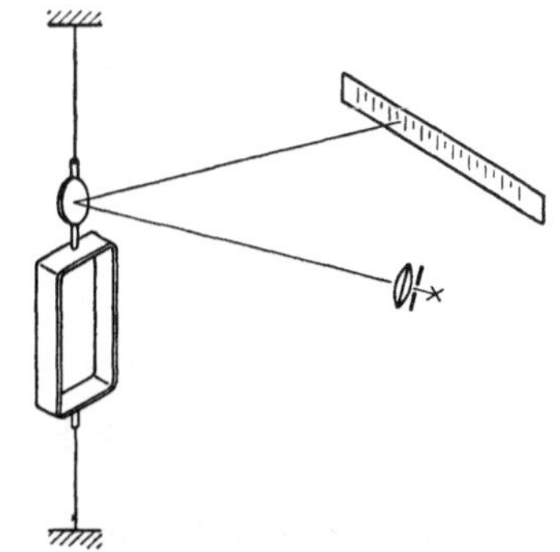

Abb. 251. Beweglicher Meßwerkteil eines Spiegelgalvanometers.

induzierte Spannung ersetzt oder unterstützt, sofern der Widerstand des äußeren Schließungskreises der Spule nicht zu hoch ist. Mit dem Drehspulmeßwerk läßt sich eine höhere Anzeigegenauigkeit erzielen als mit jedem anderen Meßwerk. Diesen Vorteilen steht der Nachteil gegenüber, daß das Drehspulmeßwerk wegen der eindeutigen Richtungszuordnung von Strom und Drehmoment als einziges nur auf Gleichstrom anspricht.

Bei hochempfindlichen Drehspulmeßwerken mit lotrechter Drehachse, wird, um auch kleinste Ablenkungen ablesbar zu machen, der in seiner Länge begrenzte materielle Zeiger durch einen Lichtzeiger ersetzt. Solche Geräte heißen Spiegelgalvanometer

(Abb. 251), weil die dann meist an einem feinen, leicht verwindbaren Metallbändchen aufgehängte Drehspule einen kleinen Spiegel trägt, über den ein Lichtstrahl geführt wird, mittels dessen das Bild einer Spalt- oder Strichblende von einer Optik auf die Ableseskala projiziert wird. Abgesehen davon, daß solch ein Lichtzeiger ohne Schwierigkeit mehrere Meter lang gemacht werden kann, dreht sich der abgelenkte Teil des Strahles um den doppelten Drehwinkel des Spiegels.

87. Dynamometrisches Meßwerk. Es liegt nahe, das Drehspulmeßwerk durch Ersatz des konstanten Magnetfeldes durch ein von dem Meßstrom selbst oder einem mit diesem frequenzgleichen Strom erregtes Magnetfeld für Wechselstrom brauchbar zu machen.

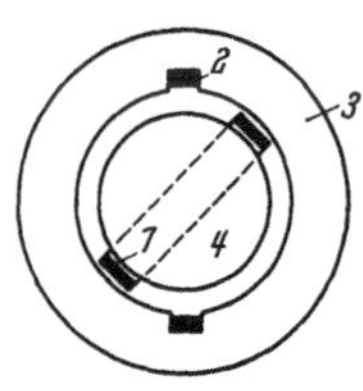

Abb. 252. Schema des eisengeschlossenen dynamometrischen Meßwerks.

Solche Meßwerke heißen dynamometrisch. Abb. 252 zeigt einen Querschnitt durch ein eisengeschlossenes Meßwerk dieser Bauart. Das radiale Magnetfeld in dem Luftspalt, in dem sich die Spulenseiten der Drehspule 1 bewegen, wird durch eine stillstehende Wicklung 2 auf dem äußeren Eisenteil 3 erregt. Beide Eisenteile 3 und 4 sind zur Vermeidung von Wirbelströmen aus Blechen aufgebaut. Eine Dämpfung durch einen geschlossenen Spulenrahmen ist nicht anwendbar, weil das magnetische Wechselfeld darin auch bei Stillstand durch Induktion Ströme hervorrufen und diese mit dem Wechselfeld zusammen ein zusätzliches Drehmoment ergeben würden.

Man verwendet daher gewöhnlich eine Luftdämpfung durch einen an der Zeigerwelle befestigten Flügel (Abb. 253), der sich mit geringem Spiel in einer geschlossenen Kammer bewegt und die Luft vor sich staut. Eine andere Dämpfungseinrichtung zeigt Abb. 254. Hier bewegt sich ein auf der Zeigerwelle befestigtes Stück Aluminiumblech zwischen den Polen eines kräftigen Permanentmagneten. Die von dem Magnetfeld in dem Blech induzierten Spannungen rufen Wirbelströme hervor, die auf geschlossenen Bahnen in der Blechebene fließen und im Zusammenwirken mit dem Magnetfeld Kräfte zur Folge haben, die der Relativbewegung zwischen Feld und induziertem Leiter (Blechscheibe) entgegenwirken. Das Dämpfungsprinzip ist also das gleiche wie beim Drehspulmeßwerk, nur daß hier der Dämpfungsmagnet eigens für diesen Zweck vorgesehen ist.

Die Augenblickswerte B_t der magnetischen Induktion im Luftspalt des dynamometrischen Meßwerkes sind den Augenblickswerten i_2 des Wechselstromes in der Erregerwicklung 2 proportional, d.h. es ist $B_t = k_2 \, i_{2\,max} \sin \omega \, t$. Ist $i_1 = i_{1\,max} \sin(\omega\, t - \varphi)$ der augenblickliche Strom in der Drehspule 1, so hat das Drehmoment den Augenblickswert

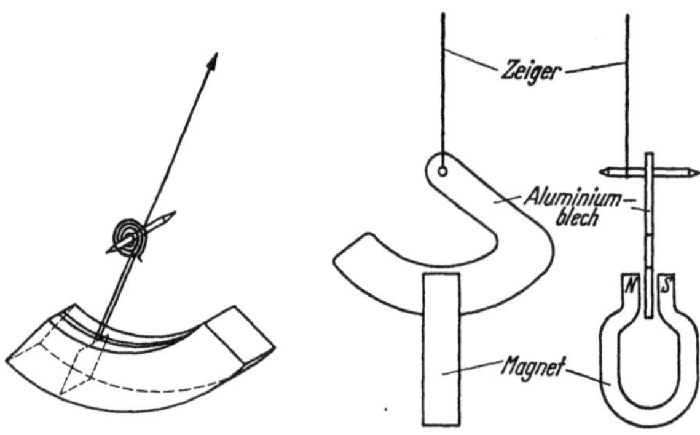

Abb. 253. Luftdämpfung.   Abb. 254. Wirbelstromdämpfung.

$$md = k_1 \, B_t \, i_{1\,max} \sin(\omega\, t - \varphi) = k_1 \, k_2 \, i_{1\,max} \, i_{2\,max} \sin \omega\, t \, \sin(\omega\, t - \varphi)$$

$$= \frac{1}{2} k_1 \, k_2 \, i_{1\,max} \, i_{2\,max} \left[\cos \varphi - \cos(2\,\omega\,t - \varphi)\right].$$

Bilden wir den Mittelwert des Drehmomentes über eine ganze Zahl von Perioden, so fällt das periodische, zweite Glied in der Klammer fort, und es ergibt sich mit $i_{max} = \sqrt{2}\,I$:

$$Md = k_1 \, k_2 \, I_1 \, I_2 \cos \varphi \, . \tag{1}$$

Soll das Meßwerk zur Messung eines Stromes I benutzt werden, schaltet man die Erregerspule mit der Drehspule in Reihe. Dann sind die Ströme identisch und gleich I und es ist

$$Md = k_1 \, k_2 \, I^2 \, . \tag{2}$$

Als Stromzeiger hat also das dynamometrische Meßgerät eine quadratisch unterteilte Skala.

Gl. (1) zeigt aber, daß man das Gerät auch als Leitungsmesser in Wechselstromkreisen verwenden kann, wenn man den Strom I des betr. Stromkreises durch die eine Spule führt, die andere Spule dagegen an die Spannung U legt (Abb. 255) und ihren Strompfad so bemißt, daß sein induktiver gegenüber seinem Ohmschen Widerstand R vernachlässigt werden kann. Der Strom in ihm ist dann gleich U/R und in Phase mit der Spannung. Das Drehmoment ergibt sich aus Gl. (1) zu

$$Md = k_1 k_2 \frac{1}{R} U I \cos\varphi = k N \,. \tag{3}$$

Als Leitungsmesser hat das dynamometrische Meßgerät also eine lineare Skala.

Die mit der Frequenz stark steigenden Eisenverluste machen die Anzeige des eisengeschlossenen dynamometrischen Meßwerks frequenzabhängig und begrenzen seine Brauchbarkeit auf Frequenzen unter 2 kHz. Bei Gleichstrom kommt noch der Einfluß der Remanenz hinzu. Andererseits ist wegen der verhältnismäßig hohen Luftspaltinduktion der Einfluß fremder Magnetfelder sehr gering,

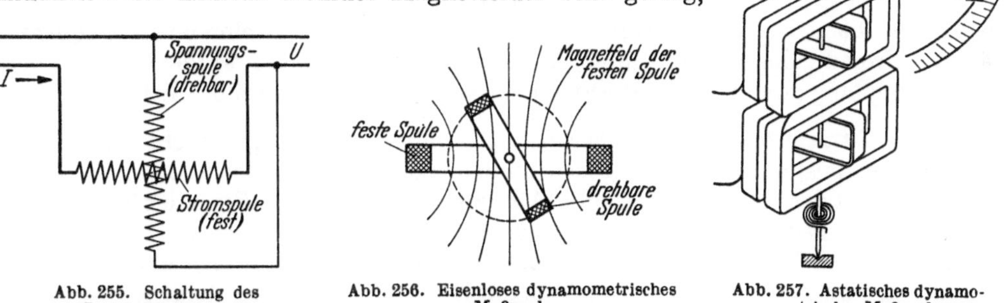

Abb. 255. Schaltung des Leistungsmessers. Abb. 256. Eisenloses dynamometrisches Meßwerk. Abb. 257. Astatisches dynamometrisches Meßwerk.

und aus dem gleichen Grunde kann das Meßwerk bei mäßigem Leistungsverbrauch große Verstellkräfte liefern.

Die Frequenzabhängigkeit des dynamometrischen Meßwerks kann weitgehend vermindert werden, wenn man auf den Eisenschluß verzichtet, so daß sich das Magnetfeld in Luft schließt (Abb. 256). Durch geeignete Bemessung der festen Spule läßt sich erreichen, daß auch in diesem Falle auf den Kreisbogen, die die Spulenseiten der Drehspule beschreiben, die Induktion des Erregerfeldes überall angenähert die gleiche Radialkomponente hat, so daß bei der Verwendung zur Leistungsmessung das Drehmoment wieder der Leistung proportional ist. Wegen der verhältnismäßig geringen Induktion können fremde Magnetfelder, z. B. schon das Erdfeld, die Messung merklich beeinflussen. Man beseitigt diesen Einfluß entweder, indem man das Meßwerk mit einem eisernen Mantel umgibt, der Fremdfelder abschirmt, oder durch mechanische Kupplung von zwei gleichartigen Meßwerken mit entgegengesetzt gerichteten Magnetfeldern und natürlich auch gegensinnig durchströmten Drehspulen (Abb. 257). Diese Bauart wird als astatisch bezeichnet. In dem einen Meßwerk wird das Erregerfeld durch das Fremdfeld verstärkt, in dem anderen im gleichen Maße geschwächt, so daß die Summe ihrer gleichsinnig wirkenden Drehmomente unbeeinflußt bleibt.

88. Weicheisenmeßwerk. Die einfachste und damit robusteste Bauart haben die Weicheisen- oder Dreheisenmeßwerke, bei denen das Magnetfeld einer stromdurchflossenen Spule auf einen beweglichen Teil aus weichem Eisen Kräfte ausübt. Als Leistungsmeßwerk läßt sich das Weicheisenmeßwerk somit nicht bauen. Es ist für Gleich- und Wechselstrom brauchbar. Sein Leistungsverbrauch ist etwa so groß wie der des eisengeschlossenen Dynamometers. Seine hauptsächlichen Bauarten sind die Flachspulenbauart (Abb. 258), bei der ein auf der drehbaren Zeigerwelle befestigtes Eisenplättchen in den Schlitz einer flachen Spule gezogen wird, und die Rundspulenbauart (Abb. 259), bei der sich im Innenraum einer Zylinderspule ein an deren Wand befestigtes und ein von einem Arm der Zeigerachse getragenes Eisenplättchen gegenüberstehen. Das Zustandekommen des Drehmomentes kann man sich hier so erklären, daß die beiden Eisenplättchen in Achsenrichtung der Spule gleichsinnig magnetisiert werden und sich somit gegenseitig abstoßen. Durch die Formgebung der Eisenteile kann man bei beiden Bauarten den Verlauf der Skala weitgehend dem praktischen Bedürfnis anpassen. Genau linear ist die Skalenteilung freilich nie. Die Dämpfung erfolgt meist durch einen Luftflügel. Aus den gleichen

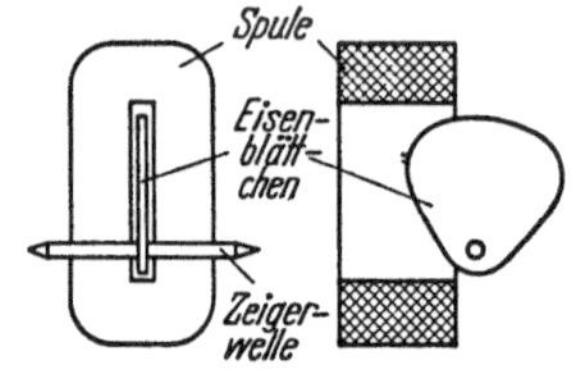

Abb. 258. Dreheisen-Meßwerk (Flachspulbauart).

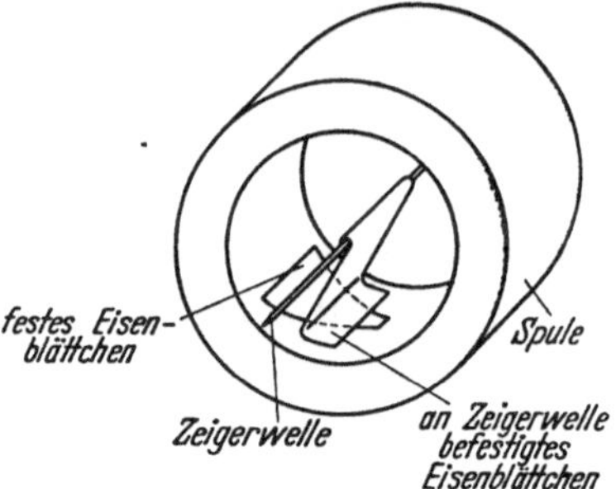

Abb. 259. Dreheisen-Meßwerk (Rundspulbauart).

Gründen wie beim eisengeschlossenen Dynamometer ist das Drehmoment frequenzabhängig. Fremdfelder müssen durch Abschirmung ferngehalten werden; es ist aber auch die Kupplung zweier Meßwerke zu einem astatischen Meßwerk möglich.

89. Hitzdrahtmeßwerk. Wenig überlastbar, temperaturabhängig, nicht sehr genau und träge in der Einstellung, aber praktisch frequenzunabhängig und bis zu hohen Frequenzen brauchbar ist das Hitzdrahtmeßwerk (Abb. 260). Bei ihm durchfließt der Meßstrom I einen von einer Feder 2 über einen Hilfsdraht 3 gespannt gehaltenen Metalldraht 1 (Hitzdraht). Nach Maßgabe der Stärke des Meßstromes erwärmt sich der Hitzdraht und dehnt sich aus. Seine Längenzunahme erscheint, auf das 20 bis 30fache übersetzt, als Bewegung des Punktes 5 nach links. Ein zwischen der Zugfeder 2 und dem Punkt 5 gespannter Faden 4 ist um eine kleine Trommel 6 auf der Zeigerwelle geschlungen und überträgt die Bewegung von 5 auf letztere. Der untere Befestigungspunkt 7 des Hilfsdrahtes 3 ist zur Beseitigung von Nullstellungs-Abweichungen verstellbar. Den Einfluß veränderlicher Raumtemperatur kann man vermindern, indem man die Einspannstellen des Hitzdrahtes 1 auf einer Platte befestigt, die etwa denselben thermischen Ausdehnungsbeiwert hat wie der Hitzdraht. Als Dämpfung sieht man eine Wirbelstrom-Dämpfung vor, da ein Luftflügel wegen seiner größeren Masse beim Transport den Hitzdraht mechanisch zu sehr belasten würde.

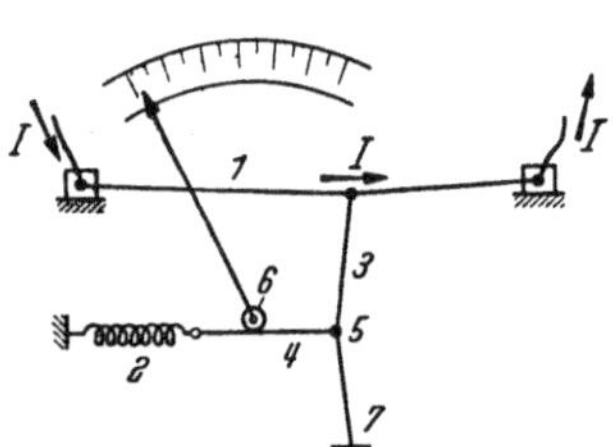

Abb. 260. Hitzdraht-Meßwerk.

90. Schleifenschwinger; Oszillograph. Zu den bisher beschriebenen Meßwerken, deren Ablenkung von dem jeweiligen Wert der Meßgröße abhängt und mit dieser zusammen wieder verschwindet, gehört auch der sog. Schleifenschwinger, der das Meßwerk des Schleifenoszillographen bildet. Der Schleifenschwinger ist im Prinzip ein Drehspul- oder dynamometrisches Meßwerk, dessen Trägheit jedoch im Gegensatz zu den gewöhnlichen Meßwerken dieser Art so klein ist, daß seine Ablenkung bei Wechselstrom-Meßgrößen nicht deren Mittel- oder Effektivwert anzeigt, sondern in jedem Zeitpunkt dem Augenblickswert der Meßgröße proportional ist, sofern in ihr nur Frequenzen vorkommen, die weit unter der mechanischen Eigenfrequenz des Schleifenschwingers liegen. Ein solches Meßwerk eignet sich in Verbindung mit einer Zeitablenkvorrichtung, die die in verschiedenen Zeitpunkten vorhandene Ablenkungen in Richtung einer Zeitachse räumlich verschoben sichtbar werden läßt, zur Feststellung der Kurvenform rasch veränderlicher Meßgrößen.

Der gewöhnliche Schleifenschwinger zur Aufnahme von Strom- und Spannungs-kurven (Abb. 261) besteht aus einer von dem Meßstrom i durchflossenen, durch eine Feder über Schneiden aus Isolierstoff gespannten Schleife aus feinem Metalldraht oder Metallband, die zwischen den Polen eines starken Magneten liegt. Bei Stromdurchgang werden die beiden Schleifenseiten in entgegengesetzten Richtungen senkrecht zu den Kraftlinien des Magneten abgelenkt. Die Ebene der Schleife dreht sich dadurch bei kleinen Ausschlägen um einen dem Schleifenstrom proportionalen Winkel, und ein auf die Schleife aufgeklebtes Spiegelchen macht diese Drehung mit. Zur Dämpfung liegt die Schleife in einem ölge-füllten Behälter, der dem Spiegel gegenüber ein Fenster hat. Führt man (Abb. 262) über den Spiegel des Schleifenschwingers einen Licht-strahl, so macht dessen reflektierter Teil als Lichtzeiger alle Auslenk-bewegungen des Spiegels mit doppeltem Ablenkwinkel mit. Auf der Oberfläche einer Trommel, die um eine in der Auslenkebene des Lichtzeigers liegende Achse gleichförmig rotiert, vollführt ein dort von der Optik über den Lichtzeiger entworfener Lichtpunkt seitliche Bewegungen, die bei kleinen Ausschlägen fast genau den Winkel-bewegungen des Spiegels entsprechen. Wegen der Rotation der Trommel ist die Bahn des Lichtpunktes auf ihrer Mantelfläche eine Kurve, die den zeitlichen Verlauf der Spiegelablenkung und damit des

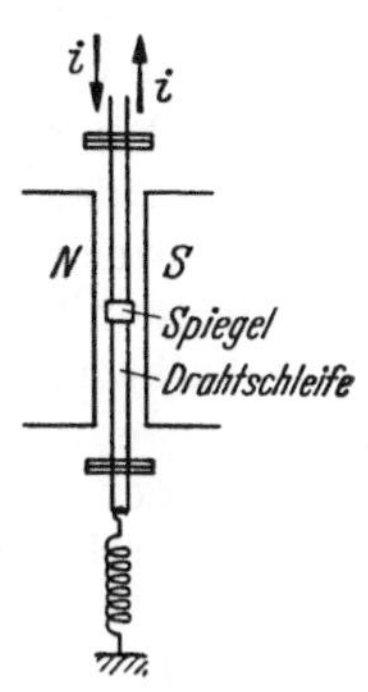

Abb. 261. Schleifen-schwinger.

Schleifenstromes darstellt und durch auf die Trommel gespanntes, fotografisches Papier festgehalten werden kann. Zur Aufnahme länger dauernder Vorgänge kann auch eine von einer Vorratsrolle ablaufende Fotopapierbahn an der betreffenden Stelle vorbei-geführt werden. Die von dem Lichtzeiger geschriebene Kurve kann unmittelbar beob-achtet werden, wenn der Lichtzeiger über einen zur Zeitablenkung dienenden, rotieren-den Polygonspiegel (Abb. 263) auf eine Mattscheibe geleitet wird. Bei periodischen Vorgängen mit der Frequenz f steht das Mattscheibenbild still, wenn der m-eckige Spiegel mit der synchronen Drehzahl $n = \dfrac{60\,f}{m}$ [min^{-1}] umläuft.

Mit dynamometrischen Schleifenschwingern, bei denen der das Ablenkfeld erregende, permanente Magnet durch fest-stehende Spulen ersetzt ist, läßt sich der zeitliche Verlauf

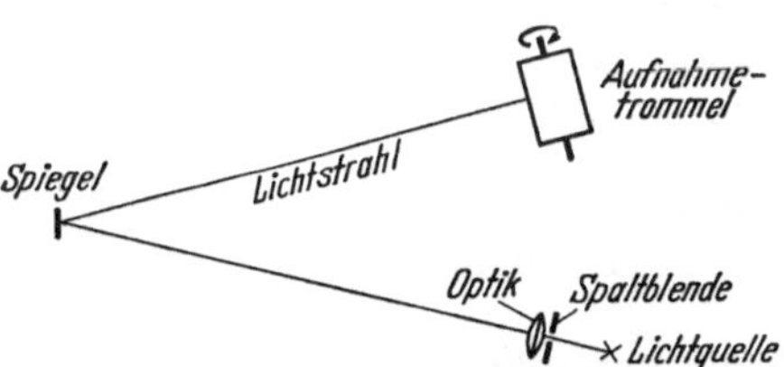

Abb. 262. Schema des Schleifenoszillographen.

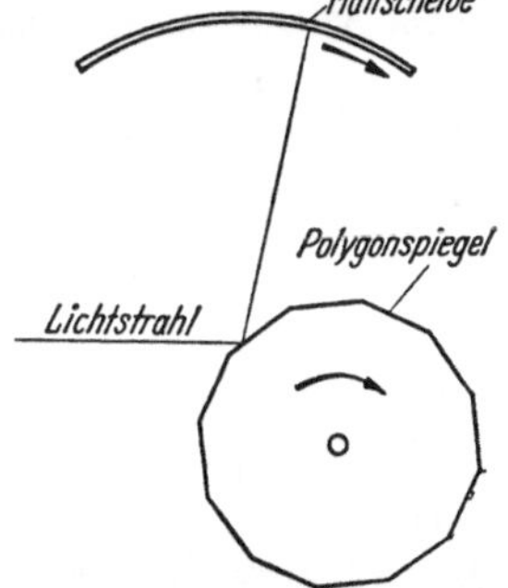

Abb. 263. Beobachtungsvorrichtung des Schleifenoszillographen.

der Leistung in einem Stromkreis aufschreiben, indem man die Schleife über Vor-widerstände an die Spannung des Stromkreises legt und seinen Strom über die festen Spulen führt. Von einer Wechselstrom-Leistung wird dabei gewöhnlich die Kurve ihrer Augenblickswerte $n = u\,i = f(t)$ aufgeschrieben, die aber im allgemeinen nicht sonderlich interessiert. Die Aufzeichnung des Mittelwertes der Leistung $N = U\,I \cos\varphi$ durch eine Kurve, in der sich die Leistungspulsationen nicht mehr bemerkbar machen, erfordert bei der normalen Netzfrequenz von 50 Hz eine nur schwer erreichbare Träg-heit der Schleife.

91. Elektrostatisches Meßwerk. Bei allen bisher beschriebenen Meßwerten ist die ablenkende Kraft die unmittelbare Wirkung von Strömen. Auch die Messung einer Spannung U mit ihnen ist somit, genau genommen, eine Strommessung. Den Ausschlag ruft in diesem Fall ein der Spannung U proportionaler Strom $I = U/R$ hervor, den diese durch den Oнмschen Widerstand R eines das Meßwerk enthaltenden Strompfades treibt. Lediglich das elektrostatische Meßwerk spricht unmittelbar auf die angelegte Spannung an. Es benötigt zwar elektrische Energie, um die Ablenkung entgegen einer Rückstellkraft hervorzurufen, aber, im Gegensatz zu den anderen Meßwerken mit Rückstellkraft, keine Energie, um die erzielte Ablenkung aufrechtzuerhalten. Es eignet sich deshalb in den Fällen, wo bei der Messung von Gleich- oder Wechselspannungen eine Leistungsaufnahme wegen eines hohen inneren Widerstandes der Spannungsquelle das Meßergebnis verfälschen würde oder wenn bei Messung sehr hoher Gleichspannungen in den Vorwiderständen eines auf Strom ansprechenden Meßwerks zuviel Leistung vernichtet werden würde.

Den prinzipiellen Aufbau des elektrostatischen Meßwerks zeigt Abb. 264. Den feststehenden Teil bilden vier quadrantenförmige Elektroden, von denen je zwei einander gegenüberliegende, d. h. 1 und 1', 2 und 2', miteinander verbunden sind. Dicht über ihnen schwebt, als beweglicher Teil an der Zeigerwelle befestigt, ein metallener Doppelsektor 3, der mit dem einen feststehenden Quadrantenpaar 1,1' über eine flexible Leistung verbunden und mit ihm zusammen an den einen Pol der Spannungsquelle angeschlossen ist. Der andere Pol liegt an dem Quadrantenpaar 2,2'. Das elektrostatische Feld, das sich in den Lufträumen zwischen den einzelnen Elektroden ausbildet, übt auf die auf den Elektrodenoberflächen sitzenden Ladungen Kräfte aus, die bestrebt sind, die Kapazität zwischen den ungleichnamig geladenen Elektroden 2,2' und 3 zu einem Maximum, die zwischen den gleichnamigen Elektroden 1,1' und 3 zu einem Minimum werden zu lassen, d. h. die bewegliche Elektrode 3 so zu drehen, daß sie über dem Quadrantenpaar 2,2' steht.

Nehmen wir an, die Kapazität C zwischen dem beweglichen Doppelsektor 3 und dem ihr entgegengesetzt geladenen Quadrantenpaar 2,2' wachse proportional mit dem Verdrehungswinkel α, d. h. es sei $C = k\,\alpha$.

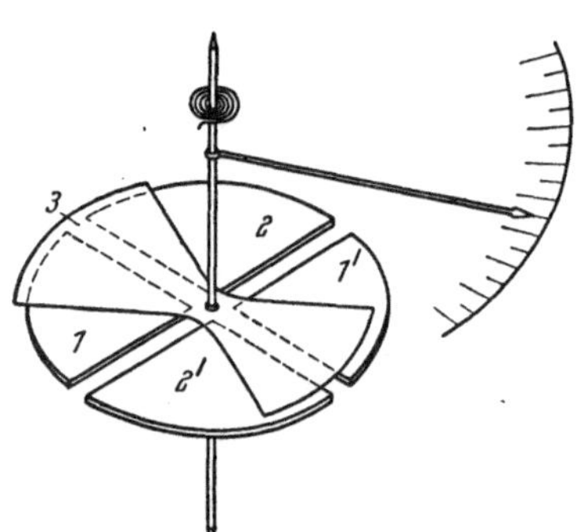

Abb. 264. Elektrostatisches Meßwerk.

Dann ist bei einer angelegten Spannung U die Energie des Feldes zwischen beiden

$$W = \frac{1}{2}\,C\,U^2 = \frac{1}{2}\,k\,\alpha\,U^2 \quad \text{und das Drehmoment}$$

$$Md = \frac{dW}{d\alpha} = \frac{1}{2}\,k\,U^2\,. \tag{1}$$

Bei einem proportional mit α wachsendem Gegendrehmoment ist also die Skalenteilung quadratisch; sie läßt sich jedoch durch die Formgebung der beweglichen Elektrode beeinflussen.

Bei der praktischen Ausführung ist zur Vergrößerung der elektrostatischen Kräfte die feststehende Elektrodenanordnung doppelt, und zwar einmal unter, einmal über der beweglichen Elektrode vorhanden. Durch mehrfache Wiederholung der ganzen Anordnung derart, daß in Achsenrichtung feststehende und bewegliche Elektroden abwechselnd aufeinander folgen, mit feststehenden Elektroden an beiden Enden, läßt sich die Empfindlichkeit noch weiter steigern. Im Bereich normaler Spannungswerte sind die erzielten Verstellkräfte im Verhältnis zum Gewicht des beweglichen Teils sehr klein. Höhere Spannungen liegen aber meist als Wechselspannungen vor, die zum Zweck der Messung herabtransformiert werden könenn, so daß nur selten Anlaß besteht, einen elektrostatischen Spannungsmesser zu benutzen.

92. Ballistisches Galvanometer. Obwohl bei Strommeßwerken mit Rückstellkraft der bewegliche Teil beim Aufhören der die Ablenkung verursachenden Stromes in seine Nullage zurückkehrt, ist es doch möglich, mit einem Drehspulgalvanometer Elektrizitätsmengen, d. h. Stromstöße und damit auch Spannungstöße zu messen. Voraussetzung dafür ist, daß die Eigenschwingungszeit des beweglichen Systems so groß und die Dauer des Stromstoßes so kurz ist, daß er bereits beendet ist, bevor das bewegliche System eine merkliche Ablenkung erfahren hat. Drehspulgalvanometer, deren beweglicher Teil zu diesem Zweck ein künstlich vergrößertes Trägheitsmoment hat, heißen ballistische Galvanometer. Sie werden meist als Spiegelgalvanometer ausgebildet.

Unter einem Stromstoß verstehen wir das einer Elektrizitätsmenge bzw. einer Ladung q äquivalente Strom-Zeit-Integral $\int i\, dt = q$. Übt ein Strom i auf die Drehspule ein ihm proportionales Drehmoment $Md = k\,i$ aus, so entspricht dem Stromstoß ein Drehmomentstoß

$$\int M d\, dt = k \int i\, dt \ . \tag{1}$$

Der sog. Impulssatz der Mechanik lehrt, daß sich der Drehimpuls eines drehbaren Körpers beim Einwirken eines Drehmomentstoßes um den Betrag dieses Drehmomentstoßes ändert. Unter dem Drehimpuls ist dabei das Produkt $\omega\,\Theta$ aus der Winkelgeschwindigkeit ω des Körpers und dessen Trägheitsmoment Θ zu verstehen. Wird also dem zunächst noch in Ruhe befindlichen, drehbaren Teil eines Drehspulmeßwerkes mit dem Trägheitsmoment Θ durch einen Stromstoß ein Drehmomentstoß zugeführt, so ist nach Abklingen des Stromstoßes sein Impuls

$$\omega\,\Theta = \int M d\, dt = k \int i\, dt \ ,$$

d. h. es hat die Winkelgeschwindigkeit

$$\omega = \frac{k}{\Theta} \int i\, dt \tag{2}$$

erreicht.

Nun besteht für einen Körper, der unter dem Einfluß einer dem Drehwinkel α proportionalen Rückstellkraft ungedämpfte Drehschwingungen mit der Schwingungsperiode T ausführt, die Beziehung $\omega_0 = \dfrac{2\,\pi}{T}\,\alpha_{max}$, worin ω_0 seine

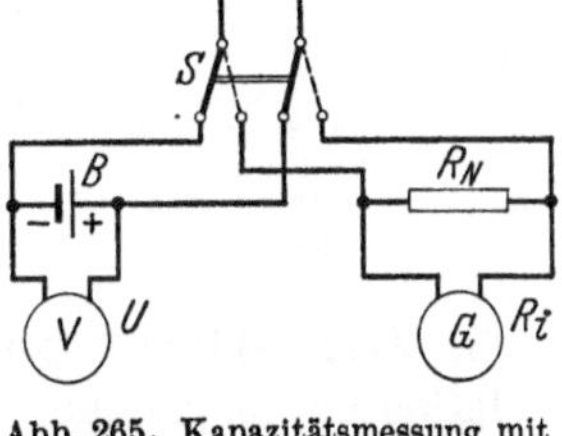

Abb. 265. Kapazitätsmessung mit dem ballistischen Galvanometer.

Winkelgeschwindigkeit beim Durchgang durch seine Ruhelage und α_{max} sein Höchstausschlag ist. Ist also der die ruhende Drehspule durchfließende Stromstoß so kurz, daß diese die entsprechende Winkelgeschwindigkeit bereits in unmittelbarer Nähe der Ruhelage erreicht, so wäre beim Fehlen jeglicher Dämpfung

$$\omega_0 = \frac{k}{\Theta} \int i\, dt = \frac{2\,\pi}{T}\,\alpha_{max} \quad \text{bzw.} \quad \alpha_{max} = \frac{kT}{2\,\pi\,\Theta} \int i\, dt \ , \tag{3}$$

d. h. der Höchstausschlag α_{max} dem Stromstoß proportional. Infolge der Dämpfung, die durch den Widerstand des äußeren Schließungskreises beeinflußt werden kann und die zur Folge hat, daß die Amplituden aufeinanderfolgender Schwingungen immer kleiner werden, ist schon der erste Höchstausschlag kleiner als nach Gl. (3), aber immer noch dem Stromstoß proportional. Erzeugt ein bestimmter Stromstoß mit der Elektrizitätsmenge q_1 einen ersten Höchstausschlag α_1, so ist

$$k_{b,i} = \frac{q_1}{\alpha_1} \tag{4}$$

die ballistische Stromkonstante des Galvanometers. Es ist dann bei einem beliebigen ersten Höchstausschlag α

$$q = \int i\, dt = k_{b,i}\,\alpha \ . \tag{5}$$

Mit dem ballistischen Galvanometer kann z. B. die Kapazität C eines Kondensators gemessen werden (Abb. 265), indem man diesen aus einer Batterie B auf die Spannung U auflädt und durch Umlegen des Umschalters S über das Galvanometer G wieder entlädt. Die Ladung des Kondensators ist $Q = C\,U$. Ist dem Galvanometer mit dem Innenwiderstand R_i (einschließlich etwaigen Vorwiderstandes) zur Dämpfung ein Widerstand R_N parallelgeschaltet, so verhält sich der über das Galvanometer fließende Teil des Entladestromes zu dem ganzen Entladestrom wie $\dfrac{R_N}{R_i + R_N}$. Bei einem ersten Höchstausschlag α ist folglich $Q = \dfrac{R_i + R_N}{R_N}\, k_{b,i}\, \alpha$ bzw.

$$C = \frac{k_{b,i}\,\alpha}{U}\,\frac{R_i + R_N}{R_N}\,. \tag{6}$$

Eine andere Anwendungsmöglichkeit des ballistischen Galvanometers ist die Messung magnetischer Kraftflüsse. Wird in Abb. 266 die Verkettung eines Flusses von Φ Maxwell mit einer an das ballistische Galvanometer G angeschlossenen Prüfspule Sp von w Windungen durch Abschalten seines Erregerstromes oder rasches Entfernen der Prüfspule aus dem Feld zum Verschwinden gebracht, so induziert er in ihr einen Spannungsstoß vom Betrage $w\,\Phi\cdot 10^{-8}$ [Vsek]. Ist R_s der Eigenwiderstand der Spule, so ruft der Spannungsstoß einen Stromstoß von $\dfrac{w\,\Phi\cdot 10^{-8}}{R_i + R_s}$ [Asek] hervor. Also ist bei einem beobachteten Ausschlag α

$$\Phi = \frac{R_i + R_s}{w}\, k_{b,i}\, \alpha\cdot 10^{-8}\ \text{Maxwell}\,. \tag{7}$$

Da ein das Galvanometer durchfließender Strom i an dessen Klemmen eine Spannung $u = i\,R_i$ hervorruft, wird die Konstante $k_{b,u} = R_i\,k_{b,i}$ als ballistische Spannungskonstante bezeichnet. Mit ihr geht Gl. (7) über in

$$\Phi = \frac{1}{w}\cdot\left(1 + \frac{R_s}{R_i}\right) k_{b,u}\, \alpha\cdot 10^{-8}\ [\text{M}]\,. \tag{7a}$$

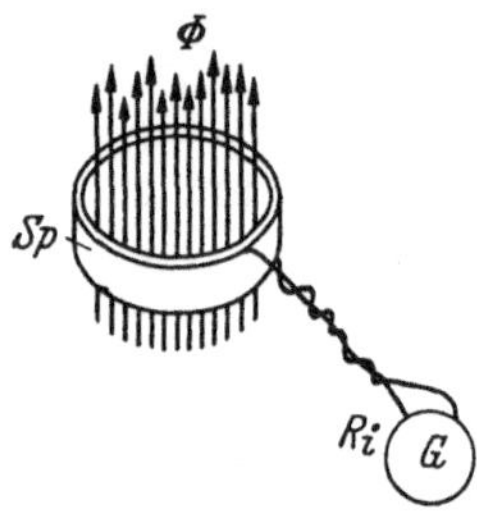
Abb. 266. Flußmessung mit dem ballistischen Galvanometer oder dem Zeiger-Flußmesser.

93. Zeiger-Flußmesser. Zur Messung von Spannungsstößen bzw. magnetischen Kraftflüssen bei gleicher Handhabung viel bequemer als das ballistische Galvanometer ist der sog. Zeiger-Flußmesser. Dieser ist nichts weiter als ein gewöhnliches Zeiger-Drehspulgerät, dem lediglich die Richtkraft fehlt, so daß in stromlosem Zustand sein Zeiger in jeder Lage, in die er gebracht worden ist, stehen bleibt. Folglich bleibt die Anzeige des gemessenen Flusses erhalten und das lästige Beobachten des Höchstausschlages fällt weg. Vor allem aber kann beim Flußmesser im Gegensatz zum ballistischen Galvanometer die Zeitdauer des den Ausschlag bewirkenden Spannungsstoßes nahezu beliebig groß sein. Der Spannungsstoß kann sich auch aus mehreren aufeinanderfolgenden Teilbeträgen zusammensetzen; denn der Flußmesser ist wegen der fehlenden Rückstellkraft ein summierendes Gerät. Seine genaue Theorie führt zu einer Differentialgleichung; unter vereinfachenden Annahmen ist seine Wirkungsweise aber leicht einzusehen. Man kann sein Verhalten nämlich als das einer winzigen, fremderregten Gleichstrommaschine mit beschränktem Drehwinkel (ca 90°) auffassen.

Wenn sich die Drehspule mit der Winkelgeschwindigkeit $\omega = \dfrac{d\alpha}{dt}$ dreht, so induziert das von dem Magneten des Gerätes hervorgerufene Luftspaltfeld in ihr eine Spannung $u_i = k\,\omega$. Die Spannung u, deren Zeitintegral $\int u\,dt = w\,\Phi$ wir messen wollen, unterscheidet sich von u_i um den OHMschen Spannungsabfall in dem Gesamtwiderstand R des Meßkreises; es ist also $u = u_i + iR$. Der Drehspulenstrom i erzeugt ein Drehmoment $Md = k_1\,i$. Somit ist $u = u_i + \dfrac{1}{k_1}\,Md\,R$. Das Drehmoment Md können wir bei Vernachlässigung der Reibung durch das Produkt: Trägheitsmoment Θ mal Winkelbeschleunigung $\dfrac{d\omega}{dt}$ des drehbaren Teiles ersetzen. Wir erhalten also

$$u = k\,\omega + \frac{1}{k_1}\,R\,\Theta\,\frac{d\omega}{dt}\,.$$

Macht man sowohl das Trägheitsmoment Θ als auch den Widerstand R, in dem der Widerstand der Prüfspule mit enthalten ist, hinreichend klein, durch eine hohe Luftspaltinduktion dagegen die Konstanten k und k_1 groß, so kann der zweite Summand rechts vernachlässigt werden, und es ist $u = u_i = k\,\omega$ und

$$\int u\,dt = k \int \omega\,dt = k\,\alpha, \tag{1}$$

d. h. der Zeiger dreht sich um einen dem zugeführten Spannungsstoß proportionalen Winkel α, und $k = \dfrac{\int u\,dt}{\alpha}$ ist die Meßkonstante des Geräts. Sie wird meist in „Maxwellwindungen" je Skalenteil angegeben, weil der Spannungsstoß ja das Produkt des von der Prüfspule umfaßten, zum Zweck seiner Messung zum Verschwinden oder Erscheinen gebrachten Flusses und ihrer Windungszahl ist.

Die Empfindlichkeit des Flußmessers, d. h. der Kehrwert der Meßkonstante k, kann durch einen Parallelwiderstand R_N zum Flußmesser und zur Spule herabgesetzt werden. Ist R_s der Prüfspulenwiderstand, so wird wegen der Aufteilung von u auf R_s und R_N

$$k' = k\,\frac{R_s + R_N}{R_N}\,\frac{\text{Maxwellwindungen}}{\text{Skalenteil}}\,. \tag{2}$$

94. Elektrolytische Zähler. Elektrizitätszähler sind ebenfalls summierende, d. h. ohne Rückstellkraft arbeitende Meßgeräte, die über unbeschränkte oder zumindest sehr große Zeiträume die jeweils insgesamt hindurchgeflossene Strommenge bzw. elektrische Arbeit anzeigen (Amperestunden- bzw. Watt- oder Kilowattstunden-Zähler).

Die Menge des beim Durchgang eines Gleichstromes durch einen Elektrolyten in der Zeiteinheit an der Kathode abgeschiedenen Stoffes ist, wie wir wissen, der Stärke des Stromes proportional. Darauf beruht ja die praktische Festlegung der Einheit der Stromstärke. Man kann nach diesem Prinzip Amperestundenzähler für Gleichstrom bauen, die die Menge des abgeschiedenen Stoffes unmittelbar ablesbar machen, wenn man durch die geeignete Wahl des Elektrolyten und der Elektroden dafür sorgt, daß der abgeschiedene Stoff flüssig oder gasförmig ist und in einem kalibrierten Glasrohr aufgefangen wird. Die Menge des Stoffes, die sich angesammelt hat, kann an einer Skala abgelesen werden und gibt die bis zum Ablesezeitpunkt hindurchgeflossene Strommenge an. Bei einer bekannten Zählertype dieser Art wird metallisches Quecksilber aus einer Lösung von Quecksilberjodid und Jodkalium abgeschieden, bei einer anderen Wasserstoff aus verdünnter Phosphorsäure. Der Wasserstoff steigt hier in ein oben geschlossenes, mit Phosphorsäure gefülltes, senkrechtes Rohr und drückt entsprechend seiner Menge den Flüssigkeitsspiegel herab. In beiden Fällen liefert die Anode den ausgeschiedenen Stoff an den Elektrolyten nach. Solche Zähler haben natürlich keinen unbegrenzten Meßbereich, sondern müssen rechtzeitig durch eine Kippbewegung wieder in ihren Ausgangszustand gebracht werden. Unter der Annahme konstanter Netzspannung kann die Skala statt in Amperestunden (Ah) auch in Watt- oder Kilowattstunden (kW h) geeicht werden.

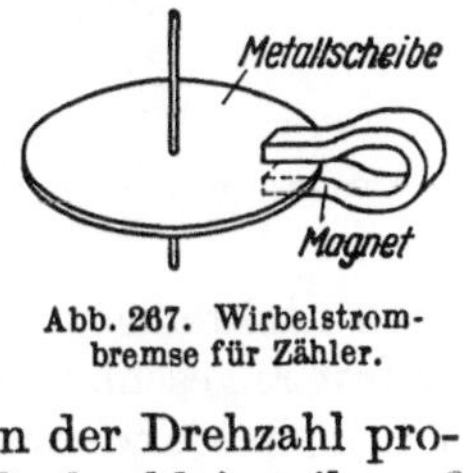

95. Motorzähler. Unbegrenzten Meßbereich haben dagegen die Motorzähler, bei denen die durch ein Zählwerk angezeigte Zahl der Umdrehungen des Meßwerks der Meßgröße (Ah bzw. kW h) proportional ist. Dazu muß die Drehzahl, d. h. die Umdrehungszahl je Zeiteinheit, dem Strom bzw. der Leistung proportional sein. Diese Größen bestimmen für sich allein aber nur das Drehmoment,

Abb. 267. Wirbelstrombremse für Zähler.

und damit die Drehzahl dem Drehmoment proportional ist, ist ein der Drehzahl proportionales Bremsdrehmoment erforderlich. Dann stellt sich die Drehzahl jeweils auf den Wert ein, bei dem beide Drehmomente im Gleichgewicht sind. Man erzeugt das Bremsmoment durch eine Wirbelstrombremse, die nach demselben Prinzip arbeitet wie die Wirbelstromdämpfung bei Meßwerken mit Rückstellkraft. Eine auf der Motorwelle des Zählers befestigte Metallscheibe, meist aus Aluminium, wird an einer oder mehreren Umfangsstellen senkrecht von den Kraftlinien eines Magneten durchsetzt (Abb. 267). Bei Rotation der Scheibe ruft das Magnetfeld in ihr durch Induktion von

Spannungen eine ebene Wirbelströmung hervor, deren Stromlinien im Bereich des Feldes im wesentlichen radial gerichtet sind und sich über das feldfreie Gebiet der Scheibe schließen (Abb. 268). Das von dieser Strömung im Zusammenwirken mit dem Magnetfeld ausgeübte Bremsmoment ist dem Gesamtstrom der Wirbelströmung und dieser den induzierten Spannungen proportional. Da letztere aber linear mit der Scheibendrehzahl wachsen, tut das Bremsmoment dasselbe.

Abb. 269 zeigt einen Amperestundenzähler für Gleichstrom, dessen dreispuliger, von dem Netzstrom oder, wenn ein Nebenwiderstand (Shunt) benutzt wird, von einem bestimmten Anteil I des Netzstromes durchflossener Gleichstromanker als Flachanker ausgebildet ist. Seine drei Spulen 1, 2, 3, die der Einfachheit halber mit nur je 2 Windungen gezeichnet sind, sind zwischen zwei Aluminiumscheiben befestigt, die im Zusammenwirken mit den beiden Magneten M_1, M_2, die das Erregerfeld für den Flachanker liefern, zugleich als Bremsscheiben der Wirbelstrombremse dienen. Die Ankerdrehung wird über eine auf der Ankerwelle befestigte Schnecke und ein Schneckenrad auf ein Zählwerk übertragen.

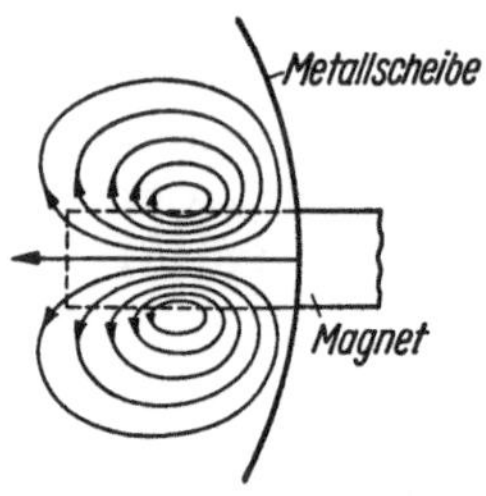

Abb. 268. Wirbelströme in einer Zähler-Bremsscheibe.

Kann mit einer hinreichend konstanten Netzspannung gerechnet werden, so kann das Zählwerk auch in kWh geeicht werden. Anderenfalls muß zur Anzeige der elektrischen Arbeit ein dynamometrischer Motorzähler (Abb. 270) verwendet werden, der übrigens auch für Wechselstrom brauchbar ist. Bei ihm liefern von dem Netzstrom I durchflossene, feststehende Spulen das Erregerfeld, während der Anker mit dem Widerstand R_a über einen Vorwiderstand R_V zwischen die beiden Netzleiter geschaltet ist, also von einem der Spannung U proportionalen Strom

$$i_a = \frac{U}{R_a + R_V}$$

durchflossen wird. Da der magnetische Kreis kein Eisen enthält, ist der Erregerfluß Φ proportional I, das Drehmoment $Md = k\, i_a\, \Phi$ also proportional der Leistung UI.

96. Induktionszähler.
Für die Messung elektrischer Arbeit in Wechselstromkreisen wird fast ausschließlich der sog. Induktionszähler benutzt, der keinen Kommutator mit

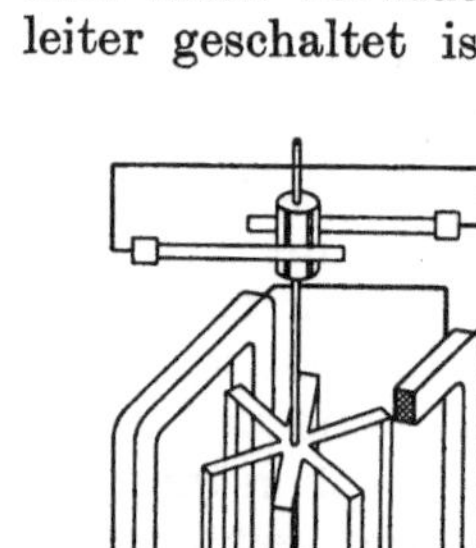

Abb. 269. Gleichstrom-Amperestundenzähler.

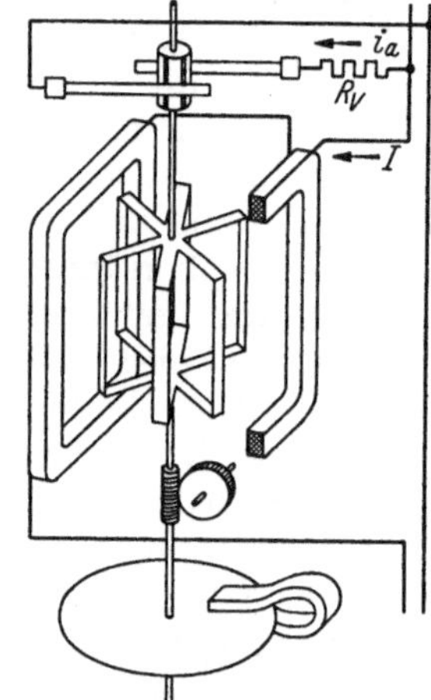

Abb. 270. Dynamometrischer Wattstunden-Zähler.

seinen nachteiligen Eigenschaften hinsichtlich Reibung und Spannungsabfall, sondern nur fest angeschlossene Spulen besitzt. Um uns die Wirkungsweise seines Meßwerkes im Prinzip klarzumachen, nehmen wir an, daß in Abb. 271a auf einer nicht aus Eisen bestehenden Metallscheibe 3 nebeneinander zwei Bezirke 1 und 2 abgegrenzt seien, in denen magnetische Wechselflüsse Φ_1 und Φ_2 senkrecht durch die Scheibe treten, deren gegenseitige Phasenverschiebung um $\varphi°$ kleiner ist als $90°$. Wir zählen Φ_1 und Φ_2 entsprechend den angegebenen Zählpfeilen von oben nach unten positiv. Jeder Fluß ruft durch Induktion von Spannungen in der Scheibe eine Wirbelströmung hervor, die ihm zeitlich um $90°$ nacheilen würde, wenn wir ihre positive Umlaufrichtung der positiven Flußrichtung rechtswendig zuordneten. Uns interessiert von diesen Wirbelströmungen aber nur derjenige Strom $\mathfrak{J}_{1,2}$ bzw. $\mathfrak{J}_{2,1}$, den jeder der beiden Flüsse in dem Gebiet des anderen in Richtung der parallelen Gebietsachsen hervorruft. Zählen wir diese Ströme von hinten nach vorn positiv, so müssen wir den von Φ_2 im Gebiet 1 hervorgerufenen Strom $\mathfrak{J}_{2,1}$ als gegen Φ_2 um 90° voreilend annehmen, da diese Richtung dort der rechtswendigen Umlaufrichtung um den Zählpfeil Φ_2 entgegenläuft. Wie die Diagramme Abb. 271b, c und d zeigen, besteht sowohl zwischen Φ_1 und $\mathfrak{J}_{2,1}$ als auch zwischen Φ_2 und $\mathfrak{J}_{1,2}$ eine Phasenverschiebung um den Winkel φ, um den der Phasenwinkel zwischen Φ_1 und Φ_2 kleiner ist als 90°. Der Augenblickswert $i_{2,1}$ von $\mathfrak{J}_{2,1}$ ruft mit dem Augenblickswert $\Phi_{1,t}$, und der Augenblickswert $i_{1,2}$ mit $\Phi_{2,t}$ zusammen eine auf die Blechscheibe wirkende Kraft $P_1 = k\,\Phi_{1,t}\,i_{2,1}$ bzw. $P_2 = k\,\Phi_{2,t}\,i_{1,2}$ senkrecht zu Fluß und Strom hervor. Die zeitlichen Mittelwerte dieser Kräfte sind proportional $\Phi_1\,I_{2,1}\cos\varphi$ bzw. $\Phi_2\,I_{1,2}\cos\varphi$. Da $I_{2,1}$ dem erzeugenden Fluß Φ_2 und $I_{1,2}$ dem Fluß Φ_1 proportional ist, haben beide Kräfte denselben Mittelwert, und der Mittelwert ihrer Summe ist dem Produkt $\Phi_1\,\Phi_2\cos\varphi$ proportional.

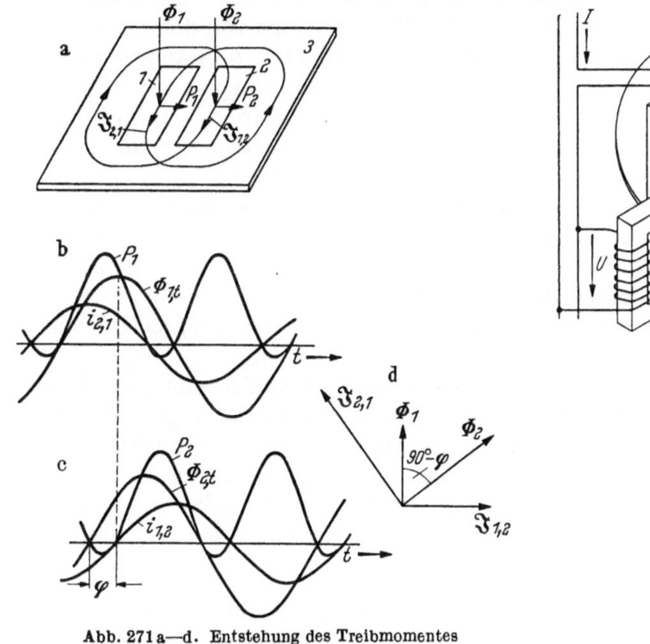

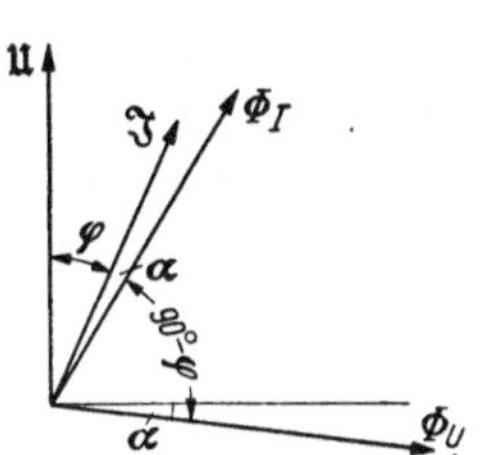

Abb. 272. Induktionszähler.

Abb. 271 a—d. Entstehung des Treibmomentes beim Induktionszähler.

Abb. 273. Zeigerdiagramm des Induktionszählers.

Beim Induktionszähler (Abb. 272) ist nun die aus Aluminiumblech hergestellte Treibscheibe 1 rotierend gelagert. An ihrem Umfang werden durch geeignet geformte, bewickelte Eisenkerne 2, 3 die treibenden Wechselfelder erregt, und zwar das eine, Φ_I, direkt von dem Meßstrom I, das andere, Φ_U, von einem Strom, der der Meßspannung U um 90° nacheilt. Letzteres wird durch eine im Verhältnis zum OHMschen Widerstand sehr hohe Induktivität der Spannungswicklung auf dem Kern 3 erreicht. Durch die Rückwirkung der in der Scheibe induzierten Ströme eilt jedes Feld dem erregenden Strom um einen kleinen Winkel α nach (Abb. 273), es herrscht jedoch zwischen Φ_I und Φ_U eine Phasenverschiebung von $90°-\varphi°$, wenn φ der Phasenwinkel zwischen Meßstrom und Meßspannung ist. Wird durch hinreichend große Luftwege und kleine Induktion im Eisen der magnetischen Kreise dafür gesorgt, daß die Flüsse ihren Erregerströmen proportional sind, so ist das auf die Scheibe wirkende Drehmoment

$$Md = k\,U\,I\cos\varphi. \tag{1}$$

Das Feld eines Bremsmagneten 4 übt ein mit der Scheibendrehzahl linear wachsendes Bremsmoment aus, so daß die Drehzahl der jeweiligen Wirkleistung und die von einem Zählwerk angezeigte Zahl der Umdrehungen der über die Leitung geflossenen Arbeit

proportional ist. Dabei haben wir allerdings außer acht gelassen, daß in der Scheibe
durch ihre Drehung in den Treibfeldern zusätzliche Spannungen induziert werden, die
bremsend wirkende Ströme zur Folge haben. Diese, die Linearität der Anzeige beein-
trächtigende Bremswirkung kann man durch einen magnetischen Nebenschluß zum
Magnetkreis der Stromspule kompensieren, der sich bei wachsendem Strom mehr und
mehr sättigt und einen immer kleineren Flußanteil aufnimmt, so daß der Fluß durch die
Scheibe und damit das treibende Moment schneller als linear mit dem Meßstrom zunimmt. Von der Frequenz f müßte nach Gl. (1) das Drehmoment eigentlich unabhängig sein. Da aber Φ_U proportional $\dfrac{U}{f}$ ist, nimmt das Bremsmoment dieses Flusses
mit der Frequenz ab.

97. Meßwandler. Wie man durch Änderung des Vorwiderstandes bei sämtlichen Meßwerken mit Ausnahme des elektrostatischen den Spannungsbereich ändern kann, wurde
bereits in Abschn. 13 geschildert. Der Meßbereich steigt linear mit dem Gesamtwiderstand des Spannungs-Meßkreises, und der Widerstand je Volt des Spannungsmeß-
bereiches ist eine für jedes Meßwerk festliegende Größe und hängt von der Stromempfindlichkeit des Meßwerkes bzw. bei Leistungsmessern und Elektrizitätszählern von der
durch die Erwärmung begrenzten Strombelastbarkeit der Spannungsspule ab. Während
bei Spannungsmessern der Ausschlag des Zeigers bis zum Skalenendpunkt die volle Aus-
nutzung des Meßbereiches deutlich sichtbar macht, kann die Spannungsspule eines

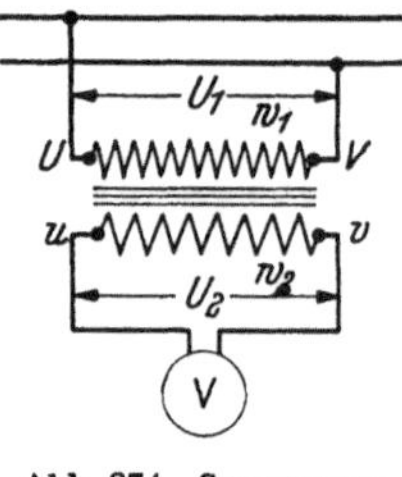

Abb. 274. Spannungs-
wandler.

Leistungsmessers längst überlastet und der Gefahr der Zerstörung
durch Wärme ausgesetzt sein, wenn der Zeiger noch im unteren
Teil der Skala steht, nämlich dann, wenn $\cos\varphi$ klein ist. Das
gleiche gilt natürlich auch für die Stromspulen von Leistungsmessern. Es empfiehlt sich deshalb, bei Versuchen mit stark veränderlichen Spannungs- und Stromwerten Leistungszeiger nicht
ohne Kontrolle dieser Werte durch entsprechende Meßgeräte zu
benutzen. Auf Leistungsmessern ist jeder Meßbereich nach Spannung und Strom getrennt angegeben. Das Gerät zeigt vollen Ausschlag, wenn die angegebenen Werte bei $\cos\varphi = 1$ erreicht werden.

Hat z. B. ein Wattmeter mit 150 Skalenteilen einen Strombereich von 5 A und einen
Spannungsbereich von 30 V bei 1000 Ω Widerstand des Spannungspfades und ist durch
Vorschalten von 9000 Ω der Spannungsbereich auf 300 V erhöht worden, so entspricht
einem Skalenteil die Leistung $\dfrac{5\,\text{A}\cdot300\,\text{V}}{150} = 10\,\text{W}.$

Daß durch Nebenwiderstände der Strom-Meßbereich erhöht werden kann, wurde
ebenfalls in Abschn. 13 gezeigt. Das ist aber, von Hitzdrahtmeßwerken abgesehen, nur
bei Gleichstrom möglich, bei Wechselstrom nur unter der Voraussetzung völlig konstanter Frequenz. Weil nämlich die Stromspule Induktivität besitzt, der Nebenwiderstand dagegen praktisch rein ohmisch ist, ist die Stromaufteilung auf Nebenwiderstand
und Meßwerk stark frequenzabhängig. Aus diesem Grunde benutzt man zur Veränderung des Strommeßbereichs bei Wechselstrom vorwiegend sog. Stromwandler, d. h.
Transformatoren, die den Strom entsprechend ihrem Windungszahl-Verhältnis über-
setzen. In Anlagen mit hoher Spannung haben Stromwandler häufig auch den Zweck,
durch galvanische Trennung das hohe Leitungspotential von dem Meßinstrument fern-
zuhalten. In solchen Fällen sieht man in Spannungskreisen ebenfalls Transformatoren,
sog. Spannungswandler, vor, zumal bei hohen Spannungen der Leistungsverbrauch in
einem Vorwiderstand viel zu große Abmessungen für diesen erfordern würde.

Abb. 274 zeigt die Schaltung eines Spannungswandlers, um die Wechselspannung U_1
zwischen den Klemmen U und V in die, meist kleinere, Spannung U_2 an den Klemmen
u und v, an die hier ein Voltmeter angeschlossen ist, umzuwandeln. Der Spannungswandler selbst unterscheidet sich in seinem grundsätzlichen Aufbau nicht von
dem eines gewöhnlichen Transformators mit Eisenkern. Es kommt darauf an, daß
nicht nur die Effektivwerte der Spannungen U_1 und U_2 sich zueinander möglichst

genau wie die Windungszahlen w_1 und w_2 verhalten, sondern daß die beiden Spannungen auch möglichst wenig in der Phasenlage voneinander abweichen (Fehlwinkel). Letzteres ist bei reinen Spannungsmessungen zwar bedeutungslos; bei Leistungsmessungen beeinflußt jedoch der Fehlwinkel des Spannungswandlers den Phasenwinkel zwischen Strom und Spannung des Leistungsmessers. Als Ursache für die Phasen- und Größenabweichung der Sekundärspannung von der $\frac{w_2}{w_1}$-fachen Primärspannung haben wir in Abschn. 58 die Spannungen an den induktiven und OHMschen Widerständen der Wicklungen erkannt. Man wird also beim Spannungswandler die Streuung zwischen den Wicklungen so klein wie möglich halten und die Wicklungen mit im Verhältnis zu der geringen Scheinleistung, die das Meßgerät aufnimmt, reichlichem Querschnitt ausführen. Ebenso wird man danach trachten, den Leerlaufstrom klein zu halten. Je höher die sekundär entnommene Scheinleistung ist, um so größer sind Übersetzungsfehler und Fehlwinkel. Wandler der höchsten Genauigkeit haben bei Nennlast, die nicht mit der in Hinblick auf die Erwärmung zulässigen Grenzlast zu verwechseln ist, einen Übersetzungsfehler von 0,1% und einen Fehlwinkel von 5 bei 8 Winkelminuten. Das Übersetzungsverhältnis wird heute stets so gewählt, daß die sekundäre Nennspannung 100 V beträgt.

Während der Spannungswandler angesichts des hohen Widerstandes des daran angeschlossenen Spannungspfades des Meßwerks nahezu im Leerlauf betrieben wird, wird der Stromwandler praktisch im Kurzschluß betrieben. Seine Schaltung zeigt Abb. 275. Durch den zu messenden Leitungsstrom wird dem Stromwandler sein Primärstrom $\mathfrak{J}_1$ vorgeschrieben. Zwischen seinen sekundären Klemmen liegt nur der sehr geringe Eigenwiderstand des Strommessers; sie sind also nahezu kurzgeschlossen. Hätte der Sekundärkreis weder Wirk- noch Blindwiderstand, so müßte die sekundär induzierte Spannung und damit der Fluß im Wandlerkern bzw. die auf den Wandlerkern wirkende magnetische Spannung $\mathfrak{J}_1 w_1 + \mathfrak{J}_2 w_2$ gleich Null

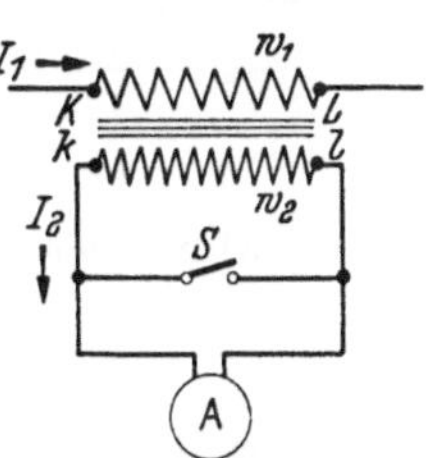

Abb. 275. Stromwandler.

sein. Dann wäre $I_2 = \frac{w_1}{w_2} I_1$, und $\mathfrak{J}_2$ genau in Gegenphase zu $\mathfrak{J}_1$, d. h. der Stromwandler hätte weder Übersetzungsfehler noch Fehlwinkel. Die Widerstände im Sekundärkreis erfordern aber zur Deckung der an ihnen von $\mathfrak{J}_2$ hervorgerufenen Spannungen doch noch einen gewissen Fluß, und dessen Magnetisierungsstrom bringt einen kleinen Unterschied zwischen $\mathfrak{J}_1 w_1$ und $-\mathfrak{J}_2 w_2$ zustande, der im Interesse hoher Meßgenauigkeit möglichst klein gehalten werden muß. Man erreicht dies durch einen fugenlosen, geblechten Eisenkern, der für den Restfluß nur eine geringe magnetische Spannung benötigt. Der von dieser herrührende Fehler ist im übrigen um so kleiner, je höher die magnetischen Spannungen $I_1 w_1$ und $I_2 w_2$ sind. Sollen der Übersetzungsfehler und der Fehlwinkel bei einem gegebenen Stromwandler gewisse Grenzen nicht überschreiten, so darf an die Sekundärklemmen nur eine ganz bestimmte „Bürde" — d. i. der Scheinwiderstand aller daran angeschlossenen Verbraucher — angeschlossen werden. Wandler der höchsten Güteklasse haben bei Nennstrom und Nennbürde einen Übersetzungsfehler von etwa 0,2% und einen Fehlwinkel von etwa 10 Winkelminuten.

Wenn der primäre Strom I_1 fließt, darf der Sekundärkreis auf keinen Fall unterbrochen werden, denn dann würde ja wegen $I_2 w_2 = 0$ der Kern mit der vollen magnetischen Spannung $I_1 w_1$ magnetisiert werden, und der entstehende Fluß würde in der meist mit hoher Windungszahl ausgeführten Sekundärwicklung gefährlich hohe Spannungen induzieren. Außerdem könnte der Eisenkern durch die Eisenverluste unzulässig erwärmt werden. Will man bei fließendem Primärstrom das Meßgerät austauschen oder vor Überlastung durch Stromstöße schützen, so muß man die Sekundärklemmen kurzschließen, wofür häufig an dem Stromwandler ein Kurzschlußschalter S angebracht ist.

Stromwandler für Meßzwecke werden ·für einen sekundären Nennstrom von 5 A ausgelegt. Transportable Stromwandler lassen sich meist durch Änderung der primären Windungszahl auf verschiedene primäre Nennströme einstellen. Eine sehr praktische Bauart ist in dieser Hinsicht der sog. Lochstromwandler (Abb. 276). Er besteht aus einem ringförmigen, lamellierten Eisenkern, auf dem, gleichmäßig verteilt, die Sekundärwicklung und eine auf verschiedene Windungszahlen umschaltbare Primärwicklung

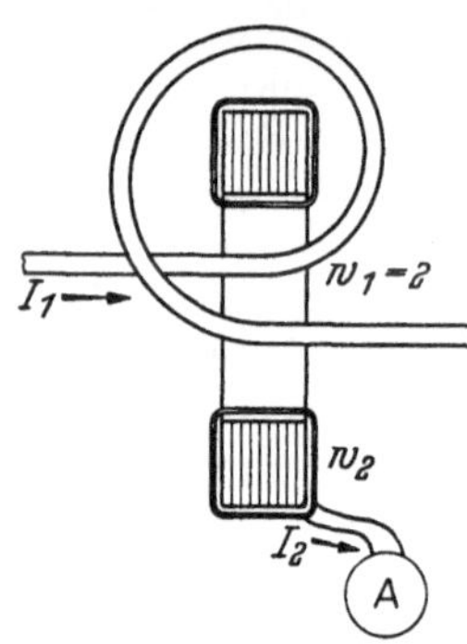

Abb. 276. Lochstromwandler.

für kleinere Nennstromstärken (5, 15, 50 A) aufgebracht sind. Bei höheren Nennstromstärken bis 600 A wird einfach das Kabel, das den zu messenden Strom I_1 führt, ein oder mehrere Male durch das Fenster des Ringkernes hindurchgeführt, so daß es als Primärwicklung wirkt. Hat die Sekundärwicklung z. B. $w_2 = 120$ Windungen und ist das Kabel, wie in Abb. 276, zweimal durch das Fenster geführt, entsprechend $w_1 = 2$, so ist bei einem sekundären Nennstrom $I_{2\,nenn}$ von 5 A der primäre

Nennstrom $I_{1\,nenn} = \dfrac{w_2}{w_1} I_{2\,nenn} = \dfrac{120}{2} \cdot 5 = 300 \text{ A}.$

98. Leistungsmessung in Drehstromsystemen. Die von einem Drehstromerzeuger abgegebene oder einem Drehstromverbraucher aufgenommene Leistung ist gleich der Summe der Leistungen der drei Erzeuger- bzw. Verbraucherstränge. Sind also u_1, u_2, u_3 in einem beliebigen Zeitpunkt die Augenblickswerte der Strangpannungen und i_1, i_2, i_3 die der Strangströme in demselben Zeitpunkt, so ist

$$n = u_1 i_1 + u_2 i_2 + u_3 i_3 \tag{1}$$

der Augenblickswert der Leistung, dessen Mittelwert über eine Periode

$$N = M(n) = M(u_1 i_1) + M(u_2 i_2) + M(u_3 i_3)$$

wir als Leistung schlechthin bezeichnen. Da ein Leistungszeiger den Mittelwert des Produktes aus den Augenblickswerten des über seine Stromspule fließenden Stromes und der an seiner Spannungsspule liegenden Spannung anzeigt, können wir die Drehstromleistung N grundsätzlich immer, d. h. auch bei unsymmetrischer Belastung, mit drei Wattmetern bestimmen, von denen jedes die Leistung je eines Stranges anzeigt. Wir wollen aber von der zufälligen Schaltungsart des Verbrauchers bzw. des Erzeugers nach Möglichkeit freikommen und legen deshalb der Drehstromleistungsmessung besser die Tatsache zugrunde, daß die von einer Drehstromleitung übertragene Leistung gleich der Summe der Phasenleistungen ist. Sind u_U, u_V, u_W die Phasenspannungen, d. h. die Spannungen der Phasenleiter gegenüber dem Spannungsnullpunkt, und i_U, i_V, i_W die Netzströme in den Phasenleitern, so ist

$$n = u_U i_U + u_V i_V + u_W i_W. \tag{2}$$

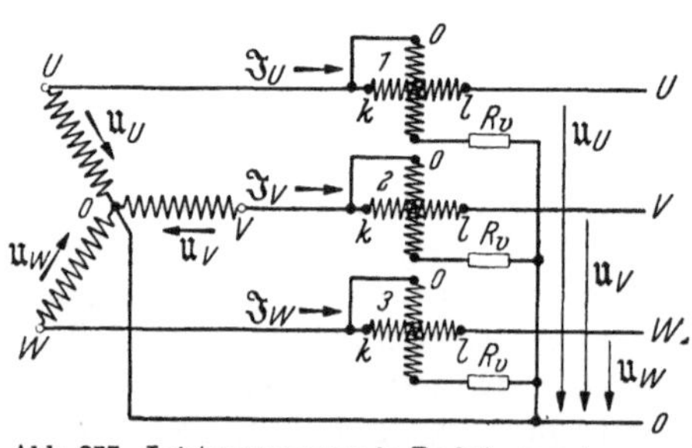

Abb. 277. Leistungsmessung in Drehstromsystemen mit Nulleiter.

Die Stromspulen der Wattmeter wären demnach in die Phasenleiter und jede Spannungsspule zwischen den betreffenden Phasenleiter und den Spannungsnullpunkt zu legen. Das ist ohne weiteres an jedem Ort der Leitung möglich bei einem Drehstromsystem mit Nulleiter (Abb. 277), weil letzterer das Potential des Spannungsnullpunktes überall verfügbar macht. Sind α_1, α_2, α_3 die Anzeigen der drei Wattmeter 1, 2 und 3, so ist

$$N = \alpha_1 + \alpha_2 + \alpha_3. \tag{3}$$

Man achte darauf, daß Vorwiderstände R_v im Spannungskreis der Wattmeter in die Verbindung zum Nulleiter und nicht zwischen die Spannungsspule und den zugehörigen

Phasenleiter geschaltet werden, da sonst zwischen Strom- und Spannungsspule die volle Phasenspannung liegt und deren gegenseitige Isolation beansprucht.

Handelt es sich um ein Drehstromsystem ohne Nulleiter (Abb. 278), so kommt man sogar mit nur zwei Wattmetern aus. Das hat seinen Grund darin, daß in diesem Falle

$$\mathfrak{J}_U + \mathfrak{J}_V + \mathfrak{J}_W = 0 \quad \text{bzw.} \quad i_U + i_V + i_W = 0,$$

d. h. durch zwei Netzströme der dritte mitbestimmt ist. Setzen wir in Gl. (2) aus vorstehender Gleichung $i_V = - i_U - i_W$ ein, so ergibt sich

$$n = (u_U - u_V)\, i_U + (u_W - u_V)\, i_W.$$

Die Differenz der Phasenspannungen $u_U - u_V$ ist aber gleich der verketteten bzw. Netz-Spannung u_{U-V} zwischen den Phasenleitern U und V. Entsprechend ist $u_W - u_V = u_{W-V}$ die Spannung des Phasenleiters W gegen den Phasenleiter V. Man lege also, wie in Abb. 278 gezeigt, die Stromspulen der beiden Wattmeter 1 und 2 je in einen Phasenleiter (z. B. in W und U) und die Spannungsspule jedes Wattmeters zwischen den Phasenleiter, in dem seine Stromspule liegt, und den noch freien, dritten Phasenleiter (V). Diese Zweiwattmeterschaltung wird gewöhnlich nach dem Namen dessen, der sie zuerst

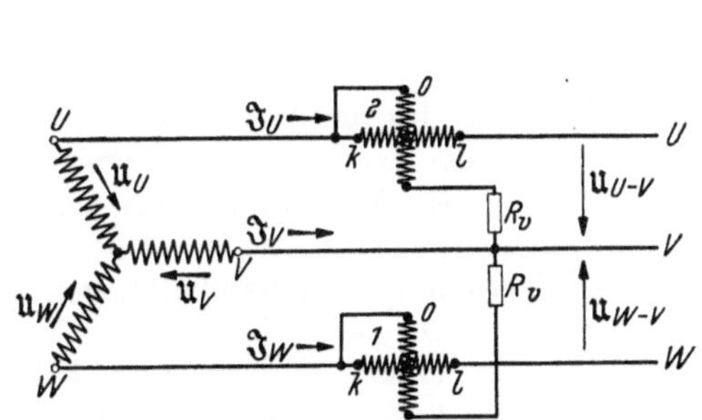

Abb. 278. Leistungsmessung in Drehstromsystemen ohne Nulleiter (ARONschaltung).

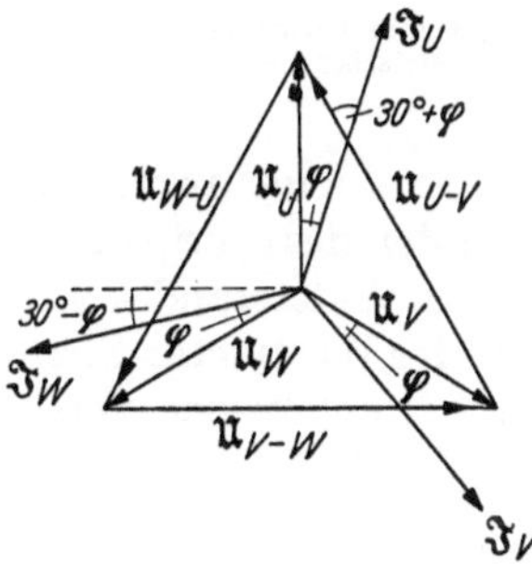

Abb. 279. Zeigerdiagramm zur ARONschaltung.

angegeben hat, ARONschaltung genannt. Sind die Strom- und Spannungsspulen beider Wattmeter in bezug auf den zugehörigen Phasenleiter gleichsinnig geschaltet, so ist, wenn ihre Anzeigen α_1 und α_2 sind,

$$N = \alpha_1 + \alpha_2. \tag{4}$$

Bei symmetrischer Belastung ist, wie aus dem Zeigerdiagramm Abb. 279 hervorgeht, bei einer Phasennacheilung φ jedes Netzstromes gegen die zugehörige Phasenspannung, wenn I und U die Effektivwerte der Netzströme bzw. der Netzspannungen sind,

$$\alpha_1 = M\,(u_{W-V}\, i_W) = U I \cos (30° - \varphi), \tag{5}$$

$$\alpha_2 = M\,(u_{U-V}\, i_U) = U I \cos (30° + \varphi). \tag{6}$$

Bei $\varphi = 0$, also reiner Wirkleistung, ist $\alpha_1 = \alpha_2$. Die Anzeige α_2 verschwindet bei $\varphi = 60°$ und wird bei noch größerem Phasenwinkel φ sogar negativ. Da die Wattmeter gewöhnlich ihren Nullpunkt am linken Skalenende haben, kann man negative Werte nur durch Vertauschen der Anschlüsse an die Spannungsspule mittels eines Umschalters zur Anzeige bringen. Man muß die so künstlich positiv gemachte Anzeige in Gl. (4) aber negativ einsetzen. Manchmal werden die beweglichen Teile der beiden Leistungsmeßwerke der ARONschaltung auch auf einer gemeinsamen Welle in einem Drehstrom-Leistungsmesser vereinigt.

Ist eine völlig symmetrische Belastung gewährleistet, sind also die Leistungen aller drei Phasen gleich groß, so kann man auch mit einem einzigen Wattmeter auskommen, das die Leistung einer Phase, d. h. ein Drittel der Gesamtleistung anzeigt. Das ist besonders einfach, wenn der Spannungsnullpunkt zugängig ist. Dieser wird durch den

Sternpunkt des Generators verkörpert, so daß sich die Schaltung nach Abb. 280 ergibt. Wenn der Verbraucher in Stern geschaltet ist und seine drei Stränge voraussetzungsgemäß völlig gleichartig sind, kann man auch dessen Sternpunkt als Spannungsnullpunkt benutzen. Ist jedoch ein auf Nullpotential befindlicher Schaltungspunkt nicht zugänglich, so muß man sich einen künstlichen Nullpunkt schaffen, und zwar in Form des Sternpunktes von drei in Sternschaltung an die Phasenleiter angeschlossenen, OHMschen Hilfswiderständen (Abb. 281). Die Spannungsspule des Wattmeters wird mit einem der Hilfswiderstände in Reihe geschaltet. Alle drei Stränge dieser Hilfs-Sternschaltung müssen genau gleichen Widerstandswert R haben, und deshalb muß der mit der Span-

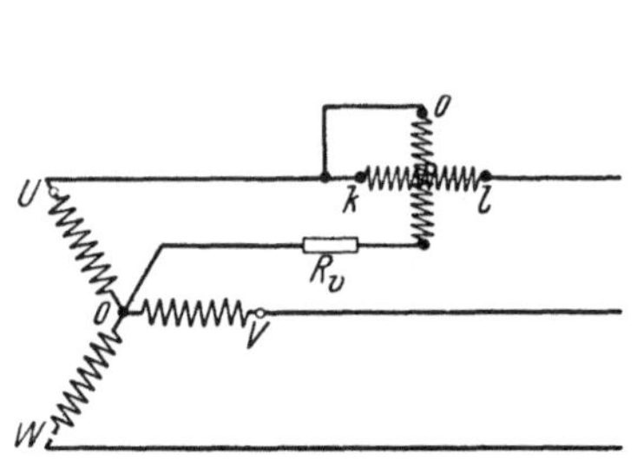

Abb. 280. Drehstrom-Leistungsmessung bei symmetrischer Belastung.

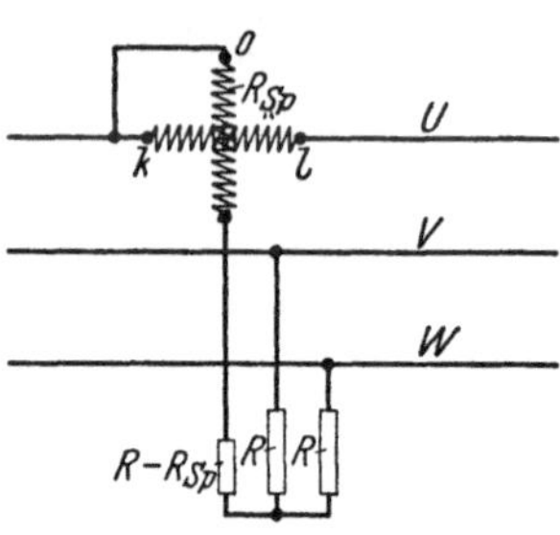

Abb. 281. Drehstrom-Leistungsmessung mit künstlichem Nullpunkt.

nungsspule in Reihe geschaltete Hilfswiderstand um den Widerstandswert R_{Sp} des Spannungspfades des Wattmeters kleiner sein als die beiden anderen. Da an jedem Strang der Hilfs-Sternschaltung die Phasenspannung der betreffenden Phase liegt, ist dieser Hilfswiderstand $R - R_{Sp}$

seiner Größe nach nichts anderes als ein Vorwiderstand für den Wattmeter-Spannungspfad, durch den dessen Spannungsmeßbereich der Größe der Phasenspannung angepaßt wird. Solche Widerstandskombinationen, bei denen ein Widerstand um den Widerstandswert des Wattmeter-Spannungspfades kleiner ist, werden, meist mit Anzapfungen für mehrere Meßbereiche versehen, für jedes Wattmeter fertig geschaltet geliefert.

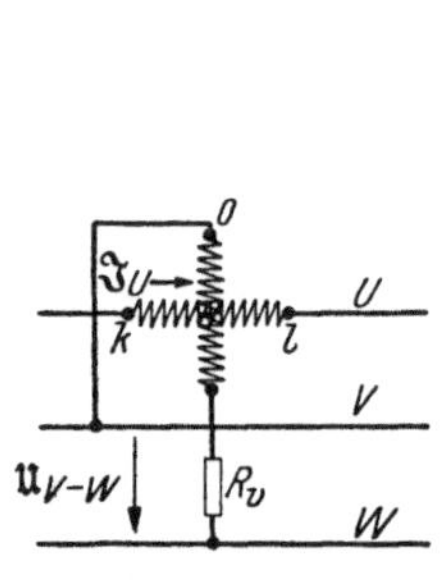

Abb. 282. Blindleistungsmessung in symmetrisch belasteten Drehstromsystemen.

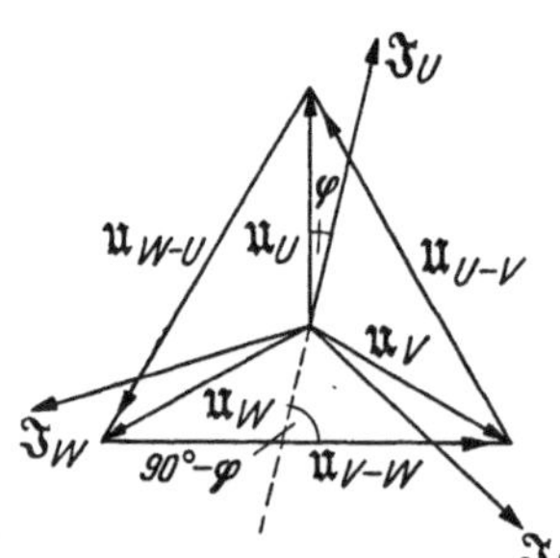

Abb. 283. Zeigerdiagramm zur Blindleistungsmessung.

Da nach Gl. (64,4) die Leistung in einem symmetrisch belasteten Drehstromsystem $N = \sqrt{3}\, U\, I \cos\varphi$ ist, worin U und I die Netzgrößen sind, läßt sich der Leistungsfaktor

$$\cos\varphi = \frac{N}{\sqrt{3}\, U\, I} \qquad (7)$$

als Quotient: Wirkleistung durch Scheinleistung ermitteln, wenn man außer der Wirkleistung N auch die Netzspannung U zwischen zwei Phasenleitern und den Netzstrom I

in einem Phasenleiter gemessen hat. Daraus kann dann auch $\sin\varphi = \sqrt{1 - \cos^2\varphi}$ und damit die Blindleistung $N_B = \sqrt{3}\, U\, I \sin\varphi$ berechnet werden. Man kann aber die Blindleistung mit der Schaltung Abb. 282 auch unmittelbar messen. Durch die Stromspule des Wattmeters fließt der Strom $\mathfrak{J}_U$ vom Betrage I, am Spannungspfad liegt die Spannung $\mathfrak{U}_{V-W}$ vom Betrage U. Der Phasenwinkel zwischen beiden ist $90° - \varphi$ (Abb. 283). Das Wattmeter zeigt also eine Leistung $\alpha = UI \cos(90° - \varphi) = UI \sin\varphi$ an. Folglich ist die Gesamt-Blindleistung

$$N_B = \sqrt{3}\, UI \sin\varphi = \sqrt{3}\,\alpha \,. \qquad (8)$$

Alle Schaltungen für die Drehstrom-Leistungsmessung lassen sich sinngemäß auch für die Arbeitsmessung in Drehstromsystemen verwenden, wenn die Leistungszeiger durch Wechselstrom-Zähler ersetzt werden. Sehr gebräuchlich sind Drehstromzähler mit zwei auf dieselbe Welle arbeitenden Meßwerken, die in ARONschaltung mit dem Drehstromnetz verbunden werden.

99. Frequenzmesser. Zur Frequenzmessung im Bereich niedriger Frequenzen werden vorwiegend Zungen-Frequenzmesser benutzt. Abb. 284 zeigt ein solches Gerät im Querschnitt. Es besteht im wesentlichen aus einem senkrecht zur Zeichenebene langgesteckten, von einem Strom der zu messenden Frequenz erregten Elektromagneten 1, dem zwei Reihen nebeneinander an der Grundplatte befestigter, federnder Stahlzungen 2,2′ mit abgestuften mechanischen Eigenschwingungszahlen gegenüberstehen. An ihren freien Enden tragen die Zungen Kennblättchen, die in einem Fenster der Frontscheibe 3 sichtbar sind (Abb. 285) und erkennen lassen, welche der Zungen infolge Resonanz ihrer Eigenschwingungszahl mit der Frequenz der Anziehungskraft des Elektromagneten schwingt. Da letztere doppelt so groß ist wie die Frequenz des Erregerstromes, muß die Zunge, die z. B. bei einer Meßfrequenz von 50 Hz schwingen soll, auf 100 Hz abgestimmt sein. Am Rande des Beobachtungsfensters sind die Werte der Meßfrequenz bei den einzelnen Zungen angegeben. Abb. 285a zeigt als Beispiel das Bild, das sich bei 50 Hz ergibt. Die 50 Hz-Zunge zeigt vollen, die Nach-

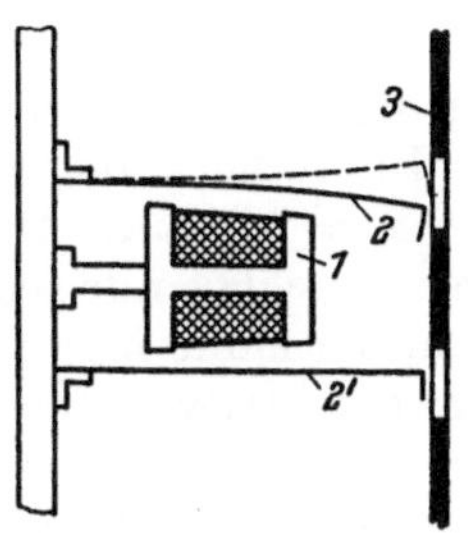

Abb. 284. Zungen-Frequenzmesser.

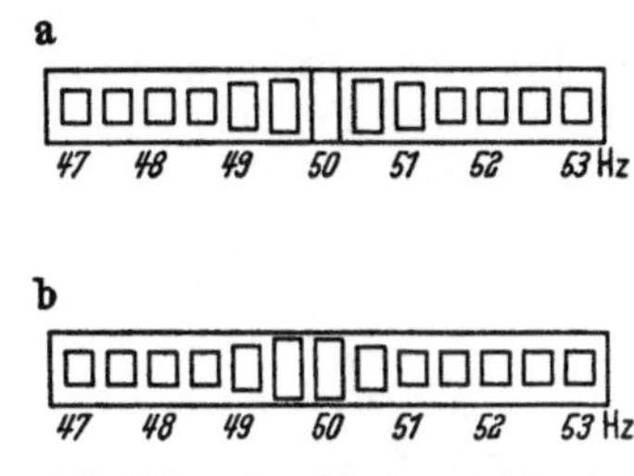

Abb. 285 a u. b.   Schwingungsbild des Zungen-Frequenzmessers.
a) bei 50 Hz, b) bei 49,75 Hz.

barzungen zeigen geringeren Ausschlag. Auch Zwischenwerte der Frequenz lassen sich leicht ablesen. So zeigt z. B. Abb. 285b das Bild bei einer Frequenz von 49,75 Hz.

100. Vektormesser. Eine für Messungen in Wechselstromkreisen ungemein nützliche Meßeinrichtung erhält man, wenn man einem Drehspulgerät einen Kontakt vorschaltet, der sich periodisch mit der Frequenz des Wechselstromkreises schließt und öffnet, wobei die Phasenlage der Schließungs- und Öffnungszeitpunkte in bezug auf die taktgebende Wechselgröße sowie die Schließungsdauer beliebig verändert werden können. Bei einer unter dem Namen „Vektormesser" bekannten Ausführungsform (Abb. 286) wird eine mit dem Kontakt 2 zusammenarbeitende Kontaktfeder 1 von einem exzentrisch auf der Welle eines kleinen, zweipoligen, selbstanlaufenden Synchronmotors sitzenden Stift 3 betätigt. Die Ständerwicklung des Synchronmotors wird aus dem Wechselstromkreis, in dem die Messung vorgenommen werden soll, gespeist. Um eine

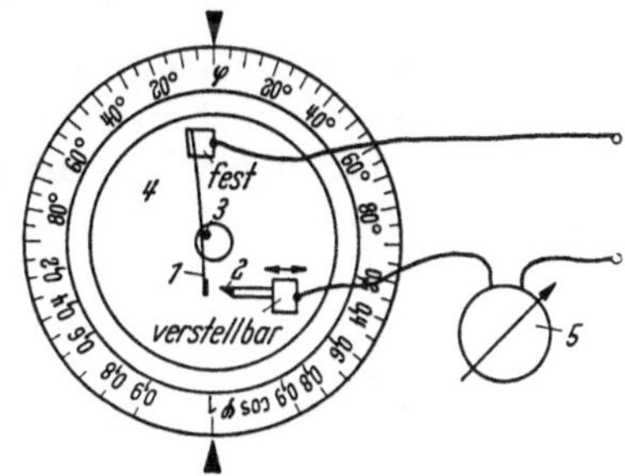

Abb. 286. Vektormesser.

Änderung der Phasenlage der Kontaktzeitpunkte in bezug auf die den Synchronmotor speisende, taktgebende Wechselspannung zu ermöglichen, sind die Kontakte auf einem um die Achse des Synchronmotors um 180° drehbaren Kontaktkopf 4 befestigt. Die jeweilige Stellung des Kontaktkopfes kann an einer in Winkelgraden geeichten Skala abgelesen werden. Eine zweite Einstellmöglichkeit der Phasenlage der Kontaktzeitpunkte ist dadurch gegeben, daß der Ständer des Synchronmotors ebenfalls verdrehbar ist. Die Schließungsdauer der Kontakte ist durch Verschieben des feststehenden Kontaktes 2 einstellbar. Für die meisten Messungen muß die Kontaktdauer auf 1/2 Periode entsprechend 180° el eingestellt werden. Zu diesem Zweck wird eine mittels eines Spannungsteilers einer Taschenlampenbatterie entnommene Gleichspannung zunächst direkt und danach bei laufendem Synchronmotor über die Kontakte an das Drehspulgerät 5 gelegt. Die Kontaktdauer beträgt dann 180°, wenn der Ausschlag des Drehspulgerätes im zweiten Falle genau galb so groß ist wie im ersten.

Der Vektormesser gestattet es zunächst, Wechselspannungen und -Ströme mit der hohen Meßgenauigkeit des Drehspulgerätes auch in den Fällen zu messen, wo sich die

Benutzung von Weicheisen- oder dynamometrischen Instrumenten wegen ihres hohen Eigenverbrauchs verbietet. Man schließt die Meßgröße, gegebenenfalls über einen Vor- bzw. Nebenwiderstand oder einen Meßwandler an die Reihenschaltung: Schwingkontakt-Drehspulgerät an und stellt bei 180° Kontaktdauer und Nullstellung des Kontakt-kopfes durch Drehen des Motorständers die Phasenlage der Kontaktdauer so ein, daß der Ausschlag des Drehspulgerätes verschwindet, aber positiv wird, wenn der Kontakt-kopf im Umlaufsinn des Läufers aus der Nullstellung herausgedreht wird. Die Kon-taktdauer hat bei dieser Einstellung die in Abb. 287a gezeigte Lage innerhalb der Periode der Meßgröße. Wird jetzt der Kontaktkopf im Umlaufsinn des Motors um 90° gedreht, so fällt die Kontaktzeit genau mit der positiven Halbwelle der Meßgröße zusammen (Abb. 287b), und das Drehspulgerät zeigt den arithmetischen Mittelwert der Halbwelle an. Bei sinusförmigem Verlauf ist der Effektivwert das 1,11fache des arithmetischen Mittelwertes. Folglich ist bei einer Instrumentkonstanten k und einem Ausschlag α der Effektivwert der Meßgröße U bzw. $I = 2{,}22\,k\,\alpha$. Der Faktor 2 rührt daher, daß an dem Ausschlag nur jede zweite Halbwelle beteiligt ist. Natürlich kann man das Instrument auch direkt nach dem Effektivwert eichen oder durch entsprechende Vor- bzw. Nebenwiderstände seine Konstante so ändern, daß es den Effektivwert anzeigt.

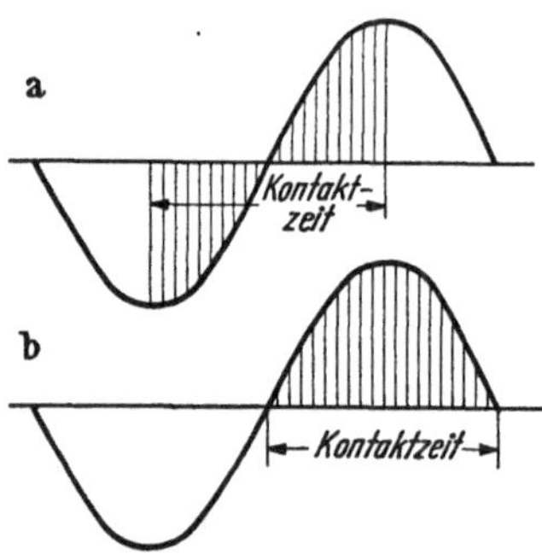

Abb. 287a u. b. Strom- und Spannungsmessung mit dem Vektormesser.

Abb. 288. Wirkstrommessung mit dem Vektormesser.

Um die Wirkkomponente $I_w = I \cos\varphi$ eines Wechselstromes zu messen, legt man den Vektormesser zuerst an die Spannung und bringt wieder wie vorher durch Drehen des Kontaktkopfes um 90° aus der Nullstellung heraus die Kontaktzeit mit der positiven Spannungshalbwelle zur Deckung (Abb. 288). Wird jetzt von der Spannung auf den Strom umgeschaltet, so ist, wenn k die Instrumentkonstante des Drehspulgerätes ist, seine Anzeige $k\,\alpha$ gleich dem arithmetischen Mittelwert

$$\frac{1}{2\pi}\,i_{max}\int_{-\varphi}^{\pi-\varphi}\sin\omega t\,dt = -\frac{1}{2\pi}\,i_{max}\left[\cos\left(\pi-\varphi\right)-\cos\left(-\varphi\right)\right] = \frac{1}{\pi}\,i_{max}\cos\varphi\,,$$

woraus sich mit $\dfrac{\pi}{\sqrt{2}} = 2{,}22$ und $i_{max} = \sqrt{2}\,I$ die Beziehung

$$2{,}22\,k\,\alpha = I\cos\varphi$$

ergibt.

Sinngemäß erhält man den Blindstrom $I_B = I\sin\varphi = 2{,}22\,k\,\alpha$, wenn man den Kontaktkopf beim Umschalten auf den Strom in der für die Spannung gefundenen Null-stellung beläßt.

Man kann auch den Phasenwinkel φ zwischen zwei beliebigen Wechselgrößen unmittel-bar messen. Zu diesem Zweck stellt man den Kontaktkopf auf 0° und bringt durch Drehen des Synchronmotor-Ständers zuerst für die eine Größe den Ausschlag des Dreh-spul-Meßinstruments auf Null. Dann schaltet man auf die andere Wechselgröße um und dreht den Kontaktkopf solange, bis wiederum der Instrumentausschlag verschwindet. Die hierzu nötige Winkeldrehung des Kontaktkopfes ist gleich dem gesuchten Phasen-winkel φ. Eine zweite Skala gibt auch gleich den Wert von $\cos\varphi$ an.

O. Elektrochemische Vorgänge

101. Elektrolyse. Wir haben bereits früher (Abschn. 6) von der elektrolytischen Leitfähigkeit und der elektrolytischen Zersetzung von Flüssigkeiten durch den Strom gesprochen. Die Behandlung dieser Erscheinungen ist Sache der Elektrochemie. Da aber die in der Elektrotechnik viel als Stromquellen benutzten Elemente und Akkumulatoren auf elektrolytischen Vorgängen beruhen, wollen wir uns wenigstens ein oberflächliches Bild davon verschaffen.

Angesichts seines Wesens als Transportbewegung elektrischer Ladungen kann ein elektrischer Leitungsstrom nur durch solche Stoffe bzw. Gebiete fließen, in denen Ladungen eines oder beider Vorzeichen frei beweglich sind. In Metallen sind dies ausschließlich die dort stets vorhandenen Leitungs-Elektronen. Eine Flüssigkeit ist jedoch nur dann elektrisch leitfähig, wenn ein Teil der ursprünglich elektrisch neutralen Moleküle eines oder mehrerer Bestandteile der Flüssigkeit in positiv und negativ geladene, als Ionen bezeichnete Molekül-Bruchstücke dissoziiert, d. h. gespalten ist. Die Dissoziation ist nicht erst eine Folge eines durch die aufgedrückte Elektrodenspannung in der Flüssigkeit aufgebauten elektrischen Feldes, sondern ist, wenn überhaupt, von vornherein vorhanden. Dissoziation tritt keineswegs in allen Fällen auf. Im Gegenteil; die meisten Flüssigkeiten sind praktisch Nichtleiter, d.h. vorzügliche Isolatoren, und werden wie z. B. Fette, Öle und andere Kohlenwasserstoffe sogar als solche in der Elektrotechnik benutzt. Ein geringer Rest von Leitfähigkeit ist bei solchen Flüssigkeiten meist auf Verunreinigung zurückzuführen. Selbst Wasser ist, wenn es chemisch sehr rein ist, ein schlechter Leiter und erlangt seine gewöhnlich recht beträchtliche Leitfähigkeit erst durch in ihm gelöste Stoffe, wobei aber wiederum durchaus nicht alle wäßrigen Lösungen leitend sind. Durch Lösung von Zucker wird z. B. die Leitfähigkeit von Wasser nicht erhöht. Dissoziiert sind dagegen in wäßrigen Lösungen Salze, Säuren und Basen, wobei der Dissoziationsgrad, d. h. das Verhältnis der Anzahl der dissoziierten Moleküle zu ihrer Gesamtzahl mit zunehmender Temperatur und abnehmender Konzentration der Lösung wächst. Auch manche geschmolzenen Salze sind dissoziiert; darauf beruht z. B. die elektrolytische Gewinnung von Aluminium aus einem durch den hindurchfließenden Strom erhitzten Bad geschmolzener Tonerde.

Betrachten wir als Beispiel den Stromdurchgang durch eine wäßrige Schwefelsäure-Lösung (H_2SO_4 in H_2O) über Platinelektroden. Durch eine dem Lösungsmittel — hier dem Wasser — innewohnende, dissoziierende Kraft ist stets ein bestimmter Teil der H_2SO_4-Moleküle in je 2 positiv geladene Wasserstoffionen H^+ und ein negatives Säurerest-Ion $(SO_4)^-$ gespalten. Das sind übrigens nicht dauernd dieselben Moleküle, vielmehr vereinigen sich fortgesetzt H- und SO_4-Ionen wieder zu elektrisch neutralen Molkülen, und neue werden statt ihrer gespalten. Unter dem Einfluß des elektrischen Feldes, das sich infolge der an die Elektroden gelegten Spannung zwischen diesen ausbreitet, wandern die Ionen, und zwar die positiven H-Ionen in Feldrichtung nach der Kathode, die negativen SO_4-Ionen entgegen der Feldrichtung nach der Anode hin. Die ersteren neutralisieren sich an der Kathode, indem sie dieser je ein Elektron entziehen. Die so entstehenden neutralen Wasserstoffatome werden bis zu einem gewissen Grade von der Elektrodenoberfläche aufgenommen, der Rest vereinigt sich paarweise zu Wasserstoffmolekülen H_2 und steigt an der Elektrode in Form von Blasen auf. Entsprechend geben an der Anode die SO_4-Ionen ihre aus je zwei Elektronen bestehende negative Ladung ab, so daß im äußeren Schließungskreis ein Elektronenstrom von der Anode zur Kathode fließt. Der nunmehr neutrale Säurerest SO_4 wird aber nicht etwa an der Anode abgeschieden, sondern tritt mit dem Wasser in Reaktion, indem er sich nach der Gleichung

$$SO_4 + H_2O \rightarrow H_2SO_4 + O$$

mit dessen Wasserstoff wieder zu Schwefelsäure verbindet und den Sauerstoff freisetzt. Die Sauerstoffatome verbinden sich, soweit sie nicht von dem Anodenmetall aufgenommen werden, paarweise zu molekularem Sauerstoff O_2, der abgeschieden wird. Obwohl also bei der eigentlichen Elektrolyse in Wirklichkeit Schwefelsäure zersetzt wird, bleibt durch diese sekundäre Reaktion die gelöste Schwefelsäuremenge erhalten, während bei Abscheidung von je 2 Teilen Wasserstoff auf einen Teil Sauerstoff die Wassermenge abnimmt, so daß scheinbar eine elektrolytische Zersetzung von Wasser stattfindet.

In vielen Fällen reagieren die Ionen, nachdem sie durch Aufnahme bzw. Abgabe von Elektronen an den Elektroden ihre überschüssige Ladung verloren haben, in sekundären Prozessen auch mit dem Metall der Elektroden. Dadurch kann, je nach den Umständen, deren Oberfläche chemisch verändert werden oder auch nicht. Besteht beispielsweise in einer wäßrigen Lösung von Kupfersulfat ($Cu\,SO_4$) die Anode aus Kupfer, so wandert das positive Cu-Ion zur Kathode und schlägt sich auf ihr als metallisches Kupfer nieder. Das SO_4-Ion verbindet sich mit dem Kupfer der Anode wieder zu $CuSO_4$, das in Lösung geht, so daß im Enderfolg das Kupfer der Anode unter allmählicher Aufzehrung der letzteren zur Kathode transportiert wird und sich dort niederschlägt. Da das abgeschiedene Kupfer sehr rein ist, wird dieses Verfahren zur elektrolytischen Raffination von Kupfer benutzt. Auf dem gleichen Prinzip beruht das sog. Galvanisieren, d. h. das Überziehen von leitenden oder durch vorheriges Aufbringen einer leitenden Schicht oberflächlich leitend gemachten Gegenständen mit einer Metallschicht.

102. Polarisation; Elemente. Bei unserer elektrolytischen Zelle aus Platinelektroden in Schwefelsäurelösung tritt nun eine sehr bemerkenswerte Erscheinung auf. Schalten

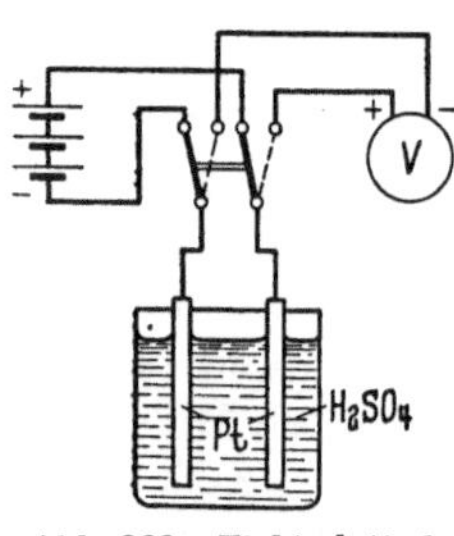

Abb. 289. Elektrolytische
Polarisation.

wir nämlich (Abb. 289) ihre Elektroden, nachdem einige Zeit Strom durch die Zelle geflossen ist, auf ein Voltmeter um, so zeigt dieses eine Gleichspannung von 1,48 V an. Die Zelle ist durch den vorangegangenen Stromdurchgang selbst zu einer Spannungsquelle geworden, und zwar ist die Anode zu deren Pluspol, die Kathode zum Minuspol geworden. Wir können der Zelle sogar vorübergehend Strom entnehmen, wobei dann ihre Spannung allmählich verschwindet. Diese Erscheinung hat ihren Grund in dem von den Platinelektroden durch Adsorption aufgenommenen Sauerstoff bzw. Wasserstoff. Die an das Platin gebundenen neutralen Gasatome haben das Bestreben, unter Umwandlung in positive H-Ionen bzw. negative O-Ionen aus der Elektrode in die Flüssigkeit zu diffundieren. Das H-Atom kann sich in ein positives Ion nur dadurch verwandeln, daß es ein Elektron an seine Elektrode abgibt, während das zweiwertige O-Atom zur Umwandlung in ein negatives O-Ion seiner Elektrode zwei Elektronen entziehen muß. Dadurch wird die wasserstoffbeladene Elektrode negativ, die sauerstoffbeladene positiv geladen. Diesem Vorgang wirkt entgegen, daß die bereits in die Flüssigkeit diffundierten Ionen wegen ihrer zu der betreffenden Elektrode entgegengesetzten Ladung in der Grenzschicht zwischen Flüssigkeit und Elektrode eine Potentialdifferenz und damit ein elektrisches Feld entstehen lassen, das weiterhin austretende Ionen in die Elektrode zurückzutreiben sucht. Die austretenden Ionen haben im Mittel einen ganz bestimmten Energieinhalt — die sog. Austrittsarbeit —, die sie befähigt, eine gewisse Potentialdifferenz zu überwinden. Sobald aber so viele Ionen ausgetreten sind, daß die Potentialdifferenz an der Grenzschicht den durch die Austrittsarbeit bestimmten Wert erreicht hat, werden im Mittel je Zeiteinheit genau so viele Ionen auf die Elektrode zurückgedrängt, wie aus ihr austreten, und die Potentialdifferenz zwischen Elektrode und Flüssigkeit ändert sich nicht mehr. Genau das gleiche spielt sich an der anderen Elektrode ab, nur daß die wasserstoffbeladene Elektrode gegenüber der Flüssigkeit negatives, die sauerstoffbeladene — in allerdings viel geringerem Maße — positives Potential annimmt. Man bezeichnet diesen Vorgang als Polarisation. Die Flüssigkeit selbst bleibt feldfrei, aber zwischen den Elektroden herrscht eine Polarisationsspannung, die in unserem Falle 1,48 V beträgt.

Werden jetzt die Elektroden durch einen äußeren Leiter miteinander verbunden, so fließt ein Strom, der in der Zelle die umgekehrte Richtung hat wie vorher. Dadurch werden die Wasserstoffionen aus der Grenzschicht vor der Minuselektrode weggeführt und aus dieser sofort durch neue ersetzt. Dasselbe geschieht mit den Sauerstoffionen vor der Pluselektrode. Je zwei H-Ionen vereinigen mit einem O-Ion zu einem neutralen Wassermolekül, so daß der ganze Vorgang im umgekehrten Sinne abläuft wie vorher. Der Zelle kann solange Strom entnommen werden, bis der Wasserstoff- bzw. Sauerstoffvorrat der Elektroden verbraucht ist. Dann verschwindet die Spannung zwischen den Elektroden. Die Polarisationsspannung tritt natürlich schon auf, während Strom von der Anode zur Kathode durch die Zelle geschickt wird. Deshalb muß die angelegte Spannung wegen des inneren Widerstandes der Zelle die Polarisationsspannung überwiegen, damit überhaupt ein Strom fließen kann.

Eine Potentialdifferenz zwischen einem Elektrolyten und einem Metall tritt aber auch auf, ohne daß dazu in letzteren Wasserstoff oder Sauerstoff gelöst sein muß. Auch die Metallatome sind bestrebt, als positive Ionen, d. h. unter Abgabe von Elektronen an das Metall, in die Flüssigkeit zu diffundieren. Die Austrittsarbeit und damit die Höhe der Potentialdifferenz hängen von der Art des Metalls und des Elektrolyten ab. Werden also zwei Elektroden 1 und 2 aus Metallen unterschiedlicher Austrittsarbeit in einen Elektrolyten eingebracht (Abb. 290), so bedingt die Verschiedenheit der negativen Potentiale u_1 und u_2, die sie gegenüber der Flüssigkeit annehmen, auch ohne vorherigen Stromdurchgang eine Spannung u zwischen beiden, wobei die Elektrode mit der kleineren Austrittsarbeit (1) den Pluspol bildet. Darauf beruht die Wirkung der sog. primären Elemente, von denen heute nur noch eine Art Bedeutung hat, die aus einer Zink- und einer Kohleelektrode in Salmiaklösung besteht. Die Spannung, die praktisch der Potentialdifferenz zwischen Zink und Flüssigkeit entspricht, beträgt etwa 1,4 V,

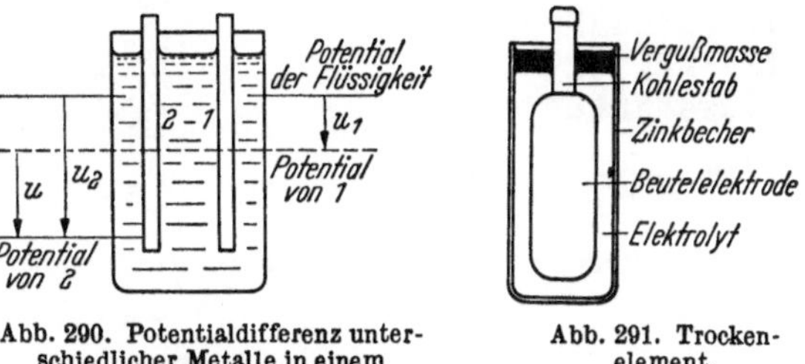

Abb. 290. Potentialdifferenz unterschiedlicher Metalle in einem Elektrolyten.

Abb. 291. Trockenelement.

wobei die Zinkelektrode den Minuspol bildet. Da bei Belastung durch den vom Zink zur Kohle fließenden Strom der letzteren Wasserstoff zugeführt wird, würde diese ebenfalls negativ polarisiert werden und die Spannung nach kurzer Zeit verschwinden. Deshalb umgibt man die Kohleelektrode mit einem Beutel, der zwecks Oxydation des Wasserstoffs zu Wasser mit Braunstein (Mangansuperoxyd) als sog. Depolarisator gefüllt ist. Das Zink wird bei Stromentnahme in eine lösliche Verbindung überführt, so daß die Zinkelektrode nach Entnahme einer bestimmten Anzahl von Amperestunden aufgebraucht ist. Abb. 291 zeigt die übliche Bauart als sog. Trockenelement, bei der der durch einen Zusatz dickflüssig gemachte Elektrolyt durch Vergießen der Zelle mit einer asphaltartigen Masse am Ausfließen gehindert wird.

103. Akkumulatoren. Während bei den vorstehend beschriebenen Elementen die Vorgänge, die sich bei Stromentnahme im Innern abspielen, nicht umkehrbar sind, läßt sich bei den Akkumulatoren oder Sammlern, ähnlich wie bei der Zersetzerzelle mit Platinelektroden, der ursprüngliche Zustand immer wieder dadurch herstellen, daß Strom in umgekehrter Richtung hindurchgeschickt wird. Der Akkumulator kann beliebig oft abwechselnd entladen und wieder geladen werden. Die am meisten verbreitete Bauart ist der Bleiakkumulator, bei dem in geladenem Zustand die positive Elektrode aus Bleisuperoxyd (PbO_2), die negative aus metallischem Blei (Pb) besteht. Als Elektrolyt dient wieder verdünnte Schwefelsäure (H_2SO_4). Bei der Entladung wandern die H-Ionen des Elektrolyten mit der Stromrichtung zur positiven, die SO_4-Ionen zur negativen Elektrode. An den Elektroden spielen sich dabei folgende Reaktionen ab:

$$\text{positive Elektrode:} \quad PbO_2 + 2\,H + H_2SO_4 \rightarrow PbSO_4 + 2\,H_2O$$
$$\text{negative} \quad \text{,,} \quad\quad Pb + SO_4 \rightarrow PbSO_4 .$$

12*

Beide Elektroden verwandeln sich Bleisulfat ($PbSO_4$), und an der positiven Elektrode entsteht Wasser, während Schwefelsäure verschwindet, so daß die Schwefelsäure-Konzentration des Elektrolyten abnimmt.

Während der Ladung, d. h. bei umgekehrter Stromrichtung, wandern die H-Ionen zur negativen, die SO_4-Ionen zur positiven Elektrode. Die Reaktionen sind dabei:

$$\text{positive Elektrode:} \quad PbSO_4 + SO_4 + 2\,H_2O \rightarrow PbO_2 + 2\,H_2SO_4$$
$$\text{negative} \quad \text{,,} \quad\quad PbSO_4 + 2\,H \rightarrow Pb + H_2SO_4 .$$

Der Ausgangszustand: positive Elektrode aus PbO_2, negative aus Pb, wird wiederhergestellt; es verschwindet Wasser und entsteht Schwefelsäure; die Konzentration der letzteren steigt wieder auf den alten Wert.

Offenbar ist die Elektrizitätsmenge, die der Sammlerzelle entnommen werden kann, um so größer, je mehr Elektrodensubstanz an dem Umwandlungsprozeß teilnimmt.

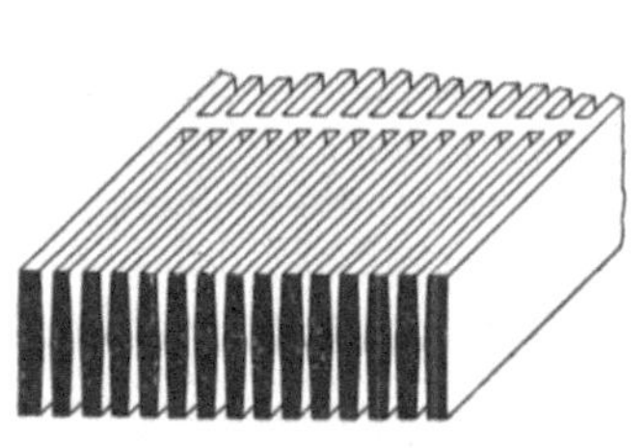

Abb. 292. ,Großoberflächenplatte eines Akkumulators.

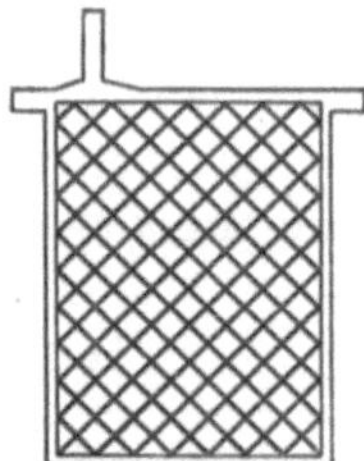

Abb. 293. Gitterplatte.

Abb. 294. Querschnitt durch eine Kastenplatte.

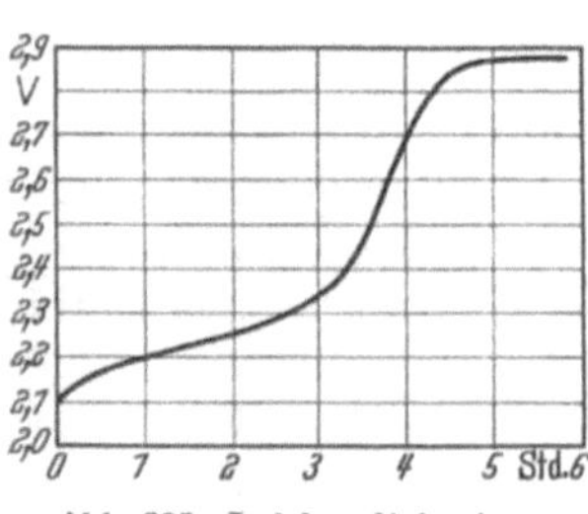

Abb. 295. Ladekennlinie eines Bleiakkumulators.

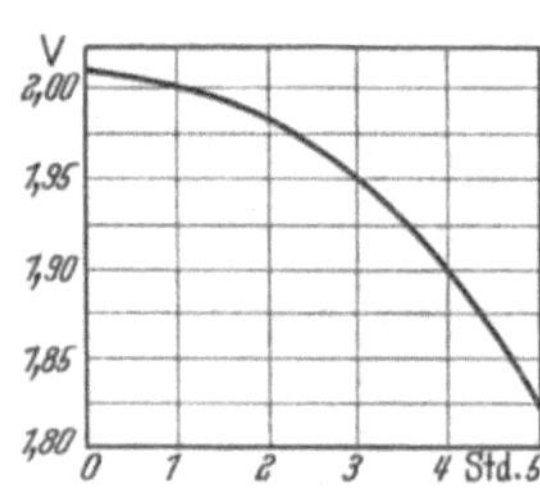

Abb. 296. Entladekennlinie eines Bleiakkumulators.

Da die Umwandlung ja nur eine verhältnismäßig dünne Schicht an der Elektrodenoberfläche erfaßt, bemüht man sich, die Elektroden mit möglichst großer wirksamer Oberfläche herzustellen, indem man entweder Bleiplatten von lamellenartiger Struktur, sog. Großoberflächenplatten (Abb. 292) verwendet oder eine in der Hauptsache zunächst aus Bleioyxd PbO bestehende, zu einer porösen Substanz erhärtende Paste als aktives Material in einen aus Blei bestehenden Träger einbringt. Der Träger kann entweder als Gitter (Abb. 293) oder kastenartig mit durchlöcherten Wänden (Abb. 294) ausgeführt sein. Auf elektrochemischem Wege wird dann die aktive Masse ebenso wie die Oberflächenschicht der Großoberflächenplatte in PbO_2 bzw. schwammiges Blei verwandelt.

Wenn gegen Ende des Ladevorganges das meiste Bleisulfat umgewandelt ist, beginnt an den Minusplatten Wasserstoff, an den Plusplatten Sauerstoff aufzusteigen. Hauptsächlich durch die zusätzliche Polarisationswirkung des die Minusplatten bedeckenden Wasserstoffs steigt dabei die Spannung je Zelle auf etwa 2,8 V an (Abb. 295), um nach Abschalten des Ladestroms auf die Ruhespannung von etwa 2,05 V zurückzugehen. Bei der Entladung sinkt die Spannung zuerst langsam, dann immer rascher ab (Abb. 296). Die Entladung darf nicht bis zur vollständigen Umwandlung des aktiven Materials in Bleisulfat fortgesetzt werden, u. a. deshalb, weil $PbSO_4$ ein größeres Volumen hat als PbO_2 oder Bleischwamm und daher ein Abbröckeln von Masse verursachen würde. Die Entladung ist beendet, wenn die Zellenspannung auf ca. 1,8 V gesunken ist. Die bis zu dieser Spannungsgrenze entnehmbare Elektrizitätsmenge in Ah heißt Kapazität der Zelle.

Gegen rauhe Behandlung und mangelnde Wartung weniger empfindlich als der Bleiakkumulator ist der Nickel-Eisen-(Edison-)Akkumulator und dessen Abart, der Nickel-Cadmium-Akkumulator. Als Elektrolyt dient beim Nickel-Eisen-Akkumulator wäßrige Kaliumhydroxyd (KOH)-Lösung (Kalilauge). Die negative Elektrode enthält in geladenem Zustand als aktives Material feinverteiltes Eisen, die positive Nickeloxyhydrat. Der Hauptnachteil dieses „alkalischen" Sammlers gegenüber dem „sauren" Bleisammler ist seine höhere prozentuale Spannungsabnahme von $1,4\,V$ auf $1,0\,V$, je Zelle bei der Entladung. Infolge höheren inneren Widerstandes ist auch sein Wirkungsgrad, d. h. das Verhältnis: Entladearbeit zu Ladearbeit geringer.

P. Mehrwellige Wechselströme und -spannungen

104. Grundwelle und Oberwellen.
Werden zwei oder mehr Wechselspannungsquellen in Reihe geschaltet, die sinusförmige Wechselspannungen unterschiedlicher Frequenz erzeugen (Abb. 297), so weicht die Kurve der resultierenden Spannung $\mathfrak{U}$ von der Sinusform ab. Dasselbe gilt für den resultierenden Strom, wenn mehrere Sinusströme verschiedener Frequenz in einem gemeinsamen Leiter fließen. Die resultierende Größe ist aber nur dann periodisch, wenn die verschiedenen Frequenzen in rationalen Verhältnissen zueinander stehen, und zwar ist die Dauer dieser Periode gleich dem kleinsten gemeinsamen Vielfachen der Periodendauer sämtlicher Teilwellen. Von den an der Bildung der resultierenden Welle beteiligten Sinuswellen bezeichnet man im allgemeinen die mit der niedrigsten Frequenz, also der größten Periodendauer bzw. Wellenlänge, als Grundwelle, die anderen als Oberwellen. Das Verhältnis ihrer Frequenz f_v zu der Grundfrequenz f wird als Ordnungszahl v der betreffenden Oberwelle bezeichnet.

Am häufigsten kommt der Fall vor, daß die Frequenzen der Oberwellen ganzzahlige Vielfache der Grundwellenfrequenz sind. Gehen dabei an den Nulldurchgängen der Grundwelle auch sämtliche Oberwellen durch Null — wir wollen diese Lage als „nullphasig" bezeichnen —, so zeigt das Bild der resultierenden Kurve einen prinzipiellen Unterschied, je nachdem, ob sie nur ungeradzahlige oder auch geradzahlige Oberwellen enthält. Im ersten Fall, von dem Abb. 298a das Beispiel $i = i_{1\,max} \sin \omega t - i_{3max} \sin 3\,\omega t$ zeigt, hat die resultierende Kurve symmetrische Halbwellen, und positive und negative Halbwelle zeigen den gleichen Verlauf. Nur eine einzige geradzahlige Oberwelle macht dagegen die Halbwellen unsymmetrisch; die negative Halbwelle verläuft jedoch spiegelbildlich zur positiven. Das zeigt Abb. 298b für den Fall $i = i_{1\,max} \sin \omega t + i_{2\,max} \sin 2\,\omega t$. Fallen die Nulldurchgänge der Grundwelle mit denen der Oberwellen nicht zusammen, beginnen die Teilwellen also mit unterschiedlichen Phasenwinkeln, so hat bei nur ungeraden Ordnungszahlen die resultierende Kurve zwar keine symmetrisch geformten Halbwellen mehr, trotzdem haben aber, wie Abb. 299a für das Beispiel $i = i_{2max} \sin \omega t + i_{3max} \sin (3\,\omega t - \varphi_3)$ zeigt, positive und negative Halbwelle den gleichen

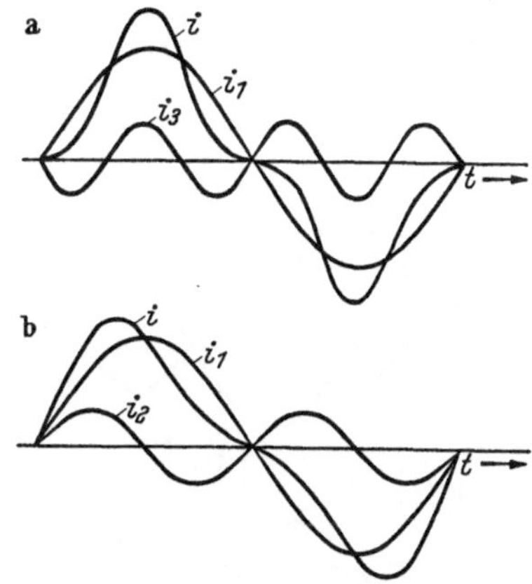

Abb. 297. Entstehung einer mehrwelligen Spannung durch Überlagerung von sinusförmigen Wechselspannungen unterschiedlicher Frequenz.

Abb. 298a u. b. Grundwelle und nullphasige Oberwelle.

a) bei ungerader, b) bei gerader Ordnungszahl der Oberwelle.

Verlauf. Das ist bei Vorhandensein von geradzahligen Oberwellen nicht mehr der Fall; die negative Halbwelle sieht gänzlich anders aus als die positive, siehe Abb. 299b für $i = i_{1\,max} \sin \omega t + i_{2\,max} \sin (2\,\omega t + \varphi_2)$. Entscheidend ist aber, daß die Periodendauer der Resultierenden in jedem Falle mit der der Grundwelle übereinstimmt.

Jede Oberwelle, die mit der Grundwelle oder einer anderen Oberwelle nicht nullphasig ist, läßt sich in eine nullphasige und eine querphasige, d. h. um ein Viertel ihrer Wellenlänge gegen die nullphasige verschobene Komponente zerlegen. In Abb. 300

ist z. B. φ_3 der Nullphasenwinkel zwischen der Grundwelle $i_1 = i_{1\,max} \sin \omega t$ und der dritten Oberwelle $i_3 = i_{3\,max} \sin (3 \omega t + \varphi_3)$. i_3 kann zerlegt werden in die nullphasige Komponente $i_3'' = i_{3\,max} \cos \varphi_3 \sin 3 \omega t$ und die querphasige Komponente $i_3''' = i_{3\,max} \sin \varphi_3 \cos 3 \omega t$, so daß der Nullphasenwinkel φ_3 in den Argumenten der Zeitfunktionen nicht mehr vorkommt.

Häufig sind die Frequenzen und Ampliden der einzelnen Teilwellen nicht bekannt, sondern es ist nur der Verlauf der resultierenden Wechselgröße entweder in Form einer Gleichung oder als experimentell, z. B. oszillographisch, aufgenommene Kurve gegeben.

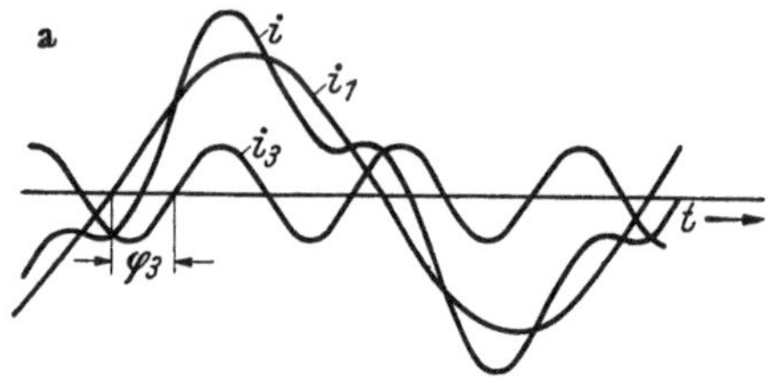

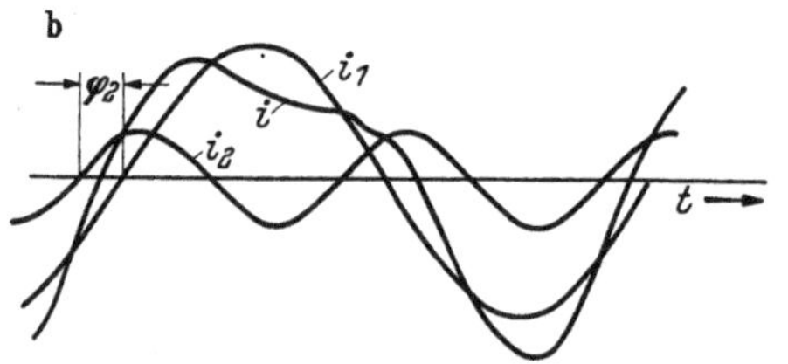

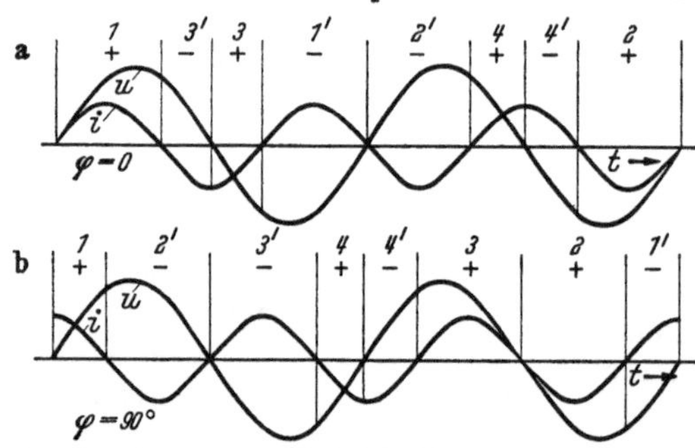

Abb. 300. Zerlegung einer Oberwelle in eine null- und eine querphasige Komponente.

Abb. 299 a u. b. Grundwelle und Oberwelle mit beliebiger Phasenlage.
a) bei ungerader, b) bei gerader Ordnungszahl der Oberwelle. Der Phasenwinkel φ einer Oberwelle wird zweckmäßig auf ihre gleich 2π gesetzte Wellenlänge bezogen.

Die Mathematik lehrt, wie man daraus die Bestimmungsstücke der in der vorgelegten Funktion bzw. Kurve enthaltenen Teilwellen ermitteln kann. Wenn die Funktion als Gleichung gegeben ist, führt die rechnerische Analyse nach FOURIER zum Ziel, während es zur harmonischen Analyse experimentell aufgenommener Kurven mehrere Näherungsmethoden, z. B. das RUNGEsche Verfahren, gibt, die alle auf der FOURIERanalyse beruhen.

105. Leistung verzerrter Wechselspannungen und -ströme. Es erhebt sich die Frage nach der Leistung bei Vorhandensein von Oberwellen in Spannung und Strom. Wir greifen uns eine beliebige Teilwelle u_{ν_1} der Spannung mit der Frequenz $\nu_1 f$ und eine beliebige Stromteilwelle i_{ν_2} mit der Frequenz $\nu_2 f$ heraus und bilden den Mittelwert ihres Produktes über das kleinste gemeinsame Vielfache ihrer Periodendauern; das ist die Periodendauer der Grundwelle, wenn die Frequenzen aller Oberwellen ganze Vielfache der Grundfrequenz sind. Es ist auch ohne Rechnung sofort einzusehen, daß dieser Mittelwert, der ja die Leistung des betreffenden Spannung-Strom-Paares darstellt, immer Null sein muß, wenn die Frequenzen beider Partner verschieden sind. In den Abb. 301a und 301b ist als Beispiel angenommen, daß der Strom i die $1\frac{1}{2}$fache Frequenz der Spannung u hat, und zwar ist i in Abb. 301a

Abb. 301 a u. b. Abschnitte positiver und negativer Augenblicksleistung bei Frequenzunterschied zwischen Spannung und Strom.

nullphasig, in Abb. 301b dagegen querphasig zu u. Es ergeben sich insgesamt 8 Abschnitte, die sich so zu Paaren 1 und 1', 2 und 2' usw. ordnen lassen, daß der Mittelwert des Produktes $u\,i$ in den beiden Abschnitten jedes Paares den gleichen absoluten Betrag, aber verschiedenes Vorzeichen hat, so daß die Gesamtleistung Null ist. Wenn das aber sowohl für den Phasenwinkel $\varphi = 0$ als auch für $\varphi = 90°$ gilt, muß die Leistung auch bei jeder beliebigen Lage der u- und i-Kurven zueinander Null sein, da wir den Strom stets in eine nullphasige ($\varphi = 0$) und eine querphasige ($\varphi = 90°$) Komponente aufspalten können.

Rechnerisch kommen wir zu dem selben Ergebnis, wenn wir die Leistung N zunächst für den Nullphasenwinkel $\varphi = 0$ anschreiben. Mit den Effektivwerten U_{ν_1} und I_{ν_2} der Spannung bzw. des Stromes und $\omega = \dfrac{2\pi}{T}$ ist

$$N = \frac{2}{T} U_{\nu_1} I_{\nu_2} \int_0^T \sin \nu_1 \frac{2\pi}{T} t \; \sin \nu_2 \frac{2\pi}{T} t \, dt$$

$$= \frac{1}{T} U_{\nu_1} I_{\nu_2} \left[\int_0^T \cos (\nu_1 - \nu_2) \frac{2\pi}{T} t \, dt - \int_0^T \cos (\nu_1 + \nu_2) \frac{2\pi}{T} t \, dt \right]. \tag{1}$$

Das zweite Integral der Klammer stellt die Fläche unter der Kosinuslinie über $(\nu_1 + \nu_2) \cdot 2\pi$, d. h. über eine ganze Zahl von Perioden, dar; diese ist aber immer gleich Null, wie Abb. 302 für das Beispiel $\nu_1 + \nu_2 = 3$ zeigt. Das erste Integral stellt dasselbe für $\nu_1 - \nu_2$ Perioden dar, ist also auch gleich Null, sofern ν_1 von ν_2 verschieden ist. Für $\nu_1 = \nu_2$ wird dagegen das Argument der Kosinusfunktion unter diesem Integral Null und es ergibt sich

$$\int_0^T \cos 0 \, dt = \int_0^T dt = T \, .$$

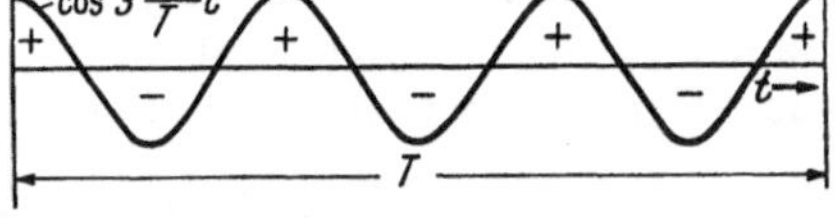

Abb. 302. Zu Gl. (1).

Für u_{ν_1} und i_{ν_2} existiert eine Leistung also nur, wenn $\nu_1 = \nu_2 = \nu$ ist, d. h., wenn Spannung und Strom dieselbe Frequenz νf haben. Sie hat dann in unserem Falle die Größe $N_\nu = U_\nu I_\nu$, wobei zu bedenken ist, daß wir ja den Phasenwinkel Null angenommen haben, was bei übereinstimmender Frequenz Phasengleichheit im üblichen Sinne zwischen U_ν und I_ν bedeutet.

Ersetzen wir in Gl. (1) die Sinusglieder durch entsprechende Kosinusglieder, so kommen wir natürlich zu demselben Ergebnis; denn das bedeutet ja nur eine Verlegung des Nullpunktes der Zeitzählung. Bei Querphasigkeit erhalten wir

$$N = \frac{2}{T} U_{\nu_1} I_{\nu_2} \int_0^T \sin \nu_1 \frac{2\pi}{T} t \; \cos \nu_2 \frac{2\pi}{T} t \, dt$$

$$= \frac{1}{T} U_{\nu_1} I_{\nu_2} \left[\int_0^T \sin (\nu_1 - \nu_2) \frac{2\pi}{T} t \, dt + \int_0^T \sin (\nu_1 + \nu_2) \frac{2\pi}{T} t \, dt \right] \tag{2}$$

Für $\nu_1 \neq \nu_2$ stellen beide Integrale der Klammer die Flächen unter einer Sinuslinie über eine ganze Zahl von Perioden dar, sind also beide gleich Null. Das gleiche gilt für das rechte Integral bei $\nu_1 = \nu_2 = \nu$, während zugleich der Ausdruck unter dem linken Integral verschwindet, so daß auch bei gleicher Frequenz von u_ν und u_ν keine Leistung zustande kommt, weil nämlich in diesem Fall Querphasigkeit eine Phasenverschiebung von 90° im üblichen Sinne bedeutet.

Eine Spannungsteilwelle bestimmter Frequenz bzw. Ordnungszahl kann also überhaupt nur mit einer Stromteilwelle derselben Frequenz bzw. Ordnungszahl eine Leistung bilden, und diese ist gleich dem Produkt der Spannung U_ν mit derjenigen Komponente des zugehörigen Stromes I_ν, die mit der Spannung phasengleich ist. Wir erhalten somit für die Leistung der ν-ten Teilwelle

$$N_\nu = U_\nu I_\nu \cos \varphi_\nu \, , \tag{3}$$

worin der Phasenverschiebungswinkel φ_ν auf die gleich 360° gesetzte Wellenlänge der betreffenden Teilwelle bezogen ist.

Da somit die Leistung jeder Teilwelle von den Spannungs- oder Stromteilwellen anderer Ordnungszahlen völlig unabhängig ist, ist die Gesamtleistung bei verzerrter Strom- und Spannungskurve gleich der algebraischen Summe der Leistungen der Teilwellen:

$$N = \sum_\nu N_\nu = \sum_\nu U_\nu \, I_\nu \cos\varphi_\nu \, . \tag{4}$$

Analog ist die Blindleistung bei mehrwelligen Spannungen und Strömen

$$N_B = \sum_\nu U_\nu \, I_\nu \sin\varphi_\nu \, . \tag{5}$$

106. Effektivwert mehrwelliger Wechselgrößen. Durchfließt ein mehrwelliger Strom einen OHMschen Widerstand R, so ruft jeder Teilwellenstrom I_ν an diesem eine mit ihm frequenz- und phasengleiche Spannung $U_\nu = I_\nu \, R$ hervor. Dem entspricht eine Leistung $N_\nu = U_\nu \, I_\nu = I_\nu^2 \, R$ der betreffenden Teilwelle mit der Ordnungszahl ν. Die Gesamtleistung aller Teilwellenströme ist $N = \sum_\nu I_\nu^2 \, R$. Als Effektivwert eines Wechselstromes hatten wir denjenigen Betrag I definiert, dessen Quadrat, mit einem OHMschen Widerstand multipliziert, diejenige Leistung N ergibt, die im zeitlichen Mittel in dem Widerstand umgesetzt wird, wenn der betreffende Wechselstrom ihn durchfließt. Wir erhalten also für einen oberwellenhaltigen Strom:

$$N = I^2 \, R = I_1^2 \, R + I_2^2 \, R + \cdots = \sum_\nu I_\nu^2 \, R \tag{1}$$

und daraus seinen Effektivwert

$$I = \sqrt{I_1^2 + I_2^2 + \cdots} = \sqrt{\sum_\nu I_\nu^2} \, . \tag{2}$$

Sinngemäß ergibt sich für den Effektivwert einer oberwellenhaltigen Spannung:

$$U = \sqrt{U_1^2 + U_2^2 + \cdots} = \sqrt{\sum_\nu U_\nu^2} \, . \tag{3}$$

Im Effektivwert einer mehrwelligen Größe machen sich die Oberwellen wegen der quadratischen Summierung in viel geringerem Maße bemerkbar, als es dem Verhältnis ihrer Effektivwerte zu dem der Grundwelle entspricht. Besteht z.B. ein Strom aus der Grundwelle und einer fünften Oberwelle, deren Amplitude 20% der Grundwellenamplitude beträgt, so ist der Effektivwert des mehrwelligen Stromes nur $\sqrt{1 + 0{,}2^2} \approx 1{,}02$ mal so groß wie der der Grundwelle. Man kann deshalb auch bei dem Augenschein nach stark verzerrter Kurvenform mit gemessenen Effektivwerten Zeigerdiagramme zeichnen, die mit den tatsächlichen Verhältnissen gut übereinstimmen, obwohl Zeigerdiagramme, streng genommen, nur für einwellige Größen ein und derselben Frequenz gelten.

Es sei hierbei auf eine interessante Tatsache hingewiesen. Der Effektivwert einer Wechselgröße ist allgemein die Wurzel aus dem Mittelwert der quadratischen Augenblickswerte. Für einen mehrwelligen Strom ist also

$$I^2 = \frac{1}{T} \int_0^T (i_1 + i_2 + i_3 \cdots)^2 \, dt \, . \tag{4}$$

Aus Gl. (2) folgt aber andererseits das Quadrat des Effektivwertes als Summe der Quadrate der Effektivwerte der einzelnen Teilwellen, also

$$I^2 = \frac{1}{T} \int_0^T (i_1^2 + i_2^2 + i_3^2 \cdots) \, dt \, . \tag{5}$$

Also gilt für eine durch eine — im allgemeinen unendliche — Reihe von Gliedern von der Form $i_\nu = i'_{\nu\,max} \sin \nu \omega t + i''_{\nu\,max} \cos \nu \omega t$ darstellbare periodische Funktion $i = f(t) = \sum\limits_{\nu=1,2,3,\cdots} i_\nu$ die Beziehung

$$\int\limits_0^T (i_1 + i_2 + i_3 + \cdots)^2\, dt = \int\limits_0^T (i_1^2 + i_2^2 + i_3^2 + \cdots)\, dt\,, \tag{6}$$

was daher rührt, daß die sich beim Ausrechnen der Klammer unter dem linken Integral ergebenden Produkte aus Strömen ungleicher Ordnungszahl zu dem Wert des Integrals nichts beitragen. Man kann die Beziehung (6) unmittelbar zum Ausgangspunkt der harmonischen Analyse einer vorgelegten periodischen Funktion machen.

Als kennzeichnende Größe für den Oberwellengehalt einer Spannung oder eines Stromes wird häufig der sog. Klirrfaktor verwendet, der seinen Namen davon hat, daß sich bei der elektrischen Übertragung von Sprache und Musik Oberwellen, die im Original nicht enthalten sind, sondern erst durch nichtlineare Widerstände in der Übertragungsschaltung hinzukommen, in der Wiedergabe durch Klirren bemerkbar machen. Man versteht unter dem Klirrfaktor gewöhnlich das Verhältnis des Effektivwertes sämtlicher Oberwellen zu dem der Grundwelle, für einen Strom also den Faktor

$$k_k = \frac{\sqrt{I_2^2 + I_3^2 + \cdots}}{I_1} = \frac{\sqrt{\sum\limits_{\nu=2}^{\nu=\infty} I_\nu^2}}{I_1} \tag{7}$$

In der Starkstromtechnik wird oft mit dem Formfaktor, d. i. das Verhältnis des Effektivwertes zum arithmetischen Mittelwert der Halbwelle, gerechnet. Für die Sinuslinie hat dieser den Wert $\pi : 2\sqrt{2} = 1,11$.

107. Ursachen und Bekämpfung von Oberwellen. Die Ursache von Oberwellen in Drehstromnetzen kann bereits darin liegen, daß in den Ständerwicklungen der speisenden Synchrongeneratoren von der Sinusform abweichende Spannungen induziert werden. Das ist, genau genommen, immer der Fall. Die in einem einzelnen Ständerleiter einer Sychronmaschine induzierte Spannung stimmt in ihrem zeitlichen Verlauf mit dem räumlichen Verlauf der Feldkurve des induzierenden Feldes überein. Letztere hängt bei Leerlauf der Maschine von der Form der Polschuhe der Erregerpole und von dem Einfluß der Eisensättigung ab und enthält schon in diesem Betriebszustand stets Oberwellen, wegen der symmetrischen Polschuhform allerdings nur solche ungerader Ordnungszahl (Abb. 298a), deren Amplitude im allgemeinen um so kleiner ist, je höhere Ordnungszahl sie haben. Bei Wirkstrombelastung wird sie bei Maschinen mit Schenkelpolläufern durch die quermagnetisierende Wirkung der Ständerwicklung noch mehr verzerrt. In der Spannung an den Klemmen der Maschine sind aber die Oberwellen ganz erheblich schwächer ausgebildet als in der Feldkurve. Das liegt zunächst daran, daß die Wicklungsstränge stets als Mehrlochwicklungen (s. Abb. 230) ausgeführt werden, und diese haben für höhere Frequenzen viel kleinere Wicklungsfaktoren (s. S. 148) als für die Grundfrequenz. Bei dreiphasigen Drehstromerzeugern verschwinden in der Klemmenspannung außerdem alle Spannungen mit durch 3 teilbarer Ordnungszahl. Diese Spannungen sind von Strang zu Strang um $3 \cdot 120° = 360°$ bzw. ein ganzes Vielfaches davon phasenverschoben, d. h. gleichphasig. Bei Sternschaltung herrscht zwischen 2 Klemmen die Differenz zweier Strangspannungen; sind diese gleichphasig, heben sie einander auf. Die Dreieckschaltung bildet für gleichphasige Strangspannungs-Oberwellen einen geschlossenen Kreis; diese sind also praktisch kurzgeschlossen, machen sich aber durch einen inneren Strom mit der entsprechenden Frequenz bemerkbar, weswegen man die Dreieckschaltung bei Generatoren möglichst vermeidet.

Auch von der Verbraucherseite her können Oberwellen entstehen. Daß beim Anlegen einer sinusförmigen Spannung an eine Wicklung mit stark gesättigtem Eisenkern der aufgenommene Magnetisierungsstrom eine ausgeprägte dritte Oberwelle enthält, haben wir schon festgestellt (Abschn. 56). Aber auch nichtlineare Widerstände, d. h. solche, bei denen der Strom nicht der Spannung proportional ist, sowie periodisch arbeitende Schalteinrichtungen (Gleichrichter) bedingen bei oberwellenfreier Spannung verzerrte Ströme, die durch ihre Spannungsabfälle an den Scheinwiderständen des Netzes wiederum die Spannung verzerren.

Legt man eine verzerrte Spannung an eine Wicklung, z. B. eine Luftdrossel mit konstanter Induktivität L, so zeigt der von dieser aufgenommene Strom eine geringere Verzerrung als die Spannung, und zwar deshalb, weil ihr Blindwiderstand $X_L = 2\pi f L$ der Frequenz proportional ist, auf die einzelnen Spannungsteilwellen also mit um so kleinerem Strom antwortet, je höher deren Ordnungszahl ist. Umgekehrt wirkt eine Kapazität bei verzerrter Spannung. Diese setzt den Spannungsoberwellen einen um so kleineren Blindwiderstand $X_C = \dfrac{1}{2\pi f C}$ entgegen, je höher deren Ordnungszahl ist.

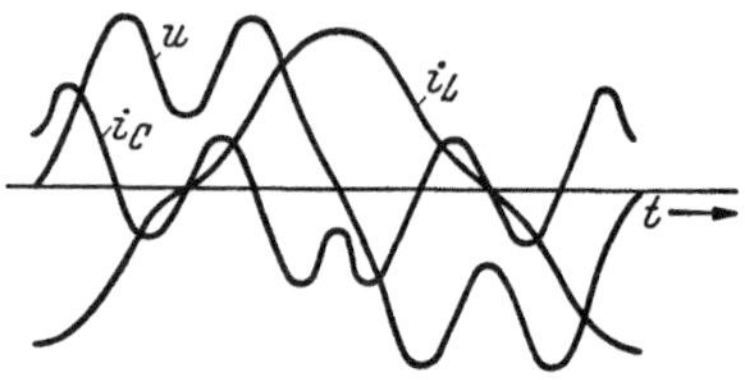

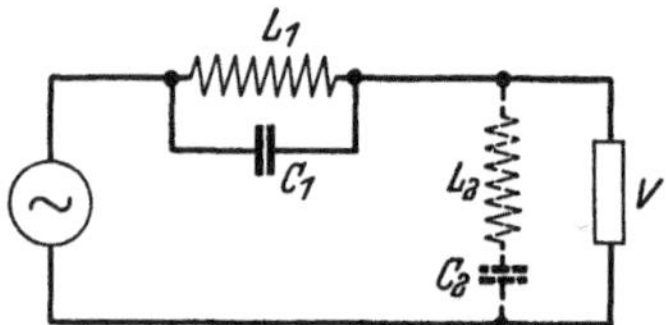

Abb. 303. Drossel- und Kondensatorstrom bei verzerrter Spannung.

Abb. 303 zeigt den Strom i_L einer Induktivität und den einer Kapazität (i_C) bei einer verzerrten Spannung u.

Wenn die zur Verfügung stehende Spannung verzerrt ist, kann der von einem Verbraucher aufgenommene Strom durch eine mit ihm in Reihe geschaltete Drossel geglättet werden. Durch den größeren prozentualen Spannungsabfall, den ein Strom höherer Frequenz an der Drossel hervorruft, erscheint dann auch die Spannung hinter der Drossel glatter als vor ihr, und zwar um so mehr, je stärker der Verbraucherstrom ist. Bei abgeschaltetem Verbraucher ist die Drossel wirkungslos. Solche Glättungsdrosseln verwendet man vorzugsweise in Gleichstromkreisen, wenn der verfügbaren Gleichspannung noch eine störende Wechselspannung überlagert ist, um die von dieser herrührenden Strompulsationen herabzusetzen.

Noch besser gelingt die Glättung des Stromes, wenn man der Drossel L_1 einen Kondensator C_1 parallelschaltet (Abb. 304) und beide so bemißt, daß sie einen auf die störende Frequenz abgestimmten Parallelresonanzkreis (Sperrkreis) bilden, der dann

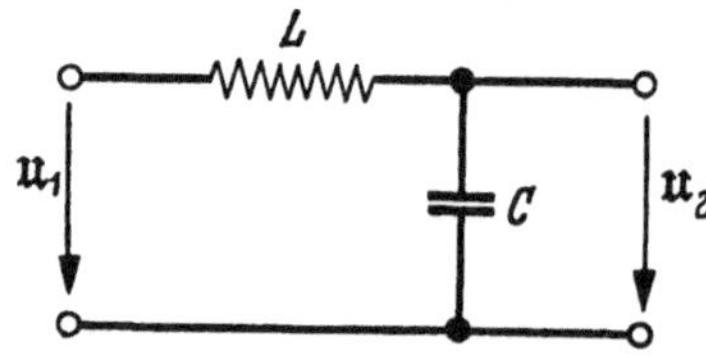

Abb. 304. Aussiebung störender Frequenzen durch Resonanzkreise.

Abb. 305. Siebglied zur Glättung welliger Gleichspannungen.

für einen Strom dieser Frequenz einen außerordentlich hohen Widerstand darstellt. Die höchste Glättungswirkung wird durch einen zusätzlichen, ebenfalls auf die Störfrequenz abgestimmten Reihenresonanzkreis L_2, C_2 (Saugkreis) parallel zum Verbraucher erreicht, der die störfrequente Spannung nahezu kurzschließt.

Sehr häufig verwendet man zur Befreiung einer Gleichspannung von störenden Wechselspannungskomponenten Siebglieder nach Abb. 305. Liegt links an den Eingangsklemmen des Siebgliedes eine Wechselspannung $\mathfrak{U}_1$ mit der Kreisfrequenz ω und ist $\mathfrak{U}_2$ die Spannung zwischen den Ausgangsklemmen, so gilt bei Vernachlässigung des Oʜᴍschen Widerstandes der Drossel für die Effektivwerte dieser Spannungen die Beziehung

$$\frac{U_2}{U_1} = \frac{1}{\omega^2 LC - 1}.$$

Um die Ausgangswechselspannung U_2 gegenüber der Eingangsspannung U_1 klein zu machen, muß man also dem Produkt $\omega^2 L C$ einen Wert geben, der möglichst groß gegenüber dem Wert 2 ist. Durch Hintereinanderschaltung mehrerer solcher Siebglieder kann die Glättung noch weiter verbessert werden.

108. Schwebung. Während man bei der Überlagerung zweier stark voneinander verschiedener Frequenzen in der resultierenden Kurve die beiden Teilwellen noch deutlich erkennen kann, ergibt sich ein Bild von ganz anderem Charakter, wenn zwei dicht benachbarte Frequenzen einander überlagert werden. Der einfachste Fall dieser Art liegt vor, wenn die Amplituden der beiden Teilwellen gleich sind. Wir betrachten die Überlagerung zweier Ströme

$$i_1 = i_{max} \sin \omega_1 t \qquad \text{und} \qquad i_2 = i_{max} \sin \omega_2 t$$

mit den nur wenig voneinander abweichenden Kreisfrequenzen ω_1 und ω_2, die nicht in rationalem Verhältnis zueinander zu stehen brauchen. Der Summenstrom ist

$$i = i_1 + i_2 = i_{max} (\sin \omega_1 t + \sin \omega_2 t)$$
$$= 2\, i_{max} \sin \frac{\omega_1 + \omega_2}{2} t \ \cos \frac{\omega_1 - \omega_2}{2} t \,. \tag{1}$$

Das ist ein Strom mit der halben Summenfrequenz $\dfrac{\omega_1 + \omega_2}{2}$, also mit der mittleren Frequenz, dessen Amplitude aber nach einer Kosinusfunktion mit der halben Differenzfrequenz $\dfrac{\omega_1 - \omega_2}{2}$ schwankt, so daß die Schwingung der hohen Frequenz zwei durch

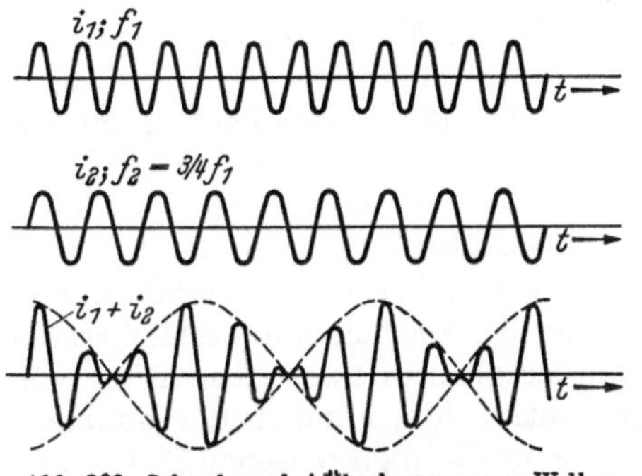

Abb 306. Schwebung bei Überlagerung von Wellen gleicher Amplitude.

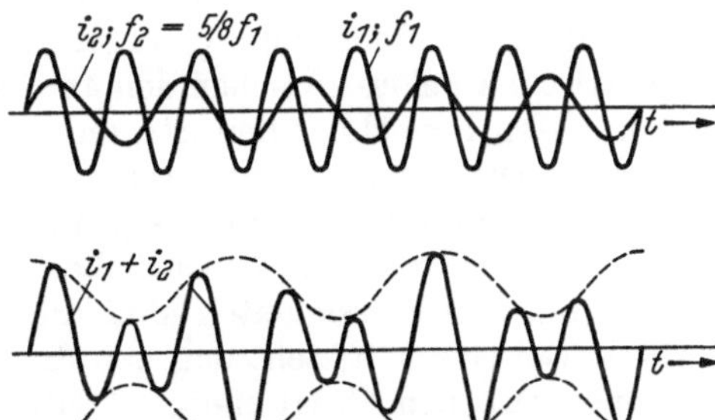

Abb. 307. Schwebung bei Überlagerung von Wellen unterschiedlicher Amplitude.

Umkehren jeder zweiten Halbwelle (Kommutieren) gleichgerichtete Kosinuslinien als Hüllkurven hat (Abb. 306). Man bezeichnet eine solche Schwingung mit periodisch veränderlicher Amplitude als Schwebung. Betrachtet man eine der Hüllkurven, z. B. die obere, selbst als Kurve einer — allerdings verzerrten und gegen die Nullinie verschobenen — Wechselgröße, so hat deren Grundwelle, die bei vielen Vorgängen in Erscheinung tritt, offenbar die Kreisfrequenz $\omega_1 - \omega_2$, die deshalb als Schwebungsfrequenz bezeichnet wird. Eine Schwebung kann man beim Synchronisieren einer Synchronmaschine mit einem Netz beobachten, wenn man die noch offenen Kontakte des Schalters zwischen der Synchronmaschine und dem Netz zwecks Feststellung des richtigen Einschaltzeitpunktes durch Glühlampen überbrückt und die Maschine zwar auf die Netzspannung erregt hat, diese aber noch etwas zu schnell oder zu langsam läuft, ihre Frequenz also von der Netzfrequenz noch etwas abweicht. Die Synchronisierlampen leuchten dann periodisch im Takte der Schwebungsfrequenz auf. Von der Erscheinung der Schwebung macht man in der Nachrichtentechnik zur Erzeugung beliebig einstellbarer, in den Hörbereich fallender, sog. Tonfrequenzen Gebrauch, indem man zwei hochfrequente Schwingungen, von denen die eine ihrer Frequenz nach regelbar ist, einander überlagert. In dem Knotenpunkten der Schwebung ändert die eingehüllte Schwingung jedesmal ihre Phasenlage um 180°, weil $\cos \dfrac{\omega_1 - \omega_2}{2}$ dort einen Vorzeichenwechsel hat.

Nicht mehr so einfach zu übersehen ist die Schwebung, wenn die überlagerten Ströme unterschiedliche Scheitelwerte haben, wenn also

$$i = i_1 + i_2 = i_{1\,max} \sin \omega_1 t + i_{2\,max} \sin \omega_2 t$$

mit $i_{1\,max} \neq i_{2\,max}$ ist. Hierfür können wir für $i_{1\,max} > i_{2\,max}$ schreiben:

$$i = i_{2\,max}\,(\sin \omega_1 t + \sin \omega_2 t) + (i_{1\,max} - i_{2\,max})\,\sin \omega_1 t$$

$$= 2\,i_{2\,max}\,\sin \frac{\omega_1 + \omega_2}{2}\,t \cdot \cos \frac{\omega_1 - \omega_2}{2}\,t + (i_{1\,max} - i_{2\,max})\,\sin \omega_1 t. \qquad (2)$$

Der reinen Schwebung mit dem Schwingungsmaximum $2\,i_{2\,max}$ ist also eine Schwingung mit der Kreisfrequenz ω_1 und der Amplitude $i_{1\,max} - i_{2\,max}$ überlagert. Die Hüllkurve schwankt folglich zwischen den Werten $2\,i_{2\,max} + (i_{1\,max} - i_{2\,max}) = i_{1\,max} + i_{2\,max}$ und $i_{1\,max} - i_{2\,max}$, ist aber keine kommutierte Kosinuskurve mehr, sondern nur noch eine kommutierte kosinusähnliche Kurve mit der Schwebungsfrequenz $\omega_1 - \omega_2$ (Abb. 307), die im Schwebungsminimum spitzer verläuft als im Schwingungsmaximum, was ohne weiteres einleuchtet, wenn man bedenkt, daß die Schwebung ja für den Grenzfall $i_{1\,max} = i_{2\,max}$ wieder in die Form nach Abb. 306 übergeht.

Q. Stromdurchgang durch Gase. Elektrische Ventile

109. Ionisation; Elektronenemission. Ebenso wie durch Flüssigkeiten vermag ein elektrischer Strom auch durch Gase, ja sogar durch ein Hochvakuum, d. h. durch ein Gas zu fließen, dessen Dichte bis an die Grenze des technisch Möglichen vermindert ist, sofern in dem Gas freie Ladungsträger vorhanden sind, die sich unter der Einwirkung des elektrischen Feldes zwischen den an Spannung gelegten Elektroden nach diesen hin bewegen. Man bezeichnet den Stromdurchgang durch eine Gasstrecke als elektrische Entladung. Die freien Ladungsträger in einer Gasstrecke können fremden Ursprungs sein; sie können aber auch durch sog. Ionisation der Gasmoleküle selbst entstehen. Im letzteren Fall besteht ein wesentlicher Unterschied gegenüber der Ionenbildung in Flüssigkeiten. In Flüssigkeiten sind die Ionen beider Vorzeichen mit Molekülresten behaftet. Bei Gasen besteht dagegen die Ionisation lediglich in einer Abspaltung von Elektronen von den Gasatomen, so daß nur das positive Ion, nämlich das nunmehr positiv geladene Gasatom merkliche Masse besitzt, während die abgespaltenen Elektronen die negativen Ionen darstellen. Der entscheidende Unterschied besteht aber darin, daß in einer Flüssigkeit, sofern sie überhaupt leitend ist, die Ionen infolge Dissoziation von vornherein vorhanden sind, während es zur Aufspaltung eines Gasmoleküls in Ionen erst einer besonderen Einwirkung bedarf, ohne die sämtliche Gasmoleküle — außer bei sehr hohen Temperaturen — elektrisch neutral sind.

Die wichtigste Einwirkung dieser Art, durch die eine Aufspaltung des Gasatoms in ein Elektron und ein positives Ion erfolgen kann, ist der Zusammenprall mit einem anderen Ion, insbesondere einem Elektron, sofern dieses eine von der Art des Gases abhängige Mindestgeschwindigkeit hat. Man nennt diesen Vorgang Stoßionisation. Stoßionisation findet in elektrischen Entladungsstrecken statt, wenn schon vorhandene Ladungsträger, vorzugsweise Elektronen, in dem zwischen den Elektroden herrschenden elektrischen Feld auf hinreichend große Geschwindigkeiten beschleunigt werden. Dazu muß ein solches Teilchen bei gegebener Feldstärke einen bestimmten Mindestweg in Richtung der Feldlinien frei zurückgelegt haben. Nun erleidet aber ein Teilchen, das sich in dem Gas bewegt, fortwährend Zusammenstöße mit Gasmolekülen, wobei es seine Bewegungsenergie jedesmal größtenteils verliert. Ob es überhaupt einmal bis auf die Geschwindigkeit beschleunigt wird, bei der es ionisieren kann, hängt also bei gegebener Feldstärke von der Weglänge ab, die es zwischen zwei Zusammenstößen frei durchlaufen kann. Die Gasmoleküle selbst befinden sich in einer ungeregelten Bewegung. Im Mittel hängt aber der Abstand zwischen ihnen, die sog. mittlere freie Wegelänge, von der Dichte des Gases ab. Je dichter also das Gas ist, je größer also bei gegebener Temperatur sein Gasdruck ist, um so kleiner wird bei einer bestimmten Feldstärke die Wahrscheinlichkeit, daß ein geladenes Teilchen die Ionisationsgeschwindigkeit erreicht. Deshalb tritt Stoßionisation bei um so geringerer Feldstärke ein, je niedriger der Gasdruck ist. Schon bei Atomsphärendruck sind beträchtliche Feldstärken — in Luft etwa 20 kV/cm — nötig, um Stoßionisation hervorzurufen.

Die Entladung ist somit imstande, die zu ihrer Unterhaltung nötigen Ladungsträger durch Stoßionisation des Gases selbst zu schaffen. Man bezeichnet sie dann als selbständige Entladung. Für das Einsetzen der Entladung ist es aber offenbar Voraussetzung, daß überhaupt erst einmal einige Ladungsträger vorhanden sind. Das kann zunächst eine Folge einer sehr hohen Gastemperatur sein. Aber auch durch die Einwirkung der Strahlung radioaktiver Stoffe und der sehr durchdringenden Höhenstrahlung kosmischen Ursprungs findet Ionisation statt, und solche Strahlungen sind fast überall vorhanden. Es werden dadurch fortlaufend Ionenpaare gebildet, ohne daß etwa die Zahl der Ionen dauernd zunimmt. Die Ionen haben nämlich das Bestreben, sich wieder zu neutralen Gasatomen zu vereinigen, ein Vorgang, der als Rekombination bezeichnet wird. Durch die Elektrodenspannung werden zunächst die durch die genannten äußeren Einflüsse gebildeten Ionen in Bewegung gesetzt. Ist die Elektrodenspannung zunächst noch klein, so ist auch die Wanderungsgeschwindigkeit dieser Ionen gering. Ein großer Teil von ihnen geht durch Rekombination verloren, bevor sie die Elektroden erreichen. Je mehr durch Steigerung der Elektrodenspannung ihre Geschwindigkeit erhöht wird, um so weniger Zeit bleibt ihnen zur Rekombination, um so mehr von ihnen erreichen also die Elektroden. Das bedeutet aber eine Zunahme des Entladungsstromes mit wachsender Spannung. Der Strom erreicht einen Sättigungswert, wenn schließlich alle in der Zeiteinheit gebildeten Ionen zu den Elektroden gelangen (Abb. 308). Bei noch weiterer Steigerung der Spannung bzw. der Ionengeschwindigkeit setzt dann Stoßionisation ein und die Zahl der entstehenden Ionen nimmt rasch zu, um schließlich, wenn die durch Stoß erzeugten Ionen ihrerseits wieder Ionisierungsvorgänge auslösen, lawinenartig anzuwachsen, ohne daß es noch einer weiteren Spannungserhöhung bedarf. Um kurzschlußartige Erscheinungen zu vermeiden und den Strom auf einen bestimmten Höchstwert zu begrenzen, dürfen solche Ent-

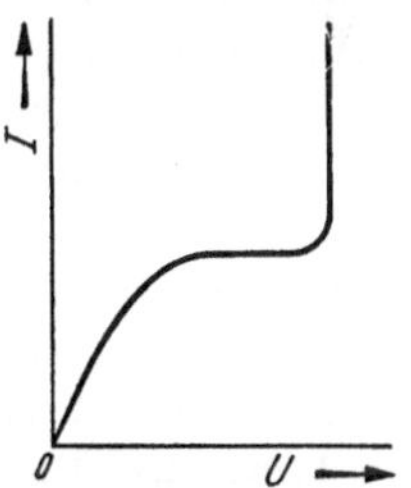

Abb. 308. Strom-Spannungs-Kennlinie einer Gasentladungsstrecke.

ladungsstrecken nur so betrieben werden, daß die Spannung an ihnen mit zunehmender Stromstärke sinkt. Man muß ihnen also entweder einen Widerstand vorschalten oder sie aus einem Spezialgenerator mit stark fallender Spannungs-Strom-Kennlinie speisen.

Bei den meisten technisch gebrauchten Entladungsstrecken ist die Kathode an der Bildung von Ladungsträgern entweder maßgebend mitbeteiligt oder sogar die alleinige Quelle der Ladungsträger. Allerdings kann die Kathode niemals positive Ionen, sondern stets nur Elektronen liefern. Normalerweise können die Elektronen eines metallischen Leiters dessen Oberfläche nicht verlassen. Sie tun dies jedoch, wenn an der Oberfläche entweder eine sehr hohe, auf die Oberfläche hin gerichtete, elektrische Feldstärke herrscht (Feldemission) oder wenn durch Erhöhung der Leitertemperatur ihre Energie hinreichend erhöht ist (Glühemission). Im letzteren Falle vermögen sie sogar in einem von der emittierenden Oberfläche weg gerichteten elektrischen Feld gegen eine gewisse Potentialdifferenz anzulaufen. Auch durch Aufprall energiereicher Ladungsträger können aus einer Metalloberfläche Elektronen „herausgeschlagen" werden.

110. Der Lichtbogen. Die meisten technisch benutzten Gasentladungen spielen sich in sog. Entladungsröhren oder Entladungsgefäßen unter stark vermindertem Gasdruck ab. Vielseitig verwendet, insbesondere zum Schweißen von Metallen, zur Beleuchtung und als Wärmequelle hoher Temperatur in der chemischen und metallurgischen Industrie, wird aber auch die unter Atmosphärendruck oder sogar unter Überdruck brennende Entladung zwischen Kohle- oder Metallelektroden. Bringt man die Spitzen zweier Kohlestifte, zwischen denen eine Spannung von etwa 45 bis 60 V liegt, vorübergehend zur Berührung miteinander, so bildet sich beim Auseinanderziehen zwischen ihnen eine Entladung in Form eines sog. Lichtbogens aus. Der Lichtbogen entsteht dadurch, daß anfangs die nur punktartigen Berührungsstellen der Kohleelektroden durch den darüber fließenden Strom stark erhitzt werden, so daß die negative Elektrode zur Elektronenquelle wird und beim Auseinanderziehen in der Gasstrecke zwischen den Elektroden Ionisation stattfindet. Der auf diese Weise auch nach der Trennung noch fließende Entladungsstrom hält die Ansatzpunkte der Entladung auf den Elektroden weiterhin auf einer zur Elektronenemission ausreichenden Temperatur, so daß der Lichtbogen erhalten bleibt. Elektronenquelle für ihn ist natürlich die negative Elektrode, obwohl die positive auf eine wesentlich höhere Temperatur kommt. Die Temperatur im Lichtbogen ist außerordentlich hoch; man hat im Kohlelichtbogen Werte von 6000° C, im Lichtbogen zwischen Metallelektroden noch mehr gemessen. Dabei ist aber die Helligkeit des eigentlichen Lichtbogens nicht sehr groß; für Beleuchtungszwecke wird vielmehr im wesentlichen die Strahlung der weißglühenden positiven Elektrode ausgenutzt.

Eine typische Eigenschaft jeder lichtbogenartigen Entladung ist ihre fallende Kennlinie: mit wachsendem Entladungsstrom sinkt die „Brennspannung", d. h. die zur Aufrechterhaltung des Lichtbogens nötige Spannung. Unmittelbar an eine Spannungsquelle geringen inneren Widerstandes angeschlossen würde daher der Lichtbogenstrom auf außerordentlich große Werte anwachsen, und es ist deshalb nötig, durch Vorschalten eines hinreichend großen Widerstandes dem Lichtbogenstromkreis doch wieder eine fallende Spannungs-Strom-Kennlinie zu geben.

Der Lichtbogen tritt als ungewollte und schädliche Erscheinung beim Öffnen eines Schalters unter Strom zwischen den Schalterkontakten auf. Er kann dann leicht zu Schmelzvorgängen an den Kontakten führen und diese beschädigen. Beim Abschalten von Wechselstrom ist die Gefahr der Lichtbogenbildung nicht so groß, weil der Lichtbogen im Nulldurchgang des Stromes ohnehin erlischt. Man muß dann nur durch geeignete Mittel dafür sorgen, daß beim Wiederkehren der Spannung zwischen den getrennten Schalterkontakten die Trennstrecke zwischen diesen soweit von Ionen befreit ist, daß der Lichtbogen nicht wieder von neuem zündet. Schwieriger ist das Unterbrechen starker Gleichströme. Hier hilft man sich durch sehr rasche Vergrößerung der Trennstrecke, indem man die Kontakte durch gespannte Federn auseinanderreißt, oder durch Magnetfelder (Blasmagnete), die, quer durch die Entladungsbahn tretend, durch die auf die Ladungsträger einwirkenden Kräfte die Lichtbogenbahn verlängern.

R. Entladungsröhren und Gleichrichter

111. Die Elektronenröhre ohne Gitter. Ausschließlich mit den von einer erhitzten Kathode (Glühkathode) emittierten Elektronen als Ladungsträger arbeiten die sog. Elektronenröhren. Bei ihnen befinden sich die durch einen Hilfsstrom geheizte Glühkathode und die kalte Anode sowie meist noch eine oder mehrere gitterförmige Zwischenelektroden in einem Hochvakuum, d. h. in einem abgeschlossenen Gefäß, aus dem die Gasmoleküle durch Auspumpen, soweit irgend möglich, entfernt sind. Zusammenstöße der Elektronen mit Gasmolekülen und Ionenbildung in der Entladungsstrecke finden daher in merklichem Maße nicht statt; die Elektronen können praktisch ohne Behinderung durch Gasreste dem elektrischen Feld zwischen den Elektroden folgen. Als Kathode dient gewöhnlich entweder ein direkt geheizter Glühfaden aus Wolfram, auf dessen Oberfläche zur Erhöhung der Elektronenemission eine Schicht von Thorium in Moleküldicke nach einem besonderen Verfahren aufgebracht ist, oder ein indirekt geheiztes Metallröhrchen, dessen Oberfläche mit einer Schicht von Oxyden der Erdalkali-Metalle — meist mit Bariumoxyd — als emittierender Schicht bedeckt ist. Abb. 309 zeigt das Schema einer solchen Elektronenröhre ohne Zwischenelektroden (sog. Diode) in einer Schaltung, mit der die Kennlinien der Röhre

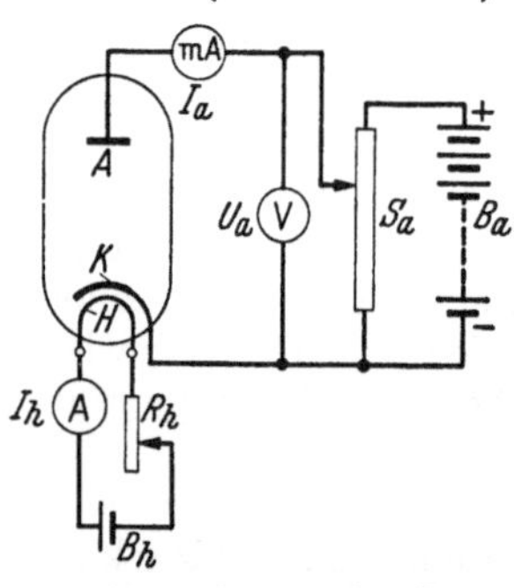

Abb. 309. Elektronenröhre (Diode) in Meßschaltung.
A Anode, K Kathode, H Heizfaden, B_h Heizstromquelle, B_a Anodenstromquelle, R_h Heizstrom-Regelwiderstand, S_a Spannungsteiler, U_a Anodenspannung, I_a Anodenstrom, I_h Heizstrom.

im Bereich positiver Anodenspannung durch Messung aufgenommen werden können. Bei der praktischen Ausführung umschließen die Anode und etwaige Zwischenelektroden (Gitter) die Kathode, z. B. in Form von Zylindern (Abb. 310), in deren Achse die Kathode liegt.

Abb. 311 zeigt den Zusammenhang zwischen dem Entladungsstrom, dem sog. Anodenstrom I_a, und der Spannung zwischen Anode und Kathode, der sog. Anodenspannung U_a, bei zwei verschiedenen Werten des für die Kathodentemperatur maßgebenden Kathodenheizstromes I_h. Der Anodenstrom setzt bereits ein wenn die Anode gegenüber der Kathode schwach negativ ist. Dabei versucht zwar das elektrische Feld zwischen Anode und Kathode, die ausgetretenen Elektronen auf die Kathode zurückzutreiben, also einen Entladungsstrom zu verhindern. Es wurde jedoch schon erwähnt, daß die Elektronen vermöge der ihnen innewohnenden Austrittsenergie gegen ein gewisses negatives Anodenpotential anlaufen können. Nun haben nicht etwa alle aus der Kathode austretenden Elektronen die gleiche Energie, diese ist vielmehr um einen statistischen Mittelwert verteilt, der mit der Kathodentemperatur zunimmt. Verschiebt man also, von größeren negativen Werten her kommend, das Anodenpotential gegenüber der Kathode allmählich in Richtung auf positive Werte hin, so gibt es schließlich einen Punkt, wo die schnellsten der Elektronen nicht mehr auf die Kathode zurückfallen, sondern die Anode erreichen; der Anodenstrom setzt ein. Dieser Punkt wird schon bei um so stärker negativem Anodenpotential erreicht, je höher die Kathodentemperatur ist. Je schwächer das negative Anodenpotential gegenüber der Kathode ist, eine um so größere Zahl der austretenden Elektronen erreicht die Anode; der Anodenstrom I_a steigt, und zwar in diesem Anlaufstrom-Gebiet nach einer Exponentialfunktion mit der Anodenspannung U_a.

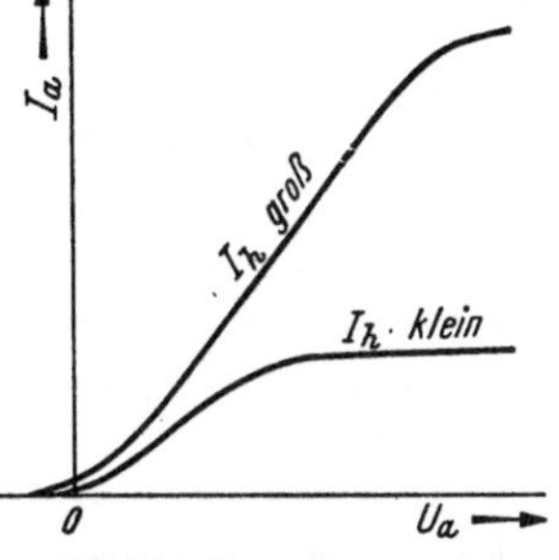

Abb. 310. Konzentrische Elektrodenanordnung einer Diode.

Abb. 311. Strom-Spannungs-Kennlinien einer Diode.

Wird nun die Anode auf das Kathodenpotential, das wir immer gleich Null setzen wollen, oder sogar auf schwach positives Potential gegenüber der Kathode gebracht, so fällt diese Behinderung der Elektronenbewegung zwar fort. Es würden jetzt alle aus der Kathode austretenden Elektronen, deren Zahl je Zeiteinheit nur durch die Kathodentemperatur bestimmt ist, auf die Anode gelangen, d. h. der Anodenstrom auf den der Kathodentemperatur entsprechenden Höchstwert, den sog. Sättigungsstrom ansteigen, wenn nicht ein anderer Effekt dies verhinderte. Vermöge ihrer negativen Ladung beeinflussen nämlich die aus der Kathode in den Entladungsraum ausgetretenen Elek-

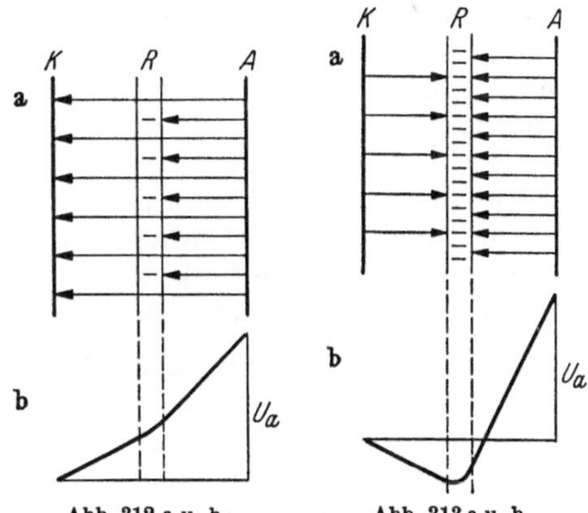

Abb. 312 a u. b.

Abb. 313 a u. b.

Beeinflussung des Potentialverlaufs in einer Diode durch eine Raumladungsschicht.

tronen ganz wesentlich das Bild des dort herrschenden elektrischen Feldes bzw. die Potentialverteilung zwischen den Elektroden. Wir lernen hier eine ganz neue Art des Aufbaus eines elektrostatischen Feldes kennen. Wir wissen, daß seine Feldlinien nur an Ladungen beginnen oder enden können. Bisher haben wir als Sitz der Ladungen ausschließlich die Oberflächen leitender Körper feststellen können. Im vorliegenden Fall sind aber in Form der Elektronen negative Ladungen als sog. Raumladung in dem Feldgebiet außerhalb der Elektroden feinst verteilt. Infolge der Raumladung gibt es jetzt also Feldlinien, die scheinbar frei im Raum, in Wirklichkeit natürlich auf den dort befindlichen Elektronen enden; das Feld ist nicht mehr quellenfrei. Wir können uns einen solchen Fall grob schematisch an den Abb. 312 und 313 klarmachen. Dort sei zwischen einer Elektrode K, deren Potential wir gleich Null setzen, und einer Elektrode A mit dem positiven Potential U_a eine Schicht R mit negativer Raumladung vorhanden. Ist die Ladungsdichte in dieser Schicht klein, so wird ein Teil der von A ausgehenden Feldlinien in ihr, der Rest erst auf der Elektrode K enden. Es stellt sich dann etwa die Potentialverteilung Abb. 312b ein; das Potential der Raumladungsschicht ist noch positiv. Bei stärkerer negativer Ladungsdichte in der Schicht kann sich aber wie in Abb. 313, die Feldrichtung zwischen ihr und der Elektrode K sogar umkehren; der Tiefstpunkt des Potentials liegt jetzt in der Raumladungsschicht (Abb. 313b).

In der Elektronenröhre herrscht natürlich eine negative Raumladung im ganzen Gebiet zwischen den Elektroden, und zwar mit nach der Anode hin abnehmender Ladungsdichte, weil ja dort wegen der größeren Elektronengeschwindigkeit weniger Elektronen je Raumeinheit vorhanden sind als in Kathodennähe. Da die austretenden Elektronen gegen ein gegenüber der Kathode negatives Potential anlaufen können, muß zunächst der Tiefstpunkt des Potentials, wie im Falle der Abb. 313b, noch im Raumladungsgebiet liegen, so daß die Feldlinien an der Kathodenoberfläche von dieser weg gerichtet sind; denn wäre dort kein solches, die Elektronenwanderung behinderndes Feld vorhanden, würden ja sofort alle austretenden Elektronen die Anode erreichen. Mit zunehmendem positivem Anodenpotential werden dann die Elektronen immer rascher aus dem Entladungsraum abgesaugt. Die Potentialabsenkung im Raumladungsgebiet wird kleiner, und es werden immer weniger Elektronen auf die Kathode zurückgedrängt, bis schließlich die Feldstärke an der Kathodenoberfläche zu Null wird und es auch den langsamsten der austretenden Elektronen gelingt, die Kathode endgültig zu verlassen und die Anode zu erreichen. Der Anodenstrom I_a steigt infolgedessen gemäß Abb. 311 mit wachsender Anodenspannung U_a immer mehr an, bis er schließlich den durch die Kathodentemperatur bedingten Sättigungswert erreicht und die Kennlinie $I_a = f(U_a)$ in eine Horizontale umbiegt.

Da nur die Kathode Elektronen emittiert, kann ein Strom nur von der Anode zur Kathode, nicht aber umgekehrt fließen. Legt man also an die Elektronenröhre eine Wechselspannung, so fließt über sie nur in den Halbwellen Strom, in denen die Anode positiv ist, d. h. die Röhre wirkt als Gleichrichter. Allerdings ist, wie wir gesehen haben, wegen der Raumladung die Spannung zwischen den Elektroden und damit der Leistung, die sich an der Anode durch Aufprall der durch die Spannung beschleunigten Elektronen in Wärme umsetzt, beträchtlich, so daß die Elektronenröhre als Gleichrichter für Zwecke der Starkstromtechnik, wo die Wirtschaftlichkeit entscheidend ist, allenfalls für kleine Stromstärken bei hoher Betriebsspannung in Betracht kommt.

112. Die Verstärkerröhre (Triode). Ihre außerordentliche Verbreitung in der Nachrichten- und Regelungstechnik verdankt die Elektronenröhre der Möglichkeit, ihren Anodenstrom mittels eines sog. Steuergitters, d. h. einer gitterförmigen Zwischenelektrode, trägheitslos und ohne Leistungsaufwand zu steuern. Abb. 314 zeigt das Schema einer solchen Röhre, die, sofern sie nur ein einziges Gitter G enthält, als Triode bezeichnet wird. Der Anodenstrom I_a hängt bei ihr bei konstanter Kathodentemperatur nicht nur von der Anodenspannung U_a, sondern auch von dem Potential U_g des Gitters gegenüber der Kathode ab. Das Gitter, das bei zylindrischer Anodenform die Kathode meist in Form einer weitgängigen, auf einem Haltesteg befestigten Drahtwendel umgibt (Abb. 315), beeinflußt je nach dem Potential, auf das es gebracht wird, das Bild des elektrischen Feldes zwischen Anode und Kathode. Hat das Gitter das Potential Null, d. h. Kathodenpotential, so wird bei hinreichend hohem Anodenpotential zwar ein Teil der von der Anode ausgehenden Feldlinien bereits auf dem Gitter enden, der überwiegende Teil aber zwischen den Gitterleitern hindurch bis zur Kathode reichen. Je stärker negativ das Gitter gegenüber der Kathode gemacht wird, um so mehr verschiebt sich diese Aufteilung zugunsten der schon auf dem Gitter endenden Feldlinien, bis es schließlich bei einem bestimmten negativen Gitterpotential überhaupt keine Feldlinien mehr gibt, die, von der Anode ausgehend, die Kathode erreichen. Dann gibt es aber auch keine Stelle auf der Kathode mehr, wo noch eine auf ihre Oberfläche hin gerichtete Feldstärke vorhanden wäre, und damit ist den Elektronen — von ihrer Fähigkeit, gegen eine gewisse Potentialdifferenz anzulaufen, abgesehen — der Austritt aus der Kathode unmöglich gemacht; der Anodenstrom verschwindet. Ein bestimmtes, negatives Gitterpotential hat naturgemäß um so geringeren Einfluß auf den Feldverlauf, und damit auf den Anodenstrom, je höher das Anodenpotential ist.

Der Anodenstrom kann somit durch das Gitterpotential gesteuert werden, ohne daß das Gitter selbst Strom führt, also zur Steuerung Leistung aufgebracht werden muß. Da die Elektronen praktisch masselos sind, folgt der Anodenstrom allen Änderungen der Gitterspannung ohne Trägheit. Stromlos ist das Gitter aber nur bei negativem Gitterpotential; ist das Gitter dagegen positiv, so nimmt es Elektronen auf, es fließt ein Gitterstrom zur Kathode, und es wird Steuerleistung benötigt. Wenn es nur auf die Steuerwirkung ankommt, vermeidet man deshalb positive Gitterpotentiale.

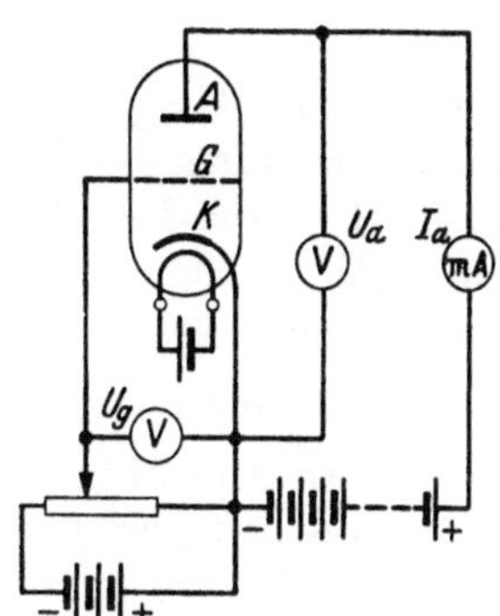

Abb. 314. Triode in Meßschaltung.

Abb. 316 a zeigt die Abhängigkeit des Anodenstromes I_a von der Gitterspannung U_g bei verschiedenen Werten der Anodenspannung U_a und Abb. 316 b die Kennlinienschar $I_a = f(U_a)$ bei jeweils konstanter negativer Gitterpannung U_g. Die Kurven verlaufen in einem großen Teil ihres Bereiches nahezu geradlinig und verschieben sich bei Änderung des Parameters U_a bzw. U_g waagerecht parallel, und zwar ist das Maß der Parallelverschiebung der Parameteränderung proportional. Man legt den Arbeitsbereich einer Röhre durch entsprechende Bemessung von Gitter- und Anodenspannung gewöhnlich in den geradlinigen Teil ihrer Kennlinie. Sonst würde bei Steuerung mit einer Gitterwechselspannung, der natürlich eine negative Gittervorspannung überlagert sein muß, um positive Gitterpotentiale zu vermeiden, der Wechselstromanteil des Anodenstromes Oberwellen enthalten, die in der Gitterspannung nicht vorhanden sind, also kein getreues Abbild der Steuerwechselspannung mehr sein, was meist unerwünscht ist.

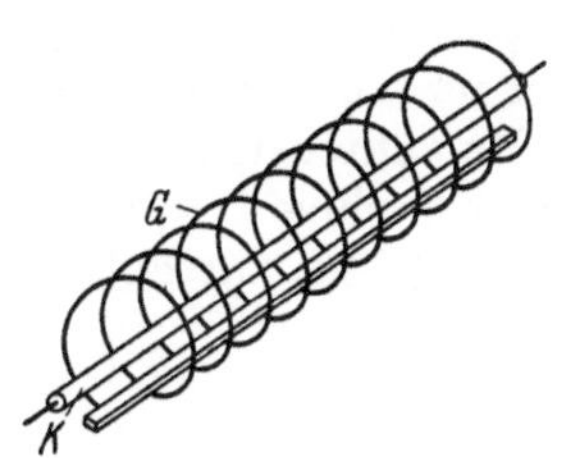

Abb. 315. Kathode und Gitter einer Triode.

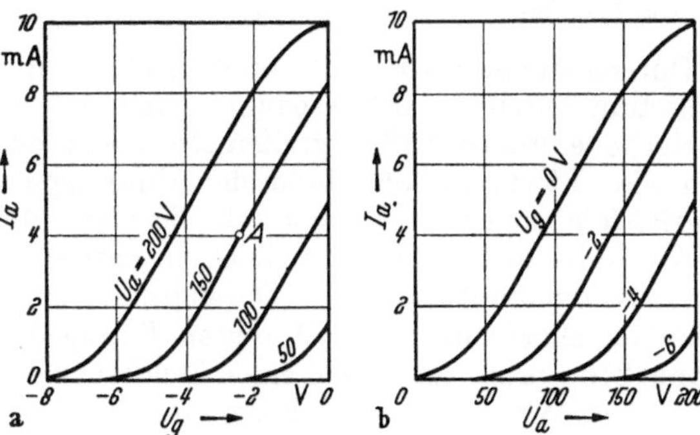

Abb. 316. a u. b. Kennlinienscharen einer bestimmten Triode.   Abb. 317. Kennliniensteilheit einer Triode.

Wird bei konstanter Anodenspannung U_a die Gitterspannung U_g um den Betrag ΔU_g geändert, so hängt das Verhältnis, in dem die dadurch hervorgerufene Änderung ΔI_a des Anodenstromes zu ΔU_g steht, im allgemeinen davon ab, in welchem Bereich der betr. Kennlinie $I_a = f(U_g)$ die Änderung von U_g erfolgt und wie groß sie ist (Abb. 317).

Für eine Änderung ΔU_g, die so klein ist, daß man das zugehörige Stück der Kennlinie als geradlinig ansehen darf, ist das Verhältnis

$$S = \left(\frac{\Delta I_a}{\Delta U_g}\right)_{U_a = \text{const}} \tag{1}$$

nur noch durch die Neigung der Kennlinie in dem Arbeitspunkt A bestimmt, in dessen unmittelbarer Umgebung die Änderung von U_g erfolgt, und zwar ist es — natürlich unter Beachtung der Darstellungsmaßstäbe — gleich dem Tangens des Winkels, den die in A an die Kennlinie gelegte Tangente mit der U_g-Achse einschließt. Der Ausdruck (1), streng genommen sein Grenzwert für $\Delta U_g \to 0$, wird deshalb als Kennliniensteilheit, manchmal auch schlechthin als Steilheit der betr. Röhre bezeichnet. Sie wird gewöhnlich in $\frac{\text{mA}}{\text{V}}$ angegeben und ist ein Maß für die Steuerwirkung des Gitters. In Abb. 316a ist z. B. in dem dort auf der Kennlinie für $U_a = 150$ V angedeuteten Arbeitspunkt A

$$S = 1{,}75 \text{ mA/V}.$$

Wird für eine bestimmte Röhre die Steilheit als kennzeichnender Wert ohne weitere Zusätze angegeben, so ist damit stets die Steilheit im geradlinigen Kennlinienbereich oder im normalen Arbeitspunkt gemeint.

Hat unter den gleichen Voraussetzungen bei konstanter Gitterspannung gemäß der betr. Kennlinie $I_a = f(U_a)$ (Abb. 316b) eine Änderung von U_a um ΔU_a eine Anodenstromänderung ΔI_a zur Folge, so heißt das Verhältnis

$$R_i = \left(\frac{\Delta U_a}{\Delta I_a}\right)_{U_g = \text{const}} \tag{2}$$

der innere Widerstand der Röhre (vgl. Abschn. 10, letzter Abs.). Er wird meist in V/mA, d. h. in kΩ angegeben. Die Kennlinien Abb. 316b ergeben z. B. für R_i im garadlinigen Bereich den Wert $50:3{,}5 = 14{,}3$ V/mA.

Eine dritte wichtige Kenngröße einer Röhre ist schließlich der sog. Durchgriff. Der Anodenstrom ändert sich sowohl bei einer Änderung der Gitterspannung als auch bei einer Änderung der Anodenspannung. Muß die Gitterspannung um ΔU_g geändert werden, um die von einer Anodenspannungsänderung ΔU_a herrührende Änderung des Anodenstromes wieder rückgängig zu machen, I_a also konstant zu halten, so ist das Verhältnis

$$D = \left(\frac{\Delta U_g}{\Delta U_a}\right)_{I_a = \text{const}} \tag{3}$$

der Durchgriff der Röhre. Je größer der Durchgriff einer Röhre ist, um so größer ist der Anteil der Anodenspannung im Verhältnis zum Anteil der Gitterspannung an der Ausbildung des elektrischen Feldes vor der Kathode, um so stärker greifen also die an der Anode entspringenden Feldlinien durch die Gittermaschen hindurch. Unter sonst gleichen Verhältnissen wird der Durchgriff folglich um so kleiner sein, je enger die Maschen des Gitters sind. Da, um I_a konstant zu halten, U_g und U_a in entgegengesetztem Sinne geändert werden müssen, ist der Zahlenwert des Durchgriffs, streng genommen, stets negativ. Man gibt aber im allgemeinen den absoluten Betrag des Durchgriffs an. In dem Beispiel nach Abb. 316a muß, um I_a bei einer Steigerung der Anodenspannung von 150 auf 200 V auf dem Wert von 4 mA konstant zu halten, gleichzeitig U_g von $-2{,}5$ auf $-4{,}5$ V geändert werden. Der absolute Betrag des Durchgriffs ist also $|D| = \dfrac{4{,}5 - 2{,}5}{200 - 150} = 0{,}04$.

Bemerkenswert ist, daß bei jeder Röhre die Zahlenwerte der drei Kenngrößen S, R_i und D in dem Zusammenhang

$$S\,R_i\,D = -1 \tag{4}$$

stehen, so daß, wenn zwei von ihnen gegeben sind, auch die dritte bekannt ist. Das Minuszeichen rührt von dem stets negativen Zahlenwert des Durchgriffs her. Setzt man den absoluten Betrag von D ein, so ist das obige Produkt gleich $+1$.

Eine der wichtigsten Verwendungsarten der Elektronenröhre ist die als Verstärker. Legt man nämlich zwischen Gitter und Kathode eine zeitlich veränderliche Spannung, so unterliegt die Spannung, die der Anodenstrom an einem in den Anodenkreis geschalteten Widerstand R_a (Abb. 318) hervorruft, Schwankungen, die beim Arbeiten im geradlinigen Teil der Röhrenkennlinie und bei Vernachlässigung des Einflusses der gegenseitigen Kapazitäten der Röhrenelektroden ein getreues, bei geeigneter Bemessung von R_a aber stark vergrößertes Abbild der Gitterspannungsänderungen sind. Natürlich beeinflußt die jeweils an R_a auftretende Spannung bei konstanter Spannung U_{a0} der Anodenstromquelle die zwischen Anode und Kathode liegende Anodenspannung U_a in der Weise, daß bei einer Zunahme ΔI_a des Anodenstromes die Anodenspannung um $\Delta U_a = R_a \Delta I_a$ abnimmt. Da eine Verminderung von U_a aber bei konstanter Gitterspannung eine Abnahme von I_a bewirkt, wird die mit einer gegebenen Gitterspannungs-Änderung erreichbare Änderung von I_a kleiner als bei $R_a = 0$. In Abb. 319 ist in das Kennlinienfeld $I_a = f(U_a)$ die Gerade eingetragen, die den durch die Beziehung $U_a = U_{a0} - I_a R_a$ gegebenen, zusätzlichen Zusammenhang zwischen I_a und U_a darstellt. Sie schneidet die Ordinatenachse bei einem Strom I_a, für den $I_a R_a = U_{a0}$ ist. Die Arbeitspunkte, auf die sich die Röhre bei Änderung von U_g einstellt, sind die Schnittpunkte der Kennlinienschar mit dieser Geraden.

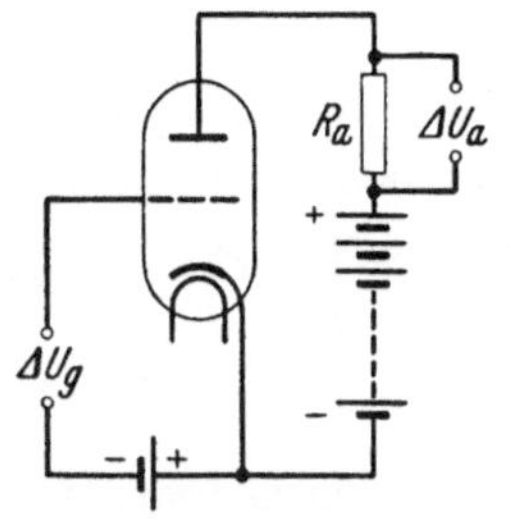

Als Verstärkung V bezeichnet man die Änderung ΔU_q der Spannung

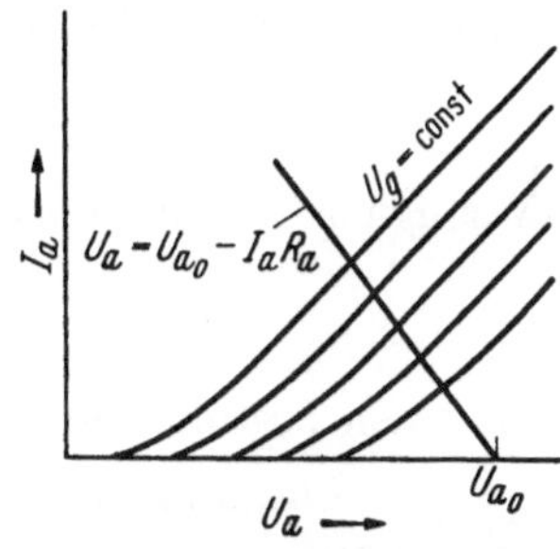

Abb. 318. Triode mit Arbeitswiderstand im Anodenkreis.

Abb. 319. Einfluß eines Widerstandes im Anodenkreis auf die Arbeitsweise einer Triode.

an einem im Anodenkreis liegenden Arbeitswiderstand R_a im Verhältnis zu der diese Änderung bewirkenden Änderung ΔU_g der Gitterspannung. Es ist also

$$V = \frac{\Delta U_a}{\Delta U_g}. \tag{5}$$

Damit die Verstärkung als positiver Zahlenwert herauskommt, sind für ΔU_a und ΔU_g die absoluten Beträge einzusetzen.

Eine — natürlich in Reihe mit einer negativen Gittervorspannung — an das Gitter gelegte Wechselspannung, erscheint an R_a als eine auf den V-fachen Amplitudenwert verstärkte, einer Gleichspannung überlagerte Ausgangswechselspannung. V errechnet sich wie folgt: Bei einer Abnahme der Ausgangsspannung an R_a um ΔU_a wächst die Anodenspannung um den gleichen Betrag. Diese Zunahme der Anodenspannung wirkt aber auf I_a genau so ein wie eine Abnahme des Betrags der negativen Gitterspannung um $D \, \Delta U_a$. Eine Zunahme der tatsächlichen negativen Gitterspannung um ΔU_g wird in ihrer Steuerwirkung also vermindert auf $\Delta U_{St} = \Delta U_g - D \, \Delta U_a$. Die fiktive Steuerspannung U_{St} tritt an die Stelle der Gitterspannung. Folglich ist nach Gl. (1)

$$\Delta I_a = \frac{\Delta U_a}{R_a} = S \, \Delta U_{St} = S(\Delta U_g - D \, \Delta U_a), \tag{6}$$

und damit ergibt sich die Verstärkung

$$V = \frac{\Delta U_a}{\Delta U_g} = \frac{S \, R_a}{1 + S \, R_a \, D}. \tag{7}$$

Setzen wir darin nach Gl. (4) die Zahl 1 durch $S \, R_i \, D$, so ergibt sich schließlich

$$V = \frac{1}{D} \frac{R_a}{R_a + R_i}. \tag{8}$$

Die Verstärkung steigt also mit dem Arbeitswiderstand R_a an. Sie kann im Grenzfall für $R_a \to \infty$ den theoretischen Höchstwert $V_{max} = \dfrac{1}{D}$ erreichen. Deshalb wird der Kehrwert von D auch als Verstärkungsfaktor bezeichnet. Je kleiner der Durchgriff, um so größer ist die Verstärkung. Häufig interessiert weniger die Spannungsverstärkung als vielmehr die Frage, wievielmal so groß wie die der steuernden Spannungsquelle im Höchstfall direkt entnehmbare Leistung die Leistung ist, die dem Anodenkreis des Verstärkers entnommen werden kann. Angenommen, die steuernde Gitterspannungsquelle habe einen inneren Widerstand R_g und liefere in unbelastetem Zustand eine Wechselspannung mit dem Effektivwert U_1. Dann erhalten wir nach Gl. (5) an dem Widerstand R_a im Anodenkreis eine Wechselspannung $U_2 = V U_1$. Die höchste Leistung gibt die Spannungsquelle nach S. 27 direkt ab, wenn sie mit einem äußeren Widerstand von der Größe R_g belastet wird. Die Spannung an diesem ist dann gleich $1/2\,U_1$. Folglich ist die Leistung an diesem Belastungswiderstand R_g nach Gl. (20, 10)

$$N_1 = \frac{U_1^2}{4\,R_g}\,. \tag{9}$$

An R_a steht indessen die Leistung

$$N_2 = \frac{U_2^2}{R_a} \tag{10}$$

zur Verfügung, und daraus ergibt sich die Leistungsverstärkung

$$\frac{N_2}{N_1} = \frac{U_2^2}{U_1^2} \cdot \frac{4\,R_g}{R_a} = 4\,V^2\,\frac{R_g}{R_a}, \tag{11}$$

die für einen bestimmten Wert von R_a ein Maximum hat.

113. Das Stromtor (Thyratron). Im grundsätzlichen Aufbau einer Elektronenröhre mit einem Gitter gleichend, aber von wesentlich anderem Verhalten ist ein steuerbares Entladungsgefäß, das unter den Bezeichnungen „Stromtor" oder „Thyratron" im Handel ist. Der Unterschied gegenüber der gewöhnlichen Triode besteht hauptsächlich darin, daß das Stromtor statt des Hochvakuums eine Gasfüllung aus Quecksilberdampf oder Argon von geringem Druck besitzt. Bei Stromdurchgang werden die Atome der Gasfüllung durch die zunächst nur von der Glühkathode gelieferten Elektronen ionisiert, so daß in der Entladungsbahn außer Elektronen auch positive Ionen vorhanden sind. Beide beteiligen sich an dem Zustandekommen des Entladungsstromes; da jedoch die positiven Ionen mit Masse behaftet sind, erreichen sie bei ihrer Wanderung nach der Kathode hin nicht entfernt die Geschwindigkeiten, wie die nach der Anode wandernden, praktisch masselosen Elektronen, und darum ist ihr Anteil an dem Entladungsstrom viel kleiner als der der Elektronen. Trotz der unterschiedlichen Wanderungsgeschwindigkeit der Elektronen und der positiven Ionen, der natürlich noch eine regellose Bewegung überlagert ist, stellt sich in der Entladungsstrecke, in der nun auch die durch Ionisierung entstandenen Ladungsträger ihrerseits durch Stoßionisation wieder neue Ladungsträger bilden, ein Gleichgewichtszustand derart ein, daß in jeder Raumeinheit gleich viel Elektronen wie positive Ionen vorhanden sind. Damit erfüllen aber die positiven Ionen eine sehr wichtige Aufgabe. Durch ihre positive Ladung kompensieren sie nämlich in der Entladungsstrecke die negative Ladung der Elektronen, verhindern also das Entstehen einer negativen Raumladung. Bei den Hochvakuumröhren hatten wir diese Raumladung als Grund für die Notwendigkeit einer hohen Anodenspannung erkannt. Das Stromtor arbeitet folglich mit einer viel niedrigen Anodenspannung von nur 10 bis 15 V. Das ist die sog. Brennspannung.

Vor der Zündung der Entladung, d. h. vor dem Einsetzen der Ionisierung, wo zunächst noch keine positiven Ionen vorhanden sind, sind die Verhältnisse im Stromtor ganz ähnlich denen im Hochvakuumrohr. Infolgedessen läßt sich vor Einsetzen der Ionisierung die bis dahin reine Elektronenentladung mittels eines Gitters zwischen Anode und Kathode steuern. Es ist in diesem Zustand jedem Wert der Anodenspannung ein bestimmtes Gitterpotential zugeordnet, unterhalb dessen kein Elektronenstrom fließt bzw. die Elektronengeschwindigkeit nicht zur Ionisierung ausreicht und deshalb auch keine Zündung erfolgen kann. Abb. 320 zeigt den Zusammenhang zwischen der Anodenspannung U_a und derjenigen Gitterspannung U_g, bei der die Zündung erfolgt. Ist die Zündung aber erst einmal erfolgt, so kann die Entladung auch durch ein noch so hohes Gitterpotential nicht mehr gelöscht werden; das Gitter hat von da ab seine Steuerfähigkeit verloren, weil es bei negativem Potential aus dem Entladungsraum positive Ionen an sich zieht. Deren Dichte nimmt in der unmittelbaren Umgebung der Gitterstäbe so weit zu, daß durch ihre positive Ladung die negative Gitterladung nach außen hin kompensiert wird und das Feld in der Entladungsbahn nicht mehr beeinflußt. Zum Erlöschen gebracht werden kann die Entladung nur dadurch, daß die Anodenspannung unter die Brennspannung abgesenkt wird. Es liegt auf der Hand, daß infolge des Einströmens von Ionen auf das negative Gitter im Gegensatz zum Hochvakuumrohr stets ein Gitterstrom fließt. Die Steuerung des Stromtores erfolgt also nicht völlig leistungslos.

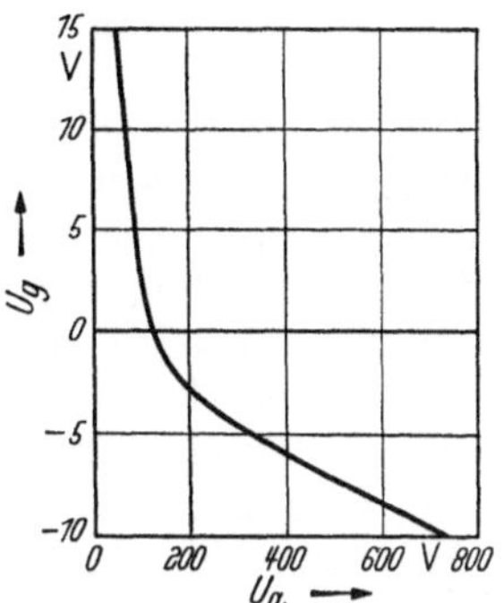

Abb. 320. Zündkennlinie eines Stromtores (Thyratrons).

Wegen dieser Eigenschaften wird das Stromtor fast ausschließlich als Steuerorgan in solchen Schaltungen benutzt, wo die Anodenspannung periodisch durch Null geht, also eine Wechselspannung ist und der hohe Spannungsbedarf und der damit verbundene Leistungsverlust von Hochvakuumröhren nicht tragbar wäre. Wegen seiner einseitigen Stromdurchlässigkeit von der Anode zur Kathode kann das Stromtor dabei zugleich als regelbarer Gleichrichter dienen. Um bei Gleichrichterbetrieb ein ungewolltes Zünden selbst bei hoher negativer Anodenspannung (bis 15 kV) unmöglich zu machen, wird die Anode meist aus Graphit hergestellt, das nur sehr geringe Neigung zur Elektronenemission aufweist. Sonst könnten nämlich beim Vorzeichenwechsel der Anodenwechselspannung die von der vorangegangenen Brennzeit noch vorhandenen positiven Ionen beim Aufprall auf die Anode diese zur Elektronenquelle machen und eine sog. Rückzündung einleiten.

Abb. 321b zeigt das Prinzip der Steuerung eines nach Abb. 321a in Reihe mit einem rein OHMschen Verbraucher R an einer Wechselspannung $\mathfrak{U}$ liegenden Stromtores. Solange das Stromtor noch nicht gezündet hat, also kein Strom fließt, liegt an ihm der volle Augenblickswert u der Wechselspannung. Die Kurve u_z gibt den von der

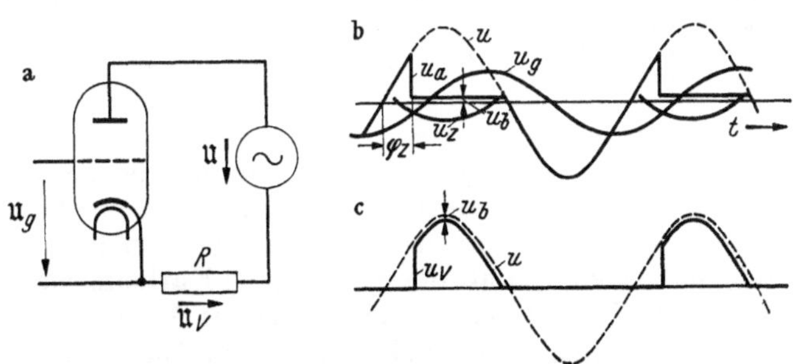

Abb. 321 a—c. Zündpunktsteuerung eines Stromtores.

jeweiligen Höhe von u abhängigen Verlauf der Zündspannung, d. h. derjenigen Gitterspannung an, bei der die Zündung einsetzt. Hat nun die Gitterspannung, beispielsweise in Form einer Gitterwechselspannung $\mathfrak{U}_g$ einen solchen Verlauf, daß sie in jeder Halbwelle, in der die Anode positiv ist, um den Zündwinkel φ_z gegen den Beginn dieser Halbwelle verzögert, die Zündspannung u_z erreicht, so erfolgt in diesem Zeitpunkt die Zündung. Dabei sinkt die Spannung an dem Stromtor auf die niedrige Brennspannung u_b, und zugleich springt die Verbraucherspannung u_V von Null auf den Wert $u - u_b$ (Abb. 321c). Wenn am Ende der Halbwelle die Anodenspannung durch Null geht, erlischt das Stromtor und übernimmt wieder die gesamte Wechselspannung. In der anschließenden Halbwelle ist die Anode negativ, so daß das Stromtor nicht zündet und der Verbraucher spannungslos bleibt. Erst in der nächsten positiven Halbwelle wiederholt sich das Spiel. Durch Änderung der Phasenlage der Gitterspannung u_g kann der Zündwinkel φ_z zwischen $0°$ und $180°$ verschoben und damit der Mittelwert der Verbraucherspannung u_V geregelt werden.

Ist der Verbraucher nicht rein OHMisch, sondern mit Induktivität behaftet, so folgt der Strom nicht mehr der Kurve der Verbraucherspannung. Er setzt im Zündpunkt mit geringerer Neigung ein und fließt noch bis in die nächste Spannungshalbwelle hinein in gleicher Richtung. Folglich bleibt auch die Anodenspannung bis über den Nulldurchgang der Gesamtwechselspannung u hinaus positiv, nämlich solange, wie die Induktivität den Strom aufrechterhält. In jedem Fall hat aber der Verbraucherstrom stets ein und dieselbe Richtung, ist also ein je nach der Größe der Induktivität mehr oder weniger welliger Gleichstrom, weil das Stromtor die andere Stromrichtung sperrt. Wir haben hier eine sog. Einweg-Gleichrichtung vor uns. Durch besondere Schaltungen lassen sich auch beide Halbwellen zur Gleichstrombildung ausnutzen; wir kommen darauf noch zurück. Wenn es nur auf den Effekt der Gleichrichtung ankommt und keine Regelung der gleichgerichteten Spannung verlangt wird, kann man selbstverständlich das Steuergitter in der Röhre weglassen. Die Zündung bei einem solchen Glühkathoden-Gleichrichter setzt dann jedesmal ein, wenn die Anodenspannung einen positiven Wert erreicht hat, bei dem die Elektronengeschwindigkeit zur Ionisierung ausreicht. Diese Zündspannung liegt nur wenig über der Brennspannung.

114. Quecksilberdampf-Gleichrichter. Da Glühkathoden nur für begrenzte Stromstärken bis etwa 40 A herstellbar sind, verwendet man zur Gleichrichtung stärkerer Ströme Quecksilberdampfentladungsgefäße, bei denen die Kathode aus flüssigem Quecksilber besteht (Abb. 322). Eine solche flüssige Kathode K wirkt aber nur solange als Elektronenquelle, wie der Entladungsstrom fließt, da die Elektronen durch die auf sie aufprallenden positiven Ionen ausgelöst werden. Der Mechanismus dieser Elektronenauslösung ist noch nicht völlig geklärt. Auf dem Quersilberspiegel bildet sich ein hell leuchtender Punkt, in dem sich die einlangenden Ionen konzentrieren und auf den sich die Elektronenemission beschränkt. An diesem Punkt wird die Quersilberoberfläche stark erhitzt, und die dadurch bedingten Dampfausbrüche treiben den „Kathodenfleck" regellos auf der Oberfläche umher, wenn er nicht durch besondere Mittel fixiert wird.

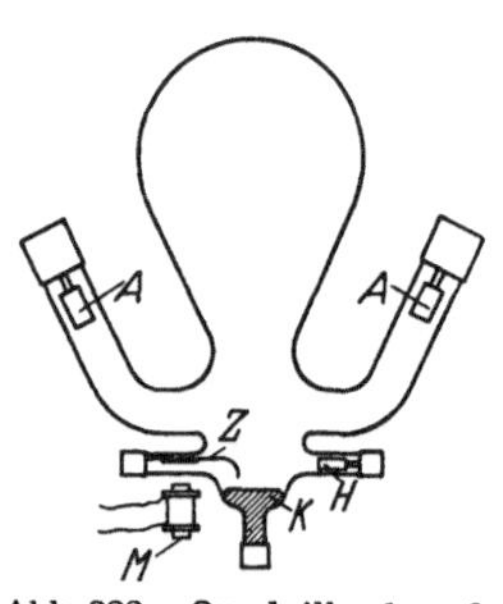

Abb. 322. Quecksilberdampf-Entladungsgefäß mit flüssiger Kathode.

Der Kathodenfleck verschwindet augenblicklich, wenn die Kathode stromlos wird. Bei Gefäßen mit nur einer Anode ist das in jeder zweiten Halbwelle der Wechselspannung der Fall. Nur bei Gefäßen mit drei oder mehr Anoden, wie sie zum Gleichrichten von Drehstrom verwendet werden, überlappen sich normalerweise die Brennzeiten der einzelnen Anoden, so daß die gemeinsame Kathode niemals stromlos wird. Aber auch in diesem Fall würde ein vorübergehendes Abschalten des Verbrauchers den Gleichrichter außer Betrieb setzen. Man erhält aus diesem Grunde ständig eine Hilfsentladung nach einer mit Gleichspannung oder mehreren mit Wechselspannung überlappend betriebenen Hilfsanoden H aufrecht.

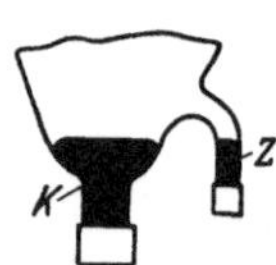

Abb. 323. Kippzündung für einen Quecksilberdampfgleichrichter.

Auf jeden Fall muß aber der Kathodenfleck erst einmal gebildet werden. Dazu dient eine besondere Zündanode Z, die in Abb. 322 aus einer Metallspitze besteht, die an einer Feder befestigt ist und durch Erregen eines Elektromagneten M vorübergehend in das Kathodenquecksilber getaucht werden kann. Liegt die Zündanode Z in Reihe mit einem Strombegrenzungswiderstand und der Kathode K an einer Spannungsquelle, so wird, wenn die Zündanode in einem Augenblick, wo sie positiv ist, durch die Feder wieder aus dem Quecksilber herausgezogen wird, der zuletzt zwischen ihr und der Kathode noch bestehende Berührungspunkt so stark erhitzt, daß er eine Entladung einleitet, die dann von den Hilfs- bzw. Hauptanoden übernommen wird. Kleinere Gefäße werden auch mit Kippzündung ausgerüstet (Abb. 323). Bei ihnen wird zum Zweck der Zündung das Gefäß gekippt, bis das Kathodenquecksilber mit der in einem besonderen Arm befindlichen, ebenfalls aus Quecksilber bestehenden Zündelektrode Z zusammenfließt. Beim Zurückkippen in die normale Lage erfolgt die Zündung, sobald die so gebildete Quecksilberbrücke zerreißt.

Im Betrieb wird ständig Quecksilber aus der Kathode verdampft. Damit der Dampfdruck in Anodennähe nicht zu hoch wird, weil dann die Sperrwirkung versagen und eine sog. Rückzündung eintreten kann, ist der obere Teil des Gefäßes als Kondensationsraum ausgebildet (Abb. 322), in dem sich der Quecksilberdampf an den kühlen Gefäßwandungen niederschlägt und als flüssiges Quecksilber wieder in die Kathode zurückläuft. Außerdem bringt man zur Vermeidung von Rückzündungen die aus Graphit bestehenden Anoden A in Armen des Gefäßes oder in besonderen Schutzrohren an, damit sie nicht von dem in den Kondensationsraum gerichteten Dampfstrom getroffen werden.

Hinsichtlich der Steuerung des Entladungsstromes durch Steuergitter gilt für Quecksilberdampfgleichrichter mit flüssiger Kathode dasselbe wie für Stromtore, nur liegt die zur Zündung erforderliche Gitterspannung im allgemeinen ganz im positiven Bereich.

Kleinere — meist mehranodige — Gefäße bis etwa 300 A werden aus Glas hergestellt und durch Luft gekühlt. Für größere Ströme bis 8000 A verwendet man Gefäße aus Eisen. Sie enthalten bis zu 18 Anoden, die, gegebenenfalls unter Parallelschaltung mehrerer Anoden, an Drehstromsysteme mit durch Sondertransformatoren künstlich erhöhter Phasenzahl angeschlossen werden. Gefäße mit großer Anodenzahl haben wegen der größeren Länge der Entladungsbahnen höhere Brennspannung. Deshalb und aus Gründen der leichteren Reservehaltung herrscht allerdings heute die Tendenz, Großgleichrichterschaltungen aus mehreren Eisengefäßen kleinerer Anodenzahl oder sogar aus einanodigen Gefäßen zusammenzusetzen. Sind bei einem Eisengefäß die isolierenden Elektrodendurchführungen unter Zwischenlage von Dichtungsringen mit dem Gefäß verschraubt, so ist es nicht völlig vakuumdicht und braucht zu seinem Betrieb eine automatisch gesteuerte Vakuumpumpe. Man kühlt solche Gefäße meist mit Wasser. Neuerdings verwendet man als vakuumdichte Isolierung des Elektrodenschaftes gegen ein ihn umschließendes Eisenrohr, das später mit dem Eisengefäß verschweißt wird, Glasringe, die mit Schaft und Rohr verschmolzen, oder Porzellanringe, die nach vorheriger Aufbringung eines Metallüberzuges mit beiden Teilen verlötet werden. Solche Gefäße können pumpenlos betrieben werden, erlauben dann allerdings keine Wasserkühlung mehr, weil gewöhnliches Eisen für Wasserstoffionen durchlässig ist.

115. Trockengleichrichter. Wir haben in den Entladungsgefäßen Geräte mit Ventilcharakter, d. h. einseitiger Stromdurchlaßrichtung kennengelernt. Ein weiteres, allerdings nicht steuerbares Gerät mit Ventilcharakter ist der Trockengleichrichter, von dem es zwei Arten gibt, den Selengleichrichter und den Kupferoxydulgleichrichter. Die Ventilwirkung ist bei beiden die Eigenschaft einer sog. Sperrschicht, die sich dort bildet, wo sich Selen bzw. Kupferoxydul mit einem geeigneten Metall innig berührt. Selen und Kupferoxydul sind Halbleiter. Man versteht darunter feste Leiter, an deren Leitfähigkeit nicht, wie bei Metallen, nur Elektronen, sondern auch Ionen beteiligt sind. Ihre Leitfähigkeit ist nicht eindeutig angebbar, sie

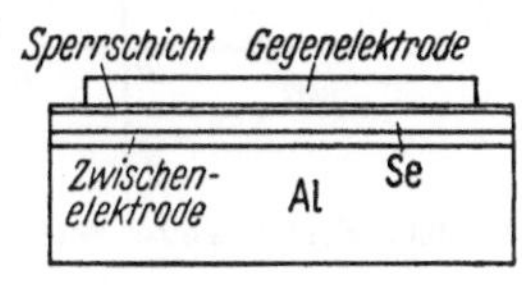

Abb. 324. Schnitt durch eine Selen-Gleichrichterplatte.

kann vielmehr um Zehnerpotenzen verschieden sein und beruht auf Unregelmäßigkeiten der Molekülanordnung im Kristall sowie auf der Anwesenheit fremder Moleküle. Durch eine Wärmebehandlung kann das Verhalten hinsichtlich der Leitfähigkeit meist wesentlich beeinflußt werden, wenn diese nicht dadurch überhaupt erst zustande kommt. Die Vorgänge in der Sperrschicht sind äußerst verwickelt; wir müssen ihre Ventil- bzw. Sperrwicklung als gegeben hinnehmen.

Abb. 324 zeigt stark vergrößert einen Querschnitt durch ein Selen-Gleichrichterelement. Bei seiner Herstellung wird geschmolzenes Selen auf die mit einer Zwischenschicht aus Wismut versehene Aluminium-Trägerscheibe aufgebracht und nach dem Erstarren durch Wärmebehandlung in eine halbleitende Modifikation umgewandelt. Darauf wird als Gegenelektrode eine Metallschicht aus einer Speziallegierung auf die freie Selenoberfläche aufgespritzt. Zwischen dieser und dem Se'en bildet sich die Sperrschicht, die Strom nur vom Selen zur Gegenelektrode durchläßt, in der anderen Richtung (Sperrichtung) dagegen dem Strom einen sehr hohen Widerstand entgegensetzt.

Das Kupferoxydul-Gleichrichterelement (Abb. 325) wird hergestellt, indem eine Kupferplatte durch Glühen oxydiert wird. Dabei bildet sich auf ihrer Oberfläche

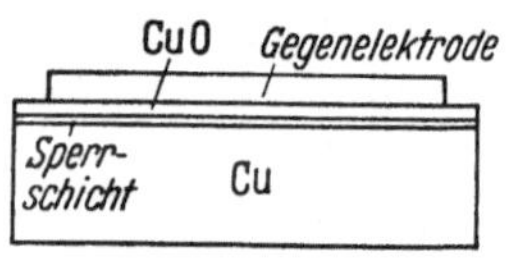

Abb. 325. Schnitt durch eine Kupferoxyd-Gleichrichterplatte.

sowohl Kupferoxydul (CuO) als auch, besonders in der äußeren Schicht, nichtleitendes Kupferoxyd (CuO_2). Letzteres wird auf chemichem Wege entfernt. Als Gegenelektrode wird entweder eine Scheibe aus weichem Metall federnd auf die CuO-Schicht gedrückt, oder eine direkt auf die CuO-Schicht aufgespritzte Metallegierung benutzt. Die Sperrschicht bildet sich zwischen dem Kupferoxydul und der Kupferplatte. Die Durchlaßrichtung geht vom Kupferoxydul zum Kupfer.

Das Verhalten der Trockengleichrichter läßt sich am einfachsten durch die Abhängigkeit des Widerstandes einer einzelnen Platte von bestimmter Oberflächengröße beschreiben. In der Durchlaßrichtung ist dieser Widerstand sehr gering aber nicht konstant; er nimmt vielmehr mit wachsender Spannung an der Platte ab. Der Spannungsabfall an dem Gleichrichterelement nimmt also langsamer zu als der Strom und ändert sich ab einer gewissen Stromstärke nur noch wenig. In der Sperrichtung zeigt der Widerstand die gleiche Tendenz, nur ist er hier viel größer. Mit wachsender Spannungsbeanspruchung in der Sperrichtung nimmt der Rückstrom zuerst langsam, dann

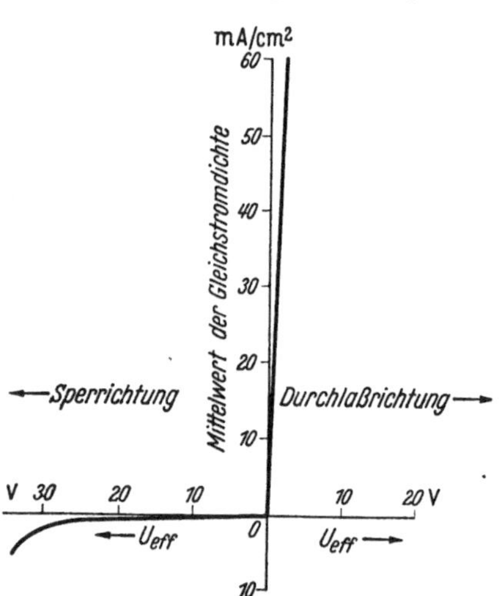

Abb. 326. Kennlinie eines Selengleichrichters.

aber immer rascher zu, bis schließlich bei einer gewissen Spannung die Sperrschicht an einer Stelle zerstört wird und die Ventilwirkung verlorengeht. Abb. 326 zeigt für einen Selengleichrichter die Abhängigkeit des Mittelwertes des Stromes je cm² Plattenoberfläche von dem Effektivwert der an der Platte liegenden Wechselspannung.

An der einzelnen Platte darf, wie gesagt, die Spannung in Sperrichtung einen bestimmten Wert nicht überschreiten. Ist eine höhere Spannung durch die Verhältnisse vorgeschrieben, so müssen so viele Platten in Reihe geschaltet werden, daß die Beanspruchung der einzelnen Platte unter der zulässigen Grenze bleibt. Eine Selengleichrichterplatte vermag eine Spannung mit einem Effektivwert von 14 bis 18 V sicher dauernd zu sperren, eine Kupferoxydulplatte dagegen nur etwa 5 bis 8 V. Bei höheren Spannungen müssen also beim Kupferoxydulgleichrichter $2^1/_2$ bis 3 mal soviel Platten in Reihe geschaltet werden wie beim Selengleichrichter. Andererseits hat aber die CuO-Platte einen kleineren Durchlaßwiderstand als eine gleich große Selen-Platte. Das wirkt sich bei gleicher Stromstärke auf die notwendige Plattengröße bzw. bei gegebener Plattengröße auf die Zahl der parallelzuschaltenden Platten aus. Die Plattentemperatur darf nämlich 70° C im Höchstfall nicht überschreiten und wird gewöhnlich durch natürliche oder künstliche Kühlung auf etwa 35° C begrenzt. An der Erwärmung ist zwar außer dem Strom in Durchlaßrichtung auch der Rückstrom beteiligt. Der erste Einfluß überwiegt jedoch, und deshalb kann bei geringerem Durchlaßwiderstand je cm² Plattenoberfläche für den CuO-Gleichrichter eine höhere Stromdichte zugelassen werden. Der CuO-Gleichrichter benötigt somit bei gleicher Strombelastung nur etwa $2/_3$ der

Plattenoberfläche des Selen-Gleichrichters. Bei höheren Spannungen erfordert er aber trotzdem wegen der größeren Zahl der in Reihe zu schaltenden Platten einen größeren Aufwand als der Selen-Gleichrichter. Nur bei kleinsten Spannungen, wo keine Hintereinanderschaltung nötig ist, ist er der Überlegene.

Die Kennlinien des Selengleichrichters ändern sich merklich, die des CuO-Gleichrichters dagegen nur wenig mit zunehmendem Alter. Deshalb wird der CuO-Gleichrichter überall da verwendet, wo es auf Konstanz der elektrischen Daten ankommt, in erster Linie als Meßgleichrichter in Verbindung mit Drehspulmeßgeräten, um diese wegen ihres geringen Eigenbedarfs auch zur Messung von kleinen Wechselspannungen und -strömen benutzen zu können.

S. Stromrichterschaltungen

116. Mittelpunktschaltungen. Daß sich alle Geräte mit Ventilcharakter zum Gleichrichten, d. h. zum Umformen von Wechsel- oder Drehstrom in Gleichstrom eignen, liegt in der Natur der Sache. Man kann mit ihnen, soweit sie steuerbar sind, aber auch Gleichstrom in Wechselstrom oder Wechselstrom in ebensolchen mit anderer Frequenz umformen. Man spricht dann von einem Wechselrichter bzw. einem Umrichter. Alle Anordnungen, die einem der genannten Zwecke dienen und mit Ventilen oder periodisch arbeitenden Schalteinrichtungen arbeiten, werden unter dem Sammelbegriff Stromrichter zusammengefaßt.

Als primitivste Gleichrichterschaltung haben wir bereits die Einwegschaltung (Abb. 321) kennengelernt, bei der ein mit dem Gleichstromverbraucher in Reihe geschaltetes Ventil einfach jede zweite Halbwelle des Wechselstroms sperrt. Ihr Hauptnachteil ist die starke Welligkeit der gleichgerichteten Spannung. Sie kommt deshalb nur für untergeordnete

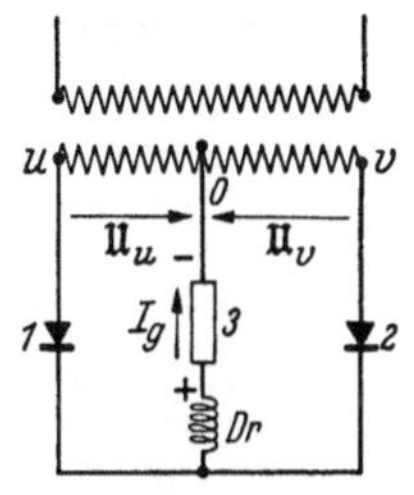

Abb. 327. Einphasige Mittelpunkts-Gleichrichterschaltung.

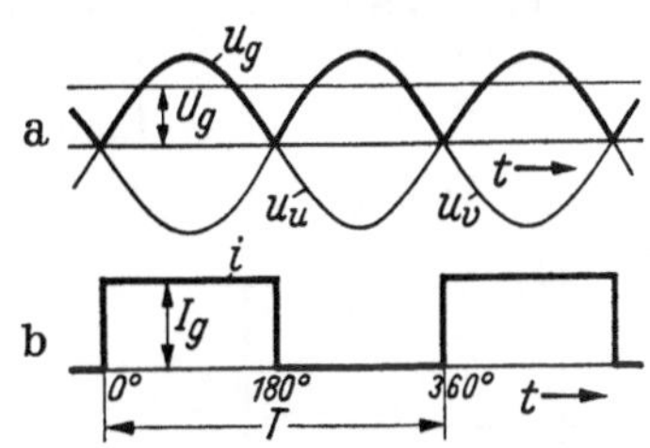

Abb. 328 a u. b. a) Spannungen, b) Ventilstrom bei der einphasigen Mittelpunkt-Gleichrichterschaltung.

Zwecke in Betracht. Beide Halbwellen kann man bei einphasiger Wechselspannung zur Gleichrichtung ausnutzen mit einer Schaltung nach Abb. 327. Der Verbraucher liegt einerseits an dem Spannungsmittelpunkt 0, der hier durch eine Mittelanzapfung auf der Sekundärseite des speisenden Transformators gebildet wird, und ist auf der anderen Seite über je ein Ventil 1 bzw. 2 mit den beiden Enden u, v der Sekundärwicklung verbunden. Die Pfeilrichtung der Schaltsymbole für die Ventile geben die Durchlaßrichtung an. Solch eine Schaltung heißt Mittelpunktschaltung. In der einen Halbwelle hat Punkt u positives, Punkt v negatives Potential gegenüber dem Mittelpunkt 0, und es fließt Strom von u über das Ventil 1 und den Verbraucher 3 nach 0 und durch die linke Hälfte der Sekundärwicklung zurück nach u. In der anderen Halbwelle liefert die rechte Wicklungshälfte über das Ventil 2 den Verbraucherstrom, wobei die Stromrichtung im Verbraucher dieselbe ist wie vorher. Man kann die in der Mitte angezapfte Transformatorwicklung als eine „Sternschaltung" von zwei durch die Wicklungshälften u — 0 bzw. v — 0 gebildeten Stränge eines Wechselstromsystems mit $m = 2$ um $\dfrac{360°}{m} = 180°$ gegeneinander verschobenen Phasenspannungen $\mathfrak{U}_u$ und $\mathfrak{U}_v$ auffassen. Ist U der Effektivwert der Phasenspannung, d. h. der Spannung einer Wicklungshälfte, so ist, Sinusform der Spannungskurven u_u bzw. $u_v = f(t)$ mit dem Formfaktor $\dfrac{\pi}{2\sqrt{2}} = 1,11$ vorausgesetzt (s. S. 185), der Mittelwert der gleichgerichteten Spannung $u_g = f(t)$ nach Abb. 328a

$$U_g = \frac{U}{1,11}. \tag{1}$$

Abb. 328 b zeigt den Verlauf $i = f(t)$ des Stromes in einer Wicklungshälfte im Idealfall völlig geglätteten Gleichstromes von der Höhe I_g. Der Effektivwert dieses Stromes in der Wicklungshälfte ist

$$I = \sqrt{\frac{1}{T} \int_0^T i^2 \, dt} = \sqrt{\frac{I_g^2}{2}} = 0{,}71 \, I_g \, . \tag{2}$$

Der Transformator muß bei einer Gleichstromleistung N_g für eine Scheinleistung

$$N_S = 2 \, U I = 2 \cdot 1{,}11 \cdot 0{,}71 \, U_g I_g = 1{,}59 \, N_g \tag{3}$$

ausgelegt werden.

Man könnte die Durchlaßrichtung beider Ventile natürlich auch umdrehen; es würde sich dann lediglich die Polarität der gleichgerichteten Spannung umkehren. Sind die Ventile Trockengleichrichter, so spielt das keine Rolle. Sind es jedoch Entladungsstrecken, so können diese bei der in Abb. 327 gezeigten Durchlaßrichtung eine gemeinsame Kathode haben, d. h. in einem Entladungsgefäß mit einer Kathode und zwei Anoden vereinigt werden. In Abb. 322 wurde bereits ein zweianodiges Quecksilberdampf-Entladungsgefäß dieser Art gezeigt.

Das Prinzip der Mittelpunktschaltung läßt sich auf beliebig viele Phasen erweitern. Abb. 329 zeigt die dreiphasige Mittelpunktschaltung eines dreianodigen Quecksilberdampf-Gleichrichters. Den Spannungsmittelpunkt 0 bildet hier natürlich der sekundäre Sternpunkt des Transformators. Die Brenndauer t_b jeder Anode entspricht 120° (Abb. 330). Der Lichtbogen wird immer von derjenigen Anode übernommen,

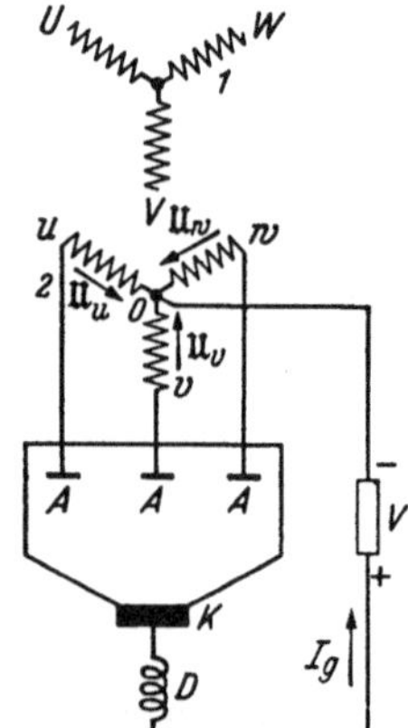

Abb. 329. Quecksilberdampfgleichrichter in dreiphasiger Mittelpunktschaltung.

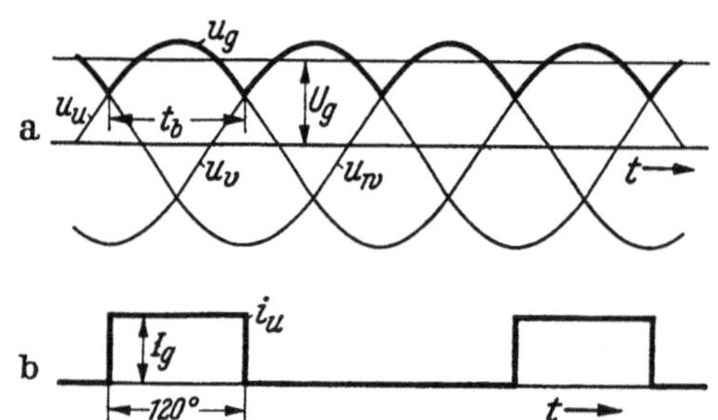

Abb. 330 a u. b. a) Spannungen, b) Anodenstrom bei der dreiphasigen Mittelpunktschaltung.

die jeweils das höchste positive Potential hat. Da die Übernahme erfolgt, wenn die zuvor brennende Anode ebenfalls noch positives Potential hat, besteht bei Belastung keine Gefahr, daß der Lichtbogen erlischt. Eine Dauererregung ist also nur mit Rücksicht auf eine etwaige Abschaltung des Verbrauchers nötig, damit der Gleichrichter bei dessen Wiedereinschaltung sofort wieder Strom liefert.

Der Mittelwert der Gleichspannung ist bei einer Strangspannung U

$$U_g = \frac{3}{T} \, u_{max} \int_{\frac{T}{12}}^{5\frac{T}{12}} \sin \frac{2\,\pi}{T} t \, dt = \frac{3}{2\,\pi} \sqrt{2} \cdot \sqrt{3} \, U = 1{,}17 \, U = \frac{U}{0{,}85} \, , \tag{4}$$

der Effektivwert des Stromes in einem Wicklungsstrang bei völlig geglättetem Gleichstrom

$$I = \frac{1}{\sqrt{3}} I_g = 0{,}58 \, I_g \, . \tag{5}$$

Der Transformator ist für eine Scheinleistung

$$N_S = 3\,U\,I = 3 \cdot 0{,}85 \cdot 0{,}58\,U_g\,I_g = 1{,}48\,N_g \qquad (6)$$

auszulegen.

Durch Kunstschaltungen auf der Sekundärseite des Transformators läßt sich die Phasenzahl der Primärseite noch vervielfachen. Die Abb. 331 und 332 zeigen z. B. Transformatorschaltungen für 6 sekundäre Phasen mit den zugehörigen Zeigersternen der Spannungen. Die erstere ist die Sechsphasen-Sternschaltung, die zweite die Sechsphasen Gabelschaltung. Wird die Primärseite statt in Stern in Dreieck geschaltet, so

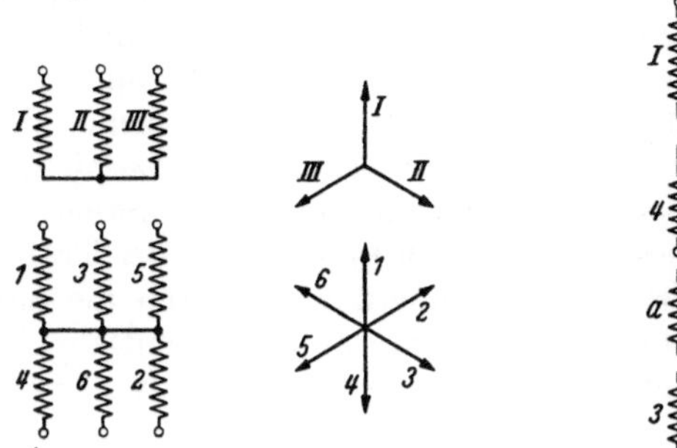

Abb. 331. Transformator in sechsphasiger Sternschaltung.

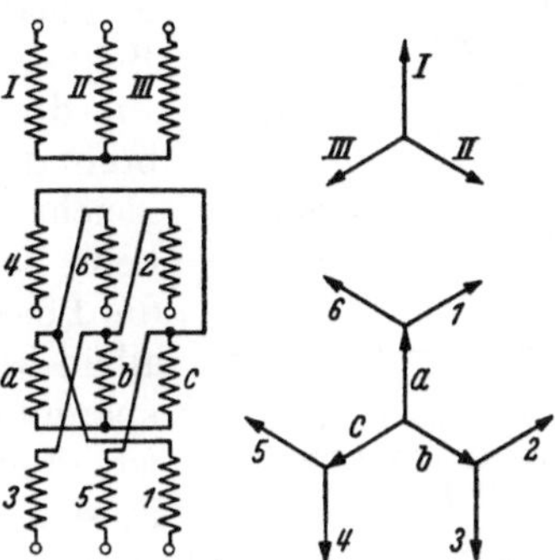

Abb. 332. Transformator in sechsphasiger Gabelschaltung.

dreht sich das sekundäre Spannungssystem um 30°. Aus zwei sechsphasigen Transformatoren, von denen primärseitig der eine in Stern, der andere in Dreieck geschaltet ist, läßt sich somit bei Verbindung der sekundären Sternpunkte ein Zwölfphasensystem aufbauen.

117. Saugdrossel. Die Erhöhung der Phasenzahl bringt zwar eine Verminderung der Welligkeit der gleichgerichteten Spannung, hat aber den Nachteil, daß wegen der verkürzten Brenndauer der einzelnen Anoden sowohl das Gleichrichtergefäß als auch der Transformator schlecht ausgenutzt werden. Diesen Nachteil vermeiden die sog. Saugdrosselschaltungen. Abb. 333 zeigt als Beispiel einen sechsphasigen Gleichrichter mit Saugdrossel. Der Transformator enthält sekundär zwei um 180° gegeneinander verschobene Dreiphasen-Sternschaltungen, die sich zu einem Sechsphasensystem ergänzen. Ihre Sternpunkte sind aber nicht wie in Abb. 331 unmittelbar, sondern über die Saugdrossel S miteinander verbunden. Das ist eine Drossel mit zwei gleichen Wicklungen, die von den den beiden Sternpunkten zufließenden Anteilen des Gleichstromes I_g so durchflossen werden, daß ihre magnetischen Spannungen in bezug auf den Eisenkern einander entgegengerichtet sind. Der Fluß im Kern ist folglich

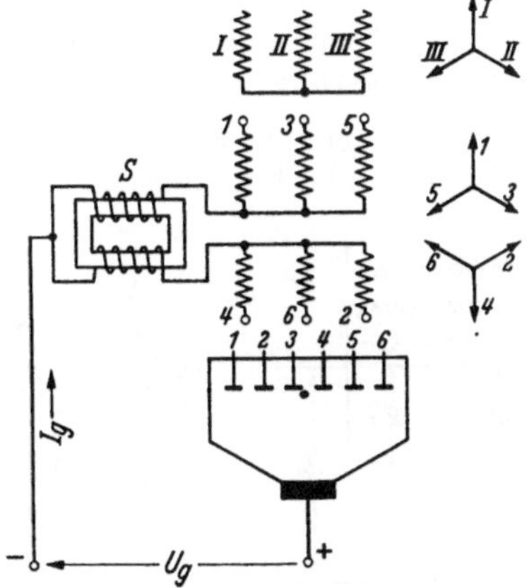

Abb. 333. Sechsphasige Saugdrossel-Schaltung.

Null, wenn sich der Gleichstrom genau hälftig auf die beiden Dreiphasensysteme aufteilt. Das ist der Fall, wenn gleichzeitig zwei Anoden je die Hälfte des Gleichstromes führen, von denen die eine dem ersten, die andere dem zweiten Dreiphasensystem angehört. Wenn sich die Stromaufteilung auf die beiden Drosselwicklungen ändert, so entsteht ein Fluß, dessen Änderung in beiden Wicklungen gleich große, aber entgegengesetzt gerichtete Spannungen induziert. Die induzierte Spannung in der Wicklung, in der der Strom abnimmt, erhöht das Sternpunktpotential desjenigen Systems, dem die Anode mit dem abnehmenden Strom angehört und damit das Potential dieser Anode selbst, während das Potential der anderen Anode, deren Strom zunimmt, entsprechend herabgesetzt wird, und zwar beides um so stärker, je rascher die Stromänderung erfolgt. Da die Anoden in der Brennfolge abwechselnd dem einen und dem anderen System angehören, wird auf diese Weise erzwungen, daß in jedem Augenblick zwei zu verschiedenen Systemen gehörige Anoden gleiches Potential haben und sich, gleichzeitig brennend, je zur Hälfte an dem Gesamtgleichstrom I_g beteiligen. Abgelöst wird jede Anode immer erst dann, wenn eine mit ihr dem gleichen System angehörende Anode höheres

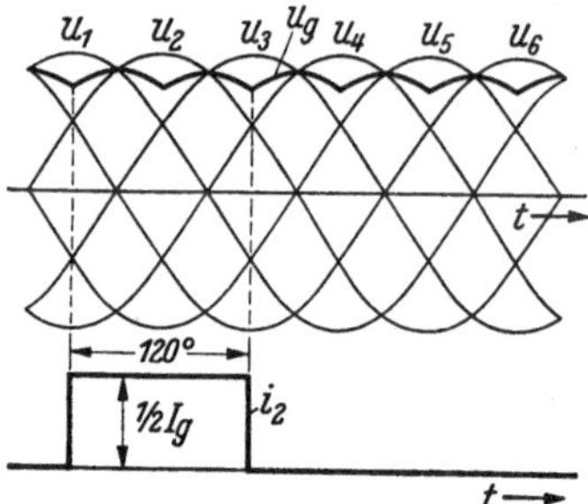

Abb. 334. Spannungen und Anodenstrom bei der sechsphasigen Saugdrosselschaltung.

Potential bekommt als sie; denn eine Anodenablösung innerhalb ein und desselben Systems hat ja auf die Stromaufteilung in der Saugdrossel keinen Einfluß. Beide Systeme arbeiten daher unabhängig voneinander wie dreiphasige Gleichrichter, d. h. mit 120° Anodenbrenndauer. (Abb. 334). Der zeitliche Verlauf der gleichgerichteten Spannung u_g ist jetzt nicht mehr, wie beim Sechsphasengleichrichter ohne Saugdrossel durch die Phasenspannungen $u_1, u_2, \ldots u_6$ des Transformators allein bestimmt, sondern auch durch die Saugdrosselspannung, die die Sternpunktpotentiale jeweils um soviel gegeneinander verschiebt, daß der Unterschied in den Spannungen der gleichzeitig stromführenden Phasen aufgehoben wird. u_g ist folglich in jedem Zeitpunkt gleich dem mittleren Wert zwischen den Augenblicksspannungen dieser beiden Phasen; der zeitliche Mittelwert U_g der gleichgerichteten Spannung u_g liegt darum etwas niedriger als bei der saugdrossellosen Schaltung. Während bei dieser der Effektivwert der Phasenspannung $U = 0{,}74\,U_g$ ist, ist er hier $U = 0{,}85\,U_g$. Da jede Phase nur den halben Gleichstrom führt, ist der Effektivwert des Phasenstromes $I = 0{,}29\,I_g$, d. h. halb so groß wie bei dreiphasiger Gleichrichtung.

Die Saugdrossel erfordert einen gewissen Mindeststrom zur ausreichenden Magnetisierung. Sinkt die Gleichrichterbelastung unter diesen Mindestwert, hört die Wirkung der Saugdrossel auf, und die Gleichspannung steigt von $U_g = \dfrac{U}{0{,}85}$ auf $U_g = \dfrac{U}{0{,}74}$. Um diesen Spannungsanstieg in Leerlaufnähe zu verhindern, gibt man dem Gleichrichter eine Vorbelastung. .

118. Brückenschaltungen. Ohne Benutzung des Spannungsmittelpunktes arbeiten die GRAETZ- oder Brückenschaltungen. Sie werden vorzugsweise dann angewendet, wenn

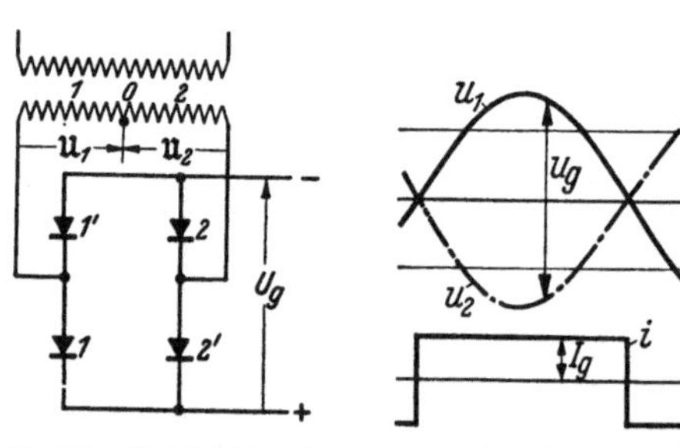

Abb. 335. Gleichrichter in einphasiger Brückenschaltung

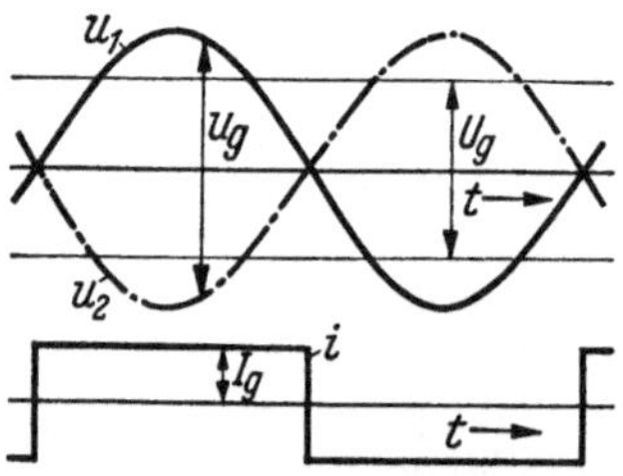

Abb. 336. Spannungen und Transformatorstrom einer einphasigen Brückenschaltung.

mit Rücksicht auf die Höhe der Spannung ohnehin mehrere Ventile hintereinander geschaltet werden müssen, weil bei ihnen von vornherein jeweils zwei Ventilzweige in Reihe liegen. Das ist bei Trockengleichrichtern fast stets der Fall. Abb. 335 zeigt die einphasige Brückenschaltung. In der einen Halbwelle führen die Ventile 1 und 2, in der anderen die Ventile 1' und 2' Strom, während jeweils das andere Ventilpaar in Sperrichtung

mit Spannung beansprucht ist. Obwohl der Spannungsmittelpunkt 0 nicht als Anschlußpunkt benutzt wird, betrachten wir, um den Vergleich mit der entsprechenden Nullpunktschaltung zu erleichtern, die beiden sekundären Wicklungshälften des Transformators beiderseits des Mittelpunktes 0 als die Stränge 1 und 2 eines Zweiphasensystems mit den Strangspannungen $\mathfrak{U}_1$ und $\mathfrak{U}_2$. Diese sind dann gegenphasig (Abb. 336). Beide Stränge führen sowohl in der positiven als auch in der negativen Halbwelle der zugehörigen Strangspannung Strom. Als gleichgerichtete Spannung u_g erscheint ihre Differenz. Ist U der Effektivwert der Strangspannung also $2\,U$ der der Gesamtspannung, so ist der Mittelwert der Gleichspannung

$$U_g = 2\,\frac{U}{1{,}11} = 1{,}80\,U. \tag{1}$$

Da jeder Strang in beiden Halbwellen Strom führt, hat bei völlig geglättetem Gleichstrom I_g der Wechselstrom i den Effektivwert

$$I = I_g. \tag{2}$$

U_g ist also doppelt so groß wie bei der einphasigen Nullpunktschaltung, der Effektivwert des Wechselstromes bei gleich großem Gleichstrom nur im Verhältnis $1:0{,}71$ größer, der Transformator also erheblich besser ausgenutzt. Er ist für eine Scheinleistung

$$NS = 2\,UI = \frac{2}{1{,}80}\,U_g\,I_g = 1{,}11\,N_g \tag{3}$$

auszulegen.

Analog ist die dreiphasige Brückenschaltung nach Abb. 337 aufgebaut. Auch hier führt jeder sekundäre Transformatorstrang in beiden Spannungshalbwellen Strom, aber nur jeweils während 1/3 Periode entsprechend 120° (Abb. 338). Von 30° bis 150° führt z. B. Strang 1 Strom (Abb. 338 unten). Dieser kehrt in dem Zeitraum von 30° bis 90° über Strang 2, von 90° bis 150° über Strang 3 zurück. In der nächsten Halbwelle führt Strang 1 von 210° bis 320° wiederum Strom, aber in umgekehrter Richtung. In positiver Richtung führt jeweils der Strang mit der höchsten positiven Spannung den Strom, und dieser kehrt über den Strang zurück, der gerade die höchste negative Spannung hat. In bezug auf den Gleichstromkreis sind also stets zwei Stränge mit gleicher Spannungsrichtung über zwei Ventile hintereinandergeschaltet. Die mittlere Gleichspannung ist deshalb doppelt so hoch wie bei der dreiphasigen Nullpunktschaltung, nämlich

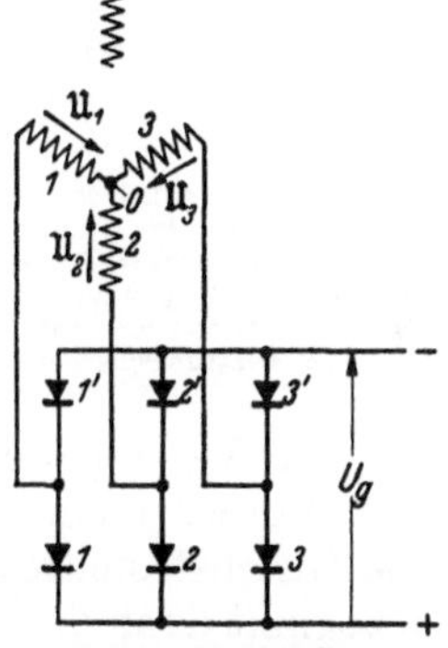

Abb. 337. Gleichrichter in dreiphasiger Brückenschaltung.

$$U_g = 2{,}34\,U. \tag{4}$$

Der Effektivwert des Strangstromes ist

$$I = \sqrt{\frac{2}{3}}\,I_g = 0{,}816\,I_g. \tag{5}$$

Die Scheinleistung, für die der Transformator ausgelegt werden muß, ist

$$NS = 3\,U\,I = 3\,\frac{1}{2{,}34}\cdot 0{,}816\,U_g\,I_g = 1{,}05\,N_g. \tag{6}$$

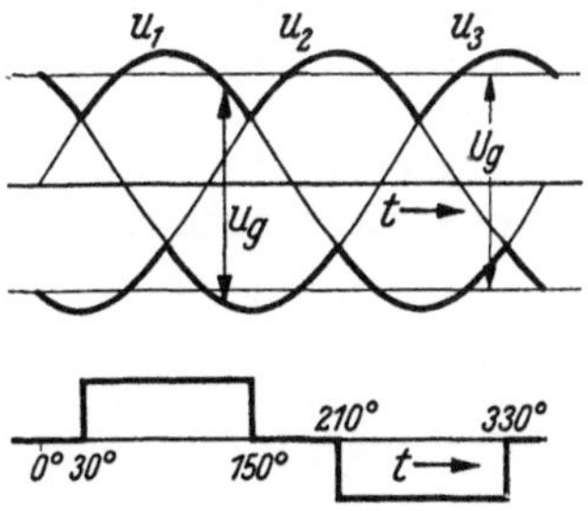

Abb. 338. Spannungen und Strangstrom einer dreiphasigen Brückenschaltung.

119. Gittersteuerung von Quecksilberdampfgleichrichtern; Wechselrichter. Die Wirkung der Gittersteuerung bei mehrphasigen Quecksilberdampfgleichrichtern soll im folgenden näher erläutert werden. Was zunächst die praktische Ausbildung anbelangt, so ist die Zündzeitpunktverschiebung durch einfaches Verlagern einer sinusförmigen Gitterwechselspannung, wie man es mit einem Drehregler erreichen könnte, wegen des flachen Schnittwinkels ihrer Kurve mit der Zündspannungskennlinie ungünstig, weil eine Verlagerung der letzteren, wie sie bei Änderung des Dampfdruckes oder der Anodenspannung eintreten kann, den Zündwinkel ungewollt beeinflussen würde. Man verwendet deshalb als Steuerspannung kurzzeitige, einer negativen Gitterverspannung überlagerte, hohe Spannungsimpulse mit steiler Front. Man erzeugt diese heute fast stets durch Hilfstransformatoren T (Abb. 339), die mit einem Wechselstrom i (Abb. 340) so hoch gesättigt werden, daß in ihrem Kern nur in den Augenblicken, in denen dieser Strom durch Null hindurchgeht, eine plötzliche Änderung des Flusses Φ eintritt, die in der Sekundärwicklung den gewünschten Spannungsimpuls u_z induziert. Die Phasenlage dieses Impulses läßt sich durch Phasenänderung des Magnetisierungsstromes mit einem Drehregler Dtr verändern (Abb. 339). Der OHMsche Widerstand R sorgt dafür, daß der Einfluß der Eisensättigung in T auf den Verlauf von i klein bleibt. Man kann aber auch in getrennten Wicklungen von T zwei gegeneinander um einen festen Winkel verschobene Magnetisierungsströme i_1 und i_2 fließen lassen (Abb. 341), von denen der eine (i_2) der Größe nach regelbar ist, so daß sich der Zeitpunkt, in dem die resultierende Erregung durch Null geht, verschiebt. Auch die Überlagerung einer festen Wechselstrom- und einer regelbaren Gleichstrommagnetisierung führt zum Ziel. Für jede Anode bzw. bei gerader Anodenzahl für je zwei in Gegenphase arbeitende Anoden muß natürlich ein besonderer Hilfstransformator zur Erzeugung der Zündspannungsimpulse vorgesehen werden.

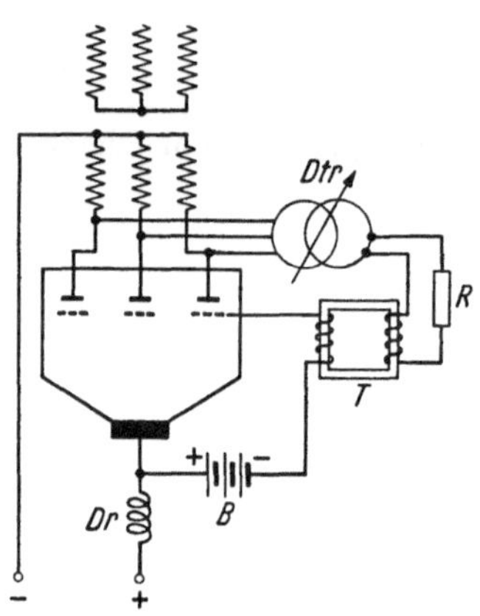

Abb. 339. Gittergesteuerter Quecksilberdampfgleichrichter. *Dtr* Drehtransformator. *T* hoch gesättigter Transformator. *R* Widerstand, *B* Spannungsquelle für negative Gittervorspannung, *Dr* Glättungsdrossel.

Abb. 342 zeigt die Arbeitsweise eines dreiphasigen Gleichrichters bei verschiedenen Zündwinkeln φ_z. Jede Anode führt solange Strom, bis die Folgeanode gezündet wird. Eine Verlängerung der Anodenbrenndauer bis in die negative Halbwelle der zugehörigen Phasenspannung hinein $(\varphi_z > 30°)$ ist natürlich nur bei entsprechender Induktivität im Gleichstromkreis, d. h. bei genügend geglättetem Gleichstrom möglich. Anderenfalls beginnt dann der gleichgerichtete Strom zu „lücken". Ist U_{g0} die mittlere Gleichspannung bei voller Aussteuerung $(\varphi_z = 0°)$, so ist bei dem Zündwinkel φ_z die Gleichspannung $U_g = U_{g0} \cos\varphi_z$. Bei $\varphi_z = 90°$ ist also $U_g = 0$. Je tiefer der Gleichrichter ausgesteuert wird, um so mehr eilt offenbar der Strangstrom der Strangspannung im Transformator nach, um so kleiner wird also der Leistungsfaktor auf der Wechselstromseite. Man vermeidet darum allzu tiefe Aussteuerung und benutzt bei großen Spannungsregelbereichen einen auf verschiedene Anzapfungen der Sekundärwicklung umschaltbaren Stufentransformator.

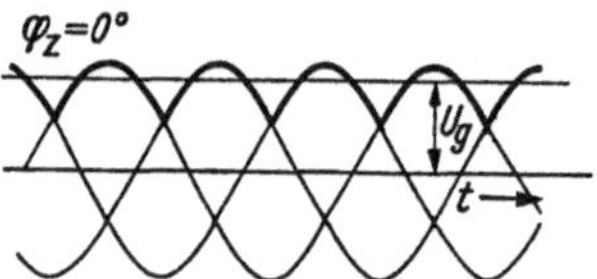

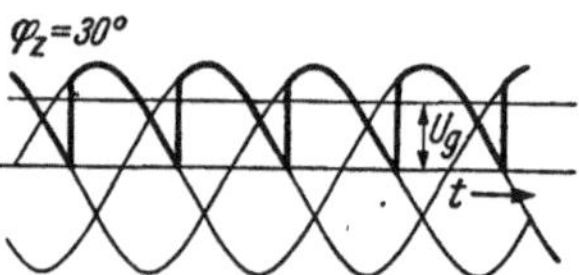

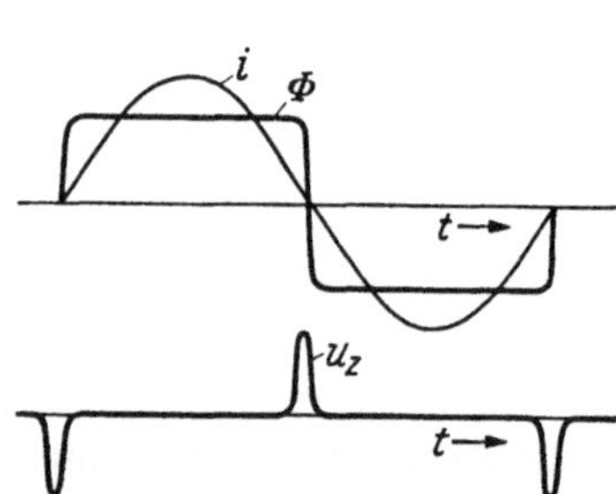

Abb. 340. Entstehung der Zündimpulse im hoch gesättigten Gittertransformator.

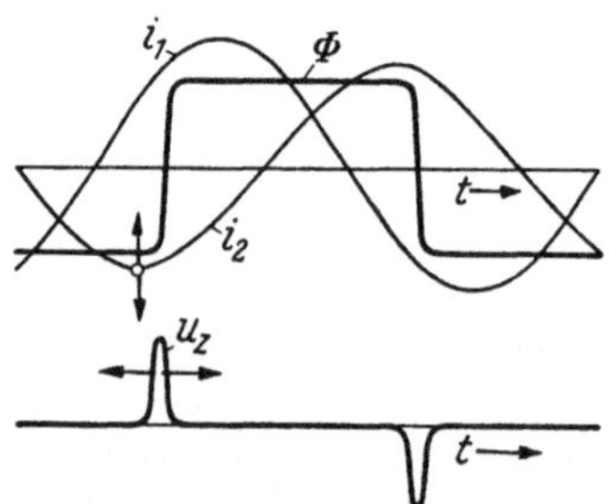

Abb. 341. Erregung des hoch gesättigten Gittertransformators mit einem festen und einem regelbaren Wechselstrom.

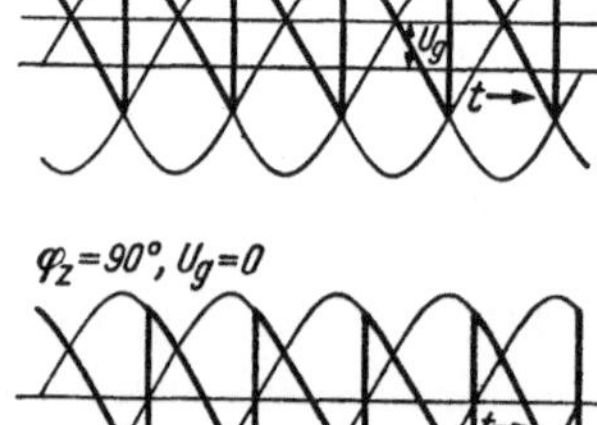

Abb. 342. Wirkung der Zündzeitpunkt-Verschiebung beim gittergesteuerten Quecksilberdampfgleichrichter.

Mit steuerbaren Quecksilberdampf-Entladungsstrecken kann auch Leistung aus einer Gleichspannungsquelle in ein Drehstromnetz zurückgeliefert werden. Abb. 343 zeigt die grundsätzliche Schaltung eines solchen „Wechselrichters", die sich im Aufbau von der Gleichrichterschaltung nur dadurch unterscheidet, daß der Pluspol der Gleichspannungsquelle am Spannungsnullpunkt des Transformators und der Minuspol an der Kathode liegt. Voraussetzung ist, daß das Drehstromnetz von einer fremden Spannungsquelle unter Spannung gehalten wird. Einer Wicklung, in der eine Wechselspannung induziert wird, wird Energie zugeführt, wenn in der Wicklung die Stromrichtung mit der Richtung der induzierten Spannung übereinstimmt, wenn also der Strom von Plus nach Minus fließt. Da in jedem stromrichterseitigen Wicklungsstrang des Transformators wegen der Ventilwirkung der Entladungsstrecke Strom nur vom Sternpunkt zur Anode fließen kann, muß dies immer in derjenigen Halbwelle der induzierten Spannung geschehen, in der die Anode negatives Potential gegenüber dem Sternpunkt hat.

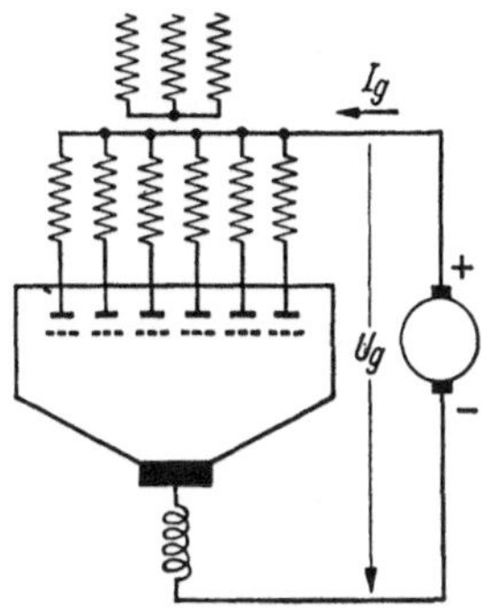
Abb. 343. Wechselrichter.

Zwischen der betreffenden Anode und der Kathode liegt die Differenz zwischen der aufgedrückten Gleichspannung U_g und der induzierten Spannung der zugehörigen Transformatorwicklung. Erstere muß also überwiegen, damit die gegenüber dem Sternpunkt gerade negative Anode gegenüber der Kathode positiv ist und somit in der negativen Wechselspannungshalbwelle Strom führen kann. Da die Entladung von einer Anode auf eine andere nur dann überwechseln kann, wenn die letztere das höhere positive Potential gegenüber der Kathode hat, müssen die Zündzeitpunkte in den negativen Halbwellen so liegen, daß die ablösende Anode gezündet wird, solange ihr negatives Potential gegenüber dem Sternpunkt noch kleiner ist als das der abzulösenden Anode. Betrachten wir in Abb. 344 z. B. den Übergang der Entladung von Anode 1 auf Anode 2. Bis zu dem Schnittpunkt A der zugehörigen Wechselspannungskurven u_1 und u_2 ist der negative Wert von u_2 noch kleiner als der von u_1, ist also Anode 2 noch positiv gegenüber Anode 1. Der Zündzeitpunkt t_{z2} der Anode 2 muß also unter allen Umständen vor dem Zeitpunkt A liegen. Erfolgt die Zündung erst in A oder später, so kann Anode 2 den Strom nicht mehr übernehmen; Anode 1 brennt weiter, wobei die den Strom treibende Spannungsdifferenz $U_g - u_1$ immer größer wird, so daß der Strom kurzschlußartig ansteigt. Man nennt diesen Vorgang Durchzündung. Eine Durchzündung tritt natürlich auch ein, wenn aus irgendeinem Grunde einmal trotz rechtzeitiger positiver Gitterbeaufschlagung die Zündung einer Anode versagt. Der

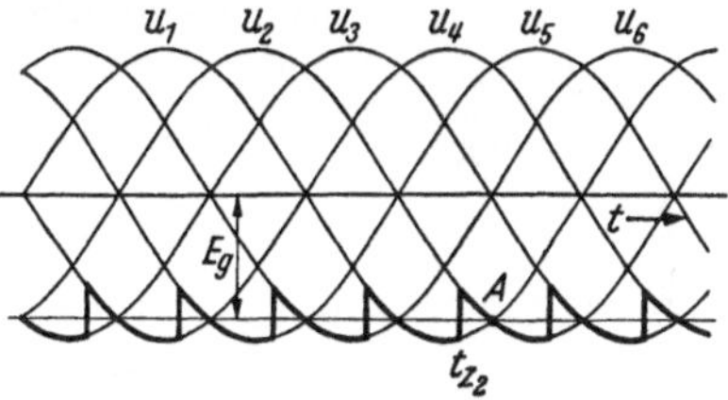
Abb. 344. Steuerung des Wechselrichters.

Wechselrichter muß deshalb mit einem äußerst rasch ansprechenden Überstrom-Selbstschalter im Gleichstromkreis ausgerüstet werden, um die Anlage bei einer Durchzündung vor dem Kurzschlußstrom zu bewahren. Durch Vorverlegung der Zündzeitpunkte kann der Mittelwert der angesteuerten Gleich-EMK E_g, die um die inneren Spannungsabfälle kleiner ist als die Klemmenspannung U_g herabgeregelt werden.

T. Elektrische Schwingungen

120. Freie Schwingungen. Eine Reihenschaltung aus einem verlustfreien Kondensator und einer ebenfalls verlustlos gedachten Drossel (Abb. 345) liege zunächst bei offenem Schalter S_2 über den Schalter S_1 an einer Gleichspannungsquelle mit der Spannung u_0. Der Kondensator ist infolgedessen auf die Spannung u_0 aufgeladen und behält die entsprechende Ladung $q_0 = C u_0$ auch nach Öffnen von S_1 bei. Die Drossel ist stromlos. Wird jetzt in einem Zeitpunkt $t = 0$ der Schalter S_2 geschlossen, so beginnt der Kondensator sich über die Drossel zu entladen. Da der nunmehr in sich geschlossene Kreis Kondensator-Drossel voraussetzungsgemäß verlustfrei ist, also keine Energie in ihm verbraucht wird, müssen wir erwarten, daß in dem Kreis eine Schwingung einsetzt derart, daß die konstante, ursprünglich nur in dem Kondensator sitzende Energie des

Kreises in Form einer ungedämpften, d. h. nicht abklingenden Schwingung ständig zwischen C und L hin- und herflutet. Einige Zeit nach Schließen des Kreises möge die Ladung des Kondensators den Betrag q angenommen haben. Seine Spannung ist dann

$$u = \frac{q}{C}.$$

Dieselbe Spannung u herrscht auch an der Drossel. Zugleich gilt für die Drossel:

$$u = L \frac{di}{dt}.$$

Es ist also

$$\frac{q}{C} = L \frac{di}{dt}. \tag{1}$$

Leiten wir diese Gleichung nach der Zeit ab und beachten wir, daß ein Strom in der angenommenen positiven Richtung einer Abnahme der positiven Kondensator-aufladung (unten Plus, oben Minus) entspricht, also $i = -\frac{dq}{dt}$ ist, so erhalten wir

$$-\frac{1}{C} i = L \frac{d^2 i}{dt^2}$$

und, wenn wir der Kürze halber $\frac{1}{LC} = \omega_0^2$ setzen,

$$\frac{d^2 i}{dt^2} = -\omega_0^2\, i. \tag{2}$$

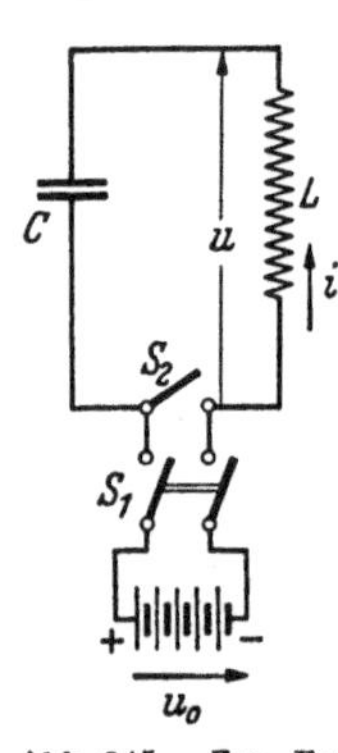

Abb. 345. Zur Entstehung freier Schwingungen in einem Schwingungskreis.

Diese Gleichung wird durch eine Zeitfunktion $i = f(t)$ befriedigt, die durch zweimalige Ableitung nach t lediglich mit dem Faktor $-\omega_0^2$ behaftet wird. Außerdem soll sie die Anfangsbedingung erfüllen, daß für $t = 0$ auch $i = 0$ wird. Diese Eigenschaft hat offenbar die Funktion

$$i = i_{max}\, \sin \omega_0\, t, \tag{3}$$

deren erste Ableitung $\frac{di}{dt} = \omega_0\, i_{max} \cos \omega_0\, t$ ist und, nochmals nach t abgeleitet,

$$\frac{d^2 i}{dt^2} = -\omega_0^2\, i_{max} \sin \omega_0\, t = -\omega_0^2\, i$$

ergibt. Die Kreisfrequenz

$$\omega_0 = 2\pi f = \frac{1}{\sqrt{LC}} \tag{4}$$

ist die uns schon aus Abschn. 50 bekannte Resonanzfrequenz. Der Strom und damit natürlich auch die Spannung in dem Schwingungskreis schwingen also, nachdem der Kreis erst einmal durch vorübergehendes Anlegen einer fremden Spannung u_0 „angestoßen" wurde, mit der durch L und C bestimmten Resonanzfrequenz. Für die Spannung erhalten wir aus $u = L \frac{di}{dt}$ und Gl. (3) das Zeitgesetz

$$u = \omega_0\, L\, i_{max} \cos \omega_0\, t. \tag{5}$$

Die Größe von i_{max} ergibt sich daraus auf Grund der Anfangsbedingung, das zur Zeit $t = 0$ die Spannung $u = u_0$ sein soll. Es ist also $u_0 = \omega_0\, L\, i_{max}$ und mit $\omega_0 = \frac{1}{\sqrt{LC}}$:

$$u_0 = \sqrt{\frac{L}{C}}\, i_{max}. \tag{6}$$

$\sqrt{\dfrac{L}{C}}$ heißt deshalb auch der Schwingungswiderstand des Schwingungskreises.

Anstatt eine bestimmte Kondensatorspannung u_0 als Anfangsbedingung vorzugeben, hätten wir natürlich auch einen bestimmten Drosselstrom i_0 vorgeben und den Schwingungsvorgang durch Unterbrechung der Stromzufuhr einleiten können (Abb. 346).

Ein Schwingungskreis ohne Verluste, wie wir ihn soeben behandelt haben, ist nur theoretisch denkbar. Praktisch wird zumindest der Ohmschen Widerstand der Drossel den Schwingungsvorgang beeinflussen, indem er nach einiger Zeit die Schwingungsenergie verzehrt und die Schwingung wieder zum Verschwinden bringt. Diesen Fall (Abb. 347) wollen wir jetzt behandeln. Wir gehen wieder von einer vorgegebenen Anfangsspannung $u = u_0$ aus und wollen, weil dies einfacher ist, die Gleichung für die Spannung anstatt für den Strom anschreiben.
Es ist

$$u = L \frac{di}{dt} + R\,i. \qquad (7)$$

i entspricht der Abnahme der Kondensatorladung, ist also

$$i = -\frac{dq}{dt} = -C\frac{du}{dt}.$$

Das in Gl. (7) eingesetzt, ergibt nach Division durch $L\,C$ die Gleichung

$$\frac{d^2u}{dt^2} + \frac{R}{L}\cdot\frac{du}{dt} + \frac{1}{LC}u = 0. \qquad (8)$$

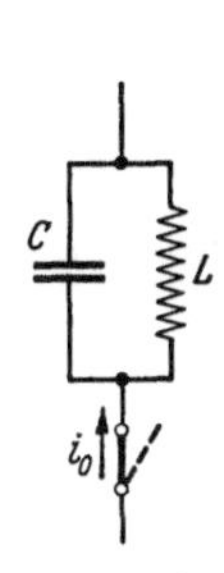

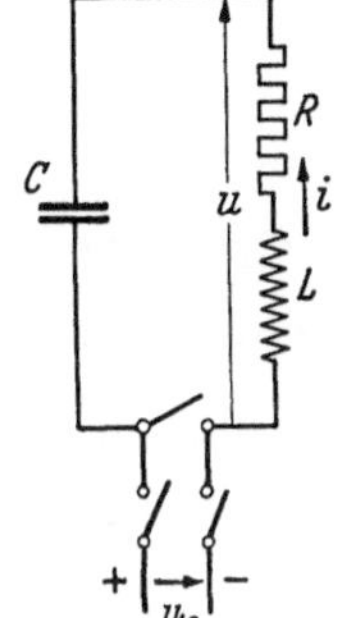

Abb. 346. Auslösung freier Schwingungen durch Stromunterbrechung.

Abb. 347. Schwingungskreis mit Dämpfungswiderstand.

Setzen wir zur Vereinfachung

$$\alpha = \frac{R}{2L}, \quad \omega_0 = \frac{1}{\sqrt{LC}} \quad \text{und} \quad \omega_r = \sqrt{\omega_0^2 - \alpha^2} = \sqrt{\frac{1}{LC} - \left(\frac{R}{2L}\right)^2}$$

so wird Gl. (8) befriedigt durch die Spannungsgleichung

$$u = u_1\,e^{-\alpha t}\cos(\omega_r t + \varphi), \qquad (9)$$

worin e die Basis der natürlichen Logarithmen ist. Von der Richtigkeit der Lösung kann man sich leicht überzeugen, indem man von Gl. (9) die beiden Ableitungen du/dt und d^2u/dt^2 bildet und in Gl. (8) einsetzt. Über die Größe von u_1 können wir aufgrund der Anfangsbedingung, daß zur Zeit $t = 0$ die Spannung den Ausgangswert u_0 haben soll, zunächst nur aussagen, daß $u_0 = u_1\cos\varphi$ sein muß. u_1 ist also größer als die Anfangsspannung u_0. Den noch unbekannten Wert von $\cos\varphi$ berechnen wir weiter unten bei der Ableitung der Gleichung für den Strom. Aus Gl. (9) ergibt sich aber jedenfalls, daß die Spannung mit der gegenüber der Eigenfrequenz $\omega_0 = \dfrac{1}{\sqrt{LC}}$ kleineren Frequenz

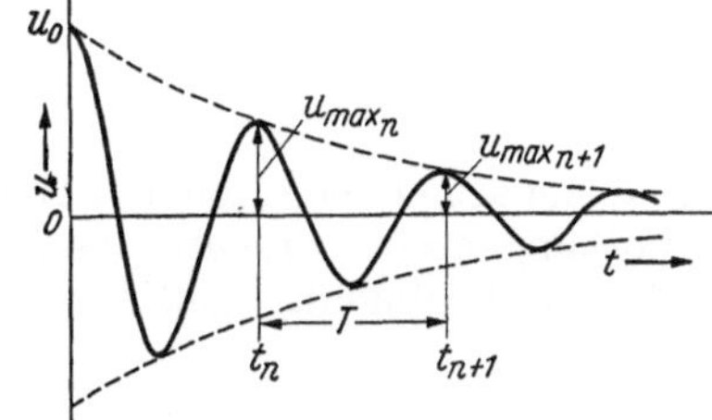

Abb. 348. Gedämpfte Schwingung.

$$\omega_r = \sqrt{\frac{1}{LC} - \left(\frac{R}{2L}\right)^2} \qquad (10)$$

schwingt, die wir bereits in Abschn. 52 als Resonanzfrequenz des widerstandsbehafteten Schwingungskreises kennengelernt haben. Entscheidend ist der durch den Ohmschen Widerstand R bedingte Faktor $e^{-\alpha t} = e^{-\frac{R}{2L}t}$, der bewirkt, daß die Höchstwerte der Spannung mit der Zeit abnehmen (Abb. 348), wobei $u = \pm\,u_0\,e^{-\alpha t}$ die Gleichungen der punktierten Hüllkurven des Spannungsverlaufs sind. Dielektrische Verluste im Kondensator wirken sich ganz ähnlich aus wie Ohmscher Widerstand der Drossel.

Ist $u_{max\,n} = u_0\,e^{-\alpha\,t_n}$ ein beliebig aus der Spannungskurve herausgegriffener Scheitelwert und t_n der zugehörige Zeitpunkt, so hat der um eine Priode T später auftretende Scheitelwert nur noch die Höhe $u_{max\,n+1} = u_0\,e^{-\alpha\,(t_n + T)}$. Das Verhältnis

$$\frac{u_{max\,n}}{u_{max\,n+1}} = \frac{e^{-\alpha\,t_n}}{e^{-\alpha(t_n+T)}} = e^{\alpha\,T} \tag{11}$$

ist konstant. Aufeinander folgende Scheitelwerte gleichen Vorzeichens stehen also stets in dem gleichen Verhältnis $e^{\alpha\,T}$ zueinander. $\alpha = \dfrac{R}{2\,L}$ heißt darum „Dämpfungsfaktor". Der natürliche Logarithmus des Verhältnisses $e^{\alpha\,T}$:

$$d = \ln e^{\alpha\,T} = \ln \frac{u_{max\,n}}{u_{max\,n+1}} = \alpha T \tag{12}$$

wird das „logarithmische Dekrement" der gedämpften Schwingung genannt.

Die Schwingungsfrequenz ω_r unterscheidet sich bei nicht allzu großem Widerstand R nur wenig von der Eigenfrequenz $\omega_0 = \sqrt{\dfrac{1}{LC}}$. Setzen wir in Gl. (11), für die Schwingungsperiode den Grenzwert $T = \dfrac{2\pi}{\omega_0} = 2\pi\sqrt{LC}$ ein, so erhalten wir mit $\alpha = \dfrac{R}{2\,L}$ für das logarithmische Dekrement die Näherungsformel

$$d = \pi R \sqrt{\frac{C}{L}}\,. \tag{13}$$

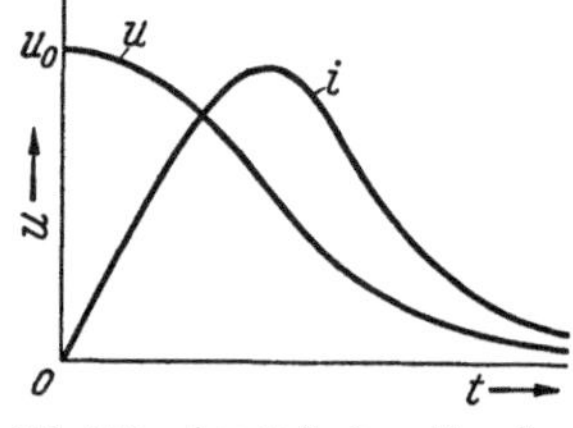

Abb. 349. Aperiodisch gedämpfte Schwingung.

Eine Schwingung im eigentlichen Sinne entsteht nur, wenn R kleiner als das Doppelte des Schwingungswiderstandes $\sqrt{L/C}$ ist. Ist dagegen $R \geqq 2\sqrt{L/C}$, so hat die Schwingungsfrequenz ω_r nach Gl. (10) keinen endlichen reellen Wert mehr; die Schwingung ist „aperiodisch gedämpft", und die Spannung nimmt ohne Überschwingen ins Negative auf Null ab (Abb. 349), und zwar umso rascher, je mehr sich R dem „aperiodischen Grenzwert" $2\sqrt{L/C}$ nähert.

Der Verlauf des Stromes der Schwingung ergibt sich aus Gl. (9) zu

$$i = -\frac{dq}{dt} = -C\frac{du}{dt} = C\,u_1\,e^{-\alpha t}\,[\omega_r \sin(\omega_r\,t + \varphi) + \alpha \cos(\omega_r\,t + \varphi)]\,. \tag{14}$$

Das Kosinusglied zeigt, daß der Strom der Spannung nicht ganz um 90° nacheilt, wie es bei Vorhandensein von Oнмschem Widerstand auch nicht anders zu erwarten ist. Aus der Anfangsbedingung, daß für $t = 0$ der Strom i gleich Null sein muß, ergibt sich

$$\omega_r \sin\varphi + \alpha \cos\varphi = 0\,,$$

d. h.

$$\cos\varphi = \frac{\omega_r}{\sqrt{\omega_r^2 + \alpha^2}} = \frac{\omega_r}{\omega_0}\,. \tag{15}$$

Schreiben wir Gl. (14) in der Form

$$i = C\,u_1\,e^{-at}\,A \sin(\omega_r + \varphi - \psi)\,,$$

so ist

$$A = \sqrt{\omega_r^2 + \alpha^2} = \omega_0 \quad \text{und} \quad \cos\psi = \frac{\omega_r}{A} = \frac{\omega_r}{\omega_0}\,.$$

$\cos\psi$ stimmt also mit $\cos\varphi$ überein; folglich ist $\psi = \varphi$, und wir erhalten

$$i = C\,u_1\,e^{-at}\,\omega_0 \sin\omega_r\,t\,. \tag{16}$$

Ersetzen wir noch u_1 durch $u_0/\cos\varphi = u_0\,\omega_0/\omega_r$, so ergibt sich schließlich für den Strom die Schwingungsgleichung

$$i = C\,u_0\,e^{-at}\,\frac{\omega_0^2}{\omega_r}\,\sin\omega_r t \tag{17}$$

bzw.

$$i = u_0\,e^{-at}\,\frac{1}{L\,\omega_r}\,\sin\omega_r t\,. \tag{17a}$$

Für i gilt bezüglich der Dämpfung dasselbe wie für u.

121. Erzwungene Schwingungen. Wir haben bisher die freien Schwingungen betrachtet, die entstehen, wenn der Schwingungskreis nach erfolgtem Anstoß sich selbst überlassen bleibt. Dieser Fall kommt praktisch nur selten vor. Meist wird dem Schwingungskreis durch Kopplung mit einer Energiequelle fortlaufend Energie zugeführt, so daß er trotz seiner Verluste ungedämpfte Schwingungen, sog. erzwungene Schwingungen, ausführt. Das kann geschehen, indem in dem Kreis eine vorgegebene Wechselspannung $\mathfrak{U}$ als Erregerspannung für die Schwingungen wirksam ist (Abb. 350a), oder indem der Kreis von einem vorgegebenen Wechselstrom $\mathfrak{J}$ durchflossen wird (Abb. 350b). Wir haben diese beiden Fälle schon in Abschn. 52 behandelt und festgestellt, daß im ersten Falle, wo L, C und R in Reihe an $\mathfrak{U}$ liegen, der Strom ein Maximum wird, wenn Resonanz herrscht, d. h. die Eigenfrequenz $\omega_0 = \dfrac{1}{\sqrt{L\,C}}$.

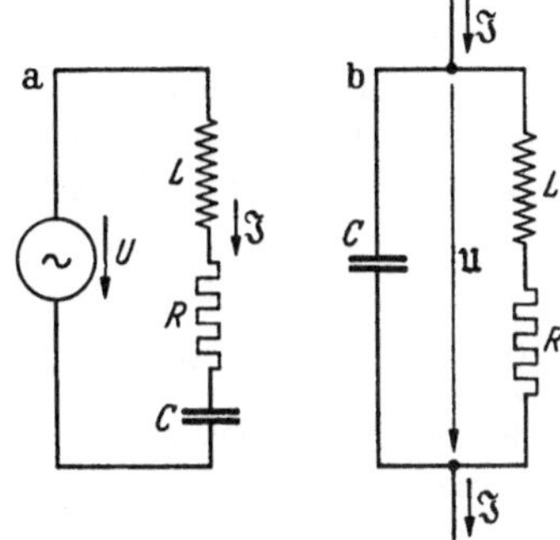

Abb. 350 a u. b. Entstehung erzwungener Schwingungen.

des Kreises mit der der Erregerspannung übereinstimmt. Der Scheinwiderstand des Schwingungskreises hat dann den kleinstmöglichen Wert R.

Der Resonanzkreis spielt in der Nachrichtentechnik eine große Rolle als Siebmittel, um aus einem Gemisch verschiedener Frequenzen eine bestimmte Frequenz herauszugreifen und in der nachgeschalteten Apparatur allein zur Wirkung zu bringen. Zu diesem Zweck wird aus dem Stromkreis, der das Frequenzgemisch führt, durch Kopplung mit dem auf die gewünschte Frequenz abgestimmten Resonanzkreis auf diesen eine Spannung übertragen. Von den Strömen, die dadurch in dem Resonanzkreis entstehen, ist nach Maßgabe der Resonanzkurve derjenige am größten, dessen Frequenz mit der Resonanzfrequenz übereinstimmt. Das gleiche gilt für die Spannungen, die, von den Strömen an den Blindwiderständen des Resonanzkreises hervorgerufen, dort abgegriffen werden können. Da die Spannung, die ein Strom von Resonanzfrequenz hervorruft, der Induktivität direkt und der Kapazität umgekehrt proportional ist, macht man gewöhnlich die erstere möglichst groß, die letztere möglichst klein. Die an dem Resonanzkreis abgegriffene Spannung kann über einen Verstärker zur nochmaligen Siebung einem weiteren, auf die gleiche Frequenz abgestimmten Resonanzkreis zugeführt werden. Der zwischengeschaltete Verstärker verhindert eine gegenseitige Beeinflussung der Resonanzkreise. Zwei unmittelbar gekoppelte Resonanzkreise bilden nämlich zusammen einen neuen Resonanzkreis mit geändertem Verlauf der Resonanzkurve. Auch davon wird häufig Gebrauch gemacht.

Für die Kopplung eines Resonanzkreises mit einem anderen Stromkreis bzw. einem anderen Resonanzkreis gibt es grundsätzlich drei verschiedene Möglichkeiten. Am häufigsten benutzt wird die induktive Kopplung nach Abb. 351a, bei der die Spannungsübertragung durch die Gegeninduktivität M zwischen einer in dem erregenden Kreis 1 liegenden Spule und der Spule des Resonanzkreises 2 erfolgt.

Bei der kapazitiven Kopplung nach Abb. 351b haben die beiden Kreise 1 und 2 statt eines gemeinsamen magnetischen ein gemeinsames elektrisches Feld, nämlich das im Kondensator C_2. Wird die in den Resonanzkreis 2 eingeführte Spannung durch die

Spannung an einem den beiden Kreisen 1 und 2 gemeinsamen Widerstand R gebildet (Abb. 351c), so spricht man von einer galvanischen Kopplung. Eine Mischung von galvanischer und induktiver Kopplung liegt schließlich bei Abb. 351d vor, da ja der OHMsche Widerstand fast ausschließlich durch den Widerstand des Spulenleiters bedingt ist.

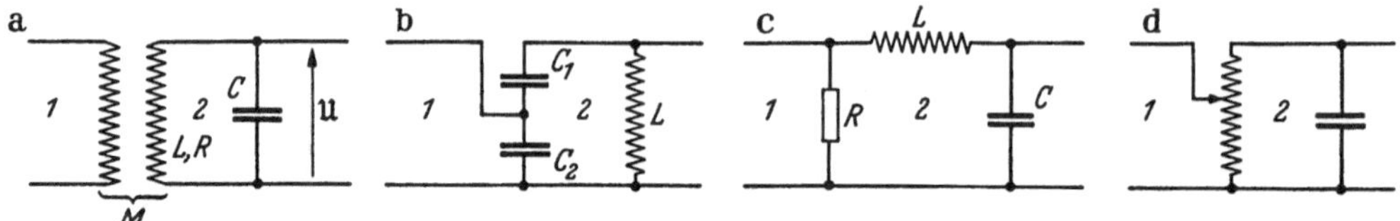

Abb. 351 a—d. Verschiedene Arten der Kopplung zwischen Schwingungs- und Erregerkreis.
a) induktive Kopplung, b) kapazitive Kopplung, c) Widerstandkopplung, d) gemischte Kopplung.

122. Schwingungskreis mit verteilter Induktivität und Kapazität. Schwingkreise lassen sich für nahezu beliebig hohe Frequenzen herstellen. Eigenfrequenzen in der Größenordnung von 10^9 Hz = 1000 MHz zu erreichen, bereitet keine Schwierigkeiten. Die Induktivitäts- und Kapazitätswerte werden dabei natürlich außerordentlich klein. So ergibt sich z. B. für $L = 0{,}05 \text{ mHy} = 0{,}05 \cdot 10^{-3}$ Hy und $C = 100$ pF (Pikofarad) $= 100 \cdot 10^{-12}$ F gemäß $f = \dfrac{1}{2\,\pi\,\sqrt{L\,C}}$ eine Eigenfrequenz von 2,25 MHz.

Bei den bisher besprochenen Schwingkreisen war die Induktivität in einer Spule und die Kapazität in einem Kondensator lokalisiert gedacht. Je höher die Eigenfrequenz des Schwingkreises ist, um so mehr machen sich die Induktivität der Verbindungsleitungen und die zwischen ihnen vorhandene Kapazität bemerkbar. Das geht bei sehr hohen Fre-

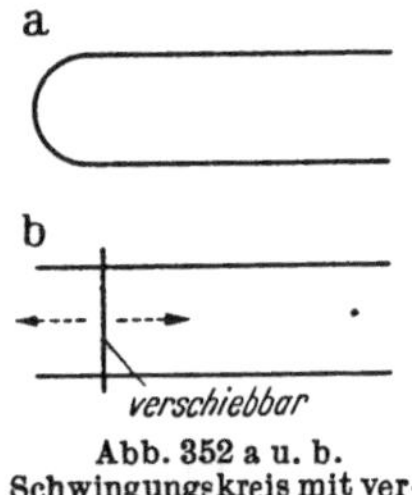

Abb. 352 a u. b.
Schwingungskreis mit ver-
teilter Induktivität
und Kapazität.

quenzen in der Größenordnung von 10^8 bis 10^9 Hz soweit, daß schließlich eine konzentrierte Induktivität in Form einer Spule und ein besonderer Kondensator entfallen kann bzw. eben zur Erzielung der hohen Frequenz sogar entfallen muß. Der Schwingungskreis entartet dann zu einem einfachen Drahtbügel nach Abb. 352a, bei dem nur noch die über die Bügellänge verteilte Kapazität zwischen den beiden Drahthälften und die über die ganze Drahtlänge verteilte Induktivität die Eigenfrequenz bestimmen. Durch Ändern der wirksamen Bügellänge mittels eines verschiebbaren Querdrahtes (Abb. 352b) läßt sich die Eigenfrequenz verändern.

123. Röhrengenerator. Wechselströme hoher Frequenzen lassen sich bequem erzeugen, indem man einem auf die gewünschte Frequenz abgestimmten, zum Schwingen angeregten Schwingkreis eine Spannung entnimmt und diese als Gitterwechselspannung für eine Elektronenröhre benutzt. Der Anodenstrom schwankt dann mit derselben Frequenz und erscheint als die Überlagerung eines Gleichstromes von der Größe seines Mittelwertes und eines Wechselstromes. Dem Anodenkreis kann durch induktive oder galvanischer Kopplung mit einem Verbraucher Wechselstromleistung entnommen werden, die von der die Anodenspannung liefernden Stromquelle zur Verfügung gestellt wird. Damit ein solcher „Röhrengenerator", in der Nachrichtentechnik auch „Röhrensender" genannt, kontinuierlich arbeitet, muß der steuernde Schwingungskreis ungedämpfte Schwingungen ausführen. Das ist aber nur möglich, wenn der Leistungsverlust des Schwingungskreises durch ständige Leistungszufuhr aus einer Energiequelle gedeckt wird. Es muß in ihn also eine hinreichend große Spannung eingeführt werden, deren Frequenz mit seiner Schwingungsfrequenz übereinstimmt und die außerdem eine zur Leistungsübertragung auf den Schwingungskreis geeignete Phasenlage hat. Diese Spannung kann dem ausgesteuerten Anodenkreis, in dem ja ein Wechselstrom dieser Frequenz fließt und ausreichend Leistung zur Verfügung steht, entnommen werden. Dabei kommt neben der Verbindung über die Elektronenröhre, die gewissermaßen als Leistungsschalter dient, eine zusätzliche Kopplung zwischen dem Anodenkreis als dem gesteuerten Kreis und dem steuernden Gitterkreis zustande, die man als Rückkopplung bezeichnet. Rückkopplung muß nicht immer zur Selbsterregung — hier von ungedämpften Schwingungen — führen. Sie wirkt sich zwar immer als eine scheinbare Verminderung der Dämpfung des steuernden Kreises aus; Selbsterregung setzt jedoch erst dann ein, wenn die Rückkopplung so „fest" ist, daß dem steuernden Kreis über sie aus dem gesteuerten Kreis so viel Leistung zugeführt wird, wie in ihm verlorengeht. Einen Fall von Rückkopplung haben wir bereits bei dem selbsterregten Gleichstrom-Nebenschlußgenerator kennengelernt. Dort ist der Erregerstrom die steuernde und die im Anker induzierte Spannung die gesteuerte Größe. Energiequelle ist in diesem Falle die Maschine, die den Generator antreibt.

In der Röhrengenerator-Schaltung nach Abb. 353 ist der Gitterkreis induktiv an den unmittelbar von dem Anodenkreis gespeisten Schwingkreis angekoppelt. Zu diesem Zweck ist im Gitterkreis eine besondere Spule 2 vorgesehen, in der die Schwingkreisspule 1 die zur Steuerung des Anodenstromes dienende Gitterwechselspannung von der Eigenfrequenz des Schwingkreises induziert. Damit die durch die Gitterwechselspannungen gesteuerte Schwankung des Anodenstromes die Strom- und Spannungsschwingungen im Schwingkreis unterstützt bzw. anfacht und ihnen nicht etwa entgegenwirkt, muß die Gitterwechselspannung die richtige Phasenlage in bezug auf die Spannung an der Schwingkreisspule haben. Bei zunehmendem Anodenstrom, wenn also die Spannung an der Schwingkreisspule von unten nach oben gerichtet ist, muß z. B. das Gitterpotential in positiver Richtung verschoben werden. Da die in der Gitterspule induzierte Spannung bei gleichem Wickelsinn mit der Spannung an der Schwingkreisspule gleichphasig ist, muß somit die untere Klemme von 2 mit dem Gitter, die obere mit der Kathode verbunden werden.

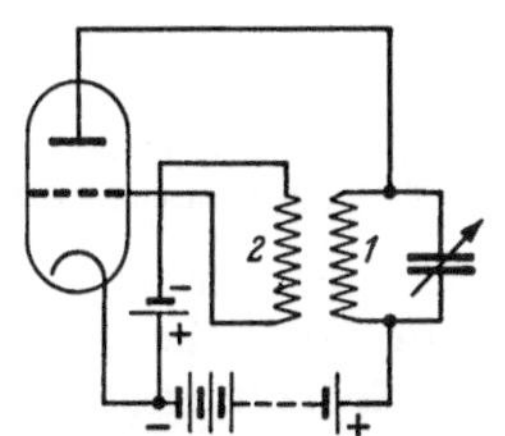

Abb. 353. Röhrengenerator mit induktiver Rückkopplung.

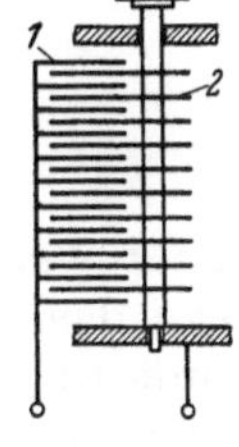

Abb. 354. Drehkondensator.

Die Frequenz der Schwingungen kann durch Änderung der Abstimmung des Schwingkreises eingestellt werden. Meist bedient man sich zu diesem Zweck eines regelbaren Kondensators in Form des sog. Drehkondensators mit einem festen und einem verdrehbaren Plattensatz 1 bzw. 2 nach dem in Abb. 354 gezeigten Bauprinzip.

Die Energieentnahme aus dem Anodenkreis erfolgt meist auf induktivem Wege, z. B. mittels einer nicht gezeichneten, dritten Spule die ebenfalls mit der Schwingkreisspule gekoppelt ist. Damit die Spannung an der Schwingkreisspule hoch wird, müssen die Blindwiderstände des Schwingkreises groß sein. Man macht deshalb, wie schon erwähnt, in dem durch die gewünschte Frequenz vorgeschriebenen Produkt LC die Induktivität L groß, die Kapazität C dagegen klein.

Eine rein sinusförmige Wechselkomponente des Anodenstromes setzt voraus, daß durch entsprechende Bemessung der Gittervorspannung die Gitterwechselspannung $u_{g\sim}$ ausschließlich im geradlinigen Bereich der Röhrenkennlinie liegt (Abb. 355). Dann ist aber der Mittelwert $i_{a\,mittel}$ des Anodenstromes, mit dem ja die Anodenstromquelle belastet ist, verhältnismäßig groß gegenüber dem Effektivwert des nutzbaren Anodenwechselstromes $i_{a\sim}$, und der Röhrengenerator arbeitet mit einem schlechten Wirkungsgrad. Auf eine sinusförmige Anodenstromkurve kommt es aber hier meist nicht an, zur Erregung des Schwingkreises genügen vielmehr periodische Anodenstromstöße beliebiger Kurvenform. Man kann deshalb durch festere Rückkopplung die Gitterwechselspannung $u_{g\sim}$ getrost so groß machen, daß sie in negativer Richtung bis in den Bereich völliger Sperrung und in positiver Richtung bis über den Sättigungswert des Anodenstromes schwingt (Abb. 356). Der Mittelwert des Anodenstromes läßt sich im Verhältnis zum Anodenwechselstrom verkleinern, wenn man die negative Gittervorspannung dabei so groß macht, daß sie in der Nähe völliger Sperrung des Anodenstroms liegt. Die negative Vorspannung des Gitters darf aber nur so groß sein, daß bei Arbeitsbeginn noch ein zum Anfachen der Schwingungen ausreichender Anodenstrom fließt.

Bei dem Röhrensender nach Abb. 357 wird als Gitterwechselspannung die zwischen den Punkten a und b der Schwingkreisspule abgegriffene Teilspannung verwendet (sog. Dreipunktschaltung). Da sich die Schwingkreisspule auf dem positiven Potential der Anodenstromquelle befindet, ist in die Gitterzuleitung ein Kondensator C_1 gelegt, der dieses Potential vom Gitter fernhält. Ein zweiter Sperrkondensator C_2 stellt eine

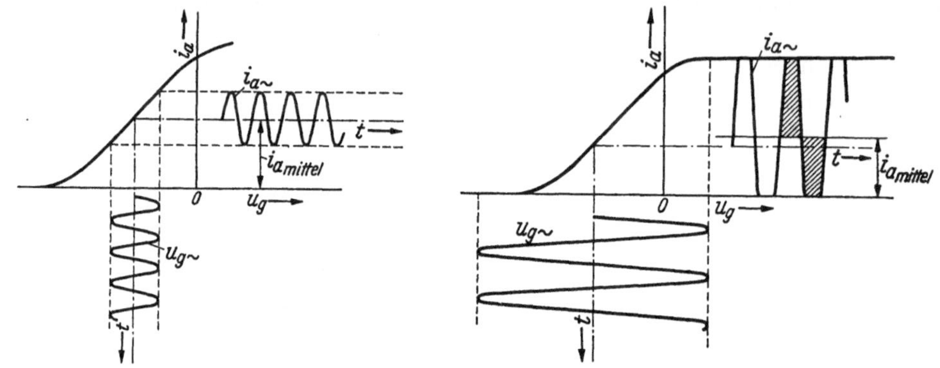

Abb. 355 u. 356. Arbeitsweise eines Röhrengenerators mit induktiver Rückkopplung bei verschiedener Größe der Gitterwechselspannung.

nur für Wechselstrom passierbare Verbindung zwischen Punkt b und der Kathode her. Wenn das Gitter in den Scheitelwerten der Gitterwechselspannung positiv wird, so nimmt es aus der Entladungsstrecke Elektronen auf, wird also zusammen mit der linken Belegung von C_1 immer mehr negativ aufgeladen. Die mittlere Gitterspannung und der Arbeitspunkt auf der i_a- u_g-Kennlinie verschieben sich immer mehr in negativer Richtung, was sich in einem Absinken des Anodengleichstromes $i_{a\,mittel}$ bemerkbar

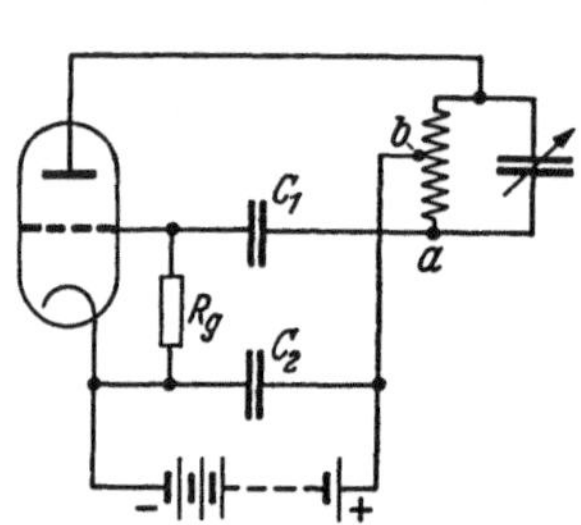

Abb. 357. Röhrengenerator in Dreipunktschaltung.

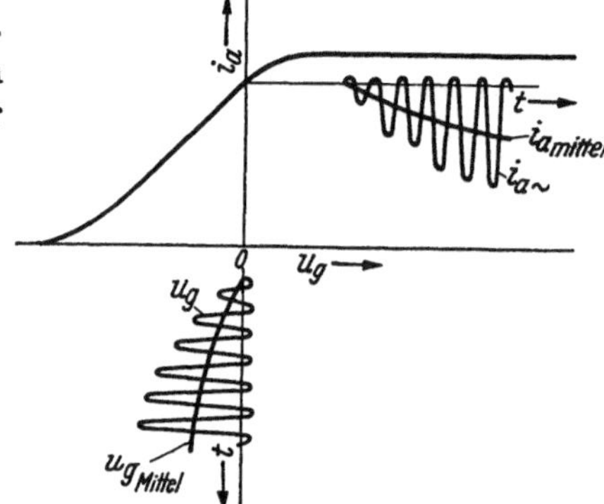

Abb. 358. Arbeitsweise eines Röhrengenerators in Dreipunktschaltung.

macht (Abb. 358). Um diese Arbeitspunktverschiebung auf einen bestimmten Wert zu begrenzen, ist das Gitter über einen hochohmigen Widerstand R_g mit der Kathode verbunden, über den die negative Ladung als Gitterstrom abfließen kann. Die durch den Gitterstrom an R_g hervorgerufene Spannung bestimmt die negative Gitterspannung.

U. Verknüpfung elektrischer und magnetischer Wechselfelder

124. Der Verschiebungsstrom. Wenn wir unter einem elektrischen Strom eine Bewegung von Ladungsträgern verstehen, so findet ein in den Zuleitungen zu einem Kondensator fließender Wechselstrom an den Belegungen des Kondensators sicherlich sein Ende, sofern das Dielektrikum nicht infolge mangelhafter Beschaffenheit noch eine restliche Leitfähigkeit besitzt, was wir aber ausschließen wollen. Die Ladungsträgerbewegung in den Zuleitungen führt infolge der Isolatoreigenschaften des Dielektrikums lediglich zu einer Stauung von Ladungen an den Oberflächen der Kondensatorbelegungen.

Als unabdingbare Eigenschaft eines Stromes hatten wir die Tatsache erkannt, daß er stets von einem magnetischen Feld begleitet ist, während seine sonstigen Eigenschaften, nämlich seine Fähigkeit, Wärme zu erzeugen oder leitende Flüssigkeiten zu zersetzen, nur unter besonderen Verhältnissen in Erscheinung treten und durch Schaffung geeigneter Verhältnisse vermieden werden können. Von seinem Magnetfeld läßt sich der Strom dagegen niemals lösen und dessen kennzeichnende Größe, nämlich die magnetische Umlaufspannung $V_0 = \oint \mathfrak{H} \, d\mathfrak{l}$ ist nach Gl. (29,6) ein eindeutiges und von den Versuchsbedingungen völlig unabhängiges Maß für die Stärke des Stromes. Man muß sich deshalb fragen, ob die von uns bisher als das Wesen des Stromes angesehene Ladungsbewegung nicht auch nur eine rein zufällig, d. h. nur unter besonderen Voraussetzungen auftretende Erscheinungsform des Stromes ist und ob wir nicht als eigentliches Wesen des Stromes das bisher nur als seine Wirkung aufgefaßte Magnetfeld ansehen müssen. Diese Anschauung würde zu der Konsequenz führen, daß dann ein Strom, ausgewiesen durch sein Magnetfeld, auch in einem von beweglichen Ladungsträgern freien Raum, insbesondere im Vakuum, „fließen" können müßte. Wie man sich einen solchen Strom vorzustellen hätte, ist allerdings eine andere Frage.

Dem stets eine wenigstens bildhafte Anschaulichkeit anstrebenden Denken mag die Vorstellung eines Stromes in einem ladungsfreien Raum zunächst widerstreben. Tatsächlich kann die Existenz solcher Ströme aber durch einen ganz einfachen Versuch belegt werden. In Abb. 359 ist ein von einer Wechselspannungsquelle 3 gespeister Stromkreis rechts durch eine längere Luftstrecke unterbrochen, jedoch enden die Leiter

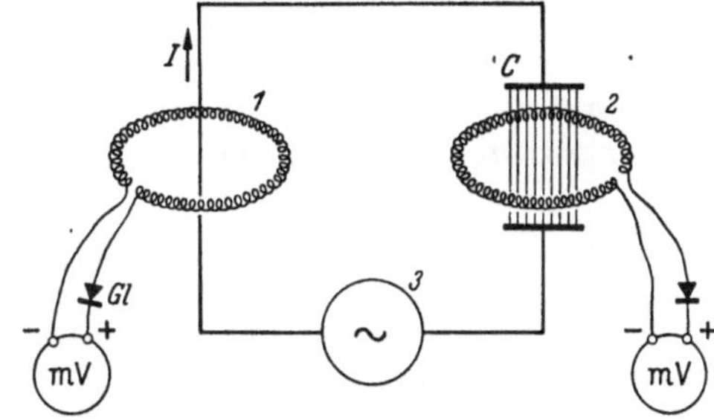

Abb. 359. Zur Erläuterung des Verschiebungsstromes.

beiderseits der Luftstrecke in parallel zueinander stehenden Metallplatten, die zusammen einen einfachen Kondensator C bilden. Die Kapazität dieses Kondensators wird natürlich nur sehr klein sein; damit trotzdem ein merklicher Wechselstrom in den Leitern des Stromkreises fließt, verwenden wir zur Speisung eine möglichst hohe Wechselspannung mit einer Frequenz von mehreren Tausend Hz. Umschließen wir den leitenden Teil des Stromkreises an irgendeiner Stelle mit einem magnetischen Spannungsmesser 1 (s. Abschn. 34), an den wir unter Zwischenschaltung eines Trockengleichrichters Gl ein empfindliches Drehspul-Millivoltmeter angeschlossen haben, so schlägt dieses aus und zeigt den zeitlichen Mittelwert der Spannung an, die in den Windungen des magnetischen Spannungsmessers durch das den Leiterstrom umgebende magnetische Wechselfeld induziert wird. Die Anzeige des Millivoltmeters ist ein Maß für den Effektivwert des Leiterstromes. Nun schlingen wir einen gleichartigen magnetischen Spannungsmesser 2 um das elektrostatische Wechselfeld zwischen den Kondensatorplatten und stellen fest, daß das an ihn angeschlossene Millivoltmeter nahezu denselben Wert anzeigt wie im ersten Falle. Unterschiede in der Anzeige sind auf die Streuung des elektrostatischen Feldes zurückzuführen. Obwohl in dem Raum zwischen den Kondensatorplatten mit Sicherheit kein merkbarer Strom im Sinne einer Bewegung von Ladungsträgern fließt, herrscht auf einem geschlossenen Wege, der das gesamte elektrostatische Feld umfaßt, doch dieselbe magnetische Umlaufspannung wie auf einem Wege um den Leiter. Wir führen den magnetischen Spannungsmesser so, daß er nur noch die Hälfte der elektrischen Feldlinien umfaßt; der Instrumentausschlag geht ebenfalls auf die Hälfte zurück und verschwindet, wenn wir den magnetischen Spannungsmesser seitwärts ganz aus dem Feldbereich herausziehen.

Dieses Versuchsergebnis, das übrigens garnicht so merkwürdig ist, sondern im Gegenteil, gerade wenn es negativ ausgefallen wäre, zu den merkwürdigsten Konsequenzen führen würde, zwingt uns, auch im isolierenden Dielektrikum zwischen den Belegungen eines Kondensators mit zeitlich veränderlicher Ladung einen Strom als existierend anzusehen, den wir zum Unterschied von dem Leiterstrom als Verschiebungsstrom bezeichnen wollen. Die Definition dieses Verschiebungsstromes ergibt sich aus seiner Äquivalenz mit dem zugehörigen Leiterstrom in bezug auf die magnetische Umlaufspannung. Ist q der Augenblickswert der auf den Kondensatorplatten gebundenen Ladung, so ist der Augenblicksstrom in den Zuleitungen $i = \dfrac{dq}{dt}$. Für einen Plattenkondensator mit homogenem Feld von dem Feldquerschnitt F können wir nach den Gln. (24,10) und (24,11) schreiben:

$$q = F D = F \varepsilon E,$$

worin D der Betrag der Verschiebungsdichte, E der Betrag der elektrischen Feldstärke und ε die Dielektrizitätskonstante ist, die bei unserem Luftkondensator mit der Dielektrizitätskonstante des Vakuums $\varepsilon_0 = 0{,}0886 \cdot 10^{-12}$ A sek/V cm übereinstimmt. Daraus ergibt sich die mit dem Leitungsstrom übereinstimmende Stärke des Verschiebungsstromes zu

$$i_{Versch} = i = \frac{dq}{dt} = F \frac{dD}{dt} = F \varepsilon \frac{dE}{dt} \tag{1}$$

und die auf die Flächeneinheit bezogene Verschiebungsstromdichte (nicht mit der Verschiebungsdichte D zu verwechseln)! zu

$$\frac{dD}{dt} = \varepsilon \frac{dE}{dt}. \tag{2}$$

Wir erhalten somit wegen der magnetischen Äquivalenz von Leitungs- und Verschiebungsstrom für die magnetische Umlaufspannung $V_o = \oint \mathfrak{H}\, d\mathfrak{l}$ die Gleichung

$$\oint \mathfrak{H}\, d\mathfrak{l} = \frac{dD}{dt} F = \varepsilon \frac{dE}{dt} F, \tag{3}$$

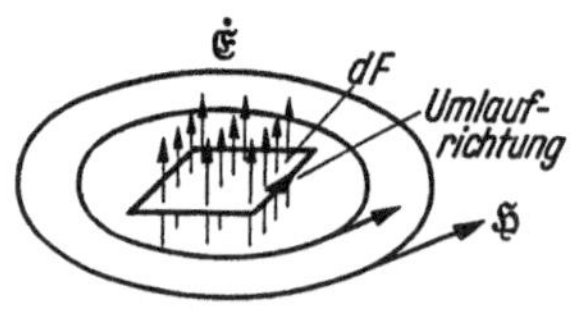

Abb. 360. Magnetisches Feld in der Umgebung eines veränderlichen elektrostatischen Feldes.

eine Beziehung von fundamentaler Bedeutung, die letzten Endes besagt: Ein zeitlich veränderliches elektrostatisches Feld umgibt sich mit einem Magnetfeld. Umfährt man (Abb. 360) in einem elektrostatischen Feld eine zu den Feldlinien senkrechte Fläche dF, die so klein ist, daß in ihrem Bereich das Feld als homogen angesehen werden kann, so ist die magnetische Umlaufspannung V_o bzw. das Linienintegral der magnetischen Feldstärke $\oint \mathfrak{H}\, d\mathfrak{l}$ längs der Umrandung dieser Fläche gleich der mit der Dielektrizitätskonstanten ε und dem Flächeninhalt dF multiplizierten Ableitung $\dfrac{dE}{dt}$ der dort herrschenden elektrischen Feldstärke nach der Zeit. In Abb. 360 soll der Punkt über $\mathfrak{E}$ bedeuten, daß die elektrische Feldstärke in Pfeilrichtung zunimmt. Dieser Zunahme ist die positive Richtung der magnetischen Feldstärke rechtswendig zugeordnet.

Bei der Erörterung des Induktionsgesetzes in Abschn. 36 haben wir festgestellt, daß ein sich ändernder Magnetfluß in einem isolierenden Medium sich mit geschlossenen elektrischen Feldlinien umgibt (Abb. 98), wobei das Linienintegral der elektrischen Feldstärke längs eines geschlossenen Weges, d.h. die elektrische Umlaufspannung, dem Betrag nach gleich der zeitlichen Änderung des umfaßten Magnetflusses ist. Wir können also das Induktionsgesetz in der allgemeingültigen Form

$$\oint \mathfrak{E}\, d\mathfrak{l} = -\frac{d\Phi}{dt} \tag{4}$$

schreiben, worin das Minuszeichen die linkswendige Zuordnung von $\mathfrak{E}$ und der Flußzunahme $\dot{\Phi}$ in Abb. 98 berücksichtigt. Eine offene Leiterschleife hat lediglich die Wirkung, daß sie das Feld da, wo das Leitermaterial vorhanden ist, durch die Verschiebung der darin vorhandenen Ladungsträger zusammenbrechen läßt, so daß die gesamte, der Umlaufspannung entsprechende Potentialdifferenz als Spannung u zwischen ihren freien Enden meßbar in Erscheinung tritt (Abb. 99). Beziehen wir uns wieder auf eine kleine Fläche dF, über die wir das dazu senkrechte Magnetfeld als homogen ansehen können, so können wir Gl. (4) in der Form schreiben

$$\oint \mathfrak{E}\, d\mathfrak{l} = -\frac{dB}{dt}\, dF = -\mu\, \frac{dH}{dt}\, dF \tag{5}$$

und erhalten somit zusammen mit Gl. (3) für die Verknüpfung elektrischer und magnetischer Felder ein Paar ganz analog aufgebauter Beziehungen, die den Inhalt der nach ihrem Entdecker genannten MAXWELLschen Gleichungen bilden.

125. Elektromagnetische Wellen. Die Folgerungen, die sich aus dem gleichzeitigen Bestehen der Gln. (124,3) und (124,5) ergeben, sind von außerordentlicher Tragweite, aber nicht leicht zu übersehen. Wir können zunächst nur folgendes sagen: Tritt an irgendeiner Stelle des Raumes eine Störung in Form einer Änderung beispielsweise des elektrischen Feldzustandes ein, so ruft diese Störung in der unmittelbaren Nachbarschaft der Störungsstelle eine Änderung des magnetischen Feldzustandes und diese wieder in ihrer Nachbarschaft eine elektrische Feldänderung hervor und so fort. Auf diese Weise pflanzt sich die ursprüngliche Feldstörung nach allen Richtungen in den Raum hinaus fort, wobei die magnetischen Feldänderungen immer in senkrechter Richtung zu den elektrischen Feldänderungen erfolgen.

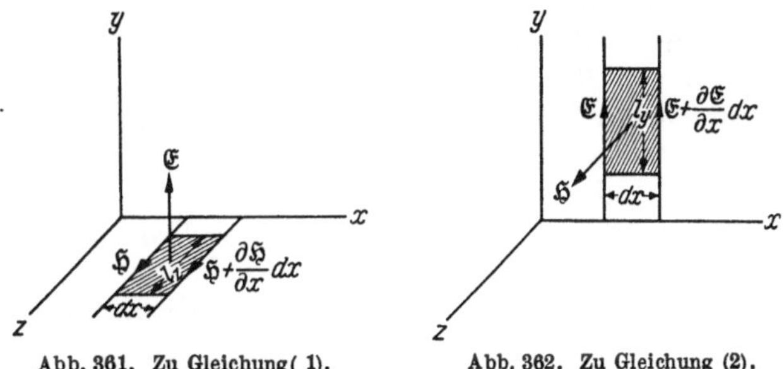

Abb. 361. Zu Gleichung(1).   Abb. 362. Zu Gleichung (2).

Wir wollen diesen Vorgang wenigstens für den einfachsten Fall rechnerisch verfolgen. Wir betrachten zu diesem Zweck ein unbegrenzt ausgedehntes elektrisches Feld, dessen Feldlinien alle parallel zu der y-Achse eines räumlichen Koordinatensystems x, y, z (Abb. 361) gerichtet sein mögen. In jedem Zeitpunkt möge die Verteilung dieses Feldes so beschaffen sein, daß Unterschiede in der Feldstärke nur in der x-Richtung vorhanden sind, daß also in allen Punkten einer beliebigen Ebene, die auf der x-Achse senkrecht steht, der Augenblickswert der Feldstärke derselbe ist. Aus diesem Feldgebiet schneiden wir eine zur x-Achse senkrechte, ebene Schicht von der Dicke dx und aus dieser wieder durch senkrecht zur z-Achse geführte Schnitte einen Streifen von der Breite l_z heraus. Die schraffierte Fläche in Abb. 361 ist die Spur dieses Streifens in der x,z-Ebene. Auf ihr steht die elektrische Feldstärke $\mathfrak{E}$ mit dem Betrag E senkrecht. Unter den über die Feldverteilung gemachten Voraussetzungen tritt bei einer zeitlichen Änderung von E eine magnetische Feldstärke mit Sicherheit nur in der z-Richtung, d. h. senkrecht zu der Richtung von $\mathfrak{E}$ und zur x-Richtung auf. Bei einem Umlauf längs der Grenzen der schraffierten Fläche tragen also die zur x-Achse parallelen Seiten von der Länge dx zur magnetischen Umlaufspannung nichts bei. An der linken Grenze der schraffierten Fläche habe die magnetische Feldstärke den Betrag H, an der um das Stück dx von der linken Grenze entfernten rechten Grenze den Wert $H + dH$. Um anzudeuten, daß es sich bei dH um eine Zunahme von H in der x-Richtung handelt, schreiben wir statt dH korrekt $\dfrac{\partial H}{\partial x}\, dx$. Der Differentialquotient wurde als sog. partielle Ableitung nur deshalb mit rundem ∂ geschrieben, weil H außer von x auch noch von einer anderen Variablen, nämlich von der Zeit t abhängt, es also außer der Ableitung nach x auch eine nach t gibt. Machen wir nun den Umlauf in einem der Richtung von $\mathfrak{E}$ rechtswendig zugeordneten, positiven Umlaufsinn, so erhalten wir mit Gl. (124,3)

$$H\, l_z - \left(H + \frac{\partial H}{\partial x}\, dx\right) l_z = \varepsilon\, \frac{\partial E}{\partial t}\, l_z\, dx \; . \tag{1}$$

Genau so verfahren wir bei der Bildung der elektrischen Umlaufspannung aus der magnetischen Feldstärke (Abb. 362) und erhalten mit Gl. (124,5)

$$- E\, l_y + \left(E + \frac{\partial E}{\partial x}\, dx\right) l_y = -\mu\, \frac{\partial H}{\partial t}\, l_y\, dx \; . \tag{2}$$

Die beiden Gln. (1) und (2) vereinfachen sich zu dem Gleichungspaar

$$\frac{\partial H}{\partial x} = -\varepsilon\, \frac{\partial E}{\partial t} \; , \tag{3}$$

$$\frac{\partial E}{\partial x} = -\mu\, \frac{\partial H}{\partial t} \; . \tag{3'}$$

Die Unbekannten E und H müssen offenbar Funktionen der beiden unabhängigen Variablen x und t sein, da in den beiden gleichzeitig geltenden Gleichungen sowohl von E als auch von H partielle Ableitungen nach x und solche nach t vorkommen. Jedes Funktionspaar $E = F_1(x, t)$ und $H = F_2(x, t)$ das, in Gl. (3) und (3') — es handelt sich hier um sog. partielle Differentialgleichungen — eingesetzt, diese erfüllt, ist eine Lösung. Eindeutig festlegen lassen sich die Lösungsfunktionen nur unter Berücksichtigung weiterer Bedingungen. Wir wollen hier die Bedingung stellen, daß sich am Orte $x = 0$ die Feldstärke E mit der Kreisfrequenz $\omega = 2\pi f$ zeitlich sinusförmig, d.h. nach dem Gesetz $E = E_{max} \sin \omega t$ ändere. Dann führt der spezielle Lösungsansatz

$$E = E_{max} \sin \omega \left(t - \frac{x}{c}\right), \tag{4}$$

$$H = H_{max} \sin \omega \left(t - \frac{x}{c}\right) \tag{4'}$$

zum Ziel, worin c eine später noch festzulegende Konstante sein soll. Davon, daß die Funktionen (4) und (4') mit geeignet bestimmtem c tatsächlich Lösungen der Gln. (3) und (3') sind, kann man sich leicht durch Einsetzen überzeugen. Aus (4) und (4') ergibt sich

$$\frac{\partial H}{\partial x} = -\frac{\omega}{c}\, H_{max} \cos \omega \left(t - \frac{x}{c}\right), \qquad \frac{\partial E}{\partial t} = \omega\, E_{max} \cos \omega \left(t - \frac{x}{c}\right),$$

$$\frac{\partial E}{\partial x} = -\frac{\omega}{c}\, E_{max} \cos \omega \left(t - \frac{x}{c}\right), \qquad \frac{\partial H}{\partial t} = \omega\, H_{max} \cos \omega \left(t - \frac{x}{c}\right). \tag{5}$$

Das in (3) und (3') eingesetzt, ergibt

$$\frac{1}{c}\, H_{max} = \varepsilon\, E_{max} \; , \tag{6}$$

$$\frac{1}{c}\, E_{max} = \mu\, H_{max} \; . \tag{6'}$$

Multiplizieren wir diese beiden Gleichungen miteinander, so erhalten wir auch die bisher noch unbekannte Konstante zu

$$c = \frac{1}{\sqrt{\varepsilon\mu}} \; . \tag{7}$$

Somit lauten die Gleichungen für E und H:

$$E = E_{max} \sin \omega \left(t - \frac{x}{c}\right), \tag{8}$$

$$H = \sqrt{\frac{\varepsilon}{\mu}}\, E_{max} \sin \omega \left(t - \frac{x}{c}\right). \tag{9}$$

Wenn wir uns fragen, was die Lösungen (8) und (9) physikalisch bedeuten, so brauchen wir uns nur an die mathematische Darstellung eines Drehfeldes in Abschn. 78 zu erinnern. E und H bleiben konstant für einen Beobachter, für den $t - \frac{x}{c}$ konstant, z. B. dauernd gleich $\left(- \frac{x_0}{c}\right)$ ist. Aus $t - \frac{x}{c} = - \frac{x_0}{c}$ folgt aber $x - x_0 = c\,t$, und das ist erfüllt für einen Beobachter, der sich im Zeitpunkt $t = 0$ im Punkte x_0 befand und sich mit der konstanten Geschwindigkeit c in Richtung zunehmender x-Werte bewegt. Die Gln. (8) und (9) stellen also Sinuswellen dar, die mit der Geschwindigkeit c in positiver x-Richtung wandern. Für die Dichteverteilung des elektrischen Feldes parallel zur x-Achse bekommen wir das in Abb. 363 auf zwei verschiedene Arten dargestellte Augenblicksbild, das sich mit der Geschwindigkeit c nach rechts verschiebt. Für das magnetische Feld gilt dasselbe, nur daß seine Feldlinien senkrecht zu denen das elektrischen Feldes, d. h. senkrecht zur Zeichenebene verlaufen.

Wenn wir in (8) und (9) in den Klammern $t - \frac{x}{c}$ durch $t + \frac{x}{c}$ ersetzen, so ist das ebenfalls eine Lösung von (3) und (3′). Für c ergibt sich dabei wieder derselbe Wert. Der Unterschied zwischen beiden Lösungen besteht nur darin, daß im letzteren Falle die Sinuswellen mit der Geschwindigkeit c in negativer x-Richtung wandern. Beide Lösungen können nebeneinander bestehen, und auch ihre Summe befriedigt die Gln. (3) und (3′).

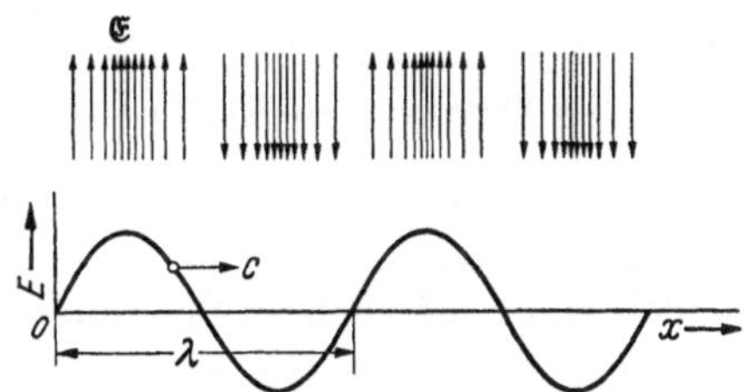

Abb. 363. Fortschreitende elektrische Feldwelle.

Wir haben somit erkannt, daß sich eine Störung im elektrischen oder magnetischen Feldzustand mit der Geschwindigkeit c ausbreitet. Das gilt ganz unabhängig von dem zeitlichen Verlauf der Störung, denn die Kreisfrequenz ω kann ja jeden beliebigen Wert haben, und nach Fourier kann jeder Kurvenverlauf als eine Überlagerung von Sinusgliedern mit unterschiedlichen Frequenzen aufgefaßt werden.

Sowohl die elektrischen als auch die magnetischen Felder enthalten Energie. Wir haben es also mit einer Energiestrahlung in den Raum zu tun, die man als elektromagnetische Wellenstrahlung bezeichnet.

Wir wollen nun die Ausbreitungsgeschwindigkeit c für das Vakuum berechnen. Da sich ε und μ von Luft von den entsprechenden Werten ε_0 und μ_0 des Vakuums kaum unterscheiden, gilt unsere Rechnung auch für den luftgefüllten Raum. Aus genauen Messungen hat sich ergeben:

$$\varepsilon_0 = 0{,}08859 \cdot 10^{-12}\,\frac{\text{Asek}}{\text{Vcm}} \quad \text{und} \quad \mu_0 = 1{,}256 \cdot 10^{-8}\,\frac{\text{Vsek}}{\text{Acm}}.$$

Folglich ist im Vakuum

$$c = \frac{1}{\sqrt{\varepsilon_0 \mu_0}} = \sqrt{\frac{10^{20}}{0{,}08859 \cdot 1{,}256}} = 3 \cdot 10^{10}\,\frac{\text{cm}}{\text{sek}}$$

$$\text{bzw.} \quad c = 300\,000\,\frac{\text{km}}{\text{sek}}. \tag{10}$$

Das ist aber der bekannte Wert der Lichtgeschwindigkeit im Vakuum. Elektromagnetische Wellen pflanzen sich also im Vakuum mit Lichtgeschwindigkeit fort, und es liegt deshalb der Schluß nahe, daß auch das Licht, dessen Wellencharakter in vielen

Erscheinungen, z. B. bei der Polarisation, zutagetritt, eine elektromagnetische Strahlung sei. Die Wesensgleichheit der mit elektrischen Apparaten erzeugbaren elektromagnetischen Wellen mit dem Licht kann durch mannigfache Versuche erhärtet werden, in denen sich, z. B. hinsichtlich Brechung, Polarisation und Reflexion, beide Strahlungen gleichartig verhalten. Der Unterschied liegt nur in der Wellenlänge λ (Abb. 363) der Strahlung, die beim sichtbaren Licht zwischen $0,36 \cdot 10^{-8}$ und $0,78 \cdot 10^{-8}$ cm liegt, während man mit elektrischen Apparaten bisher erst an eine untere Grenze von einigen mm gekommen ist.

Die Wellenlänge λ hängt bei der gegebenen Fortpflanzungsgeschwindigkeit c von der örtlichen Frequenz der Feldschwingung ab. Bezeichnen wir die Periodendauer an einem bestimmten Ort, z. B. dem Ort der Schwingungserzeugung, mit T, so ist offenbar $T = \dfrac{\lambda}{c}$ bzw. $\lambda = cT$. Andererseits ist T der Kehrwert der Schwingungsfrequenz f, so daß sich

$$\lambda = \frac{c}{f} \tag{11}$$

ergibt. Der üblichen Netzfrequenz von 50 Hz würde demnach eine Wellenlänge von $\dfrac{300\,000}{50} = 6000$ km entsprechen, während zur Erzielung einer Wellenlänge von 30 cm eine Frequenz von $\dfrac{3 \cdot 10^{10}}{30} = 10^9$ Hz $= 1000$ MHz nötig ist, die sich technisch nur durch die Eigenschwingung eines Schwingungskreises, in ungedämpfter Form also nur mit einem Röhrensender erzeugen läßt.

Unsere Betrachtungen zeigen, daß der Aufbau eines Feldes, z. B. eines Magnetfeldes in der Umgebung eines Leiters, in dem ein Strom zu fließen beginnt, keineswegs überall gleichzeitig erfolgt, sondern daß sich das Feld, das ja eine Aufladung des Raumes mit Energie bedeutet, in Form einer elektromagnetischen Strahlung mit endlicher Geschwindigkeit ausbreitet. Freilich sind die dabei auftretenden Verzögerungen infolge der hohen Ausbreitungsgeschwindigkeit meist nicht bemerkbar. Auch wenn das eine Ende einer Doppelleitung plötzlich an Spannung gelegt wird, erscheint die Spannung am anderen Ende nicht augenblicklich, sondern verzögert. Das Fortschreiten das sich dabei zwischen den beiden Leitern ausbildenden elektrischen Feldes folgt ganz ähnlichen Gesetzen wie das von freien elektromagnetischen Wellen. Die Fortpflanzungsgeschwindigkeit hängt hier von der Induktivität und der Kapazität der Leitung je Längeneinheit ab. Bei sehr langen Wechselstromleitungen macht sich die endliche Geschwindigkeit in einer Phasendrehung der Spannung längs der Leitung bemerkbar.

Große technische Bedeutung haben die elektromagnetischen Wellen bei der „drahtlosen" Fernübertragung von Nachrichten. Man macht die von einem Sender ausgestrahlten Wellen zum Träger der zu übermittelnden Signale, indem man ihre Amplitude oder ihre Frequenz bzw. Wellenlänge „moduliert", also z. B. bei der Übertragung eines Tons im Rhythmus der akustischen Frequenz des Tons schwanken läßt, wobei die Größe der Schwankung der Tonstärke entspricht. Zur Ausstrahlung dient ein „offener" Schwingungskreis, bei dem ein Teil der Schwingungskapazität durch die verteilte Kapazität von gestreckten Leitern (Antenne) gebildet wird, die so angeordnet sind daß ihr elektrisches Feld möglichst weit in die Umgebung hinausgreift. Da die Antennenabmessungen mit der verwendeten Wellenlänge wachsen, arbeitet man mit Schwingungsfrequenzen im Bereich von etwa 100 kHz bis zu einigen Tausend MHz bzw. mit Wellenlängen von einigen Kilometern bis zu einigen Zentimetern. Am Empfangsort wird mittels einer Antenne, in der das örtliche elektrische Wechselfeld der modulierten Wellenstrahlung zusammenbricht, aus dieser eine ebenso modulierte Wechselspannung gewonnen, aus der die überlagerte Signalfrequenz ausgesiebt und zur Reproduktion des Signals verwendet wird.

Weiterführende Literatur

Der Umfang der vorhandenen wissenschaftlichen Literatur, die dem Leser dazu verhelfen kann, seinen Einblick in die allgemeinen theoretischen Grundlagen der Elektrotechnik zu vertiefen oder sich mit Spezialgebieten bekannt zu machen, ist so groß, daß eine auch nur annähernd vollständige Aufzählung wohl auf manchen Leser verwirrend wirken könnte. Es sollen deshalb zur ersten Orientierung aus der Vielzahl ausgezeichneter Lehrbücher nur einige wenige genannt werden, die z. T. ihrerseits umfangreiche Literaturhinweise enthalten und dadurch dem Leser ein weiteres Vordringen ermöglichen.

OBERDORFER, G.: Lehrbuch der Elektrotechnik. Bd. I: Die wissenschaftlichen Grundlagen der Elektrotechnik. 5. unv. Aufl. 1948, Bd. II: Rechenverfahren u. allgemeine Theorien der Elektrotechnik. 5. unv. Aufl. 1949. München: Oldenbourg.

KÜPFMÜLLER, K.: Einführung in die theoretische Elektrotechnik. 5. Aufl. Berlin/Göttingen/Heidelberg: Springer 1955.

FISCHER, J.: Einführung in die klassische Elektrodynamik. Berlin: Springer 1936.

SCHWENKHAGEN, H. F.: Allgemeine Wechselstromlehre. Bd. I: Grundlagen. Berlin/Göttingen/Heidelberg: Springer 1951.

OLLENDORF, F.: Technische Elektrodynamik. I. Bd.: Berechnung magnetischer Felder. 1952, II. Band.: Innere Elektronik. 1. Teil: Elektronik des Einzelelektrons. 1955. 2. u. 3. Teil in Vorbereitung. Wien: Springer.

POHL, R. W.: Einführung in die Physik. II. Bd.: Elektrizitätslehre. 15. Aufl. Berlin/Göttingen/Heidelberg: Springer 1955.

BECKER, R.: Theorie der Elektrizität. Bd. 1: Einführung in die Maxwellsche Theorie. 14. Aufl. Bd. 2.: Elektronentheorie. 7. Aufl. Stuttgart: Teubner 1949.

RÜDENBERG, R.: Elektrische Schaltvorgänge in geschlossenen Stromkreisen von Starkstromanlagen. 4. Aufl. Berlin/Göttingen/Heidelberg: Springer 1953.

PALM, A.: Elektrische Meßgeräte und Meßeinrichtungen. 3. Aufl. Berlin/Göttingen/Heidelberg: Springer 1948.

KOSACK, E.: Elektrische Starkstromanlagen. 11. Aufl. Berlin/Göttingen/Heidelberg: Springer 1950.

RICHTER, R.: Elektrische Maschinen. Bd. I—IV: Basel: Vlg. Birkhäuser (Bd. I, 2. Aufl. 1951; Bd. II, 2. Aufl. 1953; Bd. III, 2. Aufl. 1954; Bd. IV, 2. Aufl. 1954). Bd. V: Stromwendermaschinen für ein- und mehrphasigen Wechselstrom. Regelsätze. Berlin/Göttingen/Heidelberg: Springer 1950.

NÜRNBERG, W.: Die Prüfung elektrischer Maschinen einschl. der modernen Querfeldmaschinen. 3. Aufl. Berlin/Göttingen/Heidelberg: Springer 1955.

—: Die Asynchronmaschine. Berlin/Göttingen/Heidelberg: Springer 1952.

ROTH, A.: Hochspannungstechnik. 3. Aufl. Wien: Springer 1950.

STRIGEL, R., u. G. HELMCHEN: Elektrische Stoßfestigkeit. 2. Aufl. Berlin/Göttingen/Heidelberg: Springer 1955.

STRIGEL, R.: Ausmessung von elektrischen Feldern. Karlsruhe: Braun 1949.

WALLOT, J.: Einführung in die Theorie der Schwachstromtechnik. 5. Aufl. Berlin/Göttingen/Heidelberg: Springer 1948.

VILBIG, F.: Lehrbuch der Hochfrequenztechnik. Bd. I, 5. Aufl. Leipzig: Akad. Verlagsges. 1953.

MÖLLER, H. G.: Die physikalischen Grundlagen der Hochfrequenztechnik. 3. Aufl. (Lehrbuch der drahtlosen Nachrichtentechnik. I. Bd.). Berlin/Göttingen/Heidelberg: Springer 1955.

ROTHE, H., u. W. KLEEN: Hochvakuum-Elektronenröhren. Bd. I. 2. Aufl. Frankfurt/M.: Akad. Verlagsges. 1955.

GUNDLACH, F. W.: Grundlagen der Höchstfrequenztechnik. (Techn. Physik in Einzeldarstellungen. VII. Bd.). Berlin/Göttingen/Heidelberg: Springer 1950.